U0236868

香学汇典

香学经典
首次汇集
精编精校
正本清源

上

刘幼生 编校

三晋出版社

前　言

中国香文化起源甚早，最初是从祭祀活动而产生。距今六千多年前，人们已经广泛使用焚烧木柴的方法来祭天，称为"柴"、"燔"，又称"燎祭"、"禋祭"。近年多处考古遗址中发现的"燎祭"遗迹，可为明证。在焚烧木柴祭天的时候，其中一些含有芳香物质的植物就会散发出香气，使人愉悦，这就驱使人们有意识地去寻找一些香料加以焚烧，以娱悦神灵，洁净自身。同时，人们还酿制香酒（典籍中称为"鬯"、"郁鬯"），作为祭品。由此而衍生出祭祀用香与生活用香行为的共存和同步发展，考古发掘出土的距今五千多年前的熏炉，是人们生活用香的器具之一。此外，生活用香还包括熏烧香料，佩带香囊、香包，将香料加入水中洗浴，乃至服用一些芳香药物等等，这在古代诗文中有大量记载。古人认为，香有多种功能：一是用来祭天祀神，表敬意而邀降福；二是用以清心怡神，助雅兴而养性情；三是可以祛邪辟秽，益身心而疗病疾。正是因为香料有如此丰富而多样的功能，与人们的生活息息相关，逐步成为社会生活中重要的物质材料，香文化也就随之发展起来。在香文化的发展过程中，生活用香和医疗用香（香药）的重要性和实用性逐渐凸现，成为香文化的主要内容。

古代记载用香内容的典籍，从中国最早的《尚书》《诗经》《楚辞》开始，史不绝书，无代无之。成书于先秦时期的《山海经》，著录各种植物一百五十多种，其中专用以佩带的香料有5种，功能有辟邪、治病等，另外一些可以食用或药用。秦汉以来，由于人们对香料的追求，香料贸易成为中外交往的重要内容，一些域外香料进入中原地区并得到广泛应用。南朝宋范晔所撰《和香方》一卷（今佚，《隋书》卷三四《经籍志三》著录为《上香方》一卷），是目前已知的最早的香学专著。随着香文化的进一步发展，各种香学专著陆续问世并盛行一时。经过粗略考察，可知范晔又撰有《杂香膏方》一卷，在此前后，还有宋明帝刘彧所撰《香方》一卷，及不著撰人姓氏之《杂香方》五卷、《龙树菩萨和香法》二卷，均见于《隋书》卷三四《经籍志三》。降至宋明二代，香学专著开始大量涌现，正与傅京亮先生关于香文化"鼎盛于宋元，广行于明清"的论断相契合。宋代的香学专著，据刘静敏先生所著《宋代〈香谱〉之研究》考证，计有丁谓《天香传》、叶廷珪《南蕃香录》及《名香谱》、沈立《沈氏香谱》、武冈公库《香谱》、洪刍《洪氏香谱》、曾慥《香谱》及《香后谱》、陈敬《陈氏香谱》、侯氏《萱堂香谱》、颜博文《香史》等，又有范成大《桂海虞衡志》中的《志香篇》（或称《桂海香志》）、赵汝适《诸蕃志》中关于域外香料的有关记载、周去非《岭外代答》中的《香门篇》，以及广收博览的《香严三昧》（不著撰人名氏）等十余种。其中大部分已经散佚，赖《陈氏香谱》引录诸家香学专著而令后人可稍窥其内容梗概。明代的香学专著则有毛晋《香国》、屠隆《香笺》、徐𤊹《香谱》、吴从先《香本纪》等，而以集大成的香学专著——周嘉胄所撰《香乘》为翘楚。清代的香学专著寥寥无几，仅见有董说《非烟香法》、万泰《黄熟香考》等，又有檀萃《滇海虞衡志》中关于云南地区香料的记载，以及徐珂编纂《清稗类钞》中关于香学方面的条目。更多的香学记载，还广泛见于历代诗文杂著；而大量香料的药用，使各种古代医学典籍中也保存了丰富的相关内容。此外，一些佛教和道教典籍中，也收录了相关的香学内容。

本汇典主要搜集和整理中国历代的香学专著，粹为一编。目的是展示中国香文化的基本面貌，也为有意了解中国香文化的读者提供一个简明而比较全面的读本。而历代香学专著，很多已经亡佚，经过初步搜集和整理，共得中国历代香学专著若干种，辑编成帙。另外，有数种笔记杂著，也集中收录了一些香料条目，如宋代陶谷《清异录》、宋代范成大《桂海虞衡志》的《志香篇》（明代钟人杰等辑选《唐宋丛书》径题为《桂海香志》）、宋代周去非《岭外代答》中的《香门》、宋代赵汝适《诸蕃志》中的《志物篇》、明代高濂《遵生八笺》中的《论香篇》、明代文震亨《长物志》中的《香茗篇》、清代檀萃《滇海虞衡志》中的《志香篇》、徐珂《清稗类钞》中的相关内容等，上述笔记杂著中有关香料的条目亦加以辑选，收入本汇典。整理工作主要是蒐集善本，加以标点，并进行简单校勘。鉴于历代香学专著的内容，辗转引述较多，而古人引录图书，不甚规范，常有删节及改动。此次加以编辑整理，主要是与其他版本及所引原书对勘，如有异文，则审其正误，凡明显的错讹，于校记中说明；如仅存异同而不害文意，则不加校勘，以省篇幅而免割裂也。至于已经亡佚的香学专著，主要见于《陈氏香谱》和《香乘》的引录。本汇典所收录整理的香学专著及笔记，每种之前均撰有简略的前言，介绍作者及其著述，并略述其版本与整理过程。本汇典采用简体横排，避讳字及异体字径改不出校。每种香学专著之下，附录有关序跋提要及作者传记资料。全书后附参考引用文献及条目笔画索引。至于保存在历代诗文杂著和医籍及宗教典籍中的大量香文化内容，由于搜集为难，整理不易，本汇典则未加收录。另外，明代徐𤊹《香谱》四卷，钞本一册，现藏某著名图书馆。

海内孤本，深隐秘阁，复制既不可得，抄录复禁全帙，望洋兴叹，徒呼负负，亦仅能付诸阙如。

编校者学识未富，兼以时限紧促，挂一漏万，在所难免。敬希读者不吝指正。

总　目

香　谱

〔宋〕洪刍　撰

前　言

　　洪刍《香谱》，又称《洪氏香谱》，二卷。是中国现存最早的一部香学专著。

　　洪刍（1066—约1129），字驹父，南昌安义人。其父洪民师，熙宁三年（1070）进士，官石州司马参军。母黄氏，为著名诗人黄庭坚之妹。洪刍博洽多闻，工于词赋，而尤以诗歌闻名。绍圣元年（1094）进士，历官黄州推官、宣德郎、秘书少监、左谏议大夫等。其兄洪朋，弟洪炎、洪羽亦先后中进士，世称"四洪"。建炎元年（1127），洪刍因"监守自犯"、"私纳宫人"之罪，除名罢官，流放沙门岛（今山东长岛），不久逝世。生平所撰诗文，名《老圃集》，又撰有《豫章职方乘》及《后乘》，现均散佚。今《老圃集》有辑本。

　　《香谱》二卷，宋左圭所辑《百川学海》收录，题洪刍撰。宋晁公武《郡斋读书志》卷一四著录洪刍《香谱》一卷。明陶宗仪编《说郛》卷六五收录《香谱》一卷，题唐无名氏撰。然考其内容，与洪刍《香谱》二卷本实为一书，惟删节较多且字词多异。《四库总目提要》则略言内府藏本《香谱》二卷，内容及卷数与历代著录不符，疑非洪刍所撰。对此，刘静敏先生撰《宋洪刍及其〈香谱〉研究》一文，考证现存《香谱》确为洪刍所撰，不过一卷本和二卷本在内容上有所不同。

　　洪刍《香谱》二卷本，卷上"香之品"，收录各种香料四十二种；"香之异"，收录各种奇异香料四十一种，大都来自外域或边地。卷下"香之事"，收录有关香料的文字及典故四十四则；

"香之法"，收录各种香方及香料制作方法二十二则。全书所收录的资料，大多注明出处。一卷本亦分四部分，"香品"收录各种香料二十六种；"异香"收录各种奇异香料十八种，大多来自外域及边地；"香事"收录有关香料的文字和典故十九则；"香法"收录各种香方及香料制作方法七则。二卷本原有的资料出处，一卷本大部分删除了，但增加了一些新的香料和香方，条目排列及文字与二卷本也存在较大差异。

洪刍《香谱》现存版本数种，此次整理，以民国年间陶氏景宋咸淳本《百川学海》为底本，以文渊阁《四库全书》本、《学津讨原》本等为参校本，并间与《香谱》引录的有关典籍对勘。目录重新编制。涵芬楼本《说郛》卷六五所收《香谱》一卷本，因内容与二卷本差异较大，故全文附于二卷本之后，以存异文而全面貌也。对此一卷本不加校勘，仅重新编制目录，附于二卷本目录之下，并将标题提行，以醒眉目。

此外，明代华淑辑编《闲情小品》，收录《香韵》一卷，共十八则（按，笔者所见为上海书店《丛书集成续编》本，下残），未标作者。经查核，实则全部抄自洪刍《香谱》，而淆乱其次序，亦不脱明人剿袭割裂之习，故不用以校勘。

目 录

卷　上

香之品

龙脑香

《酉阳杂俎》云："出波律国。树高八九丈，可六七尺围〔一〕，叶圆而背白。其树有肥瘦，形似松。脂作杉木气。干脂谓之龙脑香，清脂谓之波律膏。子似豆蔻，皮有甲错。"

《海药本草》云："味苦、辛，微温，无毒。主内外障眼、三虫，疗五痔，明目，镇心，秘精。又有苍龙脑，主风疹䵟，人膏煎良〔二〕。不可点眼。"

明净如雪花者善；久经风日，或如麦麸者不佳。云合黑豆、糯米、相思子贮之，不耗。

今复有生熟之异称：生龙脑，即上之所载是也。其绝妙者目曰"梅花龙脑"。有经火飞结成块者，谓之熟龙脑，气味差薄焉。盖易入他物故也。

〔一〕"可六七尺围"，唐段成式《酉阳杂俎》卷一八作"大可六七围"，无"尺"字，是。又《酉阳杂俎》此则与洪氏引文字词多异，未加详校。按，《香谱》引文，多删节及改动，如其不害文意，以下则不再详校。

〔二〕"主风疹䵟，人膏煎良"，唐李珣《海药本草》作"主风疮䵟𪒟，入膏煎良"。四库本、学津本"人"字亦作"入"。

麝　香

《唐本草》云："生中台川谷，及雍州、益州皆有之。"

陶隐居云："形似獐，常食柏叶及啖蛇。或于五月得者，往往有蛇皮骨。主辟邪、杀鬼精、中恶、风毒、疗伤。多以一子真香，分糅作三四子，刮取血膜，杂以余物。大都亦有精粗，破皮毛，共在裹中者为胜。或有夏食蛇虫多，至寒香满，入春患急痛，自以脚剔出。人有得之者，此香绝胜。带麝非但香辟恶，以香真者一子着脑间枕之，辟恶梦及尸疰鬼气。"

今或传有水麝脐，其香尤美。

沉水香

《唐本草》注云："出天竺、单于二国，与青桂、鸡骨、馢香同是一树。叶似橘，经冬不凋；夏生花，白而圆细；秋结实如槟榔，色紫似葚而味辛。疗风水毒肿，去恶气。树皮青色，木似榉柳。"

重实黑色沉水者是。今复有生黄而沉水者，谓之蜡沉。又其不沉者，谓之生结。

又《拾遗解纷》云："其树如椿，常以水试乃知。"

余见下卷《天香传》中。

白檀香

陈藏器云："《本草拾遗》曰：'树如檀，出海南。主心腹痛、霍乱、中恶、鬼气、杀虫。'"

又《唐本草》云："味咸，微寒，主恶风毒。出昆仑盘盘之国，主消风积水肿。又有紫真檀，人磨之以涂风肿。虽不生于中华，而人间遍有之。"

苏合香

《神农本草》云："生中台川谷。"

陶隐居云：“俗传是师子粪，外国说不尔。今皆从西域来，真者难别。紫赤色如紫檀坚实，极芬香，重如石，烧之灰白者佳。主辟邪、虐、痫、痉，去三虫。”

安息香

《本草》云：“出西戎，似柏脂，黄黑色为块。新者亦柔软。味辛、苦，无毒，主心腹恶气、鬼疰。”

《酉阳杂俎》曰：“安息香，出波斯国。其树呼为辟邪树，长三丈许，皮色黄黑，叶有四角，经冬不凋。二月有花，黄色，心微碧，不结实。刻皮出胶如饴，名安息香。”

郁金香

《魏略》云：“生大秦国，二三月花，如红蓝，四五月采之。其香十二叶，为百草之英。”

《本草拾遗》曰：“味苦，无毒，主虫毒、鬼疰、鸦鹘等臭，除心腹间恶气、鬼疰。入诸香用。”

《说文》曰：“郁金，芳草。煮以酿鬯，以降神也。”

鸡舌香

《唐本草》云：“生昆仑及交、爱以南，树有雌雄，皮叶并似栗。其花如梅，结实似枣核者，雌树也。不入香用。无子者，雄树也。采花酿以成香。微温，主心痛、恶疮，疗风毒，去恶气。”

熏陆香

《广志》云：“生南海。”

又《僻方》注曰：“即罗香也。”

《海药本草》云：“味平、温，无毒，主清人神。其香树一名马尾香，是树皮鳞甲，采之复生。”

又《唐本草》注云：“出天竺国及邯郸[一]，似枫松，脂黄白色。天竺者多白，邯郸者夹绿色，香不甚烈。微温，主伏尸、恶气、瘴风、水肿、毒恶疮。”

〔一〕“出天竺国及邯郸”，《新修本草》卷一二作“熏陆香，形似白胶，出天竺、单于国。”是。

詹糖香

《本草》云：“出晋安岑州及交、广以南。树似橘，煎枝叶为之，似糖而黑。多以其皮及蠹粪杂之，难得淳正者，惟软乃佳。”

丁　香

《山海经》曰：“生东海及昆仑国。二三月花开，七月方结实。”

《开宝本草》注云：“生广州，树高丈余，凌冬不凋。叶似栎，而花圆细，色黄；子如丁，长四五分，紫色；中有粗大长寸许者，俗呼为母丁香。击之则顺理而折。味辛，主风毒、诸肿，能发诸香，及止干霍乱、呕吐，验。”

波律香

《本草拾遗》曰：“出波律国，与龙脑同树之清脂也。除恶气，杀虫痒。”

见龙脑香，即波律膏也。

乳 香

《广志》云："即南海波斯国松树脂。有紫赤樱桃者，名乳香，盖熏陆之类也。仙方多用辟邪。其性温，疗耳聋、中风、口噤、妇人血风，能发酒，治风冷，止大肠泄僻，疗诸疮疖，令内消。"

今以通明者为胜，目曰的乳；其次曰拣香；又次曰瓶香，然多夹杂成大块，如沥青之状；又其细者，谓之香缠。

青桂香

《本草拾遗》曰："即沉香同树细枝、紧实未烂者。"

鸡骨香

《本草拾遗》记曰："亦馣香中形似鸡骨者。"

木 香

《本草》云："一名蜜香，从外国舶上来。叶似薯蓣而根大，花紫色。功效极多。味辛、温而无毒，主辟温，疗气劣、气不足、消毒、杀虫。"

今以如鸡骨坚实，啮之粘齿者为上。复有马兜苓根，谓之青木香，非此之谓也。或云有二种，亦恐非耳。一谓之云南根。

降真香

《南洲记》曰："生南海诸山。"又云："生大秦国。"

《海药本草》曰："味温、平，无毒。主天行时气、宅舍怪异，并烧之有验。《仙传》云：'烧之感引鹤降，醮星辰，此香甚为第一。小儿带之，能辟邪气。'"

其香如苏方木，燃之初不甚香，得诸香和之，则特美。

艾蒳香

《广志》云："出西国，似细艾。"又云："松树皮绿衣，亦名艾蒳。可以合诸香烧之，能聚其烟，青白不散。"

《本草拾遗》曰："味温，无毒，主恶气，杀虫虫，主腹冷、泄痢。"

甘松香

《本草拾遗》曰："味温，无毒，主鬼气、卒心、腹痛胀满。浴人身令香。丛生，叶细。"

《广志》云："甘松香，生凉州。"

零陵香

《南越志》云："一名燕草，又名薰草。"生零陵山谷，叶如罗勒。《山海经》曰："薰草，似麻叶，方茎，气如蘼芜，可以止疠。"即零陵香。味苦，无毒，主恶气、注心〔一〕、腹痛、下气。令体香，和诸香或作汤丸用，得酒良。

〔一〕按，本则实见于唐陈藏器《本草拾遗》，惟字句前后次序不同，当为洪氏引录时互乙。"注心"，原作"疰心"，二字通。

茅香花

《唐本草》云："生剑南诸州。其茎叶黑褐色，花白，非白茅也。味苦、温，无毒，主中恶、温胃、止呕吐。叶苗可煮汤浴，辟邪气，令人香。"〔一〕

〔一〕按，本则实见于《开宝本草》卷九，其下注"今附"，说明是《开宝本草》新增的药物。洪氏误注出《唐本草》。

馢 香

《本草拾遗》曰："亦沉香同树，以其肌理有黑脉者谓之也。"

黄熟香

亦馢香之类也，但轻虚枯朽不堪者。今和香中皆用之。

水盘香

类黄熟而殊大，多雕刻为香山、佛像。并出舶上。

白眼香

亦黄熟之别名也。其色差白，不入药品，和香或用之。

叶子香

即馢香之薄者，其香尤胜于馢。又谓之龙鳞香。

雀头香

《本草》云："即香附子也，所在有之。叶茎都似三棱，根若附子，周匝多毛。交州者最胜，大如枣核，近道者如杏仁许。荆襄人谓之莎草根。大下气，除胸腹中热。合和香用之尤佳。"〔一〕

〔一〕按，此则实见于《新修本草》卷九"莎草根"条下之按语，字句次序有不同。

芸　香

《仓颉解诂》曰：“芸蒿似邪蒿，可食。”

鱼豢《典略》云：“芸香，辟纸鱼蠹。故藏书台称芸台。”

兰　香

《川本草》云：“味辛、平，无毒，主利水道、杀虫毒、辟不祥。一名水香，生大吴池泽。”[一]

叶似兰，尖长有岐，花红白色而香。煮水浴以治风。

〔一〕按，此数句见《神农本草经》上品药之“兰草”条，引文有删节。洪氏云出《川本草》，疑误。

芳　香

《本草》云：“即白芷也。”一名莀，又名蓠，又曰莞，又曰符离，又名泽芬。生下湿地，河东川谷尤佳，近道亦有。道家以此香浴，去尸虫。

蘹　香

《本草》云：“即杜衡也。”[一]

叶似葵，形如马蹄，俗呼为马蹄香。药中少用，惟道家服，令人身香。

〔一〕见《神农本草经》中品药“杜若”条，未言其为蘹香或马蹄香。

蕙　香

《广志》云：“蕙草，绿叶紫花。魏武帝以为香烧之。”

白胶香

《唐本草》注云："树高大，木理细，茎叶三角，商洛间多有。五月斫为坎，十一月收脂。"

《开宝本草》云："味辛、苦，无毒，主瘾疹、风痒、浮肿。即枫香脂。"

都梁香

《荆州记》曰："都梁县有山，山上有水，其中生兰草，因名都梁香。形如藿香。"

古诗曰："博山炉中百和香，郁金苏合及都梁。"〔一〕

《广志》云："都梁出淮南，亦名煎泽草也。"

〔一〕南朝梁吴均《行路难》五首之五中诗句，见《先秦汉魏晋南北朝诗·梁诗》卷一〇。

甲　香

《唐本草》云："蠡类，生云南者。大如掌，青黄色，长四五寸，取厴烧灰用之〔一〕。南人亦煮其肉啖。"

今合香多用，谓能发香，复来香烟。须酒蜜煮制，方可用。法见下。

〔一〕"取厴烧灰用之"，《新修本草》卷一六"厴"作"厣"，二字同。

白茅香

《本草拾遗》记曰："味甘、平，无毒，主恶气，令人身香。煮汁服之，主腹内冷痛。生安南，如茅根，道家用煮汤沐浴。"

必栗香

内典云：“一名化木香，似老椿。”

《海药本草》曰：“味辛、温，无毒，主鬼疰、心气，断一切恶气。叶落水中，鱼暴死。”

木可为书轴，辟白鱼，不损书。

兜娄香

《异物志》云：“出海边国，如都梁香。”

《本草》曰：“性微温，疗霍乱、心痛，主风水毒肿、恶气、止吐。”

亦合香用，茎叶似水苏。

藕车香

《本草拾遗》曰：“味辛、温，主鬼气，去臭及虫鱼蛀物。生彭城，高数尺，白花。”

《尔雅》曰：“藕车、艺舆。”注曰：“香草也。”

兜纳香

《广志》曰：“生剽国。”

《魏略》曰：“生大秦国。”

《本草拾遗》曰：“味温、甘，无毒，去恶气、温中、除冷。”

耕　香

《南方草木状》曰：“耕香，茎生细叶。”

《本草拾遗》曰：“味辛、温，无毒，主臭鬼气、调中。生乌浒国。"

木蜜香

内典云："状若槐树。"

《异物志》云："其叶如椿。"

《交州记》云："树似沉香。"

《本草拾遗》曰："味甘、温，无毒，主辟恶、去邪、鬼痒。"

生南海诸山中。种五六年，便有香也[一]。

〔一〕五代李珣《海药本草》"蜜香"条，先引内典、《异物志》《交州记》如上，下言"生南海诸山中。种之五六年，便有香也"。洪氏《香谱》将此段下二句变为双行小字注文。

迷迭香

《广志》云："出西域。魏文帝有赋，亦尝用。"

《本草拾遗》曰："味辛、温，无毒，主恶气。令人衣香，烧之去邪。"

香之异

都夷香

《洞冥记》："香如枣核，食一颗历月不饥。或投水中，俄满大盂也。"

荼芜香

王子年《拾遗记》："燕昭王广延国二舞人[一]，帝以荼芜香屑铺地四五寸〔二〕，使舞人立其上，弥日无迹。香出波弋国，浸地则土石皆香；着朽木腐草，莫不茂蔚；以熏枯骨，则肌肉皆生。"又出《独异志》。

〔一〕"燕昭王广延国二舞人"，晋王嘉《拾遗记》卷四作"（燕昭）王即位二年，广延国来献善舞者二人"。

〔二〕"帝以荼芜香屑铺地四五寸"，《拾遗记》卷四作"乃设麟文之席，散荃芜之香……以屑喷地，厚四五寸"。按，本丛编所收各种香学专著，多作"荼芜香"，以下不再出校。

辟寒香

辟邪香、瑞麟香、金凤香，皆异国所献。《杜阳编》云："自两汉至皇唐，皇后、公主乘七宝辇，四面缀五色玉香囊，囊中贮上四香，每一出游，则芬馥满路。"〔一〕

〔一〕见唐苏鹗《杜阳杂编》卷下，引文有删节，且字词多不同。按，本条标题仅列"辟寒香"一种，而所言实为四种香。姑仍其旧。

月支香

《瑞应图》："大汉二年，月支国贡神香。武帝取看之，状若燕卵，凡三枚，大似枣。帝不烧，付外库。后长安中大疫，宫人得疾。众使者请烧一枚，以辟疫气。帝燃之宫中，病者差，长安百里内闻其香，九月不歇。"

振灵香

《十洲记》："聚窟州有大树如枫，而叶香闻数百里，名曰返魂树。根于玉釜中煮，汁如饴，名曰惊精香，又曰振灵香，又曰返生香，又曰马精香，又名却死香。一种五名，灵物也。香闻数百里，死尸在地，闻即活。"

千亩香

《述异记》曰："南郡有千亩香林，名香往往出其中。"

十里香

《述异记》曰："千年松香，闻于十里。"

齸齐香

《酉阳杂俎》曰："出波斯国拂林，呼为顶敦梨咃。长一丈余，围一尺许，皮色青薄而极光净，叶似阿魏，每三叶生于条端，无花结实。西域人常八月伐之，至冬更抽新条，极滋茂。若不剪除，返枯死。七月断其枝，有黄汁，其状如蜜，微有香气，入药疗百病。"

龟甲香

《述异记》曰："即桂香之善者。"

兜末香

《本草拾遗》曰："烧，去恶气，除病疫。"

《汉武帝故事》曰："西王母降，上烧是香。兜渠国所献，如大豆。涂宫门，香闻百里。关中大疫，死者相枕，烧此香，疫则止。"

《内传》云："死者皆起，此则灵香，非中国所致。"

沉光香

《洞冥记》："涂魂国贡门中，烧之有光，而坚实难碎。太医以铁杵舂如粉而烧之。"

沉榆香

《封禅记》："黄帝列珪玉于兰蒲席上，燃沉榆香。舂杂宝为屑，以沉榆和之若泥，以分尊卑华戎之位。"

茵墀香

《拾遗记》："灵帝初平三年，西域献。煮汤辟疠，宫人以沐头。"

石叶香

《拾遗记》曰："此香叠叠，状如云母，其气辟疠。魏文帝时，题腹国献。"

凤脑香

《杜阳编》："穆宗尝于藏真岛前焚之，以崇礼敬。"

紫术香

《述异记》："一名红蓝香，又名金香，又名麝香草。香出苍梧、桂林二郡界。"

威　香

《孙氏瑞应图》曰瑞草，曰："一名威蕤。王者礼备，则生于殿前。"又云："王者爱人命，则生。"

百濯香

《拾遗记》："孙亮宠姬四人，合四气香，皆殊方异国所献。凡经践蹑安息之处，香气在衣，弥年不歇。因香名百濯，复目其室曰思香媚寝。"

龙文香

《杜阳编》："武帝时所献，忘其国名。"

千步香

《述异记》："南海出千步香，佩之香闻于千步，草也。今海隅有千步草，是其种也。叶似杜若，而红碧相杂。《贡籍》曰：'南郡贡千步香。'"

熏肌香

《洞冥记》："用熏人肌骨，至老不病。"

蘅芜香

《拾遗记》："汉武帝梦李夫人授蘅芜之香，帝梦中惊起，香气犹着衣枕，历月不歇。"

九和香

《三洞珠囊》曰："天人玉女捣罗天香，按擎玉炉，烧九和之香。"

九真雄麝香

《西京杂记》："赵昭仪上姊飞燕三十五物，有青木香、沉水香、九真雄麝香。"

罽宾国香

《卢氏杂说》："杨牧尝召崔安石食，盘前置香一炉，烟出如楼台之状。崔别闻一香，非似炉香。崔思之，杨顾左右取白角碟子，盛一漆毬子呈崔曰：'此罽宾国香，所闻即此香也。'"

拘物头花香

《唐太宗实录》曰："罽宾国进拘物头花香，香闻数里。"

升霄灵香

《杜阳编》："同昌公主薨，主哀痛，常令赐紫尼及女道冠，焚升霄灵之香，击归天紫金之磬，以道灵异。"〔一〕

〔一〕"同昌公主薨，主哀痛"，唐苏鹗《杜阳杂编》卷下作"公主薨，上（按，即唐懿宗李漼）哀痛"，是。洪氏引录时误"上"字为"主"字。

祇精香

《洞冥记》："出涂魂国。烧此香，魑魅精祇皆畏避。"

飞气香

《三洞珠囊隐诀》云："真檀之香、夜泉玄脂、朱陵飞之香、返生之香，皆真人所烧之香也。"

金碑香

《洞冥记》："金日磾既入侍，欲衣服香洁，变胡虏之气，自

合此香,帝果悦之。日碑尝以自熏,宫人以见者,以增其媚。"〔一〕

〔一〕"以增其媚",四库本作"每增其媚",学津本作"益增其媚",句意较顺。

五 香

《三洞珠囊》曰:"五香,一株五根,一茎五枝,一枝五叶,一叶间五节,五五相对,故先贤名之。五香之木,烧之十日,上彻九星之天。即青木香也。"

千和香

《三洞珠囊》:"峨嵋山孙真人,燃千和之香。"

兜娄婆香

《楞严经》:"坛前别安一小炉,以此香煎取香水,沐浴其炭,然令猛炽。"

多伽罗香

《释氏会要》曰:"多伽罗香,此云根香;多摩罗跋香,此云藿香。旃檀,释云与乐,即白檀也。能治热病。赤檀,能治风肿。"

大象藏香

《释氏会要》曰:"因龙斗而生。若烧其一丸,兴大光明,细云覆上。味如甘露,七昼夜降其甘雨。"

牛头旃檀香

《华严经》云："从离垢出。若以涂身，火不能烧。"

羯布罗香

《西域记》云："其树松身异叶，花果亦别。初采既湿，尚未有香，木干之后，循理而折之，其中有香。木干之后，色如冰雪。亦龙脑香。"

蘡卜花香

《法华经》云："须曼那华香，阇提华香，末利花香，罗罗华香，青、赤、白莲花香，华树香，果树香，旃檀香，沉水香，多摩罗跋香，多伽罗香，象香，马香，男香，女香，拘鞞陁罗树香，曼陁罗花香，殊沙华香。"〔一〕

〔一〕"末利花香，罗罗花香，青、赤、白莲华香"，《法华经》卷六《法师功德品》作"末利华香、蘡卜华香、波罗罗华香、赤莲华香、青莲华香、白莲华香"，与洪氏所引略异。

卷　下

香之事

述　香

《说文》曰："芳也。篆从黍从甘，隶省作香。《春秋传》曰：'黍稷馨香。'凡香之属，皆从香。香之远闻曰馨。"

香之美者曰㱔。音使。

香之气曰馚，火兼反。曰馣，音淹。曰馧，于云反。曰馥，扶福反。曰馤，音爱。曰馡，方灭反。曰馪，音缤。曰馣，音笺。曰馛，步未反。曰馝，皮结反。曰馜，满结反。曰馞，音悖。曰馠，火含反。曰馩，音焚。曰馚，上同〔一〕。曰馛，奴昆反。曰彭，音彭。"彭彭大香"。曰馞，他胡反。曰馂，音倚。曰馜，音你。曰馚，普没反。曰馡，满结反。曰馛，普灭反。曰馡，乌孔反。曰馕，音瓢。

至治馨香：《尚书》曰："至治馨香，感于神明。"

有饮其香：《毛诗》："有飶其香，邦家之光。"

其香始升：《毛诗》："其香始升，上帝居歆。"

昭其馨香：《国语》："其德足以昭其馨香。"

国香：《左传》："兰有国香。"

久而闻其香：《国语》："入芝兰之室，久而闻其香。"〔二〕

〔一〕"上同"，疑应作"同上"。

〔二〕按，《国语》无此语，而见于《孔子家语》卷四《六本篇》，原作"与善人居，如入芝兰之室，久而不闻其香，即与之化矣"。

香　序

宋范晔，字蔚宗，撰《和香方》。其序云："麝本多忌，过分必害；沉实易和，盈斤无伤。零霍惨虐，詹糖粘湿。甘松、苏合、安息、郁金、榇多、和罗之属，并被于外国，无取于中土。又枣膏昏蒙，甲煎浅俗，非惟无助于馨烈，乃当弥增于尤疾也。"此序所言，悉以比类朝士。"麝本多忌"，比庾憬之；"枣膏昏蒙"，比羊玄保；"甲煎浅俗"，比徐湛之；"甘松、苏合"，比惠休道人；"沉实易和"，盖自比也。

香　尉

《述异记》："汉雍仲子，进南海香物，拜涪阳尉。人谓之香尉。"

香　市

《述异记》曰："南方有香市，乃商人交易香处。"

熏　炉

应劭《汉官仪》曰："尚书郎入直台中，给女侍史二人，皆选端正，指使从直。女侍史执香炉烧熏，以从入台中，给使护衣。"

怀　香

《汉官典职》曰："尚书即怀香握兰〔一〕，趋走丹墀。"

〔一〕"尚书即怀香握兰"，学津本同，四库本作"尚书郎怀香握兰"。按，唐徐坚《初学记》卷一一引应劭《汉官仪》，作"尚书郎怀香握兰"。

香 户

《述异记》曰："南海郡有采香户。"

香 洲

《述异记》曰："朱崖郡洲中出诸异香，往往有不知名者。"

披香殿

《汉宫阁名》："长安有合欢殿、披香殿。"

采香径

《郡国志》："吴王阖闾起响屧廊、采香径。"

啗 香

《杜阳编》："元载宠姬薛瑶英母赵娟，幼以香啗英，故肌肉悉香。"

爱 香

《襄阳记》："刘季和性爱香，常如厕还，辄过香炉上。主簿张坦曰：'人名公作俗人，不虚也。'季和曰：'荀令君至人家，坐席三日香。为我如何？'坦曰：'丑妇效颦，见者必走。公欲遁走耶？'〔一〕季和大笑。"

〔一〕"公欲遁走耶"，唐欧阳询《艺文类聚》卷七〇引《襄阳记》作"公便欲使下官遁走耶"，是。

含 香

应劭《汉官》曰："侍中刁存，年老口臭，上出鸡舌香，含之。"

窃　香

《晋书》："韩寿，字德真，为贾充司空椽。充女窥见寿而悦焉，因婢通殷勤，寿逾垣而至。时西域有贡奇香，一着人经月不歇。帝以赐充，其女密盗以遗寿。后充与寿宴，闻其芬馥，意知女与寿通，遂秘之，以女妻寿。"

香　囊

谢玄常佩紫罗香囊，谢安患之，而不欲伤其意，因戏赌取焚之，玄遂止。

又古诗云："香囊悬肘后。"〔一〕

〔一〕三国魏繁钦《定情诗》："何以致叩叩，香囊悬肘后。"见《先秦汉魏晋南北朝诗·魏诗》卷三。

沉香床

《异苑》："沙门支法，有八尺沉香床。"

金　炉

魏武《上杂物疏》曰："御物三十种，有纯金香炉一枚。"

博山香炉

《东宫故事》曰："皇太子初拜，有铜博山香炉。"

《西京杂记》："丁缓又作九层博山香炉。"

被中香炉

《西京杂记》："被中香炉，本出房风，其法后绝。长安巧工丁缓始更之〔一〕，机环运转四周，而炉体常平，可置于被褥，故以为名。"

〔一〕"始更之"，晋葛洪《西京杂记》卷一作"始更为之"，句意较顺。

沉香火山

《杜阳编》："隋炀帝每除夜，殿前设火山数十，皆沉香木根。每一山焚沉香数车，暗即以甲煎沃之，香闻数十里。"

檀香亭

《杜阳编》："宣州观察使杨牧，造檀香亭子初成，命宾乐之。"〔一〕

〔一〕按，今本唐苏鹗《杜阳杂编》无此条。《太平广记》卷二三七"李璋"条引《杜阳编》云："李绛子璋，为宣州观察使。杨收造白檀香亭子初成，会亲宾观之。"

沉香亭

《李白后集序》："开元中，禁中初重木芍药，即今牡丹也。得四本：红、紫、浅红、通白者，上因移植于兴庆池东沉香亭前。"

五色香烟

《三洞珠囊》："许远游烧香，皆五色香烟出。"

香 珠

《三洞珠囊》："以杂香捣之，丸如梧桐子大，青绳穿。此三皇真元之香珠也，烧之香彻天。"

金 香

右司命君王易度，游于东板广昌之城长乐之乡，天女灌以平露金香、八会之汤、琼凤玄脯[一]。

〔一〕按，此则洪氏未注出处。明周嘉胄《香乘》卷八收录此则，文字全同，注出《三洞珠囊》。然检《三洞珠囊》，仅卷八云："上清总真玄箓南极长生司命君，姓王，讳改生，字易度。乃以太虚元年岁洛西番，孟商启运，朱明谢迁，诞于东林广昌之城长乐之乡也。"并无"天女灌以平露金香"以下三句。又《云笈七签》卷一〇二，收录王易度，"东板"，亦作"东林"，其下略言其"诣屠先生，受金丹炼云芝之根桑金刚之经、飞烟起霜沉雪之方、招霞咽精之道"，亦无"平露金香"等语。俟考。

鹊尾香炉

宋玉贤，山阴人也。即禀女质，厥志弥高自专，年及笄，应适女兄许氏。密具法服登车，既至夫门，时及交礼，更着黄巾裙，手执鹊尾香炉，不亲妇礼。宾主骇愕，夫家力不能屈，乃放还，遂出家。梁大同初，隐弱溪之间[一]。

〔一〕按，此则洪氏未注出处，见《三洞珠囊》卷四。"年及笄，将适女兄许氏"，原作"年及将笄，父母将归许氏"。"梁大同初"以下二句，原书无。

百刻香

近世尚奇香，作香篆，其文准十二辰，分一百刻，凡燃一昼夜已。

水浮香

燃纸灰以印香篆，浮之水面，爇竟不沉。

香 兽

以涂金为狻猊、麒麟、凫鸭之状，空中以燃香，使烟自口出，以为玩好。复有雕木埏土为之者[一]。

〔一〕按，此则原与上则正文混排，误，今另立标题，以清眉目。

香 篆

镂木以为之，以范香尘为篆文，燃于饮席或佛像前，往往有至二三尺径者。

焚香读孝经

《陈书》："岑之敬，字思礼，淳谨有孝行。五岁，读《孝经》必焚香正坐。"

防 蠹

徐陵《玉台新咏序》曰："辟恶生香，聊防羽陵之蠹。"

香 溪

吴宫故有香溪，乃西施浴处。又呼为脂粉溪。

床畔香童

《天宝遗事》："王元宝好宾客，务于华侈，器玩服用，僭于王公，而四方之士尽归仰焉。常于寝账庆前刻矮童二人，捧七宝博山香炉，自暝焚香彻曙。其骄贵如此。"

四香阁

《天宝遗事》云：“杨国忠尝用沉香为阁，檀香为栏槛，以麝香、乳香筛土和为泥饰阁壁。每于春时木芍药盛开之际，聚宾于此阁上赏花焉。禁中沉香之亭，逮不侔此壮丽者也。”

香　界

《楞严经》云：“因香所生，以香为界。”

香严童子

《楞严经》云：“香严童子白佛言：‘我诸比丘烧水沉香，香气寂然，来入鼻中。非木非空，非烟非火，去无所著，来无所从。由是意销，发明无漏，得阿罗汉。’”

天香传

见丁晋公本集〔一〕。

香之为用从古矣。所以奉高明，所以达蠲洁。三代禋享，首惟馨之荐，而沉水、熏陆无闻焉；百家传记，萃众芳之美，而萧茅、郁鬯不尊焉。《礼》云：“至敬不享味，贵气臭也。”是知其用至重，采制初略，其名实繁，而品类丛脞矣。观乎上古帝皇之书，释道经典之说，则记录绵远，赞颂严重，色目至众，法度殊绝。

西方圣人曰：“大小世界，上下内外，种种诸香。”又曰：“千万种和香，若香、若丸、若末、若坐，以至华香、果香、树香、天合和之香。”又曰：“天上诸天之香，又佛土国名众香，其香比于十方人天之香，最为第一。”仙书云：“上圣焚百宝香，天真皇人焚千和香，黄帝以沉榆、蒵莍为香。”又曰：“真仙所焚之

35

香，皆闻百里，有积烟成云，积云成雨。"然则与人间所共贵者，沉水、熏陆也。故经云："沉水坚株。"又曰："沉水香，圣降之夕，神道从有捧炉香者，烟高丈余，其色正红。"得非天上诸天之香耶？《三皇宝斋》香珠法，其法杂而末之，色色至细，然后丛聚，杵之三万，缄以良器，载蒸载和，豆分而丸之，珠贯而曝之。且曰："此香焚之，上彻诸天。"盖以沉水为宗，熏陆副之也。是知古圣钦崇之至厚，所以备物宝妙之无极。

谓奕世寅奉香火之笃，鲜有废日。然萧茅之类，随其所备，不足观也。祥符初，奉诏充天书扶持使，道场科醮无虚日，永昼达夕，宝香不绝。乘舆肃谒，则五上为礼。真宗每至玉皇真圣祖位前，皆五上香也。馥烈之异，非世所闻，大约以沉水乳为末，龙香和剂之。此法累禀之圣祖，中禁少知者，况外司耶？八年掌国计，两镇旄钺，四领枢轴，俸给颁赉，随日而隆，故苾芬之著，特与昔异。袭庆奉祀日，赐供乳香一百二十斤，入内副都知张淮能为使。在宫观密赐新香，动以百数，沉、乳、降真等香。由是私门之沉、乳足用。有唐《杂记》言明皇时异人云："醮席中，每焚乳香，灵只皆去。"人至于今惑之。真宗时，亲禀圣训："沉、乳二香，所以奉高天上圣，百灵不敢当也。"无他言。

上圣即政之六月，授诏罢相，分务西洛，寻迁海南。忧患之中，一无尘虑。越惟永昼晴天，长霄垂象，炉香之趣，益增其勤。素闻海南出香至多，始命市之于闾里间，十无一有。假版官裴鸮者，唐宰相晋公中令公之裔孙也，土地所宜，悉究本末，且曰：琼管之地，黎母山奠之，四部境域，皆枕山麓，香多出此山，甲于天下。然取之有时，售之有主。盖黎人皆力耕治业，不以采香专利。闽越海贾，惟以余杭船即市香。每岁冬季，黎峒俟此船至，方入山寻采，州人从而贾贩，尽归船商，故非时不有也。香之类有四：曰沉，曰栈，曰生结，曰黄熟。其为状也，十有二，沉香得其八焉：曰乌文格，土人以木之格，其沉香如乌文木之色而泽，更取其坚格，是美之至也；曰黄蜡，其表如蜡，少刮削之，黳紫相半，乌文格之次也；曰牛目与角及蹄；曰雉头洎髀若骨，此沉香之状。土人别曰牛眼、牛角、牛蹄、鸡头、鸡腿、鸡骨。曰昆仑梅格，栈香也，此梅树也。黄黑相半而稍坚，土人以此比栈香也。曰虫镂，凡曰虫镂，其香尤佳，盖香兼黄熟，虫蛀及攻，腐朽尽去，菁英独存者也。曰伞竹格，黄熟香也。如竹，色黄白而带黑，有似栈也。曰茅叶，如茅叶至轻，有入水而沉者，得沉香之余气也。燃之至佳，土人以其非坚实，抑之为黄熟也。曰鹧鸪斑，色驳杂如鹧鸪羽也。生结香也，栈香未成沉者有之，黄熟未成栈者有之。凡四名十二状，皆出一本，树体如白杨，叶如冬青而小。肤表也，标末也，质轻而散，理疏以粗，曰黄熟。黄熟之中，黑色坚劲者，曰栈香。栈香之名，相传甚远，即未知其旨。惟沉香为状也，肉骨颖脱，芒角锐利，无大小，无厚薄，掌握之有金玉之重，切磋之有犀角之劲，纵分断琐碎而气脉滋益，用之与臬块者等。鹗云：香不欲绝大，围尺以上，虑有水病。若斤以上者，中含两孔以下，浮水即不沉矣。又曰：或有附于柏柟，隐于曲枝，蛰藏深根，或抱真木本，或挺然结实，混然成形。嵌若岩石，屹若归云，如矫首龙，如峨冠凤，如麟植趾，如鸿铩翮，如曲肱，如骈指。但文理密致，光彩明莹，斤斧之迹，一无所及，置器以验，如石投水，此香宝也，千百一而已矣。夫如是，自非一气粹和之凝结，百神祥异之含育，则何以群木之中，独禀灵气，首出庶物，得奉高天也？

占城所产栈、沉至多，彼方贸迁，或入番禺，或入大食。大食贵重栈、沉香，与黄金同价。乡耆云：比岁有大食番舶，为飓风所逆，寓此属邑。首领以富有自大，肆筵设席，极其夸诧。州人私相顾曰："以赀较胜，诚不敌矣。然视其炉烟翁郁不举，干而轻，瘠而燋，非妙也。"遂以海北岸者，即席而焚之。高烟杳杳，若引束缃；浓腴涓涓，如练凝漆。芳馨之气，特久益佳。大舶之徒，由是披靡。

生结香者，取不俟其成，非自然者也。生结沉香，品与栈香等。生结栈香，品与黄熟等。生结黄熟，品之下也。色泽浮虚，而肌质散缓，燃之辛烈，少和气，久则渎败，速用之即佳。不同栈、沉，成香则永无朽腐矣。

雷、化、高、窦，亦中国出香之地，比海南者，优劣不侔甚矣。既所禀不同，而售者多，故取者速也。是黄熟不待其成栈，栈不待其成沉，盖取利者戕贼之深也。非如琼管，皆深峒黎人，非时不妄剪伐，故树无夭折之患，得必皆异香。曰熟香，曰脱落香，皆是自然成者。余杭市香之家，有万斤黄熟者，得真栈百斤，则为稀矣；百斤真栈，得上等沉香十数斤，亦为难矣。

熏陆、乳香之长大而明莹者，出大食国。彼国香树，连山络野，如桃胶、松脂，委于石地，聚而敛之若京坻。香山多石而少雨，载询番舶，则云："昨过乳香山下，彼人云此山不雨已三十年。香中带石末者，非滥伪也，地无土也。"然则此树若生泥途，则香不得为香矣。天地植物，其有旨乎！

赞曰：百昌之首，备物之先。于以相裎，于以告虔。孰歆至荐，孰享芳烟？上圣之圣，高天之天。

〔一〕按，此则有目而无文，学津本补录丁谓原文，今从之。字词同异，则以《全宋文》参校。

古诗咏香炉

四座且莫喧，愿听歌一言。请说铜香炉，崔嵬象南山。上枝似松柏，下根据铜盘。雕文各异类，离娄自相连。谁能为此器，公输与鲁般。朱火燃其中，青烟飏其间。顺风入君怀，四座莫不欢。香风难久居，空令蕙草残[一]。

〔一〕按，此诗不著撰人名氏，见《先秦汉魏晋南北朝诗·汉诗》卷一二。

咏博山香炉诗　齐·刘绘

参差郁佳丽，合沓纷可怜。蔽亏千种树，出没万重山。上镂秦王子，驾鹤乘紫烟。下刻蟠龙势，矫首半衔连。傍为伊水丽，芝盖出岩间。复有汉游女，拾羽弄余妍。荣色何杂糅，缛绣更相鲜。磨巇或腾倚，林薄杳芊眠。掩华如不发，含熏未肯燃。风生四阶树，露湛曲池莲。寒虫飞夜室，秋虚没晓天。

铜博山香炉赋　梁·昭明太子

禀至精之纯质，产灵岳之幽深。采般倕之妙旨，运公输之巧心。有蕙带而岩隐，亦霓裳而升仙。写嵩山之岊岌，象邓林之阡眠。于时青烟司寒，夕光翳景；翠帷已低，兰膏未屏。炎蒸内耀，苾芬外扬。以庆云之呈色，若景星之舒光。信名嘉而用美，永为玩于华堂。

熏炉铭　汉·刘向

嘉此正气，崭岩若山。上贯太华，承以铜盘。中有兰绮，朱火青烟。

香炉铭　梁孝元帝

苏合氤氲，飞烟若云。时浓更薄，乍聚还分。火微难尽，风长易闻。孰云道力，慈悲所熏。

古　诗

博山炉中百和香，郁金苏合与都梁[一]。

红罗复斗帐，四角垂香囊[二]。

开奁集香苏[三]。

金炉绝沉燎[四]。

金泥苏合香[五]。

熏炉杂枣香[六]。

丹毂七车香[七]。

百和褽衣香[八]。

〔一〕南朝梁吴均《行路难》五首之五中诗句，见《先秦汉魏晋南北朝诗·梁诗》卷一〇。按，洪刍《香谱》卷上"都梁香"条已引录此二句。

〔二〕无名氏《古诗为焦仲卿妻作》中诗句，见《先秦汉魏晋南北朝诗·汉诗》卷十。

〔三〕南朝宋鲍照《梦归乡》诗："开奁夺香苏，探袖解缨徽。"见《先秦汉魏晋南北朝诗·宋诗》卷九。《玉台新咏》卷四作"开奁集香苏"。

〔四〕南朝梁江淹《休上人怨别》诗："膏炉绝沉燎，绮席生浮埃。"见《先秦汉魏晋南北朝诗·梁诗》卷四。《玉台新咏》卷五作"金炉绝沉燎，绮席遍浮埃。"

〔五〕南朝梁吴均《秦王卷衣》诗："玉检茱萸匣，金泥苏合香。"见《先秦汉魏晋南北朝诗·梁诗》卷一〇。

〔六〕南朝梁王训《奉和率尔有咏》诗："散黄分黛色，熏衣杂枣香。"见《先秦汉魏晋南北朝诗·梁诗》卷九。《玉台新咏》卷八同。

〔七〕南朝梁简文帝萧纲《乌栖曲》四首之三："青牛丹毂七香车，可怜今夜宿倡家。"见《先秦汉魏晋南北朝诗·梁诗》卷二〇。《玉台新咏》卷九同。按，七香车，以香料涂饰或以香木所制之车，洪氏引作"七车香"，疑误。

〔八〕南朝梁王筠《行路难》诗："已缲一茧催衣缕，复捣百和裛衣香。"见《先秦汉魏晋南北朝诗·梁诗》卷二四。

香之法

蜀王熏御衣法

丁香　馢香　沉香　檀香　麝香已上各一两　甲香三两，制如常法

右件香捣为末，用白沙蜜轻炼过，不得热用，合和令匀，入用之。

江南李王帐中香法

右件用沉香一两，细锉，加以鹅梨十枚，研取汁，于银器内盛却，蒸三次，梨汁干即用之。

唐化度寺牙香法

沉香一两半　白檀香五两　苏合香一两　甲香一两，煮　龙脑半两　麝香半两

右件香细锉，捣为末，用马尾筛罗，炼蜜溲和得所，用之。

雍文彻郎中牙香法

沉香　檀香　甲香　馢香各一两　黄熟香一两　龙　麝各半两

右件捣罗为末，炼蜜拌和匀，入新瓷器中贮之，密封埋地中一月，取出用。

延安郡公蕊香法

玄参半斤，净洗去尘土，于银器中以水煮令熟，控干切入铫中，慢火炒，令微烟出　甘松四两，择去杂草尘土，方秤定，细锉之　白檀香锉　麝香颗者，俟别药成末，方入研　的乳香细研，同麝香入，上三味各二钱

右并新好者，杵罗为末，炼蜜和匀，丸如鸡头大。每药末一两，使熟蜜一两。未丸前，再入杵臼百余下，油单密封，贮瓷器中，旋取烧之。

供佛湿香法

檀香二两　零陵香　馢香　藿香　白芷　丁香皮　甜参各一两　甘松　乳香各半两　消石一分

右件依常法事治，碎锉焙干，捣为细末。别用白茅草香八两，碎擘去泥焙干，用火烧，候火焰欲绝，急以盆盖，手巾围盆口，勿令通气。放冷，取茅香灰捣为末，与前香一处，逐旋入经炼好蜜相和，重入药臼，捣令软硬得所，贮不津器中，旋取烧之。

牙香法

沉香　白檀香　乳香　青桂香　降真香　甲香灰汁煮少时，取出放冷，用甘水浸一宿取出，令焙干　龙脑　麝香已上八味，各半两，捣罗为末，炼蜜拌令匀

右别将龙脑、麝香于净器中研细，入令匀，用之。

又牙香法

黄熟香　馢香　沉香_{各五两}　檀香　零陵香　藿香　甘松　丁香皮_{各三两}　麝香　甲香_{三两，黄泥浆煮一日后，用酒煮一日}　硝石　龙脑_{各三分}　乳香_{半两}

右件除硝石、龙脑、乳、麝同研细外，将诸香捣罗为散，先用苏合油一茶脚许，更为炼过蜜二斤，搅和令匀，以瓷合贮之，埋地中一月，取出用之。

又牙香法

沉香_{四两}　檀香_{五两}　结香　藿香　零陵香　甘松_{已上各四两}　丁香皮　甲香_{各二分}　麝香　龙脑_{各三分}　茅香_{四两，烧灰}

右件为细末，炼蜜和匀用之。

又牙香法

生结香　馢香　零陵香　甘松_{各三两}　藿香　丁香皮　甲香_{各一两}　麝香_{一钱}

右为粗末，炼蜜放冷和匀，依常法窨过爇之。

又牙香法

檀香　玄参_{各三两}　甘松_{二两}　乳香　龙麝_{各半两，令研}

右先将檀香、玄参锉细，盛于银器内，以水浸，慢火煮水尽，取出焙干。与甘松同捣，罗为末。次入乳香末等一处，用生蜜和匀，久窨，然后用之。

又牙香法

白檀香八两，细劈作片子，以腊茶清浸一宿，控出，焙令干，用蜜酒中拌，令得所，再浸一宿，焙干　沉香三两　生结香四两　龙脑　麝香各半两　甲香一两，先用灰煮，次用一生土煮，次用酒、蜜煮，漉出用

右令将龙、麝别研外，诸香同捣罗，入生蜜拌匀，以瓷罐贮，窖地中月余出。

印香法

夹馢香　白檀香各半两　白茅香二两　藿香一分　甘松　甘草乳香各半两　馢香二两　麝香四钱　甲香一分　龙脑一钱　沉香半两

右除龙、麝、乳香别研外，都捣罗为末，拌和令匀，用之。

又印香法

黄熟香六斤　香附子　丁香皮五两[一]　藿香　零陵香　檀香白芷各四两　枣半斤，焙　茅香二斤　茴香二两　甘松半斤　乳香一两，细研　生结香四两

右捣罗为末，如常法用之。

〔一〕"五两"，疑应作"各五两"。

傅身香粉法

英粉令研　青木香　麻黄根　附子炮　甘松　藿香　零陵香已上各等分

右件除英粉外，同捣罗为细末，用夹绢袋盛，浴了傅之。

梅花香法

甘松　零陵香各一两　檀香　茴香各半两　丁香一百枚　龙脑少

许，别研

右为细末，炼蜜令合和之，干湿得中，用。

衣香法

零陵香一斤　甘松　檀香各十两　丁香皮半两　辛夷半两　茴香
一分

右捣罗为末，入龙、麝少许，用之。

窨酒龙脑丸法

龙　麝二味，用研　丁香　木香　官桂　胡椒　红豆　缩砂
白芷已上各一分　马啼少许

右除龙、麝令研外，同捣罗为细末，蜜为丸，和如樱桃大。
一斗酒置一丸于其中，却封系令密。三五日开饮之，其味特香
美。

毬子香法

艾蒳一两。松树上青衣是也　酸枣一升。入水少许，研取汁一碗，日煎成膏
用　丁香　檀香　茅香　香附子　白芷五味各半两　草豆蔻一枚，去皮
龙脑少许，令研

右除龙脑令研外，都捣罗，以枣膏与熟蜜合和得中，入臼
杵，令不粘杵即止，丸如梧桐子大。每烧一丸欲尽，其烟直上，
如一毬子，移时不散。

窨香法

凡和合香，须入窨，贵其燥湿得宜也。每合香和讫，约多
少，用不津器贮之，封之以蜡纸，于静室屋中入地三五寸瘗之。

45

月余日取出，逐旋开取燃之，则其香尤馣馤也。

熏衣法[一]

凡熏衣，以沸汤一大瓯置熏笼下，以所熏衣覆之，令润气通彻，贵香入衣难散也。然后于汤炉中烧香饼子一枚，以灰盖，或用薄银碟子尤妙。置香在上熏之，常令烟得所。熏讫叠衣，隔宿衣之，数日不散。

〔一〕"熏衣法"，原作"熏香法"，今依目录及内容改。

造香饼子法

软灰三斤，蜀葵叶或花一斤半，贵其粘。同捣令匀细如末可丸，更入薄糊少许。每如弹子大，捏作饼子，晒干贮瓷瓶内，逐旋烧用。如无葵，则以炭中半入红花滓同捣，用薄糊和之，亦可。

附

香　谱　唐　无名氏

香品一

龙脑香

出波律国。树高八九丈，大可七尺围，叶圆而背白。其树有肥瘦，形似松柏，作杉木气。干脂谓之龙脑香，清脂谓之波律膏。子似豆蔻。

明净如雪花者善，如麦麸者不佳。合黑糯米、相思子贮之，则不耗。

仍分生熟之异称：生龙脑，即上之所载也。其绝妙者谓之"梅花脑子"。有以火飞结成块，谓之熟龙脑，气味差薄焉。

麝　香

食柏叶及蛇。采者多以一子真香，分揉作三四子，刮取血膜，杂以余物。或有夏食蛇虫多，出寒香满，入春患急痛，自以脚剔之出。人有得之者，绝胜。人间带麝，非但香，亦辟恶。以香真者一子着颈间枕之，辟恶梦及尸疰、鬼气。

今或传有水麝，其香尤为佳美。

沉水香

出天竺、单于二国，与青桂、鸡骨、煎香同是一树。叶似橘，经冬不凋；夏生花，白而圆细；秋结实如槟榔，色紫似葚而味辛。树皮青色，木似榉柳。

重实黑色沉水者是。今复有色黄而沉水者，谓之蜡沉。

丁相《天香传》曰："香之类者四：曰沉，曰笺，曰生结，曰黄熟。其为类也十有二，沉香得其八焉：曰乌文格，土人以木为格，谓如文木也；曰黄蜡；曰牛眼；曰牛角；曰牛蹄；曰鸡头；曰鸡腿；曰鸡骨；皆为沉香也。"

白檀香

出昆仑国。又有紫檀，人磨以涂风肿。虽不生于中华，人间遍有之。

苏合香

生中台川谷。俗传是师子粪，外国说不然。今皆从西域来，真者紫赤色，极坚实芬香，重如石，烧之灰白者佳。主辟邪、虐。

安息香

出西域国。

《酉阳杂俎》曰："出波斯国。其树呼为辟邪树，叶有四角，经冬不凋。二月有黄花，心微碧，不结实。刻皮，胶如饧，名安息也。"

郁金香

生大秦国，其香十二叶。

鸡舌香

生昆仑及交、广以南。树有雌雄，皮叶并似栗。其花如梅，结实如枣，雌树也。不入香用。无子而花，雄树也。

熏陆香

出天竺及邯郸，似枫松，脂黄白色。天竺者多白，邯郸者多绿。

詹糖香

生晋安岑州及交、广，难得真正者。

丁　香

生广州，树高丈余，叶似栎而花圆细，色黄。子如钉，长四五分，紫色。有粗大者，长寸许，俗呼为母丁香。击之则顺理而拆。

波律香

即波律膏也，见龙脑门。

乳　香

《广志》云："即南海波斯国松树脂。有紫赤如樱桃者，名乳香，盖熏陆之类也。"今以通明者为胜，目曰的乳，其次曰拣香，又其次曰瓶香。

鸡骨香

亦沉水香同树，以其枯燥轻浮，故名之也。

青桂香

即沉水香黑班者也。

木 香

一名蜜香，从外国船上来。叶似薯蓣而根大，花紫色，如鸡骨。如啮之粘齿者良。又有一种，谓之青木香，亦云云南香。

降真香

出交、广舶上。其香如苏枋木，燃之初不甚香，得诸香和之则美。

艾纳香

似细艾。又有松树皮绿衣，亦名艾纳。可以合诸香烧之，能聚其烟，青白不散也。

馢 香

亦沉水同类，以其肌理有黑脉者是也。

叶子香

即馢香之薄者，尤胜于馢。

芸 香

似邪蒿，可食。

《典略》云："芸台香，辟蠹鱼。藏书者称芸台。"

芳　草

即白芷也。道家用此以浴，去尸虫。又用合马蹄香，即杜蘅也。

形如马蹄，惟道家多用，服之令人身及衣皆香。

蕙　香

绿叶紫花，魏武帝以为香烧之。

都梁香

出交、广，形如藿香。

甲　香

出南海。《唐本草》云："蠡类，大如拳，青黄色，长四五寸。"

今和香多用，为能发香，复聚烟。然须酒、蜜等煮炙修制，方可入用。

迷迭香

《广志》云："出西域。"

异香二

都夷香

《洞冥记》曰："香如枣核，食一颗则经月不饥。"

荼芜香

王子年《拾遗记》:"燕昭王二年,广延国进二舞人,常以此香屑铺地,使舞其上而无迹。"

辟寒香 辟邪气香 瑞麟香 金凤香

皆异国所献。自两汉至皇唐,皇后、公主乘七宝车,四面缀五色玉香囊,中贮此四香,每出游,则芬馥满路。

月氏香

《瑞应图》云:"天汉三年,月氏国贡神香。后长安大疫,宫人得疾者,便烧之,病即差。百里之间闻香气,积九月而香不灭。"

龟甲香

即桂香之善者。

沉光香

门中烧之有光。

沉榆香

《封禅记》:"黄帝列珪玉于兰蒲席上,燃沉榆之香。"

茵墀香

灵帝初平三年,西域所献。煮为汤,宫人沐浴,经月不散。

石叶香

叠叠状如云母。魏文帝时，题腹国所献。

凤脑香

穆宗常于藏真岛前烧之。

紫述香

一名红蓝香，一名麝草香。

百濯香

《拾遗记》："孙亮有宠姬四人，合四气香，皆殊方异国所献。经践蹑宴息之处，香在衣弥年不歇，因以为名也。"

蘅芜香

汉武帝梦李夫人授帝蘅芜之香，梦中惊起，香气犹着衣。

九真雄麝香

即赵昭仪上姊飞燕香也。

金碑香

《洞冥记》："金日碑既入侍，欲衣服香洁，变胡虏之气，自合此香。"

香事三

香 序

宋范晔，字蔚宗，撰《香序》云："麝本多忌，过分必害；沉实易和，盈斤无伤。零霍惨虐，詹糖粘湿。甘松、苏合、安息、郁金、并被珍于外国，无取于中华。又枣膏昏蒙，甲煎浅俗，非惟无助于馨烈，乃当弥增于尤疾也。"此序所言，悉以比类朝士。"麝本多忌"，比庾憬之；"枣膏昏蒙"，比羊玄保；"甲煎浅俗"，比徐湛之。

香 尉

《述异记》曰："汉雍仲子，进南海香物，拜涪阳尉。时谓香尉也。"

怀 香

汉尚书郎怀香握兰，趋走丹墀。

香 市

南海有香市，以香交易。

香 户

南海郡有采香户。

香 洲

在朱崖郡洲中，出诸异香。

披香殿

汉宫有披香殿。

采香径

吴王阖间起响屧廊、采香径。

啗 香

《杜阳杂录》：“元载宠姬薛瑶英母，以香啗英，故肌肉皆香。”

含 香

应劭至侍中，年老口臭，帝赐鸡舌香含之。

窃 香

晋韩寿，字德真，为贾充司空椽。充女窥见寿而悦焉，窃通殷勤，寿逾垣而至。时西域有贡奇香，一着人肌，经月不歇。帝以赐充，其女密盗以遗寿。后充闻其香，意知女与寿通，遂秘之，因妻焉。

香 囊

谢玄尝佩紫罗香囊，谢安患之，而不欲伤其意，因戏赌取焚之。

又古诗云：“香囊悬肘后。”

博山香炉

皇太子初拜，有铜博山，乃东宫旧事也。后丁缓又作九层博山香炉。

被中香炉

长安巧工丁缓始为之，机环运转四周，而炉体常平，可置之被褥间。

沉香火山

隋炀帝每除夜，殿前设火山数十，皆沉水木根。每一山焚香数车，暗则以甲煎沃之。

檀香亭

宣州观察使杨牧造之。

沉香亭

《李白后集序》："开元中，禁中初重木芍药，即今牡丹也。得四本：红、紫、浅红、通白者，上因移植于沉香亭前。"

香　溪

吴故宫有香溪，是浴西施处。又呼为脂粉溪。

香　童

《天宝遗事》："玄宗好宾客，常于寝账前设金女童二人，捧七宝博山炉，自暝彻晓。"

香法四

蜀王熏衣牙香法

丁香　栈香　沉香　檀合龙脑　麝香各一两　郁金三两，制甲煎如常法

右件各细捣下罗，用白沙蜜，不得熟和，烧之。

延安郡公药香法

玄参半斤，去尘土，银器中水煮，控干薄切，微火炒烟出　甘松四两，去土细锉　乳香二钱，同麝细研别药成末　后入麝香二钱　白檀香二钱　沉香半两

右件为末，炼蜜为丸，如鸡头大。每药末一两，使熟蜜一两。

江南李主帐中香法

右用沉香一两，细锉，以鹅梨十个研汁，银器中盛，蒸曝干用之。

牙香法

沉香　檀香　结香　藿香　零陵香　甘松　茅香各四两　白胶香一两　龙、麝二钱〔一〕

右蜜和，烧之。

〔一〕"二钱"，疑应作"各二钱"。

又　法

檀香　玄参各三两　甘松二两　乳香　麝香各半两

右先将檀、玄于银石器内水煮，干尽为度，焙干。与诸香同为末，用生蜜和，窨八日后，烧之。

清神香

甘松_{二两}　甜参_{四两}　檀香_{一两}　麝香

右为末，炼蜜为丸如鸡头，烧之。

熏衣香

檀香_{十两，细锉，用蜜半斤□汤拌一宿炒，冷紫色}　笺香_{五两半，细锉}

沉香_{三两半，细锉}　甲香_{二两，修事了用}　杉木炭_{二两}　好腊茶末_{二钱，汤}
_{点，取脚用}

右为末，炼蜜和匀，入瓶内窨一月可用。

附录

洪氏香谱序

《书》称："至治馨香，明德惟馨。"反是，则曰："腥闻在上。"《传》以芝兰之室、鲍鱼之肆，为善恶之辨。《离骚》以兰、蕙、杜蘅为君子，粪壤、萧艾为小人。君子澡雪其身心，熏被以道义，有无穷之闻。余之《谱》亦是意云。

见明周嘉胄《香乘》卷二八

书洪驹父香谱后

历阳沈谏议家，昔号藏书最多者。今世所传《香谱》，盖谏议公所自集也，以谓尽得诸家所载香事矣。以今洪驹父所集观之，十分未得其一二也。余在富川作妙香寮，永兴郭元寿赋长篇。其后贵池丞刘君颖与余，凡五赓其韵，往返十篇，所用香事颇多，犹有一二事，驹父《谱》中不录者。乃知世间书，岂一耳目所能尽知？自昔作类书者，不知其几家，何尝有穷。顷年在武林，见丹阳陈彦育作类书，自言今三十年矣。如荔枝一门，犹有一百二十余事。呜呼！博闻洽识之士，固足以取重一时，然迷入黑海，荡而不反者，亦可为书淫传癖之戒云。

见宋周紫芝《太仓稊米集》卷六七

洪刍香谱跋

古者炳萧灌郁，焚椒佩兰，所谓香者，如是而已。汉世始通南粤。《西京杂记》有丁缓作被中香炉。《汉武内传》载西王母降，爇婴香。自是而后，殊方外域多贡奇香，闽越贾舶，往来岛国，香之珍异日繁，而合和窨造之法日盛。为之谱者，有洪、沈、颜、叶诸家。河南陈氏彙洪、沈而下十一家谱，合为四卷，经两世而书成，荟萃群言，足资考证。至明季江左周氏，复作《香乘》二十八卷，较陈《谱》尤为详备。此清庙灵坛，瑶房燕寝，所当留意者也。

是编《香谱》二卷，无撰人名氏，旧刻《百川学海》中，谓即宋洪驹父撰。与晁氏《读书志》、《通考》所称洪本又多不合。《四库提要》谓即侯氏《萱堂香谱》，亦存其疑。然考所引韵藻，无宋以后者，则作者非宋以后人可知。《谱》中"香异"第三条"辟邪香"，目讹为"辟寒"，而辟寒香又缺载。今另为一条，补于后。"香事"诸条，唯《天香传》存目而不载《传》，今亦为补入。较左氏刻，差为完善云。

嘉庆甲子冬杪　虞山张海鹏识

见清张海鹏辑《学津讨原》第十五集第十册

四库全书总目提要

香谱二卷　内府藏本

旧本不著撰人名氏，左圭《百川学海》题为宋洪刍撰。刍字驹父，南昌人。绍圣元年进士，靖康中官至谏议大夫，谪沙门岛以卒。所作《香谱》，《宋史·艺文志》著录。周紫芝《太仓稊米集》有《题洪驹父香谱后》曰：历阳沈谏议家，昔号藏书最多者。今世所传《香谱》，盖谏议公所自集也，以为尽得诸家所载香事矣。以今洪驹父所集观之，十分未得其一二也。余在富川作妙香寮，永兴郭元寿赋长篇。其后贵池丞刘君颖与余，凡五赓其韵，往返十篇，所用香事颇多，犹有一二事，驹父《谱》中不录者云云。则当时推重刍《谱》，在沈立《谱》之上。然晁公武《读书志》称：刍《谱》集古今香法，有郑康成汉宫香、《南史》

小宗香、《真诰》婴香、戚夫人迫驾香、唐员半千香，所记甚该博，然《通典》载历代祀天用水沉香，独遗之云云。此本有"水沉香"一条，而所称郑康成诸条，乃俱不载，卷数比《通考》所载刍《谱》，亦多一卷，似非刍作。沈立《谱》久无传本，《书录解题》有侯氏《萱堂香谱》二卷，不知何代人，或即此书耶？其书凡分四类，曰香之品、香之异、香之事、香之法，亦颇赅备，足以资考证也。

见《四库全书总目》卷一一五

名香谱

〔宋〕叶廷珪　撰

前　言

《名香谱》一卷，宋叶廷珪撰。

叶廷珪，一作庭珪，字嗣忠，号翠岩，瓯宁（今福建建瓯）人，一说为崇安（今福建武夷山）人。生卒年不详。政和五年（1115）进士，历官德兴知县、太常寺丞、兵部郎中、泉州知州等，绍兴二十二年（1152），秦桧指使言官，劾罢其漳州知州一职，而处以祠禄官之闲职，其后事迹不详。叶廷珪性喜读书，凡遇异书无不借读，有可用者则手钞之，辑成《海录碎事》二十二卷（一说为二十三卷，一说为三十三卷）。又撰有《南蕃香录》一卷，今佚。

《南蕃香录》，《宋史》卷二〇五《艺文志四》著录。据叶廷珪《自序》云：其在泉州知州任上，兼管市舶司事务，因便接触往来的外国客商，"询究本末，录之以广异闻"。由此可知，《南蕃香录》主要记载了从南方诸国输入的香料。其书虽已不存，但明陶宗仪所辑《说郛》卷九八（宛委山堂本）收录叶廷珪《名香谱》一卷，共五十五则。其中大部分条目记载香料，也有小部分为有关香的典故。有学者认为："叶廷珪《香录》，今存者称《名香谱》。"（见刘静敏《〈陈氏香谱〉版本考述》）笔者认为，此说尚待斟酌。叶廷珪《南蕃香录序》中明言：此书是"因蕃商之至，询究本末，录之以广异闻"。则书中的内容，应以蕃商的叙述为主，记载香料的产地、形状、功用、采集方法等都应该比较完备，并且主要反映北宋末南宋初的中外香料贸易情形。可是现存《名香谱》中的记载，绝大部分还是从宋朝以前历代典籍中摘录有关资料，并非"蕃商"的陈述。而且条目的文字十分简略，多寥寥数语，不似得自口耳相传的记录。虽然，陶宗仪在辑编《说郛》时，对所辑书籍多加删节，然而也不至于将蕃商的叙述删得一干二净，使后人无从追寻踪迹。综上所述，《名香谱》并非《南蕃香录》的异名，而是叶氏所撰另一种香学专著，其来源似与《海录碎事》有关。

《海录碎事》二十二卷，成书于绍兴十九年（1149）。据叶廷珪《海录碎事自序》云："间作数十大册，择其可用者手抄之，名曰《海录》。其文多成片段者，为《海录杂事》；其细碎如竹头木屑者，为《海录碎事》；其未知故事所出者，为《海录未见事》；其事物兴造之原，为《海录事始》；其诗人佳句，曾经前辈所称道者，为《海录警句图》；其有事迹著见作诗之由，为《海录本事诗》。"今存《海录碎事》卷六《饮食器用部》有《香门》，共二十六则。其中大部分为有关香料的诗文典故，亦有一二条记载香料。窃疑此《名香谱》，应该是从叶廷珪《海录》中辑出的有关香料记载的条目，另编成《名香谱》一书。这是因为《海录碎事》为一部中型类书，主要目的是为了收集诗料，所以以诗文典故为主。而其他手录的零星资料，或编入《事始》《杂事》等稿中，而为后人辑出有关香料的条目，另成《名香谱》。我们今天从《海录碎事·香门》中的条目偏重于有关香料的诗文典故，而《名香谱》中的条目则以香料记载为主，二者很少重复，或可窥见其端倪。

《名香谱》一卷，今存最早的版本见宛委山堂本《说郛》卷九八。民国年间成书的《香艳丛书》全文收录，铅印刊行。此次整理，以《说郛》本为底本，间加校勘，并重新编制目录。《海录碎事》卷六《饮食器用部·香门》，则附于《名香谱》之下，以供参考。检核《海录碎事》全书，有关香料的记载和诗文典故，尚有若干条，散见于各部，今亦将有关香料的条目择要辑入，附于《香门》之下。条目重复者不录，诗文典故亦从略。有关序跋及叶廷珪的传记等资料，附于最后。

目 录

蝉蚕香

交阯所贡，唐宫中呼为瑞龙脑。

茵犀香

西域献，汉武帝用之煮汤辟疠。

石叶香

魏文帝时，腹题国贡。状如云母，可以辟疫。

百濯香

孙亮为四姬合四气香，衣香百濯不落，因名。

凤髓香

唐穆宗藏真岛出，焚之崇礼。

紫述香

《述异记》云："又名麝香草。"

都夷香

《洞冥记》云："香如枣核，食之不饥。"

荃芜香

燕昭王时，出波弋国。浸地则土石皆香。

辟邪香　瑞麟香　金凤香

唐同昌公主带玉香囊中，芬馥满路。

月支香

月支国进，如卵。烧之辟疫百里，九月不散。

振灵香

《十洲记》云："聚窟洲有树如枫，叶香闻数百里。"〔一〕

〔一〕《十洲记》云：聚窟洲上有大山，"山多大树，与枫木相类，而花叶香闻数百里，名为返魂树"。即下条所云返魂、惊精诸香所出。

返魂香　震檀香　惊精香　返生香　却死香

月支国，一香五名。尸埋地下者，闻之即活。

千亩香

《述异记》云："以林名香。"

翺齐香

出波斯国。入药，治百病。

龟甲香

《述异记》云："即桂香之善者。"

兜末香

《本草》："汉武帝西王母降，焚是香也。"〔一〕

〔一〕见唐陈藏器《本草拾遗》卷三，原引《汉武帝故事》作"兜木香"。按，《汉武故事》略言西王母来，汉武帝"乃施帷帐，烧兜末香，兜渠国所献也"。

沉光香

《洞冥记》云："涂魂国，烧之有光。"[一]

〔一〕参见洪刍《香谱》卷上"沉光香"条。今本《洞冥记》无此条。

沉榆香

《拾遗记》："黄帝封禅，焚之。"

蘅芜香

汉武帝梦李夫人授此香。

百蕴香

飞燕浴身用此。

月麟香

文帝宫中爱女，号袖里春[一]。

〔一〕此条简略过甚，不明所以。后唐冯贽《云仙散录》引《史讳录》云：唐玄宗为太子时，其爱妾莺儿，"以轻罗造梨花散蕊，裹以月麟香，号'袖里春'"。

辟寒香

焚之可以辟寒。

龙文香

汉武帝时，外国进。

千步香

南郡所贡，焚之，千步内犹有香气。

九和香

《三洞珠囊》曰："玉女擎玉炉焚之。"

九真香　青木香　沉水香

皆合德上飞燕裰中物。

罽宾国香

杨牧席间焚之，上有楼台之状。

拘勿头华香

拘勿头国进，香闻数里。

精祇香

出涂魂国，焚之辟鬼。

飞气香

《珠囊》曰："真人所烧。"

五枝香

烧之十日，上彻九重。

羯布罗香

《西域记》云："树如松，色如冰雪。"〔一〕

〔一〕见唐玄奘等《大唐西域记》卷一〇："羯布罗香树，松身异叶，花果斯别。初采既湿，尚未有香，木干之后，循理而析，其中有香，状若云母，色如冰雪，此所谓龙脑香也。"

大象藏香

因龙斗而生，若烧一丸，兴大光明，珠如甘露。

兜娄婆香　牛头旃檀香

出释典〔一〕。

〔一〕按，兜娄婆香，出《楞严经》；牛头旃檀香，出《华严经》。均见洪刍《香谱》卷上。

明庭香　明天发日香

出胥陀寒国。

迷迭香

出西域，焚之去邪。

必栗香

焚之，去一切恶气。

揭车香

《本草》："焚之，去蛀辟臭。"〔一〕

〔一〕唐陈藏器《本草拾遗》卷三作"藒车香"，下云："主鬼气，去臭，去鱼蛀蚰。"

刀圭第一香

唐昭宗赐崔胤一粒，终日旖旎。

曲水香

香盘即之，似曲水像[一]。

〔一〕宋陶谷《清异录》卷下"曲水香"条云："用香末布篆文木范中，急覆之，是为曲水香。"

鹰嘴香

番人出，焚之辟疫。

乳头香

曹务光理赵州，用盆焚，云："财易得，佛难求。"[一]

〔一〕后唐冯贽《云仙散录》"斗盆烧香"条云："曹务光见赵州，以斗盆烧乳头香十斤，曰：'财易得，佛难求。'"按，赵州，指唐代从谂禅师。驻锡赵州（今河北赵县）观音院，故称。

助情香

安禄山进。玄宗含之，筋力不倦。

夜酣香

炀帝迷楼所梦也[一]。

〔一〕题唐颜师古撰《隋遗录》卷下云：隋炀帝乃建迷楼，"楼上张四宝帐，帐各异名：一名散春愁，二名醉忘归，三名夜酣香，四名延秋月。妆奁寝衣，帐各异制。"据此，"夜酣香"乃宝帐名，寓意夜来酣睡，非香料名也。

雀头香

魏文帝遣使于吴，求雀头香。

伴月香

徐铉月夜露坐，焚之，故名此。

鸡舌香

汉侍中刁存事。又，尚书郎含鸡舌香奏事。

安息香

出三佛齐国。

亚湿香

出占城国。

金颜香

出大食真腊国。

神精香 一名荃蘼　一名春芜

出波弋，即前荃芜香也。其皮如丝，可以为布。

沉光香　明庭香　金碑香　涂魂香

元封中，外国所献。

蓬莱香

即沉水香结未成者，成片如小芝及大菌之状。

鹧鸪斑香　思劳香

出日南，如乳香。

橄榄香

状如黑胶，炙烧毫粒，经旬不散。

附

《海录碎事》卷六《饮食器用部》

香 门

百濯香

吴孙亮宠姬有异香，历年弥盛，百浣不歇，名曰百濯香。

菡萏炉

薛逢诗："碧碎鸳鸯瓦，香埋菡萏炉。"[一]

〔一〕见《全唐诗》卷五四八，此诗仅存二句，即从《海录碎事》辑出。

无碍香

张说诗："愿寄无碍香，随心到南海。"[一]

〔一〕唐张说《书香能和尚塔》诗句，见《全唐诗》卷八九，原作"远寄无碍香，心随到南海"。

五 香

一木五香：根旃檀，节沉，花鸡舌，叶藿，胶熏陆。

辟恶香

庾信："盘龙明镜饷秦嘉，辟恶生香寄韩寿。"[一]

〔一〕北周庾信《燕歌行》诗句，见《先秦汉魏晋南北朝诗·北周诗》卷二。

妙 香

"灯影照无睡，心清闻妙香。"[一]《维摩经》云："坐香树下，闻斯妙香。"

〔一〕唐杜甫《大云寺赞公房》四首之三诗句，见《全唐诗》卷二一六。

异 香

赵后浴五蕴七香汤，踞通沉水香，坐燎降神百蕴香。昭仪浴豆蔻汤，傅露华百英粉。帝常私语樊嬺曰："后虽有异香，不如昭仪体自香也。"[一]《飞燕外传》

〔一〕按，又见《海录碎事》卷五《钗珥门》，字词全同，亦出《飞燕外传》

百蕴香 五蕴香

同见上。

返生香

《拾遗传》："月支国进异香，汉武帝焚之，死者三日皆活。一曰返生香，一曰却死香。"

苏合香

《南史》："大秦国出苏合香，是诸香汁煎之，非自然一物也。"又："大秦人采苏合，先笮其汁，以为香膏，乃卖其滓。"

震檀香

震檀香，乃返魂香也。出聚窟洲。亦名却死香，一种有六名。汉武时，月支国尝献之。

灵芜

"灵芜盘穗卷良常"[一]。灵芜，香也。林逋

[一] 宋林逋《寄玉梁施道士》诗句："大静入来诸事罢，灵芜盘穗卷良常。"见《全宋诗》卷一〇六。

象藏香

象藏香，因龙斗而生。烧之一丸，凝停七日，降金色雨，沾人身悉皆金色。

沉榆香

诏群臣受德教者，先燃沉榆之香。《拾遗记》

九回香

赵飞燕妹婕妤，名合德。每沐，以九回香膏发。其薄眉号远山黛，施小朱号慵来妆。《杂俎》[一]

[一] 按，唐段成式《酉阳杂俎》无此语，见汉伶玄《赵飞燕外传》。

石叶香

"欲熏罗荐嫌龙脑，须为寻求石叶香"[一]。段成式

〔一〕唐段成式《戏高待御》七首之四诗句，见《全唐诗》卷五八四。

逆风闻

林公曰："白旃檀非不馥，焉能逆风？"《成实论》曰："波利宾多天树，其香则逆风而闻。"[一]

〔一〕"林公曰"云云，见南朝宋刘义庆《世说新语》卷上《文学》。林公，晋代高僧支遁。"《成实论》曰"以下，乃刘孝标注文。"波利宾多"，原作"波利质多"。

龙鳞香

龙鳞香，叶子曰：即栈香之薄者，又曰龙鳞香[一]。

〔一〕"叶子曰"，疑此三字误。洪刍《香谱》卷上"叶子香"条云："即馢香之薄者，其香尤胜于馢。又谓之龙鳞香。"据此，此则首二句似应作"龙鳞香，即叶子香"。

意可香

意可香，初名宜爱。或云：此江南宫中香，有美人字曰宜，爱此香，故名宜爱。山谷曰："香殊不凡，而名乃有脂粉气。"易名曰意可。

鹊尾炉

香炉有柄曰鹊尾炉。费崇先信佛法，常以鹊尾炉置膝上。《珠林》

三天下

"香气三天下，钟声万壑连"[一]。李白

〔一〕唐李白《春日归山寄孟浩然》诗句，见《全唐诗》卷一七三。

五色烟

皮日休："五色香烟惹内文。"注："许远游烧香五色烟。"[一]

〔一〕唐皮日休《江南道中怀茅山广文南阳博士》三首之三："五色香烟惹内文，石馅初熟酒微醺。"注文在首句下。见《全唐诗》卷六一三。

沉水香

沉水香，林邑国土人破断之，积以岁年，朽烂而心节独在，置水中则沉，故名曰沉香。不沉名栈香。

侍史香

"尘暗神妃袜，衣残侍史香"[一]。杨文公诗

〔一〕宋杨亿《槿花》诗句，见《全宋诗》卷一二〇。

芝 印

"香字消芝印，金经发苣苈"[一]。

〔一〕唐代段成式、张希复《僧房联句》诗张希复句，见《全唐诗》卷七九二。

梵宇香

"翻了西天偈，烧余梵宇香"[一]。

〔一〕唐段成式、张希复《赠诸上人联句》诗段成式句，见《全唐诗》卷七九二。

香 雨

《拾遗记》：烂石烧之，烟为香云，遍空则下香雨。《物类相感志》〔一〕。按，见《海录碎事》卷一《雨门》

〔一〕今本晋王嘉《拾遗记》无此则。《太平御览》卷八引《拾遗记》云："烂石，色红似肺，烧之有香烟，闻数百里；烟气升天，则成香云；香云遍润，则成香雨。"又卷八七一引《拾遗记》云：员峤山出烂石，"此石常浮于水边，方数百里，其色多红，烧之有烟数百里外，升天则成香云，香云遍润，则成香雨"。宋释赞宁《物类相感志》卷一八"员峤烂石"条引王子年《拾遗》云："员峤山西有星池，出烂石，常浮于水上，色红虚以上质。烧之香闻百里，烟升为香云，云成香雨也。"

香 柏

《汉武故事》："建章宫以香柏为之，香闻数十里。"按，见《海录碎事》卷四下《宫殿门》

金门石阁

"金门石阁知卿有，豹骨鸡香早晚含"〔一〕。按，见《海录碎事》卷四下《禁闼门》

〔一〕唐李贺《酒罢张大彻索赠》诗句，"豹骨鸡香"，原作"豸骨鸡香"。见《全唐诗》卷三九一。

柏梁台

汉武帝元鼎二年作。以香柏为之。按，见《海录碎事》卷四下《楼

台门》

芸辉堂

唐元载造芸辉堂于私第。芸辉，香草，出于阗国。按，见《海录碎事》卷四下《厅堂门》

香 缨

香缨以五彩为之。妇参舅姑，先持香缨咨之。按，见《海录碎事》卷五《钗珥门》

蘅 薇

张道陵母，夫人自魁星中以蘅薇香授之[一]，感而有孕。按，见《海录碎事》卷七下《生子门》

〔一〕见宋曾慥《类说》卷三引宋贾善翔《高道传》。"夫人"，原作"天人"，是。

香 儿

元载妓薛琼英，幼以香屑亲饮啖之，长而肌香，故名香儿。出《丽情》。 按，见《海录碎事》卷七下《妾门》

尘 台

石季伦春杂宝异香，使人于楼上吹散之，名为尘台[一]。按，见《海录碎事》卷七下《富贵门》

〔一〕"石季伦"，应作"石季龙"。晋王嘉《拾遗记》卷九云："石虎于太极殿前起楼，高四十丈……时亢旱，春杂宝异香为屑，使数百人于楼上吹散之，名曰'芳尘'。台上有铜龙，腹容数百斛酒，使胡人于楼上嗽酒，风至望之如露，名曰'粘雨台'，用以洒尘。"晋代石崇字季伦，后赵石虎字季龙，以"伦"、"龙"二字音近致误。

麝 壁

东昏侯涂壁，皆以麝香。按，见《海录碎事》卷九上《奢豪门》

沉香浴壶

赵后报婕妤以云锦五成帐、沉水香浴壶。《赵后外传》。按，见《海录碎事》卷一〇下《后妃门》

青木香

炀帝西巡，将入吐谷浑。樊子盖以彼多鄣气，献青木香，以御雾露。按，见《海录碎事》卷一四《药名门》

钱 精

青凫，一名钱精，取母杀取血，涂钱绳，入龙脑香少许，置柜中。焚香一炉祷之，其钱并归绳上。按，见《海录碎事》卷一五《钱门》

给香墨

《东宫故事》："皇太子初拜，给香墨四丸。"按，见《海录碎事》卷一九《墨门》

燕尾香

兰叶尖长，有花红色白，俗呼为燕尾香。煮水浴，疗风。按，见《海录碎事》卷二二下《草门》

附录

叶氏香录序

古者无香，燔柴焫萧，尚气臭而已。故"香"之字虽载于经，而非今之所谓香也。至汉以来，外域入贡，香之名始见于百家传记。而南番之香独后出，世亦罕能尽知焉。余知泉州职事，实兼舶司。因番商之至，询究本末，录之以广异闻，亦君子耻一物不知之意。

绍兴二十一年　左朝请大夫知泉州军州事叶廷珪序

见明周嘉胄《香乘》卷二八

叶廷珪传

叶廷珪，字嗣忠，福建瓯宁人。政和五年进士，除武邑丞。时方兴燕山之役，廷珪资饷馈运不失，转知德兴县。张邦昌伪诏至，不拜。后知福清县，民困鬻盐，廷珪请增盐钱，又采煮盐利害，作图及书，州县遵用之。绍兴中，召为太常寺丞，迁兵部郎中。十五年，转对，言："比者专尚文德，天下廓廓无事，然芸省书籍未富。窃见闽中不经残破之郡，士大夫藏书之家宛如平时，如兴化之方、临彰之吴，所藏尤富，悉其善本。望陛下逐州搜访抄录。"从之。议论与秦桧忤，十八年秋，以左朝请大夫知泉州，镇静不扰。后移漳州，奉祠归。廷珪童时知嗜书，宦游四十余年，未尝一日释卷，食以饴口，怠以为枕，虽老而不衰。每闻士大夫家有异书，无不借，借无不读，读无不终篇。尝作数十大册，择其可用者手抄之，名曰《海录》。文多成片段者，曰《海录杂事》；其细碎如竹头木屑者，为《海录碎事》；其未知故事所出者，曰《海录未见事》；其事物兴造之原，曰《海录事始》；其诗人佳句为前辈所称道者，曰《海录警句图》；其有事迹著见作诗之由者，为《海录本事诗》。其诗老而益工，未尝一日不作，用事精当，寓意清高，置于唐人诗集中，几不能辨。吏部郎朱乔年喜称其诗。河阳傅自得寓泉州，与之往还，见辄论诗。名重当时，陈俊卿、黄祖舜、郑丙皆出其门[一]。

见清陆心源《宋史翼》卷二七

〔一〕按，清陆心源《宋史翼》，皆从历代史料中辑录，凡出处皆双行小字注文标明，此皆从略。

清异录（选）

〔宋〕陶谷　撰

前　言

《清异录》二卷，一说四卷，一说六卷，宋代陶谷撰。

陶谷（903—970），字秀实，邠州新平（今陕西邠县）人。本姓唐，其祖唐彦谦、父唐涣，在唐朝担任过刺史。因避后晋高祖石敬瑭之嫌讳，改姓陶。陶谷初仕后晋，历官校书郎、中书舍人等职。后晋亡，又仕后汉为给事中。后汉旋亡，陶谷再仕后周，历官翰林学士、兵部侍郎、吏部侍郎。宋灭后周，陶谷仕宋，先后为礼部、刑部、户部尚书，卒赠尚书右仆射。陶谷强记好学，博览经史，又善隶书。著作有《清异录》，另有诗文散见于《全宋诗》《全宋文》《全宋词》。

《清异录》今传本版本甚多，主要有一卷本、二卷本、四卷本三种。经学者考订，其书本为四卷，共三十七门，约六百六十则。其所收录的典故及词条，对后世影响很大，如《汉语大词典》就收录其中一半以上的条目作为词条或书证。宋明以来的香学专著及笔记杂著，不少条目亦以《清异录》为祖本。此次对《清异录》中有关的香料条目进行辑选整理，以《惜阴轩丛书》二卷本为底本，参校涵芬楼《说郛》一卷本、宛委山堂《说郛》一卷本及《宝颜堂秘笈》四卷本，间亦参校四库本。《清异录》之《熏燎门》集中收录了有关香学的条目，然而其他门类中亦有不少条目涉及香学，故辑选时按原书顺序排列条目，其下注明所在卷次门类。有关序跋提要及作者传记资料收入附录。

目　录

清异录序

叶伯寅氏有元时孙道明抄写宋陶谷《清异录》四卷，凡十五门，二百三十事，遗缺过半。后复得钞本，不第卷次，凡三十七门，六百四十八事，比道明本为备，而文独简略，讹谬亦多。然道明本虽遗缺，殆为谷书而简略者，则《说郛》所载，陶宗仪删定本也。今参校勘正，十有二三，而疑误难正者，并复存之。史称谷为人隽辩宏博，强记嗜学，多所总览。乾德初，尝为南郊礼仪使，法物制度，皆谷所定，一时咸共推美。故今此书亦颇该洽，诚游览者之秘苑也。昔蔡中郎得王仲任《论衡》，秘之帐中，以为谈助。王朗得之，至许下，人称其才进。吾之得谷之书，当亦符斯语耳。

隆庆壬申春日　河间俞允文撰

附　王凤洲来翰：

仆向有《清异录》，意欲梓行，得足下先之，是艺苑中髦孟不落莫矣。

见《宝颜堂秘笈》本卷首

清异录（选）

百和参军

袁象先判衢州时，幕客谢平子癖于焚香，至忘形废事。同僚苏收戏刺一札，伺其亡也而投之，云："鼎炷郎，守馥州，百和参军谢子平。"[一] 按，见卷上《官志门》

〔一〕"百和参军谢子平"，涵芬楼本作"百和参军谢平子"，其名与文内相应，是。

水香劝盏

扈戴畏内特甚，未仕时，欲出则谒假于细君。细君滴水于地，指曰："不干，须前归。"若去远，则燃香印，掐至某所，以为还家之验。因筵聚，方三行酒，戴色欲逃遁。朋友默晓，哗曰："扈君恐砌水隐形、香印过界耳，是当罚也。吾徒人撰新句一联，劝请酒一盏。"众以为善，乃俱起。一人捧瓯吟曰："解禀香三令，能遵水五申。"逼戴饮尽。别云："细弹防事水，短爇戒时香。"别云："战兢思水约[一]，匍匐赴香期。"别云："出佩香三尺，归防水九章。"别云："命系逡巡水，时牵决定香。"戴连沃六七巨觥，吐呕淋漓。既上马，群噪曰："若夫人怪迟，但道被水香劝盏留住。"按，见卷上《女行门》

〔一〕"战兢"，宝颜堂本、涵芬楼本皆作"战兢"，是。宛委山堂本无此则。

砑金虚缕沉水香纽列环

晋天福三年，赐僧法城跋遮那。袈裟环也。王言云："敕法城：卿佛国栋梁，僧坛领袖，今遣内官赐卿砑金虚缕沉水香纽列环一枚，至可领取。"按，见卷上《释族门》

五百斤铁蒸胡

汴州封禅寺有铁香炉，大容三石，都人目之曰"香井"。炉边锁一木柜，窍其顶。游者香毕，以白水真人投柜窍，寺门收此以为一岁麦本。他院释戏封禅房袍曰[一]："贵刹不愁斋粥，世尊面前者五百斤铁蒸胡[二]，好一件紧牢常住！"同上

〔一〕"禅房袍"，涵芬楼本作"禅方袍"。

〔二〕"世尊面前者"，涵芬楼本作"世尊面前有"，疑是。

肉香炉肉灯台

齐赵人好以身为供养，且谓两臂为"肉灯台"，顶心为"肉香炉"。同上

香　祖

兰虽吐一花，室中亦馥郁袭人，弥旬不歇。故江南人以兰为"香祖"。见卷上《草木门》

馨列侯

唐保大二年，国主幸饮香亭，赏新兰，诏苑令取沪溪美土为"馨列侯"雍培之具[一]。同上

〔一〕"雍培之具"，涵芬楼本、宛委山堂本、宝颜堂本皆作"拥培之具"。

丁香竹

荆南判官刘或[一]，弃官游秦、陇、闽、粤，箧中收大竹拾余颗。每有客，则斫取少许煎饮[二]，其辛香如鸡舌汤[三]。人坚叩其名，曰："谓之丁香竹，非中国所产也。"见卷上《竹木门》

〔一〕"刘或"，涵芬楼本作"刘或"，是。

〔二〕"每有客，则斫取少许煎饮"，涵芬楼本作"每有客到，斫取少许煎饮"。

〔三〕"其辛香如鸡舌汤"，涵芬楼本作"其芳香如鸡舌香汤"。

浅色沉

同光中，秦陇野人得柏树，解截为版，成器物，置密室中，时馨芳之气[一]，稍类沉水。初得而焚之，亦不香，盖性不宜火，此"浅色沉"耳[二]。同上

〔一〕"馨芳之气"，涵芬楼本作"芬芳之气"。

〔二〕"此浅色沉耳"，涵芬楼本作"云：'此浅色沉耳。'"

省便珠

释知足尝曰："吾身，炉也。吾心，火也。五戒十善，香也。安用沉、檀、笺、乳，作梦中戏！"人强之，但摘窗前柏子焚爇，和口者指为"省便珠"。同上

睡　香

庐山瑞香花，始缘一比丘昼寝盘石上[一]，梦中闻花香，烈酷不可名。既觉，寻香求之，因名"睡香"。四方奇之，谓乃花中祥瑞，遂以"瑞"易"睡"。按，见卷上《百花门》

〔一〕"盘石"，涵芬楼本作"磐石"。

97

紫风流〔一〕

庐山僧舍有麝囊花一丛，色正紫，类丁香，号"紫风流"。江南后主诏取数十根，植于移风殿，赐名"蓬莱紫"。同上

〔一〕按，下文"花经九品九命"条于"紫风流"下注云："睡香异名。"

五　宜

对花焚香，有风味相和，其妙不可言者。木犀宜龙脑，酴醾宜沉水，兰宜四绝，含笑宜麝，蒼卜宜檀。韩熙载有《五宜说》。同上

兰花第一香

兰无偶，称为第一。同上

土麝香

尝因会客食瓜，言最恶麝香。坐有张延祖，曰："是大不然。吾家以麝香种瓜，为乡里冠，但人不知制伏之术耳。"求麝二钱许，怀去。后旬日，以药末搅麝见送〔一〕，每种瓜一窠，根下用药一捻。既结〔二〕，破之，麝气扑鼻。次年，种其子，名"土麝香"〔三〕，然不用药麝，止微香耳〔四〕。按，见卷上《百果门》

〔一〕"以药末搅麝见送"，涵芬楼本作"以药末搅麝香见送"。

〔二〕"既结"，涵芬楼本作"既结实"，是。

〔三〕"名'土麝香'"，涵芬楼本、宝颜堂本作"名之曰'土麝香'"。

〔四〕"然不用药麝，止微香耳"，宝颜堂本作"但不用药麝香耳"。

爽　团

冯瀛玉爽团法[一]：弄色金杏，新水浸没。生姜、甘草、草丁香[二]、蜀椒、缩砂、白豆蔻、盐花、沉、檀、龙、麝，皆取末如面，搅拌。日晒干，候水尽味透，更以香药铺糁，其功成矣。宿酲未解，一枚可以萧然[三]。同上

〔一〕"冯瀛玉"，涵芬楼本作"冯瀛王"。

〔二〕"草丁香"，涵芬楼本作"丁香"，是。宝颜堂本作"车丁香"，误。

〔三〕"可以萧然"，涵芬楼本作"可以销热"。

迎年佩

咸通后，士风尚于正旦未明佩紫赤囊[一]，中盛人参、木香，如豆样，时时倾出嚼吞之，至日出乃止，号"迎年佩"。按，见卷上《药品门》

〔一〕"正旦未明"，涵芬楼本作"正旦黎明"。

一药谱[一]

苾刍清本良于医，药数百品，各以角贴，所题名字诡异。余大骇，究其源底。答言："天成中，进士侯宁极，戏造《药谱》一卷，尽出新意，改立别名。因时多艰，不传于世。"余以礼求假录一过，用娱闲暇。

木叔_{胡椒}　　　　抱雪居士[二]_{香附子}

远秀卿_{沉香}　　　　命门录事_{安息香}

风味团头_{缩砂}　　　水状元_{紫苏}

黄英石_{檀香}　　　　帝膏_{苏合香}

涩翁_{诃梨勒}　　　　麝男_{甘松}

冰喉尉薄荷　　　　　　茅君宝箧苍术

玲珑霍去病藿香　　　　大通绿[五]木香

黄香影子栀子　　　　　拔萃团麝香

支解香丁香[三]　　　　八月珠茴香

蛮龙舌血没药　　　　　金母蜕郁金

脾家瑞气肉豆蔻　　　　线子檀茅香

玉虚饭龙脑　　　　　　宜州样子白豆蔻

瘦香娇丁香[四]　　　　保生蒌藁本

同上。按，该《药谱》收药品名约190种，仅录其香料别名26种。

〔一〕"一药谱"，涵芬楼本作"药谱"。

〔二〕"抱雪居士"，涵芬楼本、宝颜堂本皆作"抱灵居士"。

〔三〕"丁香"，宝颜堂本作"丁皮，一作丁香"。

〔四〕"丁香"，涵芬楼本、宝颜堂本皆作"丁黄，一作丁香"，疑是。按，丁香已有别名为"支解香"，无由再名为"瘦香娇"。

〔五〕"大通绿"，涵芬楼本、宝颜堂本皆作"天通绿"。

回头青

香附子，湖湘人谓之回头青，言就地划去，转首已青。用之法：砂盆中熟擦去毛，作细末，水搅，浸澄一日夜。去水膏熬稠[一]，捏饼，微火焙干，复浸[二]，如此五七遍。入药宛然有沉水香味，单服尤清。同上

〔一〕"去水膏熬稠"，涵芬楼本作"去水取膏晒稠"，疑是。

〔二〕"复浸"，涵芬楼本作"末而复浸"，是。

家常腒肭脐

腒肭脐，不可常得。野雀久食积功，固亦峻紧[一]，盖家常腒肭脐也。按，见卷上《禽名门》

〔一〕"固亦峻紧"，涵芬楼本作"固精峻紧"，是。

蒼卜馆

杜岐公别墅，□建蒼卜馆[一]，室形亦六出，器用之属俱象之。按，《本草》：栀子，一名木丹，一名越桃。然正是西域蒼卜。按，见卷下《居室门》

〔一〕"□建蒼卜馆"，"□"，原为墨丁。涵芬楼本作"起蒼卜馆"。

含熏阁

长安富室王元宝起高阁，以银镂三棱屏风代篱落，密置香槽，自花镂中出[一]，号"含熏阁"。同上

〔一〕"自花镂中出"，涵芬楼本句前多一"香"字，是。

五 窟

善谈者[一]，莫儒生若也。老拙幼学时，同舍生刘垂尤有口材，曹号"虚空锦"。说他时得志事，余尝记一说，曰："有钱当作五窟室[二]：吴香窟，尽种梅株；秦香窟，周悬麝脐；越香窟，植岩桂；蜀香窟，栽椒[三]；楚香窟，畦兰。四木草各占一时，余日入麝窟，便足了一年。死且为香鬼，况于生乎！"其人仕而贫，财不副心而卒。同上

〔一〕"善谈者"，涵芬楼本作"善说者"。

〔二〕"有钱当作五窟室"，涵芬楼本作"有钱当筑五窟室"。

〔三〕"栽椒"，涵芬楼本作"栽川椒"。

藏用仙人

广府刘龚僭大号〔一〕，晚年亦事奢靡，作南熏殿，柱皆通透刻镂，础石各置炉燃香，故有气无形。上谓左右〔二〕："隋帝论车烧沉水〔三〕，却成粗疏。争似我二十四个藏用仙人，纵不及尧、舜、禹、汤，不失作风流天子。"同上

〔一〕"刘龚"，涵芬楼本、宝颜堂本作"刘䶮"，是。按，刘䶮，本名刘岩，改名刘陟，终名刘䶮，五代南汉开国皇帝，庙号高祖。

〔二〕"上谓左右"，涵芬楼本句下多一"曰"字。

〔三〕"隋帝"，涵芬楼本作"隋炀帝"。

青纱连二枕

舒雅作青纱连二枕，满贮酴醿、木犀、瑞香散蕊，甚益鼻根〔一〕。尚书郎秦南运见之，留诗曰："阴香装艳入青纱，还与歌眠好事家。梦里却成三色雨，沉山不敢斗清华。"按，见卷下《陈设门》

〔一〕"甚益鼻根"，涵芬楼本句下多一"运"字，疑衍。

不二山

吴越孙总监承祐，富倾霸朝，用千金市得石绿一块〔一〕，天质嵯峨如山。命匠治为博山香炉，峰尖上作一暗窍，出烟一则聚，而且直穗凌空，实美观视〔二〕。亲朋效之，呼"不二山"。按，见卷下《器具门》

〔一〕"石绿一块"，涵芬楼本作"绿石一块"，疑是。

〔二〕"出烟一则聚"至"实美观视"三句15字，涵芬楼本作"出烟一穗"4字。

盏中游妓

余家有鱼英盏，中陷园林美女象〔一〕。又尝以沉香水精饭〔二〕，入碗清馨。左散骑常侍黄霖曰："陶翰林甗里熏香，盏中游妓，非好事而何?"同上

〔一〕"中陷园林美女象"，四库本作"中嵌园林美女象"。按，"陷"有嵌入意，亦通。

〔二〕"又尝以沉香水精饭"，四库本作"又尝以沉香水喷饭"。

玉太古

李煜伪长秋周氏，居柔仪殿，有主香宫女。其焚香之器，曰把子莲、三云凤、折腰狮子、小三神、卍字金、凤口婴〔一〕、玉太古、容华鼎，凡数十种，金玉为之。同上

〔一〕"凤口婴"，涵芬楼本作"凤口罂"，是。

龙酥方丈小骊山

吴越外戚孙承祐，奢僭异常。用龙脑煎酥制小样骊山，山水、屋室、人畜、林木、桥道，纤悉备具。近者毕工，承祐大喜，赠蜡装龙脑山子一座。其小骊山，中朝士君子见之，云：围方丈许。同上

庐州大中正

焚香赖匙匕，室既密，炉既深，非运匕治灰〔一〕，则浅深峻缓〔二〕，将焉托哉〔三〕？匕之为功审矣，命之曰庐州大中正。同上

〔一〕"焚香赖匙匕"至"非运匕治灰"四句，涵芬楼本作"室既密，炉既深，火正燃，举其炽者，若非运匕治灰"。

〔二〕"浅深峻缓"，涵芬楼本作"浅深缓急"。

〔三〕"将焉托哉"，涵芬楼本作"将何托哉"。

研光小本

姚颒子侄善造五色笺，光紧精华。研纸版乃沉香，刻山水、林木、折枝、花果、狮凤、虫鱼、寿星、八仙、钟鼎文，幅幅不同，文缕奇细，号"研光小本"。余尝询其诀，颒侄云："妙处与作墨同，用胶有工拙耳。"按，见卷下《文用门》

风流箭

宝历中，帝造纸箭、竹皮弓，纸间密贮龙、麝末香。每宫嫔群聚，帝躬射之，中者浓香触体，了无痛楚。宫中名风流箭，为之语曰："风流箭，中的人人愿。"按，见卷下《武器门》

鱼儿酒

裴晋公盛冬常以鱼儿酒饮客。其法用龙脑凝结，刻成小鱼形状。每用沸酒一盏，投一鱼其中。按，见卷下《酒浆门》

清风饭

宝历元年，内出清风饭制度赐御庖，令造进。法用水晶饭、龙睛粉、龙脑末、牛酪浆，调事毕，入金提缸，垂下冰池，待其冷透供进。惟大暑方作。按，见卷下《馔羞门》

龙脑着色小儿

以龙脑为佛像者有矣，未见着色着也。汴都龙兴寺惠乘，宝一龙脑小儿，雕制巧妙，彩绘可人〔一〕。按，见卷下《熏燎门》

〔一〕"彩绘可人"，涵芬楼本作"彩画可人"。

刀圭第一香

高宗尝赐崔胤香一黄绫角，约二两，御题曰"刀圭第一香"。酷烈清妙，虽焚豆大，亦终日旖旎。盖成通所制〔一〕，赐同昌公主者。同上

〔一〕"成通所制"，涵芬楼本作"咸通所制"，是。

饦饳香

江南山谷间有一种奇木，曰麝香树。其老根焚之，亦清烈，号饦饳香。同上

灵芳国

后唐龙辉殿，安假山水一铺，沉香为山阜，蔷薇水、苏合油为江池，芩、藿、丁香为林树〔一〕，熏陆为城郭，黄、紫檀为屋宇，白檀为人物。方围一丈三尺，城门小牌曰"灵芳国"。或云平蜀得之者。同上

〔一〕"芩、藿、丁香"，四库本作"零、藿、丁香"，是，盖指零陵香、藿香、丁香。

曲水香

用香末布篆文木范中，急覆之，是为曲水香。同上

旖旎山

高丽舶主王大世，选沉水近千斤〔一〕，叠为旖旎山〔二〕，象衡岳七十二峰。钱俶许黄金五百两，竟不售。同上

〔一〕"近千斤"，涵芬楼本作"近千片"，疑是。

〔二〕"旖旎山"，涵芬楼本作"旖旎山"，疑非。

斗 香

中宗朝，宗、纪、韦、武间为雅会，各携名香，比试优劣，名曰"斗香"。惟韦温挟椒涂所赐，常获魁。同上

平等香

清泰中，荆南有僧货平等香，贫富不二价。不见市香和合〔一〕，疑其仙者。同上

〔一〕"不见市香和合"，涵芬楼本句上多一"复"字。

鹧鸪沉界尺

沉水带斑点者，名鹧鸪沉。华山道士苏志恬，偶获尺许，修为界尺。同上

香 燕〔一〕

李璟保大七年，召大臣宗室赴内香燕。凡中国、外夷所出，以至和合、煎饮、佩带、粉囊，共九十二种，江南素所无也。同上

〔一〕"香燕"，"燕"通"宴"，即香宴也。

鹰觜香

番禺牙侩徐审，与舶主何吉罗洽密，不忍分判。临歧，出如鸟觜尖者三枚赠审，曰："此鹰觜香也，价不可言。当时疫，于中夜焚一颗，则举家无恙。"后八年，番禺大疫，审焚香，阖门独免。余者供事之〔一〕，呼为"吉罗香"。同上

〔一〕"余者供事之"，涵芬楼本作"余者共争市之"。

沉香甗

有贾至林邑，舍一翁姥家，日食其饭，浓香满室。贾亦不喻，偶见甗，则沉香所剜也。同上

山水香

道士谭紫霄，有异术。闽王昶奉之为师，月给山水香焚之。香用精沉上火〔一〕，半炽，则沃以苏合油。同上

〔一〕"精沉"，涵芬楼本作"精沉香"。

伴月香

徐铉或遇月夜，露坐中庭，但爇佳香一炷〔一〕。其所亲私别号"伴月香"〔二〕。同上

〔一〕"但爇佳香一炷"，涵芬楼本作"但焚佳香一炷"。

〔二〕"其所亲私别号伴月香"，涵芬楼本无"别"字。

雪香扇

孟昶夏月，水调龙脑末，涂白扇上，用以挥风。一夜，与花蕊夫人登楼望月，误堕其扇，为人所得。外有效者，名"雪香扇"。同上

沉香似芬陀利华

显德末，进士贾颙于九仙山遇靖长官，行若奔马。知其异，拜而求道。取箧中所遗沉水香焚之，靖曰："此香全类斜光下等六天所种芬陀利华。汝有道骨，而俗缘未尽。"因授炼仙丹一粒，以柏子为粮，迄今尚健。同上

三匀煎 去声

长安宋清，以鬻药致富。尝以香剂遗中朝簪绅，题识器曰"三匀煎"，焚之富贵清妙。其法止龙脑、麝末、精沉等。同上

夺真盘钉

显德元年，周祖创造。供荐之物，世宗以外姓继统，凡百务从崇厚。灵前看果，雕香为之，承以黄金〔一〕，起突叠格。禁中谓之"夺真盘钉"。同上

〔一〕"承以黄金"，涵芬楼本作"承以金银"。

乞儿香

林邑、占城、阇婆、交趾，以杂出异香剂和而范之，气韵不凡，谓中国"三匀"、"四绝"为"乞儿香"。同上

庄严饼子

长安大兴善寺徐理男楚琳〔一〕，平生留神香事。庄严饼子，供佛之品也；峭儿，延宾之用也；旖旎丸，自奉之等也。檀那概之曰"琳和尚品字香"。同上

〔一〕"长安大兴善寺徐理男楚琳"，涵芬楼本作"长安大兴寺徐瑾男楚琳"。

六尺雪檀

南夷香槎到文登〔一〕，尽以易匹物。同光中，有舶上檀香，色正白，号"雪檀"，长六尺。地人买为僧坊刹竿〔二〕。同上

〔一〕"南夷香槎"，涵芬楼本作"南夷香茶"。

〔二〕"地人"，涵芬楼本作"土人"，是。

握　君

僧继颙住五台山，手执香如意，紫檀镂成，芬馨满室。继元时在潜邸[一]，以金易致。每接僧，则顶帽、具三衣，假比丘秉此挥谈，名为"握君"。同上

〔一〕"继元"，涵芬楼本作"刘继元"。按，刘继元，五代北汉末代皇帝。

清门处士

海舶来，有一沉香翁，剜镂若鬼工，高尺余。舶酋以上吴越王，王目为"清门处士"。发源于"心清闻妙香"也[一]。同上

〔一〕"心清闻妙香"，唐杜甫《大云寺赞公房》四首之三诗句。参见《名香谱》《陈氏香谱》相关校记。

四奇家具

后唐福庆公主，下降孟知祥。长兴四年，明宗晏驾。唐避乱[一]，庄宗诸儿，削发为苾刍，间道走蜀。时知祥新称帝，为公主厚侍犹子，赐予千计。敕器用局以沉香、降真为钵，木香为匙箸，赐之。常食堂展钵，众僧私相谓曰："我辈谓渠顶相衣服，均是金轮王孙，但面前四奇家具，有无不等耳。"同上

〔一〕"唐避乱"，涵芬楼本作"唐乱"。

附录

四库全书总目提要

清异录二卷　浙江巡抚采进本

宋陶谷撰。谷字秀实，邠州新平人。本唐彦谦之孙，避晋讳改陶氏。仕晋为知制诰、仓部郎中；仕汉为给事中；仕周为兵部侍郎、翰林承旨；入宋仍原官，加户部尚书。事迹具《宋史》本传。是书皆采撷唐及五代新颖之语，分三十七门，各为标题，而注事实缘起于其下。陈振孙《书录解题》以为不类宋初人语，胡应麟《笔丛》尝辨之。今案，谷虽入宋，实五代旧人，当时文格不过如是，应麟所云良是。惟谷本北人，仅一使南唐，而"花九品九命"一条云：张翊者，世本长安，因乱南来，先主擢置上列。乃似江南人语，是则稍不可解耳。岂亦杂录旧文，删除未尽耶？所记诸事，如出一手，大抵即谷所造，亦《云仙散录》之流，而独不伪造书名，故后人颇引为词藻之用。楼钥《攻媿集》有《白醉轩》诗，据其自序，亦引此书，则宋代名流即已用为故实。相沿既久，遂亦不可废焉。

见《四库全书总目》卷一四二

陶谷传

陶谷，字秀实，邠州新平人。本姓唐，避晋祖讳改焉。历北齐、隋、唐为名族。祖彦谦，历慈、绛、沣三州刺史，有诗名，自号鹿门先生。父涣，领夷州刺史，唐季之乱，为邠帅杨崇本所害。时谷尚幼，随母柳氏育崇本家。

十余岁，能属文，起家校书郎、单州军事判官。尝以书干宰相李崧，崧甚重其文。时和凝亦为相，同奏署著作佐郎、集贤校理。改监察御史，分司西京，迁虞部员外郎、知制诰。会晋祖废翰林学士，兼掌内外制。词目繁委，谷言多委惬，为当时最。少帝初，赐绯袍、靴、笏、黑银带。天福九年，加仓部郎中。

初，崧从契丹以北，高祖入京师，以崧第赐苏逢吉，而崧别有田宅在西京，逢吉皆取之。崧自北还，因以宅券献逢吉，逢吉不悦，而崧子弟数出怨言。其后，逢吉乃诱崧与弟屿、嶬等下狱，崧惧，移病不出。

崧族子昉为秘书监，尝往候崧，崧语昉曰："迩来朝廷于我有何议？"昉曰："无他闻，唯陶给事往往于稠人中厚诬叔父。"崧叹曰："谷自单州判官，吾取为集贤校理，不数年擢掌诰命，吾何负于陶氏子哉！"及崧遇祸，昉尝因公事诣谷，谷问昉："识李侍中否？"昉敛衽应曰："远从叔尔。"谷曰："李氏之祸，谷出力焉。"昉闻之汗出。

谷性急率，尝与兖帅安审信集会，杯酒相失，为审信所奏。时方姑息武臣，谷坐责授太常少卿。尝上言："顷莅西台，每见台司详断刑狱，少有即时决者。至于间阎夫妇小有争讼，淹滞积时，坊井死亡丧葬，必俟台司判状，奴婢病亡，亦须检验。吏因缘为奸，而邀求不已，经旬不获埋瘗。望申条约，以革其弊。"从之。俄拜中书舍人。尝请教习乐工，停二舞郎，及禁民伐桑枣为薪，并从其请。开运三年，赐金紫。

契丹主北归，胁谷令从行。谷逃匿僧舍中，衣布褐，阳为行者状。军士意其诈，持刃陵胁者日数四。谷颇工历数，谓同辈曰："西南五星联珠，汉地当有王者出。契丹主必不得归国。"及耶律德光死，有孛光芒指北，谷曰："自此契丹自相鱼肉，永不乱华矣。"遂归汉，为给事中。乾祐中，令常参官转对。谷上言曰："五日上章，曾非旧制。百官叙对，且异昌言。徒浼天聪，无益时政，欲乞停转对。在朝群臣有所闻见，即许不时诣阙闻奏。"从之。

仕周为右散骑常侍，世宗即位，迁户部侍郎。从征太原，时鱼崇谅迎母后至，谷乘间言曰："崇谅留宿不来，有顾望意。"世宗颇疑之。崇谅又表陈母病，诏许归陕州就养，以谷为翰林学士。

世宗尝谓宰相曰："朕观历代君臣治平之道，诚为不易。又念唐、晋失德之后，乱臣黠将，僭窃者多。今中原甫定，吴、蜀、幽、并尚未平附，声教未能远被，宜令近臣各为论策，宣道经济之略。"乃命承旨徐台符以下二十余人，各撰《为君难为臣不易论》《平边策》以进。其策率以修文德、来远人为意，惟谷与窦仪、杨昭俭、王朴以封疆密迩江淮，当用师取之。世宗自克高平，常训兵讲武，思混一天下。及览其策，忻然听纳，由是平南之意益坚矣。

显德三年，迁兵部侍郎，加承旨。世宗留心稼穑，命工刻木为耕夫、织妇、蚕女之状，置于禁中，思广劝课之道，谷为赞辞以进。显德六年，加吏部侍郎。

宋初，转礼部尚书，依前翰林承旨。谷在翰林，与窦仪不协，仪有公望，虑其轧己，尝附宰相赵普与赵逢、高锡辈共排仪，仪终不至相位。

乾德二年，判吏部铨兼知贡举。再为南郊礼仪使，法物制度，多谷所定。时范质为大礼使，以卤簿清游队有甲骑具装，莫知其制度。以问于谷，谷曰："梁贞明丁丑岁，河南尹张全义献人甲三百副、马具装二百副。其人甲以布为里，黄绢表之，青绿画为甲文，红锦绿青绢为下裙，绛韦为络，金铜玦，长短至膝。前膺为人面二目，背连膺缠以红锦腾蛇。马具装盖寻常马甲，但加珂拂于前膺及后鞦尔。庄宗入洛，悉焚毁。"质命有司如谷说，造以给用。又乘舆大辇，久亡其制，谷创意造之，后承用焉。明德门成，诏谷为之记。

乾德中，命库部员外郎王贻孙、《周易》博士奚屿同考试品官子弟。谷属其子郜于屿，玥书不通，以合格闻，补殿中省进马。俄为人所发，下御史府案问。屿责授乾州司户，贻孙责授左赞善大夫，夺谷俸两月。谷后累加刑部、户部二尚书。开宝三年，卒，年六十八。赠右仆射。

谷强记嗜学，博通经史，诸子佛老，咸所总览。多蓄法书名画，善隶书。为人隽辨宏博，然奔竞务进，见后学有文采者，必极言以誉之；闻达官有闻望者，则巧诋以排之，其多忌好名类此。初，太祖将受禅，未有禅文，谷在旁，出诸怀中而进之曰："已成矣。"太祖甚薄之。尝自曰："吾头骨法相非常，当戴貂蝉冠尔。"盖有意大用也，人多笑之。

子邠，至起居舍人。天禧四年，录谷孙寔试秘书省校书郎。

见《宋史》卷二六九

桂海虞衡志（选）

〔宋〕范成大　撰

前　言

　　《桂海虞衡志》一卷，宋范成大撰。本书为范成大任职广南西路静江府知府期间，对静江府（今广西桂林）当地的风土人情、物产资源及社会经济状况的考察和记录。全书足本共三卷，今存一卷，分十三篇，其中第三篇为《志香》，收录有关香料记载十余则。又《志兽》《志花》《志果》三篇中，亦有零星香料记载数条。

　　范成大（1126—1193），字致能，一作至能，初号此山居士，晚号石湖居士，吴郡（治今江苏苏州）人。绍兴二十四年（1154）进士，历官户曹、处州知府、静江知府、四川制置使兼成都知府等，官终参知政事，卒谥文穆。工诗，生平有诗作近2000首，以诗歌成就与尤袤、杨万里、陆游并称"中兴四大诗人"，有《范石湖集》三十五卷传世。又有《桂海虞衡志》《骖鸾录》《揽辔录》《吴船录》《梅谱》《菊谱》等数种笔记。生平著述曾编为《石湖大全集》一百三十六卷，今佚。

　　宋孝宗赵昚乾道八年（1172）冬，范成大任职广南西路静江府知府、广西经略按抚使，淳熙元年（1174），转任四川制置使、知成都府，在静江任职不足两年。在其赴任四川途中，整理和追忆"凡所登临之处与风物土宜，方志所未载者，萃为一书"，即《桂海虞衡志》三卷（《宋史》卷二〇四《艺文志三》著录），然今存本皆一卷，一万四千余字。据孔凡礼先生推测："本书足本当为十万字或略多。"（见《范成大笔记六种》点校说明）明钟人杰辑编《唐宋丛书》，将《桂海虞衡志》分拆为十三卷，实即原书之十三篇。其中《志香》篇易名为《桂海香志》，《古今图书集成》收录。此次对《桂海虞衡志》中关于香料的条目进行辑录整理，以涵芬楼本《说郛》卷五〇所录《桂海虞衡志》为底本，参校宛委山堂《说郛》本、文渊阁《四库全书》本、《知不足斋丛书》本，诸本异同，择善而从，共收录香料条目十七则。另有辑佚条目一则，香方一则，皆出宋黄震《黄氏日钞》（四库本）。宋黄震《黄氏日钞》卷六七为读范成大文集所作笔记，所录与《桂海虞衡志》异文颇多，现仅录其所载佚文及香方，余皆未录。目录重新编制，书后附录有关序跋及提要。在整理过程中，参考了孔凡礼《范成大笔记六种》、胡起望等《桂海虞衡志辑佚校注》二书，谨致谢意。

目　录

志　香

南方火行，其气炎上，药物所赋，皆味辛而嗅香。如沉、笺之属，世专谓之香者，又美之所钟也。世皆云二广出香，然广东香乃自舶上来，广右香产海北者亦凡品，惟海南最胜。人士未尝落南者，未必尽知，故著其说。

沉水香

上品出海南黎峒，亦名土沉香，少大块。其次如茧栗角，如附子，如芝菌，如茅竹叶者，皆佳。至轻薄如纸者，入水亦沉。香之节因久蛰土中，滋液下流，结而为香。采时，香面悉在下，其背带木性者乃出土上。环岛四郡界皆有之，悉冠诸蕃所出，又以出万安者为最胜。说者谓：万安山在岛正东，钟朝阳之气，香尤酝借丰美。大抵海南香，气皆清淑，如莲花、梅英、鹅梨、蜜脾之类。焚一博，投许，氛氲弥室，翻之，四面悉香。至煤烬，气亦不焦。此海南香之辨也。北人多不甚识，盖海上亦自难得。省民以牛博之于众黎，一牛博香一担，归自差择，得沉水十不一二。中州人士但用广州舶上占城、真腊等香，近年又贵登流眉来者，予试之，乃不及海南中下品。舶香往往腥烈，不甚腥者，意味又短，带木性，尾烟必焦。其出海北者，生交趾，及交人得之海外蕃舶，而聚于钦州，谓之钦香。质重实，多大块，气尤酷烈，不复风味。惟可入药，南人贱之。

蓬莱香

亦出海南，即沉水香结未成者。多成片，如小笠及大菌之状。有径一二尺者，极坚实。色状皆似沉香，惟入水则浮，刳去其背带木处，亦多沉水。

鹧鸪斑香

亦得之于海南沉水、蓬莱及绝好笺香中。槎牙轻松，色褐黑而有白斑，点点如鹧鸪臆上毛。气尤清婉，似莲花。

笺 香

出海南。香如猬皮、栗蓬及渔蓑状，盖修治时雕镂费工，去木留香，棘刺森然。香之精钟于刺端，芳气与他处笺香迥别。出海北者，聚于钦州，品极凡，与广东舶上生熟速结等香相埒。海南笺香之下，又有重、漏、生、结等香，皆下色。

光 香

与笺香同品第。出海北及交趾，亦聚于钦州。多大块，如山石枯槎。气粗烈，如焚松桧，曾不能与海南笺香比。南人常以供日用及常程祭享。

蟹壳香

出高、化州。按，见宋黄震《黄氏日钞》卷六七。今本《桂海虞衡志》无此则。

泥 香

出交趾。以诸香草合和蜜调，如熏衣香。其气温馨，自有一种意味，然微昏钝。

香　珠

出交趾。以泥香捏成小巴豆状，琉璃珠间之，彩丝贯之，作道人数珠。入省地卖，南中妇人好带之。

思劳香

出日南。如乳香，历青黄褐色[一]，气如枫香。交趾人用以合和诸香。

〔一〕"历青黄褐色"，四库本作"沥青黄褐色"，疑是。

排　草

出日南。状如白茅香，芬烈如麝香。亦用以合香，诸草香无及之者。

槟榔苔

出西南海岛。生槟榔木上，如松身之艾蒳。单爇极臭。交趾人用以合泥香，则能成温麿之气。功用如甲香。

橄榄香

橄榄木脂也，状如黑胶饴。江东人取黄连木及枫木脂以为榄香，盖其类出于橄榄，故独有清烈出尘之意，品格在黄连、枫香之上。桂林东江有此果，居人采香卖之。不能多得，以纯脂不杂木皮者为佳。

零陵香

宜、融等州多有之。土人编以为席荐、坐褥，性暖宜人。零陵，今永州，实无此香。

麝 香

自邕州溪洞来者，名土麝。气臊烈，不及西蕃。按，见《志兽》

香 鼠

至小，仅如指擘大。穴于柱中。行地中，疾如激箭。按，同上

泡 花

南人或名柚花。春末开，蕊圆白如大珠，既拆，则似茶花。气极清芳，与茉莉、素馨相逼。番人采以蒸香，风味超胜。按，见《志花》

泡花，采以蒸香。法以佳沉香薄片劈着净器中，铺半开花，与香层层相间，密封之。日一易，不待花蔫，花过香成。番禺人吴兴作心字香、琼香，用素馨、末利，法亦然。大抵泡取其气，未尝炊㸆。江浙作木犀降真香，蒸汤上，非法也。按，见宋黄震《黄氏日抄》卷六七。以其详载制香之法，附录于此。

八角茴香

北人得之以荐酒。少许咀嚼，甚芳香。出左、右江州洞中。按，见《志果》

附录

桂海虞衡志原序

始予自紫薇垣出帅广右，姻亲故人，张饮松江，皆以炎荒风土为戚。予取唐人诗，考桂林之地，少陵谓之"宜人"，乐天谓之"无瘴"，退之至以湘南江山胜于骖鸾仙去。则宦游之适，宁有逾于此者乎！既以解亲友而遂行。乾道八年三月[一]，既至郡，则风气清淑，果如所闻，而岩岫之奇绝、习俗之醇古、府治之雄胜，又有过所闻者。予既不鄙夷其民，而民亦矜予之拙而信其诚，相戒毋欺侮。岁比稔，幕府少文书。居二年，余心安焉。

承诏徙镇全蜀，亟上疏，固谢不能。留再阅月，辞勿获命，乃与桂民别。民觞客于途，既出郭，又留二日，始得去。航潇湘，绝洞庭，泝滟滪，驰驱两川，半年达于成都。道中无事，时念昔游，因追记其登临之处与风物土宜，凡方志所未载者，萃为一书。蛮陬绝徼见闻可纪者，亦附著之，以备土训之图。噫！锦城以名都乐国闻天下，予幸得至焉，然且惓惓于桂林，至为之缀缉琐碎如此，盖以信予之不鄙夷其民，虽去之远，且在名都乐国，而犹勿忘之也。

淳熙二年长至日　吴郡范成大致能书

〔一〕据胡起望等考证，"乾道八年"误，范成大实于乾道九年（1173）始抵静江。

四库全书总目提要

桂海虞衡志一卷　两江总督采进本

宋范成大撰。乾道二年，成大由中书舍人出知静江府。淳熙二年，除敷文阁待制、四川制置使。是编乃由广右入蜀之时，道中追忆而作。自序谓："凡所登临之处与风物土宜，方志所未载者，萃为一书。蛮陬绝徼见闻可纪者，亦附著之。"共十三篇，曰《志岩洞》《志金石》《志香》《志酒》《志器》《志禽》《志兽》《志虫鱼》《志花》《志果》《志草木》《杂志》《志蛮》，每篇各有小序，皆志其土之所有。惟《志岩洞》，仅去城七八里内尝所游者。《志金石》，准《本草》之例，仅取方药所须者。《志蛮》，仅录声闻相接者，故他不备载。《志香》，多及海南，以世称二广出香，而不知广东香自舶上来，广右香产海北者皆凡品。《志器》，兼及外蛮兵甲之制，以为司边镇者所宜知，故不嫌旁涉。诸篇皆叙述简雅，无夸饰土风、附会古事之习。其论辰砂、宜砂，地脉不殊，均生白石床上，订《本草》分别之讹。邕州出砂，融州实不出砂，证《图经》同音之误。零陵香，产宜、融诸州，非永州之零陵。《唐书》称林邑出结辽鸟，即邕州之秦吉了。佛书称象有四牙、六牙，其说不实。桂岭在贺州，不在广州〔一〕，亦颇有考证。成大《石湖诗集》，凡经历之地，山川风土，多记以诗。其中第十四卷，自注皆桂林作，而咏花惟有《红豆蔻》一首，咏果惟有《卢橘》一首，咏游览惟有《栖霞洞》一首、《佛子岩》一首。其见于诗注者，亦仅蛮茶、老酒、蚺蛇皮腰鼓、象皮兜鍪四事，不及他处之详。疑以此志已具，故不更记以诗也。其卢橘一种，《志果》不载。观其《志花》小序，称北州所有皆不录，或《志果》亦用此例。蛮茶一种，《志草木》中亦无之。考诗注，称蛮茶出修仁，大治头风。而《志草木》中有凤膏药，亦云叶如冬青，治太阳痛、头目昏眩。或一物二名耶？然检《文献通考·四裔考》中引《桂海虞衡志》，几盈一卷，皆《志蛮》之文，而此本悉不载。其余诸门，检《永乐大典》所引，亦多在此本之外。盖原书本三卷，而此本并为一卷，已刊削其大半。则诸物之或有或无，亦非尽原书之故矣。

见《四库全书总目》卷七〇

〔一〕"广州"，孔凡礼据《骖鸾录》校改为"桂州"。

范成大传

范成大，字致能，吴郡人。绍兴二十四年，擢进士第。授户曹，监和剂局。隆兴元年，迁正字。累迁著作佐郎，除吏部郎官。言者论其超躐，罢，奉祠。

起知处州。陛对，论力之所及者三，曰日力，曰国力，曰人力，今尽以虚文耗之，上嘉纳。处民以争役嚣讼，成大为创义役，随家贫富输金买田，助当役者，甲乙轮第至二十年，民便之。其后入奏，言及此，诏颁其法于诸路。处多山田，梁天监中，詹、南二司马作通济堰，在松阳、遂昌之间，激溪水四十里，溉田二十万亩。堰岁久坏，成大访故迹，叠石筑防，置堤闸四十九所，立水则，上中下溉灌有序，民食其利。

除礼部员外郎兼崇政殿说书。乾道《令》以绢计赃，估价轻而论罪重。成大奏："承平时绢匹不及千钱，而估价过倍。绍兴初年递增五分，为钱三千足。今绢实贵，当倍时直。"上惊曰："是陷民深文。"遂增为四千，而刑轻矣。

隆兴再讲和，失定受书之礼，上尝悔之。迁成大起居郎，假资政殿大学士，充金祈请国信使。国书专求陵寝，盖泛使也。上面谕受书事，成大乞并载书中，不从。金迎使者慕成大名，至求巾帻效之。至燕山，密草奏，具言受书式，怀之入。初进国书，词气慷慨，金君臣方倾听，成大忽奏曰："两朝既为叔侄，而受书礼未称，臣有疏。"摺笏出之。金主大骇，曰："此岂献书处耶？"左右以笏标起之，成大屹不动，必欲书达。既而归馆所，金主遣伴使宣旨取奏。成大之未起也，金庭纷然。太子欲杀成大，越王止之，竟得全节而归。

除中书舍人。初，上书崔寔《政论》赐辅臣，成大奏曰："御书《政论》，意在饬纲纪，振积敝。而近日大理议刑，递加一等，此非以严致平，乃酷也。"上称为知言。张说除签书枢密院事，成大当制，留词头七日不下，又上疏言之，说命竟寝。

知静江府。广西窘匮，专借盐利，漕臣尽取之，于是属邑有增价抑配之敝。诏复行钞盐，漕司拘钞钱均给所部，而钱不时至。成大入境，曰："利害有大于此乎？"奏疏谓："能裁抑漕司强取之数，以宽郡县，则科抑可禁。"上从之。数年，广州盐商上书，乞复令客贩。宰相可其说，大出银钱助之。人多以为非，下有司议，卒不易成大说。旧法：马以四尺三寸为限，诏加至四寸以上。成大谓互市四十年，不宜骤改。

除敷文阁待制、四川制置使，疏言："吐蕃、青羌两犯黎州，而奴儿结、蕃列等尤桀黠，轻视中国。臣当教阅将兵，外修堡砦，仍讲明教阅团结之法，使人自为战，三者非财不可。"上赐度牒钱四十万缗。成大谓西南诸边，黎为要地，增战兵五千，奏置路分都监。吐蕃入寇之路十有八，悉筑栅分戍。奴儿结扰安静砦，发飞山军千人赴之，料其三日必遁，已而果然。白水砦将王文才私娶蛮女，常道之寇边。成大重赏檄群蛮使相疑贰，俄禽文才以献，即斩之。蜀北边旧有义士三万，本民兵也，监司、郡守杂役之，都统司又俾与大军更戍。成大力言其不可，诏遵旧法。蜀知名士孙松寿年六十余，樊汉广甫五十九，皆挂冠不仕，表其节，诏召之，皆不起，蜀士由是归心。凡人才可用者，悉致幕下，用所长，不拘小节。其杰然者露章荐之，往往显于朝，位至二府。

召对，除权吏部尚书，拜参知政事。两月，为言者所论，奉祠。起知明州，奏罢海物之献。除端明殿学士，寻帅金陵。会岁旱，奏移军储米二十万振饥民，减租米五万。水贼徐五窃发，号"静江大将军"，捕而戮之。以病请闲，进资政殿学士，再领洞霄宫。绍熙三年，加大学士。四年薨。

成大素有文名，尤工于诗。上尝命陈俊卿择文士掌内制，俊卿以成大及张震对。自号石湖，有《石湖集》《揽辔录》《桂海虞衡集》行于世。

见《宋史》卷三八六

岭外代答（选）

〔宋〕周去非　撰

前　言

　　《岭外代答》十卷，宋代周去非撰。主要记述广西地区的山川形势、社会概况、物产风俗及中外贸易等，史料价值很高。其中卷七《香门》，收录香料条目七则，而"众香"一则记录了五种香料。其他如《花木门》《禽兽门》《宝货门》中，亦收录有关香料条目五则。

　　周去非（1135—1189），字直夫，永嘉（今浙江温州）人。隆兴元年（1163）进士，曾两任钦州（今属广西）教授，中间一度担任静江府（今广西桂林）属县的县尉，并曾摄理灵川知县，为范成大的下属。任满归乡，官终绍兴府通判。生平著述仅见《岭外代答》一种，另有零散诗文，收录于《全宋诗》及《全宋文》。

　　《岭外代答》是周去非在广西做官期间撰成的一部地理著述，其自序中称"随事笔记，得四百余条"，可惜原稿遗失。其后，周去非的上司范成大在淳熙二年（1175）离开静江去四川赴任途中，撰成《桂海虞衡志》一书。周去非受此影响，凭借记忆并参考《桂海虞衡志》，重新撰写出《岭外代答》，然而全书仅存二百九十四条，而且有很多记述是从《桂海虞衡志》抄录而来。其自序所署年月为淳熙五年（1178），据杨武泉考证，书中内容后来有所增补。

　　《岭外代答》问世后，久无刻本，明代编纂《永乐大典》，收录了《岭外代答》，但文字有残缺。清代编纂《四库全书》，从《永乐大典》抄出全书。本次整理校点，即以四库本为底本，参校《知不足斋丛书》本。将《岭外代答》中的相关香料条目辑出，汇为一编。因《岭外代答》的很多条目抄自范成大《桂海虞衡志》，故二书文字多有重复，为存原貌，未加删节。目录重新编制，书后附录有关序跋提要及作者的传记资料。在整理过程中，参考了杨武泉先生所撰《岭外代答校注》，特此致谢。

目　录

香 门

沉水香

沉香来自诸蕃国者，真腊为上，占城次之。真腊种类固多，以登流眉案，范成大《桂海虞衡志》作丁流眉，《宋史》作登流眉。所产香，气味馨郁，胜于诸蕃。若三佛齐等国所产，则为下岸香矣，以婆罗蛮香为差胜。下岸香味皆腥烈，不甚贵重。沉水者，但可入药饵。交阯与占城邻境，凡交阯沉香至钦，皆占城也。海南黎母山峒中，亦名土沉香，少大块，有如茧栗角，如附子，如芝菌，如茅竹叶者，皆佳。至轻薄如纸者，入水亦沉。万安军在岛正东，钟朝阳之气，香尤酝借清远，如莲花、梅英之类，焚一铢许，氛翳弥室。翻之四面悉香，至煤烬，气不焦，此海南香之辨也。海南自难得，省民以一牛于黎峒博香一担，归自差择，得沉水十不一二。顷时香价与白金等，故客不贩，而宦游者亦不能多买。中州但用广州舶上蕃香耳。唯登流眉者，可相颉颃。山谷《香方》率用海南沉香，盖识之耳。若夫千百年之枯株中，如石如杵，如拳如肘，如奇禽龟蛇，如云气人物，焚之一铢，香满半里，不在此类矣。

蓬莱香

蓬莱香，出海南，即沉水香结未成者。多成片如小笠及大菌之状，极坚实，状类沉香。惟入水则浮，气稍轻清，价亚沉香。剖去其背带木者，亦多沉水。

鹧鸪斑香

鹧鸪斑香，亦出海南。蓬莱、好笺香中，槎牙轻松，色褐黑而有白斑，点点如鹧鸪臆上毛，气尤清婉。

笺　香

笺香，出海南者如猬皮、渔蓑之状，盖出诸修治。香之精，钟于刺端。大抵以斧斫以为坎，使膏液凝冱于痕中，膏液垂而下结，巉岩如攒针者，海南之笺香也；膏液涌而上结，平阔如盘盂者，蓬莱笺也。其侧结者必薄，名曰蟹壳香。广东舶上生、熟、速、结等香，当在海南笺香之下。

众　香

光香，出海北及交阯，与笺香同，多聚于钦州。大块如山石枯槎，气粗烈如焚松桧。桂林供佛、宾筵多用之。

沉香，出交阯。以诸香草合和蜜调，如熏衣香。其气温馨，然微昏钝。

排草香，出日南。状如白茅香，芬烈如麝香，亦用以合香，诸草香无及之者。

橄榄香，出广州及北海。橄榄木节结成，状如黑胶饴，独有清烈出尘之意，品在黄连、枫香之上。桂林东江有此，居人采香卖之，不能多得，以纯脂不杂木皮者为佳。

钦香，味犹浅薄。其木叶如冬青而差圆，皮如楮皮而差厚，花黄而小，子青而黑。人以斧斫木为坎，膏凝于痕，遂采以为香。香之为香，良苦哉！

零陵香

零陵香,出猺洞及静江、融州、象州。凡深山木阴沮洳之地,皆可种也。逐节断之,而戋案,《说文》:"戋,伤也。从戈,才声,祖才切。"其节,随手生矣。春暮开花结子即可割,熏以烟火而阴干之。商人贩之,好事者以为座褥卧荐。相传言在岭南不香,出岭则香。谓之零陵香者,静江旧属零陵郡也。

蕃栀子

蕃栀子,出大食国。佛书所谓蒼葡花是也。海蕃干之,如染家之红花也。今广州龙涎所以能香者,以用蕃栀故也。又深广有白花,全似栀子花而五出,人云亦自西竺来,亦名蒼葡。此说恐非是。

龙 涎

大食西海多龙,枕石一睡,涎沫浮水,积而能坚。鲛人采之,以为至宝。新者色白,稍久则紫,甚久则黑。因至番禺见之,不熏不莸,似浮石而轻也。人云龙涎有异香,或云龙涎气腥,能发众香,皆非也。龙涎于香,本无损益,但能聚烟耳。和香而用真龙涎,焚之一铢,翠烟浮空,结而不散。座客可用一剪分烟缕。此其所以然者,蜃气楼台之余烈也。按,见《岭外代答》卷七《宝货门》

八角茴香

八角茴香,出左、右江蛮峒中。质类翘尖,角八出,不类茴香,而气味酷似,但辛烈,只可合汤,不宜入药。中州士夫以为荐酒,咀嚼少许,甚是芳香。按,见《岭外代答》卷八《花木门》

泡 花

泡花，南人或名柚花。春来开，蕊圆白，如大珠，既拆，则似茶花。气极清芬，与茉莉、素馨相逼。番禺人采以蒸香，风味超胜，桂林好事者或为之。其法以佳沉香薄片劈，着净器中，铺半开花与香层层相间，密封之。明日复易，不待花萎香蔫也。花过乃已，香亦成。番禺人吴宅作心字香及琼香，用素馨、茉莉，法亦尔。大抵浥取其气，令自熏陶，以入香骨，实未尝以甑釜蒸煮之。同上

香 鼠

香鼠，至小，仅如指擘大。穴于柱中，行地上疾如激箭。官舍中极多。按，见《岭外代答》卷九《禽兽门》

麝 香

自邕州溪峒来者，名土麝，气臊烈，不及西香。然比年西香多伪杂，一脐化为十数枚，岂复有香！南麝气味虽劣，以不多得，得为珍货，不暇作伪。入药宜有力。同上

137

附录

岭外代答序

入国问俗,礼也。矧尝仕焉,而不能举其要。广右二十五郡,俗多夷风,而疆以戎索;海北郡二十有一,其列于西南方者,蜿蜒若长蛇,实与夷中六诏、安南为境;海之南郡,又内包黎僚,远接黄支之外。仆试尉桂林,分教宁越,盖长边首尾之邦,疆场之事,经国之具,荒忽诞漫之俗,瑰诡谲怪之产,耳目所治,与得诸学士大夫之绪谈者,亦云广矣。盖尝随事笔记,得四百余条。秩满束担东归,避迩与他书弃遗,置勿复称矣。乃亲故相劳苦,问以绝域事,骤莫知所对者,盖数数然。至触事而谈,或能举其一二,事类多而臆得者浸广。晚得范石湖《桂海虞衡志》,又于药裹得所抄名数,因次序之,凡二百九十四条。应酬倦矣,有复问仆,用以代答。虽然,异时训方氏其将有考于斯。

淳熙戊戌冬十月五日　永嘉周去非直夫记

四库全书总目提要

岭外代答十卷　永乐大典本

宋周去非撰。去非字直夫,永嘉人。隆兴癸未进士,淳熙中,官桂林通判。是书即作于桂林代归之后,《自序》谓本范成大《桂海虞衡志》,而益以耳目所见闻,录存二百九十四条。盖因有问岭外事者,倦于应酬,书此示之,故曰"代答"。原本分二十门,今有标题者凡十九,一门存其子目而佚其总纲,所言则军制、户籍之事也。其书条分缕析,视嵇含、刘恂、段公路诸书,叙述为详。所纪西南诸夷,多据当时译者之词,音字未免舛讹。而边帅、法制、财计诸门，实足补正史所未备，不但纪土风物产，徒为谈助已也。《书录解题》及《宋史·艺文志》并作十卷[一]，《永乐大典》所载并为二卷，盖非其旧。今从原目，仍析为十卷。

见《四库全书总目》卷七〇

〔一〕按，据杨武泉考证，《宋史·艺文志》并未著录周去非之《岭外代答》一书。

祭周通判文

呜呼直夫，而谓止于斯乎！始虽同登，各天一隅。余分郡符，君方忧居。间至偃室，退公之余，讲易谈玄，为之踌躇。剧论世故，发蒙砭愚。再仕峤南，备历崎岖。《代答》一书，曲尽锱铢。倘不忘远，当有取诸。前宰剧邑，赫然有誉。遇事不苟，动有规抚。忧患熏心，笃志弗渝。渴然自忧，求方于余。谓当良已，乃终弗除。抱负不凡，有衔不祛。曾是半刺，仅得绯鱼。近传短牍，周姓言孤。启缄恍然，乃君遗书。死生大矣，何其舒徐。挥翰寄别，其言穆如。数五十五，尚明堪舆。明月清风，犹能自悟。通乎昼夜，晏然不殊。呜呼直夫，而又何憾乎！下交私情，惊怆欷歔。对客三诵，泪与之俱。净光东麓，遥望故庐。矢哀以词，奠之生刍。

见宋楼钥《楼钥集》卷八四

诸蕃志（选）

〔宋〕赵汝括　撰

前　言

《诸蕃志》二卷，宋赵汝括撰，为中国古代地理名著。

赵汝括（1170—1231），字伯可，宋太宗赵光义八世孙，祖籍开封（今属河南），后随其祖赵不柔寓居天台（今属浙江），遂为天台人。绍熙元年（1190），以父荫入仕，补将仕郎。庆元二年（1196），在专为现任官员及爵禄世家子弟举行的"锁厅试"中考得一甲，赐进士及第。其后历任文林郎、知县、通判、朝奉大夫等职，官终朝议大夫。嘉定十七年（1224），赵汝括迁任福建路市舶提举，次年又兼权泉州市舶，前后掌管福建市舶四五年，是其仕历中值得关注的一段时期。宋代的提举市舶司，以管理海上中外贸易为职。赵汝括利用职务之便，接触到许多从事海上贸易的外国商人，"乃询诸贾胡，俾列其国名，道其风土，与夫道里之联属，山泽之蓄产。译以华言，芟其秽溋，存其事实"（《诸蕃志自序》），撰成《诸蕃志》一书。该书卷上为《志国》，共收录海外五十八个国家，记述其风土人情、方位里程等；卷下为《志物》，记述海外诸国物产资源近五十种，另附记海南的地理与物产等。

此次对《诸蕃志》进行整理工作，将《诸蕃志》卷下《志物》中有关的香料条目加以辑选，共二十三则，汇为一编。底本采用《学津讨原》本，参校四库本、《函海》本。因《诸蕃志》从周去非《岭外代答》抄录了部分条目，故二书文字有所重复，为存原貌，未加删节。目录重新编制，书后附录相关序跋提要。在整理过程中，参考了杨博文《诸蕃志校释》一书，特此致谢。

目　录

脑　子

脑子，出渤泥国，一作佛尼。又出宾窣国。世谓三佛齐亦有之，非也。但其国据诸蕃来往之要津，遂截断诸国之物，聚于其国，以俟蕃舶贸易耳。脑之树如杉，生于深山穷谷中，经千百年，支干不曾损动，则剩有之，否则脑随气泄。土人入山采脑，须数十为群，以木皮为衣，赍沙糊为粮，分路而去。遇脑树，则以斧斫记，至十余株，然后截段均分。各以所得解作板段，随其板傍横裂而成缝，脑出于缝中，劈而取之。其成片者，谓之梅花脑，以状似梅花也；次谓之金脚脑；其碎者谓之米脑；碎与木屑相杂者，谓之苍脑。取脑已净，其杉片谓之脑札。今人碎之，与锯屑相和，置瓷器中，以器覆之，封固其缝，煨以热灰，气蒸结而成块，谓之聚脑，可作妇人花环等用。又有一种如油者，谓之脑油。其气劲而烈，只可浸香合油。

乳　香

乳香，一名熏陆香，出大食之麻啰拔、施曷、奴发三国深山穷谷中。其树大概类榕，以斧斫株，脂溢于外，结而成香，聚而成块。以象辇之，至于大食。大食以舟载易他货于三佛齐，故香常聚于三佛齐。番商贸易至，舶司视香之多少为殿最。而香之为品十有三：其最上者为拣香，圆大如指头，俗所谓滴乳是也；次曰瓶乳，其色亚于拣香；又次曰瓶香，言收时贵重之，置于瓶中。瓶香之中，又有上中下三等之别。又次曰袋香，言收时止置袋中，其品亦有三，如瓶香焉。又次曰乳榻，盖香之杂于砂石者也。又次曰黑榻，盖香色之黑者也。又次曰水湿黑榻，盖香在舟中为水所浸渍，而气变色败者也。品杂而碎者，曰斫削。簸扬为尘者，曰缠末。此乳香之别也。

没 药

没药，出大食麻啰抹国。其树高大，如中国之松，皮厚一二寸。采时先掘树下为坎，用斧伐其皮，脂溢于坎中，旬余方取之。

血 碣

血碣，亦出大食国。其树略与没药同，但叶差大耳。采取亦如之。有莹如镜面者，乃树老脂自流溢，不犯斧凿，此为上品。其夹插柴屑香[一]，乃降真香之脂，俗号假血碣。

〔一〕"柴屑香"，函海本、四库本同，杨博文《诸蕃志校释》作"柴屑者"，疑是。

金颜香

金颜香，正出真腊，大食次之。所谓三佛齐有此香者，特自大食贩运至三佛齐，而商人又自三佛齐转贩入中国耳。其香乃木之脂，有淡黄色者，有黑色者。拗开雪白为佳，有砂石为下。其气劲，工于聚众香，今之为龙涎软香佩带者，多用之。番人亦以和香而涂其身。

笃耨香

笃耨香，出真腊国。其香，树脂也。其树状如杉、桧之类，而香藏于皮，树老而自然流溢者，色白而莹。故其香虽盛暑不融，名曰笃耨[一]。至夏月，以火环其株而炙之，令其脂液再溢，冬月因其凝而取之，故其香夏融而冬凝，名黑笃耨。土人盛之以瓢，舟人易之以瓷器。香之味清而长，黑者易融，渗漉于瓢，取瓢而爇之，亦得其仿佛。今所谓笃耨瓢是也。

〔一〕"名曰笃耨"，《本草纲目》卷三四"笃耨香"条作"名白笃
耨"，与下文相参，疑是。

苏合香油

苏合香油，出大食国。气味大抵类笃耨，以浓而无滓为上。
番人多用以涂身，闽人患大风者亦仿之。可合软香及入医用。

安息香

安息香，出三佛齐国。其香乃树之脂也。其形色类核桃瓤，
而不宜于烧，然能发众香，故人取之以和香焉。《通典》叙西戎
有安息国，后周天和、隋大业中曾朝贡。恐以此得名，而转货于
三佛齐。

栀子花

栀子花，出大食哑巴闲、啰施美二国。状如中国之红花，其
色浅紫，其香清越而有酝藉。土人采花晒干，藏之琉璃瓶中。花
赤希有，即佛书所谓簷卜是也。

蔷薇水

蔷薇水，大食国花露也。五代时，番使蒲歌散以十五瓶效
贡，厥后罕有至者。今多采花浸水，蒸取其液以代焉。其水多伪
杂，以琉璃瓶试之，翻摇数四，其泡周上下者为真。其花与中国
蔷薇不同。

沉　香

沉香所出非一，真腊为上，占城次之，三佛齐、阇婆等为

下。俗分诸国为上下岸，以真腊、占城为上岸，大食、三佛齐、阇婆为下岸。香之大概，生结者为上，熟脱者次之；坚黑者为上，黄者次之。然诸沉之形多异，而名亦不一。有如犀角者，谓之犀角沉；如燕口者，谓燕口沉；如附子者，谓之附子沉；如梭者，谓之梭沉；文坚而理致者，谓之横隔沉。大抵以所产气味为高下，不以形体为优劣。世谓渤泥亦产，非也。一说其香生结成，以刀修出者为生结沉；自然脱落者，为熟沉。产于下岸者，谓之番沉，气哽味辣而烈，能治冷气，故亦谓之药沉。海南亦产沉香，其气清而长，谓之蓬莱沉。

笺 香

笺香，乃沉香之次者。气味与沉香相类，然带木而不甚坚实。故其品次于沉香，而优于熟速。

速暂香

生速，出于真腊、占城。而熟速所出非一，真腊为上，占城次之，阇婆为下。伐树去木而取者，谓之生速。树仆于地，木腐而香存者，谓之熟速。生速气味长，熟速气味易焦。故生者为上，熟者次之。熟速之次者，谓之暂香。其所产之高下，与熟速同，但脱者谓之熟速，而木之半存者谓之暂香。半生熟，商人以刀刳其木而出其香，择其上者杂于熟速而货之，市者亦莫之辨。

黄熟香

黄熟香，诸番皆出，而真腊为上。其香黄而熟，故名。若皮坚而中腐者，其形如桶，谓之黄熟桶。其夹笺而通黑者，其气尤胜，谓之夹笺黄熟。夹笺者，乃其香之上品。

生 香

生香，出占城、真腊，海南诸处皆有之。其直下于鸟口[一]，乃是斫倒香株之未老者。若香已生在木内，则谓之生香，结皮三分为暂香，五分为速香，七八分为笺香，十分即为沉香也。

〔一〕"鸟口"，杨博文《诸蕃志校释》卷下据《〈大德〉南海志》卷七校补为"鸟香"。

檀 香

檀香，出阇婆之打纲、底勿二国，三佛齐亦有之。其树如中国之荔支，其叶亦然。土人斫而阴干，气清劲而易泄，爇之能夺众香。色黄者，谓之黄檀；紫者，谓之紫檀；轻而脆者，谓之沙檀。气味大率相类。树之老者，其皮薄，其香满，此上品也；次则有七八分香者；其下者，谓之点星香；为雨滴漏者，谓之破漏香；其根谓之香头。

丁 香

丁香，出大食、阇婆诸国。其状似"丁"字，因以名之。能辟口气，郎官咀以奏事。其大者谓之丁香母，丁香母即鸡舌香也。或曰鸡舌香，千年枣实也。

肉豆蔻

肉豆蔻，出黄麻驻、牛崙等深番。树如中国之柏，高至十丈，枝干条枚蕃衍，敷广蔽四五十人。春季花开，采而晒干，今豆蔻花是也。其实如榧子，去其壳，取其肉，以灰藏之，可以耐久。按，《本草》：其性温。

降真香

降真香，出三佛齐、阇婆、蓬丰，广东、西诸郡亦有之。气劲而远，能辟邪气。泉人岁除，家无贫富皆爇之，如燔柴然，其直甚廉。以三佛齐者为上，以其气味清远也。一名曰紫藤香。

麝香木

麝香木，出占城、真腊。树老仆湮没于土而腐，以熟脱者为上。其气依稀似麝，故谓之麝香。若伐生木取之，则气劲而恶，是为下品。泉人多以为器用，如花梨木之类。

木　香

木香，出大食麻啰抹国，施曷、奴发亦有之。树如中国丝瓜，冬月取其根，锉长一二寸，晒干。以状如鸡骨者为上。

白豆蔻

白豆蔻，出真腊、阇婆等番，惟真腊最多。树如丝瓜，实如葡萄，蔓衍山谷，春花夏实。听民从便采取。

腽肭脐

腽肭脐，出大食伽力吉国。其形如猾，脚高如犬，其色或红或黑，其走如飞。猎者张网于海滨捕之，取其肾而渍以油，名腽肭脐。番惟渤泥最多。

龙　涎

龙涎，大食西海多龙，枕石一睡，涎沫浮水，积而能坚。鲛人采之，以为至宝。新者色白，稍久则紫，甚久则黑。不熏不莸，似浮石而轻也。人云龙涎有异香，或云龙涎气腥，能发众香，皆非也。龙涎于香，本无损益，但能聚烟耳。和香而真用龙涎焚之，一缕翠烟浮空，结而不散。座客可用一剪分烟缕。此其所以然者，蜃气楼台之余烈也。

附录

诸蕃志序

《禹贡》载："岛夷卉服，厥篚织贝。"蛮夷通货于中国古矣。繇汉而后，贡珍不绝。至唐，市舶有使，招徕懋迁之道，自是益广。国朝列圣相传，以仁俭为宝，声教所暨，累译奉琛。于是置官于泉、广，以司互市，盖欲宽民力而助国朝，其与贵异物、穷侈心者，乌可同日而语！汝适被命此来，暇日阅诸蕃图，有所谓石床、长沙之险，交洋、竺屿之限，问其志，则无有焉。乃询诸贾胡，俾列其国名，道其风土，与夫道里之联属，山泽之蓄产。译以华言，删其秽渫，存其事实，名曰《诸蕃志》。海外环水而国者以万数，南金、象、犀、珠、香、瑇瑁、珍异之产，市于中国者，大略见于此矣。噫！山海有经，博物有志，一物不知，君子所耻。是志之作，良有以夫。

　　宝庆元年九月日　朝散大夫提举福建路市舶赵汝适序

　　　　　　见缪荃孙《艺风藏书记》卷三

诸蕃志序

宋赵汝适为福建提举市舶时，撰《诸蕃志》二卷，杂记蕃国名物，疏释最详，与今世所见闻无小异。赵盖从目睹之余，得其名状，不徒作纸上谈也。予视学岭海，尝携此卷，逐加勘订，叹其历历不爽。此足见古人著作之精，而后之游目其间者，亦不无多识之助云。

　　　　　　　　　　　　童山李调元雨村序

　　　　　　见《学津讨原》本《诸蕃志》卷末

四库全书总目提要

诸蕃志二卷　永乐大典本

宋赵汝适撰。汝适始末无考，惟据《宋史·宗室世系表》，知其为岐王仲忽之玄孙、安康郡王士说之曾孙、银青光禄大夫不柔之孙、善待之子，出于简王元份房[一]，上距太宗八世耳。此书乃其提举福建路市舶时所作，于时宋已南渡，诸蕃惟市舶仅通，故所言皆海国之事。《宋史》外国列传实引用之，核其叙次事类岁月皆合，但《宋史》详事迹而略于风土物产，此则详风土物产而略于事迹。盖一则史传，一则杂志，体各有宜，不以偏举为病也。所列诸国，"宾瞳龙"史作"宾同陇"，"登流眉"史作"丹流眉"，"阿婆罗拔"史作"阿蒲罗拔"，"麻逸"史作"摩逸"，盖译语对音，本无定字，"龙""陇"三声之通，"登""丹"、"蒲""婆"、"麻""摩"双声之转，呼有轻重，故文有异同。无由核其是非，今亦各仍其旧。惟南宋僻处临安，海道所通，东南为近。《志》中乃兼载大秦、天竺诸国，似乎隔越西域，未必亲睹其人。然考《册府元龟》载唐时祆教称大秦寺，《桯史》所记广州海獠，即其种类。又法显《佛国记》载陆行至天竺，附商舶还晋，知二国皆转海可通，故汝适得于福州见其市易。然则是书所记，皆得诸见闻，亲为询访，宜其叙述详核，为史家之所依据矣。

见《四库全书总目》卷七一

〔一〕"简王元份"，据杨博文考订，赵元份封商王而非简王，此因二字形近而馆臣致误。

陈氏香谱

〔宋〕陈敬 撰

前 言

　　《陈氏香谱》四卷，宋陈敬撰。本书一名《香谱》，因宋代多有《香谱》之作，如沈立《香谱》、洪刍《香谱》、曾慥《香谱》等，故于其书名前冠以姓氏而区分之。

　　陈敬，字子中，河南人。生卒年及生平均不详，大约活动在宋末元初时期。其所撰《香谱》，卷一第一部分为"香品"，收录各种香料逾八十种；第二部分为"香异"，收录奇异香料逾三十种；第三部分为"修制诸香"，记述制香方法近二十则。卷二为各种香方及印香，共收录一百四十余则。卷三记述各种香方一百六十余则，又收录香器七种。卷四记述香珠、香药、香事等百余则，最后附录历代有关香的诗文若干则。书前有《集会诸家香谱目录》，罗列沈立《香谱》等十一家。其中沈立《香谱》以下七家，为宋代香学专著。《局方》即《太平惠民和剂局方》，仅列第十卷，即记录香方和香药的部分。《事林广记》，为宋末陈元靓所撰辑的类书。另有《是斋售用录》《温氏杂记》二书，具体情况不详，疑为杂记类的著述。以上四种，并非香学专著，陈敬从中辑选了有关香料和香方的内容。由此可见，《陈氏香谱》不仅将其能够看到的香学专著收罗殆尽，还从医籍、类书、笔记中辑录相关内容，堪称是宋代集大成的香学专著。

　　《陈氏香谱》于至治二年（1322）锓版印行，其时陈敬已经逝世，该书由其子陈浩卿订正刊刻，其本今佚。明代有万历《文房奇书》本及崇祯益王府据元至治刻本重雕本，清代有路慎庄钞本，这些版本现均不存。《四库全书》收录《陈氏香谱》，底本为范氏天一阁所藏元代写本。此外,《陈氏香谱》另有一种版本,署为《新纂香谱》,仅残存二卷,向以钞本行世,民国年间由张钧衡刻入《适园丛书》。《新纂香谱》虽为残本,但在内容上对《陈氏香谱》有所增订,增订者不详。增订内容包括条目中的文字,也包括对若干香方以小字注明出处,另外有十六幅香篆图样,为四库本所无。本次整理《陈氏香谱》,即以四库本为底本,参校适园本《新纂香谱》,将香篆图样补入。并重新编制目录,书后附录有关序跋提要等。在整理过程中,参考了刘静敏先生《〈陈氏香谱〉版本考述》一文,特此致谢。

目　录

原　序

　　香者，五臭之一，而人服媚之。至于为香谱，非世宦博物、尝杭舶浮海者，不能悉也。河南陈氏《香谱》，自子中至浩卿，再世乃脱稿。凡洪、颜、沈、叶诸《谱》，具在此编，集其大成矣。《诗》《书》言香，不过黍稷萧脂。故香之为字，从黍从甘。古者从黍稷之外，可焫者萧，可佩者兰，可䰞者郁，名为香草者无几，此时谱可无作。《楚辞》所录，名物渐多，犹未取于遐裔也。汉唐以来，言香必取南海之产，故不可无谱。

　　浩卿过彭蠡，以其《谱》视钓者熊朋来，俾为序。钓者惊曰："岂其乏使而及我！子再世成谱亦不易，宜遴序者。岂无蓬莱玉署、怀香握兰之仙儒，又岂无乔木故家、芝兰芳馥之世卿；岂无岛服夷言、夸香诧宝之舶官，又岂无神州赤县、进香受爵之少府；岂无宝梵琳房、闻思道韵之高人，又岂无瑶英玉蕊、罗襦苎泽之女士。凡知香者，皆使序之。若仆也，灰钉之望既穷，熏习之梦久断。空有庐山一峰以为炉，峰顶片云以为香，子并收入《谱》矣。每忆刘季和香僻，过炉熏身，其主簿张坦以为俗。坦可谓直谅之友，季和能笑领其言，亦庶几善补过者。有士于此，如荀令君至人家，坐席三日香；梅学士每晨袖覆炉，撮袖以出，坐定放香。是富贵自好者所为，未闻圣贤为此。惜其不遇张坦也。按，《礼经》：容臭者童孺所佩，茝兰者妇辈所采。大丈夫则自流芳百世者，在故魏武犹能禁家内不得熏香，谢玄佩香囊则安石患之。然琴窗书室，不得此《谱》则无以治炉熏，至于自熏知见，抑存乎其人。"遂长揖谢客，鼓棹去。客追录为《香谱序》。

　　　　至治壬戌兰秋　彭蠡钓徒熊朋来序

卷　一

许氏《说文》曰："芳也。篆从黍从甘，隶省作香。《春秋传》曰：'黍稷馨香。'凡香之属，皆从香。香之远闻曰馨。"

香之美者曰馣。疏士反。

香之气曰馦，许兼反。曰馣，乌含反。曰馧，于云反。曰馥，扶福反。曰馤，于盖反。曰馤，同上。曰馪，匹民反。曰馢，则前反。曰馛，蒲拨反。曰馦，匹结反。曰馝，毗必反。曰馟，蒲役反。曰馠，火含反。曰馩，符分反。曰馩，同上。曰馪，方灭反。曰馪，奴混反。曰馣，薄庚反。曰馞，陀胡反。曰馪，于骑反。曰馜，女氏反。曰馘，普没反。曰馝，蒲结反。曰馞，普灭反。曰馪，乌孔反。曰馫，毗霄反。曰馩，步结反。曰馤，许葛反。曰馡，甫微反。

《香品举要》云：香最多品类，出交、广、崖州及海南诸国。然秦汉以前未闻，惟称兰蕙椒桂而已。至汉武奢广，尚书郎奏事者始有含鸡舌香，其他皆未闻。迨晋武时，外国贡异香始此。及隋，除夜火山烧沉香、甲煎不计数，海南诸品毕至矣。唐明皇君臣，多有沉、檀、脑、麝为亭阁，何多也？后周显德间，昆明国又献蔷薇水矣。昔所未有，今皆有焉。然香者一也，或出于草，或出于木，或花或实，或节或叶，或皮或液，或又假人力而煎和成。有供焚者，有可佩者，又有充入药者，详列如左〔一〕。

"至治馨香，感于神明。"《书·君陈》

"弗惟德馨香。"《书·酒诰》

"其香始升，上帝居歆。"《诗·生民》

"有飶其香，邦家之光。"《诗·载芟》

"黍稷馨香。"《左氏传》

"兰有国香。"《左氏传》

"其德足用昭其馨香。"《国语》

"如入芝兰之室，久而不闻其香。"《家语》

〔一〕此段疑应置于下引诸家经典语之后，下接"香品"。按，洪刍《香谱》卷下"述香"，即引《说文》，而后引诸家经典语，陈敬于卷首引《说文》及《诗》《书》等经典，用意同。而"《香品举要》"云云一段，为"香品"前之小序，故末云"详列如左"。此因传钞时误移于此。

香 品

龙脑香

《唐本草》云："出婆律国。树形似杉木，子似豆蔻，皮有甲错。婆律膏是根下清脂，龙脑是根中干脂。味辛，香入口。"〔一〕

段成式云："亦出波斯国。树高八九丈，大可六七围，叶圆而背白，无花实。其树有肥瘦，瘦者出龙脑香，肥者出婆律膏。香在木心中，婆律断其树剪取之〔二〕，其膏于木端流出。"

《图经》云："南海山中亦有此木。唐天宝中，交阯贡龙脑，皆如蝉、蚕之形。彼人言：有老根节方有之，然极难。禁中呼瑞龙脑，带之衣衿，香闻十余步。今海南龙脑，多用火焙成片，其中容伪。"

陶隐居云："生西海婆律国，婆律树中脂也。如白胶香状，叶苦、辛，微温，无毒。主内外障眼、去三虫、疗五痔、明目、镇心、秘精。又有苍龙脑，主风疹、䵟面，入膏煎良。不可点眼。其明净如雪花者善，久经风日或如麦麸者不佳。宜合黑豆、糯米、相思子贮之瓷器中，则不耗。今复有生熟之异，称生龙脑，即是所载是也。其绝妙者曰梅花龙脑。有经火飞结成块者，谓之熟龙脑，气味差薄。盖益以他物也。"

叶廷珪云："渤泥、三佛齐亦有之。乃深山穷谷千年老杉树枝干不损者，若损动则气泄无脑矣。其土人解为板，板傍裂缝，脑中缝出，劈而取之。大者成片，俗谓之梅花脑。其次谓之速脑，速脑之中，又有金脚。其碎者谓之米脑，锯下杉屑与碎脑相杂者，谓之苍脑。取脑已净，其杉板谓之脑本。与锯屑同捣碎，和置瓷盆内，以笠覆之，封其缝，热灰煨煏，其气飞上，凝结而成块，谓之熟脑。可作面花、耳环、佩带等用。又有一种如油者，谓之脑油。其气劲于脑，可浸诸香。"

陈正敏云："龙脑出南天竺。木本如松，初取犹湿，断为数十块，尚有香。日久木干，循理拆之，其香如云母者是也。与中土人取樟脑颇异。"

今案，段成式所述，与此不同，故两存之。

〔一〕见唐苏敬等《新修本草》卷一三。"香入口"，原书作"香人口"，是。此因二字形近而致误。

〔二〕"婆律断其树剪取之"，唐段成式《酉阳杂俎》卷一八作"断其树劈取之"，宋苏颂《图经本草》卷一一引《酉阳杂俎》作"波斯断其木剪取之"。

婆律香

《本草拾遗》云："出婆律国。其树与龙脑同，乃树之清脂也。除恶气，杀虫蛀。"〔一〕详见龙脑香。

〔一〕按，此条实见于唐苏敬等《新修本草》而非陈藏器《本草拾遗》。

沉水香

《唐本草》云："出天竺、单于二国。与青桂、鸡骨、栈香同是一树，叶似橘，经冬不凋，夏生花，白而圆细，秋结实，如槟榔，其色紫似葚而味辛。疗风水毒肿，去恶气。树皮青色，木似榉柳，重实黑色沉水者是。今复有生黄而沉水者，谓之蜡沉。又有不沉者，谓之生结，即栈香也。"

《拾遗解纷》云："其树如椿，常以水试乃知。"

叶廷珪云："沉香所出非一，真腊者为上，占城次之，渤泥最下。真腊之真，又分三品：绿洋最佳，三泺次之，勃罗间差弱。而香之大概，生结者为上，熟脱者次之；坚黑为上，黄者次之。然诸沉之形多异，而名亦不一。有状如犀角者，如燕口者，如附子者，如梭者，是皆因形为名。其坚致而文横者，谓之横隔沉。大抵以所产气色为高〔一〕，而形体非所以定优劣也。"绿洋、三泺、勃罗间，皆真腊属国。

《谈苑》云："一树出香三等，曰沉，曰栈，曰黄熟。"

《倦游录》云："沉香木，岭南濒海诸州尤多。大者合抱，山民或以为屋，为桥梁，为饭甑，然有香者百无一二。盖木得水方结，多在折枝枯干中，或为栈，或为黄熟。自枯死者，谓之水盘香。高、窦等州产生结香，盖山民见山木曲折斜枝，必以刀斫成坎，经年得雨水渍，遂结香。复锯取之，刮取白木。其香结为斑点，亦名鹧鸪斑。沉之良久〔二〕，在琼、崖等州，俗谓之角沉，乃生木中取者，宜用熏裹。黄沉乃枯木中得者，宜入药。黄腊沉尤难得。"按，《南史》云："置水中则沉，故曰沉香。浮者，栈香也。”

陈正敏云：“水沉，出南海。凡数重外为断白，次为栈，中为沉。今岭南岩高峻处亦有之，但不及海南者香气清婉耳。诸夷以香树为槽而饲鸡犬，故郑文宝诗云：‘沉檀香植在天涯，贱等荆衡水面槎。未必为槽饲鸡犬，不如煨烬向高家。’”今按，黄腊沉，削之自卷，啮之柔韧者是。余见第四卷丁晋公《天香传》中。

〔一〕“大抵以所产气色为高”，叶廷珪云云，疑出其所撰《南蕃香录》，今书已不存。宋赵汝括《诸蕃志》卷下“沉香”条作“大抵以所产气色为高下”，是。陈氏引录时脱“下”字。

〔二〕“沉之良久”，宋张师正《倦游杂录》“沉香木”条作“沉之良者”，是。

生沉香

一名蓬莱香。叶廷珪云：“出海南山西，其初连木，状如粟棘房〔一〕，土人谓棘香。刀刳去木而出其香，则坚倒而光泽〔二〕。士大夫目为蓬莱香，气清而长耳〔三〕。品虽侔于真腊，然地之所产者少，而官于彼者乃得之，商舶罕获焉，故直常倍于真腊所产者云。”

〔一〕“粟棘房”，《新纂香谱》作“粟棘房”。

〔二〕“则坚倒而光泽”，《新纂香谱》作“则坚致而光泽”，是。此因“倒”、“緻”（致）二字形近致误。

〔三〕“气清而长耳”，《新纂香谱》作“气清而且长”。

蕃 香

一名蕃沉。叶廷珪云：“出渤泥、三佛齐，气矿而烈〔一〕。价

177

视真腊绿洋减三分之二，视占城减半矣。治冷气，医家多用之。"

〔一〕"气矿而烈"，《新纂香谱》作"气犷而烈"，是。

青桂香

《本草拾遗》云："即沉香同树细枝紧实未烂者。"

《谈苑》云："沉香依木皮而结，谓之青桂。"

栈　香

《本草拾遗》云："栈与沉同树，以其肌理有黑脉者为别。"

叶廷珪云："栈香，乃沉香之次者，出占城国。气味与沉香相类，但带木，颇不坚实。故其品亚于沉，而复于熟逊焉。"〔一〕

〔一〕"而复于熟逊焉"，《新纂香谱》作"而优于熟、速焉"，是。

黄熟香

亦栈香之类也，但轻虚枯朽不堪者。今和香中皆用之。

叶廷珪云："黄熟香、夹栈黄熟香，诸蕃皆出，而真腊为上。黄而熟，故名焉。其皮坚而中腐者，形状如桶，故谓之黄熟桶。其夹栈而通黑者，其气尤朦，故谓之夹栈黄熟。此香虽泉人之所日用，而夹栈居上品。"

叶子香

一名龙鳞香，盖栈之薄者。其香尤胜于栈。

《谈苑》云："沉香在土岁久，不待刜剔而精者。"

鸡骨香

《本草拾遗》云："亦栈香中形似鸡骨者。"

水盘香

类黄熟而殊大，多雕刻为香山、佛像。并出舶上。

白眼香

亦黄熟之别名也。其色差白，不入药品，和香或用之。

檀　香

《本草拾遗》云："檀香，其种有三：曰白，曰紫，曰黄。白檀树出海南，主心腹痛、霍乱、中恶、鬼气、杀虫。"

《唐本草》云："味咸，微寒，主恶风毒。出昆仑盘盘之国。主消风肿。又有紫真檀，人磨之以涂风肿。虽不生于中土，而人间遍有之。"

叶廷珪云："檀香，出三佛齐国。气清劲而易泄，爇之能夺众香。皮在而色黄者，谓之黄檀；皮腐而色紫者，谓之紫檀。气味大率相类，而紫者差胜。其轻而脆者，谓之沙檀，药中多用之。然香树头长，商人截而短之，以便负贩。恐其气泄，以纸封之，欲其滋润故也。"

陈正敏云："亦出南天竺末耶山崖谷间，然其他杂木与檀相类者甚众，殆不可别。但檀木性冷，夏月多大蛇蟠绕，人远望见有蛇处，即射箭记之。至冬月蛇蛰，乃伐而取之也。"

木　香

《本草》云："一名密香，从外国舶上来。叶似薯蓣而根大，花紫色。功效极多，味辛、温，无毒，主辟瘟疫，疗气劣、气不足，消毒，杀虫毒。今以如鸡骨坚实，啮之粘牙者为上。又有马兜铃根，名曰青木香，非此之谓也。或云有二种，亦恐非耳。一

179

谓之云南根。"

降真香

《南州记》云："生南海诸山，大秦国亦有之。"

《海药本草》云："味辛、平，无毒，主天行时气、宅舍怪异，并烧之有验。"

《列仙传》云："烧之感引鹤降，醮星辰烧此香为第一。小儿佩之，能辟邪气。状如苏枋木，燃之初不甚香，得诸香和之则特美。"

叶廷珪云："出三佛齐国及海南。其气劲而远，能辟邪气。泉人每岁除，家无贫富，皆爇之如燔柴。虽在处有之，皆不及三佛齐者。一名紫藤香，今有蕃降、广降之别。"

生熟速香

叶廷珪云："生速香，出真腊国。熟速香所出非一，而真腊尤胜，占城次之，渤泥最下。伐树去木而取香者，谓之生速香。树仆于地，木腐而香存者，谓之熟速香。生速气味长，熟速气味易焦，故生者为上，熟者次之。"

暂　香

叶廷珪云："暂香，乃熟速之类，所产高下与熟速同。但脱者谓之熟速，而木之半存者，谓之暂香。其香半生熟，商人以刀刳其木而出香，择尤美者杂于熟速而货之，故市者亦莫之辨。"

鹧鸪斑香

叶廷珪云："出海南。与真腊生速等，但气味短而薄，易烬[一]，其厚而沉水者差久。文如鹧鸪斑，故名焉。亦谓之细冒头，至薄而沉。"

〔一〕"但气味短而薄，易烬"，《新纂香谱》作"但气清而短，体薄易烬"，是。

乌里香

叶廷珪云："出占城国，地名乌里。土人伐其树，札之以为香。以火焙干，令香脂见于外，以输租役。商人以刀刳其木而出其香，故品下于他香。"

生香

叶廷珪云："生香，所出非一。树小老而伐之，故香少而未多[一]，其直虽下于乌里，然削木而存香，则胜之矣。"

〔一〕"树小老而伐之，故香少而未多"，《新纂香谱》作"树未老而伐之，故香少而味多"，疑是。

交趾香

叶廷珪云："出交趾国。微黑而光，气味与占城栈香相类。然其地不通商舶，而土人多贩于广西之钦州。钦人谓之光香。"

乳香

《广志》云："即南海波斯国松树脂。紫赤色如樱桃者，名曰乳香。盖熏陆之类也。仙方多用辟邪。其性温，疗耳聋、中风口噤、妇人血风，能发酒，治风冷，止大肠泄澼，疗诸疮疖令内消。今以通明者为胜，目曰滴乳；其次曰拣香；又次曰瓶香。然多夹杂成大块如沥青之状。又其细者，谓之香缠。"

沈存中云："乳香，本名熏陆。以其下如乳头者，谓之乳头香。"

叶廷珪云："一名熏陆香，出大食国之南数千里深山穷谷中。其树大抵类松，以斤斫树，脂溢于外，结而成香，聚而成块。以象辇之，至于大食，大食以舟载易他货于三佛齐，故香常聚于三佛齐。三佛齐每岁以大舶至广与泉，广、泉二舶视香之多少为殿最。而香之品十有三：其最上品者为拣香，圆大如乳头，俗所谓滴乳是也；次曰瓶乳，其色亚于拣香；又次曰瓶香，言收时量重，置于瓶中。在瓶香之中，又有上中下三等之别。又次曰袋香，言收时只置袋中，其品亦有三等。又次曰乳榻，盖香在舟中，镕榻在地，杂以沙石者。又次曰黑榻，香之黑色者。又次曰水湿黑榻，盖香在舟中，为水所浸渍而气败色变者也。品杂而碎者，曰斫削。簸扬为尘者，曰缠末。此乳香之别也。"

温子皮云："广州蕃药多伪者。伪乳香以白胶香搅糟为之，但烧之烟散，多此伪者是也。真乳香与茯苓共嚼则成水。"又云："皖山石乳香，玲珑而有蜂窝者为真。每爇之，次爇沉、檀之属，则香气为乳香，烟置定难散者是[一]。否则白胶香也。"

〔一〕"每爇之"以下四句，《新纂香谱》作"每先爇之，次爇沉、檀之属，则香气乱，乳香烟直定难散者是"。

薰陆香

《广志》云："生南海。"

又《僻方》："即罗香也。"〔一〕

《海药本草》云："味平、温，毒，清神。一名马尾香〔二〕。是树皮鳞甲，采复生。"

《唐本草》云："出天竺国及邯郸〔三〕。似枫松脂，黄白色。

天竺者多白，邯郸者夹绿色，香不甚烈。温，主伏尸、恶气，疗风水肿毒。"

〔一〕"又《僻方》"，宋洪刍《香谱》卷上"熏陆香"条作"又《僻方》注曰"。

〔二〕"一名马尾香"以上数句，今尚志钧辑校本《海药本草》卷三"熏陆香"条下无。然明李时珍《本草纲目》卷三四"熏陆香"释名引《海药本草》作"马尾香"，是辑校本有所脱漏也。又，"毒"，应作"无毒"。《本草纲目》卷三四：熏陆香"微温，无毒"。

〔三〕"出天竺国及邯郸"，唐苏敬等《新修本草》卷一二作"出天竺、单于"，是。下文"邯郸者夹绿色"，《本草纲目》卷三四引苏敬言，作"出单于者夹绿色"。参见洪刍《香谱》卷上"熏陆香"条校记。

安息香

《本草》云："出西戎。树形似松柏，脂黄色为块，新者亦柔韧。味辛、苦，无毒，主心腹恶气、鬼疰。"

《后汉书·西域传》："安息国去洛阳二万五千里，比至康居。其香乃树皮胶，烧之通神明，辟众恶。"〔一〕

《酉阳杂俎》云："出波斯国。其树呼为辟邪树，长三丈许，皮色黄黑，叶有四角，经冬不凋。二月有花，黄色，心微碧，不结实。刻皮出胶如饴，名安息香。"

叶廷珪云："出三佛齐国。乃树之脂也，其形色类胡桃瓤，而不宜于烧。然能发众香，故多用之以和香焉。"

温子皮云："辨真安息香，每烧之以厚纸覆其上，香透者是，否则伪也。"

〔一〕按，《香乘》卷二改注出《汉书·西域传》。检前后《汉书

·西域传》均收安息国，然无有关安息香之记载。

笃耨香

叶廷珪云："出真腊国，亦树之脂也。树如松杉之类，而香藏于皮，树老而自然流溢者也。色白而透明，故其香虽盛暑不融。土人既取之矣，至夏月，以火环其树而炙之，令其脂液再溢。及冬月沍寒，其凝而复取之，故其香冬凝而夏融。土人盛之以瓠瓢，至暑月，则钻其瓢而周为孔，藏之水中，欲其阴凉而气通，以泄其汗，故得不融。舟人易以磁器，不若于瓢也。其气清远而长，或以树皮相杂，则色黑而品下矣。香之性易融，而暑月之融多渗于瓢，故断瓢而爇之，亦得其典型。今所谓葫芦瓢者是也。"

瓢　香

《琐碎录》云："三佛齐国以匏瓢盛蔷薇水，至中国水尽，碎其瓢而爇之，与笃耨瓢略同。又名干葫芦片，以之蒸香最妙。"

金颜香

《西域传》云："金颜香，类熏陆，其色赤紫，其烟如凝漆沸起，不甚香而有酸气。合沉、檀为香焚之，极清婉。"

叶廷珪云："出大食及真腊国。所谓三佛齐出者，盖自二国贩至三佛齐，三佛齐乃贩入中国焉。其香则树之脂也，色黄而气劲，善于聚众香。今之为龙涎软者佩带者多用之[一]。蕃之人多以和气涂身。"

〔一〕"今之为龙涎软者佩带者多用之"，宋赵汝括《诸蕃志》卷下"金颜香"条"软者"作"软香"，是。

詹糖香

《本草》云："出晋安、岑州及交、广以南。树似橘，煎枝叶为之，似糖而黑。多以其皮及蠹粪杂之，难得纯正者，惟软乃佳。"

苏合香

《神农本草》云："生中台州谷。"

陶隐居云："俗传是狮子粪，外国说不尔。今皆从西域来，真者难别。紫赤色，如紫檀坚实，极芬香，重如石，烧之灰白者佳。主辟邪、疟瘤、鬼疰，去三虫。"

《西域传》云："大秦国，一名犁犍，以在海西，亦名云汉海西国。地方数千里，有四百余城。人俗有类中国，故谓之大秦国。人合香谓之香，煎其汁为苏合油，其津为苏合油香。"

叶廷珪云："苏合香油，亦出大食国。气味类于笃耨，以浓净无滓者为上。蕃人多以之涂身，以闽中病大风者亦做之〔一〕。可合软香及入药用。"

〔一〕"亦做之"，宋赵汝括《诸蕃志》卷下"苏合香油"条作"亦仿之"，是。此因"做"、"做"（仿）二字形近致误。

亚湿香

叶廷珪云："出占城国。其香非自然，乃土人以十种香捣和而成。味温而重，气和而长，爇之胜于他香。"

涂肌拂手香

叶廷珪云："二香俱出真腊、占城国。土人以脑、麝诸香捣和而成，或以涂肌，或以拂手，其香经宿不歇。惟五羊至今用之，他国不尚焉。"

鸡舌香

《唐本草》云："出昆仑国及交、广以南。树有雌雄，皮叶并似栗，其花如梅。结实似枣核者，雌树也，不入香用。无子者，雄树也，采花酿以成香。香微温，主心痛、恶疮，疗风毒，去恶气。"

丁　香

《山海经》云："生东海及昆仑国。二三月开花，七月方结实。"

《开宝本草注》云："生广州。树高丈余，凌冬不凋。叶似栎而花圆细，色黄。子如丁，长四五分，紫色，中有粗大长寸许者，俗呼为母丁香，击之则顺理拆。味辛，主风毒诸肿。能发诸香，及止心疼、霍乱、呕吐，甚验。"

叶廷珪云："丁香，一名丁子香，以其形似丁子也。鸡舌香，丁香之大者，今所谓丁香母是也。"

日华子云："鸡舌香，治口气。所以三省故事：郎官含鸡舌香，欲其奏事对答，其气芬芳。至今方书为然。出大食国。"

郁金香

《魏略》云："生大秦国。二三月花，如红蓝。四五月采之，甚香。十二叶，为百草之英。"

《本草拾遗》云："味苦，无毒，主虫毒、鬼疰、鸦鹘等臭，除心腹间恶气。入诸香用。"

《说文》云："郁金香，芳草也。十叶为贯，百二十贯采以煮之为鬯，一曰郁鬯。百草之华，远方所贡方物，合而酿之以降神也。"

《物类相感志》云："出伽毗国。华而不实，但取其根而用之。"

迷迭香

《广志》云："出西域。魏文侯有赋，亦尝用。"

《本草拾遗》云："味辛、温，无毒，主恶气。今人衣香，烧之去臭。"〔一〕

〔一〕"今人衣香，烧之去臭"，《新纂香谱》作"令人衣香，烧之去邪"，唐陈藏器《本草拾遗》卷三作"令人衣香，烧之去鬼"，是。

木密香

内典云："状若槐树。"

《异物志》云："其叶如椿。"

《交州记》云："树似沉香。"

《本草拾遗》云："味甘、温，无毒，主辟恶、去邪、鬼痊。生南海诸山中，种之五六年，乃有香。"

藕车香

《本草拾遗》云："味辛、温，主鬼气，去臭及虫鱼蛀物。生彭城，高数尺，黄叶白花。"

《尔雅》云："藕车，艺舆。"〔一〕注曰："香草也。"

〔一〕"艺舆"，《尔雅注疏》卷八《释草第十三》云：他本或作"芎舆"。

必栗香

内典云："一名化木香，似老椿。"

《海叶本草》[一]云："味辛、温，无毒，主鬼痓、心气痛，断一切恶气。叶落水中，鱼暴死。木可为书轴，碎白鱼[二]，不损书。"

〔一〕"海叶本草"，《新纂香谱》作"海药本草"，是。此因"葉"（叶）、"藥"（药）二字形近致误。

〔二〕"碎白鱼"，《新纂香谱》作"辟白鱼"，是。

艾蒳香

《广志》云："出西域，似细艾。又有松树皮上绿衣，亦名艾蒳。可以合诸香，烧之能聚其烟，青白不散。"

《本草拾遗》云："味温，无毒，主恶气，杀蛀虫，主腹内冷、泄痢。一名石芝。"

《字统》云："香草也。"

《异物志》云："叶如枡榈而小，子似槟榔，可食。"[一]

〔一〕《新纂香谱》于本则下有"向宗旦云：'松上寄生草，合香烟不散。'今按，二说不同，未详孰是"数语。

兜娄香

《异物志》云："生海边国，如都梁香。"

《本草》云："性温，疗霍乱、心痛，主风水肿毒、恶气，止吐逆。亦合香用。茎叶如水苏。"

今按，此香与今之兜娄香不同。

白茅香

《本草拾遗》云："味甘、平，无毒，主恶气。令人身香。煮汁服之，主腹内冷痛。生安南，如茅根。道家以之煮汤沐浴云。"

茅香花

《唐本草》云："生剑南诸州。其茎叶黑褐色，花白，非白茅也。味苦、温，无毒，主中恶、反胃，止呕吐。叶苗可煮汤浴，辟邪气，令人身香。"

兜纳香

《广志》云："生骠国。"

《魏略》云："出大秦国。"

《本草拾遗》云："味甘、温，无毒，去恶气，温中除冷。"

耕　香

《南方草木状》云："耕香，茎生细叶。"

《本草拾遗》云："味辛、温，无毒，主臭鬼气、调中。生乌浒国。"

雀头香

《本草》云："即香附子也，所在有之。叶茎都是三棱，根若附子，周匝多毛。交州者最胜，大如枣核，近道者如杏仁许。荆襄人谓之莎草根，大能下气、除脑腹中热。合和香用之尤佳。"

芸　香

《仓颉解诂》曰："芸蒿，叶似邪蒿，可食。"

189

鱼豢《典略》云："芸香，辟纸鱼蠹。故藏书台称芸台。"

《物类相感志》云："香草也。"

《说文》云："似苜蓿。"

《杂礼图》云："芸，即蒿也，香美可食。今江东人饵为生菜。"

零陵香

《南越志》云："一名燕草，又名薰草，生零陵山谷。叶如罗勒。"

《山海经》云："薰草，麻叶而方茎，赤花而黑实。气如蘼芜，可以止疬。即零陵香。"

《本草》云："味苦，无毒，主恶气、注心、腹痛、下气，令体和诸香或作汤丸用〔一〕，得酒良。"

〔一〕"令体和诸香或作汤丸用"，明李时珍《本草纲目》卷一四"零陵香"条引《开宝本草》作"令体香，和诸香作汤丸用"，《新纂香谱》同，《陈氏香谱》误脱"香"字。

都梁香

《荆州记》云："都梁县有山，山上有水，其中生兰草，因名都梁香。形如藿香。古诗：'博山炉中百和香，郁金苏合及都梁。'"

《广志》云："都梁在淮南。亦名煎泽草也。"

白胶香

《唐本草》云："树高大，木理细鞭〔一〕，叶三角，商洛间多有。五月斫为坎，十二月收脂。"

《经史类证本草》〔二〕云："枫树，所在有之，南方及关陕尤多。树似白杨，叶圆而岐，二月有花，白色，乃连着实，大为鸟卵。八九月熟，曝干可烧。"

《开宝本草》云："味辛、苦，无毒，主瘾疹、风痒、浮肿。即枫香脂也。"

〔一〕"木理细鞭"，《新纂香谱》作"木理细"，检唐苏敬《新修本草》，无此语。宋唐慎微《重修政和经史证类备用本草》（即《政类本草》）卷一二"枫香脂"条引宋苏颂《图经本草》作"木肌理硬"。

〔二〕"经史类证本草"，误。应作"《经史证类本草》"，见《证类本草》卷一二"枫香脂"条。下文"大为鸟卵"，《新纂香谱》作"大如鸟卵"，《证类本草》卷一二原引《南方草木状》作"子大如鸭卵"。

芳　草

《本草》云："即白芷也。一名茝，又名莀，又名符离，一名泽芬。生下湿地，河东州谷尤胜，近道亦有之。道家以此香浴，去尸虫。"

龙涎香

叶廷珪云："龙涎，出大食国。其龙多蟠伏于洋中之大石，卧而吐涎，涎浮水面。人见乌林上异禽翔集，众鱼游泳争嘬之，则没取焉。然龙涎本无香，其气近于臊。白者如百药，煎而腻理，黑者亚之，如五灵脂而光泽。能发众香，故多用之以和香焉。"

潜斋云："龙涎如胶，每两与金等，舟人得之则巨富矣。"

温子皮云："真龙涎烧之，置杯水于侧，则烟入水。假者则散。尝试之有验。"

甲 香

《唐本草》云："蠡类，生云南者大如掌，青黄色，长四五寸。取壳烧灰用之。南人亦煮其肉噉。"

今合香多用，谓能发香，复末香烟[一]。倾酒密煮制[二]，方可用。法见后。

温子皮云："正甲香，本是海螺压子也[三]。唯广南来者，其色青黄，长三寸；河中府者，只阔寸余；嘉州亦有，如钱样大。于木上磨令热，即投酽酒中，自然相近者是也。若合香，偶无甲香，则以鳖壳代之，其势力与中香均[四]，尾尤好。"

〔一〕"复末香烟"，《新纂香谱》作"复来香烟"，是。此因二字形近致误。

〔二〕"倾酒密煮制"，《新纂香谱》作"须酒蜜煮制"，是。

〔三〕"本是海螺压子也"，《新纂香谱》作"《本草》：海螺靥子也"。按，明李时珍《本草纲目》卷四六"海螺"条引苏颂《图经本草》曰："海螺即流螺，靥即甲香。"

〔四〕"中香"，《新纂香谱》作"甲香"，是。

麝 香

《唐本草》云："生中台川谷，及雍州、益州皆有之。"

陶隐居云："形类獐，常食柏叶及噉蛇。或于五月得者，往往有蛇骨。主辟邪、杀鬼精、中恶、风毒、疗蛇伤。多以当门一子真香，分揉作三四子，括取血膜，杂以余物。大都亦有精粗，破皮毛共在裹中者为胜。或有夏食蛇虫多，至寒者香满[一]，入春患急痛，自以脚剔出。人有得之者，此香绝胜。带麝非但取香，亦以辟恶。其真香一子着脑间枕之，辟恶梦及尸痋、鬼气。"或传有水麝脐，其香尤美。

洪氏云："唐天宝中，广中获水麝脐，香皆水也。每以针取之，香气倍于肉脐。"

《倦游录》云："商、汝山多群麝，所遗粪尝就一处，虽远逐食，必还走之，不敢遗迹他处，虑为人获。人反以是求得，必掩群而取之。麝绝爱其脐，每为人所逐，势急即自投高岩，举爪裂出其香，就縶而死，犹拱四足保其脐。李商隐诗云：'逐岩麝香退。'"〔二〕

〔一〕"至寒者香满"，《新纂香谱》作"至寒日香满"，是。

〔二〕按，此条实见于宋杨亿《杨文公谈苑》"麝裂脐犹犛牛断尾"条，陈氏误记为《倦游杂录》。"逐岩麝香退"，《杨文公谈苑》作"逐岩麝退香"，《新纂香谱》同。《全唐诗》卷五三九李商隐《商于》诗："背坞猿收果，投岩麝退香。"

麝香木

叶廷珪云："出占城国。树老而仆，埋于土而腐，外黑肉黄赤者〔一〕，其气类于麝，故名焉。其品之下者，盖缘伐生树而取香，故其气恶而劲。此香实朣胧尤多〔二〕，南人以为器皿，如花梨木类。"

〔一〕"外黑肉黄赤者"，《新纂香谱》作"外黑内黄赤者"，疑是。

〔二〕"朣胧"，《新纂香谱》作"肿胧"。按，朣胧，昏昧不明貌。肿胧，指树干所结瘿瘤。又按，宋周去非《岭外代答》卷二"占城国"条云：占城国有属国名宾朣胧国。明周嘉胄《香乘》卷三引叶廷珪《香录》即作"此香宾朣胧尤多"。

麝香草

《述异记》云："麝香草，一名红兰香，一名金桂香，一名紫

193

述香，出苍梧、郁林郡，今吴中亦有。麝香草似红兰而甚香，最宜合香。"

麝香檀

《琐碎录》云："一名麝檀香，盖西山桦根也。爇之类煎香。"

或云衡山亦有，不及南者。

栀子香

叶廷珪云："栀子香，出大食国。状如红花而浅紫，其香清越而酝借。佛书所谓薝卜花是也。"

段成式云："西域薝卜花，即南花栀子花[一]。诸花少六出，惟栀子花六出。"

苏颂云："栀子，白花六出，甚芬香。刻房七棱至九棱者为佳。"[二]

〔一〕"即南花栀子花"，《新纂香谱》作"即南方栀子花"。

〔二〕此段见宋苏颂《图经本草》卷一一"栀子"条。《新纂香谱》无此段，而引唐段成式《酉阳杂俎》卷一八作"陶贞白云：'栀子剪花六出，刻房七道，其花甚香。'"且归入上段。

野悉密香

潜斋云："出佛林国，亦出波斯国。苗长七八尺，叶似梅，四时敷荣。其花五出，白色，不结实。花开时遍野皆香，与岭南詹糖相类。西域人常采其花，压以为油，甚香滑。"唐人以此和香，云蔷薇水即此花油也。亦见《杂俎》。

蔷薇水

叶廷珪云："大食国花露也。五代时，蕃将蒲诃散以十五瓶效贡，厥后罕有至者。今则采末利花，蒸取其液以代焉。然其水多伪杂，试之当用琉璃瓶盛之，翻摇数四，其泡自上下者为真。"

后周显德五年，昆明国献蔷薇水十五瓶，得自西域。以之洒衣，衣敝而香不灭。

甘松香

《广志》云："生凉州。"

《本草拾遗》云："味温，无毒，主鬼气、卒心、腹痛涨满。发生细叶[一]，煮汤沐浴，令人身香。"

〔一〕"发生细叶"，《新纂香谱》作"丛生细叶"，唐陈藏器《本草拾遗》卷三"甘松香"条作"丛生，细叶"。

兰 香

《川本草》云："味辛、平，无毒，主利水道、杀虫毒、辟不祥。一名水香，生大吴池泽，叶似兰，尖长有岐，花红白色而香。俗呼为鼠尾香，煮水浴，治风。"

木犀香

向余《异苑图》云[一]："岩桂，一名七里香，生匡庐诸山谷间。八九月开花，如枣花，香满岩谷。采花阴干，以合香甚奇。其木坚韧，可作茶品。纹如犀角，故号木犀。"

〔一〕"向余《异苑图》"，《新纂香谱》作"余向《异苑图》"。按，四库本下文"南方花"条，亦作"余向云"。

马蹄香

《本草》云："即杜蘅也。叶似葵，形如马蹄，俗呼为马蹄香。药中少用，惟道家服，令人身香。"

蘹 香

《本草》云："即茴香。叶细茎粗，高者五六尺，丛生人家庭院中。其子疗风。"

蕙 香

《广志》云："蕙草，绿叶紫花。魏武帝以为香，烧之。"

蘪芜香

《本草》云："蘪芜，一名薇芜，香草也。魏武帝以之藏衣中。"

荔枝香

《通志·草木略》云："荔枝，亦曰离枝。始传于汉世，初出岭南，后出蜀中，今闽中所产甚盛。"

《南海药谱》[一]云："荔枝，人未采，则百虫不敢近；才采之，则乌鸟、蝙蝠之类无不残伤。"今以形如丁香、如盐梅者为上。取其壳合香，甚清馥。

〔一〕"南海药谱"，或说即李珣所撰《海药本草》之异称，或说为二书。此段文字见《海药本草》卷六。

木兰香

《类证本草》云[一]："生零陵山谷及太山，一名林兰，一名

196

杜兰。皮似桂而香，味苦、寒，无毒，主明耳目、去臭气。"

陶隐居云："今诸处皆有。树类如楠，皮甚薄而味辛、香。益州者皮厚，状如厚朴，而气味为胜。今东人皆以山桂皮当之，亦相类。道家用合香。"

《通志·草木略》云："世言鲁般刻木兰舟，在七里洲中，至今尚存。凡诗所言木兰，即此耳。"

〔一〕"类证本草"，《新纂香谱》同。按，此段引文见《证类本草》卷一二"木兰"条，《陈氏香谱》及《新纂香谱》皆误。

玄台香

一名玄参。

《本草》云："味苦、寒，无毒，明目，定五脏。生河南州谷及冤句。三四月采根，暴干。"

陶隐居云："今出近道，处处有之。茎似人参而长大，根甚黑，亦微香。道家时用，亦以合香。"

《图经》云："二月生苗，叶似脂麻。又视如柳，细茎青紫。"

颤风香

今按，此香乃占城之至精好者。盖香树交枝曲干，两相戛磨，积有岁月，树之精液菁英结成，伐而取之。老节油透者亦佳，润泽颇类蜜清者最佳。熏衣可经累日，香气不止。今江西道临江路清江镇以此香为香中之甲品，价常倍于他香。

伽阑木〔一〕

一作伽蓝木。今按，此香本出迦阑国，亦占香之种也。或云生南海补陀岩。盖香中之至宝，其价与金等。

〔一〕"伽阑木"，《新纂香谱》作"迦阑香"。

排 香

《安南志》云："好事者多种之，五六年便有香也。"

今按，此香亦占香之大片者，又谓之寿香，盖献寿者多用之。

红兜娄香

今按，此香即麝檀香之别也。

大食水

今按，此香即大食国蔷薇露也。本土人每早起，以爪甲于花上取露一滴，置耳轮中，则口眼耳鼻皆有香气，终日不散。

孩儿香

一名孩儿土，一名孩儿泥，一名乌爷土。

今按，此香乃乌爷国蔷薇树下土也。本国人呼曰"海"，今讹传为孩儿。盖蔷薇四时开花，雨露滋沐，香滴于土，凝如菱角块者佳。今人合茶饼者往往用之。

紫茸香

一名狨香。

今按，此香亦出沉速香之中，至薄而腻理，色正紫黑。焚之，虽数十步犹闻其香。或云沉之至精者。近时有得此香，因祷祠爇于山上，而下上数里皆闻之。

珠子散香

滴乳香之至莹净者。

嗬哟哩香

嗬哟哩国所产降真香也。

熏华香

今按，此香盖以海南降真劈作薄片，用大食蔷薇水浸透，于甑内蒸干，慢火爇之，最为清绝。樟镇所售尤佳。

榄子香

今按，此香出占城国。盖占香树为虫蛀镂，香之英华结子水心中，虫所不能蚀者。形如橄榄核，故名焉。

南方花

余向云："南方花，皆可合香。如末利、阇提、佛桑、渠那香花，本出西域佛书所载。其后传本来闽岭，至今遂盛。又有大含笑花、素馨花，就中小含笑香尤酷烈，其花常若菡萏之未敷者，故有含笑之名。又有麝香花，夏开，与真麝无异。又有麝真无异[一]。又有麝香末[二]，亦类麝气。此等皆畏寒，故此地莫能植也[三]。或传吴家香，用此诸花合。"

温子皮云："素馨、末利，摘下花蕊，香才过，即以酒噀之，复香。凡是生香，蒸过为佳。每四时遇花之香者，皆次次蒸之，如梅花、瑞香、酴醾、密友、栀子、末利、木犀及橙橘花之类，皆可蒸。他日爇之，则群花之香毕备。"

〔一〕"又有麝真无异"，《新纂香谱》无此 6 字，疑为四库本传钞时误衍。

〔二〕"麝香末"，《新纂香谱》作"麝香木"，是。

〔三〕"此地"，《新纂香谱》作"北地"。

花熏香诀

用好降真香结实者，截断约一寸许，利刀劈作薄片，以豆腐浆煮之。俟水香，去水，又以水煮。至香味去尽，取出，再以末茶或叶茶煮百沸，漉出阴干，随意用诸花熏之。其法以净瓦缸一个，先铺花一层，铺香片一层，铺花一层及香片，如此重重铺盖了。以油纸封口，饭甑上蒸少时，取起，不得解。待过数日取烧，则香气全矣。

或以旧竹辟薈〔一〕，依上煮制，代降；采橘叶捣烂，代诸花。熏之，其香清若春时晓行山径，所谓草木真天香，殆此之谓〔二〕。

〔一〕"竹辟薈"，《香乘》卷一二"花熏香诀"条作"竹壁簣"，是。

〔二〕《新纂香谱》以此段归入上则，引《花熏香诀》云云，疑是。

香草名释

《遁斋闲览》云："《楚辞》所咏香草，曰兰，曰苏，曰茝，曰药，曰馣，曰芷，曰荃，曰蕙，曰蘼芜，曰江蓠，曰杜若，曰杜蘅，曰藕车，曰菖荑，其类不一，不能尽识其名状，释者但一切谓之香草而已。其间一物而备数名者〔一〕，亦有与今人所呼不同者，如兰一物，《传》谓有国香，而诸家之说，但各以色〔二〕，自相非毁，莫辨其真。或以为都梁，或以为泽兰，或以兰草〔三〕，今当以泽兰为正。山中又有一种，叶大如麦门冬，春开花，甚香，此别名幽兰也。苏，则涧溪中所生，今人所谓石菖蒲者。然

200

实非菖蒲，叶柔脆易折，不若兰、荪之坚劲，杂小石清水植之盆中，久而郁茂可爱。茝、药、蘪、芷，虽有四名，而只是一物，今所谓白芷是也。蕙，即零陵也，一名熏。蘪芜，即芎劳苗也，一名江蓠。杜若，即山姜也。杜蘅，今人呼为马蹄香。惟荃与藁车、菌黄，终莫能识。骚人类以香草比君子耳，他日求田问舍，当求其本，列植栏槛，以为楚香亭。欲为芬芳满前，终日幽对，相见骚人之雅趣[四]，以寓意耳。"

《通志·草木略》云："兰，即蕙；蕙，即熏；熏，即零陵香。《楚辞》云：'滋兰九畹'，'种蕙百亩'，互言也。古方谓之薰草，故《名医别录》出薰草条；近方谓之零陵香，故《开宝本草》出零陵香条；《神农本经》谓之兰。余昔修《本草》，以二条贯于兰后，明一物也。且兰旧名煎泽草，妇人和油泽头，故以名焉。《南越志》云：'零陵香，一名燕草，又名薰草，即香草。生零陵山谷，今潮岭诸州皆有。'[五]又《别录》云：'薰草，一名蕙草。'明薰、蕙之兰也[六]。以其质香，故可以为膏泽，可以涂宫室。近世一种草，如茅叶而嫩，其根谓之土续断，其花馥郁，故得兰名，误为人所赋咏。""泽芬曰白芷，曰白蒥，曰蘪，曰莞，曰荷蓠，楚人谓之药，其叶谓之蒿。与兰同德，俱生下湿。""泽兰曰虎兰，曰龙枣，曰虎蒲，曰兰香，曰都梁香。如兰而茎方，叶不润，生于水中，名曰水香。""茈胡曰地熏，曰山菜，曰茹草。叶曰芸蒿，味辛可食。生银夏者，芬馨之气射于云间，多白鹤、青鹤翱翔其上。"

《琐碎录》云："古人藏书，辟蠹用芸。芸，香草也，今七里香是也。南人采置席下，能辟虱。香草之类，大率异名。所谓兰荪，即菖蒲也。蕙，今零陵香也。蒥，今白芷也。朱文公《离骚注》云：'兰、蕙二物，《本草》言之甚详。大抵古之所谓香草，必其花叶皆香，而燥湿不变，故可刈而为佩。今之所谓兰、蕙，则其花虽香，而叶乃无气；其香虽美，而质弱易萎，非可刈佩也。'"

〔一〕"其间一物"，《新纂香谱》作"其间亦有一物"，是。

〔二〕"但各以色"，《新纂香谱》作"但各以己见"，是。

〔三〕"或以兰草"，《新纂香谱》作"或以为兰草"，是。

〔四〕"相见"，《新纂香谱》作"想见"，是。

〔五〕"潮岭诸州"，《新纂香谱》作"湖岭诸州"。

〔六〕"明熏、蕙之兰也"，《新纂香谱》作"明熏、蕙之为兰也"，是。

香　异

都夷香

《洞冥记》云："香如枣核，食一颗历月不饥。或投水中，俄满大盂也。"

荼芜香　荼一作茶

王子年《拾遗记》云："燕昭王时，广延国进二舞人。王以荼芜香屑铺地四五寸，使舞人立其上，弥日无迹。香出波弋国〔一〕。浸地则土石皆香；着朽木腐草，莫不茂蔚；以熏枯骨，则肌肉皆香。"

又见《独异志》。

〔一〕"弥日无迹。香出波弋国"，《新纂香谱》作"称日无迹香。出波弋国"。晋王嘉《拾遗记》卷四作"荃芜之香，香出波弋国"，又云"使二女舞其上，弥日无迹"。"肌肉皆香"，原书作"肌肉皆生"。

按，枯骨无肉，作"肌肉皆香"误。

辟寒香

辟寒香、辟邪香、瑞麟香、金凤香，皆异国所献。

《杜阳杂编》云："自两汉至皇唐，皇后、公主乘七宝辇，四面缀五色玉，香囊中贮上四香。每一出游，则芬馥满道。"

月支香

《瑞应图》云："天汉二年，月支国进神香。武帝取视之，状若燕卵，凡三枚，似枣。帝不烧，付外库。后长安中大疫，宫人得疾，众使者请烧香一枚，以辟疫气。帝然之，宫中病者差，长安百里内闻其香，积数月不歇。"

振灵香

《十洲记》云："生西海中聚窟洲。大如枫，而叶香闻数百里，名曰返魂树。伐其根，于玉釜中取汁如饴，名曰惊精香，又曰振灵香，又曰返生香，又曰马积香，又曰却死香，一种五名，灵物也。死者未满三日，闻香气即活。延和中，月氏遣使贡香四两，大如雀卵，黑如椹。"

神精香

《洞冥记》云："波岐国献神精香，一名筌蘼草，一名春芜草，一根百条，其枝间如竹节柔软，其皮如丝，可以为布，所谓春芜布，亦曰香筌布，又曰如冰纨。握之一片，满身皆香。"

醲脐香

《酉阳杂俎》云："出波斯国拂林。呼为顶敦梨咃，长一丈余，一尺许，皮色青薄而极光净，叶似阿魏，每三叶生于条端，无花结实。西域人常以八月伐之，至冬抽新条，极滋茂，若不蒭除，反枯死。七月断其枝，有黄汁，其状如蜜，微有香气。入药，疗百病。"

兜末香

《本草拾遗》云："烧之去恶气，除病疫。《汉武故事》云：'西王母降，上烧是香。兜渠国所献，如大豆，涂宫门香闻百里。关中大疫，死者相枕借，烧此香，疫即止。'《内传》云：'死者皆起，此则灵香，非中国所致。'"〔一〕

〔一〕"兜末香"，唐陈藏器《本草拾遗》卷三作"兜木香"。

沉榆香

《封禅记》云："黄帝列珪玉于兰蒲席上，燃沉榆香。舂杂宝为屑，以沉榆胶和之若泥，以分尊卑华夷之位。"

千亩香

《述异记》云："南郡有千亩香林，名香往往出其中。"

沉光香

《洞冥记》云："涂魂国贡。暗中烧之有光，而坚实难碎，太医院以铁杵舂如粉而烧之。"

十里香

《述异记》云："千年松香，闻于十里。"

威　香

《孙氏瑞应图》云："瑞草，一名威蕤。王者礼备，则生于殿前。"又云："王者爱人命则生。"

返魂香

洪氏云："司天主簿徐肇，遇苏氏子德哥者，自言善合返魂香。手持香炉，怀中取如白檀末，撮于炉中，烟气袅袅直上，甚于龙脑。德哥微吟曰：'东海徐肇，欲见先灵，愿此香烟，用为道引。'尽见其父、母、曾、高。德哥云：'但死八十年已前，则不可返矣。'"

茵墀香

《拾遗记》云："灵帝熹平三年，西域所献。煮为汤，辟疠。宫人以之沐浴，余汁入渠，名曰流香之渠。"

千步香

《述异记》云："出海南，佩之香闻千步也。今海隅有千步草，是其种也。叶似杜若，而红碧相杂。《贡籍》云'南郡贡千步香'是也。"

飞气香

《三洞珠囊隐诀》云："真檀之香、夜泉玄脂、朱陵飞气之香、返生之香，真人所烧之香。"〔一〕

〔一〕"真人所烧之香",《新纂香谱》本句前有一"皆"字,文意较顺。

五 香

《三洞珠囊》云:"五香树,一株五根,一茎五枝,一枝五叶,一叶开五节〔一〕,五五相对,故先贤名之。五香之末,烧之十日,上彻九皇之天,即青目香也。"〔二〕

《杂修养方》云:"五月一日,取五木煮汤浴,令人至老鬓发黑。"徐锴注云:"道家以青木为五香,亦名五木。"

〔一〕"一叶开五节",《新纂香谱》作"一叶间五节",是。

〔二〕"青目香",《新纂香谱》作"青木香",是。此因二字音同致误。

石叶香

《拾遗记》云:"此香叠叠如云母,其气辟疠。魏文帝时题腹国所献。"

祇精香

《洞冥记》云:"出涂魂国。烧此香,魑魅精祇皆畏避。"

雄麝香

《西京杂记》云:"赵昭仪上姊飞燕三十五物,有青木香、沉木香、九真雄麝香。"

蘅芜香

《拾遗记》云:"汉武帝梦李夫人授以蘅芜之香,帝梦中惊起，香气犹着衣枕，历月不歇。"

蔷薇香

贾善翔《高道传》云："张道陵母，夫人自魁星中蔷薇香授之，遂感而孕。"〔一〕

〔一〕按，此则文字有脱讹，故文意难解。宋曾慥《类说》卷三引贾善翔《高道传》云："张道陵母，天人自魁星中以蔷薇香授之，遂感而孕。"

文石香

洪氏云："卞山在潮州山下，产无价香。有老姥拾得一文石，光彩可玩。偶坠火中，异香闻于远近。收而宝之，每投火中，异香如初。"

金　香

《三洞珠囊》云："司命君王易度，游于东坂广昌之城长乐之乡，天女灌以平露金香、八会之汤、珍琼凤玄脯。"〔一〕

〔一〕参见洪刍《香谱》卷下"金香"条校记。

百和香

《汉武内传》云："帝于七月七日设坐殿上，烧百和香，张阘锦幛。西王母乘紫云车而至。"

金磾香

《洞冥记》云："金日磾既入侍，欲衣服香洁，变膻酪之气，乃合一香以自熏。武帝亦悦之。"

百濯香

《拾遗记》云："孙亮为宠姬四人合四气香，皆殊方异国所献。凡经践蹑安息之处，香气在衣，虽濯浣弥年不散，因名百濯香。复因其室曰思香媚寝。"[一]

〔一〕"复因其室曰思香媚寝"，晋王嘉《拾遗记》卷八作"所居室名为思香媚寝"。

芸辉香

《杜阳杂编》："元载造芸辉堂，芸辉者，香草也，出于阗国。其白如玉，入土不朽，为屑以涂壁。"

九和香

《三洞珠囊》云："天人玉女捣罗天香，持擎玉炉，烧九和之香。"

千和香

《三洞珠囊》云："峨嵋山孙真人，燃千和之香。"

罽宾香

《卢氏杂说》："杨牧尝召崔安石食，盘前置香一炉，烟出如楼台之状。崔别闻一香，似非炉烟。崔思之，杨顾左右取白角碟子，盛一漆毬子呈崔曰：'此罽宾国香，所闻即此香也。'"

拘物头花香

《唐实录》云："太宗朝，罽宾国进拘物头花香，香数十里闻。"[一]

208

〔一〕"香数十里闻",《新纂香谱》作"香闻数里"。

龙文香

《杜阳杂编》云:"武帝时所献,忘其国名。"

凤脑香

《杜阳杂编》云:"穆宗尝于藏真岛前焚之,以崇礼敬。"

一木五香

《酉阳杂俎》云:"海南有木,根梅檀、节沉香、花鸡舌、叶藿香、花胶熏陆,亦名众木香。"〔一〕

〔一〕"花胶熏陆,亦名众木香",《新纂香谱》作"胶熏陆,亦名众香木",唐段成式《酉阳杂俎》卷一八作"木五香:根旃檀,节沉香,花鸡舌,叶藿,胶熏陆"。

升霄灵香

《杜阳杂编》云:"同昌公主薨,上哀痛,常令赐紫尼及女道士焚升霄灵香,击归天紫金之磬,以道灵升。"

区拨香

《通典》云:"顿游国出藿香。香插枝便生,叶如都梁,以裛衣。国有区拨等花,冬夏不衰,其花蕊更芬馥。亦末为粉,以傅其身焉。"

大象藏香

《释氏会要》云:"因龙斗而生。若烧其香一丸,兴大光明,

细云覆上，味如甘露也，昼夜降其甘雨。"〔一〕

〔一〕"味如甘露也，昼夜降其甘雨"，《新纂香谱》作"味如甘露，七昼夜降其甘雨"，是。

兜娄婆香

《楞严经》云："坛前别安一小炉，以此香煎取香汁，浴其炭，然合猛炽。"〔一〕

〔一〕"浴其炭，然合猛炽"，《楞严经》卷七作"沐浴其炭，然令猛炽"。此因"令"、"合"二字形近致误。

多伽罗香

《释氏会要》云："多伽罗香，此云根香；多摩罗跋香，此香藿香。梅檀译云'与乐'〔一〕，即白檀也，能治热病，赤檀能治风肿。"

〔一〕"梅檀"，《新纂香谱》作"旃檀"。

法华诸香

《法华经》云："须曼那华香，阇提华香，末利华香，青、赤、白莲华香，华树香，果树香，旃檀香，沉水香，多摩罗跋香，多伽罗香，象香，马香，男香，女香，拘鞞陀罗树香，曼陀罗华香，朱沙华香，曼殊妙华香。"〔一〕

〔一〕按，《法华经》卷六《法师功德品》所载与此有异同，参见洪刍《香谱》卷下"薝卜花香"条校记。

牛头旃檀香

《华严经》云："从离垢出。以之涂身，火不能烧。"

210

熏肌香

《洞冥记》云："用熏人肌骨，至老不病。"

香　石

《物类相感志》云："员峤烂石，色似肺，烧之有香烟，闻数百里。烟气升天，则成香云，偏润则成香雨。"亦见《拾遗记》。

怀梦草

《洞冥记》云："钟火山有香草。武帝思李夫人，东方朔献之，帝怀之梦见，因名曰怀梦草。"

一国香

《诸蕃记》："赤土国在海南，出异香，每一烧一丸，闻数百里〔一〕，号一国香。"

〔一〕"每一烧一丸，闻数百里"，《新纂香谱》作"每烧一丸，香闻数百里"。按，宋赵汝括《诸蕃志》，一名《诸蕃记》，今传本无此条。

龟中香〔一〕

《述异记》云："即青桂香之善者。"

〔一〕"龟中香"，《新纂香谱》作"龟甲香"，南朝梁任昉《述异记》卷下同。此因二字形近致误。

羯布罗香

《西域记》云："其树松身异华〔一〕，花果亦别。初揉既湿，尚未有香，木干之后，循理而折之，其中有香，状如云母，色如

211

冰雪，亦名龙脑香。”

〔一〕“松身异华”，《新纂香谱》作“松身异叶”，《大唐西域记》卷一〇同。此因“華”（华）、“葉”（叶）二字形近致误。

逆风香

波利质国多香树，其香逆风而闻。

灵犀香

通天犀角镑少末，与沉香爇之，烟气袅袅直上，能挟阴云而睹青天，故名。《抱朴子》云：“通天犀角有白理如线，置米群鸡中，鸡往啄米，见犀辄惊散。故南人呼为骇鸡群也。”〔一〕

〔一〕“骇鸡群”，《新纂香谱》作“骇鸡犀”，是。此因“犀”、“羣”（群）二字形近致误。晋葛洪《抱朴子内篇》卷一七《登涉》云：“通天犀角有一白理如线，自本彻末者。以角盛米，置群鸡中，鸡欲往啄之，未至数寸，即惊却退。故南人或名通天犀为骇鸡犀。”

玉蕤香

《好事集》云：“柳子厚每得韩退之所寄诗文，必盥手，熏以玉蕤香，然后读之。”

修制诸香

飞樟脑

樟脑一两，两盏合之，以湿纸糊缝，文武火熁半时，取起，候冷用之。《沈谱》

樟脑不以多少，研细，用筛过细壁土拌匀。捩薄荷汁少许，

洒在土上，以净碗相合定，湿纸条固四缝，甑上蒸之。脑子尽飞上碗底，皆成冰片。是斋售用

樟脑、石灰等分，同研极细末，用无油铫子贮之，瓷碗盖定，四面以纸固济如法，勿令透气。底下用木炭火煅，少时取开，其脑子已飞在碗盖上，用鸡翎扫下，再与石灰等分，如前煅之。凡六七次，至第七次，可用慢火煅，一日而止，取下，扫脑子，与杉木盒子铺在内，以乳汁浸两宿。固济口，不令透气，掘地四五尺，窨一月，不可入药。同上

韶脑一两、滑石二两，一处同研，入新铫子内，文武火炒之。上用一瓷器盖之，自然飞在盖上。夺真。

笃耨

笃耨黑白相杂者，用盏底盛，上饭甑蒸之。白浮于面，黑沉于下。《碎录》

乳香

乳香寻常用指甲、灯草、糯米之类同研，及水浸钵研之，皆费力，惟纸裹置壁隙中良久，取研即粉碎。

又法：于乳钵下着水轻研，自然成末；或于火上，纸裹略烘。《琐碎录》

麝香

研麝香须着少水，自然细，不必罗也。入香不宜用多，及供佛神者去之。

龙 脑

龙脑须别器研细，不可多用。多则撩夺众香[一]。《沈谱》

〔一〕"撩夺众香"，《新纂香谱》作"掩夺众香"。

檀 香

须拣真者，锉如米粒许，慢火爇，令烟出紫色，断腥气即止。

每紫檀一斤，薄作片子，好酒二升，以慢火煮干，略爇。

檀香劈作小片，腊茶清浸一宿，焙干，以蜜酒同拌令匀，再浸一宿，慢火炙干。

檀香细锉，水一升、白蜜半升，同于锅内煎五七十沸，焙干。

檀香斫作薄片子，入蜜拌之，净器炉如干，旋旋入蜜，不住手搅动，勿令炒焦，以黑褐色为度。以上并《沈氏香谱》

沉 香

沉香细锉，以绢袋盛，悬于铫子当中，勿令着底，蜜水浸，慢煮一日，水尽更添。今多生用。

藿 香

凡藿香、甘松、零陵之类，须拣去枝梗杂草，曝令干燥，揉碎扬去尘。不可用水洗烫，损香味也。

茅 香

茅香须拣好者，锉碎，以酒蜜水润一夜，炒令黄燥为度。

甲 香

甲香如龙耳者好，自余小者次也。取一二两以来，用炭汁一碗煮尽后，用泥煮，方同好酒一盏煮尽，入蜜半匙，炉如黄色[一]，黄泥水煮令透明，逐片净洗焙干，灰炭煮两日，净洗，以蜜汤煮干。

甲香以泔浸二宿后，煮煎至赤珠频沸，令尽泔清为度，入好酒一盏，同煮良久，取出，用火炮色赤，更以好酒一盏，取出候干，刷去泥，更入浆一碗，煮干为度，入好酒一盏，煮干，于银器内炒，令黄色。

甲香以灰煮去膜，好酒煮干。

甲香磨去龃龉，以胡麻膏熬之，色正黄，则用蜜汤洗净。入香宜少用。

〔一〕"炉如黄色"，《新纂香谱》作"炒如黄色"，是。

炼 蜜

白沙蜜若干，绵滤入瓷罐，油纸重叠，蜜封罐口[一]，大釜内重汤煮一日，取出，就罐于火上煨煎数沸，便出尽水气[二]，则经年不变。若每斤加苏合油二两，更妙。或少入朴硝，除去蜜气，尤佳。凡炼蜜不可大过，过则浓厚，和香多不匀。

〔一〕"蜜封"，《新纂香谱》同，应作"密封"。按，下文如二本皆作"蜜封"，则径改不出校。

〔二〕"便出尽水气"，《新纂香谱》作"使出尽水气"。

煅 炭

凡合香用炭，不拘黑白，重煅作火，罨于密器冷定。一则去炭中生薪，一则去炭中杂秽之气。

爇香宜慢火，如火紧则焦气。《沈谱》

合 香

合香之法，贵于使众香咸为一体。麝滋而散，挠之使匀；沉实而腴，碎之使和；檀坚而燥，揉之使腻。比其性，等其物，而高下如医者，则药使气味，各不相掩。

捣 香

香不用罗量其精粗，捣之使匀。太细则烟不永，太粗则气不和。若水麝、婆律，须别器研之。以上《香史》

收 香

水麝忌暑，婆律忌湿，尤宜护持。香虽多，须置之一器，贵时得开阖，可以诊视。

窨 香

香非一体，湿者易和，燥者难调，轻软者燃速，重实者化迟。以火炼结之，则走泄其气。故必用净器，拭极干，贮窨蜜[一]，掘地藏之，则香性粗入，不复离解。

新和香，必须窨，贵其燥湿得宜也。每约香多少，贮以不津瓷器，蜡纸封，于静室屋中掘地，窨深三五寸。月余逐旋取出，其尤馞馜也。

〔一〕"贮窨蜜"，《新纂香谱》作"贮窨令蜜"。疑二本"蜜"字皆当做"密"。

焚 香

焚香必于深房曲室，矮桌置炉，与人膝平。火上设银叶或云母，制如盘形，以之衬香。香不及火，自然舒慢，无烟燥气。《香史》

熏 香

凡欲熏衣，置热汤于笼下，衣覆其上，使之沾润。取去，别以炉蓺香，熏毕，叠衣入箧笥。隔宿，衣之余香，数日不歇。

卷　二

五香夜刻[一]　宣州石刻

穴壶为漏，浮木为箭，自有熊氏以来尚矣。三代两汉，迄今遵用，虽制有工拙，而无以易此。国初，得唐朝水秤，作用精巧，与杜牧宣润秤漏，颇相符合。其后，燕肃龙图守梓州，作莲花漏上进。近又吴僧瑞新创杭、湖等州秤漏，例皆疏略。庆历戊子年，初预班朝，十二月，起居退宣，许百官于朝堂观新秤漏，因得详观而默识焉。始知古今之制，都未精究，盖少第二平水衺，致漏滴之有迟速也。亘古之阙，繇我朝讲求而大备邪！尝率愚短，窃效成法，施于婺、睦二州鼓角楼。熙宁癸丑岁，大旱，夏秋泉，冬愆南[二]，井泉枯竭，民用艰险[三]。时待次梅溪，始作百刻香印，以准昏晓。又增置五夜香刻如左。

〔一〕"五香夜刻"，《新纂香谱》作"五夜香刻"，四库本内文亦作"五夜香刻"，而标题误乙。按，此石刻未标作者名氏，下文"百刻篆图"条石刻，则言"右谏议大夫、知宣城郡沈立题"，因知此石刻当亦出于沈立。《全宋文》卷六四〇漏收。

〔二〕"冬愆南"，《新纂香谱》作"冬愆雨"，是。

〔三〕"民用艰险"，《新纂香谱》作"民用艰饮"。

百刻香印

百刻香印，以坚木为之，山梨为上，樟楠次之。其原一寸二分[一]，外经一尺一寸，中心经一寸无余。用有文处分十二界，回曲其文，横路二十一里[二]，路皆阔一分半，镵其上[三]，深亦如之。每刻长一寸四分〔四〕，凡一百刻，通长二百四十寸。每时率二尺，计二百四十寸。凡八刻，三分刻之一。其中近狭处六晕相属，亥子也，丑寅也，卯辰也，巳午也，未申也，酉戌也，阴尽以至阳也，戌之末则入亥。以上六长晕，各外相连，阳时六，皆顺行，自小以入大也，微至著也。其向外长六晕亦相属，子丑也，寅卯也，辰巳也，午未也，申酉也，戌亥也，阳终以入阴也，亥之末则至子。以上六狭处，各内相连。阴时六，皆逆行，从大以入小，阴主减也。并无断际，犹环之无端也。每起火，各以其时，大抵起午正，第三路近中是。或起日出，视历日日出卯初、卯正几刻，故不定断际起火处也。

〔一〕"其原一寸二分"，《新纂香谱》作"其厚一寸二分"，是。

〔二〕"横路二十一里"，《新纂香谱》作"横路二十一重"，是。

〔三〕"铣其上"，《新纂香谱》作"锐其上"，是。此因"铣"（铣）、"锐"（锐）二字形近致误。

〔四〕"一寸四分"，《新纂香谱》作"二寸四分"，是。如此方合一百刻总长二百四十寸。

五更印刻

上印最长，自小雪后，大雪、冬至、小寒后单用。其次有甲、乙、丙、丁四印，并两刻用。中印最平，自惊蛰后，至春分后单用，秋分同。其前后有戊、己印各一，并单用。末印最短，自芒种前，及夏至、小暑后单用。其前有庚、辛、壬、癸印，并两刻用。

大衍篆图〔一〕

凡合印篆香末，不用笺、乳、降、真等，以其油液涌那，令火不燃也。

　　邹篆潭见授此图[二]。象潭名继隆，字绍南，豫章人也。宦寓澧之慈利，好古博雅，工诗能文，善于《易》，贤士大夫多推重之。其咏篆香，续刻后集。天历二年岁次己巳良月朔旦，中斋居士书。

　　〔一〕按，此条及所附图样，四库本无，据《新纂香谱》补入。

　　〔二〕"邹篆潭"，下文又言"象潭名继隆"，《香乘》卷二二作"邹象浑"。

百刻篆图[一]

　　百刻香，若以常香则无准。今用野苏、松毬二味，相和令匀，贮于新陶器内，旋用。

　　野苏，即荏叶也。中秋前采，曝干为末，每料十两。

　　松毬，即枯松花也。秋末拣其自坠者，曝干，锉去心，为末，每用八两。

　　昔尝撰《香谱》，序百刻香印未详。广德吴正仲，制其篆刻并香法见贶，较之颇精审，非雅才妙思，孰能至是？因刻于石，传诸好事者。熙宁甲寅岁仲春二日，右谏议大夫、知宣城郡沈立题。

〔一〕"百刻篆图"，《新纂香谱》作"百刻香篆"，且附有图样。今据以补图。

定州公库印香

笺香一两　檀香一两　零陵香一两　藿香一两　甘松一两
茅香半雨〔一〕　大黄半两

上杵，罗为末，用如常法。

凡作印篆，须以杏仁末少许拌香，则不起尘及易出脱。后皆仿此。

〔一〕"茅香半雨"，《新纂香谱》作"茅香半两"，是。其下又有小字云："蜜水浸晒，慢火炒，令黄色。"四库本脱。按，《新纂香谱》于此诸印香方下，有图12幅，今分别据以补入，下同。

和州公库印香

沉香十两_{细锉}　檀香八两_{细锉，如棋子}　零陵香四两　生结香八两　藿香叶四两_焙　甘松四两_{去土}　草茅香四两〔一〕　香附子二两_{去黑皮，色红〔二〕}　麻黄二两〔三〕_{去根，细锉}　甘草二两〔四〕_{粗者细锉}　麝香七钱〔五〕　焰硝半两　乳香二两〔六〕_{头高秤}　龙脑七钱〔七〕_{生者尤妙}

上除脑、麝、乳、硝四味别研外，余十味皆焙干，捣细末〔八〕，盒子盛之，外以纸包裹，仍常置暖处，旋取烧用，切不可泄气阴湿。此香于帏帐中烧之，悠扬作篆，熏之亦妙〔九〕。别一方与此味数分两皆同，惟脑、麝、焰、硝各增一倍，章草香须白茅香乃佳〔一〇〕。每香一两，仍入制过甲香半钱。本太守冯公义子宜所制方也。

〔一〕“草茅香四两”，《新纂香谱》其下小字注云：“新者，去尘土。”

〔二〕“香附子二两”，《新纂香谱》作“香附子三两”，其下小字注作“去黑皮，拣色红者。”

〔三〕"麻黄二两"，《新纂香谱》作"麻黄三两"。

〔四〕"甘草二两"，《新纂香谱》作"甘草三两"。

〔五〕"麝香七钱"，《新纂香谱》作"麝香七分"。

〔六〕"乳香二两"，《新纂香谱》作"乳香缠二两"。

〔七〕"龙脑七钱"，《新纂香谱》作"龙脑七分"。

〔八〕"捣细末"，《新纂香谱》作"捣罗细末"。

〔九〕"熏之亦妙"，《新纂香谱》作"熏衣亦妙"。

〔一〇〕"章草香"，《新纂香谱》作"草茅香"，是。

百刻印香

　　笺香三两[一]　檀香二两　沉香二两　黄熟香二两　零陵香二两　藿香二两　土草香半两去土　茅香二两　盆硝半两　丁香半两　制甲香七钱半一本作七分半　龙脑少许

　　上同末之，烧如常法。

〔一〕"笺香三两"，《新纂香谱》作"笺香二两"。

资善堂印香

栈香三两　黄熟香一两　零陵香一两　藿香叶一两　沉香一两　檀香一两　白茅花香一两　丁香半两　甲香三分_{制过}　龙脑三钱　麝香三钱

上件罗细末，用新瓦罐子盛之。昔张全真参故传张德远丞相〔一〕，甚爱此香，每一日一盘，篆烟不息。

〔一〕"张全真参故"，《新纂香谱》作"张全真参政"，是。按，张守字全真，曾任参知政事。张浚字德远，南宋名臣。

龙脑印香

檀香十两　沉香十两　茅香一两　黄熟香十两　藿香叶十两

零陵香十两　甲香七两半　盆硝二两半　丁香五两半　栈香三
十两锉

上为细末和匀，烧如常法。

又　方_{沈谱}

夹栈香半两　白檀香半两　白茅香二两　藿香一钱〔一〕　甘
松半两〔二〕　乳香半两〔三〕　栈香二两　麝香四钱　甲香一钱〔四〕
龙脑一钱　沉香半两

上除龙、麝、乳香别研，余皆捣，罗细末，拌和令匀，用如
常法。

〔一〕"藿香一钱"，《新纂香谱》作"藿香一分"。

〔二〕"甘松半两"，《新纂香谱》其下小字注云："去土。"

〔三〕"乳香半两"，《新纂香谱》作"甘草　乳香各半两"。

〔四〕"甲香一钱"，《新纂香谱》作"甲香一分"。

乳檀印香

黄熟香六斤　香附子五两　丁香皮五两　藿香四两　零陵香四两　檀香四两　白芷四两　枣半斤 焙　茅香二斤　茴香二两　甘松半斤　乳香一两 细研　生结香四两

上捣罗为细末，烧如常法。

供佛印香[一]

栈香一斤　甘松三两　零陵香三两　檀香一两　藿香一两　白芷半两　茅香三钱[二]　甘草三钱[三]　苍龙脑三钱

上为细末，如常法点烧。

〔一〕"供佛印香"，《新纂香谱》其下小字注云："洪。"意谓出

《洪谱》。然检今本洪刍《香谱》，并无此方。

〔二〕"茅香三钱"，《新纂香谱》作"茅香三分"。

〔三〕"甘草三钱"，《新纂香谱》作"甘草三分"。

无比印香

零陵香一两　甘草一两　藿香叶一两　香附子一两　茅香二

两蜜汤浸一宿，不可水多，晒干，微炒过

上为末，每用先于花模掺紫檀少许，次布香末。

水浮印香　新增

柴灰一升或纸灰　黄蜡二块荔支大

上同入锅内炒，蜡尽为度。每以香末脱印如常法，将灰于面上摊匀，次裁薄纸，依香印大小，衬灰覆放敲下，置水盆中。纸沉去，仍轻来[一]以纸炷点香。

〔一〕"仍轻来"，《新纂香谱》作"仍轻浮"，皆不可解。《香乘》卷二一作"仍轻手"，是。

宝篆香[一]

沉香一两　丁香皮一两　藿香一两　夹栈香二两　甘松半两甘草半两　零陵香半两　甲香半两制　紫檀三两　焰硝二分[二]

上为末和匀，作印时旋加脑、麝各少许。

〔一〕"宝篆香"，《新纂香谱》其下小字注云："洪。"然检今本洪刍《香谱》，并无此方。

〔二〕"焰硝二分"，《新纂香谱》作"焰硝一分"。

香　篆一名寿香

乳香　旱莲草　降真香　沉香　檀香　青布片烧灰存性　贴水荷叶　瓦松　男儿胎发一斤　木栎〔一〕　野荭　龙脑少许　麝香少许　山枣子

上十四味为末，以山枣子揉和前药，阴干用。烧香时以玄参末蜜调箸梢上，引烟写字画人物，皆能不散。欲其散时，以车前子末弹于烟上即散。

〔一〕"木栎"，《新纂香谱》作"木律"。

又　方

歌曰：乳旱降沉香，檀青贴发山，断松椎栎荭〔一〕，脑射腹空间〔二〕。

每用铜箸引香烟成字。或云：入针沙等分，以箸梢夹磁石少许，引烟作篆。

〔一〕"断松椎栎荭"，《新纂香谱》作"断松雄律宇"。

〔二〕"脑射腹空间"，《新纂香谱》作"脑麝腹空闲"，是。

丁公美香篆_{沈谱}

乳香半两_{别本一两}　水蛭三钱　壬癸虫_{即蝌蚪也}　郁金一钱　定风草半两_{即天麻苗}　龙脑少许

右除龙脑、乳香别研外，余皆为末，然后一处匀和，滴水为丸，如桐子大。每用先以清水湿过手，焚香烟起时，以湿手按之，任从巧意，手常要湿。

歌曰：乳蛭任风龙郁煎[一]，手炉爇处发祥烟。竹轩清下寂无事[二]，可爱翛然迎昼眠[三]。

〔一〕"乳蛭任风龙郁煎"，《新纂香谱》作"乳炷凤凰龙郁煎"。

〔二〕"清下"，《新纂香谱》作"清夏"。

〔三〕"迎昼眠"，《新纂香谱》作"逆昼眠"。

凝和诸香

叶太社旁通香图[一]

	文苑	常科	芬积	清远	衣香	清神	凝香
四和	沉一两		檀一两		脑一钱		麝一钱
降真	檀半两	降真半两	栈半两	茅香半两	零陵半两	藿香半两	丁香枝半两
百花	栈一钱		沉一钱	生结三分	麝一钱		檀一两半
百和	甘松一钱	檀半两	降真半两	脑半钱	木香半两	麝一钱	甲香一钱
花蕊	玄参二两	甘松半两	麝一钱	沉一分	檀一钱	脑一钱	结香一钱
宝篆	丁皮一钱	枫香半两	脑一分	麝一钱	藿香一钱	栈一两	甘草一分
清真	麝二钱	茅香四两	甲香一钱	檀半两	丁香半两	沉半两	脑一钱

	文苑	常料	芬积	清远	衣香	清神	凝香
四和	沉一两一分		檀三钱		脑一钱		麝一钱
降真	檀半两	降真半两	笺半两	茅香半两	零陵半两	藿香半两	丁香枝半两
百花	笺一分		沉一分	生结三分	麝一钱		
百和	甘松一分	檀半两	降真半两	脑半钱	木香半两	麝一钱	甲香一钱
花蕊	玄参二两	甘松半两	麝一分	沉一分	檀一分	脑一钱	结香一钱
宝篆	丁皮一分	枫香半两	脑一分	麝一分	藿一分	笺一两	甘草一钱
清真	麝二钱	茅香四两	甲香一分	檀一分	丁香半两	沉半两	脑一钱

上为极细末，除宝篆外，并以炼蜜和剂作饼子，爇如常法。

〔一〕按，此条原钞如表格，横竖皆成香方，共十四则，今改为新式表格编排。《新纂香谱》与之多不同，且"百花香"方缺"檀香"一味，刻版又未按图表格式，故另制表附于下，以便参照。"宝篆香"图据《新纂香谱》补。

汉建宁宫中香

黄熟香四斤　白附子二斤　丁香皮五两　藿香叶四两　零陵

香四两　檀香四两　白芷四两　茅香二斤　茴香二斤　甘松半斤　乳香一两_{别器研} 生结香四两　枣子半斤_{焙干}　一方入苏合油一钱

上为细末，炼蜜和匀，窨月余，作丸或爇之^{〔一〕}。

〔一〕"作丸或爇之"，《新纂香谱》作"作丸或饼爇之"，是。

唐开元宫中方

沉香二两_{细锉，以绢袋盛，悬于铫子当中，勿令着底，蜜水浸，慢火煮一日} 檀香二两_{茶清浸一宿，炒干，令无檀香气味}　麝香二钱　龙脑二钱_{别器研}　甲香一钱_{法制}　马牙硝一钱

上为细末，炼蜜和匀，窨月余，取出，旋入脑、麝，丸之或作花子，爇如常法。

宫中香

檀香八两_{劈作小片，腊茶清浸一宿，控出焙干，再以酒、蜜浸一宿，慢火炙干，入诸品} 沉香三两　甲香一两　生结香四两　龙、麝各半两_{别器研}

上为细末，生蜜和匀，贮瓷器，地窨一月，旋丸爇之。

宫中香

檀香一十二两_{细锉，水一升、白蜜半斤同煮五七十沸，控出焙干}　零陵香三两　藿香三两　甘松三两　茅香三两　生结香四两　甲香三两_{法制}　黄熟香五两_{炼蜜一两半，浸一宿，焙干用}　龙、麝各一钱

上为细末，炼蜜和匀，瓷器封，窨二十日，旋丸爇之。

江南李主帐中香

沉香一两_{锉细，如炷大}〔一〕　苏合香_{以不津瓷器盛}

上以香投油，封浸百日爇之。入蔷薇水更佳。

〔一〕"锉细"，《新纂香谱》作"锉屑"。

又　方

沉香一两_{锉如炷}　鹅梨十枚_{切研，取汁}

上用银器盛，蒸三次，梨汁干，即可爇。

又　方　补遗

沉香末一两　檀香末一钱〔一〕　鹅梨十枚

上以鹅梨刻去瓤核，如瓮子状，入香末，仍将梨顶签盖，蒸三溜，去梨皮，研和令匀，久窨可爇。

〔一〕"一钱"，《新纂香谱》作"一分"。

又　方

沉香四两　檀香一两　苍龙脑半两　麝香一两　马牙硝一钱〔一〕_研

上细锉，不用罗，炼蜜拌和，烧之。

〔一〕"一钱"，《新纂香谱》作"一分"。

宣和御制香

沉香七钱_{锉如麻豆}　檀香三钱_{锉如麻豆，爝黄色}　金颜香二钱_{另研}
肯阴草_{不近土者。如无，用浮萍}　朱砂二钱半〔一〕_{飞细}　龙脑一钱　麝香_{别研}　丁香各半钱　甲香一钱_{制过}

上用皂儿白水浸软，以定碗一只，慢火熬，令极软。和香得所，次入金颜、脑、麝，研匀，用香蜡脱印，以朱砂为衣，置于不见风日处窨干，烧如常法。

〔一〕"二钱半"，《新纂香谱》作"各二钱半"，是。

御炉香

沉香二两细锉，以绢袋盛之，悬于铫中，勿着底。蜜水一碗，慢火煮之一日，水尽再添 檀香一两细片，以蜡茶清浸一日，稍焙干，令无檀气 甲香一两法制 生梅花龙脑二钱别研 马牙硝 麝香〔一〕别研

上捣，罗取细末，以苏合油拌和匀，瓷合封窨一月许，旋入脑、麝，作饼爇之。

〔一〕"麝香"，《新纂香谱》其下有"各一钱"三字，是。

李次公香

栈香不拘多少锉如米粒 龙脑各少许

上用酒蜜同和，入瓷瓶密封，重汤煮一日，窨半月，可烧。

赵清献公香

白檀香四两研锉 乳香纆末半两细研 玄参六两温汤洗净

上碾取细末，以熟蜜拌匀，入新瓷罐内封窨十日，爇如常法。

苏州王氏帏中香〔一〕

檀香一两直锉如米豆，不可斜锉，以蜡清浸〔二〕，令没过，二日。取出窨干，慢火炒紫色 沉香二钱直锉 乳香一分别研 龙脑别研 麝香各一字别研，清茶化开〔三〕

上为末，净蜜六两同浸，檀茶清更入水半盏，熬百沸。复秤

如蜜数度，候冷入麸炭末三两，与脑、麝和匀，贮瓷器封窨如常法，旋丸爇之。

〔一〕《新纂香谱》其下小字注云："沈。"意谓出自沈立《香谱》。

〔二〕"以蜡清浸"，《新纂香谱》作"以腊茶浸"，疑应作"以腊茶清浸"。

〔三〕"清茶化开"，《新纂香谱》作"茶清化开"。按，"茶清"，一般指腊茶清。又按，字，中药量词，等于二分半。

唐化度寺衙香[一]

白檀香五两　苏合香二两　沉香一两半　甲香一两煮制　龙脑香半两　麝香半两别研

上细锉捣末，马尾罗过，炼蜜搜和，爇之。

〔一〕《新纂香谱》其下小字注云："洪。"见洪刍《香谱》卷下。

开元帏中衙香

沉香七两二钱　栈香五两　鸡舌香四两　檀香二两　麝香八钱　藿香六钱　零陵香四钱　甲香二钱法制　龙脑少许

上捣，罗细末，炼蜜和匀，丸如大豆爇之。

后蜀孟主衙香

沉香三两　栈香一两　檀香一两　乳香一两　甲香一两法制　龙脑半钱别研，香成旋入　麝香一钱别研，香成旋入

上除龙、麝外，用杵末，入炭皮末、朴硝各一钱，生蜜拌匀，入瓷盒，重汤煮十数沸，取出窨七日，作饼爇之。

雍文彻郎中衙香〔一〕

沉香　檀香　栈香　甲香　黄熟香各一两　龙、麝各半两

上捣，罗为末，炼和匀，入瓷器内密封，埋地中一月，方可爇。

〔一〕《新纂香谱》其下小字注云："洪。"见洪刍《香谱》卷下。

苏内翰贫衙香〔一〕

白檀香四两斫作薄片，以蜜拌之，净器内炒如干，旋入蜜，不住手搅，以黑褐色止，勿令焦　乳香五粒〔二〕生绢裹之，用好酒一盏同煮，候酒干至五七分取出

麝香一字〔三〕　玄参一钱

上先将檀香杵粗末，次将麝香细研，入檀香，又入麸炭细末一两借色，与玄、乳同研，合和令匀，炼蜜作剂，入瓷器罐蜜封〔四〕，埋地一月。

〔一〕《新纂香谱》其下小字注云："沈。"

〔二〕"五粒"，《新纂香谱》作"五皂子大"，疑应作"五粒，皂子大"。

〔三〕"一字"，《新纂香谱》作"一钱"。

〔四〕"蜜封"，《新纂香谱》作"密封"，是。

钱塘僧日休衙香〔一〕

紫檀四两　沉水香一两　滴乳香一两　麝香一钱

上捣，罗细末，炼蜜拌入和匀，圆如豆大〔二〕，入瓷器久窨，可爇。

〔一〕《新纂香谱》其下小字注云："沈。"

〔二〕"圆如豆大"，《新纂香谱》作"丸如豆大"。

金粟衙香〔一〕

梅蜡香一两　檀香一两腊茶清煮五七沸，二香同取末　黄丹一两
乳香三钱　片脑一钱　麝香一字〔二〕　杉木炭二两半为末秤　净蜜
二斤半〔三〕

上将蜜于净器内蜜封〔四〕，重汤煮，滴入水中成珠方可用。
与香末拌匀，入臼杵千余〔五〕，作剂窨一月分爇。

〔一〕《新纂香谱》其下小字注云："沈。"

〔二〕"一字"，《新纂香谱》作"各一钱"，"各"字衍。

〔三〕"二斤半"，《新纂香谱》作"三两半"。

〔四〕"蜜封"，《新纂香谱》作"密封"，是。

〔五〕"杵千余"，《新纂香谱》作"杵十余"。

衙　香

沉香半两　白檀香半两　乳香半两　青桂香半两　降真香半
两　甲香半两　龙脑半两　麝香半两另研

上捣，罗细末，炼蜜拌匀，次入龙脑、麝香，搜和得所，如
常爇之。

衙　香

黄熟香　沉香　栈香各五两〔一〕　檀香　藿香　零陵香　甘
松　丁皮　甲香制，各三两　丁香一两半　乳香半两　硝石三分
龙脑三分　麝香一两

上除硝石、龙脑、乳、麝同研细外，将诸香捣，罗为散，先
量用苏合油并炼过好蜜二斤和匀，贮瓷器埋地中一月所爇之。

〔一〕"各五两"，《新纂香谱》作"各半两"。

衙 香

檀香五两 沉香 结香 藿香 零陵香 茅香_{烧灰存性} 甘松各四两 丁香皮 甲香二钱^{〔一〕} 脑、麝_{各三分}

上细研，炼蜜和匀，烧如常法。

〔一〕"二钱"，《新纂香谱》作"各二分"。

衙 香

生结香 栈香 零陵香 甘松各三两 藿香 丁香皮各一两 甲香二两^{〔一〕} 麝香一钱

上粗末，炼蜜放冷和匀，依常法窨过爇之。

〔一〕"二两"，《新纂香谱》作"一两，制过"。

衙 香

檀香 玄参各三两 甘松二两 乳香半两_{别研} 龙、麝各半两^{〔一〕}

上先将檀、参锉细，盛银器内，水浸慢火煮，水尽取出焙干，与甘松同捣，罗为末。次入乳香末等一处，用生蜜和匀，久窨然后爇之。

〔一〕"各半两"，《新纂香谱》作"各半两，研别"。按，"研别"应为"别研"，手民误乙。

衙 香

茅香二两_{去杂草尘土} 玄参一两_{蘀根大者} 黄丹十两_{细研。以上三味和捣，罗炼过炭末二斤，令用油纸包裹三宿} 夹沉栈香四两_{上等好者} 紫檀四两 丁香五分_{好者，去梗。已上捣末} 滴乳香一钱半_{细研} 真麝香一钱半_{细研}

上用蜜四斤，春夏煮十五沸，秋冬煮十沸，取出候冷，方入栈香等五味搅和。次以荫炭末二斤拌入，臼杵匀，久窨分爇。

衙 香

檀香一十三两锉，腊茶清炒　沉香六两　栈香六两　马牙硝六两　龙脑三钱　麝香一钱　甲香一钱用炭火煮二日，净洗，以蜜汤煮干[一]

上为末，研入龙、麝，蜜搜和令匀，爇之。

〔一〕"甲香一钱"，《新纂香谱》作"甲香六钱"，其后又有"蜜比香片子多少加减"一味，四库本无。

衙 香[一]

紫檀四两酒浸一昼夜，焙干　川大黄一两切片，以甘松酒煮，焙　玄参半两以甘松同酒浸一宿，焙干　零陵香　甘草各半两　白檀　栈香各二钱半　酸枣仁五枚[一]

上为细末，白蜜十两微炼和匀，入不津瓷盒内封窨半月，取出旋丸爇之。

〔一〕"酸枣仁五枚"，《新纂香谱》作"酸枣五枚"，疑脱"仁"字。

延安郡公蕊香[一]

玄参半斤净洗去尘土，于银器中以水煮令熟，控出干切，入铫中慢火炒，令微烟出　甘松四两细锉，拣出杂草尘土　白檀香二钱锉　麝香二钱颗者，俟别药成末，方入研　的乳香二钱细研，同麝香入

上并用新好者，杵罗为末，炼蜜和匀，丸如鸡豆大[二]。每药末一两，入熟蜜一两，末丸前再入臼杵百余下[三]，油纸密封，

贮瓷器。施取烧之〔四〕，作花气。

〔一〕《新纂香谱》其下小字注云："洪。"见洪刍《香谱》卷下。

〔二〕"鸡豆"，《新纂香谱》及洪刍《香谱》皆作"鸡头"。

〔三〕"末丸前"，《新纂香谱》及洪刍《香谱》皆作"未丸前"，是。

〔四〕"施取烧之"，《新纂香谱》及洪刍《香谱》皆作"旋取烧之"，是。

婴 香〔一〕

沉水香三两　丁香四钱　治甲香一钱各末之　龙脑七钱研　麝香三钱去皮毛，研　栴檀香半两一方无

上五物相和令匀，入炼白蜜六两，去沫；入马牙硝半两，绵滤过。极冷乃和诸香，令稍硬，丸如梧子大，置之瓷盒，密封窨半月后用。

《香谱拾遗》云："昔沈桂官者〔二〕，自岭南押香药纲，覆舟于江上，坏宫香之半。因括治脱落之余，合为此香，而鬻于京师，豪家贵族争市之。"〔三〕

〔一〕《新纂香谱》其下小字注云："武。"意指出自武冈公库《香谱》。

〔二〕"沈桂官"，《新纂香谱》作"沈推官"，疑是。

〔三〕《新纂香谱》其下有"遂偿直而归，故名曰偿直香。本出《汉武内传》"数语。按，今本《汉武内传》无此故事。且纲运始自唐代，香药纲则宋初所设，魏晋时人所撰之《汉武内传》无由载其事。

金粟衙香〔一〕

香附子四两〔二〕　藿香一两

上二味，须酒一升同煮，候干至一半为度，取出阴干，为细末，以查子绞汁和令匀，调作膏子或捻薄饼，烧之。

〔一〕"金粟衔香"，《新纂香谱》作"道香"，其下小字注云："出《神仙传》"。然检晋葛洪《神仙传》，无此香方。

〔二〕"香附子四两"，《新纂香谱》作"香附子去须，四两"。

韵 香

沉香末一两　麝香末一两〔一〕

稀糊脱成饼子，阴干烧之。

〔一〕"麝香末一两"，《新纂香谱》作"麝香二钱半"。

不下阁新香

栈香一两一钱〔一〕　丁香一分　檀香一分　降真香一分　甲香一字　零陵香一字　苏合油半字

上为细末，白芨末四钱加减，水和作饼。此香大作一炷。

〔一〕"一两一钱"，《新纂香谱》作"一两一分"。

宣和贵妃黄氏金香〔一〕

占腊沉香八两　檀香二两　牙硝半两　甲香半两制过　金颜香半两　丁香半两　麝香一两　片白脑子四两

上为细末，炼蜜先和前香，后入脑、麝，为丸大小任意，以金箔为衣，爇如常法。

〔一〕"宣和贵妃黄氏金香"，《新纂香谱》作"宣和贵妃王氏金香"，其下小字注云："《售用录》。"意指出自《是斋售用录》。

压 香〔一〕

沉香二钱半　龙脑二钱_{与沉末同研}　麝香一钱_{别研}

上细末，皂儿煎汤和剂，捻饼如常法，银衬烧〔二〕。

〔一〕"压香"，《新纂香谱》其下小字注云："补。"

〔二〕"银衬烧"，《新纂香谱》作"银业衬烧"。疑应作"银叶"。

古 香

柏子仁二两_{每个分作四片，去仁，}胯茶二钱_{沸汤盏，浸一宿，重汤煮，窨令}干用〔一〕　甘松蕊一两　檀香半两　金颜香二两　龙脑二钱

上为末，入枫香脂少许，蜜和如常法，阴干烧之。

〔一〕"胯茶二钱"以下数语，《新纂香谱》作"胯茶二钱，沸汤半盏，浸一宿，重汤煮，焙干。"

神仙合香〔一〕

玄参一十两　甘松一十两〔二〕　白蜜加减用

上为细末，白蜜渍令匀，入瓷罐内密封，重汤煮一宿〔三〕，取出放冷，杵数百，如干，加蜜和匀，窨地中。旋取入麝少许，爇之。

〔一〕《新纂香谱》其下小字注云："沈。"

〔二〕《新纂香谱》其下小字注云："去土。"

〔三〕"重汤煮一宿"，《新纂香谱》作"汤釜煮一伏时"。

僧惠深温香〔一〕

地榆一斤　玄参一斤_{米泔浸二宿}　甘松半斤　白茅香一两　白芷一两_{蜜四两、河水一碗同煎，水尽为度，切片焙干}

上细末，入麝香一分，炼蜜和剂，地窨一月，旋丸爇之。

〔一〕"僧惠深温香"，《新纂香谱》作"僧惠深湿香"，是。

供佛温香〔一〕

檀香　栈香　藿香　白芷　丁香皮　甜参　零陵香各一两
甘松　乳香各半两　硝石一分

上件依常法治，碎锉焙干，捣为细末。别用白茅香八两，碎劈去泥，焙干，火烧之焰将绝，急以盆盖，手巾围盆口，勿令泄气。放冷，取茅香灰捣末，与诸香一处，逐旋入经炼好蜜相和，重入臼捣软得所，贮不津器中，旋取烧之。

〔一〕"供佛温香"，《新纂香谱》作"供佛湿香"，且其下小字注云："洪。"见洪刍《香谱》卷下。

久窨湿香〔一〕

栈香四斤生　乳香七斤　甘松二斤半　茅香六斤锉　香附子一斤　檀香十两　丁香皮十两　黄熟香十两锉

上细末，用大丁香二个搥碎，水一盏煎汁。浮萍草一掬，拣洗净去须，研细滤汁，同丁香汁和匀。搜拌诸香候匀，入臼杵数百下为度，捻作小饼子阴干，如常法烧之。

〔一〕《新纂香谱》其下小字注云："武。"

清神香

玄参一个〔一〕　腊茶四胯

上为末，以冰糖搜之，地下久窨可爇。

〔一〕"玄参一个"，《新纂香谱》作"幺参一斤"，是。

清远香 局方

甘松十两　　零陵香六两　　茅香七两《局方》六两　　麝香末半斤〔一〕　　玄参五两拣净　　丁香皮五两　　降真香五两系紫藤香。以上味《局方》六两〔二〕　　藿香三两　　香附子三两拣净。《局方》十两　　白芷三两

上为细末，炼蜜搜和令匀，捻饼或末爇。

〔一〕"麝香末半斤"，《新纂香谱》作"麝香木半斤"，是。

〔二〕"以上味"，《新纂香谱》作"以上三味"，是。

清远香

零陵香　　藿香　　甘松　　茴香　　沉香　　檀香　　丁香各等分，为末

上炼蜜圆如龙眼核大〔一〕，入龙脑、麝香各少许，尤妙。爇如前法。

〔一〕"右炼蜜圆如龙眼核大"，《新纂香谱》作"炼蜜丸龙眼核大"。

清远香〔一〕

甘松一两　　丁香半两　　玄参半两　　番降真半两　　麝香末半钱　　茅香七钱　　零陵香六钱　　香附子三钱　　藿香三钱　　白芷三钱〔二〕

上为末，炼蜜和作饼，烧窨如常法。

〔一〕《新纂香谱》其下小字注云："补。"

〔二〕"白芷三钱"，《新纂香谱》作"白芷三分"。

清远香〔一〕

甘松四两　　玄参二两

上为细末，入麝香一钱，炼蜜和匀，如常爇之。

〔一〕《新纂香谱》其下小字注云："新。"

汴梁太乙宫清远香

柏铃一斤　茅香四两　甘松半斤　沥青二两

上为细末，以肥枣半斤蒸熟，研细如泥，拌和令匀，如黄豆大[一]，爇之。或炼蜜和剂亦可。

〔一〕"如黄豆大"，《新纂香谱》作"如芡实大"。

清远膏子香

甘松一两去土　茅香一两去土，蜜水炒黄　藿香半两　香附子半两　零陵香半两　玄参半两　麝香半两别研　白芷七钱半　丁皮三钱　麝檀香四两即红兜娄　大黄二钱　乳香二钱另研　栈香三钱　米脑二分另研

上为细末，炼蜜和匀，散烧或捻小饼子亦可[一]。

邢太尉韵胜清远香[一]

沉香半两　檀香二钱　麝香五钱　脑子三字

上先将沉、檀为细末，次入脑、麝，钵内研极细，别研入金颜香一钱，次加苏合油少许，仍以皂儿仁三十个、水二盏，熬皂儿水候黏，入白芨末一钱，同上件香料和成剂，再入茶清研，其剂和熟，随意脱造。花子先用苏合油或面油刷过花脱，然后印剂，则易出。

〔一〕《新纂香谱》其下小字注云："沈。"

内府龙涎香[一]

沉香　檀香　乳香　丁香　甘松　零陵香　丁皮香[二]　白

芷各等分　藿香二斤^{〔三〕}　玄参二斤<small>拣净</small>

共为粗末，炼蜜和匀，爇如常法。

〔一〕《新纂香谱》其下小字注云："补。"又有香篆图一幅，参照《香乘》卷二二"内府香篆图"，补入本条下。按，又香图一幅，无图注，《香乘》卷二二作"万寿篆香图"，然《陈氏香谱》无"万寿篆香"，故未予采用。如有兴趣，可参看《香乘》。

〔二〕"丁皮香"，《新纂香谱》作"丁香皮"。

〔三〕"藿香二斤"，《新纂香谱》其下有"零陵二斤"四字，误衍。

湿　香^{〔一〕}

檀香一两一钱　乳香一两一钱　沉香半两　龙脑一钱　麝香一钱　桑炭灰一斤

上为末，为竹筒盛蜜于锅中^{〔二〕}，煮至赤色，与香末和匀，石板上槌三五十下，以热麻油少许，作丸或饼爇之。

〔一〕《新纂香谱》其下小字注云："沈。"

〔二〕"于锅中"，《新纂香谱》作"于水锅内"。

清神湿香[一]

苔芎须半两[二]　藁本　羌活　独活　甘菊各半两　麝香少许

上同为末，炼蜜和丸或作饼，爇之可愈头痛。

〔一〕《新纂香谱》其下小字注云："补。"

〔二〕"苔芎须"，《新纂香谱》作"芎须"。

清远湿香

甘松去枝　茅香枣肉研膏，浸焙各二两　玄参黑细者，炒降真香　三奈子　香附子去须，微炒各半两　韶脑半两　丁香一两　麝香三百文

上细末，炼蜜和匀，瓷封窨一月取出，捻饼子爇之。

日用供神湿香

乳香一两研　蜜一斤炼　干杉木烧麸炭细筛

上同和，窨半月许，取出切作小块子。日用无大费，而清芬胜市货者。

丁晋公清真香

歌曰：四两玄参二两松，麝香半两蜜和同。丸如茨子金炉爇，还似千花喷晓风。又清室香，但减玄参三两。

清真香

麝香檀一两　乳香一两　丁竹炭一十二两烧带性[一]

上为细末，炼蜜搜成厚片，切作小块子，瓷盒封贮，土中窨十日，慢火爇之。

〔一〕"烧带性",《新纂香谱》作"带性烧"。

清真香〔一〕

沉香二两　栈香　零陵香各三两　藿香　玄参　甘草各一两　黄熟香四两　甘松一两半　脑、麝各一钱　甲香一两半沺浸二宿,同煮泔尽,以清为度。复以滴泼地上,置盖一宿

上为末,入脑、麝拌匀,白蜜六两,炼去沫,入焰硝少许,搅和诸香,丸如鸡头实大。烧如常法,久窨更佳。

〔一〕《新纂香谱》其下小字注云:"沈。"

黄太史清真香〔一〕

柏子仁二两　甘松蕊一两　白檀香半两　桑柴麸炭末三两

上细末,炼蜜和匀,瓷器窨一月,烧如常法。

〔一〕《新纂香谱》其下小字注云:"补。"

清妙香〔一〕

沉香二两锉　檀香二两锉　龙脑一分　麝香一分另研

上细末,次入脑、麝拌匀,白蜜五两,重汤煮熟,放温,更入焰硝半两同和,瓷器窨一月,取出爇之。

〔一〕《新纂香谱》其下小字注云:"沈。"

清神香〔一〕

青木香半两生切,蜜浸　降真香一两　白檀香一两　香白芷一两〔二〕　龙、麝各少许

上为细末,热汤化雪,糕和作小饼,晚风烧如常法〔三〕。

〔一〕《新纂香谱》其下小字注云:"武。"

〔二〕"香白芷"，《新纂香谱》作"白芷"。

〔三〕"糕和作小饼"，文意难解，《新纂香谱》作"羑作小饼"，疑"羑"为"漾"之误。"晚风烧如常法"，《新纂香谱》作"脱花，烧如常法"，疑是。

王将明太宰龙涎香〔一〕

金颜香一两乳细如面　石纸一两为末。须西出者〔二〕，食之口涩生津者是

沉　檀各一半〔三〕为末，用水磨细，令干〔四〕　龙脑半钱生　麝香半钱绝好者

上用皂子膏和，入模子脱花样，阴干爇之。

〔一〕《新纂香谱》其下小字注云："沈。"

〔二〕"须西出者"，《新纂香谱》作"岭西出者"。

〔三〕"各一半"，《新纂香谱》作"各一两半"，是。

〔四〕"为末，用水磨细，令干"，《新纂香谱》作"水研磨细，角干再研"，"角干"疑为"阴干"之误。

杨古老龙涎香〔一〕

沉香一两　紫檀半两　甘松一两净拣去土　脑、麝少许

上先以沉、檀为细末，甘松别研，罗，候研脑香极细〔二〕，入甘松内。三味再同研，分作三分，将一分半入沉香末中，和令匀，入瓷瓶密封，窨一月宿〔三〕。又以一分，用白蜜一两半，重汤煮干至一半，放冷入药，亦窨一宿。留半分，至调时掺入搜匀，更用苏合油、蔷薇水，龙涎别研，再搜为饼子；或搜匀入瓷盒内，掘地坑深三尺余，窨一月，取出方作饼子。若更少入制甲香，尤清绝。

〔一〕"杨古老"，《新纂香谱》作"杨吉老"，是。又于题下小字

注云："武。"

〔二〕"候研脑香极细"，《新纂香谱》作"脑、麝研细"。

〔三〕"窨一月宿"，《新纂香谱》作"窨一宿"，是。四库本误衍"月"字。

亚里木吃兰脾龙涎香〔一〕

蜡沉二两_{蔷薇水浸一宿，研如泥}　龙脑二钱_{别研}　龙涎香半钱

共为末，入沉香泥，捻饼子窨干爇。

〔一〕《新纂香谱》其下小字注云："沈。"

龙涎香

沉香十两　檀香三两　金颜香　龙脑各二两　麝香一两〔一〕

右为细末，皂子脱作饼子〔二〕，尤宜作带香。

〔一〕"麝香一两"，《新纂香谱》无此味。

〔二〕"皂子"，《新纂香谱》作"皂子胶"，是。

龙涎香

紫檀一两半_{建茶浸三日，银器中炒，令紫色，碎者旋取之}　栈香三钱〔一〕_{锉细，入蜜一盏、酒半盏，以沙盒盛蒸，取出焙干}　甲香半两_{浆水泥一块，同浸三日，取出，再以浆水一碗煮干〔二〕，银器内炒黄}　龙脑二钱_{别研}　玄参半两_{切片，入焰硝一分，蜜、酒各一盏煮干，更以酒一碗，煮干为度，炒令脆。不得犯铁器}　麝香二字_{当门子，别器研}

上细末，先以甘草半两搥碎，沸汤一升浸，候冷取出，甘草不用。白蜜半斤煎，拨去浮蜡，与甘草汤同熬，放冷，入香末，次入脑、麝及杉树油节炭一两，和匀捻作饼子，贮瓷器内窨一月。

〔一〕"三钱",《新纂香谱》作"三钱半"。

〔二〕"再以浆水一碗煮干",《新纂香谱》其下有"以酒一碗煮干"一句,而下文玄参制法无"更以酒一碗煮干为度"句,疑本为此方之玄参制法,误植于此。

龙涎香

檀香二两<small>紫色好者,锉碎,用梨汁并好酒半盏,同浸三日,取出焙干</small>　　甲香八十粒<small>用黄泥煮二三十沸〔一〕,洗净干,油煎,亦为末</small>　　沉香半两〔二〕<small>锉</small>丁香八十粒　生梅花脑子一钱　麝香一钱<small>各别器研</small>

上细末,以浸沉梨汁入好蜜少许,拌和得所,用瓶盛窨数日,于密室无风处,厚灰盖火一炷〔三〕。

〔一〕"二三十沸",《新纂香谱》作"二三沸",疑脱"十"字。

〔二〕"沉香半两",《新纂香谱》作"沉檀半两"。

〔三〕"厚灰盖火一炷",《新纂香谱》作"厚灰盖火烧一炷"。

龙涎香

沉香一两　金颜香一两　笃耨皮一钱〔一〕　脑一钱　麝半钱〔二〕

上为细末,白芨末糊和剂〔三〕,同模范脱或花,阴干,以齿刷子去不平处,爇之。

〔一〕"一钱",《新纂香谱》作"一钱半"。

〔二〕"麝半钱",《新纂香谱》其下有小字注云:"别研。"

〔三〕"白芨末糊和剂",《新纂香谱》作"白芨末黏和剂"。

龙涎香

沉香一斤　麝香五钱　龙脑二钱

上以沉香为末，用水碾成膏。麝用汤研化细汁〔一〕，入膏内。次入龙脑研匀，捻作饼子爇之。

〔一〕"麝用汤研化细汁"，《新纂香谱》作"射用汤沸研化细汁"。"射"同"麝"。

南蕃龙涎香　又名胜芬积

木香怀干　丁香各半两　藿香晒干　零陵香各七钱半〔一〕　槟榔　香附子盐水浸一宿，焙　白芷　官桂怀干各二钱半　肉豆蔻两个　麝香三钱别本有甘松七钱

上为末，以蜜或皂子水和剂，丸如鸡头实大爇之。

〔一〕"各七钱半"，《新纂香谱》作"各七分半"。

又　方　与前小有异同，今两存之

木香　丁香各二钱半　藿香　零陵香各半两　槟榔　香附子　白芷各一钱半　官桂　麝香　沉香　当归各一钱　甘松半两　肉豆蔻一个

上为末，炼蜜和匀，用模子脱花或捻饼子，慢火焙，稍干带润，入瓷盒久窨，绝妙。兼可服，三两饼，茶、酒任下，大治心腹痛，理气宽中。

龙涎香〔一〕

沉香一两　檀香半两腊茶煮　金颜香半钱　笃耨香半钱〔二〕　白芨末三钱　脑、麝各一字〔三〕

上细末拌匀，皂儿胶捣和〔四〕，脱花爇之。

〔一〕《新纂香谱》其下小字注云："补。"

〔二〕"半钱"，《新纂香谱》作"或一钱或半钱"。

〔三〕"各一字"，《新纂香谱》作"各一钱"。

〔四〕"捣和"，《新纂香谱》作"鞭和"。

龙涎香〔一〕

丁香　木香各半两　官桂　白芷　香附子_{咸浸一宿〔二〕，焙}　槟榔　当归各二钱半　甘松　藿香　零陵香各七钱

上加肉豆蔻一枚，同为细末，炼蜜丸如绿豆大，兼可服。

〔一〕《新纂香谱》其下小字注云："沈。"

〔二〕"咸浸一宿"，《新纂香谱》作"盐浸一宿"。

龙涎香

丁香　木香　肉豆蔻各半两　官桂　甘松　当归各七钱　藿香　零陵香各三钱〔一〕　麝香一钱　龙脑少许

上细末，炼蜜丸如桐子大，瓷器收贮，捻匾亦可。

〔一〕"各三钱"，《新纂香谱》作"各三分"。

智月龙涎香〔一〕

沉香一两　麝香　苏合油各一钱　米脑　白芨各一钱半　丁香〔二〕　木香各半钱

上为细末，皂儿胶捣和〔三〕，入臼杵千下，花印脱之，窨干，刷出光〔四〕，慢火云母衬烧。

〔一〕《新纂香谱》其下小字注云："补。"

〔二〕"丁香"，《新纂香谱》其下多"金颜香"一味。

〔三〕"捣和"，《新纂香谱》作"鞭和"。

〔四〕"刷出光"，《新纂香谱》作"新刷出光"。

龙涎香〔一〕

速香　沉香　注漏子香各十两　脑、麝各五钱　蔷薇香不拘
多少阴干

上为细末，以白芨、琼厄煎汤煮糊为丸〔二〕，如常法烧。

〔一〕《新纂香谱》其下小字注云："新。"

〔二〕"煮糊为丸"，《新纂香谱》作"煮黏为丸"。

龙涎香〔一〕

沉香六钱　白檀　金颜香　苏合油各二钱　麝香半钱另研
龙脑三字〔二〕　浮萍半字〔三〕阴干　青苔半字〔四〕阴干，去土

上为细末，拌匀，入苏合油，仍以白芨末二钱，冷水调如稠
粥，重汤煮成糊〔五〕，放温和香，入臼杵千下，模范脱花，用刷
子出光，如常法焚之。供神佛，去麝香。

〔一〕"龙涎香"，《新纂香谱》作"古龙涎香"，其下有小字注云：
"补。"

〔二〕"三字"，《新纂香谱》作"二钱"。

〔三〕"半字"，《新纂香谱》作"半钱"。

〔四〕"半字"，《新纂香谱》作"半钱"。

〔五〕"重汤煮成糊"，《新纂香谱》作"汤煮成黏"。

古龙涎香〔一〕

好沉香一两　丁香一两　甘松二两　麝香一钱　甲香一钱制
过

上为细末，炼蜜和剂，作脱花样，窨一月或百日。

〔一〕《新纂香谱》其下小字注云："沈。"

古龙涎香

沉香半两　檀香　丁香　金颜香　素馨花各半两广南有，最清奇

木香　黑笃实〔一〕　麝香各一分　颜脑二钱　苏合油一字许

右各为细末，以皂子白浓煎成膏，和匀，任意造作花子、佩香及香环之类。如要黑者，入杉木烀炭少许，拌沉、檀同研〔二〕，却以白芨极细作末少许，热汤调得所，将笃耨、苏合油同研。香如要作软者，只以败蜡同白胶香少许熬，放冷，以手搓成铤。煮酒蜡尤妙。

〔一〕"黑笃实"，《新纂香谱》作"黑笃耨"，是。

〔二〕"入杉木烀炭少许，拌沉、檀同研"，《新纂香谱》作"入杉木麸炭少许同研"。

古龙涎香

占蜡沉十两　拂手香三两　金颜香三两　蕃栀子二两　梅花脑一两半另研　龙涎香二两

上为细末，入麝香二两，炼蜜和匀，捻饼子爇之。

白龙涎香

檀香一两　乳香五钱

上以寒水石四两煅过，同为细末，梨汁和为饼子，焚爇。

小龙涎香

沉香　栈香　檀香各半两　白芨　白敛各二钱半　龙脑二钱丁香一钱

上为细末，以皂儿胶水和作饼子，阴干刷光，窨土中十日，以锡盒贮之。

小龙涎香[一]

锦纹大黄一两　檀香　乳香　丁香　玄参　甘松各五钱

上以寒水石二钱，同为细末，梨汁和作饼子爇之。

〔一〕《新纂香谱》其下小字注云："新。"

小龙涎香

沉香一两　龙脑半钱

上为细末，以鹅梨汁作饼子爇之。

小龙涎香[一]

沉香一两　乳香一分　龙脑半钱　麝香半钱胯茶清研

上同为细末，以生麦门冬去心，研泥和丸，如桐子大，入冷石模中脱花，候干，瓷盒收贮，如常法燃。

〔一〕《新纂香谱》其下小字注云："补。"

吴侍郎龙津香[一]

白檀五两细锉，以腊茶清浸半月后蜜炙　沉香四两　玄参半两　甘松一两洗净　丁香二两　木麝二两　甘草半两炙　甲香半两制[二]。先以黄泥水煮，次以蜜水煮，复以酒煮，各一伏时[三]，更以蜜少许炒焙　焰硝三钱[四]　龙脑一两　樟脑一两　麝香一两四味各别器研

上为细末，拌和匀，炼蜜作剂，掘地窨一月，取烧。

〔一〕《新纂香谱》其下小字注云："沈。"

〔二〕"制"，《新纂香谱》作"净"。

〔三〕"各一伏时"，《新纂香谱》作"各一时"。

〔四〕"三钱"，《新纂香谱》作"三分"。

256

龙泉香

甘松四两　玄参二两　大黄一两半[一]　麝香半钱　龙脑二钱

上捣，罗细末，炼蜜为饼子，如常法爇之。

〔一〕"大黄一两半"，《新纂香谱》其下多"丁皮一两半"五字。

清心降真香[一]

紫润降真香四十两锉，研　栈香三十两　黄熟香三十两　丁香皮十两　紫檀三十两锉碎，以建茶细末一两，汤调以两碗，拌香令湿，炒三时辰，勿令黑　藿香十两　麝香木十五两　拣甘草五两　焰硝半斤[二]汤化开，淘去滓，熬成霜秤　甘松十两　白茅香三十两细锉，以青州枣三十个、新水三升同煮过，复炒令色变，去枣及黑者，止用十五两　龙脑一两香成旋入

上为细末，炼蜜搜和令匀，作饼爇之。

〔一〕《新纂香谱》其下小字注云："局。"意指出自《局方》。

〔二〕"焰硝半斤"，《新纂香谱》作"焰硝五斤"。

宣和内府降真香[一]

蕃降真香三十两

上锉作小片子，以腊茶半两末之沸汤同浸一日，汤高香一指为约。来朝取出风干，更以好酒半碗[二]、蜜四两、青州枣五十个，于瓷器内与香同煮，至干为度，取出，于不津瓷盒内收贮密封，徐徐取烧，其香最清也。

〔一〕《新纂香谱》其下小字注云："沈。"

〔二〕"好酒半碗"，《新纂香谱》作"好酒半盏"。

降真香

蕃降真香，切作片子，以冬青树子单布内绞汁浸香，蒸过，窨半月烧。

假降真香

蕃降真香一两_{劈作碎片}　藁本一两_{水二碗，银、石器内与香同煎}

上二味同煮干，去藁本不用，慢火衬筠州枫香烧。

胜笃耨香

栈香半两　黄连香三钱　檀香三分　降真香三分　龙脑一字〔一〕　麝香一钱

上以蜜和粗末，爇之。

〔一〕"一字"，《新纂香谱》作"一钱半"。

假笃耨香

老柏根七钱　黄连七钱_{别器研，置}　丁香半两　降真香_{腊茶煮半日}　紫檀香一两　栈香一两

上为细末，入米脑少许，炼蜜和匀，窨爇之。

假笃耨香

檀香一两　黄连香三两〔一〕

上为末拌匀，橄榄汁和湿，入瓷器收，旋取爇之。

〔一〕"三两"，《新纂香谱》作"二两"。

假笃耨香

黄连香或白胶香，以极高煮，酒与香同煮，至干为度，收之

可烧。

冯仲柔假笃耨香[一]

通明枫香三两_{火上镕开} 桂末一两_{入香内搅匀} 白蜜三两匙_{入香内}

上以蜜入香，搅和令匀，泻于水中，冷便可烧。或欲作饼子，乘热捻成置水中。

〔一〕《新纂香谱》其下小字注云："售。"意指出自《是斋售用录》。

假笃耨香

枫香乳 栈香 檀香 生香各一两 官桂 丁香_{随意入}

上为粗末，蜜和冷湿，瓷盒封窨月余，可烧。

江南李王煎沉[一]

沉香_{㕮咀} 苏合油_{不拘多少}

上每以沉香一两，用鹅梨十枚，细研取汁，银、石器入甑，蒸数次，以稀为度。或削沉香作屑，长半寸许，锐其一端，丛刺梨中，炊一饮时，梨熟乃出。

〔一〕《新纂香谱》其下小字注云："沈。"

李王花浸沉

沉香不拘多少，锉碎，取有香花蒸。荼䕷、木犀、橘花，或橘叶亦可。福建末利花之类，带露水摘花一碗，以瓷盒盛之，纸盖入甑，蒸食顷，取出，去花留汗汁，浸沉香[一]，日中暴干。如是者三，以沉香透润为度。或云：皆不若蔷薇水浸之，最妙。

〔一〕"去花留汗汁，浸沉香"，《新纂香谱》作"去花留汁，汁浸沉香"，是。

华盖香[一]

歌曰：沉檀香附并山麝，艾蒳酸仁分两停。炼蜜拌匀瓷器窨，翠烟如盖可中庭。

〔一〕《新纂香谱》其下小字注云："补。"

宝毬香[一]

艾蒳一两松上青衣是也　酸枣一升入水少许，研汁捣成膏　丁香皮　檀香　茅香　香附子　白芷　栈香各半两　草豆蔻一枚去皮　梅花龙脑　麝香各少许

上除脑、麝别器研外，余皆炒过，捣取细末，以酸枣膏更加少许[二]。袅袅直上如线，结为毬状，经时不散。

〔一〕《新纂香谱》其下小字注云："洪。"见洪刍《香谱》卷下。

〔二〕本句下《新纂香谱》有"熟蜜，同脑、麝合和得中，入白杵不粘即止，丸桐子大。每烧一丸，其烟"26 字，四库本脱。

香　毬[一]

石芝　艾蒳各一两　酸枣肉半两[二]　沉香一分　甲香半钱制梅花龙脑半钱另研　麝香少许另研

上除脑、麝，同捣细末，研枣肉为膏，入熟蜜少许和匀，捻作饼子，烧如常法。

〔一〕《新纂香谱》其下小字注云："新。"

〔二〕"酸枣肉半两"，《新纂香谱》作"酸枣仁半两"，抄误，下文云"研枣肉为膏"可证。

芬积香[一]

丁香皮　硬木炭各二两为末　韶脑半两另研　檀香一分末　麝香一钱另研

上拌匀，炼蜜和剂，实在罐器中，如常法烧。

〔一〕《新纂香谱》其下小字注云："沈。"

芬积香

沉香　栈香　藿香[一]　零陵香各一两　丁香一分　木香四分半　甲香一分制，捣[二]

上为细末，重汤煮蜜放温，入香末及龙脑、麝香各二钱，拌和令匀，瓷盒密封，地坑窨一月爇之。

〔一〕"藿香"，《新纂香谱》作"藿香叶"。

〔二〕"制，捣"，《新纂香谱》作"灰煮去膜，以好酒煮干，捣"。

小芬积香[一]

栈香一两　檀香　樟脑各五钱飞过　降真香一分　麸炭三两

上以生蜜或熟蜜和匀，瓷盒盛，埋地一月，取烧。

〔一〕《新纂香谱》其下小字注云："武。"

芬积香[一]

沉香二两　紫檀　丁香各一两　甘松三钱　零陵香三钱[二]制甲香一分　脑、麝各一钱

上为末，拌匀，生蜜和作剂饼，瓷器窨干爇之。

〔一〕《新纂香谱》其下小字注云："补。"

〔二〕"零陵香三钱"，《新纂香谱》作"零陵香三分"。

藏春香[一]

沉香　檀香酒浸一宿　乳香　丁香　真腊香　占城香各二两
脑、麝各一分

上为细末，将蜜入甘黄菊一两四钱，玄参三分，锉，同入饼
内[二]，重汤煮半日，滤去菊与参不用。以白梅二十个，水煮令
冷浮，去核取肉，研入熟蜜，拌匀众香，于瓶内久窨可爇。

〔一〕按，《新纂香谱》无此方。

〔二〕"同入饼内"，《香乘》卷一六作"同入瓶内"。《陈氏香谱》
以二字形近致误。

藏春香[一]

降真香四两腊茶清浸三日[二]，次以汤浸，煮十余沸，取出为末　丁香十
余粒[三]　脑、麝各一钱

上为细末，炼蜜和匀，烧如常法。

〔一〕《新纂香谱》其下小字注云："武。"

〔二〕"浸三日"，《新纂香谱》作"浸三宿"。

〔三〕"十余粒"，《新纂香谱》作"十粒"。

出尘香

沉香四两　金颜香四钱　檀香三钱　龙涎二钱　龙脑一钱
麝香五分

上先以白芨煎水，捣沉香万杵，别研余品，同拌令匀，入煎
成皂子胶水，再捣万杵，入石模脱作古龙涎花子。

出尘香

沉香一两　栈香半两酒煮　麝香一钱

共为末，蜜拌焚之。

四和香

沉、檀各一两　脑、麝各一钱

如法烧。

香橙皮、荔枝壳、樱桃核、梨滓、甘蔗滓〔一〕等分为末，名小四和。

〔一〕"樱桃核、梨滓、甘蔗滓"，《新纂香谱》作"樌櫨核或梨滓、甘蔗滓"。

四和香〔一〕

檀香二两锉碎，蜜炒褐黄色，勿令焦〔二〕　滴乳香一两绢袋盛酒煮，取出，研　麝香一钱　胯茶一两与麝同研　松木麸炭末半两

上为末，炼蜜和匀，瓷盒收盛，地窖半月，取出爇之。

〔一〕《新纂香谱》其下小字注云："补。"

〔二〕"蜜炒褐黄色，勿令焦"，《新纂香谱》作"蜜炒黄色，令焦"。按，既云"黄色"，当不焦，疑《新纂香谱》脱"勿"字。

冯仲柔四和香〔一〕

锦文大黄〔二〕　玄参　藿香叶〔三〕　蜜各一两

上用水和，慢火煮数时辰许，锉为粗末，入檀香三钱、麝香一钱，更以蜜两匙拌匀，窖过爇之。

〔一〕《新纂香谱》其下小字注云："售。"

〔二〕"锦文大黄"，《新纂香谱》作"锦大黄"，为锦文（纹）大黄的缩称。

〔三〕"藿香叶"，《新纂香谱》作"藿香"。

加减四和香

沉香一分　丁香皮一分　檀香半分各别为末〔一〕　龙脑半分另研
麝香半分　木香不拘多少杵末，沸汤浸水

上以余香别为细末，木香水和，捻作饼子，如常爇之。

〔一〕"各别为末"，《新纂香谱》无"各"字。

夹栈香〔一〕

夹栈香　甘松　甘草　沉香各半两　白茅香二两〔二〕　檀香
二两　藿香一分　甲香二钱制　梅花龙脑二钱别研　麝香四钱

上为细末，炼蜜拌和令匀，贮瓷器蜜封〔三〕，地窖一月〔四〕，
旋取出捻饼子，爇如常法。

〔一〕《新纂香谱》其下小字注云："沈。"

〔二〕"白茅香"，《新纂香谱》作"茅香"。

〔三〕"蜜封"，《新纂香谱》作"密封"，是。

〔四〕"地窖一月"，《新纂香谱》作"地窖半月"。

闻思香

玄参　荔枝　松子仁　檀香　香附子各二钱　甘草　丁香各
一钱

同为末，查子汁和剂窖，爇如常法。

闻思香

紫檀半两蜜水浸三日，慢火焙　甘松半两酒浸一日〔一〕，火焙　橙皮一
两日干　苦楝花一两　槟查核一两〔二〕　紫荔枝一两〔三〕　龙脑少许

上为末，炼蜜和剂，窖月余爇之。别一方无紫檀、甘松，用
香附子半两、零陵香一两〔四〕，余皆同。

〔一〕"酒浸一日"，《新纂香谱》作"酒浸一宿"。

〔二〕"椶查核"，《新纂香谱》作"椶桓栋"，误。

〔三〕"紫荔枝"，《新纂香谱》作"紫荔枝皮"。

〔四〕"零陵香一两"，《新纂香谱》作"零陵一两"。

寿阳公主梅花香〔一〕

甘松半两　白芷半两　牡丹皮半两　藁本半两　茴香一两
丁皮一两不见火　檀香一两　降真香一两　白梅一百枚

上除丁皮，余皆焙干为粗末，瓷器窨半月，爇如常法。

〔一〕《新纂香谱》其下小字注云："沈。"

李王帐中梅花香

丁香一两一分新好者　沉香一两　紫檀半两　甘松半两　龙脑
四钱　零陵香半两　麝香四钱　制甲香三分　杉松麸炭四两〔一〕

上细末，炼蜜和匀丸〔二〕，窨半月取出爇之。

〔一〕"杉松麸炭"，《新纂香谱》作"杉木麸炭"。

〔二〕"炼蜜和匀丸"，《新纂香谱》作"炼蜜放冷和丸"。

梅花香〔一〕

苦参四两〔二〕　甘松四钱〔三〕　甲香三分制之用〔四〕　麝香少许

上细末，炼蜜为丸，如常法爇之。

〔一〕《新纂香谱》其下小字注云："沈。"

〔二〕"苦参"，《新纂香谱》作"玄参"。

〔三〕"四钱"，《新纂香谱》作"四两"。

〔四〕"制之用"，《新纂香谱》作"先泥水浸，以蜜、酒煮"。

梅花香

丁香一两　藿香一两　甘松一两　檀香一两　丁皮半两〔一〕
牡丹皮半两〔二〕　零陵香二两　辛夷一分　龙脑一钱

上为末，用如常法，尤宜佩带。

〔一〕"丁皮"，《新纂香谱》作"丁香皮"。

〔二〕"半两"，《新纂香谱》作"一两"。

梅花香〔一〕

甘松一两　零陵香一两　檀香半两　茴香半两　丁香一百枚
龙脑少许别研

上为细末，炼蜜合和，干湿皆可，爇之。

〔一〕《新纂香谱》其下小字注云："沈。"

梅花香〔一〕

沉香　檀香　丁香各一分　丁香皮三分　樟脑三分　麝香少
许

上除脑、麝二味乳钵细研，入杉木炭煤四两，共香和匀，炼
白蜜拌匀，捻饼入无渗瓷器窨久，以银叶或云母衬烧之。

〔一〕《新纂香谱》其下小字注云："武。"

梅花香

丁香枝杖一两　零陵香一两　白茅香一两　甘松一两　白檀
香一两　白梅末二钱　杏仁十五个　丁香三钱　白蜜半斤

上为细末，炼蜜作剂，窨七日，烧之。

梅英香

拣丁香三钱　白梅末三钱　零陵香叶二钱[一]　木香一钱
甘松半钱

〔一〕"零陵香叶二钱"，《新纂香谱》作"零陵香三钱"。

梅英香[一]

沉香三两锉末　丁香四两　龙脑七钱另研　苏合香二钱　甲香
二两[二]制　硝石末一钱

上细末，入乌香末一钱，炼蜜和匀，丸如芡实爇之。

〔一〕《新纂香谱》其下小字注云："沈。"

〔二〕"二两"，《新纂香谱》作"二钱"。

梅蕊香　又名一枝香[一]

歌曰：沉檀一分丁香半，焊炭筛罗五两灰。炼蜜丸烧加脑
麝，东风吹绽十枝梅。

〔一〕"又名一枝香"，《新纂香谱》作"武。又名一枝香"。

卷 三

凝和诸香

韩魏公浓梅香 又名返魂梅

黑角沉半两　丁香一分　郁金半分小麦麸炒，令赤色　腊茶末一钱　麝香一字　定粉一米粒即韶粉是　白蜜一盏

上各为末，麝先细研，取腊茶之半，汤点澄清，调麝，次入沉香，次入丁香，次入郁金，次入余茶及定粉，共研细，乃入蜜使稀稠得宜，收沙瓶器中，窨月余，取烧，久则益佳。烧时以云母石或银叶衬之。

黄太史跋云："余与洪上座同宿潭之碧湘门外舟中，衡岳花光仲仁寄墨梅二枝，扣船而至，聚观于灯下。余曰：'只欠香耳。'洪笑发谷董囊，取一炷焚之，如嫩寒清晓，行孤山篱落间。怪而问其所得，云：自东坡得于韩忠献家。知余有香癖，而不相授，岂小鞭其后之意乎？洪驹父集古今香方，自谓无以过此。以其名意未显，易之为返魂梅云。"

《香谱补遗》所载，与前稍异，今并录之：

腊沉一两　龙脑半钱　麝香半钱　定粉二钱　郁金半两　胯茶末二钱　鹅梨二枚　白蜜二两

上先将梨去皮，用姜擦子上擦碎，细纽汁与蜜同熬过。在一净盏内，调定粉、腊茶、郁金香末，次入沉香、脑、麝，和为一

块，油纸裹，入瓷盒内，地窖半月，取出。如欲遗人，圆如芡实，金箔为衣，十丸作贴。

李元老笑梅香

沉香　檀香　白豆蔻仁　香附子　肉桂　龙脑　麝香　金颜香各一钱　白芨二钱　马牙硝二字　荔枝皮半钱

上先入金颜香，于乳钵内细研。次入牙硝及脑、麝，研细。余药别入杵臼内捣，罗为末，同前药再入乳钵内研。滴水和剂，印作饼子，阴干用。或小印雕"乾"、"元"、"亨"、"利"、"贞"字印之，佳。

笑梅香

榅桲二个　檀香半两　沉香三钱　金颜香四钱　麝香二钱半

上将榅桲割开顶子，以小刀子剔去穰并子，将沉、檀为极细末，入于内，将元割下顶子盖着，以麻缕系定，用生面一块裹榅桲在内，慢火灰烧，黄熟为度。去面不用，取榅桲研为膏，别将麝香、金颜研极细，入膏内相和研匀，以木雕香花子印脱，阴干烧。

笑梅香

沉香　乌梅肉　芎䓖　甘松各一两　檀香半两

上为末，入脑、麝少许，蜜和，瓷盒旋取焚之[一]。

〔一〕"瓷盒旋取焚之"，《香乘》卷一八作"瓷盒内窨，旋取烧之"。

笑梅香

栈香　丁香　甘松　零陵香各二钱共为粗末　朴硝四两　龙脑
麝香各半钱

上研匀，次入脑、麝、朴硝，生蜜搜和，瓷盒封窨半月。

笑梅香

丁香百粒　茴香一两　檀香　甘松　零陵香　麝香各二钱

上细末，蜜和成剂，分爇之。

肖梅香

韶脑四两　丁香皮四两　白檀二钱　桐炭六两　麝香一钱

上先捣丁、檀、炭为末，次入脑、麝，熟蜜拌匀，杵三五百
下，封窨半月，取出爇之。

别一方，加沉香一两。

胜梅香

歌曰：丁香一分真檀半降真、白檀，松炭筛罗一两灰。熟蜜和
匀入龙脑，东风吹绽岭头梅。

鄙梅香

沉香一两　丁香　檀香　麝香各二钱　浮萍草

上为末，以浮萍草取汁，加少蜜和，捻饼烧之。

梅林香

沉香　檀香各一两　丁香枝杖　樟脑各三两　麝香一钱

上除脑、麝别器细研，将三味怀干为末，用煅过炭硬末二十

两，与香末和匀，白蜜四十两，重汤煮去浮蜡，放冷，旋入杵臼捣软，阴干，以银叶衬烧之。

浃梅香

丁香百粒　茴香一捻　檀香　甘松　零陵香各二两　脑、麝少许

上细末，炼蜜作剂，爇之。

笑兰香

白檀香　丁香　栈香　玄参各一两　甘松半两　黄熟香二两　麝香一分

上除麝香别研外，余六味同捣为末，炼蜜搜拌成膏，爇窨如常法。

笑兰香

沉香　檀香　白梅肉各一两　丁香八钱　木香七钱　牙硝半两研　丁香皮_{去粗皮，二钱}　麝香少许　白芨末

上为细末，白芨煮糊和匀，入范子印花，阴干烧之。

李元老笑兰香

拣丁香_{味辛}　木香_{如鸡骨}　沉香_{刮净，去软白}　檀香_{脂腻}　肉桂_{味辛}　回纥香附子各一钱_{如无，以白豆蔻代之。以上六味同末}　麝香　片白脑子各半钱　南硼砂二钱_{先入乳钵内研细，次入脑、麝同研}

上炼蜜和匀，更入马勃二钱许，搜拌成剂，新油单纸封裹，入磁盒窨一百日，取出，旋丸如豌豆状，捻之渍酒，名洞庭春。

每酒一斤，入香一丸化开，笋叶密封，春三日、夏秋一日、冬七日可饮，味甚清美。

271

靖老笑兰香

零陵香　藿香　甘松各七钱半　当归一条　豆蔻一个　麝半钱　槟榔一个　木香　丁香各半两　香附子　白芷各二钱半

上为细末，炼蜜和搜，入臼杵百下，贮瓷盒，地坑埋窨一月，作饼，烧如常法。

笑兰香

歌曰：零藿丁檀沉木一，六钱藁本麝差轻。合和时用松花蜜，爇处无烟分外清。

肖兰香

紫檀五两<small>白尤妙。锉作小片，炼白蜜一斤，加少汤浸一宿，取出，银器内炒微烟出</small>　麝香　乳香各一钱　烀炭一两

上先将麝香入乳钵研细，次用好腊茶一钱，沸汤点，澄清，将脚与麝同研匀，以诸香相和，入杵臼令得所，如干，少加浸檀蜜水，拌匀入新器中，以纸封十数重，地窖窨月余可爇。

肖兰香

零陵香　藿香　甘松各七钱　母丁香　官桂　白芷　木香　香附子各二钱　玄参三两　沉香　麝香各少许<small>别研</small>

上炼蜜和匀，捻作饼子烧之。

胜肖兰香

沉香拇指大　檀香拇指大　丁香一分　丁香皮三两　茴香三钱　甲香二十片　制过樟脑半两[一]　麝香半钱　煤末五两　白蜜半斤

上为末，炼蜜和匀，入瓷器内封窨，旋丸爇之。

〔一〕"制过樟脑半两"，疑"制过"二字当属上。

胜兰香

歌曰：甲香一分煮三番，二两乌沉三两檀，水麝一钱龙脑半，异香清婉胜芳兰。

秀兰香

歌曰：沉藿零陵俱半两，丁香一分麝三钱。细捣蜜和为饼爇，秀兰香似禁中传。

兰蕊香

栈香 檀香各三钱 乳香一钱 丁香三十粒 麝香半钱

上细末，以蒸鹅梨汁和为饼子，窨干，如常法〔一〕。

〔一〕"如常法"，疑其下脱"爇"字。

兰远香

沉香 速香 黄连 甘松各一两 丁香皮 紫藤香各半两

上为细末，以苏合油作饼爇之。

吴彦庄木犀香

沉香一两半 檀香二钱半 丁香五十粒各为末 金颜香三钱别研。不用亦可 麝香少许入建茶清，研极细 脑子少许续入，同研 木犀花五盏已开未离披者，吹入脑、麝，同研如泥

上以少许薄面糊，入所研三物中，同前四物和剂，范为小饼，窨干，如常法爇之。

智月木犀香

白檀一两_{腊茶浸煿}　木香　金颜　黑笃耨　苏合油　麝香　白芨末各一钱

上为细末，用皂儿胶鞭和，入臼杵千下，以花印脱之，依法窨烧之。

木犀香

降真香一两_{锉屑}　檀香二钱_{别为末作}　腊茶半胯_碎

上以纱囊盛降真，置磁器内，用去核风棲梨或鹅梨汁浸降真及茶，候软透，去茶不用，拌檀末窨干。

木犀香

采木犀未开者，以生蜜拌匀，不可蜜多，实捺入瓷器中，地坑埋窨，愈久愈奇。取出，于乳钵内研匀，成饼子，油单裹收，逐旋取烧。采花时不得犯手，剪取为妙。

木犀香

日未出时，乘露采岩桂花含蕊开及三四分者，不拘多少。炼蜜候冷拌和，以温润为度。紧筑入有油瓷罐中，以蜡纸密封罐口，掘地坑深三尺许，窨一月或二十日，用银叶衬烧之。花大开，即无香。

木犀香

五更初，以竹箸取岩桂花未开蕊者，不拘多少。先于瓶底入檀香少许，方以花蕊入瓶，候满加梅花脑子糁花上，皂纱幕瓶口，置空所。日收夜露四五次，少用生熟蜜相半，浇瓶中，蜡纸封窨，爇如常法。

木犀香

沉香　檀香各半两　茅香一两

上为末，以半开木犀花十二两，择去蒂，研成膏，搜作剂，入石臼杵千百下，脱花样，当风阴干爇之。

桂花香

冬青树子　桂花香即木犀

上以冬青树子绞汁，与桂花同蒸，阴干，炉内爇之。

桂枝香

沉香　降真各等分

上劈碎碎〔一〕，以水浸香上一指，蒸干为末，蜜剂，焚。

〔一〕"上劈碎碎"，疑衍一"碎"字。

杏花香

附子　沉　紫檀香　栈香　降真香各十两　甲香制　薰陆香笃耨香　塌乳香各五两　丁香　木香各二两　麝半两　脑二钱

上为末，入蔷薇水匀和，作饼子，以琉璃瓶贮之，地窨一月爇之，有杏花韵度。

杏花香

甘松　芎䓖各半两　麝香少许

上为末，炼蜜和匀，丸如弹子大。置炉中旖旎可爱，每迎风烧之尤妙。

吴顾道侍郎花

白檀五两_{细锉}，以蜜二两，热汤化开，浸香三宿，取出，于银盘中□紫色，入杉木夫炭内炒〔一〕，同捣为末　麝香一钱_{另研}　腊茶一钱_{汤点澄清，用稠脚}

上同拌令匀，以白蜜八两搜和，入乳钵槌碎数百〔二〕，贮瓷器，仍镕蜡固缝，地窨月余可爇矣，久则佳。若合多，可于臼中捣之。

〔一〕"□紫色"，"□"原为空格。"杉木夫炭"，即"杉木麸炭"。

〔二〕"数百"，疑其上脱一"捣"字。

百花香

甘松_{去土}　栈香_{锉碎如米}　沉香_{腊茶末同煮半日}　玄参_{筋脉少者，洗净槌碎炒焦}各一两　檀香半两_{锉如豆，以鹅梨二个取汁，浸银器内盛，蒸三五次，以汁尽为度}　丁香_{腊茶二钱，同煮半日}　麝香_{另研}　缩砂仁　肉豆蔻各一钱　龙脑半钱_研

上为细末，罗匀，以生蜜搜和，捣百卅杵，捻作饼子，入磁盒封窨，如常法爇。

百花香

歌曰：三两甘松_{别本作一两}一分芎_{别本作半两}，麝香少许蜜和同。丸如弹子炉中爇，一似百花迎晓风。

野花香

沉香　檀香　丁香　丁香皮　紫藤香_{怀干}各半两　麝香二钱　樟脑少许　杉木炭八两_研

上以蜜一斤，重汤炼过，先研脑、麝，和匀入香，搜蜜作剂，杵数百，磁盒地窨，旋取捻饼子，烧之。

野花香

栈香　檀香　降真香各一钱　舶上丁皮三分　龙脑一钱　麝香半字　炭末半两

上为细末，入炭末拌匀，以炼蜜和剂，捻作饼子，地窨，烧之。如要烟聚，入制过甲香一字，即不散。

野花香

栈香　檀香　降真香各三两　丁香皮一两　韶脑二钱　麝香一字

上除脑、麝别研外，余捣罗为末，入脑、麝拌匀。杉木炭三两，烧存性，为末，炼蜜和剂，入臼杵三五百下，瓷器内收贮，旋取分爇之。

野花香

大黄一两　丁香　沉香　玄参　白檀　寒水石各五钱

上为末，以梨汁和作饼子烧。

后庭花香

檀香　栈香　枫乳香各一两　龙脑二钱　白芨末

上为细末，以白芨作糊和匀，脱花样，窨烧如常法。

洪驹父荔支香〔一〕

荔支壳不拘多少　麝香一个

上以酒同浸二宿，封盖饭上蒸之，以为度〔一〕，臼中燥之捣末，每十两重加入真麝香一字，蜜和作丸，爇如常法。

〔一〕按，今本洪刍《香谱》无此香方。

〔二〕"以为度"，《香乘》卷一八作"酒干为度"，是。《陈氏香谱》误脱"酒干"二字。

荔支香

沉香　檀香　白豆蔻仁　西香附子　肉桂　金颜香各一钱
马牙硝　龙脑　麝香各半钱　白芨　新荔支皮各二钱

上先将金颜香于乳钵内细研，次入牙硝，入脑、麝，别研诸香为末，入金颜研匀，滴水和剂，脱花爇。

柏子香

柏子实不计多少_{带青色未破未开者}

上以沸汤绰过，细切，以酒浸，密封七日，取出阴干爇之。

酴醾香

歌曰：三两玄参一两松，一枝檀子蜜和同。少加真麝并龙脑，一架酴醾落晚风。

黄亚夫野梅香

降真香四两　腊茶一胯

上以茶为末，入井花水一碗，与香同煮，水干为度。节去腊茶[一]，碾降真为细末，加龙脑半钱，和匀，白蜜炼令过熟，搜作剂，丸如鸡头大或散烧。

〔一〕"节去腊茶"，《香乘》卷一八作"筛去腊茶"，此因"節"（节）、"篩"（筛）二字形近致误。

江梅香

零陵香　藿香　丁香各半两怀干　茴香半钱　龙脑少许　麝
香少许乳钵内研，以建茶汤和洗之

上为末，炼蜜和匀，捻饼子，以银叶衬烧之。

江梅香

歌曰：百粒丁香一撮茴，麝香少许可堪裁。更加五味零陵
叶，百斛浓熏江上梅。

蜡梅香

沉香　檀香各三钱　丁香六钱　龙脑半钱　麝香一钱
上为细末，生蜜和剂爇之。

雪中春信

沉香一两　白檀　丁香　木香各半两　甘松　藿香　零陵香
各七钱半　回鹘香附子　白芷　当归　官桂　麝香各三钱　槟榔
豆蔻各一枚

上为末，炼蜜和饼，如棋子大，或脱花样，烧如常法。

雪中春信

香附子四两　郁金二两　檀香一两建茶煮　麝香少许　樟脑一
钱石灰制　羊胫炭四两

上为末，炼蜜和匀，焚爇如常法。

雪中春信

檀香半两　栈香　丁香皮　樟脑各一两二钱　麝香一钱　杉

279

木炭二两

上为末，炼蜜和匀，焚窖如常法。

春消息

丁香　零陵香　甘松各半两　茴香　麝香各一分

上为粗末，蜜和得剂，以磁盒贮之，地坑内窖半月。

春消息

丁香百粒　茴香半合　沉香　檀香　零陵香　藿香各半两

上为末，入脑、麝少许，和窖同前，兼可佩带。

春消息

甘松一两　零陵香　檀香各半两　丁香百颗　茴香一撮

脑、麝各少许

和窖并如前法。

洪驹父百步香[一]　又名万斛香

沉香一两半　栈香　檀香以蜜酒汤少许别炒极干　制甲香各半两别

末　零陵叶同研，筛罗过　龙脑　麝香各三分

上和匀，熟蜜和剂，窖爇如常法。

〔一〕按，今本洪刍《香谱》无此香方。

百里香

荔支皮千颗须闽中来用盐梅者　甘松　栈香各三两　檀香蜜拌，炒

黄色　制甲香各半两　麝香一钱别研

上细末，炼蜜和令稀稠得所，盛以不津器，坎埋之半月，取

出爇之。再投少许蜜，捻作饼子亦可。此盖裁损闻思香也。

黄太史四香

沉、檀为主，每沉二两半，檀一两。斫小博骰，取梾查液渍之，液过指许，三日乃煮，沥其液，温水沐之。紫檀为屑，取小龙茗末一钱，沃汤和之，渍晬时，包以濡竹纸数熏㷗之〔一〕。螺甲半两弱，磨去龃龉，以胡麻膏熬之，色正黄，则以蜜汤遽洗之，无膏气乃已。青木香末以意。和四物，稍入婆律膏及麝二物，惟少以枣肉合之，作模如龙涎香状，日暵之〔二〕

〔一〕"数熏㷗之"，明周嘉胄《香乘》卷一七作"数重㷗之"，是。此因"熏"、"重"二字形近致误。

〔二〕"日暵之"，疑应作"日暵熏之"。明周嘉胄《香乘》卷一七题此香方为"意和"，"日暵之"，作"日熏之"。

意　可

海南沉水香三两，得火不作柴桂烟气者。麝香檀一两，切焙。衡山亦有之，宛不及海南来者。木香四钱，极新者，不焙。玄参半两，锉，燋炙。甘草末二两。焰硝末一钱。甲香一钱，浮油煎，令黄色，以蜜洗去油，复以汤洗去蜜，如前治法而末之。婆律膏及麝各三钱，别研，香成旋入。以上皆末之，用白蜜六两，熬去沫，取五两，和香末匀，置瓷盒如常法。

山谷道人得之于东溪老，东溪老得自历阳公，多方初不知其所自〔一〕，始名"宜爱"。或曰：此江南宫中香。有美人字曰"宜"，甚爱此香，故名"宜爱"。不知其在中主、后主时耶？香殊不凡，故易名"意可"。使众业力无度量之意，鼻孔绕二十五，有求觅增，上必以此香为可。何沉酒款玄参[二]，茗熬紫檀，鼻端已需然平[三]，直是得无生意者。观此香莫处处穿透，亦必为可耳。

〔一〕"多方初不知其所自"，明周嘉胄《香乘》卷一七作"其方初不知得之所自"，是。

〔二〕"何沉酒款玄参"，明周嘉胄《香乘》卷一七作"何况酒款玄参"，是。

〔三〕"需然平"，明周嘉胄《香乘》卷一七作"需然乎"。

深　静

海南沉香二两，羊胫炭四两。沉水锉如小博骰，入白蜜五两，水解其胶，重汤慢火煮半日许，浴以温水，同炭杵为末，马尾筛下之，以煮蜜为剂，窨四十九日出之，入婆律膏三钱、麝一钱，以安息香一分，和作饼子，亦得以瓷盒贮之。

荆州欧阳元老为余处此香，而以一斤许赠别。元老者，其从师也能受匠石之斤，其为吏也不锉庖丁之刃，天下可人也。此香恬淡寂寞，非世所尚。时时下帷一炷，如见其人。

小　宗

海南沉水香一分，锉。栈香半两，锉。紫檀三分半，生，用银石器妙，令紫色。三物皆令如锯屑。苏合油二钱。制甲香一钱，末之。麝一钱半，研。玄参半钱，末之。鹅梨二枚，取汁。青枣二十枚，水二碗煮取小半盏。同梨汁浸沉、栈、檀，煮一伏时，缓火取令干，和入四物，炼蜜令小冷，搜和得所，入瓷盒窨一日。

南阳宗少文，嘉遁江湖之间，援琴作金石弄，远山皆与之应声，其文献足以配古人。孙茂深，亦有祖风，当时贵人欲与之，不可得，乃使陆探微画其像，挂壁间观之。茂深惟喜闭阁焚香，遂作此馈之。时谓少文大宗，茂深小宗，故名"小宗香"。大宗、小宗，《南史》有传。

蓝成叔知府韵胜香

沉香　檀香　麝香各一钱　白梅肉焙干秤　丁香皮各半钱　拣丁香五粒　木香一字　朴硝半两别研

上为细末，与别研二味入乳钵拌匀，密器收。每用薄银叶，如龙涎法烧之。少歇即是硝融，隔火气以水匀浇之，即复气通氤氲矣。乃郑康道御带传于蓝，蓝尝括于歌曰："沉檀为末各一钱，丁皮梅肉减其半。拣丁五粒木一字，半两朴硝柏麝拌。此香韵胜以为名，银叶烧之火宜缓。"苏韬光云："每五科用丁皮、梅肉各三钱，麝香半钱重。"余皆同。且云："以水滴之，一炷可留三日。"

元御带清观香

沉香四两　金颜香别研　石芝　檀香各二钱半末　龙涎二钱麝香一钱半

上用井花水和匀，砧石砧细，脱花爇之。

脱浴香[一]

香附子蜜浸三日，慢火焙干　零陵香酒浸一宿，慢火焙干各半两　橙皮焙干　楝花晒干　榠查核　荔支壳各一两

上并精细拣择，为木，加龙脑少许，炼蜜拌匀，入瓷盒封窨十余日，取烧。

〔一〕"脱浴香"，《香乘》卷一七作"脱俗香"，是。此因二字形

近致误。

文英香

甘松　藿香　茅香　白芷　麝　檀香　零陵香　丁香皮　玄参　降真香各二两　白檀香半两

上为末，炼蜜半斤，少入朴硝，和香爇之。

心清香

沉、檀各一指大　母丁香一分　丁香皮三钱　樟脑一两　麝香少许　无缝炭四两

上同为末拌匀，重汤煮蜜去浮泡，和剂，瓷器守窨〔一〕。

〔一〕"瓷器守窨"，明周嘉胄《香乘》卷一七作"磁器中窨"，是。

琼心香

栈香半两　檀香一分腊茶清煮　丁香三十粒　麝香半钱　黄丹一分

上为末，炼蜜和膏爇之。又一方：用龙脑少许。

太真香

沉香一两半　白檀一两细锉，白蜜半盏相和，蒸干　栈香二两　甲香一两制　脑、麝各一钱研入

上为细末和匀，重汤煮蜜为膏，作饼子，窨一月烧。

大洞真香

乳香　白檀　栈香　丁皮　沉香各一两　甘松半两　零陵香

上细末，炼蜜和膏爇之。

天真香

沉香三两_锉　丁香_{新好}　麝香木_{锉炒各一两}　玄参_{洗切，微炒香}
生龙脑各半两_{别研}　麝香三钱_{另研}　甘草末二钱　焰硝少许　甲香
一分_{制过}

上为末，与脑、麝和匀，用白蜜六两，炼去泡沫，入焰硝及
香末，丸如鸡头大爇之。熏衣最妙。

玉蕊香　_{一名百花香}

白檀　丁香　栈香　玄参各一两　甘松半两_净　黄熟香二两
麝一分

炼蜜为膏，和窨如常法。

玉蕊香

玄参半斤_{银器内煮干，再炒，令微烟出}　甘松四两　白檀二两_锉
上为末，真麝香、乳香各二钱研入，炼蜜丸芡子大。

玉蕊香

白檀四两　丁香皮八钱　韶脑四钱　安息香一钱　桐木夫炭
四钱　脑、麝少许

上为末，炼蜜剂，油纸裹瓷器贮之，入窨半月。

庐陵香

紫檀七十二铢_{即三两，屑之，蒸一两半}　栈香十二铢_{半两}　沉香六
铢_{一分}[一]　麝香三铢_{一钱字}[二]　苏合香五铢_{二钱二分，不用亦可}　甲香

二铢半一钱，制　玄参末一铢半半钱

上用沙梨十枚，切片研绞取汁。青州枣二十枚、水二碗，浓煎汁，浸紫檀一夕，微火煮，滴入炼蜜及焰硝各半两，与诸香研和，窨一月爇之。

〔一〕"一分"，按，此处换算有误。依今通常用法换算，六铢应为二钱半。

〔二〕"一钱字"，明周嘉胄《香乘》卷一七作"一钱一字"，是。

康漕紫瑞香

白檀一两锉末　羊胫骨炭半秤捣罗

上用蜜九两，瓷器重汤煮熟。先将炭煤与蜜搜匀，次入檀末，更用麝香半钱或一钱，别器研细，以好酒化开，洒入前件药剂，入瓷罐封窨一月，旋取爇之。久窨尤佳。

灵犀香

鸡舌香八钱　甘松三钱　灵灵香各一两半〔一〕

上为末，蜜炼和剂，窨烧如常法。

〔一〕"灵灵香各一两半"，明周嘉胄《香乘》卷一七作"零陵香一两半　藿香一两半"，是。

仙荧香

甘菊蕊午　檀香　灵灵香〔一〕　白芷各一两　脑、麝各少许乳钵研

上为末，以梨汁和剂，作饼子，晒干。

〔一〕"灵灵香"，明周嘉胄《香乘》卷一七作"零陵香"，是。

降仙香

檀香末四两_{蜜少许，和为膏}　玄参　甘松各二两　川灵灵一两^{〔一〕}　麝少许

上为末，以檀香膏子和之，如常法窨爇。

〔一〕"川灵灵"，明周嘉胄《香乘》卷一七作"川零陵香"，是。

可人香

歌曰：丁香一分沉檀半，脑麝二钱中半良。二两乌香杉炭是，蜜丸爇处可人香。

禁中非烟

歌曰：脑麝沉檀俱半两，丁香一分桂三钱。蜜丸和细为团饼，得自宣和禁闼传。

禁中非烟

沉香半两　白檀四两_{劈作十块，胁茶浸少时}　丁香　降真　郁金甲香各二两

上为细末，入麝少许，以白芨末滴水和，捻饼窨爇。

复古东阁云头香

占腊沉香十两　金颜香　拂手香各二两　蕃栀子_{别研}　石芝各一两　梅花脑一两半　龙涎　麝香各一两　制甲香半两

上为末，蔷薇水和匀，如无，以淡水和之亦可。用砥石砥之，脱花，如常法爇。

崔贤妃瑶英香

沉香四两　金颜香二两半　拂手香　麝香　石芝各半两

上为细末，上石和硪，捻饼子，排银盏或盘内，盛夏烈日晒干，以新软刷子出其光，贮于锡盒内，如常法爇之。

元若虚总管瑶英胜

龙涎一两　大食栀子二两　沉香十两_{上等}　梅花脑七钱　麝香当门子半两

上先将沉香细锉，硪令极细，方用蔷薇水浸一宿，次日再上硪三五次。别用石硪龙脑等四味极细，方与沉香相合和匀，再上石硪一次。如水多，用纸渗，令干湿得所。

韩钤辖正德香

上等沉香十两　梅花片脑　蕃栀子各一两　龙涎　石芝　金颜香　麝香肉各半两

上用蔷薇水和，令干湿得所，上硪石细硪，脱花爇之。或作数珠佩带。

滁州公库天花香

玄参四两　甘松二两　檀香一两　麝香半钱

上除麝香别研外，余三味细锉，如米粒许，白蜜六两拌匀，贮瓷罐内，久窨乃佳。

玉春新料香

沉香五两　栈香　紫檀各二两半　米脑一两　梅花脑二钱半
麝香七钱半　木香　丁香各一钱半　金颜香一两半　石脂半两

好　白芨二两半　胯茶一胯半

上为细末，次入脑、麝研匀，皂儿仁半斤，浓煎膏，硬和，杵千下，脱花，阴干刷光，瓷器收贮，如常法蒸之。

辛押陁罗亚悉香

沉香　兜娄香各五两　檀香　甲香各二两制　丁香　大石苔　降真各半两　鉴临别研。未详，或异名　米脑白　麝香各二钱　安息香三钱

上为细末，以蔷薇水、苏合油和剂，作丸或饼蒸之。

金龟香灯

香皮：每以烨炭研为细末，筛过，用黄丹少许和。使白芨研细，米汤调胶烨炭末，勿令太湿。香心：茅香、藿香、零陵香、三赖子、柏香、印香、白胶香，用水如法煮，去松烟性，漉上待干成，惟碾不成饼。已上香等分，挫为末，和令停，独白胶香中半亦研为末，以白芨为末，水调和，捻作一指大如橄形，以烨炭为皮，如裹馒头，入龟印，却用针穿，自龟口插，从龟尾出，脱去龟印，将香龟尾捻合，焙干。烧时从尾起，自然吐烟于头，灯明而且香。每以油灯心或油纸捻火点之。

金龟延寿香

定粉半钱　黄丹一钱　烨炭一两并为末

上研和薄糊，调成剂，雕两片龟儿印脱，裹别香在龟腹内，以布针从口穿到腹，香烟出从龟口内。烧灰冷，龟色如金。

瑞龙香

沉香一两　占城麝檀　占城沉香各三钱　迦兰木　龙脑各二钱　大食栀子花　龙涎各一钱　檀香　笃耨各半钱　大食水五滴　蔷薇水不拘多少

上为极细末，拌和令匀，于净石上砬如泥，入模脱。

华盖香

脑、麝各一钱　香附子去毛　白芷　甘松　零陵香叶　茅香　檀香　沉香各半两　松莤　草豆蔻各一两去壳　酸枣肉以肥红小者、湿生者尤妙

上为细末，炼蜜用枣水煮成膏汁，搜和令匀，水臼捣之[一]，以不粘为度，丸如鸡头实烧之。

〔一〕"水臼捣之"，《香乘》卷一七作"木臼捣之"，是。《陈氏香谱》因二字形近致误。

宝林香

黄熟香　白檀香　栈香　甘松去毛　藿香叶　荷叶　紫背浮萍各一两　茅香半斤去毛，酒浸，以蜜拌炒，令黄色

上为末，炼蜜和匀，丸如皂子大，无风处烧之。

述筵香[一]

龙脑一分　乳香半钱　荷叶　浮萍　旱蓬[二]　风松[三]　水衣　松莤各半两

上为细末，炼蜜和匀，丸如弹子大，慢火烧之。从主人位，以净水一盏，引烟入水盏内，巡筵旋转香烟，接了水盏，其香终而方断。以上三方，亦名"三宝殊熏"。

〔一〕"述筵香"，明周嘉胄《香乘》卷一七作"巡筵香"，是。

〔二〕"旱蓬"，《香乘》卷一七作"旱莲"。

〔三〕"风松"，《香乘》卷一七作"瓦松"。

宝金香

沉、檀各一两　乳香别研　紫矿　金颜别研　安息香别研　甲香各一钱　麝香半两别研　石芝净　白豆蔻各二钱　川芎　木香各半钱　龙脑三钱别研　排香四钱

上为粗末拌匀，炼蜜和剂，捻作饼，金箔为衣，用如常法。

云盖香

艾叶　艾蒳　荷叶　扁柏叶各等分

上烧存性，为末，炼蜜和别香作剂，用如常法，芬芳袭人。

佩熏诸香

笃耨佩香

沉香末一斤　金颜末十两　大食栀子花　龙涎各一两　龙脑五钱

上为细末，蔷薇水徐徐和之得所，臼杵极细，脱范子，用如常法。

梅蕊香

丁香　甘松　藿香叶　白芷各半两　牡丹皮一钱　零陵香一两半　舶上茴香一钱

同㕮咀，贮绢袋佩之。

荀令十里香

丁香半两强　檀香　甘松　零陵香各一两　生脑少许　茴香半钱弱略炒

上为末，薄纸贴，纱囊盛佩之。其茴香生则不香，过炒则焦气，多则药气，少则不类花香，须逐旋斟酌添，使旖旎。

洗衣香

牡丹一两　甘松一钱

上为末，每洗衣最后泽水入一钱，香着衣上，经月不歇。

假蔷薇面花

甘松　檀香　零陵香　丁香各一两　藿香叶　黄丹　白芷香墨　茴香各一钱　脑、麝为衣

上为细末，以熟蜜和拌，稀稠得所，随意脱花，用如常法。

玉华醒醉香

采牡丹蕊与荼蘪花，清酒拌挹润得所，当风阴一宿，杵细，捻作饼子窨干，以龙脑为衣。置枕间，芬芳袭人，可以醒醉。

衣　香

零陵香一斤　甘松　檀香各十两　丁香皮　辛夷各半[一]茴香六分

上捣粗末，入龙脑少许，贮囊佩之，香气着衣，汗渍愈馥。

〔一〕"各半"，洪刍《香谱》卷下"衣香法"条丁香皮及辛夷二味均作"半两"，此处脱"两"字。

蔷薇衣香

茅香　零陵香　丁香皮各一两_{锉碎，微炒}　白芷　细辛　白檀各半两　茴香一分

上同为粗末，可爇可佩。

牡丹衣香

丁香　牡丹皮　甘松各一两_{同为末}　龙脑_{别研}　麝香各一钱_{别研}

上同和，以花叶纸贴佩之，或用新绢袋贴着肉，香如牡丹。

芙蕖香

丁香　檀香　甘松各一两　零陵香　牡丹皮各半两　茴香一分

上为末，入麝香少许研匀，薄纸贴之，用新帕子裹，出入着肉。其香如新开莲花，临时更入茶末、龙脑各少许。不可火焙，汗浥愈香。

御爱梅花衣香

零陵叶四两　藿香叶　檀香各二两　甘松三两_{洗净去土，干秤}
白梅霜_{极碎罗净，秤}　沉香各一两　丁香_捣　米脑各半两　麝一钱半_{别研}

以上诸香，并须日干，不可见火。除脑、麝、梅霜外，一处同为粗末，次入脑、麝、梅霜拌匀，入绢袋佩之。此乃内侍韩宪所传。

梅花衣香

零陵香　甘松　白檀　茴香各半两_{微炒}　丁香一分　木香一

293

钱

右同为粗末，入脑、麝少许，贮囊中。

梅萼衣香

丁香二钱　零陵香　檀香各一钱　舶上茴香　木香各半钱
甘松　白芷各一钱半　脑、麝各少许

上同锉。梅花盛开，晴明无风雨，于黄昏前择未开含蕊者，以红线系定，至清晨日未出时，连梅蒂摘下，将前药同拌，阴干，以纸衣贮纱囊佩之，馣馤可爱。

莲蕊衣香

莲花蕊一钱干, 研　零陵香半两　甘松四钱　藿香　檀香　丁香各三钱　茴香　白梅肉各一分　龙脑少许

上为末，入龙脑研匀，薄纸贴纱囊贮之。

浓梅衣香

藿香叶　早春茶芽各二钱　丁香十枚　茴香半字　甘松　白芷　零陵香各三钱

上同锉，贮绢袋佩之。

裛衣香

丁香别研　郁金各十两　零陵香六两　藿香　白芷各四两
苏合香　甘松　杜蘅各三两　麝香少许

上为末，盛袋佩之。

裛衣香

零陵香一斤　丁香　苏合香各半斤　甘松三两　郁金　龙脑各二两　麝香半两

上并须精好者，若一味恶，即损许香[一]。同捣如麻豆，以夹绢袋贮之。

〔一〕"即损许香"，明周嘉胄《香乘》卷一九作"即损诸香"，是。

贵人绝汗香

丁香一两为粗末　川椒六十粒

上以二味相和，绢袋盛而佩之，辟绝汗气。

内苑蕊心衣香

藿香　益智仁　白芷　蜘蛛香各半两　檀香　丁香　木香各一钱

上同捣粗末，裹置衣笥中。

胜兰衣香

零陵香　茅香　藿香各二钱　独活　大黄各一钱　甘松钱半牡丹皮　白芷　丁皮　桂皮各半钱

以上用水净洗，干再用酒略喷，碗盛蒸少时，用三赖子二钱，豆腐浆蒸，以盏盖定。檀一钱，细锉，合和令匀，入麝香少许。

香　爨

零陵香　茅香　藿香　甘松　松子揸碎　茴香　三赖子豆腐同

蒸过　檀香　木香　白芷　土白芷　肉桂　丁香　丁皮　牡丹皮　沉香各等分　麝香少许

上用好酒喷过，日晒干，以剪刀切碎，碾为生料，筛罗粗末，瓦坛收顿。

软　香

丁香加木香少许同炒　心子红若作黑色不用　沉香各一两　白檀金颜　黄蜡　三赖子各二两　龙脑半两三钱亦可　苏合油不拘多少　生油少许　白胶香半斤灰水于沙锅内煮，候浮上，略掠入凉水，搦块，再用皂角水三四盏，以香色白为度。秤二两入香用

上先将蜡于定磁器内溶开，次下白胶香，次生油，次苏合油，搅匀，取碗置地，候大温入众香，每一两作一丸。更加乌笃耨一两，尤妙。如造黑色者，不用心子红，入香墨二两，烧红为末，和剂如前法。可怀可佩，可置扇柄把握。

软　香

笃耨香　檀香末　麝香各半两　金颜香五两牙子香为末　苏合油三两　银朱一两　龙脑三钱

上为细末，用瓷器或银器，于沸汤锅内顿放，逐旋倾入苏合油，搅和停匀为度，取出泻入水中，随意作剂。

软　香

沉香十两　金颜香　栈香各二两　丁香一两　乳香半两　龙脑一两半　麝香三两

上为细末，以苏合油和，纳磁器内，重汤煮半日，以稀稠得中为度，以臼杵成剂。

软　香

沉香_{为细末}　金颜香各半斤_{细末}　苏合油四两　龙脑一钱_{细研}

上先以沉香末和苏合油，仍以冷水和成团，却搦去水，入金颜香、龙脑，又以水和成团，再搦去水，入臼用杵三五千下，时时搦去水，以水尽杵成团有光色为度。如欲鞭，更加金颜香；如欲软，加苏合油。

软　香

上等沉香末五两　金颜香二两半　龙脑一两

上为末，入苏合油六两半，用绵滤过，取净油和香，旋旋看稀稠得所入油。如欲黑色，加百草霜少许。

软　香

沉香　檀香　栈香各三两　亚息香　梅花龙脑　甲香_制　松子仁各半两　金颜香　龙涎　麝各一钱　笃耨油_{随分}　杉木炭_{以黑为度}

上除脑、麝、松仁、笃耨外，余皆取极细末，以笃耨油与诸香和匀为剂。

广州吴家软香

金颜香半斤_{细研}　苏合油二两　沉香一两_末　脑、麝各一钱_{别研}　黄蜡二钱　芝麻油一钱_{腊月者，经年尤佳}

上将油、蜡同销镕，放令微温，和金颜、沉末令匀，次入脑、麝，与苏合油同搜，仍于净石版上，以木槌击数百下，如常法用之。

翟仲仁运使软香

金颜香半两　苏合油三钱　脑、麝各一匙　乌梅肉二钱半焙干

上先以金颜、脑、麝、乌梅肉为细末，后以苏合油相合和，临时相度，鞭软得所。欲色红，加银朱二钱半；欲色黑，加皂儿灰三钱，存性。

宝梵院主软香

沉香二两　金颜香半斤细末　龙脑四钱　麝香二钱　苏合油二两半　黄蜡一两半

上细末，苏合与蜡重汤镕和，捣诸香，入脑子，更杵千余下。

软　香

金颜香半斤极好者，贮银器，用汤煮，花细布纽净，研　苏合油四两　龙脑一钱研细　麝香半钱研细　心红不计多少色红为度

上先将金颜香搦去水，银石铫内化开，次入苏合油、麝香拌匀，续入龙脑、心红，移铫去火，搅匀取出，作团如常法。

软　香

黄蜡半斤溶成汁，滤净，却以净铜铫内下紫草煎，令红，滤去草滓　檀香就铺买细屑，碾令细，筛过，二两　金颜三两拣去杂物，取净秤，别研细，作一处　滴乳香三两拣明块者，用茅香煎水煮过，令浮成片如膏，须冷水中[一]，取出待水干，入乳钵内细研。如粘钵，则入煅过醋淬来底赭石二钱，则不粘矣　沉香半两要极细末　苏合油二两如结合时[二]，先以生萝卜擦了乳钵，则不粘。无则□□代之[三]　生麝香三钱净钵内以茶清滴，研细，却以其余香拌起一处　银朱随意

加入_{以红为度}

上以蜡入□器大碗内^{〔四〕}，坐重汤中溶成汁，入苏合油和成了停匀，却入众香，以柳棒极匀^{〔五〕}，即香成矣。欲软，用松子仁三两，揉汁于内，虽大雪亦软。

〔一〕"须冷水中"，明周嘉胄《香乘》卷一九作"倾冷水中"，是。

〔二〕"如结合时"，明周嘉胄《香乘》卷一九作"如临合时"，是。

〔三〕"无则□□代之"，原空二格，明周嘉胄《香乘》卷一九作"无则以子代之"。

〔四〕"□器大碗"，原空一格，明周嘉胄《香乘》卷一九作"瓷器大碗"。

〔五〕"以柳棒极匀"，明周嘉胄《香乘》卷一九作"以柳棒频搅极匀"，是。

软　香

檀香一两_{白梅煮，锉碎为末}　沉香半两　丁香三钱　苏合油半两
金颜香二两_{蒸。如无，拣好枫滴乳香一两，酒煮过，代之}　银朱随意

上诸香皆不见火，为细末，打和于甑上蒸，碾成为香，加脑、麝亦可。先将金颜碾为细末，去滓。

软　香

金颜香　苏合油各三两　笃耨油一两二钱　龙脑四钱　麝香一钱　银朱四两

上先将金颜碾为细末，去滓，用苏合油坐热，入黄蜡一两坐化，逐旋入金颜香，坐过了，脑、麝、笃耨油、银朱打和^{〔一〕}，

以软笋箬包缚收。黄则加蒲黄二两，绿则入绿二两〔二〕，黑则入墨一二两，紫则入紫草。各量多少加入，以匀为度。

〔一〕明周嘉胄《香乘》卷一九本句上多一"入"字，是。

〔二〕"绿则入绿"，明周嘉胄《香乘》卷一九作"绿入石绿"，是。

熏衣香

茅香四两细锉，酒洗，微蒸　零陵香　甘松各半两　白檀二钱锉末　丁香二钱　白干三个焙干，取末

上同为粗末，入米脑少许，薄纸贴佩之。

蜀主熏御衣香

丁香　栈香　沉香　檀香　麝香各一两　甲香三两制

上为末，炼蜜放冷令匀，入窨月余，用如前见第一卷〔一〕。

〔一〕按，此谓卷一"熏香"条有关以香熏衣方法的记载。

南阳宫主熏衣香

蜘蛛香一两　香白芷　零陵香　缩砂仁各半两　丁香　麝香　当归　豆蔻各一分

熏衣香

沉香四两　栈香三两　檀香一两半　龙脑　牙硝　甲香各半两灰水洗过，浸一宿，次用新水洗过，复用蜜水去黄，制用　麝香一钱

上除麝、脑别研外，同粗末，炼蜜半斤和匀候冷，入龙、麝。

新料熏衣香

沉香一两　栈香七钱　檀香半钱　牙硝一钱　甲香一钱_{制如前}
豆蔻一钱　米脑一钱　麝香半钱

上先将沉、檀、栈为粗末，次入麝拌匀，次入甲香并牙硝、银朱一字，再拌，炼蜜和匀，上糁脑子，用如常法。

千金月令熏衣香

沉香　丁香皮各二两　郁金二两_{细切}　苏合香　詹糖香各一两_{同苏合和作饼}　小甲香四两半_{以新牛粪汁二升、水三升和煮，三分去二，取出以净水淘，刮去上肉，焙干。又以清酒二升、蜜半合和煮，令酒尽，以物搅，候干，以水洗去蜜，暴干，另为末}

上将诸香末和匀，烧熏如常法。

熏衣梅花香

甘松　舶上茴香　木香　龙脑各一两　丁香半两　麝香一钱
上件捣合粗末，如常法烧熏。

熏衣芬积香

沉香二十五两_锉　栈香_锉　檀香_{锉，腊茶清炒黄}　甲香_{制法如前}
杉木烰炭各二十两　零陵叶　藿香叶　丁香　牙硝各十两　米脑
三两_研　梅花龙脑二两_研　麝香五两_研　蜜十斤，炼和香

熏衣衙香

生沉香_锉　栈香各六两_锉　檀香_{锉，腊茶清炒}　生牙硝各十二两
生龙脑_研　麝香各九两_研　甲香六两_{炭灰煮二日，洗净，再加酒、蜜同煮干}　白蜜_{比香斤加倍，用炼熟}

上为末，研入脑、麝，以蜜搜和令匀，烧熏如常法。

熏衣笑兰香

藿苓甘芷木茴丁，茅赖芎黄和桂心。檀麝牡皮加减用，酒喷日晒绛囊盛。

零，以苏合油揉匀；松、茅，酒洗；三赖，米泔浸；大黄，蜜蒸；麝香，逐裹脒入。熏衣加僵蚕，常带加白梅肉。

涂傅诸香

傅身香粉

英粉别研　青木香　麻黄根　附子炮　甘松　藿香　零陵香各等分

上除英粉外，同捣罗为细末，以生绢夹带盛之〔一〕，浴罢傅身上。

〔一〕"生绢夹带"，明周嘉胄《香乘》卷一九"带"作"袋"，是。

拂手香

白檀香三两滋润者，锉末，用蜜三钱化汤一盏许，炒令水尽，稍觉泡湿，焙干，杵罗细末　米脑一两研　阿胶一片

上将阿胶化汤打糊，入香末搜拌匀，于木臼中捣三五日〔一〕，捻作饼子或脱花，窨干，穿穴线悬于胸间。

〔一〕"捣三五日"，明周嘉胄《香乘》卷一九作"捣三五百"，是。

梅真香

零陵叶　甘松　白檀　丁香　白梅末各半两　脑、麝少许

上为细末，糁衣傅身，皆可用之。

香发木犀油

凌晨摘木犀花半开者，拣去茎蒂令净，高量一斗。取清麻油一斤，轻手拌匀，捺瓷器中，厚以油纸密封罐口，坐于釜内，以重汤煮一饷久，取出安顿稳燥处，十日后倾出，以手沘其清液收之。最要封闭最密，久而愈香。如此油匀入黄蜡，为面脂馨香也。

香　饼

凡烧香用饼子，须先烧令通赤，置香炉内。俟有黄衣生，方徐徐以灰覆之，仍手试火气紧慢。

香　饼

软炭三斤末　蜀葵花或叶一斤半

上同捣令粘，匀作剂，如干，更入薄面糊少许。弹子大捻作饼，晒干，贮磁器内，烧旋取用。如无葵，则炭末中拌入红花滓同捣，以薄糊和之亦可。

香　饼

坚硬羊胫炭三斤末　黄丹　定粉　针沙　牙硝各五两　枣一升煮烂，去皮、核

上同捣拌匀，以膏和剂，随意捻作饼子。

香　饼

木炭三斤_末　定粉　黄丹各二钱

上拌匀，糯米为糊，和成入铁臼内细杵，以圈子脱作饼，晒干用之。

香　饼

用栎炭和柏叶、葵菜、橡实为之。纯用栎炭，则焦熟而易碎。石饼太酷，不用。

耐久香饼

鞭炭末五两　胡粉　黄丹各一两

上同捣细末，煮糯米胶和匀，捻饼子晒干。每用烧令赤，炷香经久。或以针沙代胡粉，煮枣代粳米胶〔一〕。

〔一〕"代粳米胶"，明周嘉胄《香乘》卷二〇作"代糯胶"，是。按，上文言"煮糯米胶和匀"，此又言"粳米胶"，误。

长生香饼

黄丹四两　干蜀葵花_{烧灰}　干茄根各二两_{烧灰}　枣半斤_{去核}

上为细末，以枣肉研作膏，同和匀，捻作饼子窨，晒干，置炉而火耐久不熄。

终日香饼

羊胫炭一斤_末　黄丹　定粉各一分　针沙少许_{研匀}

上煮枣肉，杵膏拌匀，捻作饼子，窨二日，便于日中晒干。如烧香毕，水中蘸灭，可再用。

丁晋公文房七宝香饼

青州枣一斤_{和核用}　木炭二升_末　黄丹半两　铁屑二两_{造针处有}
定粉　细墨各一两　丁香二十粒

上同捣为膏，如干时，再加枣。以模子脱作饼如钱许，每一
饼可经昼夜。

内府香饼

木炭末一斤　黄丹　定粉各三两　针砂三两　枣半升

上同末，蒸枣肉，杵作饼晒干，每一板可度终日。

贾清泉香饼

羊胫炭一斤_末　定粉　黄丹各四两

上用糯米粥或枣肉和作饼，晒干，用常法。茄秸烧灰存
性〔一〕，枣肉同杵，捻饼晒干用之。

〔一〕"用常法。茄秸烧灰存性"，明周嘉胄《香乘》卷二〇作
"用如常法。或茄叶烧灰存性"。

香　煤

近来焚香取火，非灶下即蹈炉中者，以之供神佛、格祖先，
其不洁多矣。故用煤以扶接火饼。

香　煤

干竹筒　干柳枝_{烧黑灰，各二两}　铅粉三钱　黄丹三两　焰硝二
钱

上同为末，每用匕许，以灯爇□〔一〕，于上焚香。

〔一〕"以灯爇□"，原空一格，明周嘉胄《香乘》卷二〇作"以

灯爇着"。

香 煤

茄叶不计多少[一]烧灰存性，取面四两 定粉三十 黄丹二十 海
金沙二十[二]

上同末拌匀，置炉灰上纸点，可终日。

〔一〕"茄叶"，明周嘉胄《香乘》卷二〇作"茄蒂"。

〔二〕上三味皆未标计量词，明周嘉胄《香乘》卷二〇"十"字皆
作"钱"字。

香 煤

竹夫炭 柳木炭各四两 黄丹 □粉各二钱[一] 海金沙一
钱研

上同为末，拌匀捻作饼，入炉以灯点着烧香。

〔一〕"□粉各二钱"，原空一格。明周嘉胄《香乘》无此香方。

香 煤

枯茄树烧成炭，于瓶内候冷为末，每一两入铅粉二钱、黄丹
二钱半，拌和装灰中。

香 煤

焰硝 黄丹 杉木炭各等分

为末，糁炉中，以纸撚点。

日禅师香煤[一]

杉木夫炭四两 竹夫炭 鞭羊胫炭各二两[二] 黄丹 海金

沙各半两

上同为末拌匀，每用二钱，置炉中，纸灯点烧，候透红，以冷灰薄覆。

〔一〕"日禅师"，《香乘》卷二〇作"月禅师"。

〔二〕"鞭羊胫炭"，《香乘》作"硬羊胫炭"，疑是。

阎资钦香煤

柏叶多采之，摘去枝梗净洗，日中曝干，锉碎，不用坟墓间者。入净罐内，以盐泥固济，炭火煅之，存性细研。每用一二钱，置香炉灰上，以纸灯点，候匀编〔一〕，焚香时时添之，可以终日。或烧柏子存性作火，尤妙。

〔一〕"候匀编"，明周嘉胄《香乘》卷二〇作"候红遍"。

香 灰

细叶杉木枝烧灰，用火一二块养之，经宿罗过，装炉。

每秋间采松须，曝干烧灰，用养香饼。

未化石灰，槌碎罗过，锅内炒令□〔一〕，候冷，又研又罗。为之作香炉灰，洁白可爱，日夜常以火一块养之，仍须用盖，若尘埃则黑矣〔二〕。

矿灰六分、炉灰四钱和匀，大火养灰蒸性香〔三〕。

蒲烧灰，炉装如雪〔四〕。

纸灰、石灰、木灰各等分，以米汤和，同煅过，勿令偏〔五〕。

头青、朱红、黑煤、土黄各等分，杂于纸中装炉，名锦灰。

纸灰炒通红，罗过，或稻穗烧灰，皆可用。

干松花烧灰，装香炉最洁。

茄灰亦可藏火，火久不熄。

蜀葵枯时烧灰装炉，大能养火。

〔一〕"锅内炒令□"，原空一格，明周嘉胄《香乘》卷二〇作"锅内炒令红"。

〔二〕"若尘埃"，明周嘉胄《香乘》卷二〇作"惹尘埃"，是。

〔三〕"大火养灰爇性香"，明周嘉胄《香乘》卷二〇作"大火养灰焚炷香"，是。

〔四〕"炉装如雪"，明周嘉胄《香乘》卷二〇作"装炉如雪"，是。

〔五〕"以米汤和，同煅过，勿令偏"，明周嘉胄《香乘》卷二〇作"以米汤同和，煅过用"。又，下则"头青"之"头"字，原误属上则，今从《香乘》移下。

香品器

香　炉

香炉不拘银、铜、铁、锡、石，各取其便用。其形或作狻猊、獬豸、凫鸭之类，计其人之当[一]。作头贵穿窾，可泄火气。置窍不用大，都使香气回薄[二]，则能耐久。

〔一〕"计其人之当"，明周嘉胄《香乘》卷一三作"随其人之意"。

〔二〕"置窍不用大，都使香气回薄"，明周嘉胄《香乘》卷一三作"置窍不用太多，使香气回薄"。

香　盛

盛即盒也。其所用之物与炉等，以不生涩枯燥者皆可。仍不用生铜，铜易腥渍。

香　盘

用深中者，以沸汤泻中，令其气翁郁，然后置炉其上，使香易着物。

香　匙

平灰置火，则必用圆者；分香抄末，则必用锐者。

香　箸

和香取香，总宜用箸。

香　壶

或范金，或埏为之，用盛匕箸。

香　罂

窖香用之，深中而掩上。

卷 四

香 珠

香珠之法，见诸道家者流，其来尚矣。若夫茶药之属，岂亦汉人含鸡舌之遗制乎？兹故录之，以备闻见，庶几免一物不知之议云。

孙廉访木犀香珠

木犀花蓓蕾未开全者，开则无香矣。露未晞时，先用布幔铺地，如无幔，净扫树下地面，令人登梯上树，打下花蕊，收拾归家，择去梗叶，须精拣花蕊。用中样石磨磨成浆，次以布复包裹，榨压去水。将已干花料盛贮新磁礶内，逐旋取出，于乳钵内研，令细软。用小竹筒为则度筑剂，或以滑石平片刻，窍取则手握圆如小钱大，竹签穿孔，置盘中，以纸四五重衬借，日傍阴干。稍健百颗作一串，小竹弓绷挂当风处，次至八九分干，取下，每十五颗以净洁水略略揉洗，去皮透青黑色〔一〕，又用盘盛，于日影中暵干。如天气阴晦，纸隔之，于幔火上焙干〔二〕。新绵裹，以时时取观，则香味可数年不失。其磨乳员洗之际，忌秽污、妇女、银器、油盐等触犯。

《琐碎录》云："木犀香念珠，须入少西木香。"

〔一〕"去皮透青黑色"，明周嘉胄《香乘》卷二〇作"去皮边青黑色”。

〔二〕“幔火”，明周嘉胄《香乘》卷二〇作“慢火”，是。

龙涎香珠

大黄一两半　甘松一两三钱　川芎一两半　牡丹皮一两三钱
藿香一两三钱　三奈子一两三钱_{以上六味，并用酒发}〔一〕_{，留一宿。次五}
更以后，药一处拌匀，于露天安，待日出晒干用　白芷二两　零陵香一两半
丁香皮一两三钱　檀香三两　滑石一两三钱_{别研}　白芨六两_{煮糊}
均香二两_{炒干}　白矾一两三钱_{二味别研}　好栈香二两　秦皮一两
三钱　樟脑一两　麝香半字

上圆，晒如前法，旋入龙涎、脑、麝。

〔一〕“并用酒发”，明周嘉胄《香乘》卷二〇作“并用酒泼”。

香　珠

天宝香一两　土光香半两　速香一两　苏合香半两　牡丹皮
一两　降真香半两　茅香一钱半　草香一钱　白芷二钱_{豆腐蒸过}
三奈子二分_{同上}　丁香半钱　藿香五钱　丁皮一两　藁本半两
细辛二分　白檀一两　麝香檀一两　零陵香二两　甘松半两　大
黄二两　荔枝壳二钱　麝香_{不拘多少}　黄蜡一两　滑石_{量用}　石膏
五钱　白芨一两

上料蜜梅酒：松子、三奈、白芷。糊：夏白芨，春秋琼枝，
冬阿胶。黑色：竹叶灰、石膏。黄色：檀香、蒲黄。白色：滑
石、麝。菩提色：细辛、牡丹皮。檀香、麝檀、檀、大黄、石
膏、沉香噀湿，用蜡丸打，轻者用水噀打。

香 珠

零陵香_{酒洗} 甘松_{酒洗} 茴香_{各等分} 丁香_{等分} 茅香_{酒洗} 木香_{少许} 藿香_{酒洗。此项夺香味，少}[一] 川芎_{少许} 桂心_{少许} 檀香_{等分} 白芷_{面裹烧熟，去面不用} 牡丹皮_{酒浸一日，晒干} 三奈子_{加白芷治，少用}[二] 大黄_{蒸过。此项收香珠，又且染色}

上件如前治度，晒干，合和为细末，用白芨末和面打糊为剂，随大小圆，趁湿穿孔。半干，用麝香稠调水为衣。

〔一〕"此项夺香味，少"，明周嘉胄《香乘》卷二〇作"此物夺香味，少用"。

〔二〕"加白芷治，少用"，明周嘉胄《香乘》卷二〇作"如白芷制，少许"。

收香珠法

凡香环、佩带、念珠之属，过夏后须用木贼草擦去汗垢，庶不蒸坏。若蒸损者，以温汤洗过晒干，其香如初。

香 药

丁沉煎圆

丁香二两半 沉香四钱 木香一钱 白豆蔻二两 檀香二两 甘草四两

上为细末，以甘草熬膏和匀，为圆如鸡头大。每用一丸噙化，常服调顺三焦，和养营卫，治心胸痞满。

木香饼子

木香 檀香 丁香 甘草 肉桂 甘松 缩砂 丁皮 莪术

各等分

莪术醋煮过，用盐水浸出醋浆。米浸三日为末，蜜和，同甘草膏为饼，每服三五枚。

香　茶

经进龙麝香茶

白豆蔻一两去皮　白檀末七钱　百药煎五钱　寒水石五分薄荷汁制　麝香四钱　沉香三钱梨汁制　片脑二钱半　甘草末三钱　上等高茶一斤

上为极细末，用净糯米半升煮粥，以密布绞取汁，置净碗内，放冷和剂，不可稀软，以鞭为度[一]。于石版上杵一二时辰，如粘黏[二]，用小油二两煎沸，入白檀香三五片。脱印时，以小竹刀刮背上令平。

〔一〕"以鞭为度"，明周嘉胄《香乘》卷二〇作"以硬为度"。

〔二〕"如粘黏"，《香乘》作"如黏"，一本作"如粘黏"。

孩儿香茶

孩儿香一斤　高末茶三两　片脑二钱半或糠米者，韶脑不用　麝香四钱　薄荷霜五钱　川百药煎一两研细

上五件一处和匀，用熟白糯米一升半，淘洗令净，入锅内，放水高四指，煮作糕麝[一]，取出十分冷，定于磁盆内揉和成剂，却于平石砧上杵千余转，以多为妙。然后将花脱子洒油少许，入剂作饼，于洁净透风筛子顿放阴干，贮磁器内，青纸衬里密封。

附　造薄荷霜法：

寒水石研极细末，筛罗过，以薄荷二斤加于锅内，倾水一

碗，于下以瓦盆盖定，用纸湿封四围，文武火蒸熏两顿饭久，气定方开，微有黄色，尝之凉者是。

〔一〕"煮作糕麝"，明周嘉胄《香乘》卷二〇作"煮作糕糜"，是。

香 茶

上等细茶一斤　片脑半两　檀香三两　沉香一两　旧龙涎饼一两　缩砂三两

上为细末，以甘草半斤锉，水一碗半，煎取净汁一碗，入麝香末三钱和匀，随意作饼。

香 茶

龙脑　麝香_{雪梨汁制}　百药煎　棟草　寒水石_{飞过，末}　白豆蔻各三钱　高茶一斤　硼砂一钱

上同碾细末，以熬过熟糯米粥，净布巾绞取浓汁和匀，石上杵千余，方脱花样。

事 类

香 尉

汉仲雍子进南海香，拜洛阳尉，人谓之香尉。

香 户

南海郡有采香户。《述异记》：海南俗以贸香为业。《东坡文集》

314

香 市

南方有香市，乃商人交易香处。《述异记》

香 洲

朱崖郡洲中出诸异香，往往有不知名者。《述异记》

香 溪

吴宫有香水溪，俗云西施浴处，又呼为脂粉塘。吴王宫人濯被于此，溪上源至今犹香。

香 界

回香所生，以香为界。《楞严经》

香 篆

镂木为篆纹，以之范香尘，燃于饮食或佛象前，有至二三尺径者。《洪谱》

香蔼雕盘。坡词[一]

〔一〕宋苏轼《满庭芳·佳人》："香蔼雕盘，寒生冰箸，画堂别是风光。"见《苏轼词编年校注》页二〇三。

香 珠

以杂香捣之，丸如梧桐子，青绳穿之。此三皇真元之香珠也，烧之香彻天。《三洞珠囊》

香 缨

《诗》："亲结其缡。"注云："缡，香缨也。女将嫁，母结缨

而戒之。"〔一〕

〔一〕《诗经·豳风·东山》："之子于归，皇驳其马。亲结其缡，九十其仪。"《正义》引郭璞曰："即今之香缨也。"又汉张衡《思玄赋》："献环琨与琛缡兮，申厥好以玄黄。"李善注："缡，今之香缨。"

香　囊

晋谢玄常佩紫罗香囊，谢安患之，而不欲伤其意，自戏赌取香囊焚之，遂止。

又古诗云："香囊悬肘后。"

后蜀文淡生五岁，谓母曰："有五色香囊在否林下。"〔一〕往取得之，乃淡前生五岁失足落井，今再生也。并本传

〔一〕"有五色香囊在否林下"，宋曾慥《类说》卷五九"五色香囊"条作"有五色香囊于杏林上"，明周嘉冑《香乘》卷一〇作"有五色香囊在吾床下"。

香　兽

以涂金为狻猊、麒麟、凫鸭之状，空中以焚香，使烟以口出，以为玩好。复有雕木块土为之者。洪谱

《北里志》书曰："新团香兽不焚烧。"〔一〕

〔一〕见唐孙棨《北里志》"王团儿"条，原作"寒绣红衣饷阿娇，新团香兽不禁烧。"

香　童

唐元宝好宾客，务于华侈，器玩服用，僭于王公，而四方之士尽仰归焉。常于寝帐床前刻镂童子人，捧七宝博山香炉，日暝焚香彻曙，其骄贵如此。《天宝遗事》

香岩童子

香岩童白佛言："我诸比丘烧水沉香，香气寂然，来入鼻中，非木非空，非烟非火，去无所着，来无所从，由是意销，发明无漏，得阿罗汉。"《楞严经》

宗超香

宗超尝露坛行道，食中香尽，自然满溢，炉中无火烟自出。洪谱[一]

〔一〕按，今本洪刍《香谱》无此条。

南蛮香

诃陵国，亦曰阇婆，在南海中。贞观时，遣使献婆律膏。又骠，古朱波也。有以名思利毗离芮[一]，土多异香。王宫设金银二炉[二]，冠至焚香击之，以占吉凶。有巨白象，高数尺，讼者焚香，自跽象前，自思是非而退。有灾疫至，亦焚香对象跽，自咎。无膏油，以蜡杂香代烛。又真腊国，客至屑槟榔、龙脑以进，不饮酒。《唐书·南蛮传》

〔一〕"有以名思利毗离芮"，《新唐书》卷二二二下《南蛮传下》作"有川名思利毗离芮"。

〔二〕"金银二炉"，《新唐书》卷二二二下《南蛮传下》作"金银二钟"。按，此则撮《新唐书·南蛮传下》而录之，然献婆律膏者，实为堕和罗之属国昙陵，而非诃陵国。

栈 槎

番禺民忽于海旁得古槎，长丈余，阔六七尺，木理甚坚，取为溪桥。数年后，有僧过而识之，谓众曰："此非久计，愿舍衣

钵资，易为石桥，即求此槎为薪。"众许之，得栈香数千两。《洪谱》[一]

〔一〕按，今本洪刍《香谱》无此条。

披香殿

《汉宫阙名》："长安有合欢殿、披香殿。"《郡国志》

采香径

吴王阖闾起响屧廊、采香径。《郡国志》

柏香台

汉武帝作柏香台，以柏香闻数十里。本纪[一]

〔一〕见《史记》卷一二《孝武本纪》，原作"其后则又作柏梁"，《索隐》引《三辅故事》云："台高二十丈，用香柏为殿，香闻十里。"

三清台

王审知之孙昶，袭为闽王，起三清台三层，以黄金铸像，日焚龙脑、熏陆诸香数斤。《五代史·十国世家》

沉香床

沙门支法，有八尺沉香床。《异苑》

沉香亭

开元中，禁中初重木芍药，即今牡丹也。得四本：红、紫、浅红、通白者。上因移植于兴庆池东沉香亭前。《李白集》

敬宗时，波斯国进沉香亭子。拾遗李汉谏曰："沉香为亭，

何异琼台瑶室？"本传

沉香堂

隋越国公杨素大治第宅，有沉香堂。

沉香火山

隋炀帝每除夜，殿前设火山数十，皆沉香木根。每一山焚沉香数车，以甲煎沃之，香闻数十里。《续世说》

沉香山

华清温泉汤中，叠沉香为方丈、瀛洲。《明皇杂录》

沉屑泥壁

唐宗楚客造新第，用沉香、红粉以泥壁。每开户，则香气蓬勃。洪谱[一]

〔一〕按，今本洪刍《香谱》无此条。

檀香亭

宣州观察使杨牧，造檀香亭子初成，命宾落之。《杜阳编》[一]

〔一〕按，今本《杜阳杂编》无此条，见于《太平广记》卷二七三引录。参见洪刍《香谱》卷下"檀香亭"条相关校记。

檀　槽

天宝中，中官白秀贞自蜀使回，得琵琶以献。其槽以沙檀为之，温润如玉，光耀可鉴。

李宣诗云："琵琶声亮紫檀槽。"[一]

〔一〕唐李宣古《杜司空席上赋》诗："觱栗调清银象管，琵琶声亮紫檀槽。"见《全唐诗》卷五五二。"李宣"，误脱"古"字。

麝 壁

南齐废帝东昏侯，涂壁皆以麝香。《鸡石集》

麝 枕

置真麝香于枕中，可绝恶梦。《续博物志》

龙香拨

贵妃琵琶，以龙香版为拨。《外传》〔一〕

〔一〕按，今本宋乐史《杨太真外传》无此条。

龙香剂

玄宗御案墨曰龙香剂。一日，见墨上有道士如蝇而行，上叱之，即呼"万岁"，曰："臣松墨使者也。"上异之。《陶家余事》〔一〕

〔一〕见后唐冯贽《云仙散录》引《陶家瓶余事》。

香 阁

后主起临春、结绮、望春三阁，以沉、檀香木为之。《陈书》

杨国忠尝用沉香为阁，檀香为栏槛，以麝香、乳香筛土和为泥，饰阁壁。每于春时木芍药盛开之际，聚宾于此阁上赏花焉。禁中沉香亭，远不侔此壮丽也。《天宝遗事》

香 床

隋炀帝于观文殿前两厢为堂十二间，每间十二宝厨，前设五

方香床，缀贴金玉珠翠。每驾至，则宫人擎香炉在辇前行。《隋书》

香 殿

《大明赋》云："香殿聚于沉檀，岂待焚夫椒兰。"黄莘卿

水殿风来暗香满。坡词〔一〕

〔一〕宋苏轼《洞仙歌》："冰肌玉骨，自清凉无汗。水殿风来暗香满。"见《苏轼词编年校注》页四一三。

五香席

石季伦作席，以锦装五香，杂以五彩，编蒲皮缘。

七香车

梁简文帝诗云："丹毂七香车。"

椒 殿

《唐宫室志》有椒殿。

椒 房

应邵《汉官仪》曰："后宫称椒房，以椒涂壁也。"

椒 浆

桂醑兮椒浆。《离骚》〔一〕

元日上椒酒于家长，举觞称寿。元日进椒酒。椒是玉衡之精，服之令人却老。崔寔《月令》〔二〕

〔一〕屈原《九歌·东皇太一》："蕙肴蒸兮兰借，奠桂酒兮椒浆。"

〔二〕见汉崔寔《四民月令·正月》。"元日进椒酒"以下三句，本

为注文。《陈氏香谱》混入正文，今改排小字以区别之。

兰 汤

五月五日，以兰汤沐浴[一]。《大戴礼》

浴兰汤兮沐芳。《楚辞》[二]。注云："芳芷也。"

〔一〕《大戴礼汇校集注》卷二《夏小正》作"蓄兰为沐浴也"。

〔二〕屈原《九歌·云中君》："浴兰汤兮沐芳，华采衣兮若英。"

兰 佩

纫秋兰以为佩。《楚辞》[一]。注云："佩也，纪日佩帨茝兰。"

〔一〕屈原《离骚》："扈江离与辟芷兮，纫秋兰以为佩。"

兰 畹

既滋兰之九畹，又树蕙之百亩。同上[一]

〔一〕屈原《离骚》："余既滋兰之九畹兮，又树蕙之百亩。"

兰 操

孔子自卫反鲁，隐谷之中，见香兰独茂，喟然叹曰："夫兰当为王者香，今乃独茂，与众草为伍。"乃止车援琴鼓之，自伤不逢时，托辞于幽兰云。《琴操》[一]

〔一〕见汉蔡邕《琴操》卷上《猗兰操》，引文有删节。

兰 亭

暮春之初，会于会稽山阴之兰亭。王逸少叙[一]

〔一〕见晋王羲之《兰亭序》。

兰　室

黄帝传岐伯之术，书于玉版，藏诸灵兰之室。《素问》

兰　台

楚襄王游于兰台之宫。《风赋》

龙朔中，改秘书省曰兰台。

椒兰养鼻

椒兰芬苾，所以养鼻也。

前有泽芷以养鼻，兰槐之根是为芷。注云："兰槐，香草也。其根名芷。"并《荀子》

焚椒兰

烟斜雾横，焚椒兰也。杜牧之《阿房宫赋》

怀　香

尚书省怀香握兰，趋走丹墀。《汉官仪》

含　香

汉桓帝时，侍中刁存年老口臭，上出鸡舌香使含之。香颇小辛，螫不敢咽，自疑有过赐毒也。归舍与家人辞诀，欲就便宜。众求视其药，乃口香。众笑之，更为含食，意遂解。《汉官仪》

啗　香

唐元载宠姬薛瑶英母赵娟，幼以香啗英，故肌肉悉香。《杜阳编》

饭 香

《维摩诘经》："畤化菩萨以满钵香与维摩诘[一]，饭香普熏毗耶离城及三千大千世界。时维摩诘语舍利佛等诸大声闻：'仁者可食如来甘露味饭，大悲所熏，无以限意食之，使不消。'"《柳文注》

〔一〕"畤化菩萨以满钵香与维摩诘"，《维摩诘经·香积佛品第十》作"时化菩萨以满钵香饭与维摩诘"。

贡 香

唐贞观中，敕下度支求杜若。省郎以谢玄晖诗云"芳洲采杜若"，乃责坊州贡之。《通志》

分 香

魏王操临终，遗令曰："余香可分与诸夫人。诸舍中无所为，学作履组卖也。"《三国志》及《文选》

赐 香

玄宗夜宴，以琉璃器盛龙脑香数斤赐群臣。冯谧起进曰："臣请效陈平为宰。"自丞相以下，悉皆跪受，尚余其半，乃捧拜曰："钦赐录事冯谧。"玄宗笑许之。

熏 香

庄公束缚管仲，以予齐使而以退。比至，三衅三浴之。注云："以香涂身曰衅，衅为熏。"[一]《齐语》

魏武帝令云："天下初定，吾便禁家内不得熏香。"《三国志》

〔一〕"衅为熏"，《国语》卷六《齐语》韦昭注作"衅或为熏"。

窃 香

韩寿字德真,为贾充司空掾。充女窥见寿而悦之,目婢通殷勤,寿逾垣而至。时西域有贡奇香,一着人,经月不散。帝以赐充,其女密盗以遗寿。后充与寿宴,闻其芬馥,计武帝所赐惟己及陈骞家,余无,疑寿与女通,乃取左右婢考问,即以状言。充秘之,以女妻寿。《晋书》本传

爱 香

刘季和性爱香,常如厕还,辄过炉上。主簿张垣曰:"人名公俗人,不虚也。"季和曰:"荀令君至人家,坐席三日香。为我如何?"坦曰:"丑妇效颦,见者必走。公欲坦遁走耶?"季和大笑。《襄阳记》

喜 香

梅学士询性喜焚香,其在官所,每晨起将视事,必焚香两炉,以公服罩之,撮其袖以出。坐定,撒开两袖,郁然满室焚香[一]。时人谓之梅香。《归田录》

〔一〕"郁然满室焚香",宋欧阳修《归田录》卷二作"郁然满室浓香"。

天女擎香

夫子当生之口,有二苍龙旦而下,来附征在房,因梦而生夫子。夫子当生时,有天女擎香,自空而下[一],以沐浴征在。《拾遗记》

〔一〕"有天女擎香,自空而下",晋王嘉《拾遗记》卷三作"有二神女,擎香露于空中而来"。按,下文言"沐浴征在",则作"香露"

是。征在，孔子之母。

三班吃香

三班院所领使臣八千余人，莅事于外。其罢而在院者，常数百人。每岁乾元节，醵钱饭僧进香，合以祝圣寿，谓之"香钱"〔一〕。京师语曰："三班吃香。"《归田录》

〔一〕按，本句下宋欧阳修《归田录》卷二复有句云："判院官常利其余以为餐钱"。《陈氏香谱》删去此句，以致下文"吃香"之意不明。

露香告天

赵清献公抃，衢州人。举进士，官至参政。平生所为事，夜必衣冠露香，九拜手告于天，应不可告者，则不敢为也。《言行录》

焚香祝天

后唐明宗，每夕于宫中焚香祝天曰："某为众所共推戴，愿早生圣人，为生民主。"《五代史》帝纪

初，废帝入，欲择宰相于左右，左右皆言卢文纪及姚顗有人望。帝乃悉书清要姓名，内琉璃瓶中，夜焚香祝天，以箸挟之，首得文纪之名，次得姚顗，遂并相焉。《五代史》本传

焚香读章奏

唐宣宗每得大臣章奏，必盥手焚香，然后读之。本纪

焚香读孝经

岑之敬，字由礼，淳厚有孝行。五岁，读《孝经》必焚香正

坐。《南史》

焚香读易

公退之暇，戴华阳巾，披鹤氅衣，手执《周易》一卷，焚香默坐，消遣世虑。王元之《竹楼记》

焚香致水

襄国城堑水源暴竭，石勒问于佛图澄，澄曰："今当敕龙取水。"乃至源上，坐绳床，烧安息香，咒数百言，水大至，隍堑皆满。《载记》

焚香礼神

《汉武故事》："昆邪王杀休屠王来降，得其金人之神，置之甘泉宫。金人者，皆长丈余，其祭不用牛羊，惟烧香礼拜。"

于吉精舍烧香烧道书。《三国志》[一]

〔一〕《三国志》卷四六《孙策传》引《江表传》云："时有道士琅邪于吉，先寓居东方，往来吴会，立精舍，烧香读道书。"《陈氏香谱》引录有脱误。

降香岳渎

国朝每岁分遣驿使赍御香，有事于五岳四渎、名山大川，循旧典也。广州之南海道八十里扶胥之口黄木之湾，南海祝融之庙也。岁二月，朝遣使驰驲[一]，有事于海神。香用沉檀，具牲币。使初献，其亚献、终献，各以官摄行。三献三奏乐，主者以祝文告于前。礼毕，使以余香分给。

〔一〕"朝遣使驰驲"，明周嘉胄《香乘》卷七引《清异录》作

"朝廷遣使驰驿"。然检今本《清异录》无此条。

焚香静坐

人在家及外行，卒遇飘风、暴雨、震电、昏暗、大雾，皆诸龙神经过。宜入室闭户，焚香静坐避之，不尔损人。_{温子皮}

烧香勿返顾

南岳夫人云："烧香勿返顾，忤真气、致邪应也。"《真诰》

烧香辟瘟

枢密王博文，每于正旦四更烧丁香，以辟瘟气。《琐碎录》

烧香引鼠

印香五文、狼粪少许，为细末，同和匀。于净室内以炉烧之，其鼠自至，不得杀。《戏术》

求名如烧香

人随俗求名，譬如烧香。众人皆闻其香，不知熏以自焚，尽则气灭，名文则身绝[一]。《真诰》

〔一〕按，此则文字多有脱误。梁陶弘景《真诰》卷六云："人随俗要求华名，譬若烧香。众人皆闻其芳，然不知熏以自燔，燔尽则气灭，名立则身绝。"

五色香烟

许远游烧香，皆五色香烟出。《三洞珠囊》

香奁

韩偓《香奁集自叙》云："咀五色之灵芝，香生九窍；咽三清之瑞露，春动七情。"

古诗云："开奁集香苏。"

防蠹

辟恶生香，聊防羽陵之蠹。《玉台新咏序》

除邪

地上魔邪之气直上，冲天四十里。人烧青木、薰陆、安息胶于寝室，披浊臭之气，却邪秽之雾，故夫人玉女〔一〕、太一帝皇随香气而来下。《洪谱》〔二〕

〔一〕"夫人玉女"，《香乘》卷一一"烧香拒邪"条引《洪谱》作"天人玉女"。

〔二〕按，今本洪刍《香谱》无此条。

香玉辟邪

唐肃宗赐李辅国香玉、辟邪，二玉之香，可闻数里，辅国每置之坐隅。一日，辅国方巾栉，一忽大笑，一忽悲啼，辅国碎之。未几，事败为刺客所杀。《杜阳编》

香中忌麝

唐郑注赴河中，姬妾百余，尽熏麝，香气数里，逆于人鼻。是岁，自京兆至河中，所过之地，瓜尽一蒂不获。洪谱〔一〕

〔一〕按，今本洪刍《香谱》无此条。宋胡仔《苕溪渔隐丛话》卷四引《香谱》，文字与此有异同。唐朱揆《钗小志》"郑姬香"条，则与此文字相同。

被草负笈

宋景公烧异香于台，有野人被草负笈，扣门而进。是为子常，世司天部。洪谱〔一〕

〔一〕按，今本洪刍《香谱》无此条。

异香成穗

二十二祖摩挐罗，至西印土焚香，而月氏国王忽睹异香成穗。《传灯录》

逆风香

竺法深、孙兴公共听北来道人与支道林瓦棺寺讲小品，北来屡设疑问，林辨答俱爽，北道每屈。孙问深公："上人当是逆风家，何以都不言？"深笑而不答。曰〔一〕："白梅檀非不馥，焉能逆风？"深夷然不屑。

波利质色香树〔二〕，其香逆其风而闻。今返之曰："白梅檀非不香，岂能逆风？"言深非不能难，正不必难也。

〔一〕"曰"，南朝宋刘义庆《世说新语》卷上《文学》作"林公曰"，陈氏引录脱此二字。

〔二〕"波利质色香树"，南朝宋刘义庆《世说新语》卷上《文学》刘孝标注作"波利质多天树"。参见宋叶廷珪《海录碎事》"逆风闻"条相关校记。

古殿炉香

问："如何古殿一炉香？"宝盖纳师曰："广大勿入嗅。""嗅者如何？"〔一〕师曰："六根俱不到。"

〔一〕"嗅者如何"，"嗅"字原脱，据明周嘉胄《香乘》卷六补。

买佛香

问："动容沉古路，身没乃方知。此意如何？"师曰："偷佛钱，买佛香。"曰："学人不会。"师曰："不会即烧香，供养本耶娘。"渤潭师话〔一〕

〔一〕见宋释普济《五灯会元》卷六。渤潭师，即释道虔，居渤潭（在今江西高安），谥大觉禅师。

戒定香

释氏有定香、戒香。韩侍郎《赠僧》诗云："一灵令用戒香熏。"〔一〕

〔一〕唐韩偓《赠僧》诗："三接旧承前席遇，一灵今用戒香熏。"见《全唐诗》卷六八一。"今"，《陈氏香谱》误作"令"。

结愿香

省郎游花岩寺，岩下见老僧前有香炉，烟毿微甚。僧谓曰："此檀越结愿香尚在，而檀越已三生矣。"〔一〕

陈去非诗："再烧结愿香。"〔二〕

〔一〕见宋曾慥《类说》卷十三引《树萱录》，文字有异同。

〔二〕宋陈与义（字去非）《早起》诗："再烧结愿香，稍洗三生勤。"见《陈与义集校笺》卷一四。

香　偈

谨爇道香、德香、无为香、无为清净自然香、妙洞真香、灵宝恶香[一]、朝三界香，香满琼楼玉境，遍诸天法界，以此真香，腾空上奏。爇香有偈："返生宝木，沉水奇材。瑞气氤氲，祥云缭绕。上通金阙，下入幽冥。"道书

〔一〕"灵宝恶香"，"恶"字误。明周嘉胄《香乘》卷二八作"灵宝惠香"，而相关道教典籍皆作"灵宝慧香"。如宋金允中《上清灵宝大法》卷一九《登斋科范品》即列举"道香、德香、无为香、无为清净香、清摩自然香、妙洞真香、灵宝慧香、超三界香、三境真香"等。

香　光

《楞严经》：大势至法王子云："如染香人身有香气，此则名曰香光。"[一]

〔一〕"此则名曰香光"，《楞严经》卷五作"此则名曰香光庄严"。

香　炉

炉之名，始见于《周礼·冢宰之属》："宫人凡寝中，共炉炭。"[一]

〔一〕《周礼注疏》卷六《天官·宫人》：宫人"凡寝中之事，扫除、执烛、共炉炭，凡劳事"。

博山香炉

《武帝内传》有博山炉，盖西王母遗帝者。《事物纪原》

皇太子初拜，有铜博山香炉。《东宫故事》

丁缓作九层博山香炉，镂琢奇禽怪兽，皆自然能动。《西京杂记》

其炉象海中博山，下盘贮汤，使润气蒸香，以象海之四环。吕大临《考古图》

被中香炉

长安巧工丁缓，作被中香炉，亦名卧褥香炉。本出房风，其法后绝，缓始更为之。机环运转四周，而炉体常平，可置于被褥，故以为名。今之香毬是也。《杂记》

熏 炉

尚书郎入直，台中给女侍史二人，皆选端正，指使从直。女侍史执香炉烧熏，以从入台中，给使护衣。《汉官仪》

金 炉

魏武上御物三十种，有纯金香炉一枚。《杂物疏》

麒 麟

《晋仪礼》：大朝，郎镇官以金镀九尺麒麟大炉。唐薛逢诗云"兽坐金床吐碧烟"是也[一]。

〔一〕唐薛逢《金城宫》诗："龙盘藻井喷红艳，兽坐金床吐碧烟。"见《全唐诗》卷五四八。

帐角香炉

石季伦冬月为暖帐，四角安缀金银凿镂香炉[一]。《邺中记》

〔一〕"石季伦"，应作"石季龙"，参见叶廷珪《海录碎事》"尘台"条相关校记。"安缀金银凿镂香炉"，晋陆翙《邺中记》作"安纯金银凿镂香炉"。

鹊尾香炉

宋玉贤，山阴人也。既禀女质，厥志弥高。自童年及笄，应适外兄许氏。密具法服登车，既至大门，时及交礼，更着黄巾裙，手执鹊尾香炉，不亲妇礼。宾主骇愕，夫家力不能屈，乃放还，遂出家。梁大同初，隐弱溪之间。

《法苑珠林》云："香炉有柄可爇者，曰鹊尾香炉。"

百宝炉

唐安乐公主百宝香炉，长二丈。《朝野佥载》

香炉为宝子

钱镇州诗，虽未脱五季余韵，然回环读之，故自娓娓可观。题者多云：宝子，弗知何物。以余考之，乃迦叶之香炉，上有金华，华内有金台，即台为宝子。则知宝子乃香炉耳。亦可为此诗，但圜若重规，然岂汉丁缓被中之制乎？黄长睿〔一〕

〔一〕见宋黄伯思《东观余论》卷下。按，钱惟治，曾任镇国军节度使，故称钱镇州。撰有《宝子垂绥连环诗》，文字排列为圆形，内外二圈，故黄伯思云"圜若重规"。其诗回文循环，可成诗九十首。

贪得铜炉

何尚之奏庾仲文贪贿，得嫁女具，铜炉四人举乃胜。《南史》

母梦香炉

陶弘景母，梦天人手执香炉来至其所，已而有娠。《南史》

失炉筮卦

会稽卢氏失博山香炉，吴泰筮之曰："此物质虽为金，其实众山〔一〕，有树非林，有孔非泉，阊阖晨兴，见发青烟。此香炉

也。"语其处即求得。《集异记》

〔一〕"其实众山"，《太平御览》卷七〇三引南朝宋郭季产《集异记》作"其象实山"。

香炉堕地

侯景呼东西南北皆谓为厢。景幕床东无故堕[一]，景曰："此东厢香炉，那忽下地？"识者以为湘东军下之征云。《南史》

〔一〕"景幕床东无故堕"，《南史》卷八〇《侯景传》作"景床东边香炉无故堕地"。

覆炉示兆

齐建武中，明帝召诸王南康侍读。江泌忧念府王子琳，访志公道人，问其祸福。志公覆香炉灰示之，曰："都尽无余。"后子琳被害。《南史》

香炉峰

庐山有香炉峰。李太白诗云："日照香炉生紫烟。"来鹏诗云："云起炉峰一炷烟。"[一]

〔一〕唐来鹏《宛陵送李明府罢任归江州》诗："浪生溢浦千层雪，云起炉峰一炷烟。"见《全唐诗》卷六四二。

熏 笼

《晋东宫故事》[一]云："太子纳妃，有衣熏笼。当亦秦汉之制也。"《事物纪原》

〔一〕宋高承《事物纪原》卷八引《晋东宫旧事》。按，唐张敞撰《晋东宫旧事》十卷，《陈氏香谱》误作"故事"。

传

天香传　丁谓之

香之为用从古矣。所以奉高明，所以达蠲洁。三代禋享，首惟馨之荐，而沉水、熏陆无闻焉；百家传记，萃芳之美[一]，而萧茝、郁鬯不尊焉。《礼》云："至敬不享味，贵气臭也。"是知其用至重，采制初略，其名实繁，而品类丛脞矣。观乎上古帝皇之书，释道经典之说，则记录绵远，赞烦严重[二]，色目至众，法度殊绝。

西方圣人曰："大小世界，上下内外，种种诸香。"又曰："千万种和香，若香、若丸、若末、若坐，以至华香、果香、树香、天和合之香。"又曰："天上诸天之香，又佛土国名众香，其香比于十方人天之香，最为第一。"仙书云："上圣焚百宝香，天真皇人焚千和[三]，黄帝以沉榆、蒐荚为香。"又曰："真仙所焚之香，皆闻百里，有积烟成云，积云成雨。"然则与人间所共贵者，沉水、熏陆也。故经云："沉水坚株。"又曰："沉水香，圣降之夕，神道从有捧炉香者，烟高丈余，其色正红。"得非天上诸天之香非[四]？《三皇宝斋》香珠法，其法杂而末之，色色至细，然后丛聚，杵之三万，缄以良器，载蒸载和，豆分而丸之，珠贯而暴之。且曰："此香焚之，上彻诸天。"盖以沉水为宗，熏陆副之也。是知古圣钦崇之至厚，所以备物宝妙之无极。

谓奕世寅奉香火之笃，鲜有废日。然萧茅之类，随其所备，不足观也。祥符初，奉诏充天书扶持使，道场科醮无虚日，永昼达夕，宝香不绝。乘舆肃谒，则五上为礼。真宗每至玉皇真圣祖位前，皆五上香也。馥烈之异，非世所闻，大约以沉水乳为末，龙香和剂之。此法累禀之圣祖，中禁少知者，况外司耶？八年掌国计，两镇旄钺，四领枢轴，俸给颁赉，随日而隆，故苾芬之著，特与昔异。袭庆奉祀日，赐供乳香一百二十斤，入内副都知张准能为使。在宫观密赐新香，动以百数，沉、乳、降真等香。由是私门之沉、乳足用。有唐《杂记》言明皇时异人云："醮席中每焚乳香，灵只皆去。"人至于今惑之。真宗时，亲禀圣训："沉、乳二香，所以奉高天上圣，百灵不敢当也。"无他言。

上圣即政之六月，授诏罢相，分务西洛，寻遣海南。忧患之中，一无尘虑。越惟永昼晴天，长霄垂象，炉香之趣，益增其勤。素闻海南出香至多，始命市之于闾里间，十无一有。假版官裴鹗者，唐宰相晋公中令公之裔孙也。土地所宜，悉究本末，且曰：琼管之地，黎母山酋之[五]，四部境域，皆枕山麓，香多出此山，甲于天下。然取之有时，售之有主。盖黎人皆力耕治业，不以采香专利。闽越海贾，惟以余杭船即市香。每岁冬季，黎峒俟此船，方入山寻采，州人从而贾贩，尽归船商，故非时不有也。香之类有四：曰沉，曰栈，曰生结，曰黄熟。其为状也，十有二，沉香得其八焉：曰乌文格，土人以木之格，其沉香如乌文木之色而泽，更取其坚格，是美之至也；曰黄蜡，其表如蜡，少刮削之，黰紫相半，乌文格之次也；曰牛目与用及蹄[六]；曰雉头泪髀若骨，此沉香之状。土人别曰牛眼、牛角、牛蹄、鸡头、鸡腿、鸡骨。曰昆仑梅格，栈香也，此梅树也。黄黑相半而稍坚，土人以此比栈香也。曰虫镂，凡曰虫镂，其香尤佳，盖香兼黄熟，虫蛀及攻，腐朽尽去，菁英独存者也。曰伞竹格，黄熟香也。如竹，色黄白而带黑，有似栈也。曰茅叶，如茅叶至轻，有入水而沉者，得沉香之余气也、燃之至佳，土人以其非坚实，抑之黄熟也。曰鹧鸪斑，色驳杂如鹧鸪羽也。生结香也，栈香未成沉者有之，黄熟未成栈者有之，凡四名十二状，皆出一本，树体如白杨，叶如冬青而小。肤表也，标末也，质轻而散，理疏以粗，曰黄熟。黄熟之中，黑色坚劲者，曰栈香。栈香之名，相传甚远，即未知其旨。惟沉香为状也，肉骨颖脱，芒角锐利，无大小，无厚薄，掌握之有金玉之重，切磋之有犀角之劲，纵分断琐碎而气脉滋益，用之与臭块者等[七]。鹗云：香不欲绝大，围尺已上，虑有水病。若斤已上者，合两已下者，中浮水即不沉矣[八]。又曰：或有附于枯柎[九]，隐于曲枝，蛰藏深根，或抱贞木本，或挺然结实，混然成形，嵌若岩石，屹若归云，如矫首龙，如峨冠凤，如麟植趾，如鸿铩翮，如曲肱，如骈指。但文理密致，光彩明莹，斤斧之迹，一无所及，置器以验，如石投水，此香宝也，千百一而已矣。夫如是，自非一气粹和之凝结，百神祥异之含育，则何以群木之中，独禀灵气，首出庶物，得奉高天也？

占城所产栈、沉至多，彼方贸迁，或入番禺，或入大食。大食贵重栈、沉香，与黄金同价。乡耆云：比岁有大食番舶，为飓风所逆，寓此属邑。首领以富有自大，肆筵设席，极其夸诧。州人私相顾曰："以赀较胜，诚不敌矣。然视其炉烟翁郁不举，干而轻，瘠而燋，非妙也。"遂以海北岸者，即席而焚之。高烟杳杳，若引束绢；浓膄湝湝，如练凝漆。芳馨之气，持久益佳。大舶之徒，由是披靡。

生结者，取不俟其成，非自然者也。生结沉香，品与栈香等。生结栈香，品与黄熟等。生漆黄熟[一〇]，品之下也。色泽浮虚，而肌质散缓，燃之辛烈少和气，久则渎败，速用之即佳。不同栈、沉，成香则永无朽腐矣。

雷、化、高、窦，亦中国出香之地，比海南者，优劣不侔甚矣。既所禀不同，而售者多，故取者速也。是黄熟不待其成栈，栈不待其成沉，盖取利者戕贼之深也。非如琼管，皆深洞黎人，非时不妄剪伐，故树无夭折之患，得必皆异香。曰熟香，曰脱落香，皆是自然成香。余杭市香之家，有万斤黄熟者，得真栈百斤，则为稀矣；百斤真栈，得上等沉香十数斤，亦为难矣。

熏陆、乳香之长大而明莹者，出大食国。彼国香树，连山络野，如桃胶、松脂，委于石地，聚而敛之若京坻。香山多石而少雨，载询番舶，则云："昨过乳香山下，彼人云此山不雨已三十年。香中带石末者，非滥伪也，地无土也。"然则此树若生泥涂，则香不得为香矣。天地植物，其有旨乎！

赞曰：百昌之首，备物之先。于以相禋，于以告虔。孰歆至德，孰享芳烟？上圣之圣，高天之天。

〔一〕"萃芳之美"，学津本洪刍《香谱》作"萃众芳之美"，是。

〔二〕"赞烦严重"，学津本洪刍《香谱》作"赞颂严重"，是。

〔三〕"焚千和"，学津本洪刍《香谱》作"焚千和香"，是。

〔四〕"得非天上诸天之香非"，下"非"字，学津本洪刍《香谱》作"耶"，是。

〔五〕"黎母山茜之"，学津本洪刍《香谱》作"黎母山莫之"。

〔六〕"曰牛目与用及蹄"，学津本洪刍《香谱》作"曰牛目与角及蹄"，是。

〔七〕"用之与臭块者等"，学津本洪刍《香谱》作"用之与枭块者等"。

〔八〕"合两已下者，中浮水即不沉矣"，学津本洪刍《香谱》作"中含两孔以下，浮水即不沉矣"，是。

〔九〕"或有附于枯栙"，学津本洪刍《香谱》作"或有附于柏栿"。

〔一〇〕"生漆黄熟"，学津本洪刍《香谱》作"生结黄熟"，是。

序

和香序

麝本多忌，过分必害；沉实易和，盈斤无伤。零藿燥虚，詹糖粘湿。甘松、苏合、安息、郁金、捺多、和罗之属，并被于外国，无取于中土。又枣膏昏蒙，甲煎浅俗，非惟无助于馨烈，乃当弥增于尤疾也。

此序所言，悉以比类朝士。"麝木多忌"〔一〕，比庾憬之；"枣膏昏蒙"，比羊玄保；"甲煎浅俗"，比徐湛之；"甘松、苏合"，比惠休道人；"沉实易和"，盖自比也。

笑兰香序

吴僧馨宜《笑兰香序》曰："岂非韩魏公所谓浓梅，而黄太史所谓藏春者耶？其法以沉为君，鸡舌为臣，北苑之臣枨邕十二叶之英，铭华之粉、柏麝之脐为佐，以百花之液为使。一炷如芡子许，油然郁然，若嗅九畹之兰而浥百亩之蕙也。"

说

香 说 程泰之

秦汉以前，二广未通中国，中国无今沉、脑等香也。宗庙焫萧，灌献尚郁，食品贵椒。至荀卿氏，方言椒兰。汉虽已得南粤，其尚臭之极者，椒房郎官以鸡舌奏事而已。较之沉、脑，其等级之高下不类也。惟《西京杂记》载，长安巧工丁缓作被下香炉，颇疑已有今香。然刘向铭博山炉，亦止曰："中有兰绮，朱火青烟。"《玉台新咏》说博山炉，亦曰"朱火"，然其中"青烟飏其间"，"香风难久居，空令蕙草残"[一]，二文所赋，皆焚兰蕙而非沉、脑。是汉虽通南粤，亦未见粤香也。《汉武内传》载西王母降，蒸婴香等品多名异，然疑后人为之。汉武奉仙，穷极宫室帷帐器用之丽，汉史备记不遗。若曾创古来未有之香，安得不记？

〔一〕《玉台新咏》卷一古诗八首之六："四坐且莫喧，愿听歌一言。请说铜炉器，崔嵬象南山。上枝似松柏，下根据铜盘。雕文各异类，离娄自相联。谁能为此器，公输与鲁班。朱火燃其中，青烟飏其间。从风入君怀，四坐莫不欢。香风难久居，空令蕙草残。"

铭

博山炉铭　刘向

嘉此正气，崭岩若山。上贯太华，承以铜盘。中有兰绮，朱火青烟。

香炉铭　梁元帝

苏合氤氲，飞烟若云。时浓更薄，乍聚还分。火微难尽，风长易闻。孰云道力，慈悲所熏。

颂

郁金香颂　左九嫔

伊此奇香，名曰郁金。越此殊域，厥珍来寻。芬香酷烈，悦

341

目欣心。明德惟馨，淑人是钦。窈窕淑媛，服之襁襟。永垂名实，旷世弗沉。

藿香颂 江文通

桂以过烈，麝以太芬。摧阻夭寿，扶抑人文。讵如藿香，微馥微盼。摄灵百仞，养气青云。

瑞沉宝峰颂 并序

臣建谨案：《史记·龟策传》曰："有神龟在江南嘉林中。嘉林者，兽无虎狼，鸟无鸱枭，草无毒螫，野火不及，斧斤不至，是谓嘉林。龟在其中，常巢于芳莲之上。在胁书文[一]：'甲子重光，得我者为帝王。'"由是观之，岂不伟哉！臣少时在书室中，雅好焚香。有海上道士向臣言曰："子知沉之所出乎？请为子言：盖江南有嘉林，嘉林者，美木也。木美则坚实，坚实则善沉。或秋水泛溢，美木漂流，沉于海底。蛟龙蟠伏于上，故木之香清烈而恋水；涛濑淙激于下，故木之形嵌空而类山。"近得小山于海贾，巉岩可爱，名之曰"瑞沉宝峰"。不敢藏诸私室，谨斋庄洁诚，跪进玉陛，以为天寿圣节瑞物之献。臣建谨拜手稽首而为之颂曰：

大江之南，粤有嘉林。嘉林之木，入海而沉。蛟龙枕之，香冽自清。涛濑漱之，峰岫乃成。海神愕视，不敢闷藏。因潮而出，瑞我明昌。明昌至治，如沉馨香。明昌睿算，如山久长。臣老且耄，圣恩曷报。歌颂陈诗，以配天保。[二]

〔一〕"在胁书文曰"，《史记》卷一二八《龟策列传》作"左胁书文曰"，是。此因"在"、"左"二字形近致误。

〔二〕见清张金吾《金文最》卷二一张建《瑞香宝峰颂并序》。按，《金文最》实据明周嘉胄《香乘》收录此文，题曰"瑞香宝峰"，而文中则言"瑞沉宝峰"，其他文字亦与《陈氏香谱》所收有异同。以是知张氏收录此文时，未能获睹《陈氏香谱》，致有此疏误。

赋

迷迭香赋　魏文帝

播西都之丽草兮，应青春之凝晖。流翠叶于纤柯兮，结微根于丹墀。芳暮秋之幽兰兮，丽昆仑之英芝。信繁华之速逝兮，弗见凋于严霜。既经时而收采兮，遂肃杀以增芳。去枝叶而持御兮，入绡縠之雾裳。附玉体以行止兮，顺微风而舒光。

郁金香赋　傅玄

叶萋萋以翠青，英蕴蕴以金黄。树暗霭以成阴，气芬馥以含芳。陵苏合之殊珍，岂艾蒳之足方。荣耀帝寓，香播紫宫。吐芬扬烈，万里望风。

芸香赋　傅咸

携昵友以逍遥兮，览伟草之敷英。慕君子之弘覆兮，超托躯于朱庭。俯引泽于月瑰兮[一]，仰吸润乎太清。繁兹绿叶[二]，茂此翠茎。叶叶猗猗兮，枝妍媚以回萦[三]。象春松之含曜兮，郁翁蔚以葱青。

〔一〕“月瑰”，唐欧阳询《艺文类聚》卷八一作“丹壤”。

〔二〕“繁兹绿叶”，唐欧阳询《艺文类聚》卷八一作“繁兹绿蕊”。

〔三〕“叶叶猗猗兮，枝妍媚以回萦”，唐欧阳询《艺文类聚》卷八一作“叶芰苁以纤折兮，枝婀娜以回萦”。

幽兰赋　杨炯

维幽兰之芳草，禀天地之纯精，抱青紫之奇色，挺龙虎之佳名。不起林而独秀，必固本而丛生。尔乃丰茸十步，绵连九畹，茎受露而将低，香从风而自远。当此之时，丛兰正滋，美庭闱之孝子，循南陔而采之。楚襄王兰台之宫，零落无丛；汉武帝猗兰之殿，荒凉几变。闻昔日之芳菲，恨今人之不见。

至若桃花水上，佩兰若而续魂；竹箭山阴，坐兰亭而开宴。江南则兰泽为洲，东海则兰陵为县。隰有兰兮兰有枝，赠远别兮交新知。气如兰兮长不改，心若兰兮终不移。及夫东山月出，西轩日晚，授燕女于春闺，降陈王于秋坂。乃有送客金谷，林塘坐曛，鹤琴未罢，龙剑将分。兰缸烛耀，兰麝气氲，舞袖回雪，歌声遏云。度清夜之未艾，酌兰英以奉君。

若夫灵均放逐，离群散侣，乱鄢郢之南都，下潇湘之北渚。步迟迟而适怨，心郁郁而怀楚，徒眷恋于君王，敛精神于帝女。河洲兮极目，芳菲兮袭予，思公子兮不言，结芳兰兮延伫。借如君章有德，通神感灵，悬车旧馆，请老山庭。白露下而警鹤，秋风高而乱萤。循阶除而下望，见秋兰之青青。

重曰：若有人兮山之阿，纫秋兰兮岁月多。思握之兮犹未得，空佩之兮欲如何。遂抽琴转操，为幽兰之歌。歌曰：幽兰生兮，于彼朝阳，含雨露之津润，吸日月之休光。美人愁思兮，采芙蓉于南浦；公子忘忧兮，树萱草于北堂。虽处幽林与穷谷，不以无人而不芳。赵元淑闻而叹曰：昔闻兰叶据龙图，复道兰林引凤雏。鸿归燕去紫茎歇，露往霜来绿叶枯。悲秋风之一败，与万草而为刍。

木兰赋 并序 李华

华容石门山有木兰树，乡人不识，伐以为薪。余一本，方操柯未下，县令李韶行春见之，息马其阴，喟然叹曰："功刊桐君之书，名载骚人之词，生于退深，委于薪燎。天地之产珍物，将焉用之！"爰戒虞衡，禁其剪伐。按，《本草》：木兰似桂而香，去风热，明耳目。在《木部》上篇。乃采斫以归，理疾多验，由是远近从而采之，干剖支分，殆枯槁矣。士之生世，出处语默难乎哉！韶，余从子也。常为余言，感而为赋云：

溯长江以遐览，爰楚山之寂寥。山有嘉树兮名木兰，郁森森以苕苕。当圣政之文明，降元和于九霄，更禊冷之为虐，贯霜雪而不凋。白波润其根柢，玄雪畅其枝条，沐春雨之濯濯，鸣秋风以萧萧。素肤紫肌，绿叶细蒂，疏密耸附，高卑荫蔽。华如雪霜，实若星丽，节劲松竹，香浓兰桂。宜不植于人间，聊独立于天际。徒翳荟兮为邻，挺坚芳兮此身。嘉名列于道书，坠露饮乎骚人。至若灵山雾歇，蔼蔼林樾，当楚泽之晨霞，映洞庭之夜月。发聪明于视听，洗烦浊于心骨；韵众窾之空峒，淡微云之灭没。草露白兮山凄凄，鹤既唳兮猿复啼。宧深林以冥冥，覆百仞之玄溪。彼逸人兮有所思，恋芳阴兮步迟迟。怅幽独兮人莫知，怀馨香兮将为谁。惋樵父之无惠，混众木而皆尽；指书类而挥斤，遇仁人之不忍。伊甘心而剿绝，俄固柢于倾陨，怜春华而朝搴兮，顾落日而回轸。达者有言，巧劳智忧；养命蠲疫，人胡不求？枝残体剥，泽尽枯留；憔悴空山，离披素秋。鸟避弋而高翔，鱼畏网而深游。不材则终其天年，能鸣则危于俎羞。奚此木之不终，独隐见而罹忧。自昔沦芳于朝市，坠实于林丘，徒郁咽而无声，可胜言而计筹者哉！吾闻曰："人助者信，神听者直，则臧仓潜言，宣尼失职；出处语默，与时消息，则子云投阁，方回受脞。"故知天地无心，死生同域；纭纭品物，物有其极。至人者要惟循于自然，宁任夫智之与力。虽贤愚各全其好恶，草木不夭其生植，已而已而，翳疑误。不可得〔一〕。

〔一〕"翳不可得"，《陈氏香谱》小字注"疑误"。检《全唐文》卷三一四作"緊蔽不可得"。

沉香山子赋　苏子瞻

古者以芸为香，以兰为芬，以郁鬯为裸，以脂萧为焚，以椒为坚〔一〕，以蕙为熏，杜蘅带屈，菖蒲荐文。麝多忌而本膻，苏合若香而实荤。嗟吾知之几何，为六入之所分。方根尘之起灭，常颠倒其天君。每求似于仿佛，或鼻劳而妄闻。独沉水为近正，可以配蔷卜而并云。矧儋崖之异产，实超然而不群。既金坚而玉润，亦鹤骨而龙筋。惟膏液之内足，故把握而兼斤。顾占城之枯朽，宜爨釜而燎蚊。宛彼小山，巉然可欣，如太华之倚天，象小孤之插云。往寿子之生朝，以写我之老勤。子方面壁以终日，岂亦终归田而自耘。幸置此于几席，养幽芳于帨帉，无一往之发烈，有无穷之氤氲。岂非独以饮东坡之寿，亦所以食人之芹也。

〔一〕"以椒为坚"，《全宋文》卷一八四九作"以椒为涂"，是。

鸡舌香赋　颜博文

沈括以丁香为鸡舌，而医者疑之。古人用鸡舌，取其芬芳，便于奏事。世俗蔽于所习，以丁香状之于鸡舌，大不类也。乃慨然有感，为赋以解之：

嘉物之产，潜窜山谷。其根盘贮，龙隐蛇伏。期微生之可保，处幽翳而自足。方吐英而布叶，似干世而无欲。郁郁娇黄，绰绰疏绿，偶咀嚼而有味，以奇功而见录。攘肌被逼，粉骨遭辱，虽功利之及人，恨此身之莫赎。惟彼鸡舌，味和而长，气烈而扬，可与君子同升庙堂，发胸臆之藻绘，粲齿牙之冰霜。一语不忌，泽及四方，溯日月而上征，与鸳鹭而同翔。惟其施之得宜，岂凡物之可当。以彼疑似，犹有可议，虽二名之靡同，渺不害其为贵。彼凤颈而龙准，谓蜂目而乌喙，况称诸木之长，稽形而实质类者哉！殊不知天下之物，窃名者多矣。鸡肠鸟喙，牛舌马齿，川有羊蹄，山有鸢尾，龙胆虎掌，豨膏鼠耳，鸥脚羊眼，鹿角豹足，尧颃狼跋，狗脊马目，燕颔之黍，虎皮之稻，莼贵雉尾，药尚鸡爪，葡萄取象于身乳，婆律谬称于龙脑，笋鸡胫以为珍，瓠牛角而贵早，亦有鸭脚之葵，狸头之瓜，鱼甲之松，鹤翎之花，以鸡头、龙眼而充果，以雀舌、鹰爪而名茶。彼争功而擅价，咸好大而喜夸。其间名实相叛，是非迭居。得其实者，如圣贤之在高位；无其实者，如名器之假盗。躯嗟所遇之不同，亦自贤而自愚。彼方遗臭于海上，岂芬芳之是娱。嫫母饰貌而荐衾，西子掩面而守闺。饵醢酱而委醴醯，佩砥砆而捐琼琚，舍文茵兮卧蘧篨，习薤露兮废笙竽。剑非锥而补履，骥垂头而驾车，蹇不遇而被谤，将棲棲而焉图。是香也，市井所缓，廊庙所急，岂比马蹄之近俗，燕尾之就湿。听秋雨之淋淫，若苍天为兹而雪泣。若将有人依龟甲之屏，炷鹊尾之炉，研以凤味，笔以鼠须，作蜂腰鹤膝之语，为鹄头虿脚之书，为兹香而解嘲，明气类而不殊。愿获用于贤相，蔼芳烈于天衢。

铜博山香炉赋　梁昭明太子

禀至精之纯质，产灵岳之幽深，探众倕之妙旨，运公输之巧心。有蕙带而岩隐，亦霓裳而升仙。写嵩山之岧岘，象邓林之芊眠。于时青烟司寒，晨光翳景，翠帷已低，兰膏未屏，炎蒸内耀，苾芬外扬，似庆云之呈色，若景星之舒光。信名嘉而用美，永为玩于华堂。

诗

诗 句

百和裛衣香。

金泥苏合香。

红罗复斗帐，四角垂香囊。古诗[一]

卢家兰室桂为梁，中有郁金苏合香。梁武帝[二]

合欢襦重百和香。陈后主[三]

彩墀散兰麝，风起自生香。鲍照[四]

灯影照无寐，心清闻妙香[五]。

朝罢香烟携满袖。杜工部[六]

燕寝凝清香。韦苏州[七]

袅袅沉水烟[八]。

披书古芸馥[九]。

守帐燃香暮[一〇]。

沉香火暖茱萸烟。李长吉[一一]

豹尾香烟灭。陆厥[一二]

重熏异国香。李廓[一三]

多烧荀令香。张见正[一四]

然香气散不飞烟。陆瑜[一五]

罗衣亦罢熏。胡曾[一六]

沉水熏衣白璧堂。胡宿[一七]

丙舍无人遗烬香。温庭筠[一八]

夜烧沉水香[一九]。

香烟横碧缕。苏子瞻[二〇]

珠绿凝篆香。黄鲁直[二一]

焚香破今夕[二二]。

燕坐独焚香。简斋[二三]

焚香澄神虑。苏州[二四]

向来一瓣香，敬为曾南丰。陈后山[二五]

博山炉中百和香，郁金苏合及都梁。吴以均[二六]

金炉绝沉燎[二七]。

熏炉鸡枣香[二八]。

博山炉烟吐香雾[二九]。

龙垆傍日香[三〇]。

垆烟添柳重。韦巨源[三一]

金炉兰麝香。沈荃期[三二]

炉熏暗徘徊。张籍[三三]

金炉细炷通。李贺[三四]

睡鸭香炉换夕熏[三五]。

荀令香炉可待熏。李商隐[三六]

衣冠身惹御炉香。贾至[三七]

博山炉吐五云香。韦应物[三八]

蓬莱宫绕玉炉香。陈陶[三九]

喷香睡兽高三尺。罗隐[四〇]

绣屏银鸭香蓊蒙。温庭筠[四一]

浥浥炉香初泛夜。东坡〔四二〕

日烘荀令炷香炉。山谷〔四三〕

午梦不知缘底事，篆烟烧尽一盘花。刘屏山〔四四〕

微风不动金猊香。陆放翁〔四五〕

〔一〕按，上三句参见洪刍《香谱》卷下"古诗"条相关校记。

〔二〕南朝梁武帝萧衍《河中之水歌》诗句，见《先秦汉魏晋南北朝诗·梁诗》卷一。

〔三〕南朝陈后主陈叔宝《乌栖曲》三首之三："合欢襦熏百和香，床中被织两鸳鸯。"见《先秦汉魏晋南北朝诗·陈诗》卷四。《陈氏香谱》"熏"作"重"，因二字形近致误。

〔四〕南朝宋鲍照《中兴歌》十首之三诗句，"风起自生香"，原作"风起自生芳"，见《先秦汉魏晋南北朝诗·宋诗》卷七。

〔五〕唐杜甫《大云寺赞公房》四首之三诗句。"灯影照无寐"，一作"灯影照无睡"。见《全唐诗》卷二一六。

〔六〕唐杜甫《奉和贾至舍人早朝大明宫》诗："朝罢香烟携满袖，诗成珠玉在挥毫。"见《全唐诗》卷二二五。

〔七〕唐韦应物《郡斋雨中与诸文士燕集》诗："兵卫森画戟，燕寝凝清香。"见《全唐诗》卷一八六。

〔八〕唐李贺《贵公子夜阑曲》诗："袅袅沉水烟，乌啼夜阑景。"见《全唐诗》卷三九〇。

〔九〕唐李贺《秋凉诗寄正字十二兄》："披书古芸馥，恨唱华容歇。"见《全唐诗》卷三九二。

〔一〇〕唐李贺《送秦光禄北征》诗："守帐燃香暮，看鹰永夜栖。"见《全唐诗》卷三九二。

〔一一〕唐李贺《屏风曲》诗："沉香火暖茱萸烟，酒觥绾带新承欢。"见《全唐诗》卷三九一。

〔一二〕南朝齐陆厥《李夫人及贵夫人歌》："属车桂席尘，豹尾香烟灭。"见《先秦汉魏晋南北朝诗·齐诗》卷五。

〔一三〕唐李廓《长安少年行》十首之一："划戴扬州帽，重熏异国香。"见《全唐诗》卷二四。

〔一四〕南朝陈张正见《艳歌行》："满酌胡姬酒，多烧荀令香。"见《先秦汉魏晋南北朝诗·陈诗》卷二。《陈氏香谱》作"张见正"，误乙。

〔一五〕南朝陈陆瑜《东飞伯劳歌》："然香气歇不飞烟，空留可怜年一年。"见《先秦汉魏晋南北朝诗·陈诗》卷五。

〔一六〕唐胡曾《妾薄命》诗："阿娇初失汉皇恩，旧赐罗衣亦罢熏。"见《全唐诗》卷六四七。

〔一七〕唐胡宿《侯家》诗："彩云按曲青岑醴，沉水熏衣白璧堂。"见《全唐诗》卷七三一。

〔一八〕唐温庭筠《走马楼三更曲》："帘间清唱报寒点，丙舍无人遗烬香。"见《全唐诗》卷五七六。

〔一九〕宋苏辙《次韵子瞻和渊明拟古》九首之九："夜烧沉水香，持戒勿中悔。"见《全宋诗》卷八六六。此诗句漏标作者。

〔二〇〕宋苏轼《送刘寺丞赴余姚》诗："玉笙哀怨不逢人，但见香烟横碧缕。"见《全宋诗》卷八〇一。

〔二一〕宋黄庭坚《三月壬申同尧民希孝观净名寺经藏得弘明集中沈炯现庚肩吾诸人游明庆寺诗次韵奉呈二公》诗："鸟语杂歌颂，蛛丝凝篆香。"见《全宋诗》卷一〇二一。"蛛丝"，《陈氏香谱》作"珠绿"，误。

〔二二〕宋陈与义《八关僧房遇雨》诗："世故方未阑，焚香破今夕。"见《全宋诗》卷一七四一。

〔二三〕宋陈与义《放慵》诗："云移稳扶杖，燕坐独焚香。"见《全宋诗》卷一七三七。

〔二四〕唐韦应物《晓坐西斋》诗："盥漱忻景清，焚香澄神虑。"

见《全唐诗》卷一九三。

〔二五〕宋陈师道《观兖文忠公家六一堂图书》诗句，见《全宋诗》卷一一一五。

〔二六〕南朝梁吴均《行路难》五首之五诗句，参见洪刍《香谱》卷上"都梁香"条相关校记。"吴以均"，"以"字衍。

〔二七〕南朝梁江淹《休上人怨别》诗句，参见洪刍《香谱》卷下"古诗"条相关校记。

〔二八〕南朝梁王训《奉和率尔有咏》诗句，原作"熏衣杂枣香"。参见洪刍《香谱》卷下"古诗"条相关校记。明周嘉胄《香乘》卷二七作"熏炉鸡舌香"，不详。

〔二九〕唐刘禹锡《更衣曲》："博山炯炯吐香雾，红烛引至更衣处。"见《全唐诗》卷三五六。明周嘉胄《香乘》卷二七引录同。《陈氏香谱》作"炉烟"，疑误。

〔三〇〕唐杨巨源《春日奉献圣寿无疆词》十首之一："凤辇临花暖，龙炉傍日香。"见《全唐诗》卷三三三。

〔三一〕唐杨巨源《春日奉献圣寿无疆词》十首之六："炉烟添柳重，宫漏出花迟。"见《全唐诗》卷三三三。《陈氏香谱》作"韦巨源"，误。

〔三二〕唐沈佺期《古歌》："燕姬彩帐芙蓉色，秦女金炉兰麝香。"见《全唐诗》卷九五。《陈氏香谱》作"沈荃期"，误。

〔三三〕唐张籍《宛转行》诗："炉气暗徘徊，寒灯背斜光。""炉气"一作"炉氤"。见《全唐诗》卷二三。

〔三四〕唐李贺《恼公》诗："桂火流苏暖，金炉细炷通。"见《全唐诗》卷三九一。

〔三五〕唐李商隐《促漏》诗："舞鸾镜匣收残黛，睡鸭香炉换夕熏。"见《全唐诗》卷五三九。

〔三六〕唐李商隐《牡丹》诗："石家蜡烛何曾剪，荀令香炉可待熏。"见《全唐诗》卷五三九。

〔三七〕唐贾至《早朝大明宫呈两省僚友》诗:"剑佩声随玉墀步,衣冠身惹御炉香。"见《全唐诗》卷二三五。

〔三八〕唐韦应物《长安道》诗:"下有锦铺翠被之粲烂,博山吐香五云散。"见《全唐诗》卷一九四。明周嘉胄《香乘》卷二七引录同。《陈氏香谱》作"博山炉吐五云香",误。

〔三九〕唐陈陶《朝元引》四首之一:"帝烛荧煌下九天,蓬莱宫晓玉炉烟。",见《全唐诗》卷七四六。明周嘉胄《香乘》卷二七与《陈氏香谱》所引同,疑误。

〔四〇〕唐罗隐《寄前宣州窦常侍》诗:"喷香瑞兽金三尺,舞雪佳人玉一围。"见《全唐诗》卷六六三。明周嘉胄《香乘》所引同,《陈氏香谱》误。

〔四一〕唐温庭筠《生祺屏风歌》:"绣屏银鸭香蓊蒙,天上梦归花绕丛。"见《全唐诗》卷五七五。

〔四二〕宋苏轼《台头寺步月得人字》诗:"浥浥炉香初泛夜,离离花影欲摇春。"见《全宋诗》卷八〇一。

〔四三〕宋黄庭坚《观王主簿家酴醿》诗:"露湿何郎试汤饼,日烘荀令炷炉香。"见《全宋诗》卷一〇一〇。《陈氏香谱》作"炷香炉",误。

〔四四〕宋刘子翚《次韵六四叔村居即事十二绝》之三:"午梦不知缘底破,篆烟烧遍一盘花。"见《全宋诗》卷一九二二。字词与《陈氏香谱》所引有同异。

〔四五〕宋陆游《大风登城》诗:"锦绣四合如垣墙,微风不动金猊香。"见《全宋诗》卷二一六二。

宝 熏 黄鲁直

贾天锡惠宝熏以兵卫森画戟燕寝凝清香十诗报之

险心游万仞，躁欲生五兵。隐几香一炷，灵台湛空明。

昼食鸟窥台，宴坐日过砌。俗氛无因来，烟霏作舆卫。

石蜜化螺甲，榠樝煮水沉。博山孤烟起，对此作森森。

轮困香事已，郁郁著书画。谁能入吾室，脱汝世俗械。

贾侯怀六韬，家有十二戟。天资喜文事，如我有香癖。

林花飞片片，香归衔泥燕。开阁和春风，还寻蔚宗传。

公虚采芹宫，行乐在小寝。香光当发闻，色败不可稔。

床帷夜气馥，衣桁晓烟凝。风沟鸣急雪，睡鸭照华灯。

雉尾映鞭声，金炉拂太清。班近闻香早，归来学得成。

衣篝丽纨绮，有待乃芬芳。当念真富贵，自熏知见香。

帐中香二首 山谷

百炼香螺沉水，宝熏近出江南。一穗黄云绕几，深禅相对同参。

螺甲割昆仑耳，香材屑鹧鸪斑。欲雨鸣鸠日永，不惟睡鸭春闲。

戏用前韵 有闻帐中香，以为熬蜡香[一]

海上有人逐臭，天生鼻孔司南。但印香岩本寂，不必丛林遍参。

我读蔚宗香传，文章不减二班。误以甲为浅俗，却知麝要防闲。

〔一〕《全宋诗》卷九八一此诗题作"有闻帐中香以为熬蝎者戏用前韵二首"。

和鲁直韵　东坡

四句烧香偈子，随香遍满东南。不是闻思所及，且令鼻观先参。

万卷明窗小字，眼花只有斓斑。一炷烟消火冷，半生身老心闲。

次韵答子瞻　山谷

置酒未容虚左，论诗时要指南。迎笑天香满袖，喜君先赴朝参。

迎燕温风旋旋〔一〕，润花小雨斑斑。一炷香中得意，九衢尘里偷闲。

〔一〕"旋旋"，《全宋诗》卷九八一作"旎旎"。

再　和

置酒未逢休沐，便同越北燕南。且复歌呼相和，隔墙知是曹参。

丹青已是前世，竹石时窥一斑。五字还当靖节，数行谁似高闲。

印　香　东坡

子由生日以檀香观音像及新合印香银篆盘为寿

栴檀婆律海外芬，西山老脐柏所熏。香螺脱黶来相群，能结缥缈风中云。一灯如萤起微焚，何时度尽缪篆纹。缭绕无穷合复分，绵绵浮空散氤氲。东坡持是寿卯君，君少与我师皇坟。旁资老聃释迦文，共厄中年点蝇蚊。晚遇斯须何足云，君方论道承华勋。我亦旗鼓严中军，国恩未报敢不勤。但愿不为世所醺，尔来白发不可耘。问君何时返乡枌，收拾散亡理放纷。此心实与香俱煮，闻思大士应已闻。

沉香石 东坡

壁立孤峰倚砚长，共凝沉水得顽苍。欲随楚客纫兰佩，谁信吴儿是木肠。山下曾逢化私石，玉中还有辟邪香。早知百和俱灰烬，未信人言弱胜刚。

凝斋香 曾子固

每觉西斋景最幽，不知官是古诸侯。一尊风月身无事，千里耕桑岁共秋。云水醒心鸣好鸟，玉泉清耳漱沉流。香烟细细临黄卷，凝在香烟最上头。

肖梅香 张吉甫

江村招得玉妃魂，化作金炉一炷云。但觉清芬暗浮动，不知碧篆已氤氲。春收东阁帘初下，梦想西湖被更熏。真似吾家雪溪上，东风一夜隔篱闻。

香 界 朱晦庵

幽兴年来莫与同，滋兰聊欲泛东风。真成佛国香云界，不好淮山桂树丛。花气无边醺欲醉，灵芬一点静还通。何须楚客纫秋佩，坐卧经行向此中。

次韵苏借返魂梅六首 陈子高

谁道春归无觅处，眠斋香雾作春昏。君诗似说江南信，试与梅花招断魂。

东风欺人底薄相，花信无端冲雪来。妙手谁知煨烬里，等闲种得腊前梅。

花开莫奏伤心曲，花落休矜称面妆。只忆梦为蝴蝶去，香云密处有春光。

老夫粥后惟耽睡，灰暖香浓百念消。不学东门醉公子，鸭炉烟里逞风标。

鼻根无奈重香绕，编处春随夜色匀。眼底狂花开底事，依然看作一枝春。

漫道君家四壁空，衣篝沉水晚朦胧。诗情似被花相恼，入我香奁境界中。

龙涎香　刘子翚[一]

瘴海骊龙供素沫，蛮村花露浥情滋。微参鼻观犹疑似，全在炉烟未发时。

〔一〕诗为宋刘子翚《邃老寄龙涎香》二首之一，见《全宋诗》卷一九二一。《陈氏香谱》作"刘子晕"，以"翚"、"晕"二字形近致误。

烧香曲　李商隐

钿云蟠蟠牙比鱼，孔雀翅尾蛟龙须。漳宫旧样博山炉，楚娇捧笑开芙蕖。八蚕茧绵小分炷，兽焰微红隔云母。白天月泽寒未冰，金虎含秋向东吐。玉佩呵光铜照昏，帘波日暮冲斜门。西来欲上茂陵树，柏梁已失栽桃魂。露庭月井大红气，轻衫薄袖当君意。蜀殿琼人伴夜深，金銮不问残灯事。何当巧吹君怀度，襟灰为土填清露。

焚 香 邵康节

安乐窝中一炷香，陵晨焚意岂寻常。祸如能免人须谄，福若待求天可量。且异缁黄徽庙貌，又殊儿女裛衣裳。非图闻道至于此，金玉谁家不满堂。

焚 香 杨廷秀

琢瓷作鼎碧于水，削银为叶轻如纸。不文不武火力均，闭阁下帘风不起。诗人自炷古龙涎，但令有香不见烟。素馨欲开末利折，底迅龙涎和檀栈。平生饱食山村味，不料此香殊妩媚。呼儿急取蒸木犀，却作书生真富贵。

烧 香 陈去非

明窗延静昼，默坐息诸缘。聊将无穷意，寓此一炷烟。当时戒定慧，妙供均人天。我岂不清□〔一〕，于今醒心然。炉香袅孤碧，云缕飞数千。悠然凌空去，缥缈随风还。世事有过现，薰性无变迁。应如水中月，波定还自丸。

〔一〕"我岂不清□"，原阙一字，《全宋诗》卷一七五八同，盖其即移录自《陈氏香谱》。明周嘉胄《香乘》卷二七题陈与义此诗为《焚香》，阙字补为"友"，诗中字词亦有异同。按，《陈与义集》未收此诗。

焚 香 郝伯常

花落深庭日正长，蜂何撩绕燕何忙。匡床不下凝尘满，消尽年光一炷香。

觅 香

罄室从来一物无，博山惟有一香炉。而今荀令真成癖，只欠精神衾坐隅。

觅 香　颜博文

王希深合和新香，烟气清洒，不类寻常，等可以为道人开笔端消息。

玉水沉沉影，铜炉袅袅烟。为思丹凤髓，不爱老龙涎。皂帽真闲客，黄衣小病仙。定知云屋下，绣被有人眠。

修 香　陆放翁

空庭一炷，上有神明。家庙一炷，曾英祖灵。且祈持此而已[一]，此而不为，吁嗟已矣。

〔一〕"且祈持此而已"，明周嘉胄《香乘》卷二八引陆游《义方训》作"且谢且祈，特此而已"，是。

香 炉

四座且莫喧，愿聴歌一言。请说铜香炉，崔巍象南山。上枝似松柏，下根据铜盘。雕文各异类，离娄自相连。谁能为此器，公输与鲁般。朱火然其中，青烟飐其间。顺入君怀里，四座莫不欢。香风难久居，空令蕙草残。

博山香炉　刘绘

参差郁佳丽，合沓纷可怜。蔽亏千种树，出没万重山。上镂秦王子，驾鹤翔紫烟。下刻盘龙势，矫首半衔连。傍为洛水丽，芝盖出岩间。后有汉游女，拾翠弄全妍。荣色何杂揉，缛绣更相鲜。麋鹿或朦倚，林薄香芊眠。撩华如不发，含熏未肯燃。风生玉阶树，露浥曲池莲。寒虫飞夜室，秋云没晓天。

博山香炉　沈约

凝芳俟朱燎，先铸首山铜。环姿信岩崿，奇态实玲珑。赤松游其上，敛足御轻鸿。蛟龙蟠其下，骧首盼层穹。岭侧多奇树，或孤或连丛。岩间有佚女，垂袂似含风。翚飞若未已，虎视郁金雄。百和清夜吐，兰烟四面融。如彼崇朝气，触石绕华嵩。

乐　府

词　句

玉帐鸳鸯喷沉麝。李太白[一]

沉檀烟起盘红雾。徐昌图[二]

寂寞绣屏香一缕。韦[三]

衣惹御炉香。薛昭蕴[四]

博山香炷融。戚熙震[五]

炉香烟冷自亭亭。李中主[六]

香草续残炉。谢希深[七]

炉香静逐游丝转。晏同叔[八]

四和袅金凫。秦叔度[九]

尽日水沉香一缕[一○]。

玉盘香篆看徘徊。赵德庆[一一]

金鸭香凝袖[一二]。

衣润费炉烟。周美成[一三]

朱麝堂中香[一四]。

长日篆烟销〔一五〕。

香满云窗月户〔一六〕。

熏炉熟水留香〔一七〕。

绣被熏香透。元裕之〔一八〕

〔一〕唐李白《清平乐·翰林应制》二首之二："玉帐鸳鸯喷沉麝，时落银灯香炧。"见《全唐五代词》正编卷一。

〔二〕宋徐昌图《木兰花·双调》："沉檀烟起盘红雾，一箭霜风吹绣户。"见《全唐五代词》正编卷三。

〔三〕五代前蜀韦庄《应天长》词："画帘垂，金凤舞，寂寞绣屏香一缕。"见《全唐五代词》正编卷一。

〔四〕五代前蜀薛昭蕴《小重山》词："忆昔在昭阳，舞衣红绶带，绣鸳鸯。至今犹惹御炉香。"见《全唐五代词》正编卷三。

〔五〕五代后蜀毛熙震《更漏子》词："绡幌碧，锦衾红，博山香炷融。"见《全唐五代词》正编卷三。《陈氏香谱》作"戚熙震"，误。

〔六〕五代南唐元宗李璟《望远行》词："余寒不去梦难成，炉香烟冷自亭亭。"见《全唐五代词》正编卷三。

〔七〕宋谢绛《诉衷情·宫怨》："银缸夜永影长孤，香草续残炉。"见《全宋词》第一册一一五页。

〔八〕宋晏殊《踏莎行》词："翠叶藏莺，朱帘隔燕，炉香静逐游丝转。"见《全宋词》第一册九九页。

〔九〕宋秦湛《卜算子·春情》："四和袅金凫，双陆思纤手。"见《全宋词》第二册七三三页。按，秦湛，字处度，《陈氏香谱》作"秦叔度"，误。

〔一〇〕宋赵令畤《蝶恋花》词："尽日沉烟香一缕，宿雨醒迟，恼破春情绪。"见《全宋词》第一册四九七页。按，清王弈清《历代词话》卷六引作"尽日水沉香一缕"，与《陈氏香谱》同。

〔一一〕宋赵令畤《思远人》词："深院落，小楼台，玉盘香篆看徘徊。"见《全宋词》第一册四九八页。按，赵令畤字德麟，《陈氏香谱》作"赵德庆"，误。

〔一二〕宋谢逸《南歌子》词："金鸭香凝袖，铜荷烛映纱。"见《全宋词》第二册六四五页。

〔一三〕宋周邦彦《满庭芳·中吕》："地卑山近，衣润费炉烟。"见《全宋词》第二册六〇一页。

〔一四〕元元好问《促拍丑奴儿》词："朱麝掌中香，可怜儿、初浴兰汤。"见《全金元词》上册八七页。《陈氏香谱》作"朱麝堂中香"，因"堂"、"掌"二字形近致误。

〔一五〕元元好问《浪淘沙》词："长日篆烟消，睡过花朝。"见《全金元词》上册九九页。

〔一六〕元元好问《鹊桥仙》词："西州芍药，南州琼树，香满云窗月户。"见《全金元词》上册九三页。

〔一七〕元元好问《西江月》词："悬玉微风度曲，熏炉熟水留香。"见《全金元词》上册一〇一页。

〔一八〕元元好问《惜分飞·戏王鼎玉同年》："绣被熏香透，几时却似鸳鸯旧。"见《全金元词》上册九三页。

鹧鸪天·木犀　元裕之

桂子纷翻浥露黄，桂华高韵静年芳。蔷薇水润宫衣软，波律膏清月殿凉。　　云袖句，海仙方，情缘心事两相忘。衰莲枉误秋风客，可是无尘袖里香。

天香·龙涎香　王沂孙

孤峤蟠烟，层涛悦月，骊宫夜采铅水。讯远槎风，梦深薇露，化作断魂心字。红瓷候火，还玉指〔一〕。一缕萦帘翠影，依稀海风云气。　　几回娇半醉〔一〕，剪青灯、夜寒花碎。更好故溪飞雪，小窗深闭。荀令如今顿老，总忘却、尊前旧风味。漫惜余熏，空篝素被。

〔一〕"还玉指"，《全宋词》第五册三三五二页作"还乍识、冰环玉指"。

〔二〕"几回娇半醉"，《全宋词》第五册三三五二页作"几回　娇半醉"。按，词中个别字词亦有异同，未加详校。

庆清朝慢·软香　詹天游

红雨争霏，芳尘生润，将春都捣成泥。分明蕙风薇露，花气迟迟，无奈汗酥浥透，温柔乡里湿云痴。偏厮称霓裳霞佩，玉骨冰肌。　谁品处，谁咏处，蓦然地，不在泪意闻。欸欸生绡扇底，嫩凉动个些儿。似醉浑无气力，海棠一色睡胭脂，真奇绝，这般风韵，韩寿争知〔一〕。

〔一〕按，《陈氏香谱》所录詹玉词，与《全宋词》第五册三三五一页所录差异甚大，故移录其词如左："红雨争妍，芳尘生润，将春都揉成泥。分明蕙风薇露，持搦花枝。款款汗酥熏透，娇羞无奈湿云痴。偏厮称霓裳霞佩，玉骨冰肌。　梅不似，兰不似，风流处，那更着意闻时。蓦地生绡扇底，嫩凉浮动好风微。醉得浑无气力，海棠一色睡胭脂。闻滋味，殢人花气，韩寿争知。"

附录

新纂香谱卷首

《新纂香谱》，河南陈敬子中编次，内府元人钞本。凡古今香品，香异，诸家修制印篆、凝和、佩熏、涂傅等香，及饼、煤、珠、药、茶，以至事类、传、序、铭、说、颂、赋、诗，莫不网罗搜讨，一具载[一]。钱遵王《读书敏求记》云云：原书四卷。此从维扬马氏借得，尚缺后二卷。何时更求别本足之，庶几珠联璧合，不亦称艺林中一快事耶！

雍正庚戌冬至前一日识

〔一〕"一具载"，疑应作"一一具载"。按，此文为张钧衡辑刻《适园丛书》时于《新纂香谱》卷首的题识。

洪氏香谱序

《书》称："至治馨香，明德惟馨。"反是，则曰："腥闻在上。"《传》之芝兰之室、鲍鱼之肆，为善恶之辨。《离骚》以兰、蕙、杜蘅为君子，粪壤、萧艾为小人。君子澡雪其身，熏祓以道义，有无穷之闻。予之《谱》亦是意云。

见《新纂香谱》卷首　下同

颜氏香史序

焚香之法，不见于三代，汉唐之冠之儒[一]，稍稍用之。然返魂、飞气，出于道家；栴檀、伽罗，盛于缁庐。名之奇者，则有燕尾、鸡舌、龙涎、凤脑；品之异者，则有红、蓝、赤檀，白茅，青桂。其贵重则有水沉、雄麝，其幽远则有石叶、木蜜。百濯之珍，罽宾、月支之贡，泛泛如渍珠雾，不可胜计。然多出于尚怪之士，未可皆信其有无。彼欲刳凡剔俗，其合和、窨造，自有佳处。惟深得三昧，乃尽其妙。因探古今熏修之法，厘为二编〔二〕，以其叙香之行事，故曰《香史》，不徒为熏洁也。五脏惟脾喜香，以养鼻通神观〔三〕，而去尤疾焉。然黄冠皂衣之师〔四〕，久习灵坛之供；锦韝纨袴之子〔五〕，少耽洞房之乐。观是书也，不为无补云耳。

云龛居士序

〔一〕"汉唐之冠之儒"，明周嘉胄《香乘》卷二八作"汉唐衣冠之儒"，是。

〔二〕"厘为二编"，明周嘉胄《香乘》卷二八作"厘为六篇"。

〔三〕"以养鼻通神观"，明周嘉胄《香乘》卷二八作"以养鼻观，通神明"，是。

〔四〕"然黄冠皂衣之师"，明周嘉胄《香乘》卷二八作"然黄冠缁衣"。

〔五〕"锦韝纨袴之子"，明周嘉胄《香乘》卷二八无"之子"二字。

叶氏香谱序

古者无香，燔柴炳萧，尚气臭而已。故"香"之字虽载于经，而非今之所谓香也。至汉以来，外域入贡，香之名始见于百家传记。而南番之香独后出焉，世亦罕能尽知。余于泉州职事，实兼舶司。因番商之至，讯究本末，录之以广异闻，亦君子耻一物不知之意。

绍兴二十一年 左朝请大夫知泉州军州事叶廷珪序

集会诸家香谱目录

沈立之《香谱》	洪驹父《香谱》
武冈公库《香谱》	张子敬《续香谱》
潜斋《香谱拾遗》	颜持约《香史》
叶廷珪《香录》	《局方》第十卷
《是斋售用录》	《温氏杂记》
《事林广记》	

四库全书总目提要

陈氏香谱四卷　江苏巡抚采进本

宋陈敬撰。敬字子中，河南人。其仕履未详。首有至治壬戌熊朋来序，亦不载敬之本末。是书凡集沈立、洪刍以下十一家之《香谱》，汇为一书。征引既繁，不免以博为长，稍逾限制。若香名、香品、历代凝和制造之方，载之宜也。至于经传中字句，偶涉而实非龙涎、迷迭之比，如卷首引《左传》"黍稷馨香"等语，寥寥数则，以为溯源经传，殊为无谓。此盖仿《齐民要术》首援经典之例，而失之者也。至于本出经典之事，乃往往挂漏。如郁金香载《说文》之说，而《周礼》"郁人"条下郑康成之注乃独遗之，则又举远而略近矣。然十一家之谱，今不尽传，敬能荟粹群言，为之总汇，佚文遗事，多赖以传，要于考证不为无益也。

见《四库全书总目提要》卷一一五及《陈氏香谱》卷首

香学汇典

香学经典
首次汇集
精编精校
正本清源

中

刘幼生 编校

三晋出版社

香 乘

〔明〕周嘉胄 纂辑

前　言

　　《香乘》二八卷，明代周嘉胄辑，是中国古代集大成的香学专著。

　　周嘉胄（1582—约1660），字江左，扬州（今属江苏）人，自署淮海，以元末扬州府曾名淮海府而言。生平不详，晚年一度寓居江宁（今江苏南京）。从其留存的著作来看，应该是一位精于文人雅玩的士人。其现存著作《装潢志》和《香乘》，分别达到了各自领域的高峰。《装潢志》一卷，虽仅数千字，却精到概要，既是中国古代装潢理论的总结，也是作者多年装裱经验的呈现。而《香乘》二十八卷，全书约十万字，蔚成洋洋大观，堪称中国古代香学的集大成著作。

　　《香乘》作为中国古代香学的代表作，有其突出的特点：一是规模最大。在现存已佚的香学专著中，有佚名《华严三昧》一〇卷，其书已佚，内容不得而知。现存的《陈氏香谱》四卷，篇帙较其他诸家尚称富赡，然而与《香乘》相比，在规模上远难望其项背。二是收罗最富。举凡历代有关香料的记载，《香乘》几于网罗殆尽，且收录现在已经亡佚的颜氏《香谱》、沈立《香谱》、叶廷珪《南蕃香录》《晦斋香谱》等香学专著，将明代末年以前的香学著作萃为一书。并且收录了部分不见于此前香学专著中的香方资料，使我们可以更多地了解宋、明以来的香文化。三是体例最精。从现存的中国古代香学专著来考察，从洪刍《香谱》到《陈氏香谱》，大致形成了香品、香异、香事、香方、香具以及香诗香文的基本框架，而多数规模较小的香学著作仅是从前代有关书籍中摘录香品、香异、香事等寥寥数十则，其他则付诸阙如。而《香乘》则将丰富的资料详列为十余大类，依次编排，涵盖无余，分类科学，自成系统。四是考订最详。中国历代香学专著，辗转引录较多，考订功夫不足，故鲁鱼豕亥，以讹传讹，有一香而有十数异名者，有一方而药剂全乖者，有一事而张冠李戴者。《香乘》则在旁征博引的基础上，复加以严谨的考订，如卷一"沉香"条，考订文字有十九则，"生沉香"条，引录资料三十则。在很大程度上廓清了以前的错误，给出了准确可靠的答案。并且收录条目首尾完整，大部分注明了出处，使读者可以追本溯源。综上所述，此其所以成为中国古代香学代表作的根本原因。

《香乘》二十八卷，包括《香品》五卷，《佛藏诸香》一卷，《宫掖诸香》一卷，《香异》一卷，《香事分类》二卷，《香事别录》二卷，《香绪余》《修制诸香》《烧香器》共一卷，《法和众妙香》四卷，《凝和花香》一卷，《熏佩之香》《涂傅之香》共一卷，《香属》一卷，《印篆诸香》一卷，《印香图》一卷，《晦斋香谱》一卷，《墨娥小录香谱》一卷，《猎香新谱》一卷，《香炉》一卷，《香诗汇》一卷，《香文汇》一卷。《香乘》的现存版本有崇祯十四年（1641）钞本、民国年间《笔记小说大观续编》本、《四库全书》本，及日本早稻田大学所藏清钞本等。此钞本半页九行，行二十字，无边无栏，分装三册，每册首尾钤朱文长方"无碍庵"印，第一册首钤藏书印内手书大正十三年（1924）入藏日本早稻田大学图书馆，第三册尾钤朱文长方"戊戌"印。观其文中多避清讳，如"傅玄"避讳改为"傅元"，"玄参"改为"元参"，"陶弘景"改为"陶宏景"，"赵匡胤"改为"赵匡允"及"晔"字缺笔等，应为清钞本，年代大约在乾隆年间。

现即以此钞本为底本，参校《四库全书》本及《笔记小说大观续编》本，间与其所引录书籍对勘，进行点校整理，底本或《香乘》的讹误，俱写入校记。目录重新编制，有关提要则收入附录。

目　录

卷一一

香事别录

香学汇典

序

　　吾友周江左为《香乘》，所载天文地理、人事物产，囊括古今殆尽矣。余无复可措一辞。叶石林《燕语》述章子厚自岭表还，言神仙升举，形滞难脱，临行须焚名香百余斤以佐之。庐山有道人积香数斛，一日尽发，命弟子焚于五老峰下，默坐其旁，烟盛不相辨，忽跃起在峰顶。言出子厚，与所谓返魂香之说，皆未可深信。然《诗》《礼》所称燔柴事天，萧焫供祭，蒸享苾芬，升香椒馨，达神明，通幽隐，其来久远矣。佛有众香国，而养生炼形者，亦必焚香。言岂尽诬哉？古人"香"、"臭"字，通谓之"臭"。故《大学》言："如恶恶臭。"而孟子以鼻之于臭为性，性之所欲不得，而安于命。余老矣，薄命不能致奇香，展读此乘，芳菲菲兮袭余。计人性有同好者，案头各置一册，作如是鼻观否？以香草比君子，屈、宋诸君骚赋，累累不绝书，则好香故余楚俗。周君维扬人，实楚产。两人譬之草木，吾臭味也。

　　万历戊午中秋前二日　大泌山人李维桢本宁父撰

自 序

　　余好睡嗜香，性习成癖。有生之乐在兹，遁世之情弥笃。每谓霜里佩黄金者，不贵于枕上黑甜；马首拥红尘者，不乐于炉中碧篆。香之为用大矣哉！通天集灵，祀先供圣，礼佛借以道诚，祈仙因之升举，至返魂祛疫，辟邪飞气，功可回天。殊珍异物，累累征奇，岂惟幽窗破寂，绣阁助欢已耶？少时尝为此书，鸠集一十三卷，时欲命梓，殊歉挂漏。乃复穷搜遍辑，积有年月，通得二十八卷。嗣后次第获睹洪、颜、沈、叶四家《香谱》，每谱卷帙寥寥，似未该博，又皆修合香方过半。且四氏所纂，互相重复，至如幽兰、木兰等赋，于谱无关。经余所采，通不多则，而辩论精审，叶氏居优，其修合诸方，实有资焉。复得《晦斋香谱》一卷、《墨娥小录香谱》一卷，并全录之。计余所纂，颇亦浩繁，尚冀海底珊瑚，不辞探讨，而异迹无穷，年力有尽，乃授剞劂，布诸艺林。三十载精勤，庶几不负。更欲纂《睡旨》一书，以副初志。李先生所为序，正在一十三卷之时，今先生下世二十年，惜不得余全书而为之快读，不胜高山仰止之思焉。

　　　　崇祯十四年岁次辛巳春三月六日　书于鼎足斋

　　　　　　　　　　　　　　　　　　周嘉胄

卷　一

香　品随品附事实

香最多品类，出交、广、崖州及海南诸国。然秦汉已前无闻，惟称兰、蕙、椒、桂而已。至汉武奢靡，尚书郎奏事者始有含鸡舌香，及诸夷献香种种征异。晋武时，外国亦贡异香，迨炀帝除夜火山烧沉香、甲煎不计数，海南诸香毕至矣。唐明皇君臣，多有用沉、檀、脑、麝为亭阁，何侈也！周显德间，昆明国人又献蔷薇水矣。昔所未有，今皆有焉。然香一也，或生于草，或生于木，或花或实，或节或叶，或皮或液，或又假人力煎和而成。有供焚者，有可佩者，又有充入药者，诸列如左。

沉水香考证一十九则

木之心节，置水则沉，故名沉水，亦曰水沉。半沉者为栈香，不沉者为黄熟香。《南越志》言："交州人称为蜜香，谓其气如蜜脾也。"梵书名阿迦嚧香。

香之等凡三：曰沉，曰栈，曰黄熟是也。沉香入水即沉，其品凡四，曰熟结，乃膏脉凝结自朽出者；曰生结，乃刀斧伐仆、膏脉结聚者；曰脱落，乃因木朽而结者；曰虫漏，乃因蠹隙而结者。生结为上，熟脱次之。坚黑为上，黄色次之。角沉黑润，黄沉黄润，蜡沉柔韧，革沉纹横，皆上品也。海岛所出，有如石杵，如肘，如拳，如凤雀、龟蛇、云气、人物，及海南马蹄、牛头、燕口、茧栗、竹叶、芝菌、梭子、附子等香，皆因形命名耳。其栈香入水，半浮半沉，即沉香之半结连木者。或作煎香，番名婆菜香，亦曰弄水香，甚类猬刺。鸡骨香、叶子香，皆因形而名。有大如笠者，为蓬莱香；有如山石枯槎者，为光香。入药皆次于沉水。其黄熟香，即香之轻虚者，俗讹为速香是矣。有生速，斫伐而取者；有熟速，腐朽而取者。其大而可雕刻者，谓之水盘头。并不可入药，但可焚爇。《本草纲目》

水沉，岭南诸郡悉有，傍海处尤多，交干连枝，冈岭相接，千里不绝。叶如冬青，大者数抱，木性虚柔。山民以构茅庐，为桥梁，为饭甑，有香者百无一二。盖木得水方结，多有折枝枯干中，或为沉，或为栈，或为黄熟。自枯死者，谓之水盘香。南、息、高、窦等州，惟产生结香。盖山民入山，以刀斧斫曲干斜枝成坎，经年得雨水浸渍，遂结成香，乃锯取之。刮去白木，其香结为斑点，名鹧鸪斑，燔之极清烈。香之良者，惟在琼、崖等州，俗谓之角沉、黄沉，乃枯木得者，宜入药用。依木皮而结者，谓之清桂，气尤清；在土中岁久，不待剜剔而成薄片者，谓之龙鳞；削之则卷，咀之柔韧者，谓之黄蜡沉，尤难得也。同上

诸品之外，又有龙鳞、麻叶、竹叶之类，不止一二十品。要之，入药惟取中实沉水者，或沉水而有中心空者，则是鸡骨，谓中有朽路，如鸡骨血眼也。同上

沉香所出非一，真腊者为上，占城次之，渤泥最下。真腊之香，又分三品，绿洋极佳，三泺次之，勃罗间差弱。而香之大概，生结者为上，熟脱者次之。坚黑为上，黄者次之。然诸沉之形多异而名不一，有状如犀角者，有如燕口者，如附子者，如梭子者，皆是因形而名。其坚致而有横纹者，谓之横隔沉。大抵以

所产气色为高下，非以形体定优劣也。绿洋、三泺、勃罗间，皆真腊属国。叶廷珪《南番香录》

蜜香、沉香、鸡骨香、黄熟香、栈香、青桂香、马蹄香，按此七香[一]，同出于一树也。交阯有蜜香树，干似榉柳，其花白而繁，其叶如橘。欲取香，伐之经年，其根干枝节，各有别色。木心与节坚黑沉水者，为沉香；与水面平者，为鸡骨香；其根为黄熟香；其干为栈香；细枝紧实未烂者，为青桂香；其根节轻而大者，为马蹄香。其花不香，成实乃香，为鸡舌香，珍异之木也。陆佃《埤雅广要》

太学同官有曾官广中者云：沉香，杂木也，朽蠹浸沙水，岁久得之。如儋崖海道居民，桥梁皆香材。如海桂橘柚之木，沉于水多年得之，为沉水香。《本草》谓为似橘是已。然生采之，则不香也。《续博物志》

琼崖四州在海岛上，中有黎戎国，其族散处，无酋长，多沉香药货。孙升《谈圃》

水沉出南海，凡数种。外为断白，次为栈，中为沉。今岭南岩峻处亦有之，但不及海南者清婉耳。诸夷以香树为槽，以饲鸡犬。故郑文宝诗云："沉檀香植在天涯，贱等荆衡水面槎。未必为槽饲鸡犬，不如煨烬向豪家。"《陈谱》

沉香生在土最久，不待剜剔而得者。孔平仲《谈苑》

香出占城者不若真腊，真腊不若海南黎峒，黎峒又以万安、黎母东峒者冠绝天下，谓之海南沉，一片万钱。海北高、化诸州者，皆栈香耳。蔡绦《丛谈》

上品出海南黎峒，一名土沉香，少有大块。其次如茧角，如附子，如芝菌，如茅竹叶者佳，至轻薄如纸者，入水亦沉。香之节，因久蛰土中，滋液下流，结而为香。采时香面悉在下，其背带木性者乃出土上。环岛四郡界皆有之，悉冠诸番所出，又以出万安者为最胜。说者谓万安山在岛正东，仲朝阳之气，香尤酝藉丰美。大抵海南香，气皆清淑，如莲花、梅英、鹅梨、蜜脾之类。焚博山，投少许，氛翳弥室，翻之四面悉香，至煤烬气不焦。此海南之辨也。北人多不甚识，盖海上亦自难得。省民以牛博之于黎，一牛博香一担，归自择，得沉水十不一二。中州人士但用广州舶上占城、真腊等香，近来又贵登流眉来者。余试之，乃不及海南中下品。舶香往往腥烈，不甚腥者，气味又短，带木性，尾烟必焦。其出海北者，生交阯，及交人得之海外番舶，而聚于钦州，谓之钦香。质重实，多大块，气尤酷烈，不复风韵，惟可入药，南人贱之。范成大《桂海虞衡志》

琼州、崖、万、琼山、定海、临高，皆产沉香，又出黄速等香。《大明一统志》

香木斫断，日久朽烂，心节独在，投水则沉。同上

环岛四郡，以万安军所采为绝品，丰郁蕴借，四面悉皆翻蓺，烬余而气不尽，所产处价与银等。《稗史汇编》

大率沉水，万安东峒为第一品。在海外，则登流眉片沉，可与黎峒之香相伯仲。登流眉有绝品，乃千年枯木所结，如石杵，如拳，如肘，如凤，如孔雀，如龟蛇，如云气，如神仙人物，焚一片则盈室香雾，三日不散。彼人自谓无价宝，多归两广帅府及大贵势之家。同上

香木，初一种也。膏脉贯溢则沉实，此为沉水香。有曰熟结，其间自然凝实者脱落，因木朽而自解者；生结，人以刀斧伤之，而后膏脉聚焉；虫漏，因虫伤而后膏脉亦聚焉。自然脱落为上，以其气和。生结、虫漏则气烈，斯为下矣。沉水香过四者外，有半结半不结，为弄水香，番言为婆菜。因其半结，则实而

色重；半不结，则不大实而色褐。好事者谓之鹧鸪斑。婆莱中则复有名水盘头结实厚者，亦近沉水。凡香木被伐，其根盘结处，必有膏脉涌溢，故亦结。但数为雨淫，其气颇腥烈，故婆莱中水盘头为下。余虽有香气，不大凝实。又一品，号为栈香。大凡沉水、婆莱、栈香，尝出于一种，而自有高下。三者共产，占城不若真腊国，真腊不若海南诸黎峒，海南诸黎峒又不若万安、吉阳两军之间黎母山。至是为冠绝天下之香，无能及之矣。又海北则有高、化二郡，亦产香，然无是三者之别，第为一种，类栈之上者。海北香若沉水，地号龙灶者，高、凉地号浪滩者。官中时时择其高胜，试爇一炷，其香味虽浅薄，乃更作花气，百和旖旎。同上

南方火行，其气炎上，药物所赋，皆味辛而嗅香。如沉、栈之属，世专谓之香者，又美之钟也。世皆云二广出香，然广东香乃自舶上来，广右产海北者亦凡品，惟海南最胜。人士未尝至南者，未必尽知，故著其说。《桂海志》

高、容、雷、化山间亦有香，但白如木，不焚火力〔二〕，气味极短，亦无膏乳。土人货卖，不论钱也。《稗史汇编》

泉南香，不及广香之为妙。都城市肆，有詹家香，颇类广香，今日多用。全类辛辣之气，无复有清芬韵度也。又有官香，而香味亦浅薄，非旧香之比。

　　已下十品，俱沉香之属。

〔一〕"按此七香"，四库本、大观本此句上多"鸡舌香"三字，"七香"亦相应改为"八香"。

〔二〕"不焚火力"，四库本、大观本皆作"不禁火力"，是。

生沉香 即蓬莱香

出海南山西，其初连木，状如栗棘房，土人谓之刺香。刀刳去木而出其香，则坚致而光泽，士大夫曰蓬莱香。气清而且长，品虽侔于真腊，然地之所产者少，而官于彼者乃得之，商舶罕获焉，故值常倍于真腊所产者云。《香录》

蓬莱香，即沉水香结未成者，多成片，如小笠及大菌之状，有径一二三尺者。极坚实，色状皆似沉香，惟入水则浮。刳去其背带木处，亦多沉水。《桂海虞衡志》

光 香

与栈香同品，第出海北及交阯，亦聚于钦州。多大块，如山石枯槎。气粗烈，如焚松桧，曾不能与海南栈香比，南人常以供日用及陈祭享。同上

海南栈香

香如猬皮、栗蓬及渔蓑状，盖修治时雕镂费工。去木留香，棘刺森然。香之精，钟于刺端，芳气与他处栈香迥别。出海北者，聚于钦州，品极凡，与广东舶上生熟速结等香相埒。海南栈香之下，又有虫漏、生结等香，皆下色。同上

番 香 一名番沉

出勃泥、三佛齐，气犷而烈，价视真腊绿洋减三分之二，视占城减半矣。《香录》〔一〕

〔一〕"视占城减"以下四字，钞本无，据四库本、大观本补。

占城栈香

栈香乃沉香之次者，出占城国。气味与沉香相类，但带木，不坚实，亚于沉而优于熟速。《香录》

栈与沉同树，以其肌理有黑脉者为别。《本草拾遗》

黄熟香

亦栈香之类，但轻虚枯朽，不堪爇也，今和香中皆用之。

黄熟香、夹栈香。黄熟香，诸番出，而真腊为上，黄而且熟，故名焉。其皮坚而中腐者，其形状如桶，故谓之黄熟桶。其夹栈而通黑者，其气尤胜，故谓夹栈黄熟。此香虽泉人之所日用，而夹栈居上品。《香录》[一]

近时东南好事家，盛行黄熟香，又非此类。乃南粤土人种香树，如江南人家艺茶趋利。树矮枝繁，其香在根，别根作香，根腹可容数升，实以肥土，数年复成香矣。以年逾久者逾香，又有生香、铁面、油尖之称。故《广志》[二]云："东莞县茶园村香树，出于人为，不及海南出于自然。"

〔一〕"《香录》"，此二字原无，据四库本补。按，此则见《陈氏香谱》卷一"黄熟香"条引叶庭珪云云。

〔二〕"《广志》"，四库本、大观本皆作《广州志》。按，《广志》，晋郭义恭撰，今辑本无此条。且既言"近时"，作《广州志》是。参见清屈大钧《广东新语》卷二六。

速栈香[一]

香出真腊者为上，伐树去木而取香者，谓之生速；树仆木腐而香存者，谓之熟速；其树木之半存者，谓之栈香[二]；色黄者，谓之黄熟；通黑者为夹栈。又有皮坚而中腐形如桶者，谓之黄熟

桶。《一统志》

速暂、黄熟，即今速香，俗呼"鲫鱼片"。以雉鸡斑者佳，重实为美〔三〕。

〔一〕"速栈香"，四库本、大观本皆作"速暂香"。

〔二〕"谓之栈香"，四库本、大观本皆作"谓之暂香"。

〔三〕按，此段文字5句23字，原无，据四库本、大观本补录。

白眼香

亦黄熟之别名也。其色差白，不入药品，和香用之。《香谱》〔一〕

〔一〕"《香谱》"，四库本、大观本无此二字，而周氏亦未注明出何家《香谱》。按，检洪刍《香谱》卷上及《陈氏香谱》卷一均有"白眼香"条，文字与此相同。

叶子香

一名龙鳞香，盖栈之薄者，其香尤胜于栈。同上〔一〕

〔一〕"同上"，四库本、大观本无此二字。见洪刍《香谱》及《陈氏香谱》"叶子香"条及"龙鳞香"条。

水盘香

类黄熟而殊大，雕刻为香山、佛像，并出舶上。同上〔一〕

〔一〕"同上"，四库本、大观本无此二字。见洪刍《香谱》及《陈氏香谱》"水盘香"条。

有云诸香同出一树，有云诸木皆可为香，有云土人取香树作桥梁、槽甑等用。大抵树本无香，须枯株朽干，仆地袭脉，沁泽凝膏，脱去木性，秀出香材，为焚爇之珍。海外必登流眉为极佳，海南必万安东峒称最胜。产因地分优劣，盖以万安钟朝阳之气故耳。或谓价与银等与一片万钱者，则彼方亦自高值，且非大有力者不可得。今所市者，不过占、腊诸方平等香耳。

沉香祭天

梁武帝制南郊，明堂用沉香，取天之质，阳所宜也。北郊用土和香，以地于人亲，宜加杂馥，即合诸香为之。梁武祭天，始用沉香，古未有也。

沉香一婆罗丁

梁简文时，扶南传有沉香一婆罗丁，五百六十斤也〔一〕。《北户录》

〔一〕"五百六十斤也"，四库本、大观本此句上有"云婆罗丁"4字，文意较明。见唐段公路《北户录》卷三。

沉香火山

隋炀帝每至除夜，殿前诸院设火山数十，尽沉香木根也。每一山焚沉香数车，以甲煎沃之，焰起数丈，香闻数十里。一夜之中，用沉香二百余乘，甲煎二百余石。房中不燃膏火，悬宝珠一百二十以照之，光比白日。《杜阳杂编》

太宗问沉香

唐太宗问高州首领冯盎云："卿去沉香远近？"盎曰："左右皆香树。然其生者无香，惟朽者香耳。"

沉香为龙

马希范构九龙殿，以沉香为八龙，各长百尺，槐柱相向作趋捧势[一]。希范坐其间，自谓一龙也。幞头脚长丈余，以象龙角。凌晨将坐，先使人焚香于龙腹中，烟气郁然而出，若口吐然。近古以来诸侯王，奢僭未有如此之盛也。《续世说》

〔一〕"槐柱相向"，四库本、大观本皆作"抱柱相向"。按，宋孔平仲《续世说》卷九亦作"抱柱相向"。

沉香亭子材

长庆四年，敬宗初嗣位。九月丁未，波斯大商李苏沙进沉香亭子材。拾遗李谟谏云[一]："沉香为亭子，不异瑶台、琼室。"上怒，优容之。《唐纪》

〔一〕"拾遗李谟"，四库本、大观本皆作"拾遗李汉"。按，《旧唐书》卷十七上《敬宗本纪》亦作"拾遗李汉"。钞本以"谟"、"漢"（汉）二字形近致误。

沉香泥壁

唐宗楚客造一宅新成，皆是文柏为梁，沉香和红粉以泥壁，开门则香气蓬勃。太平公主就其宅看，叹曰："观其行坐处，我等皆虚生浪死。"《朝野佥载》

屑沉水香末布象床上

石季伦屑沉水之香如尘末，布象床上，使所爱之姬践之，无迹者赐以珍珠百琲，有迹者节以饮食，令体轻弱。故闺中相戏曰："尔非细骨轻躯，那得百琲珍珠？"《拾遗记》

沉香叠旖旎山

高丽舶主王大世，选沉水香近千斤，叠为旖旎山，象衡岳七十二峰。钱俶许黄金五百两，竟不售。《清异录》

沉香翁〔一〕

海舶来，有沉香翁，剜镂若鬼工，高尺余。舶酋以上吴越王，王目为"清门处士"，发源于"清心闻妙香"也〔二〕。同上

〔一〕"沉香翁"，原无此标题，而与上则并为一条。今据四库本、大观本补，并与上条分列。

〔二〕"清心闻妙香"，四库本、大观本皆作"心清闻妙香"，是。唐杜甫《大云寺赞公房》四首之三："灯影照无睡，心清闻妙香。"见《全唐诗》卷二一六。

沉香为柱

番禺有海獠杂居，其最豪者蒲姓，号曰番人，本占城之贵人也。既浮海而遇风涛，惮于复返，遂留中国。定居城中，屋室奢靡逾禁，中堂有四柱，皆沉水香。《桯史》

沉香水染衣

周光禄诸妓，掠鬓用郁金油，傅面用龙消粉，染衣以沉香水。月终，人赏金凤凰一只。《传芳略记》

炊饭洒沉香水

龙道千卜室于积玉坊，编藤作凤眼窗，支床用薜荔千年根，炊饭洒沉香水，浸酒取山凤髓。《青州杂记》

沉香甄

有贾至林邑，舍一翁姥家，日食其饭，浓香满室。贾亦不喻，偶见甄，则沉香所制也。《清异录》

又，陶谷家有沉香甄、鱼英酒盏，中现园林美女象。黄霖曰："陶翰林甄里熏香，盏中游妓，可谓好事矣。"同上

桑木根可作沉香想

裴休得桑木根，曰："若非沉香想之，更无异相。虽对沉水香，反作桑根想。终不闻香[一]，诸相从心起也。"《常新录》

〔一〕"终不闻香"，四库本、大观本作"终不闻香气"。按，后唐冯贽《云仙散录》引《常新录》，亦作"终不闻香气"。

鹧鸪沉界尺

沉香带斑点者，名鹧鸪沉。华山道士苏志恬，偶获尺许，修为界尺。《清异录》

沉香似芬陀利华

显德末，进士贾颙于九仙山遇靖长官，行若奔马。知其异，拜而求道，取箧中所遗沉水香焚之。靖曰："此香全类斜光下等六天所种芬陀利华。汝有道骨，而俗缘未尽。"因授练仙丹一粒，以柏子为粮，迄今尚健。同上

研金虚缕沉水香纽列环

晋天福三年，赐僧法城跋遮那。裂裟环也。王言云："敕法城：卿佛国栋梁，僧坛领袖。今遣内官赐卿研金虚缕沉水香纽列环一枚，至可领取。"同上

沉香板床

沙门支法存，有八尺沉香板床。刺史王淡息屡求不与，遂杀而借焉。后息疾[一]，法存出为祟。《异苑》

[一]"后息疾"，四库本作"后淡息疾"。按，南朝宋刘敬叔《异苑》卷六作"太原王琰为广州刺史"，小字注云："一作谈"。《太平御览》卷七〇六引《异苑》，文字与《香乘》全同。

沉香履箱

陈宣华有沉香履箱、金屈膝。《三余帖》

屟衬沉香

无瑕屟屧之内，皆衬沉香，谓之生香屟。

沉香种楮树

永徽中，定州僧欲写《华严经》，先以沉香种楮树，取以造纸。《清赏集》

蜡　沉

周公瑾有蜡沉，重二十四两。又火浣布尺余。《云烟过眼录》

沉香观音像

西小湖天台教寺，旧名观音教寺。相传唐乾符中，有沉香观音像泛太湖而来，小湖寺僧迎得之。有草绕像足，以草投小湖，遂生千叶莲花。苏州旧志

沉香煎汤

丁晋公临终，前半月已不食，但焚香危坐，默诵佛经。以沉香煎汤，时时呷少许，神识不乱，正衣冠奄然化去。《东轩笔录》

妻赍沉香

吴隐之为广州刺史，及归，妻刘氏赍沉香一斤。隐之见之怒，即投于湖。《天游别集》

牛易沉水香

海南沉水香，必以牛易之[一]。黎人得牛，皆以祭鬼，无得脱者。中国人以沉水香供佛，燎帝求福。此皆烧牛也，何福之能得？哀哉！《东坡集》

〔一〕"必以牛易之"，四库本句下多一"黎"字，是。按，见《苏轼文集》卷六六《书柳子厚牛赋后》。

沉香节

江南李建勋，尝畜一玉磬尺余，以沉香节按柄叩之，声极清越。《澄怀录》

沉香为供

高丽使慕倪云林高洁，屡叩不一见，惟示云林堂[一]。其使惊异，向上礼拜，留沉香十斤为供，叹息而去。《云林遗事》

〔一〕"惟示云林堂"，四库本作"惟开云林示之"。按，明顾元庆《云林遗事》作"瓒密令人开云林堂，使登焉"。且不言高丽使，仅云"尝有夷人道经无锡，闻瓒名，欲见之，以沉香百斤为贽"，其文字与此多不同。

沉香烟结七鹭鸶

有浙人下番，以货物不合时，疾疢遗失，尽倾其本，叹息欲死。海客同行慰勉再三，乃始登舟。见水濒朽木一块，大如钵，取而嗅之，颇香。谓必香木也，漫取以枕首。抵家，对妻子饮泣，遂再求物力，以为明年图。一日，邻家秽气逆鼻，呼妻以朽木爇之，则烟中结作七鹭鸶，飞至数丈乃散。大以为奇，而始珍之。未几，宪宗皇帝命使求奇香，有不次之赏。其人以献，授锦衣百户，赐金百两。识者谓：沉香顿水次，七鹭鸶日夕饮宿其下〔一〕，积久精神晕入，因结成形云。《广艳异编》

〔一〕"饮宿其下"，四库本、大观本作"饮宿其上"。按，明吴震东《广艳异编》卷二〇"奇宝"条作"饮宿其旁"，是。盖此木仅如钵大，七只鹭鸶无从饮宿其上或其下。

仙留沉香

国朝张三丰，与蜀僧广海善，寓开元寺七日，临别赠诗，并留沉香三片、草履一只〔一〕。海并献文皇，答赐甚腆。《嘉靖闻见录》

〔一〕"草履一只"，四库本、大观本作"草履一双"，是。此因"隻"（只）、"雙"（双）二字形近致误。

卷 二

香 品随品附事实

檀 香考证十四则

陈藏器曰："白檀出海南，树如檀。"

苏颂曰："檀香有数种，黄、白、紫之异，今人盛用之。江淮、河朔所生檀木即类〔一〕，但不香耳。"

李时珍曰："檀香，木也，故字从亶。亶，善也。释氏呼为旃檀，以为汤沐，犹离垢也。番人讹为真檀。"

李杲曰："白檀调气，引芳香之物，上至极高之分。"

檀香出昆仑盘盘之国，又有紫真檀，磨之以涂风肿。以上集《本草》

叶廷珪曰："出三佛齐国，气清劲而易泄，爇之能夺众香。皮在而色黄者，谓之黄檀；皮腐而色紫者，谓之紫檀。气味大率相类，而紫者差胜。其轻而脆者，谓之沙檀，药中多用之。然香材颇长，商人截而短之，以便负贩，恐其气泄，以纸封之，欲其湿润也。"《香录》

秣罗矩咤国，南滨海，中有秣剌耶山，崇崖峻岭，洞谷深涧，其中则有白檀香树。旃檀你婆树，树类白檀，不可以别，惟于盛夏登高远瞩，其有大蛇萦者，于是知之。由其木性凉冷，故蛇盘踞。既望见，以射箭为记，冬蛰之后，方能采伐。《大唐西城记》

印度之人，身涂诸香，所谓旃檀、郁金也。同上

剑门之左峭岩间，有大树生于石缝之中，大可数围，枝干纯白，皆传为白檀香树。其下常有巨虺蟠而护之，人不敢采伐。《玉堂闲话》

告里地闷，其国居重迦罗之东，连山茂林，皆檀香树，无别产焉。《星槎胜览》

檀香出广东、云南及占城、真腊、爪哇、渤泥、暹罗、三佛齐、回回等国。《大明一统志》

云南临安河西县，产胜沉香，即紫檀香。同上

檀香，岭南诸地亦皆有之。树叶似荔枝，皮色青而滑泽。

紫檀，诸溪峒出之。性坚，新者色红，旧者色紫，有蟹爪文。新者以水浸之，可染物。真者揩粉壁上，色紫，故有紫檀色。黄檀最香。俱可作带骹、扇骨等物。王佐《格古论》

> 檀香出海外诸国及滇、粤诸地，树即今之檀木。盖因彼方阳盛燠烈，钟地气得香耳。其所谓紫檀，即黄、白檀香中色紫者称之。今之紫檀，即《格古论》所云器料具耳。

〔一〕"即类"，四库本、大观本作"即其类"，是。按，苏颂《图经本草》卷一〇"沉香"条下附檀香，此数句作"檀木生江淮及河朔中，其木作斧柯者，亦檀香类，但不香耳"。

旃 檀〔一〕

《楞严经》云："白旃檀涂身，能除一切热恼。"今西南诸番酋用诸香涂身，取其义也。

〔一〕按，此条原在"檀香出海外诸国及滇粤诸地"云云之按语之上，然《香乘》既已言"考证十四则"，则此条之上考证条数已足，是以知此条非考证，当属"檀香事实"类，故改移于此。

檀香止可供上真

道书言：檀香、乳香，谓之真香，止可烧祀上真。

旃檀逆风

林公曰："白旃檀非不馥，焉能逆风？"《成实论》曰："波利国多香树〔一〕，其香则逆风而闻。"《世说新语》

〔一〕"波利国多香树"，《世说新语》卷上《文学》作"波利质多天树"，参见洪刍《香谱》卷上"逆风闻"条相关校记。四库本、大观本不误。

檀香屑化为金

汉武帝有透骨金，大如弹丸，凡物近之，便成金色。帝试以檀香屑其裹一处〔一〕，置李夫人枕旁。诘旦视之，香化为金屑。《拾遗记》

〔一〕"其裹一处"，四库本、大观本作"共裹一处"，是。按，今本晋王嘉《拾遗记》无此条，实见于明吴大震《广艳异编》卷七《汉武帝拾遗记》。

白檀香龙

唐玄宗尝诏术士罗公远，与僧不空同祈雨，互校工力。诏问之，不空曰："臣昨焚白檀香龙。"上命左右掬庭水嗅之，果有檀香气。《酉阳杂俎》

檀香床

安禄山有檀香床，乃上赐者。《天宝遗事》

白檀香末

凡将相告身，用金花五色绫纸，上散白檀香末。《翰林志》

白檀香亭子

李绛子璋为宣州观察使，杨收造白檀香亭子初成，会亲宾观之。先是，璋潜遣人度具广袤，织成地毯，其日献之。《杜阳杂编》

檀香板

宣和间，徽宗赐大王御笔檀香板，应游玩处所，并许直入。《清异录》

云檀香架

宫人沈阿翘，进上白玉方响，云："本吴元济所与也。"光明皎洁，可照十数步。其犀槌，亦响犀也。凡物有声，乃响应其中焉。架则云檀香也，而文采若云霞之状，芬馥着人，则弥月不散。制度精妙，固非中国所有者。同上

雪檀香刹竿[一]

南夷香槎到文登，尽以易匹物。同光中，有舶上檀香，色正白，号雪檀，长六尺。土人买为僧坊刹竿。同上

[一]"雪檀香刹竿"，四库本、大观本作"雪檀六尺"。

熏陆香即乳香 考证十三则

熏陆即乳香，为其垂滴如乳头也。镕塌在地者为塌香，皆一也。佛书谓之天泽香，言其润泽也。又谓之多伽罗香、杜鲁香、摩勒香、马尾香。

苏恭曰："熏陆香，形似白胶香。出天竺者色白，出单于者夹绿色，亦不佳。"

宗奭曰："熏陆，木叶类棠梨，南印度界阿吒厘国出之，谓之西香。南番者更佳，即乳香也。"

陈承曰："西出天竺，南出波斯等国。西者色黄白，南者色紫赤。日久重叠者，不成乳头，杂以砂石。其成乳者，乃新出未杂砂石者也。熏陆是总名，乳是熏陆之乳头也。今松脂、枫脂中，有此状者甚多。"

李时珍曰："乳香，今人多以枫香杂之，惟烧时可辨。南番诸国皆有。"《宋史》言：乳香一十三等。以上集《本草》

大食勿拔国边海，天气暖甚，出乳香树，他国皆无。其树逐日用刀斫树皮取乳，或在树上，或在地下。在树自结透者，为明乳。番人用玻璃瓶盛之，名曰乳香。在地者名塌香。《埤雅》

熏陆香是树皮鳞甲，采之复生。乳头香生南海，是波斯松树脂也。紫赤如樱桃，透明者为上。《广志》

乳香，其香乃树脂。以其形似榆，而叶尖长大，斫树取香。出祖法儿国。《华夷续考》

熏陆，出大秦国。在海边有大树，枝叶正如古松，生于沙中，盛夏木胶流出沙上，状如桃胶。夷人采取，卖与商贾，无贾则自食之。《南方异物志》

阿吒厘国出熏陆香树，树叶如棠梨也。《西域记》

《法苑珠林》引益期《笺》：木胶为熏陆。流黄香[一]。

熏陆香，出大食国之南数千里深山穷谷中。其树大抵类松，以斧斫之，脂溢于外，结而成香，聚而为块。以象负之，至于大食，大食以舟载易他货于三佛齐，故香常聚于三佛齐。每年以大舶至广与泉，广、泉舶上视香之多少为殿最。而香之品有十：其最上品为拣香，圆大如指头，今之所谓滴乳是也。次曰瓶乳，其色亚于拣香。又次曰瓶香，言收时量重，置于瓶中。在瓶香之中，又有上中下之别。又次曰袋香，言收时只置袋中，其品有三等。又次曰乳塌，盖镕在地杂以沙石者。又次曰黑塌，香之黑色者。又次曰水湿黑塌，盖香在舟中，为水所浸渍而气变色败者也。品杂而碎者，曰砍硝。颠扬为尘者，曰缠香。此香之别也。

叶廷珪《香录》[二]

伪乳香，以白胶香搅糖为之，但烧之烟散，多叱声者是也。真乳香与茯苓共嚼，则成水。

皖山石乳香，玲珑而有蟒窝者为真[三]。每先爇之，次爇沉香之属，则香气为乱[四]，香烟罩定难散者是。否则白胶香也。

熏陆香树，《异物志》云："枝叶正如古松。"《西域记》云："叶如棠梨。"《华夷续考》云："似榆而叶尖长。"《一统志》又云："类榕。"似因地所产，叶干有异，而诸论著多自传闻，故无的据。其香是树脂液凝结而成者，《香录》论之详矣。独《广志》云："熏陆香是树皮鳞甲，采之复生。乳头香者，是波斯松树脂也。"似又两种，当从诸说为是。

〔一〕此条见《太平御览》卷九八二引俞益期《笺》，无"流黄香"三字。而其下条为"流黄香"，疑引录时误将下条文字混入。清严可均《全晋文》卷一三三据《太平御览》卷九八一及九八二辑录喻希（字益期。按，《太平御览》作"俞益期"，疑严氏误为"喻"）文曰："外国老胡说：众香共是一木，木花为鸡舌香，木胶为熏陆，木节为青木香，木根为旃檀，木叶为藿香，木心为沉香"。亦无"流黄香"等字样。

〔二〕按，此条文字亦见《陈氏香谱》卷一"乳香"条，然字词有同异，如"砍硝"作"斫削"，"缠香"作"缠末"等，可参看。

〔三〕"蟒窝"，四库本、大观本作"蜂窝"，疑是。

〔四〕"则香气为乱"，大观本作"则香气为乳"，是。此因"亂"（乱）、"乳"二字形近致误。

斗盆烧乳头香

曹务光见赵州，以斗盆烧乳头香十斛，曰："财易得，佛难求。"《旧相禅学录》[一]

〔一〕按，见后唐冯贽《云仙散记》引《旧相禅学录》，参见叶廷珪《名香谱》"乳头香"条相关校记。

鸡舌香 即丁香　考证六则[一]

陈藏器曰："鸡舌香，与丁香同种，花实丛生，其中心最大者为鸡舌。击破，有顺理而解为两面，如鸡舌，故名。乃是母丁香也。"

苏恭曰："鸡舌香，树叶及皮并似栗，花如梅，子似枣核，此雌树也，不入香用。其雄树虽花不实，采花酿之以成香。出昆仑及交州、爱州以南。"

李珣曰："丁香，生东海及昆仑国，二三月花开，紫白色，至七月始成实。小者为丁香，大者如巴豆，为母丁香。马《志》曰：'丁香生交、广、南番。'按，《广州图》云：'丁香，树高丈余，木类桂，叶似栎。花圆细，黄色，凌冬不凋。其子出枝蕊上，如钉，长三四分，紫色，其中有粗大如山茱萸者，俗呼为母丁香。二八月采子及根。一云盛冬生花、子，至次年春采之。'"

雷敩曰："丁香有雌雄。雄者颗小；雌者大如山茱萸，名母丁香，入药最胜。"

李时珍曰："雄为丁香，雌为鸡舌，诸说甚明。"以上集《本草》

丁香，一名丁子香，以其形似丁子也。鸡舌，丁香之大者，今所称母丁香是也。《香录》

丁香诸论不一。岂出东海、昆仑者，花紫白色，七月结实；交、广、南番者，花黄色，二八月采子，及盛冬生花，次年春采者，盖地土、气候各有不同，亦犹今之桃李，闽、越、燕、齐，开候大异也。愚谓：即此丁香中花，亦有紫、白二色，或即此种因地产非宜，不能子大为香耳。

〔一〕"考证六则"，大观本作"考证七则"。

辨鸡舌香

沈存中《笔谈》云："予集《灵苑方》，据陈藏器《本草拾遗》以鸡舌为母丁香。今考之，尚不然。鸡舌即丁香也。《齐民要术》言：'鸡舌，俗名丁子香。'《日华子》言：'丁香，治口气。'与含鸡舌香奏事，欲其芬芳之说相合。及《千金方》'五香汤'用丁香，无鸡舌香，最为明验。《开宝本草》重出丁香，谬矣。今世以乳香中大如山茱萸者为鸡舌香，略无气味，治疾殊乖。"

《老学庵日记》云："存中辨鸡舌香为丁香，亹亹数百言，竟以意度之。惟元魏贾思勰作《齐民要术》，第五卷有合香泽法，用鸡舌香。注云：'俗人以其似丁子，故谓之丁子香。'此最的确可引之证，而存中反不及之。以此知博洽之难也。"

存中辨鸡舌，已引《齐民要术》，而《老学庵》云存中反不及之，何也〔一〕？总之，丁香、鸡舌，本是一种，何容聚讼〔二〕？

〔一〕按，陆游论沈括辨鸡舌香之说，见《老学庵笔记》卷八。周氏按语，谓沈括已引证《齐民要术》而疑陆游何谓"反不及之"。胡道静《梦溪笔谈校证》卷二六按语云："放翁所见沈存中辨鸡舌香之说，必是《灵苑方》之文而未及《笔谈》。"可释此疑。

〔二〕"何容聚讼"，四库本、大观本作"何庸聚讼"。

含鸡舌香

尚书郎含鸡舌香，伏奏事，黄门郎对揖跪受。故称尚书郎怀香握兰。《汉官仪》

尚书郎给青缣白绫被，或以锦被含香。《汉官典职》

桓帝时，侍中刁存年老口臭，上出鸡舌香与含之。鸡舌颇小辛螫，不敢咀咽，嫌有过，赐毒药。归舍辞诀，家人哀泣，莫知其故。僚友视其药，出口甚香，咸嗤笑之。

嚼鸡舌香

饮酒者嚼鸡舌香则量广，浸半天回而不醒。《酒中玄》

奉鸡舌香

魏武《与诸葛亮书》云："今奉鸡舌香五斤，以表微意。"《五色线》

鸡舌香木刀靶

张受益所藏篦刀，其靶黑如乌木，乃西域鸡舌香木也。《云烟过眼录》

丁香末

圣寿堂，石虎造。垂玉佩八百、大小镜二万枚，丁香末为泥

油瓦。四面垂金铃一万枚，去邺三十里〔一〕。《羊头山记》

〔一〕"去邺三十里"，《太平御览》卷一七六引《羊头山记》，其下有"闻响"二字。周氏引录时误脱。

安息香 考证六则

安息香，梵书谓之拙贝罗香。

《西域传》："安息国，去洛阳二万五千里，北至康居。其香乃树皮胶，烧之通神明，辟众恶。"《汉书》

安息香树，出波斯国，波斯呼为"辟邪"。树长二三丈，皮色黄黑，叶有四角，经冬不凋。二月开花，黄色，花心微碧，不结实。刻其树皮，其胶如饴，名安息香。六七月坚凝，乃取之。《酉阳杂俎》

安息出西域。树形类松柏，脂黄黑色，为块，新者柔韧。《本草》

三佛齐国安息香树脂，其形色类核桃瓤，不宜于烧，而能发众香，人取以和香。《一统志》

安息香树如苦楝，大而直，叶类羊桃而长，中心有脂作香。同上

辨真安息香

焚时以厚纸覆其上，烟透出者是，否则伪也。

烧安息香咒水

襄国城堑水源暴竭，西域佛图澄坐绳床，烧安息香，咒愿数百言。如此三日，水泫然微流。《高僧传》

烧安息香聚鼠

真安息香，焚之能聚鼠。其烟白色如缕，直上不散。《本草》

笃耨香

笃耨香，出真腊国，树之脂也。树如松形，又云类杉桧。其香藏于皮，其香老则溢出。色白而透明者，名白笃耨，盛夏不融，香气清远。土人取后，夏月以火炙树，令脂液再溢，至冬乃凝，复收之。其香夏融冬结，以瓠瓢盛，置阴凉处，乃得不融。杂以树皮者则色黑，名黑笃耨。一说盛以瓢，碎瓠而爇之，亦香，名笃耨飘香[一]。《香录》

〔一〕"名笃耨飘香"，四库本、大观本作"名笃耨瓢香"，是。按，宋赵汝括《诸蕃志》及明吴从先《香本纪》皆作"笃耨瓢"，《香乘》下则"瓢香"条亦作"笃耨瓢香"，可参看。

瓢　香

三佛齐国以瓠瓢盛蔷薇水，至中国，碎其瓢而爇之，与笃耨瓢香略同。又名干葫芦片，以之蒸香最妙。《琐碎录》

詹糖香

詹糖香，出晋安、岑州及交、广以南。树似橘。煎枝叶为香，似糖而黑，如今之沙糖。多以其皮及蠹粪杂之，难得纯正者，惟软乃佳。其花亦香，如茉莉花气。《本草》

齰齐香

齰齐香，出波斯国，拂林呼为顶勃梨咃。长一丈，围一尺许。皮青色，薄而极光净，叶似阿魏，每三叶生于条端，无花实。西域人常八月伐之，至腊月更抽新条，极滋茂，若不剪除，反枯死。七月断其枝，有黄汁，其状如蜜，微有香气。入药疗百病。《酉阳杂俎》

麻树香

麻树，生斯调国。其质肥润[一]，其泽如脂膏，馨香馥郁。可以熬香，美于中国之油也。

[一]"其质肥润"，四库本、大观本作"其汁肥润"，疑是。

罗斛香

暹罗国产罗斛香，味极清远，亚于沉香。

郁金香 考证八则

郁金香，《金光明经》谓之茶矩么香[一]，又名紫述香、红蓝花草、麝香草。馨香可佩，宫嫔每服之于襘祍。《本草》

许慎《说文》云："郁，芳草也。十叶为贯，百二十贯筑以煮之，为鬯，一曰郁鬯。百草之英，合而酿酒以降神。乃远方郁人所贡，故谓之郁，今之郁林郡是也。"同上

郁金，生大秦国。二月、三月有花，状如红蓝，四月、五月采花，即香也。《魏略》

郑玄云：郁草似兰。

郁金香，出罽宾国。人种之，先以供佛，数日萎，然后取之。色正黄，与芙蓉花裹嫩莲者相似，可以香酒。杨孚《南州异物志》

唐太宗时，伽毗国献郁金香。叶似麦门冬，九月花开，状如芙蓉，其色紫碧，香闻数十步。花而不实，欲种者取根。

撒马尔罕，西域中大国也。产郁金香，色黄，似芙蓉花。《方舆胜略》

柳州罗城县，出郁金香。《一统志》

伽毗国所献，叶象花色，与时迥异。彼间关致贡，定以珍异之品，亦以名"郁金"乎？

〔一〕"茶矩么香"，四库本、大观本作"茶矩么香"。

郁金香手印

天竺国婆陀婆恨王，有宿愿，每年所赋细绁，并重叠积之，手染郁金香拓于绁上，千万重手印即透。丈夫衣之，手印当背；妇人衣之，手印当乳。《酉阳杂俎》

卷　三

香　品随品附事实

龙脑香考证十则[一]

龙脑香，即片脑。《金光明经》名羯婆罗香，膏名婆律香。《本草》

西方秣罗矩吒国，在南印度境。有羯婆罗香树，松身异叶，花果斯别。初采既湿，尚未有香，木干之后，循理而析，其中香状如云母，色如冰雪。此所谓龙脑香也。《大唐西域记》

咸阳山有神农鞭药处，山上紫阳观有千年龙脑，叶圆而背白，无花实者，在树心中[二]。断其树，膏流出，作坎以承之。清香为诸香之祖。

龙脑香树，出婆利国，婆利呼为固不婆律。亦出波斯国。树高八九丈，可六七围，叶圆而背白，无花实。其树有肥有瘦，瘦者有婆律膏香。亦曰瘦者出龙脑香，肥者出婆律膏也。在木心中，断其树劈取之。膏于树端流出，斫树作坎而承之。《酉阳杂俎》

渤泥、三佛齐国龙脑香，乃深山穷谷中千年老杉树，枝干不损者，若损动，则气泄无脑矣。其土人解为板，板旁裂缝，脑出缝中，劈而取之。大者成片，谓之梅花脑，其次谓之速脑。脑之中又有金脚脑，其碎者谓之米脑。锯下杉屑，与碎脑相杂者，谓之苍脑。取脑已净，其杉板谓之脑木札。与锯屑同捣碎，和置磁盆中，以笠覆之，封其缝，热灰煨逼，其气飞上，凝结而成块，

谓之熟脑，可作面花、耳环、佩带等用。又有一种如油者，谓之油脑。其气劲于脑，可浸诸香。《香谱》[三]

干脂为香，清脂为膏子，主内外障眼。又有苍龙脑，不可点眼，经火为熟龙脑。《续博物志》

龙脑是树根中干脂，婆律香是根下清脂。出婆律国，因以为名也。又曰：龙脑及膏香，树形似杉木，脑形似白松脂，作杉木气。明净者善，久经风日或如鸟遗者不佳。或云：子似豆蔻，皮有错甲，即松脂也。今江南有杉木末，经试或入土无脂，犹甘蕉之无实也。《本草》

龙脑是西海婆律国婆律树中脂也，状如白胶香。其龙脑油本出佛誓国，从树取之。同上

片脑产暹罗诸国，惟佛打泥者为上。其树高大，叶如槐而小，皮理类沙柳。脑则其皮间凝液也。好生穷谷，岛夷以锯付铳，就谷中寸断而出，剥而采之，有大如指，厚如二青钱者，香味清烈，莹洁可爱，谓之梅花片。鬻至中国，辄翔价焉。复有数种，亦堪入药，乃其次者。《华夷续考》

渤泥片脑，树如杉桧。取之者必斋沐而往，其成冰似梅花者为上，其次有金脚脑、达脑[四]、米脑、苍脑、札聚脑，又一种如油，名油脑。《一统志》

〔一〕"考证十则"，大观本作"考证十一则"

〔二〕"无花实者在树心中"，明吴从先《香本纪》"千年龙脑"条作"无花实，香在树心中"，疑是。

〔三〕"《香谱》"，按，《陈氏香谱》卷一"龙脑香"条引叶庭珪云云，与此条文字大致相同，以是知其出自《南蕃香录》而非《香谱》。

〔四〕 "达脑"，四库本、大观本作"速脑"，是。此因"达"（达）、"速"二字形近致误。

夜得片脑〔一〕

有人下洋遭溺，附一蓬席不死，三昼夜，泊一岛间，乃匍匐而登。得木上大果如梨而芋味，食之一二日，颇觉有力。夜宿大树下，闻树根有物沿衣而上〔二〕，其声玲珑可听，至颠而止。五更，复自树颠而下，不知何物。以手扪之，惊而逸去，嗅其掌香甚，以为必香物也。乃俟其升树，解衣铺地，至明遂不能去，凡得片脑斗许。自是每夜收之，约十余石。乃日坐水次，望见海艑过，大呼求救。遂赍片脑以归，分与舟人十之一，犹成巨富。《广艳异编》

〔一〕按，此条原与上条接写，无标题。然上文言"考证十则"，其中"咸阳山"与"婆利国"二条混为一条，实有考证 11 则，此条从其内容来看，应为龙脑"事实"，故改移于下。原出明吴大震《广艳异编》卷二〇"奇宝"条，该条共收录夜得片脑、沉香七鹭鸶（见前）及圆珠壳三事，今姑名之为"夜得片脑"。

〔二〕"沿衣而上"，四库本、大观本作"沿依而上"，《广艳异编》卷二〇同。按，此条下文言以衣铺树下，物遂不能去，则该物不能沿衣而上，作"沿依"是。

藏龙脑香

龙脑香合糯米炭、相思子贮之，则不耗。

或言以鸡毛、相思子同入小瓷罐，密收之佳。

《相感志》言："杉木炭养之更良，不耗也。"

相思子与龙脑〔一〕

相思子有蔓生者，与龙脑香相宜，能令香不耗。韩朋拱木也。《搜神记》〔二〕

〔一〕"相思子与龙脑"，四库本、大观本作"相思子与龙脑相宜"。

〔二〕按，此条实见于唐段公路《北户录》卷三，又见明李时珍《本草纲目》卷三五，《本草纲目》且言"此与韩凭冢上相思树不同"。"韩朋拱木也"，上二书无此 5 字，乃指《新辑搜神记》卷二五所收"韩凭夫妇"坟上生相思树事，实成蛇足而误。

龙脑香御龙

罗子春欲为梁武帝入海取珠，杰公曰："汝有西海龙脑香否？"曰："无。"公曰："奈之何御龙？"帝曰："事不谐矣。"公曰："西海大船，求龙脑香可得。"《梁四公记》

献龙脑香

乌荼国献唐太宗龙脑香。《方舆胜略》

龙脑香藉地

唐宫中每欲行幸，即先以龙脑、郁金涂其地。

赐龙脑香

唐玄宗夜宴，以琉璃器盛龙脑香赐群臣。冯谧曰："臣请效陈平为宰。"自丞相以下皆跪受。尚余其半，乃捧拜曰；"敕赐录事冯谧。"玄宗笑许之。

瑞龙脑香

天宝末，交阯国贡龙脑，如蝉蚕形。波斯国言：乃老龙脑树节方有，禁中呼为瑞龙脑。上惟赐贵妃十枚，香气彻十余步。上夏日尝与亲王弈棋，令贺怀智独弹琵琶，贵妃立于局前观之。上数砰子将输，贵妃放康国猧子于座侧，猧上局，局子乱，上大悦。时风吹贵妃领巾于贺怀智巾上，良久回身方落。怀智归，觉满身香气非常，乃卸幞头贮于锦囊中。及上皇复宫阙，追思贵妃不已，怀智乃进所贮幞头，具奏前事。上皇发囊，泣曰："此瑞龙脑香也。"《西阳杂俎》

遗安禄山龙脑香

贵妃以上赐龙脑香，私发明驼使，遗安禄山三枚，余归寿邸。杨国忠闻之，入宫语妃曰："贵人妹得佳香，何吝一韩司掾也？"妃曰："兄若得相，胜十倍。"《杨妃外传》

瑞龙脑棋子

开成中，贵家以紫檀心、瑞龙脑为棋子。《棋谈》

食龙脑香

宝历二年，浙东贡二舞女，冬不纩衣，夏不汗体。所食荔枝、榧实、金屑、龙脑香之类。宫中语曰："宝帐香重重，一双红芙蓉。"《杜阳杂编》

翠尾聚龙脑香

孔雀毛着龙脑香，则相缀。禁中以翠尾作帚，每幸诸阁，掷龙脑香以避秽，过则以翠尾帚之，皆聚无有遗者。亦若磁石引针，琥珀拾芥，物类相感然也。《墨庄漫录》

梓树化龙脑

熙宁九年，英州雷震，一山梓树尽枯，中皆化为龙脑香。《宋

史》

龙脑浆

南唐保大中，贡龙脑浆，云以缣囊贮龙脑，悬于琉璃瓶中，少顷滴沥成冰，香气馥烈，大补益元气。《江南异闻录》

大食国进龙脑

南唐大食国进龙脑油，上所秘惜。女冠耿先生见之，曰："此非佳者，当为大家致之。"乃缝夹绢囊，贮白龙脑一斤，垂于栋上，以胡瓶盛之，有顷如注。上骇叹不已，命酒泛之，味逾于大食国进者。《续博物志》

焚龙脑香十斤

孙承祐，吴越王妃之兄，贵近用事。王尝以大片生龙脑十斤赐之，承祐对使者索大银炉，作一聚焚之，曰："聊以祝王寿。"及归朝，为节度使，俸入有节，无复向日之豪侈，然卧内每夕燃烛三炬[一]，焚龙脑二两。《乐善录》

〔一〕"燃烛三炬"，四库本、大观本作"燃烛二炬"。

龙脑小儿

以龙脑为佛像者有矣，未见着色者也。汴都龙兴寺僧惠乘，宝一龙脑小儿，雕装巧妙，彩绘可人。《清异录》

松窗龙脑香

李华烧三城绝品炭，以龙脑裹毛芋魁煨之，击炉曰："芋魁

遭遇矣。"《三贤典语》

龙脑香与茶宜

龙脑，其清香为百花之先。于茶亦相宜，多则掩茶气味。万物中香无出其右者。《华夷花木考》

焚龙脑归钱

青蚨，一名钱精。取母杀血涂钱，入龙脑香少许，置柜中，焚一炉祷之，其钱并归于绳上。《搜神记》

麝　香 考证九则

麝香，一名麝父〔一〕。梵书谓之莫诃婆伽香。

麝生中台山谷，及益州、雍州山中。春分取香，生者益良。

陶弘景云：麝形似獐而小，黑色，常食柏叶，又噉蛇。其香正在阴茎前皮内，别有膜袋裹之。五月得香，往往有蛇皮骨。今人以蛇蜕皮裹香，云弥香，是相使也。麝夏月食蛇虫多，至寒则香满，入春则脐内急痛，乃以爪剔出，着屎溺中覆之，常在一处不移。曾有遇得，乃至一斗五升者，此香绝胜杀取者。昔人云：是精溺凝结，殊不尔也。今出羌夷者多真好，出隋郡、义阳、晋溪诸蛮中者亚之。出益州者形扁，仍以皮膜裹之，多伪。凡真香，一子分作三四子，刮取血膜，杂纳余物，裹以四足膝皮而货之，货者又复伪之。彼人言但破看一片，毛共在裹中者胜。今惟得有活者看取，必当全真耳。《本草》

苏颂曰：今陕西、益州、河东诸路山中皆有，而秦中、文州诸蛮中尤多，靳州、光州或时亦有。其香绝小，一子才若弹丸，往往是真，盖彼人不甚作伪耳。同上香有三种：第一生者，名遗香，乃麝自剔出者，其香聚处，远近草木皆焦黄，此极难得，今人带真香过园中，瓜果皆不实，此其验也。其次脐香，乃捕得杀取者。又其次为心结香，麝被大兽捕逐，惊畏失心，狂走山巅，坠崖谷而毙，人有得之，破心见血，流出作块者是也。此香干燥不堪用。《华夷花木考》

嵇康云："麝食柏，故香。"

梨香有二色〔二〕：番香、蛮香。又杂以梨人撰作，官市动至数十计，何以塞科取之，责所谓真？有三说：麝群行山中，自然有麝气，不见其形，为真香。入春以脚剔入水泥中，藏之不使人见，为真香。杀之取其脐，一麝一脐，为真香。此余所目击也。《香谱》

商汝山中多麝，遗粪常在一处不移，人以是获之。其性绝爱其脐，为人逐急，即投岩，举爪剔裂其香，就系而死，犹拱四足保其脐。李商隐诗云："投岩麝退香。"《谈苑》

麝居山，獐居泽，以此为别。麝出西北者，香结实；出东南者，谓之土麝，亦可入药，而力次之。南中灵猫囊，其气如麝，人以杂之。《本草》

麝香不可近鼻，有白虫入脑，患癫。久带其香透关，令人成异疾。同上

〔一〕"一名麝父"，本句上四库本、大观本多"一名香獐"4字。

〔二〕"梨香有二色"，四库本、大观本作"黎香有二色"，是。下文"梨人"，二本亦作"黎人"。按，疑此条出自叶廷珪《南蕃香录》。

水麝香

天宝初，渔人获水麝，诏使养之。脐下惟水，滴一沥于斗中〔一〕，用洒衣物，至败香不歇。每取以针刺之，投以真雄黄，

香气倍于肉麝。《续博物志》

〔一〕"滴一沥于斗中",四库本、大观本无"一"字,疑是。

土麝香

自邕州溪峒来者,名土麝香。气燥烈,不及他产。《桂海虞衡志》

麝香种瓜

尝因会客食瓜,言瓜最恶麝香。坐有延祖曰:"是大不然。吾家以麝香种瓜,为邻里冠。但人不知制服之术耳。"求麝二钱许怀去。旬日,以药末搅麝见送,每种瓜一窠,根下用药一捻,既结瓜,破之,麝气扑鼻。次年种其子,名之曰土麝香,然不如药麝香耳。《清异录》

瓜忌麝

瓜恶香,香中尤忌麝。郑注太和初,赴职河中,姬妾百余骑,香气数里,逆于人鼻。是岁自京至河中所过路,瓜尽死,一蒂不获。《酉阳杂俎》

广明中,巢寇犯阙,僖宗幸蜀。关中道傍之瓜悉萎,盖宫嫔多带麝香所熏,遂皆萎落耳。《负暄杂录》

梦索麝香丸

桓誓居豫章时,梅玄龙为太守,梦就玄龙索麝香丸。《续搜神记》

麝香绝恶梦

佩麝非但香辟恶，以真香一子置枕中，可绝恶梦。《本草》

麝香塞鼻

钱方义如厕见怪，怪曰："某以阴气侵阳，贵人虽福力正强，不成疾病，亦当少不安。宜急服生犀角、生玳瑁，麝香塞鼻，则无苦。"方义如其言，果善。《续玄怪录》

麝遗香

走麝以遗香不捕，是以圣人以约为记。《续韵府》

麝香不足

黄山谷云："所惠香非往时意态，恐方不同。或是香材不精，乃婆律与麝香不足耳。"

麝褋

晋时有徐景，于宣阳门外得一锦麝褋，至家开视，有虫如蝉，五色，两足各缀一五铢钱。《西阳杂俎》

麝香月

韩熙载留心翰墨，四方胶煤，多不如意。延歙匠朱逢于书馆制墨供用，名麝香月，又名玄中子。《清异录》

麝香墨

欧阳通每书，其墨必古松之烟，末以麝香，方下笔。李考美

《墨谱》[一]

以下曰木，曰檀，曰草，皆以香似麝名之。

〔一〕"李考美"，四库本、大观本作"李孝美"，是。按，李孝美，字伯扬，宋代人，撰有《墨谱法式》三卷。此条见《墨谱法式》卷下《叙药》。

麝香木

出占城国，树老而仆，埋于土而腐，外黑内黄者，其气类于麝，故名焉。其品之下者，盖缘伐生树而取香，故其气劣而劲。此香宾瞳胧尤多，南人以为器皿，如花梨类。《香录》

麝香檀

麝香檀，一名麝檀香，盖西山桦根也。爇之类煎香。或云衡山亦有，不及海南者。《琐碎录》

麝香草

一名红兰香，一名金桂香，一名紫述香，出苍梧、郁林二郡。今吴中亦有麝香草，似红兰而甚香，最宜合香。《述异记》

郁金香亦名麝香草，此以形似言之，实自两种。《魏略》云："郁金，状如红兰。"则非郁金审矣。而《述异记》又谓："龟甲香，即桂香之善者。"

卷 四

香 品随品附事实

降真香考证八则

降真香，一名紫藤香，一名鸡骨，与沉香同，亦因其形有如鸡骨者为香名耳。俗传舶上来者为番降。

生南海山中及大秦国，其香似苏方木，烧之初不甚香，得诸香和之则特美。入药以番降紫而润者为良。

广东、广西、云南、安南、汉中、施州、永顺、保靖及占城、暹罗、勃泥、琉球诸番皆有之〔一〕。

降真生丛林中，番人颇费坎斫之功，乃树心也。其外白皮，厚八九寸或五六寸，焚之气劲而远。《真腊记》

鸡骨香，即降真香，本出海南。今溪峒僻处所出者，似是而非，劲瘦不甚香。《溪蛮丛谈》〔二〕

主天行时气、宅舍怪异，并烧之有验。《海药本草》

拌和诸香，烧烟直上，感引鹤降。醮星辰，烧此香妙为第一。小儿佩之，能辟邪气。度箓功德极验，降真之名以此。《列仙传》

出三佛齐国者佳，其气劲而远，辟邪气。泉人每岁除，家无贫富，皆爇之如燔炭。然在处有之，皆不及三佛齐国，今有番降、广降、土降之别。《虞衡志》

〔一〕本条下四库本、大观本皆注出处为"集《本草》"，见明李

439

时珍《本草纲目》卷三四。

〔二〕"《溪蛮丛谈》",四库本、大观本作"《溪蛮丛话》",而四库收录,又题为《溪蛮丛笑》。按,《溪蛮丛笑》一卷,宋朱辅撰。此条见其书中"鸡骨香"条。

贡降真香

南巫里,其地自苏门答剌,西风一日夜可至。洪武初,贡降真香。

蜜　香考证九则〔一〕

蜜香,即木香,一名没香,一名木蜜,一名阿嗟,一名多香木,皮可为纸。

木蜜,香蜜也。树形似槐〔二〕,伐之五六年,乃取其香。《法华经注》

蜜香树〔三〕,出波斯国,拂林国人呼为阿嗟。树长数丈,皮青白色,叶似槐而长,花似橘而大,子黑色,大如山茱萸,酸甜可食。《酉阳杂俎》

木蜜号千岁树,根本甚大,伐之四五岁,取不腐者为香。《魏王花木志》

肇庆新兴县出多香木,俗名蜜香,辟恶气,杀鬼精。《广州志》

木蜜〔四〕,其叶如椿,树生千岁,斫仆之,历四五岁乃可往看,已腐败,惟中节坚贞者是香。《异物志》

蜜香,生永昌山谷。今惟广州舶上有来者,他无所出。《本草》〔五〕

蜜香生交州,大树,节如沉香。《交州志》〔六〕

蜜香,从外国舶上来。叶似薯蓣而根大,花紫色,功效极多。今以如鸡骨坚实，啮之粘齿者为上。复有马兜铃根，谓之青木香，非此之谓也。或云有二种，亦恐非耳。一谓之云南根。《本草》[七]

前沉香部，交人称沉香为蜜香。《交州志》谓："蜜香似沉香。"盖木体俱香，形复相似，亦犹南北橘枳之别耳。诸论不一，并采之以俟考订。有云蜜香生南海诸山中，种之五六年得香。此即种香树为利。今书斋日用黄熟生香，又非彼类。

〔一〕"考证九则"，大观本作"考证八则"。

〔二〕"树形似槐"，四库本、大观本其下有"而香"2字。按，《本草纲目》卷三四"蜜香"条引《法华经注》同。

〔三〕"蜜香树"，四库本、大观本作"没香树"。按，唐段成式《酉阳杂俎》卷一八作"没树"。又按，此条四库本、大观本在"木蜜号千岁树"条下。

〔四〕"木蜜"，四库本、大观本无此2字。按，《太平御览》卷九八二引《异物志》有此2字，然文字颇有异同。

〔五〕此条四库本、大观本未注出处。见宋苏颂《图经本草》卷四"木香"条。

〔六〕此条四库本、大观本未注出处。见唐陈藏器《本草拾遗》卷四"蜜香"条，又见《本草纲目》卷三四"蜜香"条引"陈藏器曰"，然二书均未言出《交州志》。

〔七〕此条四库本、大观本未注出处。见李时珍《本草纲目》卷一四引宋苏颂《图经本草》，洪刍《香谱》卷上"木香"条亦引《本草》，然文字有不同。

蜜香纸

晋太康五年，大秦国献蜜香纸三万幅。帝以万幅赐杜预，令

写《春秋释例》。纸以蜜香树皮为之，微褐色，有纹如鱼子，极香而坚韧，水渍之不烂。《晋书》

水　香[一] 考证四则

木香，草本也，与前木香不同。本名蜜香，因其香气如蜜也。缘沉香类有蜜香，遂讹此为木香耳。昔人谓之青木香，后人因呼马兜铃根为青木香，乃呼此为南木香、广木香，以分别之。《本草》

青木香，出天竺。是草根，状如甘草。《南州异物志》

其香是芦蔓根条，左盘旋，采得二十九日，方硬如朽骨。其有芦头丁盖子，青者是木香神也[二]。《本草》

五香者，即青木香也。一株五根，一茎五枝，一枝五叶，一叶间五节，五五相对，故名五香。烧之能上彻九星之天也。《三洞珠囊》

〔一〕"水香"，四库本、大观本作"木香"，是。此因"水"、"木"二字形近致误。

〔二〕"青者"，四库本、大观本作"色青者"，南朝宋雷敩《雷公炮炙论》卷上同。

梦青木香疗疾

崔万安，分务广陵。苦脾泄，家人祷于后土祠。是夕，万安梦一妇人，珠珥珠履，衣五重，皆编贝珠为之。谓万安曰："此疾可治，今以一方相与。可取青木香、肉豆蔻等分，枣肉为丸米，饮下二十丸。"又云："此药大热，疾平即止。"如其言果愈。《稽神录》

苏合香 考证八则[一]

此香出苏合国，因以名之。梵书谓之咄鲁瑟剑。

苏合香，出中台山谷。今从西域及昆仑来者，紫赤色，与紫真檀相似，极坚实芳香。性重如石，烧之灰白者好。

广州虽有苏合香，但类苏木，无香气。药中只用如膏油者，极芳烈。大秦国人采苏合香，先煎其汁，以为香膏，乃卖其渣与诸国贾人，是以展转来达中国者，不大香也。然则广南货者，其经煎煮之余乎？今用如膏油者，乃合制香耳。以上集《本草》

中天竺国出苏合香，是诸香汁煎成，非自然一物也。

苏合油，出安南、三佛齐诸番国。树生膏，可为香，以浓而无滓者为上。

大秦国，一名犁靬[二]，以在海西，亦名云海西国[三]。地方数千里，有四百余城。人俗有类中国，故谓之大秦国。人合香，谓之香煎。其汁为苏合油，其滓为苏合油香[四]。《西域传》

苏合香油，亦出大食国。气味类笃耨，以浓净无滓者为上。番人多以涂身，而闽中病大风者亦仿之。可合软香，及入药用。《香录》

今之苏合香，赤色，如坚木。又有苏合油，如黏胶，人多用之。而刘梦得《传信方》谓："苏合香，多薄叶，子如金色。按之即少[五]，放之即起，良久不定如虫动。气烈者佳。"沈括《笔谈》

香本一树，建论互殊。其云"类紫真檀"，是树枝节；"如膏油者"，即树脂膏。苏合香、苏合油，一树两品。又云：诸香汁煎成，乃伪为者。如苏木重如石，婴薁是山葡萄。至陶隐居云是狮子粪，《物理论》云是兽便。此大谬误矣。苏合油，白色。《本草》言："狮粪极臭，赤黑色。"又刘梦得言薄叶如金色者，或即苏合香树之叶。抑番禺珍异不

443

一，更品外奇者乎？

〔一〕"考证八则"，大观本作"考证十则"。

〔二〕"一名犁靬"，《后汉书》卷八八《西域传》作"一名犁鞬"。

〔三〕"亦名云海西国"，《后汉书》卷八八《西域传》作"亦云海西国"。周氏引作"云海西国"，是误以"雲"（云）字混入国名，其国实一名"海西国"。

〔四〕"人合香谓之香煎"以下数句，不见于《后汉书》卷八八《西域传》。《后汉书》中提及苏合香者，仅"合会诸香，煎其汁以为苏合" 2 句 11 字。

〔五〕"按之即少"，四库本作"按之即止"，皆误。宋沈括《梦溪笔谈》卷二六引刘禹锡《传信方》作"按之即小"，明毛晋《香国》卷下同。此因"少"、"小"二字形近致误。

赐苏合香酒

王文正太尉气羸多病，真宗面赐药酒一瓶，令空腹饮之，可以和气血辟外邪。文正饮之，大觉安健，因对称谢。上曰："此苏合香酒也。每一斗酒，以苏合香丸一两同煮，极能调五脏，却腹中诸疾。每冒寒夙兴，则饮一杯。"因各出数榼赐近臣。自此臣庶之家皆效为之，因盛行于时。彭乘《墨客挥犀》

市苏合香

班固云：窦侍中令载杂彩七百匹，市月氏马、苏合香。一云：令赍白素三百匹，以市月氏马、苏合香。《太平御览》

金银香

金银香，中国皆不出。其香如银匠揽糖相似，中有白蜡一般

白块在内，高者白多，低者白少。焚之气味甚美，出旧港。《华夷续考》

南 极

南极，香材也。同上

金颜香考证二则[一]

香类熏陆，其色紫赤，如凝漆沸起，不甚香而有酸气。合沉、檀焚之，极清婉。《西域传》

香出大食及真腊国。所谓三佛齐国出者，盖自二国贩去三佛齐，而三佛齐乃贩至中国焉。其香乃树之脂也，色黄而气劲，盖能聚众香。今之为龙涎软香佩带者，多用之。番人亦以和香而涂身。

真腊产金颜香，黄白黑三色，白者佳。《方舆胜略》

〔一〕"考证二则"，大观本作"考证三则"。

贡金颜香千团

元至元间，马八儿国贡献诸物，有金颜香千团。香乃树脂，有淡黄色者、黑色者，劈开雪白者为佳。《解醒录》

流黄香

流黄香，似硫黄而香。《吴时外国传》云："流黄香，出都昆国，在扶南南三千里。"

流黄香，出南海边诸国。今中国用者，从西戎来。《南州异物志》

亚湿香

亚湿香，出占城国。其香非自然，乃土人以十种香捣和而成，体湿而黑，气和而长，爇之胜于他香。《香录》

近有自日本来者，贻余以香，所谓"体湿而黑，气和而长"，全无沉、檀、脑、麝气味，或即此香云。

颤风香

香乃占城香品中之至精好者，盖香树交枝曲干，两相戛磨，积有岁月，树之渍液菁英，凝结成香。伐而取之，节油透者更佳。润泽颇类蜜渍，最宜熏衣，经数日香气不歇。今江西道临江路清江镇以此为香中之甲品，价倍于他香。

迦阑香—作迦蓝水

香出迦阑国，故名。亦占香之类也。或云生南海普陀岩，盖香中之至宝，价与金等。

特迦香

特迦香，出弱水西。形如雀卵，色颇淡白。焚之辟邪去秽，鬼魅避之[一]。

〔一〕此条四库本、大观本注明出处为《五杂俎》，见明谢肇淛《五杂俎》卷一〇。

阿勃参香

出拂林国。皮色青白，叶细，两两相对。花似蔓青，正黄。子如胡椒，赤色。研其脂，汁极香，又治癫。《本草》[一]

〔一〕此条四库本、大观本不注出处，然检《本草纲目》，无此药品。唐段成式《酉阳杂俎》卷一八有"阿勃参"，文字与周氏引录略同，然仅言"斫其枝，汁如油，以涂疥癣，无不瘥者"，并不言其香。清赵学敏《本草纲目拾遗》卷四据《华夷花木考》收录"阿勃参"，其文字内容实亦出自《酉阳杂俎》。且"阿勃参"非香料，周氏误录。

兜纳香

《广志》云："生南海剽国。"《魏略》云："出大秦国。"兜纳香，草类也。

兜娄香

《异物志》云："兜娄香，出海边国，如都梁香。"亦合香用，茎叶似水苏。

愚按，此香与今之兜娄香不同。

红兜娄香

按，此香即麝檀香之别名也。

艾纳香 考证三则

出西国，似细艾。又有松树皮上绿衣，亦名艾纳。可以和合诸香，烧之能聚其烟，青白不散，而与此不同。《广志》

艾纳，出剽国。此香烧之敛香气，能令不散，烟直上似细艾也。《北户录》

《异物志》云：叶如栟榈而小，子似槟榔可食。有云：松上寄生草，合香烟不散。

所谓松上寄生，即松上绿衣也。叶如栟榈者是。

迷迭香

《广志》云：出西域[一]。《魏略》云：出大秦国。可佩服，令人衣香。烧之拒鼠[二]。

魏文帝时，自西域移植庭中，帝曰："余植迷迭于中庭，喜其扬条吐秀，馥郁芬芳。"

〔一〕"出西域"，唐陈藏器《本草拾遗》卷三引《广志》作"出西海"，晋郭义恭《广志》卷下作"出西海中"。

〔二〕"烧之拒鼠"，四库本、大观本作"烧之拒鬼"，陈藏器《本草拾遗》卷三同。五代李珣《海药本草》卷二作"烧之祛鬼气"，又云："合羌活为丸散，夜烧之，辟蚊蚋。"

藒车香

《尔雅》曰："藒车、芞舆。"香草也。出海南山谷，又出彭城，高数尺，黄叶白花。

《楚辞》云："畦留夷与藒车。"则昔人常栽莳之，与今兰草、零陵相类也。

《齐民要术》云："凡诸树木虫蛀者，煎此香令淋之，即辟去。"

都梁香_{考证三则}

都梁香，曰兰草，曰蕳，曰水香，曰香水兰，曰女兰，曰香草，曰燕尾香，曰大泽兰，曰兰泽草，曰雀头草，曰煎泽草，曰孩儿菊，曰千金草，均别名也。

都梁县有山，山下有水清浅，其中生兰草，因名都梁香。_{盛弘之《荆州记》}

蕳，兰也。《诗》："方秉蕳兮。"《尔雅翼》云："茎叶似泽

兰，广而长节，节赤，高四五尺。汉诸池馆及许昌宫中皆种之，可着粉藏衣书中，辟蠹鱼。今都梁香也。"《埤雅广要》

　　都梁香，兰草也。《本草纲目》引诸家辨证，叠叠千百余言，一皆浮剽之论。盖兰类有别，古之所谓可佩可纫者，是兰草，泽兰也。兰草，即今之孩儿菊。泽兰，俗呼为奶孩儿，又名香草，其味更酷烈。江淮间人夏月采嫩茎，以香发。今之兰者，幽兰，花也。兰草、兰花，自是两类；兰草、泽兰，又一类异种。兰草，叶光润，根小茎紫，夏月采，阴干，即都梁香也。古今采用自殊，其类各别，何烦冗绪？而蘼车、艾纳、都梁，俱小草，每见重于摽咏。所谓"氍毹氀毺五木香，迷迭艾纳及都梁"是也。

零陵香 考证五则

薰草，似麻叶，方茎，赤花而黑实，气如靡芜，可以止疠。即零陵香。《山海经》

东方君子之国，薰草朝朝生香。《博物志》

零陵香，曰薰草，曰蕙香，曰香草，曰燕草，曰黄陵草，皆别名也。生零陵山谷，今湖南诸州皆有之。多生下湿地，常以七月中旬开花，至香，古所谓薰草是也。或云蕙草亦此也。又云：其茎叶谓之蕙，其根谓之薰，三月采，脱节者良。今岭南收之，皆作窑灶以火炭焙干，令黄色乃焦〔一〕。江淮间亦有土生者，作香亦可用，但不及岭南者芬熏耳。古方但用薰草，不用零陵香，今合香家及面膏皆用之。《本草》

　　古者惟降神烧香草，故曰薰，曰蕙。薰者，熏也；蕙者，和也。《汉书》云："熏以香自烧"是矣。或云：古人祓除，以此草熏之，故谓之熏。《虞衡志》言："零陵，即今之永州，不出此香。惟融、宜等州甚多，土人以编席荐，性暖宜人。"按，零陵旧治在今全州，全乃湘之源，多生此香。今人呼为广零陵香者，乃真薰草也。若永州、道州、武冈州，皆零陵属地。今镇江丹阳皆莳而刈之，以酒晒制货之，芬香更烈，谓之香草，与兰草同称。零陵香，至枯干犹香，入药绝佳。可浸油饰发，至佳。同上

零陵〔二〕，江湘生处，香闻十步。《一统志》

〔一〕"令黄色乃焦"，四库本、大观本作"令黄色乃佳"，《本草纲目》卷一四"零陵香"条同，是。

〔二〕"零陵"，四库本、大观本作"零陵香"。《大明一统志》卷六五作"零陵香，生湘源所生处，香闻数十步"。

芳　香 考证四则〔一〕

芳香，即白芷也。许慎云："晋谓之虈，齐谓之茝，楚谓之蓠。"又谓之药，又名莞，叶名蒚麻。生于下泽，芬芳与兰同德，故骚人以兰茝为咏，而《本草》有芳香、芬芬之名，古人谓之香白芷云。徐锴云："初生根干为芷，则白芷之义，取乎此也。"

王安石云："茝香可以养鼻，又可以养体。故茝字从臣，臣音怡。臣，养也。"

陶弘景曰："今处处有之，东南间甚多。叶可合香，道家以此香浴，去尸虫。"

苏颂云："所在有之，吴地尤多。根长尺许，粗细不等，白色，枝干去地五寸以上。春生叶，相对婆娑，紫色，阔三指许。白花微黄。入伏后结子，立秋后苗枯。二、八月采根曝干，以黄泽者为佳。"以上集《本草》

〔一〕"考证四则"，大观本作"考证五则"。

蜘蛛香

出蜀西茂州松潘山中，草根也。黑色有粗须，状如蜘蛛，故名。气味芳香，彼土亦重之。《本草》

甘松香考证三则

《金光明经》谓之苦弥哆香。

出姑臧凉州诸山。细叶，引蔓丛生，可合诸香及裛衣。今黔、蜀郡及辽州亦有之。丛生山野，叶细如茅草，根极繁密。八月作汤浴〔一〕，令人身香。

甘松，芳香，能开脾郁。产于西川，其味甘，故名。以上集《本草》

〔一〕"八月作汤浴"，明李时珍《本草纲目》卷一四引"颂曰"作"八月采之，作汤浴"。然宋苏颂《图经本草》卷七"甘松香"条作"八月播，作汤浴"，疑应作"采"，此因"播"、"採"（采）二字形近致误。

藿 香考证六则

《法华经》谓之多摩罗跋香。《楞严经》谓之兜娄婆香。《金光明经》谓之钵怛罗香。《涅盘经》谓之迦算香〔一〕。

藿香，出海辽国。形如都梁，可着衣服中。《南州异物志》

藿香，出交阯、九真、武平、兴古诸国。民自种之，榛生，五六月采，日曝干乃芬香。《南方草木状》

《吴时外国传》曰：都昆在扶南南三千里，出藿香。

刘欣期言："藿香似苏合。"谓其香味相他也〔二〕。

须逊国出藿香〔三〕，插枝便生，叶如都梁。以裛衣。国有区拨等花十余种，冬夏不衰，日载数十车货之。其花燥更芬馥，亦

451

末为粉，以傅身焉。《华夷花木考》

〔一〕"《涅盘经》"，四库本、大观本作《涅槃经》，是。钞本因"盘"、"槃"二字音同形近致误。

〔二〕"相他也"，四库本、大观本作"相似也"，是。

〔三〕"须逊国"，四库本、大观本作"顿逊国"，明慎懋官《华夷花木考》卷四"藿香"条同。此因"须"、"顿"二字形近致误。

芸　香〔一〕

《说文》云；"芸，香草也。似苜蓿。"《尔雅翼》云："仲春之月，芸始生。"《礼图》云："叶似雅蒿。"又谓之"芸蒿，香美可食"。《淮南说》："芸草，死可复生。采之着于衣、书，可辟蠹。"《老子》云"芸芸，各归其根"者，盖物众多之谓〔二〕。沈括云："芸类豌豆，作丛生，其叶极香。秋复生，叶间微白如粉。"〔三〕郑玄曰："芸香，世人种之中庭。"《本草》

〔一〕"芸香"，大观本其下有"考证一则"4字。

〔二〕"《老子》云"以下数句，见《道德经》第16章："夫物芸芸，各复归其根。"

〔三〕"秋复生，叶间微白如粉"，宋沈括《梦溪笔谈》卷三作"秋后叶间微白如粉污"。按，此则注明出处为《本草》，然《本草纲目》卷三六"山矾"条与此文字多有不同。

宫殿植芸香〔一〕

汉种之兰台石室，藏书之府。《典略》

显阳殿前，芸香一株；徽音殿前，芸香二株；含英殿前，芸香二株。《洛阳宫殿簿》

太极殿前，芸香四畦；式干殿前，芸香八畦。《晋宫殿名》

〔一〕"宫殿植芸香"，大观本其下有"考证三则"4字。

芸香室

祖钦仁，检校秘书郎，持三年笔〔一〕，终入芸香之室。《陈子昂集》

〔一〕"持三年笔"，四库本、大观本作"持三笔"。按，唐陈子昂《陈子昂集》卷六《故宣议郎骑都尉行曹州离狐县丞高府君墓志铭》云："带七尺剑，始游天子之阶；持三寸笔，终入芸香之阁。"

芸香去虱

采芸香叶置席下，能去虱子及蚤。《续博物志》

殿前植芸香一株、二株，疑其木本；又云殿前芸香四畦、八畦，则又草本。岂草木俱有此香名也？今香药所用芸香，如枫脂、乳香之类，即其木本膏液为香者。

檴 香〔一〕

江淮、湖岭山中有之。木大者近丈许，小者多被樵采。叶青而长，有锯齿，状如小蓟叶而香。对节生，其根状如枸杞根而大，煨之甚香。《本草》

〔一〕"檴香"，四库本、大观本作"蘹香"。按，明李时珍《本草纲目》卷三四作"檴香"。

蘹 香〔一〕

檴香即杜蘅，香人衣体。生山谷，叶似葵，形如马蹄，俗名马蹄香。药中少用。陶隐居云："惟道家服之，令人身香。"嵇康、卜敬俱有《蘹香赞》。

上二香音同，而本有草木之殊。

〔一〕"懹香"，四库本、大观本作"懐香"。按，洪刍《香谱》及毛晋《香国》，皆以懹香为杜蘅，又言一名马蹄香。《陈氏香谱》则以懹香为茴香。疑四库本、大观本此二则标题误乙。

香 茸 考证三则

汀州地多香茸，闽人呼为香菠。客曰："孰是?"余曰："《左传》言：'一熏一菠，十年尚有臭。'杜注：'菠，臭草也。'《汉书》：'熏以香自烧。'颜籀曰：'熏，香草也。'左氏以熏对菠，是不得为香草。今香茸，自甲折至花时[一]，投殽俎中馥然，谓之臭草可乎? 按《本草》：'香薷，名香菜。'注云：'家家有之，主霍乱。'今医家用香茸，正疗此疾，味亦辛、温。淮南呼为香茸，闽中呼为香菠者，非当以《本草》为是?"客曰："信然。"《孙氏谈圃》

香茸，又呼为薷香菜、蜜蜂草。其气香，其体柔，故又名香菜。

香薷、香菜，一物也，但随所生地而名尔。生平地者叶大，生岩石者叶细，可通用之。《本草》

〔一〕"甲折"，四库本、大观本作"甲拆"，宋孙升《孙公谈圃》卷上同。按，甲拆，谓草木发芽时种子的外壳破裂。钞本以二字形近致误。

茅 香 考证二则

茅香，花、苗、叶可煮作浴汤，辟邪气，令人身香。生剑南道诸州，其茎叶黑褐色，花白，非即白茅香也。根如茅，但明洁而长，用同藁本，尤佳。仍入印香中，合香附子用。《本草》

茅香凡有二，此是一种茅香也。其白茅香，别是南番一种香草。同上

香茅南掷

谌姆取香茅一根，南望掷之，谓许真君曰："子归茅落处，立吾祠。"《仙佛奇踪》

白茅香

白茅香，生广南山谷及安南，如茅根。亦今排草之类，非近道白茅及北土茅香也。道家用作浴汤。合诸名香，甚奇妙，尤胜舶上来者。《本草》

排草香

排草香，出交阯。今岭南亦或莳之，草根也。白色，状如细柳根，人多伪之。《桂海志》云："排草香，状如白茅香，芬烈如麝。人亦用之合香，诸香无及之者。"《本草》

瓶 香

瓶香，生南海山谷，草之状也。《本草》

耕 香

耕香，茎生细叶，出乌浒国。《本草》

茅香、白茅香、排草香、瓶香、耕香，当是一类。

雀头香

雀头香，即香附子。叶茎都作三棱，根若附子，周匝多毛。

多生下湿地，故有水三棱、水巴戟之名。出交州者最胜，大如枣核，近道者如杏仁许。荆湘人谓之莎草根，和香用之。《本草》

玄台香

陶隐君云："近道有之，根黑而香。道家用以合香。"

荔枝香

取其壳合香，最清馥。《香谱》

孩儿香

一名孩儿土，一名孩儿泥，一名乌爹泥。按，此香乃乌爹国蔷薇树下土也。本国人呼曰海儿，今讹传为孩儿。盖蔷薇开花时，雨露滋沐，香滴于上，凝结如菱角块者佳。

藁本香

藁本香，古人用之和香，故名。《本草》

卷 五

香 品 随品附事实

龙涎香 考证九则〔一〕

龙涎香屿，望之独峙南巫里洋之中，离苏门答剌西去一昼夜程。此屿浮滟海面，波激云腾，每至春间，群龙来集于上，交戏而遗涎沫。番人拏驾独木舟，登此屿采取而归。或遇风波，则人俱下海，一手附舟旁，一手楫水，而得至岸。其龙涎初若脂胶，黑黄色，颇有鱼腥气，久则成大块。或大鱼腹中剖出，若斗大，亦觉鱼腥。和香焚之可爱。货于苏门答剌之市，秤一两，用彼国金钱十二个；一斤，该金钱一百九十二个，准中国钱九千个，价亦匪轻矣。《星槎胜览》

锡兰山国、卜剌哇国、竹步国、木骨都束国、剌撒国、佐法儿国、忽鲁谟斯国、溜山洋国，俱产龙涎香。同上

诸香中，龙涎最贵重。广州市值，每两不下百千，次等亦五六十千。系番中禁榷之物。出大食国，近海旁常有云气罩住山间，即知有龙睡其下。或半年，或二三年，土人更相守候，视云气散，则知龙已去矣。往观之，必得龙涎，或五七两，或十余两。视所守之人多寡均给之，或不平，更相仇杀。或云龙多蟠于洋中大石，龙时吐涎，亦有鱼聚而潜食之，土人惟见没处取焉。《稗史汇编》

大洋海中有涡旋处，龙在下，涌出其涎，为太阳所烁，则成片。为风飘至岸，人则取之，纳于官府。同上

香白者，如百药煎，而腻理极细；黑者亚之，如五灵脂而光泽。其气近于臊，似浮石而轻，香本无损益，但能聚烟耳。和香而用真龙涎，焚之则翠烟浮空，结而不散，坐客可用一剪分烟缕。所以然者，入蜃气楼台之余烈也。同上

龙出没于海上，吐出涎沫，有三品：一曰泛水，二曰渗沙，三曰鱼食。泛水轻浮水面，善水者伺龙出没，随而取之；渗沙，乃被波浪漂泊洲屿，凝积多年，风雨浸淫，气味尽渗于沙土中间；鱼食，乃因龙吐涎，鱼竞食之，复作粪散于沙碛，其气虽有腥燥，而香尚存。惟泛水者入香最妙。同上

泉广合香人云：龙涎入香，能收敛脑、麝气，虽经数十年，香味仍存。同上

所谓龙涎，出大食国。西海多龙，枕石而卧，涎沫浮水，积而能坚。鲛人采之，以为至宝。新者色白，稍久则紫，甚久则黑。《岭外杂记》[二]

岭南人有云：非龙涎也，乃雌雄文蛤[三]，其精液浮水上，结而成之。

龙涎自番舶转入中国，炎经职方，初不著其用。彼贾胡殊自珍秘，价以香品高下分低昂。向南粤友人贻余少许，珍比木难，状如沙块，厥色青黎，厥气鳞腥，和香焚之，乃交酲其妙，袅烟蜒蜿，拥闭缇室，经时不散，旁置盂水，烟径投扑其内。斯神龙之灵，涎沫之遗，犹征异乃尔。

〔一〕"考证九则"，大观本作"考证八则"。

〔二〕"《岭外杂记》"，四库本同，大观本未注出处。按，此则实见于宋周去非《岭外代答》卷七。

〔三〕"乃雌雄文蛤"，四库本、大观本作"乃雌雄交合"，明谢肇淛《五杂俎》卷一〇同。

古龙涎香

宋奉宸库得龙涎香二，琉璃缶、玻璃母二大筐。玻璃母者，若今之铁滓，然块大小犹儿拳。人莫知其用，又岁久无籍，且不知其所从来。或云柴世宗显德间大食国所贡，又谓真庙朝物也。玻璃母，诸珰以意用火煅而融泻之，但能作珂子状，青红黄白随其色，而不克自必也。香则多分赐大臣近侍，其模制甚大，而外视不甚佳。每以豆大爇之，辄作异花香气，芬郁满座，终日略不歇。于是太上大奇之，命籍被赐者，随数多寡，复收取以归禁中，因号"古龙涎"。为贵官诸珰争取一饼，可直百缗，金玉为穴而以青丝贯之，佩于颈，时于衣领间摩婆以相示[一]，繇此遂佩香焉。今佩香，盖因古龙涎始也。《铁围山丛谈》

〔一〕"摩婆以相示"，四库本作"摩娑以相示"，大观本作"摩挲以相示"，宋蔡絛《铁围山丛谈》卷五亦作"摩挲以相示"，是。

龙涎香烛

宋代宫烛，以龙涎香贯其中，而以红罗缠炷，烧烛则灰飞而香散。又有令香烟成五彩楼阁、龙凤文者。《华夷花木考》

龙涎香恶湿

琴、墨、龙涎香、乐器皆恶湿，常近人气则不蒸。《山居四要》

广购龙涎香

成化、嘉靖间，僧继晓、陶仲文等竞奏方伎，广购龙涎香，香价腾溢。以远物之尤，供尚方之媚。

进龙涎香

嘉靖四十二年，广东进龙涎香计七十二两有奇。《嘉靖闻见录》

甲 香 考证二则

甲香，蠡类，大者如瓯，面前一边直搀长数寸，围壳龃龉有刺，共掩杂香烧之[一]，使益芳，独烧则味不佳。一名流螺，诸螺之中，流最厚味是也。生云南者如掌，青黄色，长四五寸，取厣烧灰用之。南人亦煮其肉噉。今各香多用[二]，谓能发香，复聚香烟。须酒蜜煮制，去腥及涎，方可用。法见后。《本草》

甲香，惟广东来者佳。河中府者，惟阔寸许；嘉州亦有，如钱样大。于木上磨令热，即投酽酒中，自然相趁是也。若合香，偶无甲香，则以鲎壳代之。其势力与甲香均，尾尤好。同上

〔一〕"共掩杂香烧之"，大观本作"其掩杂香烧之"，《本草纲目》卷四六"海螺"条作"其厣杂众香烧之"，宋苏颂《图经本草》卷一五"甲香"条作"其掩杂众香烧之"。疑此因"共"、"其"二字形近，"掩"、"厣"二字音近而致误。

〔二〕"各香"，《本草纲目》及《图经本草》作"合香"。按，此二则集各家《本草》而成，与《本草纲目》原文不尽相同。

酴醿香露 即蔷薇露 考证四则

酴醿，海国所产为胜。出大西洋国者，花如中州之牡丹。蛮中遇天气凄寒，零露凝结，他木乃冰澌水稼，殊无香韵[一]，惟酴醿花上琼瑶晶莹，芳芬袭人，若甘露焉。夷女以泽体发，腻香经月不灭。国人贮以铅瓶，行贩他国。暹罗尤特爱重，兢买略不论值。随舶至广，价亦腾贵。大抵用资香奁之饰耳。五代时，与猛火油俱充贡，谓蔷薇水云。《华夷续考》

西域蔷薇花，气馨烈非常。故大食国蔷薇水，虽贮琉璃瓶中，蜡蜜封固，其外犹香透彻，闻数十余步。着人衣袂，经数十日香气不散。他国造香，则不能得蔷薇，第取素馨、茉莉花为之，亦足袭人鼻观，但视大食国真蔷薇水，犹奴婢耳。《稗史汇编》

蔷薇水，即蔷薇花上露。花与中国蔷薇不同，土人多取其花浸水以代露，故伪者多。以琉璃瓶试之，翻摇数四，其泡周上下者真。三佛齐出者佳。《一统志》

番商云：蔷薇露，一名大食水。本土人每晓起，以爪甲于花上取露一滴，置耳轮中，则口眼耳鼻，皆有香气，终日不散。

〔一〕"他木乃冰澌水稼，殊无香韵"，四库本、大观本作"着地草木，乃冰澌木稼，殊无香韵"。

贡蔷薇露〔一〕

五代时，番将蒲诃散以蔷薇露五十瓶致贡，厥后罕有至者。今则采茉莉花，蒸取其液以代之。

后周显德五年，昆明国献蔷薇水十五瓶，云得自西域。以之洒衣，衣敝而香不减。二者或即一事。

〔一〕"贡蔷薇露"，大观本其下有"考证二则"4字。

饮蔷薇香露

榜葛剌国不饮酒，恐乱性，以蔷薇露和香蜜水饮之。《星槎胜览》

野悉蜜香

出拂林国，亦出波斯国。苗长七八尺，叶似梅叶，四时敷荣。其花五出，白色，不结实。花开时遍野皆香，与岭南詹糖相类。西域人常采其花，压以为油，甚香滑。唐人以此和香，仿佛蔷薇水云。

橄榄香 考证二则

橄榄香，出广海之北。橄榄木之节因结成，状如胶饴而清烈，无旖旎气。烟清味严，宛有真馥。生香惟此品如素馨、茉莉、橘柚。《稗史汇编》

橄榄木脂也，状如黑胶饴。江东人取黄连木及枫木脂，以为橄榄香，盖其类也。出于橄榄，故独有清烈出尘之气，品格在黄连、枫香之上。桂林东江有此果，居人采卖之。香不能多得，以纯脂不杂木皮者为佳。《虞衡志》

榄子香

出占城国。盖占城香树为虫蛇镂，香之英华结于木心，虫所不能食者，形如橄榄核，故名焉。《本草》

思劳香

出日南。如乳香，沥青黄褐色，气如枫香，交趾人用以令和诸香〔一〕。《桂海虞衡志》

〔一〕"令和诸香"，四库本、大观本作"合和诸香"，宋范成大《桂海虞衡志》同。钞本以二字形近致误。

熏华香

按，此香盖海南降真劈作薄片，用大食蔷薇水渍透，于甄内蒸干。微火爇之，最为清绝，樟镇所售尤佳。

紫茸香

此香亦出于沉速之中，至薄而腻理，色正紫黑。焚之，虽十步犹闻其香[一]。或云：沉之至精者。近时有得此香，回祷祝爇于山上[二]，而山下数里皆闻其芬溢。

〔一〕"虽十步"，四库本、大观本作"虽数十步"。

〔二〕"回祷祝"，四库本、大观本作"回祷祀"。按，《陈氏香谱》卷一"紫茸香"条作"因祷祠"，是。

珠子散香

滴乳香中至莹净者。

胆八香

胆八香树，生交阯、南番诸国。树如稚木樨，叶鲜红色，类霜枫。其实压油和诸香，爇之辟恶气。

白胶香考证四则[一]

白胶香，一名枫香脂。《金光明经》谓其香为须萨析罗婆香。

枫香树似白杨，叶圆而岐分，有脂而香。子大如鸭卵，二月花发，乃结实，八九月熟，曝干可烧。《南中异物志》

枫实惟九真有之，用之有神，乃难得之物。其脂为白胶香。《南方草木状》

枫香树有脂而香者，谓之香枫，其脂名枫香。《华夷花木考》

枫香、松脂，皆可乱乳香，但枫香微白黄色，烧之可见真伪。其功虽次于乳香，而亦可仿佛。

〔一〕"考证四则"，大观本作"考证五则"。

饦饻香

江南山谷间，有一种奇木，曰麝香树。其老根焚之亦清烈，号饦饻香。《清异录》

排 香

《安南志》云："好事者种之，五六年便有香也。"按，此香亦占香之大片者，又谓之寿香，盖献寿者多用之。《香谱》[一]

〔一〕按，见《陈氏香谱》卷一"排香"条。

乌里香

出占城，地名乌里。土人伐其树，劈之以为香。以火焙干，令香脂见于外，以输贩夫。商人刳其木，而出其香，故品次于他香。同上[一]

〔一〕按，见《陈氏香谱》卷一"乌里香"条引"叶廷珪云"，据此，应出叶廷珪《南蕃香录》。

豆蔻香 考证二则

豆蔻树，大如李。二月花，仍连着实，子相累累。其核根芬芳成壳，七八月熟。曝干剥食，核味辛香。《南方草木状》

豆蔻生交阯，其根似姜而大，核如石榴，辛且香。《异物志》

熏衣豆蔻香，霍小玉故事。余按，豆蔻非焚爇香品，其核其根味辛烈，止可用以和香。而小玉以之熏衣，应是别有香剂，如豆蔻状者名之耳。亦犹鸡舌、马蹄之谓。至如都梁、郁金，本非名香，直一小草而操觚者，每借以敷藻资华，顾迹典名雅，递相祖述，不复证非究是也。

奇蓝香 考证四则[一]

占城奇南，出在一山。酉长禁民不得采取，犯者断其手，彼亦自贵重。《星槎胜览》

乌木、降香，樵之为薪。同上

宾童龙国，亦产奇南香。同上

奇南香品，杂出海上诸山。盖香木枝柯窍露者，木立死而本存者，气性皆温，故为大蚁所穴。蚁食蜜归，而遗渍于木中，岁久渐浸，木受蜜香，结而坚润，则香成矣。其香木未死，蜜气未老者，谓之生结，上也；木死本存，蜜气凝于枯根，润若饧片，谓之糖结，次也；其称虎皮结、金丝结者，岁月既浅，木蜜之气尚未融化，木性多而香味少，斯为下耳。有以制带胯，率多凑合，颇若天成。纯全者难得。《华夷续考》

奇南香、降真香，为末黑润[二]。奇南香所出产，天下皆无，其价甚高，出占城国。同上

奇蓝香，上古无闻，近入中国，故命字有奇南、茄蓝、伽南、奇蓝、棋楠等不一，而用皆无的据。其香有绿结、糖结、蜜结、生结、金丝结、虎皮结，大略以黑色，用指掐有油出，柔韧者为最。佩之能提气，令不思溺。真者价倍黄金，然绝不可得。倘佩少许，才一登座，满堂馥郁，佩者去后，香犹不散。今世所有，皆彼酉长禁山之外产者。如广东端溪研，举世给用，未尝非端，然价等常石。必宋坑下、岩水底，如苏文忠所谓千夫挽绠、百夫运斤之所出者，乃为真端溪，可宝也。奇南亦然。

倘得真奇蓝香者，必须慎护。如作扇坠、念珠等用，遇燥风霉湿时，不可出。出数日便藏，防耗香气。藏法用锡匣，内实以本体香末，匣外再套一匣，置少许蜜，以蜜滋

末，以末养香。香匣方则蜜匣圆，香匣圆则蜜匣方，香匣不用盖，蜜匣以盖。总之，斯得藏香三昧矣。

奇南见水，则香气尽散。俗用热水蒸香，大谬误也。

〔一〕"考证四则"，大观本作"考证三则"。

〔二〕"为末黑润"，四库本、大观本作"为木黑润"。

唵叭香

唵叭香，出唵叭国。色黑，有红润者至佳。爇之不甚香，而气味可取，用和诸香，又能辟邪魅。以软净色明者为上。《星槎胜览》

唵叭香辟邪

燕都有空房一处，中有鬼怪，无敢居者。有人偶宿其中，焚唵叭香，夜闻有声云："是谁焚此香？令我等头痛不可居。"后怪遂绝[一]。

〔一〕四库本、大观本本条下注出《五杂俎》。见明谢肇淛《五杂俎》卷一〇，文字有异同。

国朝贡唵叭香

西番与蜀相通，贡道必由锦城，有三年一至者，有一年一至者。其贡诸物，有唵叭香。《益部谈资》

唵叭香，前亦未闻。□□□《益部谈资》此书近出[一]。

〔一〕此数句为周氏按语，"益部谈资"前空三格。四库本、大观本作"唵叭香，前亦未闻。《五杂俎》《益部谈资》二书近出"。按，明高濂《遵生八笺》、屠隆《考槃余事》、文震亨《长物志》、毛晋《香国》均有"唵叭香"。《五杂俎》及《益部谈资》亦皆明人著述，是唵叭香至明代始见于著录。

撒馞香〔一〕

撒馞兰，出夷方。如广东兰子香，味清淑，和香最胜。吴恭顺"寿字香饼"，惟增此品，遂为诸香之冠。

〔一〕"撒馞香"，四库本、大观本作"撒馡香"，内文同。按，"馞"，音别，微香。"馡"字不见于字书。

乾岛香

出滇中，树类檀〔一〕。取根皮研末，作印香，味极清远。幽窗静夜，每一闻之，令兴出尘之想。

〔一〕"树类檀"，四库本、大观本作"树类榆"。

卷 六

佛藏诸香

象藏香 考证二则

南方有鬻香长者，善别诸香，能知一切香王所出之处。有香名曰象藏，因龙斗生，烧一丸，即起大香云，众生嗅者，诸病不相侵害。《华严经》

又云：若烧一丸，兴大光明，细云覆上，味如甘露，七昼夜降其甘雨。《释氏会要》

无胜香

海中有无胜香，若以涂鼓及诸螺贝，其声发时，一切敌军皆自退散[一]。

[一] 四库本、大观本本条下注出《华严经》。按，《华严经》卷六七云："海中有香，名无能胜。"明毛晋《香国》卷上所引同。

净庄严香

善法天中有香，名净庄严。若烧一圆，普使诸天心念于佛。《华严经》

牛头旃檀香

从离垢出。若以涂身，火不能烧。《华严经》

兜娄婆香

坛前别安一小炉，以此香煎取香水，沐浴其炭，然令猛炽。《楞严经》

香严童子

香严童子白佛言："我诸比丘，烧水沉香，香气寂然，来入鼻中。我观此气，非空非木，非烟非火，去无所着，来无所从，由此意销，发明无漏。如来印我得香严号，尘气倏灭，妙香蜜圆，我从香严得阿罗汉。佛问圆通，如我所证，香严为上。"《楞严经》

三种香

三种香，所谓根香、花香、子香。此三种香，遍一切处，有风而闻，无风亦闻。《戒香经》

世有三香

世有三香，一曰根香，二曰枝香，三曰华香。是三品香，唯随风香，不能逆风。宁有雅香随风逆风者乎？《戒德香经》

旃檀香树

神言树名旃檀，根茎枝叶，治人百病。其香远闻，世之奇异，人所贪求，不须道也。《旃檀树经》

旃檀香身

尔时世尊告阿难言：有陀罗尼，名旃檀，香身。《陀罗尼经》

持香诣佛

于时难头和难龙王，各舍本居，皆持泽香、旃檀杂香，往诣佛所。全新岁场，归命于佛，及与圣众，稽首足下，以旃檀杂香供养佛及比丘僧。《新盛经》[一]

〔一〕"《新盛经》"，四库本、大观本作"《新岁经》"，是。按，《佛说新岁经》一卷，晋昙无兰译，收录本条内容。

传香罪福响应

佛言：乃昔摩呵文佛时，普达王为大姓家子。其父供养三尊，父命子传香。时有一侍使，意中轻之，不与其香。罪福响应，故获其殃。虽暂为驱使，奉法不忘，今得为王，与领人民，当知是趣。其所施设，慎勿不平。道人本是持使[一]，时不得香。虽不得香，其意无恨，即誓言："若我得道，当度此人。"福愿果合，今来度王，并及人民。《普达王经》

〔一〕"持使"，四库本、大观本作"侍使"，《普达王经》同。

多迦罗香

多伽罗香，此云根香。多摩罗跋香，此云藿香。旃檀，释云"与乐"，既白檀也，治热病[一]。赤檀，能治风肿。《释氏会要》

〔一〕"治热病"，四库本、大观本作"能治热病"。

法华诸香

须曼那华香　阇提华香　波罗罗华香　青、赤、白莲花香华树香　果树香　旃檀香　沉水香　多摩罗跋香　多伽罗香　拘鞞陀罗树香　曼陀罗华香　殊沙华香　曼殊沙华香

殊特妙香

净饭王命蜜多罗傅太子书[一]。太子郎初就学[二]，将最妙牛头旃檀作手板[三]，纯用七宝庄严四缘。以诸天种种殊特妙香，涂其背上。

〔一〕"傅太子书"，四库本、大观本作"传太子书"，是。

〔二〕"太子郎初就学"，唐释道世《法苑珠林》卷九作"太子即初就学"，是。

〔三〕"将最妙牛头旃檀作手板"，四库本、大观本作"将好最妙牛头旃檀作手板"，《法苑珠林》卷九作"将好最妙牛头栴檀作于书板"。

石上余香

帝释、梵王摩牛头旃檀，涂饰佛身，石上余香，于今郁烈。《大唐西域记》

香灌佛牙

僧迦罗国王宫侧有佛牙精舍，王以佛牙日三灌洗，香水香末，或灌或焚，务极珍奇，式修供养。《大唐西域记》

譬 香

佛以乳香、枫香为泽香，椒、兰、蕙、芷为天末香。又云：天末香，莫若牛头旃檀；天泽香，莫若詹糖、熏陆；天华香，莫若馨兰、伊蒲。后汉所谓"伊蒲之供"是也。

青棘香

佛书云：终南长老入定，梦天帝赐以青棘之香。《鹤林玉露》

风与香等

佛书云：凡诸所嗅，风与香等。

香从顶穴中出

僧迦者，西域人，唐时居京师之荐福寺。尝独处一室，其顶上有一穴，恒以絮室之。夜则去絮，香从顶穴中出，烟气满房，非常芬馥。及晓，香还入顶穴中，仍以絮室之。本传[一]

〔一〕见《太平广记》卷九六《僧迦大师》。

结愿香

有郎官梦谒老僧于松林中，前有香炉，烟甚微。僧曰："此是檀越结愿香，香烟尚存，檀越已三生三荣朱紫矣。"陈去非诗云："再烧结愿香。"

所拈之香芳烟直上

会稽山阴灵宝寺木像，戴逵所制。郗嘉宾撮香咒曰："若使有常，将复睹圣颜；如其无常，愿会弥勒之前。"所拈之香，于手自然芳烟直上，极目云际，余芬徘徊，馨闻一寺。于时道俗，莫不感厉。像今在越州嘉祥寺。《法苑珠林》

香似茅根

永徽中，南山龙池寺沙门智棱[一]，至一谷闻香，莫知何所。深讶香从涧内沙出，即拨沙看，形似茅根，裹甲沙土，然极芳馥。就水抖拨洗之[二]，一涧皆香。将返龙池，佛堂中堂，皆香极深美。《神州塔寺三宝感通录》[三]

〔一〕"沙门智棱"，四库本、大观本同。按，《集神州三宝感通录》

卷上、《法苑珠林》卷三六皆作"沙门智积"。

〔二〕"抖拔洗之",《集神州三宝感通录》卷上、《法苑珠林》卷三六皆作"抖擞洗之"。

〔三〕"神州塔寺三宝感通录",四库本作"神州塔寺三宝感应录",《大正藏》所收名《集神州三宝感通录》。

香熏诸世界

莲花藏香,如沉水,出阿那婆达多池边。其香一丸,如麻子大,香熏阎浮提界。亦云白旃檀,能使众欲清凉。黑沉香,能熏法界。又云:天上黑旃檀香,若烧一铢,普熏小千世界。三千世界珍宝,价直所不能及。赤土国,香闻百里,名一国香。《绀林》

香印顶骨

印度七宝小窣堵坡,置如来顶骨。骨周一尺二寸,发孔分明,其色黄白,盛以宝函,置窣堵坡中。欲知善恶相者,香末和泥,以印顶骨,随其福感,其文焕然。

又有婴疾病欲祈康愈者,涂香散花,至诚归命,多蒙瘳瘥。《西域记》

买香弟子

西域佛图澄,常遣弟子向西城中市香。既行,澄告余弟子云:"掌中见买香弟子在某处,被劫垂死。"因烧香咒愿,遥救护之。弟子后还,云:"某月某日某处,为贼所劫,垂当见杀。忽闻香气,贼无故自惊曰:'救兵已至。'弃之而走。"《高僧传》

以香薪身

圣帝崩时，以劫波育毡千张缠身，香泽灌上，令泽下彻，以香薪身，上下四面使其齐同，放火阇维，检骨，香汁洗，盛以金瓮，石为甀瓴。《佛灭度棺敛葬送经》

戒　香

烧此戒香，令熏佛慧。又戒香恒馥，法轮常转。《龙藏寺碑》

戒定香

释氏有定香、戒香。韩侍郎《赠僧》诗："一灵今用戒香熏。"

多天香

波利质多天树，其香则逆风而闻。《成实论》

如来香

愿此香烟云，遍满十方界。无边佛土中，无量香庄严。具足菩萨道，成就如来香。内典

浴佛香

牛头、旃檀、芎䓖、郁金、龙脑、沉香、丁香等，以为汤，置净器中，次第浴之。《浴佛功德经》

异香成穗

二十二祖摩挐罗，至西天印上焚香，而月氏国王忽异香成穗[一]。《传灯录》

〔一〕按，此则见宋释道原《景德传灯录》卷二，引录有脱误。
"至西天印上焚香"，应作"至西印度焚香"；"忽异香成穗"，原作
"忽睹异香成穗"。

古殿炉香

问："如何是古殿一炉香？"宝盖约师曰："广大勿入嗅。"
曰："嗅如何？"师曰："六根俱不到。"同上

买佛香

问："动貌沉古路，没乃方知〔一〕。此意如何？"师曰："偷佛
钱，买佛香。"曰："学人不会。"师曰："不会即烧香，供养本
爹娘。"同上

〔一〕"动貌沉古路，没乃方知"，四库本、大观本同。《景德传灯
录》卷一六作"动容沉古路，身没乃方知"。

万种为香

永明寿公云："如捣万种而为香，爇一尘而已，具足众气。"
《无生论》

合境异香

杯渡和尚至广陵，寓村舍李家〔一〕，合境闻有异香。《仙佛奇踪》

〔一〕"寓村舍李家"，四库本、大观本作"遇村舍李家"，明洪应
明《仙佛奇踪》之《寂光境》卷三同。

烧香咒莲

佛图澄取盆水，烧香咒之，顷刻青莲涌起。《晋书》

香 光

鸟窠禅师母朱氏，梦日光入口，因而有娠。及诞，异香满室，遂名香光焉。《仙佛奇踪》

自然香洁

伽耶舍多尊者，其母感娠，七月而诞〔一〕，未常沐浴，自然香洁。同上

〔一〕"七月而诞"，四库本、大观本作"七日而诞"，明洪应明《仙佛奇踪》之《寂光镜》卷一亦作"七日而诞"。

临化异香

慧能大师跏趺而化，异香袭人，白虹属地。同上

又

智感禅师化〔一〕，室有异香，经旬不散。

〔一〕"智感禅师化"，四库本、大观本作"智感禅师临化"。《仙佛奇踪》之《寂光境》卷二"智威禅师"条作"仪凤二年，迁住石头城，示灭颜色不变，屈伸如生，室有异香，经旬不散"。

烧沉水〔一〕

纯烧沉水，无令见火。《楞严经》

〔一〕按，此条四库本、大观本皆置于"香严童子"条下，"三种香"条上。

卷 七

宫掖诸香

熏 香考证二则

庄公束缚管仲，以予齐使，受而退。比至，三衅三浴之。注云："以身涂香曰衅，衅或为熏。"《齐语》

魏武《令》云："天下初定，吾便禁家内不得熏香。"《三国志》

西施异香

西施举体异香，沐浴竟，宫人争取其水，积之罂瓮，用洒帷幄，满室皆香。瓮中积久，下有浊滓，凝结如膏。宫人取以晒干，锦囊盛之，佩于宝袜，香逾于水。《采兰杂志》

迫驾香

戚夫人有迫驾香。

烧香礼神

《汉武故事》：昆都王杀休屠王来降，得金人之神，置之甘泉宫。金人者，皆长丈余，其祭不用牛羊，惟烧香礼佛。《汉武故事》

金人即佛，武帝时已崇祀之，不始于成帝也。

龙华香

汉武帝时，海国献龙华香。_{同上}

百蕴香

赵后浴五蕴七香汤，婕妤浴豆蔻汤。帝曰："后不如婕妤体自香。"后乃燎百蕴香，婕妤傅露华百英粉。《赵后外传》

九回香

婕妤又以九回香膏发〔一〕。为薄眉，号远山黛；施小朱，号慵懒妆〔二〕。_{同上}

〔一〕"婕妤又以九回香膏发"，四库本、大观本作"婕妤又沐，以九回香膏发"。题汉伶玄《赵飞燕外传》作"合德新沐，膏九回沉水香为卷发，号新髻"。按，赵合德，赵飞燕之妹，入宫后封婕妤。

〔二〕"号慵懒妆"，四库本、大观本作"号慵来妆"，《赵飞燕外传》同。

坐处余香不歇

赵飞燕杂熏诸香，坐处则余香百日不歇。_{同上}

昭仪上飞燕香物

飞燕为皇后，其女弟在昭阳殿遗飞燕书，曰："今日嘉辰，贵姊懋膺洪册。谨上襚三十五条，以陈踊跃之心。"中有五层金博山炉、青木香、沉水香、香螺卮、九真雄麝香等物。《西京杂记》

绿熊席熏香

飞燕女弟昭阳殿卧内，有绿熊席，其中杂熏诸香。一坐此

席，余香百日不歇。同上

余香可分

魏王操临终遗令曰：“余香可分与诸夫人。诸舍中无所为，学可作履组卖也。”〔一〕《三国志》

〔一〕“学可作履组卖也”，四库本、大观本作“学作履组卖也”。《曹操集·文集》卷三作“可学作组履卖也”。按，此则《三国志》无，周氏误注。

香闻十里

隋炀帝自大梁至淮口，锦帆过处，香闻十里。《炀帝开河记》

夜酣香

炀帝建迷楼，楼上设四宝帐，有夜酣香，皆杂宝所成。《南部烟花记》

五方香床〔一〕

隋炀帝观文殿前，两厢为堂，各十二间。于十二间堂每间列十二宝树〔二〕，前设五方香床，缀贴金玉珠翠。每驾至，则宫人擎香炉在辇前。《锦绣万花谷》

〔一〕“五方香床”，四库本、大观本无“床”字。

〔二〕“每间列十二宝树”，四库本、大观本作“每间十二宝厨”，宋佚名《锦绣万花谷后集》卷三五同。

拘物头花香

大唐贞观十一年，罽宾国献扣物头花，丹紫相间，其香远

闻。《唐太宗实录》

敕贡杜若

唐贞观，敕下度支求杜若。省郎以谢晖诗云"芳洲生杜若"，乃责坊州贡之。《通志》

助情香

唐明皇正宠妃子，不视朝政。安禄山初承圣眷，因进助情花香百粒，大小如粳米而色红。每当寝之际，则含香一粒，助情发兴，筋力不倦。帝秘之曰："此亦汉之慎恤胶也。"《天宝遗事》

叠香为山

华清温泉汤中，叠香为方丈、瀛洲。《明皇杂录》

碧芬香裘

玄宗与贵妃避暑于兴庆宫，饮宴于灵阴树下，寒甚，玄宗命进碧芬之裘。碧芬，出林氏国，乃驺虞与豹交而生。此兽大如犬，毛碧于黛，香闻数里。太宗时，国人致贡，上名之曰"鲜渠上沮"。"鲜渠"，华言"碧"；"上沮"，华言"芬芳"也。《明皇杂录》

浓香触体

宝历中，帝造纸箭竹皮弓，纸间密贮龙麝末香。每宫嫔群聚，帝躬射之，中者浓香触体，了无痛楚。宫中名风流箭，为之语曰："风流箭，中的人人愿。"《清异录》

月麟香

玄宗为太子时，爱妾号鸾儿，多从中贵董逍遥微行。以轻罗造梨花散药，裹以月麟香，号袖里春，所至暗遗之。《史讳录》

凤脑香

穆宗思玄解，每诘旦，于藏真岛焚凤脑香，以崇礼敬。后旬日，青州奏云："玄解乘黄马过海矣。"[一]《杜阳杂编》

〔一〕"乘黄马"，四库本、大观本作"乘黄牝马"，《杜阳杂编》卷中同。

百品香

上崇奉释氏，每春百品香，和银粉以涂佛室。又置万佛山，则雕沉檀珠玉以成之。同上

龙火香

武宗好神仙术，起望仙台，以崇朝礼。复修降真台，焚龙火香，荐无忧酒。同上

焚香读章奏

唐宣宗每得大臣章奏，必盥手焚香，然后读之。本传[一]

〔一〕按，此则见《旧唐书》卷一八下《宣宗本纪》，云："大臣或献章疏，即烧香盥手而览之。"《陈氏香谱》卷三此条即注出"本纪"，周氏注出"本传"，误。

步辇缀五色香囊

咸通九年，同昌公主出降，宅于广化里。公主乘七宝步辇，

四面缀五色香囊〔一〕，囊中贮辟寒香、辟邪香、瑞麟香、金凤香，此香异国所献也。仍杂以龙脑金屑，刻镂水晶、玛瑙、辟尘犀为龙凤〔二〕，其上仍络以珍珠、玳瑁，又金丝为流苏，雕轻玉为浮动。每一出游，则芬馥满路，晶荧照灼，观者眩惑其目。是时，中贵人买酒于广化旌亭〔三〕，忽相谓曰："坐来香气，何太异也？"同席曰："岂非龙脑耶？"曰："非也。余幼给事于嫔御宫，故常闻此香，未知由何而至。"因顾问当炉者〔四〕，遂云："宫主步辇夫，以锦衣换酒于此也。"中贵人共视之，益叹其异。《杜阳杂编》

〔一〕"五色香囊"，《杜阳杂编》卷下同，四库本、大观本作"五色玉香囊"，洪刍《香谱》同。

〔二〕"为龙凤"，四库本、大观本作"为龙凤花"，《杜阳杂编》卷下同。

〔三〕"广化旌亭"，大观本同，四库本作"广化旗亭"，《杜阳杂编》卷下同。

〔四〕"当炉者"，四库本、大观本作"当鑪者"，《杜阳杂编》作"当垆者"，是。

玉髓香

上迎佛骨，焚玉髓之香。香乃诃陵国所贡献也。同上

沉檀为座

上敬天竺教，制二高座，赐新安国寺。一为讲座，一为唱经座，各高二丈，斫沉檀为骨，以漆涂之。同上

刻香檀为飞帘

诏迎佛骨，以金银为宝刹，以珠玉为宝帐香舁，刻香檀为飞

帘、花槛、瓦木、阶砌之类。同上

含嚼沉麝

宁王骄贵，极于奢侈，每与宾客议论，先含嚼沉、麝，方启口发谈，香气喷于席上。《天宝遗事》

升霄灵芝香〔一〕

公主薨，帝哀痛，令赐紫尼及女道冠，焚升霄灵芝之香〔二〕，击归天紫金之磬，以道灵升。同上〔三〕

〔一〕"升霄灵芝香"，四库本、大观本作"升霄灵香"，洪刍《香谱》《陈氏香谱》同。

〔二〕"升霄灵芝之香"，四库本、大观本作"升霄灵之香"，《杜阳杂编》卷下作"升霄降灵之香"。

〔三〕按，此则见《杜阳杂编》卷下，周氏注出《天宝遗事》，误。

灵芳国

后唐龙辉殿，安假山水一铺，沉香为山阜，蔷薇水、苏合油为江海，零、藿、丁香为树林，熏陆为城郭，黄、紫檀为屋宇，白檀为人物，方围一丈三尺，城门小牌曰"灵芳国"。或云平蜀得之者。《清异录》

香　宴

李景保大七年〔一〕，召大臣宗室赴内香宴，凡中国、外夷所出，以至和合、煎饮、佩带、粉囊，共九十二种。江南素所无也。同上

〔一〕"李景"，四库本、大观本作"李璟"，宋陶谷《清异录》

同。按，李璟，南唐中主（943—961 在位），后向后周称臣，去帝号，以保大时间最长（943—957）。

爇诸香昼夜不绝

蜀主王衍奢纵无度，常列锦步障，毬其中[一]，往往远适而外人不知。爇诸香昼夜不绝，久而厌之，更爇皂荚，以乱香气。结缯为山及宫观楼台于其上。《续世说》

〔一〕"毬其中"，宋孔平仲《续世说》卷九作"击毬其中"，《香乘》误脱"击"字。

鹅梨香

江南李后主帐中香法，以鹅梨蒸沉香用之，号鹅梨香。洪刍《香谱》

焚香祝天

后唐明宗，每夕于宫中焚香，祝天曰："某为众所推戴，愿早生圣人，为生民主。"《五代史》

香孩儿营

宋太祖匡胤生于夹马营，赤光满室，营中异香，人谓之曰香孩儿营。《稗雅》

降香岳渎

国朝每岁分遣驿使赍御香，有事于五岳四渎、名山大川，循旧典也。岁二月，朝廷遣使驰驿，有事于海神。香用沉檀，具牲币，主者以祝文告于前，礼毕，使以余香回福于朝。《清异录》[一]

〔一〕按，今本《清异录》无此条，参见《陈氏香谱》卷四"降香岳渎"条相关校记。

雕香为果〔一〕

显德元年，周祖创造供荐之物。世宗以外姓继统，凡百物从厚，灵前看果，雕香为之。同上

〔一〕"雕香为果"，四库本、大观本作"雕香看果"。

香药库

宋内香药库在谂门外，凡二十八库。真宗御赐诗一首为库额曰："每岁沉檀来远裔，累朝珠玉实皇居。今辰御库初开处，充物尤宜史笔书。"〔一〕《石林燕语》

〔一〕"充物"，四库本、大观本作"充牣"，宋叶梦得《石林燕语》卷二同。钞本因"物"、"牣"二字形近致误。

诸品名香

宣政间，有西主贵妃金香〔一〕，乃蜜剂者，若今之安南香是也。

光宗万机之暇，留意香品，合和奇香，号东阁云头香。其次则中兴复古香，以占腊沉香为本，杂以龙脑、麝香、蕾卜之类〔二〕，香味氤氲，极有清韵。

又有刘贵妃瑶英香、元总管胜古香、韩钤辖正德香、韩御带清观香、陈司门木片香，皆绍兴及乾淳间一时之胜耳。

庆元韩平原制阅古堂香，气味不减云头。

番禺有吴监税菱角香，乃不假手捏而成〔三〕，当盛夏烈日中，一日而干，亦一时之绝品。今好事之家有之。《稗史汇编》

〔一〕"有西主贵妃金香"，四库本、大观本作"有西主贵妃金香得名"，明王圻《稗史汇编》卷一五四同。《香乘》引录时脱漏。

〔二〕"麝香蒼卜之类"，四库本作"麝身蒼卜之类"，误。《稗史汇编》卷一五四作"麝香栀花之类"。

〔三〕"不假手捏而成"，四库本、大观本作"不假印，手捏而成"。《稗史汇编》卷一五四作"不假印脱，手捏而成"，是。《香乘》诸本皆有脱漏。

宣和香

宣和时，常造香于睿思东阁。南渡后，如其法制之，所谓东阁云头香也。冯当世在两府，使潘谷作墨，名曰福庭东阁。然则墨亦有东阁云。《癸辛杂识外集》〔一〕

宣和间，宫中所焚异香，有亚悉香、雪香、褐香、软香、瓠香、猊香、眼香等〔二〕。同上〔三〕

〔一〕按，今本《癸辛杂识》无此条，见清潘永因《宋稗类钞》卷三二，然未注出处。

〔二〕"猊香眼香等"，四库本、大观本作"猊眼香等"，明谢肇淛《五杂俎》卷一〇同。

〔三〕按，今本《癸辛杂识》无此条，见明谢肇淛《五杂俎》卷一〇。

行　香

国初行香〔一〕，本非旧制。祥符二年九月丁亥诏曰："宣祖昭武皇帝、昭宪皇后，自今忌前一日不坐朝〔二〕，群臣进名奉慰，寺观行香，禁屠，废务。"累朝因之，今惟行香而已。王铚《燕翼贻谋录》

〔一〕"国初行香"，四库本、大观本同，宋王铚《燕翼诒谋录》卷二作"国忌行香"。

〔二〕"不坐朝",四库本、大观本作"不坐",《燕翼诒谋录》卷二同。《香乘》误衍"朝"字。

赍降御香

元祐癸酉九月一日夜,开宝寺塔表里通明彻旦,禁中夜遣中使赍降御香。《行营杂录》

僧吐御香

艺祖微行,至一小院旁,见一髡大醉,吐秽于道。艺祖密召小珰往某所,觇此髡在否,且以其所吐物状来至御前视之,悉御香也。《铁围山丛谈》

麝香小龙团

金章宗宫中,以张遇麝香小龙团为画眉墨。

祈雨香

太祖高皇帝欲戮僧三千余人,吴僧永隆请焚身以救免。帝允之,令武士卫其龛。隆书偈一首,取香一瓣,书"风调雨顺"四字。语中侍曰:"烦语阶下,遇旱以此香祈雨,必验。"乃秉炬自焚,骸骨不倒,异香逼人,群鹤舞于龛顶上,乃宥僧众。时大旱,上命以所遗香至天禧寺祷雨。夜降大雨,上喜曰〔一〕:"此真永隆雨。"上制诗美之。永隆,苏州尹山寺僧也。《剪胜野闻》

子休氏曰:汉武好道,遐邦慕德,贡献多珍,奇香叠至,乃有辟瘟回生之异,香云起处,百里资灵。然不经史载,或谓非真。固当时秉笔者,不欲以怪异使闻于后世人君耳。但汉制：贡香不满斤不收。似希多而不冀精，遗笑外使。故使者愤愤不再陈，怀异香而返，仅留香豆许示异。一国明皇，风流天子，笃爱助情香。至创作香箭，尤更标新。宣政诸香，极意制造，芳郁殊胜。大都珍异之品，充贡上方者，应上清大雄受供之余，自非万乘之尊，曷能享其熏烈？草野潜夫，犹得于颖楮间，挹其芬馥，殊为幸矣。

〔一〕"上喜曰"，四库本、大观本作"上嘉曰"，明徐祯卿《剪胜野闻》同。

卷 八

香 异

沉榆香

黄帝使百辟群臣受德教者，皆列珪玉于兰席上[一]，燃沉榆之香，舂杂宝为屑，以沉榆之胶和之为泥，以涂地，分别尊卑华戎之位也。《封禅记》

[一] "兰席"，四库本、大观本作"兰蒲席"，晋王嘉《拾遗记》卷一引《封禅记》同。洪刍《香谱》《陈氏香谱》《香国》，亦皆作"兰蒲席"，《香乘》脱漏"蒲"字。

荼芜香

燕昭王二年，波弋国贡荼无香[一]，焚之，着衣则弥月不绝；浸地则土石皆香；着朽木腐草，莫不茂蔚；以熏枯骨，则肌肉立生。时广延国贡二舞女，帝以荼芜香屑铺地四五寸，使舞女立其上，弥日无迹。王子年《拾遗记》

[一] "荼无香"，四库本、大观本作"荼芜香"，此为钞误。

恒春香

方丈山有恒春之树，叶如莲花，芬芳若桂，花随四时之色。昭王之末，仙人贡焉。列国咸贺，王曰："寡人得恒春矣，何忧太清不一！"[一]恒春一名沉生，如今之沉香也。

〔一〕"太清不一"，四库本、大观本同，晋王嘉《拾遗记》卷一〇作"太清不至"。

遏草香

齐桓公伐山戎〔一〕，闻得遏草香者耳聪，花如桂〔二〕，茎如兰。

〔一〕"山戎"，四库本、大观本作"山戎"，是。

〔二〕"闻得遏草香者耳聪，花如桂"，四库本、大观本作"得闻遏草带者耳聪，香如桂"，《拾遗记》卷六作"又有闻遏草，服者耳聪，香如桂"，《太平广记》卷四〇八作"叶如桂"。

西国献香

汉武帝时，弱水西国有人乘毛车，以渡弱水来献香者。帝谓是常香，非中国之所乏，不礼其使，留久之。帝幸上林苑，西使至乘舆间，并奏其香。帝取之看，大如燕卵，三枚，与枣相似。帝不悦，以付外库。后长安中大疫，宫中皆疫病。帝不举乐，西使乞见，请烧所贡香一枚，以辟疫气。帝不得已听之，宫中病者登日病瘥，长安百里，咸闻香气，芳积九十余日，香犹不歇。帝乃厚礼发遣钱送。并张华《博物志》〔一〕

〔一〕"并张华《博物志》"，四库本、大观本无"并"字。按，此条见晋张华《博物志》卷二，上三条则并见《拾遗记》。钞本加"并"字，误。

返魂香

聚窟州有大山，形如人鸟之象，因名为人鸟山。山多大树，与枫木相类，而花叶香闻数百里，名为返魂树。扣其树，亦能自作声，声如群牛吼，闻之者皆心震神骇。其木根心〔一〕，于玉釜中煮取汁，更微火煎如黑饧，令可丸之，名曰惊精香，或名震灵香，或名返魂香，或名震檀香，或名鸟精香〔二〕，或名却死香，一种六名，斯灵物也。香气闻数百里，死者在地，闻香气即活，不复亡也。以香熏死人，更加神验。延和三年，武帝幸安定。西胡月支国王遣使献香四两，大如雀卵，黑如桑椹。帝以香非中国所无〔三〕，付外库。使者曰："臣国去此三十万里，国有常占，东风入律，百旬不休；青云干吕，连月不散者。当知中国时有好道之君。我王固将贱百家而好道儒，薄金玉而厚灵物也。故搜奇蕴而贡神香，步天林而进猛兽，乘毳车而济弱渊，策骥足以度飞沙，契阔途遥，辛劳蹊路，于今已十三年矣。神香起夭残之死疾，猛兽却百邪之鬼魅。"又曰："灵香虽少，斯更生之神丸。疫病灾死者，将能起之，及闻气者即活也。芳芳特甚，故难歇也。"后建元元年，长安城内病者数百，亡者大半。帝试取月支神香烧于城内，其死未三月者皆活，芳气经三月不歇，于是信知其神物也。乃更秘录〔四〕，后一旦又失，捡函封印如故，无复香也。《十洲记》〔五〕

永乐初，传闻太仓刘家河天妃宫有鹤卵〔六〕，为寺沙弥窃烹。将熟，老僧见鹤哀鸣不已，急令取还。经时雏出，僧异之，探其巢，得香木尺许，五彩若锦，持以供佛。后有外国使者见之，以数百金易去，云："是神香也。焚之死人可生。"即返魂香木也。盖太仓近海，鹤自海外负至者。

〔一〕"其木根心"，四库本、大观本作"伐其木根心"，题汉东方朔《海内十洲记》同。钞本误脱"伐"字。

〔二〕"鸟精香"，四库本、大观本作"人鸟精"，《十洲记》同。

〔三〕"非中国所无"，四库本、大观本作"非中国所有"，《十洲记》同。

〔四〕"乃更秘录",四库本、大观本作"乃更秘录余香",《十洲记》同。

〔五〕"《卜洲记》",四库本、大观本作"陆佃《埤雅》"。按,检宋陆佃《埤雅》,无此内容。

〔六〕"鹤卵",四库本、大观本作"鹳卵",文内其余二处"鹤"字,二本亦皆作"鹳"。未知孰是。

庄姬藏返魂香

袁运字子先,尝以奇香一丸与庄姬,藏于笥,终岁润泽,香达于外。其冬,阁中诸虫不死,冒寒而鸣。姬以告袁,袁曰:"此香制自宫中,岂返魂乎?"〔一〕

〔一〕"岂返魂乎",四库本、大观本作"当有返魂乎"。

返魂香引见先灵

大同主簿徐肇〔一〕,遇苏氏子德哥者,自言善为返魂香,手持香炉,怀中以一帖如白檀香末,撮于炉中,烟气袅袅直上,甚于龙脑。德哥微吟曰:"东海徐肇,欲见先灵,愿此香烟为引道。"〔二〕尽见其父母曾高。德哥曰:"但死经八十年以上者,则不可返矣。"洪刍《香谱》

〔一〕"大同主簿",四库本、大观本作"同天主簿"。按,今本洪刍《香谱》无此条,《陈氏香谱》卷一"返魂香"条引"洪氏云"作"司天主簿"。

〔二〕"愿此香烟为引道",四库本、大观本作"愿此香烟,用为引道",《陈氏香谱》卷一"返魂香"条作"愿此香烟,用为道引"。

明天发日香

汉武帝尝夕望东边有云气，俄见双白鹄集台上，化为幼女，舞于台，握凤管之箫，抚落霞之琴，歌青吴春波之曲。帝开暗海玄落之席，散明天发日之香。香出胥池寒国，有发日树，日从云出，云来掩日，风吹树枝，即拂云开日光。《汉武内传》[一]

〔一〕按，四库本、大观本不注出处。检《汉武内传》，无此内容，实见于汉郭宪《洞冥记》卷三。

百和香

武帝修除宫掖，燔百和之香，张云锦之帷，燃九光之灯，列玉门之枣，酌葡萄之酒，以候王母降。同上[一]

〔一〕"同上"，四库本、大观本作"《汉武外传》"。按，此则见《汉武内传》而非《汉武帝外传》。

乾陀罗耶香

西国使献香，名乾陀罗耶香。汉制：不满斤，不得受。使乃私去，着香如大豆许涂宫门上，香自长安四面十里，经月乃歇。

兜木香

兜木香，烧之去恶气，除病疫。汉武帝时，西王母降，上烧兜木香末。兜木香，兜渠国所献，如豆大，涂宫门上，香闻百里。关中大疾，疫死者相枕藉，烧此香，疫则止。《内传》云：死者皆起。此则灵香，非中国所致，标其功用，为众草之首焉。《本草》

西国献香，有返魂香、干陀罗耶香、兜木香，其论形似功效，神异略同。或即一香，诸家载录有异耳。姑并录之，以俟博采。

龙文香

龙文香，武帝时所献，忘其国名。《杜阳杂编》

方山馆烧诸异香

武帝元封中，起方山馆，招诸灵异，乃烧天下异香。有献沉光香、只精香、明庭香、金碑香、涂魂香。帝张青檀之灯，青檀有膏如淳漆，削置器中，以蜡和之，香燃数里。《汉武内传》[一]

> 沉光香，涂魂国贡，暗中烧之有光，故名。性坚实难碎，以铁杵舂如粉而烧之。只精香，亦出涂魂国，烧之魑魅畏避。明庭香，出胥池寒国。金香，金日䃅所制，见下。涂魂香，以其国名之。

〔一〕"《汉武内传》"，四库本、大观本未注出处。按，此则不见于《汉武内传》，而见于《洞冥记》卷二。文中"起方山馆"，原作"起方山像"；"只精香"，原作"精只香"。明吴从先《香本纪》"青檀膏"条与此内容略同，然未注出处。

金碑香

金日碑既入侍，欲衣服香洁，变胡虏之气，自合此香，帝果悦之。日碑常以自熏，宫人见之，益增其媚。《洞冥记》

熏肌香

熏人肌骨，至老不病。《洞冥记》[一]

〔一〕按，今本《洞冥记》无此条。洪刍《香谱》及《陈氏香谱》均收录"熏肌香"，注出《洞冥记》。疑周氏自彼移录。

天仙椒香彻数里

虏苏割剌在荅鲁之右大泽中，高百寻，然无草木，石皆赭色。山产椒，椒大如弹丸，燃之香彻数里。每燃椒，则有鸟自云际蹁跹而下，五色辉映，鸟盖凤凰种也。昔汉武帝遣将军赵充国破匈奴，得其椒。不能解，诏问东方朔。朔曰："此天仙椒也。塞外千里有之，能致凤。"武帝植之太液池。至元帝时，椒生果，有异鸟翔集。《敦煌新录》

神精香

光和元年，波岐国献神精香，一名荃蘼草，亦名春芜草。一根而百条，其枝间如竹节柔软，其皮如丝，可为布，所谓春芜布，又名白香荃布。坚密如冰纨也，握之一片，满宫皆香。妇人带之，弥年芬馥。《鸡跖集》

辟寒香

丹丹国所出，汉武帝时入贡。每至大寒，于室焚之，暖气翕然。自外而入，人皆减衣。任昉《述异记》

寄辟寒香

齐凌波以藕丝连螭锦作囊，四角以凤毛金饰之，实以辟寒香，为寄钟观玉。观玉方夜读书，一佩而遍室俱暖，芳香袭人。《琅嬛记》[一]

〔一〕"《琅嬛记》"，四库本、大观本作"《清异录》"。按，此则见元伊世珍《琅嬛记》卷上引《林下诗谈》，今本《清异录》无此条。

飞气香

飞气之香、玄脂朱陵返生之香、真檀之香，皆真人所烧之香也。《三洞珠囊隐诀》

蔷薇香

汉光武建武十年，张道陵生于天目山。其母初梦大人[一]，自北魁星中降至地[二]，长丈余，衣绣衣，以蔷薇香授之。既觉，衣服居室，皆有异香，经月不散。感而有孕，及生日，黄云笼室，紫气盈庭，室中光气如日月，复闻昔日之香，浃日方散。《列仙传》[三]

〔一〕"初梦大人"，四库本、大观本同，据《类说》引《高道传》及《历世真仙体道通鉴》卷一八，应作"天人"。参见《海录碎事》及《陈氏香谱》"蔷薇香"条相关校记。

〔二〕"北魁星"，四库本、大观本同。《历世真仙体道通鉴》卷一八作"北斗魁星"。

〔三〕"《列仙传》"，四库本、大观本同。按，题汉刘向《列仙传》无此内容，实见于元赵道一《历世真仙体道通鉴》卷一八"张天师"条。

蘅芜香

汉武帝息延凉室，梦李夫人授帝蘅芜香。帝梦中惊起，香气犹着衣枕间，历月不歇。帝谓遗芳梦。《拾遗记》

平露金香

右司命君王易度，游于东板广昌之城长乐之乡，天女灌以平露金香、八会之汤、琼凤玄脯。《三洞珠囊》[一]

〔一〕按，《三洞珠囊》无此内容，参见洪刍《香谱》“金香”条相关校记。

诃黎勒香

高仙芝伐大树，得诃黎勒香五六寸，置抹肚中。仙芝觉，以为祟〔一〕，欲弃之。问大食长老，长老云：“此香人带，一切病消。其作痛者，吐故纳新也。”〔二〕

〔一〕“仙芝觉以为祟”，四库本、大观本作“觉腹痛，仙芝以为祟”，明吴从先《香本纪》“诃黎勒”条同。

〔二〕按，此条未注出处，疑从《香本纪》移录而来。《太平广记》卷四一四引唐戴孚《广异记》云：“高仙芝伐大食，得诃黎勒，长五六寸。初置抹肚中，便觉腹痛，因快痢十余行。初谓诃黎勒为祟，因欲弃之。以问大食长老，长老云：‘此物人带，一切病消。痢者，出恶物耳。’仙芝甚宝惜之，天宝末被诛，遂失所在。”据此乃知《香本纪》《香乘》俱误。

李少君奇香

帝事仙灵惟谨，甲帐前置玲珑十宝紫金之炉，李少君取彩蜃之血、丹虹之涎、灵鼍之膏〔一〕、阿紫之丹，捣幅罗香草，和成奇香。每帝至坛前，辄烧一颗，烟绕栋梁间，久之不散。其形渐如水纹，顷之蛟龙鱼鳖，百怪出没其间，仰视股栗。又燃灵音之烛，众乐迭奏于火光中。不知何术。幅罗香草，出贾超山。《奚囊橘柚》

〔一〕“灵鼍之膏”，四库本、大观本作“灵龟之膏”，宛委山堂本《说郛》卷三一引宋佚名《奚囊橘柚》同。

如草香[一]

如草香，出繁缋。妇人佩之，则香闻数里；男子佩之则臭。海上有奇丈夫，拾得此香，嫌其臭，弃之。有女子拾去，其人迹之，香甚，欲夺之。女子疾走，其人逐之不及，乃止。故语曰："欲知女子强，转臭得成香。"《吕氏春秋》云"海上逐臭之夫"，疑即此事。同上

[一] "如草香"，四库本、大观本作"如香草"，下文二本亦作"如香草"。《奚囊橘柚》作"女香草"，是。

石叶香

魏文帝以文车十乘迎薛灵芸，道侧烧石叶之香。其香重叠，状如云母，香气辟恶疠之疾。此香腹题国所进。《拾遗记》

都夷香

香如枣核，食一颗历月不饥。以粟许投水中，俄满大盂也。《洞冥记》

茵墀香

汉灵帝熹平三年，西域献茵墀香，煮为汤辟疠。宫人以之沐浴，余汁入渠，名曰"流香渠"。《拾遗记》

九和香

天人玉女捣和天香，特擎玉炉，烧九和之香[一]。《三洞珠囊》

[一] 按，此条钞本与四库本、大观本有异同，然与《三洞珠囊》原文亦皆有异同。《三洞珠囊》卷四云："《大劫上经》云：'天人玉女，持罗天香案，敬治玉之炉，烧九和之香也。"

五色香烟

许远出游，烧香皆五色香烟。同上

千步香

南海山出千步香，佩之香闻千步。今海隅有千步草，是其种也。叶似杜若，而红碧间杂。贡借曰："南郡贡千步香。"《述异记》

百濯香

孙亮作绿琉璃屏风，甚薄而莹彻，每于月下清夜舒之。常宠四姬，皆振古绝色。一名朝姝[一]，二名丽居，三名洛珍，四名洁华。使四人坐屏风内，而外望之，了无隔碍，惟香气不通于外。为四人合四气香，殊方异国所出，凡经践蹑宴息之处，香气沾衣，历年弥盛，百浣不歇，因名曰"百濯香"。或以人名香，故有朝姝香、丽居香、洛珍香、洁华香。亮每游，此四人皆同舆席，来侍皆以香名前后为次，不得乱之。所居室名"思香媚寝"。《拾遗记》

〔一〕"朝姝"，四库本、大观本作"朝姝"，下文"朝姝香"，亦作"朝姝香"。按，《拾遗记》卷八与二本同，钞本因二字形近致误。

西域奇香

韩寿为贾充司空掾，充女窥寿而悦焉。因婢通殷勤，寿逾垣而至。时西域贡奇香，一着人经月不歇。帝以赐充，其女密盗以遗寿。充闻其香馥，知女与寿通，遂秘之，即以女妻寿。《晋书·贾充传》

韩寿余香

唐晅妻亡，悼念殊甚。一夕，复来相接，如平生欢。至天明诀别整衣，闻香郁然，不与世同。晅问："此香何方得？"答曰："韩寿余香。"《广艳异编》

罽宾国香

咸通中，崔安潜以清德峻望为时镇，宰相杨收师重焉。杨召崔饮，见厅铺陈华焕，左右执事皆双环珠翠，前置香一炉，烟出成楼台之状。崔别闻一香气，似非炉烟及珠翠所有者，心异之，时时四顾，终不喻香气。移时，杨曰："相公意似别有所瞩。"崔公曰："某觉一香气，异常酷烈。"杨顾左右，令于厅东间阁子内缕金案上，取一白角碟子，盛一漆毬子，呈崔曰："此是罽宾国香。"崔大奇之。《卢氏杂记》[一]

〔一〕按，《太平广记》卷二三七此条注出《卢氏杂说》。

西国异香

僧守亮通《周易》，李卫公礼敬之。亮终时，卫公率宾客致祭。适有南海使送西国异香，公于龛前焚之。其烟如弦，穿屋而上，观者悲敬。《语林》

香玉辟邪

唐肃宗赐李辅国香玉辟邪二，各高一尺五寸，奇巧殆非人间所有。其玉之香，可闻于数百步。虽锁于金函石匮，终不能掩其气。或以衣裾误拂，则芬馥经年，纵浣濯数四，亦不消歇。辅国常置于座侧。一日，方巾栉，而辟邪忽一大笑、一悲号。辅国失据，而辗然者不已，悲号者更涕泗交下。辅国恶其怪，碎之如粉。其辅国所居里巷，酷烈弥月犹在，盖春之为粉而愈香故也。不周岁，而辅国死焉。初碎辟邪时，辅国嬖孥慕容宫人，知异常香，私隐屑二合。鱼朝恩以钱三十万买之。及朝恩将伏诛，其香化为白蝶，升天而去。《唐书》

刀圭第一香

唐昭宗尝赐崔胤香一黄绫角，约二两。御题曰"刀圭第一香"。酷烈清妙，焚豆大许，亦终日旖旎。盖咸通中所制，赐同昌公主者。《清异录》

一国香

赤土国在海南，出异香。每烧一丸，香闻数百里，号一国香。《诸番记》

鹰嘴香—名吉罗香

番禺牙侩徐审，与舶主何吉罗洽密，不忍分别。临岐，出鸟嘴尖者三枚赠审[一]，曰："此鹰嘴香也，价不可言。当时疫，于中夜焚一颗，则举家无恙。"后八年，番禺大疫，审焚香，阖户独免。余者供事之，呼为"吉罗香"。《清异录》

〔一〕"出鸟嘴尖者"，四库本、大观本作"出如鸟嘴尖者"，《清异录》作"出如鸟觜尖者"。钞本脱漏"如"字。

特迦香

马愈云：余谒西域使臣，乃西域钵露那国人也。坐卧尊严，言语不苟，饮食精洁，遇人有礼。茶叙毕，余以天蚕丝所缝折叠葵叶扇奉之。彼把玩再四，拱手笑谢，因命侍者移熏炉在地中，枕内取出一黑小盒，启香爇之。香虽不多，芬芳满室，即以小盒盛香一枚见酬，云："此特迦香也，所爇者即是。佩服之，身体常香，神鬼畏服。香经百年不坏，今以相酬，只宜收藏护体，勿轻焚爇。国语特迦，唐言辟邪香也。"余缔视之，其香细腻淡白，形如雀卵，嗅之甚香。连盒受之，拜手相谢。辞退间，使臣复降床蹑履，再揖而出。归家，爇粒米许，其香闻于邻屋，经四五日不歇。连盒奉于母，先母纳箧笥中，衣服皆香。十余年后，余尚见之。先母即世，箧中惟盒存而香已失矣。《马氏日抄》

卷　九

香事分类 上

天文香

香　风

瀛洲时有香风，冷然而起[一]，张袖而受，则历年不歇，着肌肤必软滑。《拾遗记》

〔一〕"冷然"，四库本、大观本作"泠然"，《拾遗记》卷一〇同。钞本因二字形近而致误。按，今本《拾遗记》无"着肌肤必软滑"句，见《太平御览》卷九引《拾遗记》。

香　云

员峤山西有星池，池有烂石，常浮于水边。其色红，质虚似肺，烧之有烟，香闻数百里。烟气升天，则成香云；遍润则成香雨。《物类相感志》

香　雨

萧总遇神女，后逢雨，认得香气，曰："此从巫山来。"《穷怪录》

香　露

炎帝时，百谷滋阜，神芝发其异色，灵苗擢其嘉颖。陆地丹

蕖，骈生如盖，香露滴沥，下流成池。《拾遗记》

神女擎香露

孔子当生之夜，二苍龙亘天而下，附征在之房，因而生夫子。有二神女擎香露，空中而下，以沐浴征在。同上

地理香

香　山

广东德庆州有香山，生香草。《一统志》

香　水

香水在并州，其水香洁，浴之去病。

吴故宫亦有香水溪，俗云西施浴处，呼为脂粉塘。吴王宫人濯妆于此溪，上源至今馨香。

古诗云："安得香水泉，濯郎衣上尘。"

俗说魏武帝陵中亦有泉，谓之香水。《述异记》

香　溪

归州有昭君村，下有香溪。俗传因昭君浴，草木皆香。《唐书》

明妃，秭归人。临水而居，恒于溪中盥手，溪水尽香，今名香溪。《下帷短牒》

曹溪香

梁天监元年，有僧知药，泛舶至韶州曹溪水口，闻其香，尝其味，曰："此水上流有胜水。"遂开山立名宝林，乃云："此去百七十里〔一〕，当有无上法宝，在此演法。"今六祖南华是也。《五

〔一〕"此去百七十里",四库本、大观本作"此去百七十年",明凌稚隆《五车韵瑞》卷一三同。钞本误。

香 井

卓文君闺中一井,文君手自汲则甘香,沐浴则滑泽鲜好。他人汲之,则与常井等。《采兰杂志》

泰山有上中下三庙,庙前大井,水极香冷,异于凡井〔一〕。不知何代所掘。《从征记》

〔一〕"异于凡井",四库本、大观本同,《初学记》卷五引南朝宋伍缉之《从征记》作"异于凡水"。

浴汤泉异香

利州平痢镇汤泉,胜他处,云是朱砂汤,他则硫黄也。昔有两美人来浴,既去,异香馥郁,累日不散。

香 石

卞山在湖州山下,有无价香。有老母拾得一文石,光彩可爱,偶堕火中,异香闻于远近。收而宝之,每投火中,异香如初。洪谱〔一〕

〔一〕按,今本洪刍《香谱》无此条,见《陈氏香谱》卷一"文石香"条引"洪氏云"。又按,"湖州",《陈氏香谱》作"潮州"。

湖石炷香

观州倅武伯英,尝得宣和湖石一,窍窍穿漏,殆若神劖鬼凿。炷香其下,则烟气四起,散布盘旋石上,浓淡霏拂,有烟江

叠嶂之韵。《元遗山集》

灵璧石收香

灵璧石能收香。斋阁之中置之，香云终日不散。《格古要论》

张香桥

张香桥，昔有女子名香，与所欢会此，故名。一曰女子姓张，名香。《荻楼杂抄》

香木梁

佛林国王都城八十里，门高二十丈，以香木为梁，黄金为地。

香　城

香城金简，龙宫玉牒。《三教论》

香柏城

孟养之地，名香柏城。《一统志》

沉香洞

新都白岳山，有沉香洞。本志[一]

[一] 见明鲁点《齐云山志》卷一，其下注云："在骆驼峰腹。"按，齐云山，古称白岳。

香　洲

香洲，在朱崖郡洲中。出诸异香，往往不知名焉。《述异记》

香　林

日南郡有千亩香林，名香往往出其中。同上

香　户

南海郡有采香户。《述异记》

香　市[一]

海南，俗以贸香为业。《东坡集》[二]

成都府，十二月中皆有市，六月为香市。《成都记》

日南有香市，商人交易诸香处[三]。《述异记》[四]

〔一〕按，此条四库本、大观本在"香户"条前。

〔二〕按，此则四库本、大观本归入"香户"条下，且四库本误注出《东城集》。实见于《苏轼诗集合注》卷四一《和陶劝农》诗序。

〔三〕此条钞本原无，据四库本、大观本补录。

〔四〕"《述异记》"，四库本、大观本原作"同上"，见《述异记》卷下。今因条目变动，改注书名。

香　界

佛寺曰香界，亦曰香阜。因香所生，以香为界。《楞严经》

众香国

宋米元章临逝，端坐合掌曰："众香国里来，众香国里去。"
米襄阳《志林》

草木香

遥香草

岱舆山有遥香草，其花如丹，光耀如月，叶细长而白，如忘忧之草。其花叶俱香，扇馥数里，故名曰遥香草。《拾遗记》

家蘖香

家蘖，叶大而长，开红花作穗，俗呼草豆蔻。其叶甚香，俗以蒸米粿。《本草》[一]

〔一〕按，检诸种《本草》，无此内容。四库本、大观本不注出处。

兰　香

一名水香，生大吴池泽，叶似兰，尖长有岐，花红白而香。俗呼为鼠尾香，煮水浴，以治风。《香谱》[一]

〔一〕按，见洪刍《香谱》卷上"兰香"条，出《神农本草经》。

蕙　香

《广志》云："蕙花，紫茎绿叶，魏文帝以为香烧之。"

上兰香、蕙香，乃都梁之属，非幽兰芳蕙也。

兰为香祖

兰虽吐一花，室中亦馥郁袭人，弥旬不歇。故江南人以兰为香祖。《清异录》

兰 汤

五月五日，以兰汤沐浴。《大戴礼》

浴兰汤兮沐芳。《楚辞》

兰 佩

纫秋兰以为佩。《楚辞》

《礼记》曰："佩帨茝兰。"

兰 畹

既滋兰之九畹兮，又树蕙之百亩。《楚辞》

兰 操

孔子自卫反鲁，隐谷之中，见香兰独茂，喟然叹曰："夫兰，当为王者香。今乃独茂，与众草为伍。"乃止车，援琴鼓之，自伤不逢时，托辞于幽兰云。《琴操序》

蘼芜香

蘼芜香草，一名薇芜，似蛇床而香。骚人借以为譬，魏武以藏衣中。

三花香

三花香，嵩山仙花也。一年三花，色白。道士所植也。

五色香草

济阴园客种五色香草，服其实。忽有五色蛾集，生华蚕，蚕食香草，得茧大如瓮。有女来助缫，缫讫，女与客俱仙。《述异记》

八芳草

宋艮岳八芳草，曰金娥，曰玉蝉，曰虎耳，曰凤毛[一]，曰素馨，曰渠那，曰茉莉，曰含笑。《艮岳记》

[一]"曰凤毛"，四库本、大观本作"曰凤尾"，宋张淏《艮岳记》列八芳草名，亦作"凤尾"。

聚香草

独角仙人，居渝州仙池，池边起楼，聚香草植楼下。《渝州图经》

芸薇香

芸薇，一名芸芝。宫人采带其茎叶，香气历月不散。《拾遗记》

钟火山香草

钟火山有香草。汉武思李夫人，东方朔献之。帝怀之梦见，因名怀梦草。

蜜香花

生天台山，一名土常香。苗茎甚甘，人用为药，香甜如蜜。

百草皆香

于阗国，其地百草皆香。

威　香

威香，瑞草，一名葳蕤。王者礼备，则生于殿前。又云：王者爱人命则生。《孙氏瑞应图》

真香茗

巴东有真香茗，其花白花，如蔷薇。煎服令人不眠，能诵无忘。《述异记》

人参香

邵化及为高丽国王治药，云："人参极坚，用斧断之，香馥一殿。"孔平仲《谈苑》

睡　香

庐山瑞香花，始缘一比丘昼寝盘石上，梦中闻香气，酷烈不可名。既觉，寻香求之，因名"睡香"。四方奇之，谓乃花中祥瑞，遂以"瑞"易"睡"。《清异录》

牡丹香名

庆天香　西天香　丁香紫　莲香玉　玉兔天香

芍药香名

蘸金香　叠英香　掬香琼　拟香英　聚香丝

御蝉香

御蝉香，瓜名。

万岁枣木香

三佛齐产万岁枣木香。树类丝瓜，冬取根，晒干则香。《一统志》

金荆榴木香

隋炀帝令朱宽等征琉球，得金荆榴木数十斤，色如真金，密致而文采盘蹙如美锦，甚香。极细[一]，可以为枕及案面，虽沉、檀不能及。《朝野佥载》

〔一〕"极细"，四库本、大观本同。《太平广记》卷四八二引唐张鷟《朝野佥载》作"极精"，是。

素松香

密县有白松树一株，神物也。松枯枝极香，名素松香。然不敢妄取，取则不利。县令每祭祷取之，制带甚香。《蜜县志》[一]

〔一〕"《蜜县志》"，四库本、大观本作"《密县志》"，是。钞本因二字音同形近致误。

水松香

水松，叶如桧而细长，出南海。土产众香，而此木不大香，故彼人无佩服者。岭北人极爱之，然爱其香殊胜在南方时[一]。植物无情者也，不香于彼而香于此，岂屈于不知己而伸于知己者与？物类之难穷者如此。《南方草木状》

〔一〕"然爱其香殊胜在南方时"，四库本、大观本同。晋嵇含《南方草木状》卷中"水松"条无"爱"字，是。《香乘》引录时误衍。

女香树

影娥池有女香树，细枝叶。妇人带之，香终年不减；男子带之，则不香。《华夷花木考》

水松异地则香，女香因人而馥。草木，无情之物，其征异如此。八卷内，如香草亦然。

七里香

树婆娑略似紫薇，蕊如碎珠，红色，花如蜜色。清香袭人，置发间久而益馥。捣其叶，可染甲，色颇鲜红。《仙游县志》

君迁香

君迁子，生海南。树高丈余，其实中有乳汁，甘美香好。

香艳各异

明皇沉香亭前牡丹，一枝二头，朝深碧，暮深黄，夜粉白，香艳各异。帝曰："此花木之妖。"赐杨国忠，以百宝为栏。《华夷花木考》

木犀香

采花阴干，以合香，甚奇。

方载十八卷内。

木兰香

生零陵山谷及泰山，一名林兰，一名杜兰。状如楠，皮似桂而甚薄，味辛香。道家用以合香。

月桂子香

月桂子，今江东诸处，至四五月后，每于衢路得之。大如狸豆，破之辛香。古老相传是月中下也。《本草》

海棠香国

海棠，故无香，独昌州地产者香，乃号海棠香国。有香霏亭。

桑椹甘香

张天锡为凉州刺史，为符坚所擒[一]，后于寿阳俱败。至都，为孝武所器，每入言论，无不竟日，颇有嫉己者。于坐问张："北方何物可贵？"张曰："桑椹甘香，鸱鸮革响，淳酪养性，人无嫉心。"《世说新语》

〔一〕"符坚"，四库本、大观本此条仅有"张天锡云"以下4句。《世说新语》卷上《言语》作"符坚"。

栗有异香

殷七七游行天下，人常见之[一]，不测其年寿。偶于酒间，以二栗为令，接者皆闻异香。《续仙传》

〔一〕"人常见之"，四库本、大观本作"人言久见之"。南唐沈汾《续仙传》卷下作"人久见之"。

必栗香

内典云：必栗香，为花木香，又名詹香。生高山中，叶如老椿。叶落水中，鱼暴死。木取为书轴，辟蠹鱼，不损书。《本草》

桃　香

史论出猎，至一县界，憩兰若中，觉香气异常，访其僧。僧云："是桃香。"因出桃㕥论。仍共至一处，奇泉怪石，非人境也。有桃数百株，枝干拂地，高二三尺，异于常桃，其香破鼻。《酉阳杂俎》

桧香蜜

亳州太清宫，桧至多，桧花开时，蜂飞集其间，作蜜极香，谓之桧香蜜。欧阳公守亳州时，有诗云："蜂采桧花村落香。"《老学庵笔记》

三名香

千年松，香闻十里，谓之十里香，亦谓之三名香。《述异记》

杉 香

宋淳熙间，古杉生花，在九座山，其香如兰。《华夷花木考》

槟榔苔宜合香

西南海岛〔一〕，生槟榔木上，如松身之艾蒳，单爇不佳。交阯人用以合泥香，则能成温磨之气。功用如甲香。《桂海虞衡志》

〔一〕"西南海岛"，宋范成大《桂海虞衡志》作"出西南海岛"，《香乘》脱"出"字。

苔 香

太和初，改葬基法师。初开冢，香气袭人，侧卧砖台上，形如生。砖上苔厚二寸，金色，气如旃檀。《酉阳杂俎》

鸟兽香
闻香倒挂鸟

爪哇国有倒挂鸟，形如雀而羽五色。日间焚好香，则收而藏之羽翼，夜间则张翼尾而倒挂，以放香。《星槎胜览》

越王鸟粪香

越王鸟，状似鸢，口勾末，可受二升许。南人以为酒器，珍如文螺。此鸟不践地，不饮江湖，不啄百草，不饵鱼虫，惟噉木叶。粪似熏陆香，南人取之，既以为香，又治杂疮。竺法真《登罗山疏》

香 象

百丈禅师曰："如香象渡河，截流而过，无有滞碍。"慧忠国师云："如世大匠，斤斧不伤其手。香象所负，非驴能堪。"

牛脂香

《周礼》云："春膳膏香。"注："牛脂香。"

骨咄犀香

骨咄犀，以手摩之，作岩桂香。若摩之无香者，伪物也。《云烟过眼录》

骨咄犀，碧犀也。色如淡碧玉，稍有黄色，其文理似角，扣之声清越如玉，磨刮嗅之，有香。《格古论》

灵犀香

通天犀角，镑少末与沉香同爇，烟气袅袅直上，能抉阴云而睹青天。《抱朴子》云："通天犀角，有白理如线，置米中，群鸡往啄米，见犀辄惊却。故南人呼为骇鸡犀也。"

香 猪

香猪，建昌、松潘俱出，小而肥，其肉香。《益都谈资》[一]

〔一〕"《益都谈资》"，四库本、大观本作"《益部谈资》"，是。见明何宇度《益部谈资》卷上。

香 猫

契丹国产香猫，似土豹，粪溺皆香如麝。《西使记》

香 狸

香狸，一名灵狸，一名灵猫，生南海山谷。状如狸，自为牡牝，其阴如麝，功亦相似。

灵狸一体，自为阴阳。刳其水道连囊，以酒洒阴干，其气如麝。若入麝中，罕能分别，用之亦如麝焉。《异物志》

狐足香囊

习凿齿从桓温出猎，时大雪，于江陵城西，见草上有气出，伺一物射之，应弦而毙。往取之，乃老雄狐也，足上带绛缯香囊。《渚宫故事》

狐以名香自防

胡道洽，体有臊气，恒以名香自防。临绝，戒弟子曰："勿令犬见。"敛毕棺空，时人咸谓狐也。《异苑》

猿穴名香数斛

梁大同末，欧阳纥探一猿穴，得名香数斛，宝剑一双，美妇人三十辈，皆绝色。凡世所珍，靡不充备。《续江氏传》

獭掬鸡舌香

宋永兴县吏钟道，得重疾初瘥，情欲倍常。先悦白鹤墟中女子，至是犹存想焉。忽见此女振衣而来，即与燕好。复数至，道曰："吾甚欲鸡舌香。"女曰："何难?"乃掬满手以授道。道邀女同含咀之，女曰："我气素芳，不假此。"女子出户，犬忽见随，咋杀之，乃是老獭。《广艳异编》

香 鼠

中州产香鼠，身小而极香。

香鼠至小，仅如指擘大，穴于柱中。行地上，疾如激箭。《桂海虞衡志》

蜜县出香鼠[一]，阴干为末，合香甚妙。乡人捕得，售制香者。《蜜县志》

〔一〕"蜜县"，四库本、大观本同。按，明代成化、万历、崇祯年间曾三修《密县志》，惜此三种志书现俱不存。据《嘉庆密县志》卷一一"香鼠"条引《书影》《中州杂俎》《字典》三书，云密县山中多有香鼠，是香鼠产于密县无疑。《香乘》误作"蜜县"，注出《蜜县志》，亦误。

蚯蚓一夜香

孟州王双，宋文帝元嘉初，忽不欲见明。常取水沃地，以菰蒲覆上，眠息饮食，悉入其中。云：恒有女着青裙白襦，来就寝，每听荐下历历有声，发之，见一青色白缨蚯蚓，长二尺许。云："此女常以夜香见遗，气甚清芳。"夜乃螺壳，香则菖蒲根，于是咸以双为卓螽矣。《广艳异编》[一]

〔一〕“《广艳异编》”，四库本、大观本作“《异苑》”。按，此条见明吴震东《广艳异编》卷二五“王双”条，未注出处。实出自南朝宋刘敬叔《异苑》卷八，文字略有同异。

卷一○

香事分类_下

香事分类_下

宫室香

采香径

吴王阖闾起响屧廊、采香径。《郡国志》

披香殿

《汉宫阙名》："长安有合欢殿、披香殿。"同上

柏梁台

汉武帝作柏梁台，以柏为之，香闻数里。

桂　柱

武帝时，昆明池中有灵波殿七间，皆以桂为柱，风来自香。

《洞冥记》

兰　室

黄帝传岐伯之术，书于玉版，藏诸灵兰之室。

兰　台

楚襄王游于兰台之宫。《风赋》

龙朔中，改秘书省曰兰台。

兰 亭

王右军诸贤修禊，会于会稽山阴之兰亭。

温 室

温室，以椒涂壁，被之文绣，香桂为柱，设火齐屏风、鸿羽帐，规地以罽宾氍毹。《西京杂记》

温香渠

石虎为四时浴室，用瑜石、珷玞为堤岸，或以琥珀为瓶勺。夏则引渠水以为池，池中皆以纱縠为囊，盛百杂香药，渍于水中。严冰之时，作铜屈龙数十枚，烧如火色，投于水中，则池水恒温，名曰"焦龙温池"。引凤文锦步障萦蔽浴所，共宫人宠嬖者解媟服宴戏，弥于日夜，名曰"清娱浴室"。浴罢，泄水于宫外，水流之所，名曰"温香渠"。渠外之人，争来汲取，得升合以归，家人莫不怡悦。《拾遗记》

宫殿皆香

西域有报达国，其国俗富庶，为西域冠。宫殿皆以沉、檀、乌木、降真为之，四壁皆饰以黑白玉，金珠珍贝，不可胜计。《西使记》

大殿用沉檀香贴遍

隋开皇十五年，黔州刺史田宗显造大殿一十三间，以沉香贴遍，中安十三宝帐，并以金宝严庄。又东西二殿，瑞像所居，并

用檀贴，中有宝帐花距[一]，并用真金贴成[二]。穷极宏丽，天下第一。《三宝感通录》

〔一〕"宝帐花距"，四库本、大观本同，《集神州三宝感通录》卷中作"宝帐花炬"。

〔二〕"真金贴成"，四库本、大观本及《三宝感通录》皆作"真金所成"。

沉香堂

杨素东都起宅，穷极奢巧，中起沉香堂。《隋书》[一]

〔一〕"《隋书》"，四库本、大观本不注出处。按，《隋书》无此内容，实见于《太平广记》卷三六一引《广古今五行记》。

香涂粉壁

秦王俊盛治宫室，穷极侈丽。又为水殿，香涂粉壁，玉砌金阶，梁柱楣栋之间，周以明镜，间以宝珠，极营饰之美。每与宾客妓女，弦歌于其上。同上

沉香亭

唐明皇与杨贵妃于沉香亭赏木芍药，不用旧乐府，召李白为新词。白献《清平调》词三章。《天宝遗事》[一]

〔一〕"《天宝遗事》"，四库本、大观本不注出处，今本《开元天宝遗事》亦无此内容。见《太平广记》卷二〇四"李龟年"条引《松窗录》，然字词多不同。

四香阁

杨国忠用沉香为阁，檀香为栏，以麝香、乳香筛土和为泥饰

壁。每于春时木芍药盛开之际，聚宾友于此阁上赏花焉。禁中沉香亭，远不侔此壮丽也。同上

四香亭

四香亭在州治。淳熙间，赵公建自题云："永嘉何希深之言曰：'荼蘼香春，芙蕖香夏，木犀香秋，梅花香冬。'"《华夷续考》

含熏阁

王元宝起高楼，以银镂三棱屏风代篱落，密置香槽，香自花镂中出，号含熏阁。《清异录》

芸辉堂

元载末年，造芸辉堂于私第。芸辉者，草名也，出于阗国。其香洁白如玉，入土不朽烂，舂之为屑，以涂其壁，故号芸辉焉。而更构沉、檀为梁栋，饰金银为户牖。《杜阳杂编》

起宅刷酒散香

莲花巷王珊起宅，毕其门，刷以淳酒，更散香末，盖礼神之至。《宣武盛事》

礼佛寺香壁

天方，古筠冲地，一名天堂国。内有礼佛寺，墙壁皆蔷薇露、龙涎香和水为之，馨香不绝。《方舆胜览》

三清台焚香

王审知之孙昶，袭为闽王，起三清台三层，以黄金铸像，日

烧龙脑、熏陆诸香数斤。《五代史》

绣香堂

汴废宫有绣香堂、清香堂。《汴故宫记》

郁金屋

戴延之《西征记》云："洛阳城有郁金屋。"

饮香亭

保大二年，国主幸饮香亭，赏新兰，诏苑令取沪溪美土，为馨烈侯拥培之具。《清异录》

沉香暖阁

沉香连三暖阁，窗槅皆镂花，其下替板亦然。下用抽替，打篆香在内，则气芬郁，终日不散。前后皆施锦绣，帘后挂屏皆官窑[一]。其侈靡举世未有，后归之福邸。《云烟过眼录》

〔一〕"前后皆施锦绣帘后挂屏皆官窑"，宋周密《云烟过眼录》卷下作"前后皆施锦绣帘挂，瓶皆官窑"。

迷香洞

史凤，宣城美妓也。待客以等差，甚异者有迷香洞、神鸡枕、锁连灯[一]，次则交红被、传香枕、八分羊。下列不相见，以闭门羹待之，使人致语曰："请公梦中来。"冯重客于凤[二]，馨囊有铜钱三十万，尽纳，得至迷香洞。题《九迷》诗于照春屏而归。《常新录》

〔一〕"锁连灯"，四库本、大观本及《云仙散记》引《常新录》

皆作"锁莲灯",是。钞本以二字音同形近致误。

〔二〕"冯重客于凤",四库本、大观本及《云仙散记》引《常新录》皆作"冯垂客于凤"。钞本以二字形近致误。

厨 香

唐驸马宠于太后,所赐厨料甚盛,乃开回仙厨。厨极馨香,使仙人闻之,亦当驻也,故名"回仙"。《解醒录》

厕 香

刘实诣石崇,如厕,见有绛纱帐,茵褥甚丽,两婢持锦香囊。实遽却走,谓崇曰:"向误入卿室内。"崇曰:"是厕耳。"《世说》

又,王郭至石季伦厕[一],十余婢侍列,皆丽服藻饰。置甲煎粉、沉香汁之属,无不毕备。《癸辛杂识外集》

〔一〕"王郭",四库本、大观本作"王敦",是。钞本以二字形近致误。按,今本《癸辛杂识》无此条,实见于《世说新语》卷下《汰侈》。

身体香

肌 香

旋波、移光,越之美女,与西施、郑妲同进于吴王。肌香体轻,饰以珠幌,若双鸾之在烟雾。

涂肌拂手香

二香俱出真腊、占城。土人以脑、麝诸香捣和而成,或以涂肌,或以拂手。其香经数宿不歇,惟二国至今用之[一],他国不

尚焉。叶氏《香谱》

〔一〕按，见《陈氏香谱》卷一"涂肌拂手香"引"叶廷珪曰"，"惟二国至今用之"，作"惟五羊至今用之"。

口气莲花香

颍州一异僧，能知人宿命。时欧阳永叔领郡，见一妓口气常作青莲花香，心颇异之，举以问僧。僧曰："此妓前生为尼，好转《妙法莲花经》，三十年不废。以一念之差，失身至此。"后公命取经，令妓读，一阅如流，宛如素习。《乐善录》

口香七日

白居易在翰林，赐防风粥一瓯。剔取防风，得五合，食余口香七日。《金銮密记》

橄榄香口

橄榄子香口，绝胜鸡舌香。《疏》："梅含而香口。广州廉姜，亦可香口。"〔一〕《北户录》

〔一〕"《疏》"以下数句，为唐段公路《北户录》卷三"橄榄子"条的双行小字注文，云："《诗义疏》：'梅亦可合而香口。'又，广州廉姜，亦可香口。"

汗　香

贵妃每有汗出，红腻而多香。或拭之于巾帕之上，其色如桃花。《杨妃外传》〔一〕

〔一〕"《杨妃外传》"，四库本、大观本不注出处。按，今本《杨太真外传》无此内容，实见于五代王仁裕《开元天宝遗事》卷下"红汗"条。

身出名香

印度有妇人，身婴恶癞，窃至窣堵坡，责躬礼忏。见其庭宇有诸秽集，掬除洒扫，涂香散花，更采青莲，重布其地。恶疾除愈，形貌增妍，身出名香，青莲同馥。《大唐西域记》

椒兰养鼻

椒兰芬苾，所以养鼻也。

前有兰芷，可以养鼻。兰槐之根为芷。注云："兰槐，香草也。其根名芷。"〔一〕

〔一〕见《陈氏香谱》卷四"椒兰养鼻"条引《荀子》。按，《荀子集解》卷一三《礼论篇》，文字有同异。

饮食香

五香饮

隋仁寿间，筹禅师常在内供养，造五香饮。第一沉香饮，次檀香饮，次泽兰饮，次丁香饮，次甘松饮。皆有别法，以香为主。

又

隋大业五年，吴郡进扶芳二树，其叶蔓生，缠绕他树，叶圆而厚，凌冬不凋。夏月取叶，微火炙使香，煮以饮，深碧色，香甚美，令人不渴。筹禅师造五色香饮，以扶芳叶为青饮。《大业杂记》

名香杂茶

宋初团茶，多用名香杂之，蒸以成饼。至大观、宣和间，始制三色芽茶。漕臣郑可间制银丝冰茶，始不用香，名为胜雪。此茶品之精绝也。

酒香山仙酒

岳阳有酒香山，相传古有仙酒，饮者不死。汉武帝得之，东方朔饮焉。帝怒，欲诛之，方朔曰："陛下杀臣，臣亦不死。臣死，酒亦不验。"遂得免。《鹤林玉露》

酒令骨香

会昌元年，扶余国贡三宝，曰火玉，曰风松石及澄明酒。酒色紫，如膏，饮之令人骨香。《宣石志》[一]

〔一〕"《宣石志》"，四库本、大观本作"《宣室志》"，见《太平广记》卷四〇四"火玉"条引唐张读《宣室志》。钞本因二字音近致误。

流香酒

周必大以待制侍讲，赐流香酒四斗。《玉堂杂记》

糜钦香酒

真陵山有糜钦枣，食其一，大醉经年。东方朔游其地，以一枚携归进上。上和诸香作丸，大如芥子，每集群臣，取一丸入水一石，顷刻成酒，味逾醇醪，谓之糜钦酒，又谓真陵酒。饮者香经月不散。《清赏录》

椒　浆

桂酒兮椒浆。《离骚》

椒　酒

元旦，上椒酒于家长，举觞称寿。椒，玉衡之精，服之令人却老。崔寔《月令》

聚香团

扬州太守仲端，啗客以聚香团。《扬州事迹》

赤明香

赤明香，世传仇士良家脯名也。《清异录》

玉角香

松子有数等，惟玉角香最奇。同上

香　葱

天门山上有葱，奇异辛香，所种畦陇悉成，行人拔取者悉绝。若请神而求，即不拔自出。《春秋元命苞》

香　盐

天竺有水，其名恒源，一号新陶水。特甘香，下有石盐，状如石英，白如水晶，味过香卤，万国毕仰。《南州异物志》

香　酱

十二香酱，以沉香等油煎成服之。《神仙食经》

黑香油

伽蓝北岭傍有窣堵坡，高百余尺，石隙间流出黑香油。《大唐西域记》

丁香竹汤

荆南判官刘彧，弃官游秦陇闽粤。箧中收贮大竹十余颗，每有客，则斫取少许煎饮，其辛香如鸡舌汤。人坚叩其名，曰："丁香竹，非中国所产也。"《清异录》

米 香

淡洋与阿鲁山地连接，去满剌加三日程。田肥禾盛，米粒尖小，炊饭甚香。其地产诸香。《星槎胜览》

香 饭

香积如来，以众香钵盛香饭。

又

西域长者子，施尊者香饭而归，其饭香气遍王舍城。《大唐西域记》

又

时化菩萨，以满钵香与维摩诘[一]，饭香普熏毗耶离城及三千大千世界。时维摩诘语舍利佛诸大声闻：仁者可食如来甘露味饭。大悲所熏，无以限意食之，使不消。《维摩诘经》

〔一〕"以满钵香"，四库本、大观本同，《维摩诘经·香积佛品第十》作"以满钵香饭"。《香乘》引录时脱"饭"字。

器具香

沉香降真钵木香匙箸

后唐福庆公主，下降孟知祥。长兴四年，明宗晏驾，唐室避乱，庄宗诸儿削发为苾刍，间道走蜀。时知祥新称帝，为公主厚待犹子，赐予千计。敕器用局以沉香、降真为钵，木香为匙箸锡之。常食堂展钵，众僧私相谓曰："我辈谓渠顶相衣服，均是金轮王孙，但面前四奇家具，有无不等耳。"《清异录》

杯 香

关关赠俞本明以青华酒杯，酌酒辄有异香，或桂花，或梅，或兰，视之宛然，取之若影，酒干不见矣。《清赏录》

藤实杯香

藤实杯，出西域。味如豆蔻，香美消酒。国人宝之，不传于中土，张骞入宛得之。《炙毂子》

雪香扇

孟昶夏日，水调龙脑末涂白扇上，用以挥风。一夜，与花蕊夫人登楼望月，误堕其扇，为人所得。外有效者，名雪香扇。《清异录》

香 奁

孙仲奇妹，临终授书云；"镜与粉盘与郎，香奁与若。欲其行身如明镜，纯如粉，誉如香。"《太平御览》

又

韩偓《香奁序》云："咀五色之灵芝，香生九窍；饮三危之瑞露，美动七情。"

古诗云；"开奁集香苏。"

香如意

僧继颙在五台山，手执香如意，紫檀镂成，芬馨满室，名为"握君"。《清异录》

名香礼笔

郄诜射策第一，拜笔为龙须友，云："犹当令子孙以名香礼之。"《龙须志》

香　璧

蜀人景焕，志尚静，隐卜筑玉垒山下，茅堂花槛，足以自娱。尝得墨材甚精，止造五十团，曰："以此终身。"墨印文曰"香璧"，阴篆曰"副墨子"。

龙香剂

玄宗御案墨，曰"龙香剂"。《陶家瓶余事》

墨用香

制墨，香用甘松、藿香、零陵香、白檀、丁香、龙脑、麝香。李孝美《墨谱》

香皮纸

广管、罗州多栈香树，其叶如橘皮，堪作纸，名为香皮纸。灰白色，有纹如鱼子笺。刘恂《岭表异录》^{〔一〕}

〔一〕"刘恂《岭表异录》"，四库本、大观本同。按，其书名《岭表异》，或称《岭表记》，唐刘恂撰，本条内容见该书卷中。《香乘》引录时误乙"录异"二字。

枕中道士持香

海外一国贡光明枕^{〔一〕}，长一尺二寸，高二寸，洁白类水晶，中有楼台之形，四面有十道士，持香执简，循环无已。

〔一〕"光明枕"，四库本、大观本作"重明枕"。下文"高二寸"，二本作"高六寸"。按，此条见《杜阳杂编》卷中，原作"重明枕"、"高六寸"，钞本误。

飞云履染四选香

白乐天作飞云履，染以四选香，振履则如烟雾，曰："吾足下生云，计不久上升朱府矣。"《樵人直说》

香 囊

帏，谓之幐，即香囊也。《楚辞注》

白玉香囊^{〔一〕}

元先生赠韦丹尚书绞绡。缕白玉香囊。《松窗杂录》

〔一〕此条钞本无，据四库本、大观本补。"绞绡"，大观本作"鲜绡"，唐李浚《松窗杂录》作"鲛绡"，是。按，《松窗杂录》记录21种珍异之物，并云："已上二十一物，皆得其所自，或经目识。"而其

533

中"鲛绡"为一种，如本条所录。"白玉香囊"为另一种，原作"镂白玉香囊并玉锁子长三尺余"。《香乘》误以二物为一。

五色香囊

后蜀文淡，生五岁，谓母曰："有五色香囊，在吾床下。"往取得之，乃淡前生五岁失足落井，今再生也。本传[一]

〔一〕此条见《陈氏香谱》卷四"香囊"条，其中谢玄佩香囊事，引自《晋书》卷七九《谢玄传》，然同条后蜀文淡事下注"并本传"，实则文淡事见《类说》。疑《香乘》抄录《陈氏香谱》，误以文淡事亦出本传。

紫罗香囊

谢遏年少时，好佩紫罗香囊垂里子[一]。叔父安石患之，而不欲伤其意，乃谲与赌棋，赌得烧之。《小名录》

〔一〕"垂里子"，唐许嵩《建康实录》卷九作"垂履首"，疑是。按，此条见唐陆龟蒙《小名录》卷上，实即谢玄事（谢玄小字遏，故称谢遏）。

贵妃香囊

明皇还蜀，过贵妃葬所，乃密遣棺椁葬焉。启瘗，故香囊犹在，帝视流涕。《杨妃外传》[一]

〔一〕"《杨妃外传》"，四库本、大观本不注出处。按，此条实出《新唐书》卷七六《杨贵妃传》。

连蝉锦香囊

武公业爱妾步非烟，贻赵象连蝉锦香囊，附诗云："无力妍

妆倚绣栊，暗题蝉锦思难通。近来赢得伤春病，柳弱花欹怯晓风。"《非烟传》

绣香袋

腊日，赐银合子、驻颜膏、牙香等〔一〕、绣香袋。《韩偓集》

〔一〕"牙香等"，大观本同，四库本作"牙香筹"。

香缨诗

"亲结其褵。"注曰："香缨也。女将嫁，母结褵而戒之。"

玉盒香膏

章台柳以轻素结玉盒，实以香膏，投韩君平。《柳氏传》

香 兽

香兽，以涂金为狻猊、麒麟、凫鸭之状，空中以燃香，使烟自口出，以为玩好。复有雕木埏土为之者。

又

故都紫宸殿，有二金狻猊，盖香兽也。晏公《冬宴》诗云："狻猊对立香烟度，鸂鶒交飞组绣明。"《老学庵笔记》

香 炭

杨国忠家以炭屑用蜜，捏塑成双凤。至冬月燃炉，乃先以白檀香末铺于炉底，余炭不能参杂也。《天宝遗事》

香蜡烛

公主始有疾，召术士米宾为灯法[一]，乃以香蜡烛遗之。米氏之邻人觉香气异常，或诣门诘其故，宾具以事对。其烛方二寸，上被五色文，卷而爇之，竟夕不尽，郁烈之气，可闻于百步。余烟出其上，即成楼阁台殿之状。或云蜡中有蠋脂故也。《杜阳杂编》

〔一〕"术士米宾"，四库本、大观本及《杜阳杂编》卷下皆作"术士米賔"，钞本因"賔"（宾）、"賔"二字形近致误。下文"宾具以事对"，"宾"字亦误。

又

秦桧当国，四方馈遗日至。方滋德帅广东，为蜡炬，以众香实其中。遣驶卒特诣相府，厚遗主藏吏，期必达，吏使俟命。一日，宴客，吏曰："烛尽，适广东方经略送烛一罨，未敢启。"乃取而用之。俄而异香满座，察之，则自烛中出也。亟命藏其余，枚数之，适得四十九。呼驶问故，则曰："经略专造此烛供献，仅五十条。既成，恐不佳，试其一，不敢以他烛充数。"秦大喜，以为奉已之专也，待方益厚。《群谈采余》

又

宋宣政宫中，用龙涎、沉、脑和蜡为烛，两行列数百枝，艳明而香溢，钧天所无也。《闻见录》

又

桦桃皮，可为烛而香。唐人所谓"朝天桦烛香"是也。

香　灯

《援神契》曰："古者祭祀有燔燎。至汉武帝祀太乙，始用香灯。"

烧香器

张百雨有金铜舍利匣[一]，上刻云："维梁贞明二年岁次丙子八月癸未朔二十日壬寅，随使都团练使、右厢马步都虞侯、亲军左卫营都知兵马使、检校尚书、右仆射、守崖州刺史、御史大夫、上柱国谢崇勋舍灵寿禅院。"盖有四窍出烟，有环若含锁者，是烧香器。李商隐诗云："金蟾啮锁烧香入。"又云："锁香金屈戌。"是则烧香为验，此盖烧香器之有锁者。《研北杂志》

〔一〕"张百雨"，四库本、大观本及元陆友仁《研北杂志》卷上皆作"张伯雨"。按，张雨（1283—1350），字伯雨，号句曲外史，元代道士。

卷一一

香事别录<small>事有不附品不分类者于香为别录焉</small>

香 尉

汉雍仲子进南海香物，拜洛阳尉。人谓之"香尉"。《述异记》

含嚼荷香

昭帝元始元年，穿林池，植分枝荷，一茎四叶，状如骈盖，日照则叶低荫根茎，若葵之卫足，名"低光荷"。实如玄珠，可以饰佩，芬馥之气，彻十余里。食之令人口气常香，益人肌理。宫人贵之，每游宴出入，必皆含嚼。《拾遗记》

含异香行

石季伦使数十艳姬各含异香而行，笑语之际，则口气从风而飏。同上

好香四种

秦嘉贻妻好香四种，泪宝钗、素琴、明镜，云："明镜可以鉴形，宝钗可以耀首，芳香可以馥身，素琴可以娱耳。"妻答云："素琴之作，当须君归；明镜之鉴，当待君还。未睹光仪，则宝钗不列也；未侍帷帐，则芳香不发也。"《书记洞荃》

芳 尘

石虎于大武殿前造楼，高四十丈，以珠为帘，五色玉为佩。每风至，则惊触似音乐响空中，过者皆仰视爱之。又屑诸异香如粉，撒楼上，风吹四散，谓之芳尘。《独异志》

逆风香

竺法深、孙兴公共听北来道人与支道林瓦官寺讲小品，北道人每设问疑，林辩答俱爽，北道人每屈。孙问深公："上人当是逆风家，向来何以都不言？"深笑而不答。林曰："白旃檀非不馥，焉能逆风？"深公得此义，夷然不屑。波利质国多香树，其香逆风而闻。今反之云："白旃檀非不香，岂能逆风？"言深公非不能难之，正不必难也。《世说新语》

夜中香尽

宗超尝露坛行道，夜中香尽，自然溢满；炉中无火，香烟自出。洪刍《香谱》[一]

〔一〕按，今本洪刍《香谱》无此条，疑从《陈氏香谱》转引。

令公香

荀彧为中书令，好熏香，其坐处常三日香。人称令公香，亦曰令君香。《襄阳记》

刘季和爱香

刘季和性爱香，尝如厕还，辄过香炉上熏。主簿张坦曰："人言名公作俗人，不虚也。"季和曰："荀令君至人家，坐席三日香。"坦曰："丑妇效颦，见者必走。公欲坦遁去邪？"季和大

笑。同上

媚　香

张说携丽正文章谒友生，时正行宫中媚香，号"化楼台"。友生焚以待说，说出文置香上，曰："吾文享是香无忝。"《征文玉井》

玉蕤香

柳宗元得韩愈所寄诗，先以蔷薇露灌手，熏玉蕤香，然后发读。曰："大雅之文，正当如是。"《好事集》

桂蠹香

温庭筠有丹瘤枕、桂蠹香。

九和握香

郭元振落梅妆阁，有婢数十人。客至，则拖鸳鸯撷裙衫，一曲终，则赏以糖鸡卵，取明其声也。宴罢，散九和握香。《钗闻录》[一]

〔一〕"《钗闻录》"，四库本、大观本作"《叙闻录》"，见《云仙散录》引《叙闻录》。钞本因二字形近致误。

四和香

有侈盛家，月给焙笙炭五十斤，用锦熏笼借笙于上，复以四和香熏之。《癸辛杂识》[一]

〔一〕"《癸辛杂识》"，四库本、大观本同。按，今本《癸辛杂识》无此内容，实见于周密所撰《武林旧事》卷五及《齐东野语》卷一七。

疑《香乘》因此三书作者相同，而误注出《癸辛杂识》。

千和香

峨嵋山孙真人燃千秋之香[一]。《三洞珠囊》

〔一〕"千秋之香"，四库本、大观本作"千和之香"，是。钞本因二字形近致误。

百蕴香

远条馆祈子，焚以降神。

香 童

元载好宾客[一]，务尚华侈，器玩服用，僭于王公，而四方之士尽仰归焉。常于寝帐前，雕矮童二人，捧七宝博山炉，自瞑焚香彻曙。其骄贵如此。《天宝遗事》

〔一〕"元载"，四库本、大观本及《开元天宝遗事》卷下皆作"元宝"，钞本误。

曝衣焚香

元载妻韫秀，安置闲院，忽因天晴之景，以青紫丝绦四十条，各长三十丈，皆施罗纨绮绣之服，每条绦下，排金银炉二十枚，皆焚异香，香熏其服。乃命诸亲戚西院闲步，韫秀问是何物，侍婢对曰："今日相公与夫人曝衣。"《杜阳杂编》[一]

〔一〕按，今本《杜阳杂编》无此条，见《太平广记》卷二三七引《杜阳杂编》。

瑶英唅香

元载宠姬薛瑶英，攻诗书，善歌舞，仙资玉质，肌香体轻，虽旋波、摇光、飞燕、绿珠，不能过也。瑶英之母赵娟，亦本岐王之爱妾，后出为薛氏之妻，生瑶英，而幼以香唅之，故肌香也。元载处以金丝之帐、却尘之褥。同上

蜂蝶慕香

都下名妓楚莲者，国色无双。每出则蜂蝶相随，慕其香。《天宝遗事》

佩香非世所闻

萧总遇巫山神女，谓所衣之服，非世所有；所佩之香，非世所闻。《穷怪录》

贵　香

牛僧孺作《周秦行记》云："忽闻有异香〔一〕，如贵香。"又云："衣上香，经十余日不散。"

〔一〕"忽闻有异香"，四库本、大观本及唐牛僧孺《周秦行记》皆作"忽闻有异气"。

降仙香

上都安业坊唐昌观，有玉蕊花，甚繁，每发若瑶林琼树。元和中，有女仙降，以白角扇障面，直造花前。异香芬馥，闻于数十步之外，余香不散者月余。《华夷花木考》

仙有遗香

吴兴沈彬，少而好道，及致仕，恒以朝修服饵为事。常游郁水洞观[一]，忽闻空中乐声，仰视云际，见女仙数十，冉冉而下，径之观中，遍至像前焚香，良久乃去。彬匿室中不敢出，仙既去，彬入殿视之，几案上有遗香，悉取置炉中，已而自悔曰："吾平生好道，今见神仙而不能礼谒，得仙香而不能食之，是其无分与？"《稽神录》

〔一〕"郁水洞观"，四库本、大观本作"郁木洞观"。按，宋徐铉《稽神录》卷五作"都下洞观"，《香乘》引录时因字形相近致误。

山水香

道士谈紫霄，有异术，闽王昶奉之为师，月给山水香焚之。香用精沉，火半炽，则沃以苏合香油。《清异录》

三匀煎 去声

长安宋清，以鬻药致富。尝以香剂遗中国缙绅，题识器曰"三匀煎"，焚之富贵清妙。其法止龙脑、麝末、沉香耳。同上

异香剂

林邑、占城、阇婆、交阯，以杂出异香剂和而焚之，气韵不凡。谓中国"三匀"、"四绝"为乞儿香。同上

灵香膏

南海奇女卢眉娘，煎灵香膏。《杜阳杂编》

暗　香

陈郡庄氏女，精于女工，好弄琴。每弄《梅花曲》，闻者皆云"有暗香"，人遂称女曰"庄暗香"。女因以"暗香"名琴。《清赏录》

花宜香

韩熙载云：花宜香，故对花焚香，风味相和，其妙有不可言者。木犀宜龙脑，酴醾宜沉水，兰宜四绝，含笑宜麝，蔷卜宜檀。

透云香

陈茂为尚书郎，每书信印记曰"玄山典记"，又曰"玄山印"。捣朱矾，浇麝酒，间则匣以镇犀，养以透云香，印书达数十里，香不断。印刻，胭脂木为之。《玄山记》

暖　香

宝云溪有僧舍，盛冬若客至，则燃薪火，暖香一炷，满室如春。人归更取余烬。《云林异景志》

伴月香

徐铉每遇月夜，露坐中庭，但爇佳香一炷。其所亲私，别号"伴月香"。《清异录》

平等香

清泰中，荆南有僧货平等香，贫富不二价。不见市香和合，疑其仙者。同上

烧异香被草负笈而进

宋景公烧异香于台上，有野人被草负笈，扣门而进，是为子韦，世司天都〔一〕。《洪谱》

〔一〕"是为子韦世司天都"，四库本、大观本作"世为子韦，世司天部"。按，今本洪刍《香谱》无此条，《陈氏香谱》卷四"被草负笈"条引《洪谱》作"是为子常，世司天部"。

魏公香

张邦基云：余在扬州，游石塔寺，见一高僧坐小室中，于骨董袋取香如芡实许炷之。觉香韵不凡，似道家婴香而清烈过之。僧笑曰："此魏公香也。韩魏公喜闻此香，乃传其法。"《墨庄漫录》

汉宫香

其法始郑康成，魏道辅于相国寺庭中得之。同上

僧作笑兰香

吴僧罄宜作笑兰香，即韩魏公所谓"浓梅"，山谷所谓"藏春香"也。其法以沉为君，鸡舌为臣，北苑之鹿、柜邕十二叶之英、铅华之粉、柏麝之脐为佐，以百花之液为使。一炷如芡子许，焚之油然郁然，若嗅九畹之兰、百亩之蕙也。

斗香会

中宗朝，宗、纪、韦、武间为雅会，各携名香，比试优劣，曰斗香会。惟韦温挟椒涂所赐，常获魁。《清异录》

闻思香

黄涪翁所取有闻思香，盖指内典中"从闻思修"之义。

狄 香

狄香，外国之香，谓以香熏履也。张衡《同声歌》："鞮芬以狄香。"鞮，履也。

香 钱

三班院所领使臣八千余人，莅事于外；其罢而在院者，常数百人。每干元节，醵钱饭僧进香，以祝圣寿，谓之"香钱"。京师语曰："三班吃香。"《归田录》

衙 香

苏文忠公云："今日于叔静家饮官酒，烹团茶，烧衙香，皆北归喜事。"《苏集》

异香自内出

客来赴张功甫牡丹会，云："众宾既集，坐一虚室[一]，寂无所闻。有顷，问左右云：'香已发未？'答曰：'已发。'命卷帘，则异香自内出，郁然满座。"《癸辛杂识外集》[二]

〔一〕"坐一虚室"，四库本、大观本同。宋周密《齐东野语》卷二〇"张功甫豪侈"条作"坐一虚堂"，一虚堂，张宅内堂名。

〔二〕按，此条今本《癸辛杂识》无，见周密《齐东野语》卷二〇。疑《香乘》误注出处。

小鬟持香毬

京师承平时，宗室戚里岁时入禁中，妇女上犊车，皆用二小鬟持香毬在旁，而车中又自持两小香毬。车驰过，香烟如云，数里不绝，尘土皆香。《老学庵笔记》

香有气势

蔡京每焚香，先令小鬟密闭户牖，以数十香炉烧之。俟香烟满室，即卷正北一帘，其香蓬勃如雾，缭绕庭际。京语客曰："香须如此烧，方有气势。"

留神香事

长安大兴善寺徐理男楚琳，平生留神香事。庄严饼子，供佛之品也；峭儿，延宾之用也；旖旎丸，自奉之等也。檀那概之曰"琳和尚品字香"。《清异录》

癖于焚香

袁象先判衢州时，幕客谢平子癖于焚香，至忘形废事。同僚苏收戏剌一札，伺其亡也而投之，云："鼎灶郎，守馥州，百和参军谢平子。"同上

性喜焚香

梅学士询，在真宗时已为名臣，至庆历中，为翰林侍读以素〔一〕。性喜焚香，其在官所，每晨起将视事，必焚香两炉，以公服罩之，撮其袖以出，坐定撒开两袖，郁然满室浓香。《归田录》

〔一〕"以素"，四库本、大观本及《归田录》卷二皆作"以卒"。钞本因二字形近致误。

燕集焚香

今人燕集，往往焚香以娱客，不惟相悦，然亦有谓也。《黄帝》云："五气各有所主，惟香气凑脾。"汉以前无烧香者，自佛入中国，然后有之。《楞严经》云所谓"纯烧沉水，无令见火"。此佛烧香法也。《癸辛杂识外集》[一]

〔一〕按，《癸辛杂识》无外集，检周密所著书，亦未见此内容。清潘永因《宋稗类钞》卷八收录此条，然未注出处。俟考。

焚香读孝经

岑文忱谨有孝行[一]，五岁读《孝经》，必焚香正坐。《南史》

〔一〕"岑文忱谨有孝行"，四库本、大观本作"岑文敬淳谨有孝行"。按，《南史》卷七二《岑之敬传》记此事，《香乘》诸本误作"岑文忱"、"岑文敬"。

烧香读道书

《江表传》：有道士于谷来吴曾[一]，立精舍，烧香读道书，制作符水以疗病。《三国志》

〔一〕"有道士于谷来吴曾"，四库本作"有道士于吉来吴会"，大观本作"有道士于谷来吴会"，《三国志》卷四六引《江表传》云："时有道士琅邪于吉，先寓居东方，往来吴会。"钞本因"谷"、"吉"，"曾"、"會"（会）形近而致误。

焚香告天

赵清献公平生日所为事，夜必焚香告天[一]。其不敢告者，不敢为也。《言行录》

〔一〕"焚香告天"，四库本、大观本作"露香告天"，宋朱熹《三朝名臣言行录》卷五作"夜必衣冠露香，九拜手告于天"。按，露香，即露天焚香。

焚香熏衣

清献好焚香，尤喜熏衣，所居既去，辄数日香不灭。尝置笼，设熏炉其下不绝烟，多解衣投其上[一]。公既清端，妙解禅理，宜其熏习如此也。《淑清录》

〔一〕"设熏炉其下不绝烟，多解衣投其上"，宋叶梦得《避暑录话》卷二作"设熏炉其下，常不绝烟，每解衣投其间"。按，明丁明登所辑《淑清录》，其书未见，事出《避暑录话》。

烧香左右

屡烧香左右，令人魄正。《真诰经》

夏月烧香

陶隐居云："沉香、熏陆，夏月常烧此二物。"

焚香勿返顾

南岳大人云[一]："烧香勿返顾，忤真气，致邪应也。"《真诰经》

〔一〕"南岳大人"，四库本、大观本作"南岳夫人"，南朝梁陶弘景《真诰》卷九作"（南岳夫人喻）烧香时，勿反顾。忤真气，致邪应也。"钞本以"大"、"夫"二字形近致误。

焚香静坐

人在家及外行，卒遇飘风、暴雨、震电、昏暗、大雾，皆诸

龙经过。入室闭户，焚香静坐避之，不尔损人。同上〔一〕

〔一〕四库本、大观本不注出处，检《真诰》无此内容。按，《陈氏香谱》卷四"焚香静坐"条注出"温子皮"（《温氏杂记》），其书未见，然《香乘》此条与《陈氏香谱》全同，仅少2字。亦见于唐孙思邈《备急千金要方》卷二七《居处法》，唯文字较《香乘》为详。

焚香告祖

戴弘正每得密友一人，则书于简编，焚香告祖，号为"金兰簿"。《宣武盛事》

烧香拒邪

地上魔邪之气，直上冲天四十里。烧青木香、熏陆、安息、胶香于寝所，拒浊臭之气，却邪秽之雾，故天人、玉女、太乙随香气而来。《洪谱》〔一〕

〔一〕按，今本洪刍《香谱》无此内容，见《陈氏香谱》卷四"除邪"条引《洪谱》。

买香浴仙公

葛尚书年八十，始有仙公一子。时有天竺僧，于市大买香，市人怪问。僧曰："我昨夜梦见善思菩萨下生葛尚书家，吾将此香浴之。"及生时，僧至烧香，右绕七匝，礼拜恭敬，沐浴而止。《仙公起居注》

仙诞异香

吕洞宾，初母就蓐时，异香满室，天乐浮空。《仙佛奇踪》

升天异香

许真君，白日拔宅升天，百里之内，异香芬馥，经月不散。同上

空中有异香之气

李泌少时，能屏风上立，熏笼上行。道者云："十五岁必白日升天。"一旦，空中有异香之气，音乐之声。李氏之亲爱，以巨杓飑浓蒜泼之，香乐遂散。《邺侯外传》

市香媚妇

昔王池国有民奇丑〔一〕，妇国色，鼻齆。婿乃求媚，此妇终不肯迎顾。遂往西域，市无价名香而熏之，还入其室。妇既齆，岂知分香臭哉！《金楼子》

〔一〕"王池国"，四库本、大观本同。南朝梁萧绎《金楼子》卷六作"玉池国"。

张俊上高宗香食香物

香圆　香莲　木香　丁香　水龙脑〔一〕　香药木瓜　香药藤花　砌香樱桃　砌香萱草拂儿〔二〕　紫苏奈香　砌香葡萄　香莲事件念珠　甘蔗奈香　砌香果子〔三〕　香螺煠肚　玉香鼎二盖全〔四〕　香炉一　香盒二〔五〕　香毬一　出香一对《武林旧事》

〔一〕"水龙脑"，其下四库本、大观本有"镂金香药一行"6字。按，宋周密《武林旧事》卷九，记录张俊接待宋高宗的食物详单，"一行"，数量词，指一类食物，而非香食香物的具体名称，不应列入。

〔二〕"砌香萱草拂儿"，《武林旧事》作"砌香萱花柳儿"。

〔三〕"砌香果子"，钞本无此品，据四库本、大观本补。按，《武

林旧事》有此品。

〔四〕"玉香鼎二盖全"，据《武林旧事》，"盖全"二字为小字注文。《香乘》阑入正文，误。

〔五〕"香盒二"，《武林旧事》作"香合一"。

贡奉香物

忠懿钱尚甫，自国初至归朝，其贡奉之物，有乳香、金器、香龙、香象〔一〕、香囊、酒瓮诸什器等物。《春明退朝录》

〔一〕"金器、香龙、香象"，四库本、大观本同。宋宋敏求《春明退朝录》卷下先列"乳香、金器"等，下列"其银香、龙香、象、狮子"等，《香乘》引录时有脱误，实无"香龙、香象"等贡物，且"金器"、"酒瓮"亦与香学无关。

香价踊贵

元城先生在宋，杜门屏迹，不妄交游，人罕见其面。及没，耆老、士庶、妇人持香诵佛经而哭，父老日数千人，至填社不得其门而入。家人因设大炉于厅下，争以香炷之，香价踊贵。《自警编》

卒时香气

陶弘景卒时，颜色不变，屈伸如常，香气累日，氤氲满山。《仙佛奇踪》

烧香辟瘟

枢密王博文，每于正旦四更，烧丁香以辟瘟气。《琐碎录》

烧香引鼠

印香五文、狼粪少许，为细末，同和匀。于净室内以炉烧之，其鼠自至。不得杀，杀则不验。

茶墨俱香

司马温公与苏子瞻论，奇茶、妙墨俱香，是其德同也。《高斋漫录》

香与墨同关纽

邵安与朱万初帖云："深山高居，炉香不可缺。退休之久，佳品乏绝，野人惟取老松柏之根枝叶实，共捣治之，砍枫肪麝和之，焚一丸亦足以助清芳。今年大雨，时行土润，溽暑特甚。万初至石鼎，清昼燃香，空斋萧寒，遂为一日之供，良可喜也。"万初本墨妙，又兼香癖。盖墨之于香，同一关纽，亦犹书之与画、谜之与禅也。

水炙香

吴茱萸、艾叶、川椒、杜仲、干木瓜、木鳖肉、瓦上松花，仙家谓之水炙香。

山林穷四和香

以荔枝壳、甘蔗滓、干柏叶、黄连和焚。又或加松毬、枣核、梨，皆妙。

焚香写图

至正辛卯九月三日，与陈征君同宿愚庵师房，焚香烹茗，图石梁秋瀑，翛然有出尘之趣。黄鹤山人写其逸态云。王蒙题画

卷一二

香事别录

南方产香

凡香品，皆产自南方。南离位，离主火，火为土母，火盛则土得养。故沉水、旃檀、熏陆之类，多产自岭南海表，土气所钟也。内典云〔一〕："香气凑脾。"火，阳也，故气芬烈。《清暑笔谈》

〔一〕"内典云"，明陆树声《清暑笔谈》作"《内经》云"，见《黄帝内经素问》卷三注。《香乘》误以《内经》为"内典"。

南蛮香

阿陵国〔一〕，亦曰阇婆，在江南〔二〕。贞观时，遣使献婆律膏。

又，骠，古朱波也，又以名思利毗离芮〔三〕。土多异香。王宫设金银二钟，寇至，焚香击之，以占吉凶。有巨白象，高数丈，讼者焚香自跽象前，自思是非而退。有灾疫，王亦焚香对象跽，自咎。无膏油，以蜡杂香代炷。

又，真蜡国，其国客至，屑槟榔、龙脑香以进〔四〕。不饮酒。《唐书·南蛮传》〔五〕

〔一〕"阿陵国"，四库本作"诃陵国"，《新唐书》卷二二二下《南蛮传下》同。

〔二〕"在江南"，大观本作"在南江"，四库本作"在南海"，《新唐书》卷二二二下《南蛮传下》作"在南海中"。

〔三〕"又以名思利毗离芮"，四库本及《新唐书》卷二二二下《南蛮传下》作"有川名思利毗离芮"。

〔四〕"屑槟榔、龙脑香以进"，四库本及《新唐书》卷二二二下《南蛮传下》作"屑槟榔、龙脑、香蛤以进"。按，真蜡，习作真腊。

〔五〕"《唐书·南密传》"，"南密传"误，应为《南蛮传》。

香 槎

番禺民忽于海旁得古槎，长丈余，阔六七尺，木理甚坚，取为溪桥。数年后，有僧识之，谓众曰："此非久计，愿舍衣钵资，易为石桥。即求枯槎为薪。"众许之，得栈数千两。洪谱〔一〕

〔一〕按，今本洪刍《香谱》无此条，见《陈氏香谱》卷四"栈槎"条引。

天竺产香

僚人，古称天竺。地产沉水、龙涎。《炎橄纪闻》〔一〕

〔一〕"炎橄纪闻"，四库本、大观本作"《炎徼纪闻》"，是。见明田汝成《炎徼纪闻》卷四。按，《炎徼纪闻》所云"僚人，古称天竺"，是少数民族之一，未言其地产香。其下云"黎人，隋蛮也"，"地产水沉、龙涎"等。《香乘》误以僚人居地产香。

九里山采香〔一〕

其山与满剌加近，产沉香、黄熟香。林木丛生，枝叶茂翠。永乐七年，郑和等差官入山采香，得迳有香树长六七丈者六株〔二〕，香味清远，黑花细纹。山中人张目吐舌，言我天朝之兵，威力如神。《星槎胜览》

〔一〕"九里山采香"，明费信《星槎胜览》所记为"九洲山"。

〔二〕"得迳有香树长六七丈者六株",《星槎胜览》前集《九洲山》作"得径有八九尺,长六七丈者六株"。

阿鲁国采香为生

其国与九州山相望,自满剌加顺风三昼夜可至。国人常驾独木舟入海捕鱼,入山采冰脑香物为生。同上

喃哎哩香

喃哎哩,国名。所产之香,乃降真香也。同上

旧港产香

旧港,古名三佛齐国。地产沉香、降香、黄熟香、速香。同上

万佛山香

新罗国献万佛山,雕沉、檀、珠玉以为之。同上〔一〕

〔一〕"同上",四库本、大观本不注出处。按,《星槎胜览》无此内容,实见于《太平广记》卷四〇四引《杜阳杂编》。

瓦矢实香草

撒马儿罕产瓦矢实香草,可辟蠹。同上〔一〕

〔一〕"同上",四库本、大观本不注出处。按,《星槎胜览》无此内容,实见于明严从简《殊域周咨录》卷一五。

刻香木为人

彭坑,在暹罗之西。石崖周匝崎岖,远望山平,四寨田沃,

米谷丰足，气候温和，风俗尚怪。刻香木为人，杀人血祭祷，求
福禳灾。地产黄熟、沉香、片脑、降香。《星槎胜览》

龙牙加貌产香

龙牙加貌，其地离麻逸冻顺风三昼夜程。地产沉速、降香。
同上

安南产香

安南国产苏合油、都梁香、沉香、鸡舌香及酿花而成香者。
《方舆胜略》

敏真诚国产香

敏真诚国，其俗日中为市，产诸异香。同上

回鹘产香

回鹘产乳香、安息香。《松漠纪闻》

安南贡香

安南贡熏衣香、降真香、沉香、速香、木香、黑线香。《一统
志》

爪哇国贡香[一]

爪哇国贡有蔷薇露、琪楠香、檀香、麻藤香、速香、降香、
木香、乳香、龙脑香、乌香、黄熟香、安息香。同上

〔一〕"爪哇国"，《明一统志》卷九〇作"瓜哇国"，并无贡香事，
仅言其土产沉香、檀香、龙脑等寥寥数种。按，爪哇国在今印度尼西

亚，而蔷薇露多言产自大食，疑非由爪哇而贡。俟考。

和香饮

卜哇剌国戒饮酒，恐乱性，以诸花露和香蜜为饮。同上

香味若莲

花面国产香，味若青莲花。同上

香代爨

黎洞之人，以香代爨。同上

涂香礼寺

祖法儿国，其民如遇礼拜日，必先沐浴，用蔷薇露或沉香油
涂其面。《方舆胜览》

脑麝涂体

占城祭天地，以脑麝涂体。同上

身上涂香

真腊国，或称占腊，其国自称曰甘孛智。男女身上常涂香
药，以檀、麝等香合成。家家皆修佛事。《真腊风土记》

涂香为奇

缅甸为古西南夷，不知何种。男女皆和白檀、麝香、当归、
姜黄末涂身及头面，以为奇。《一统志》

偷　香

亵人偶意者奔之，谓之偷香。《炎橄纪闻》[一]

〔一〕"《炎橄纪闻》"，四库本、大观本作"《炎徼纪闻》"，是。见
《炎徼纪闻》卷四"峒人"，非亵人事，《香乘》误。

寻香人

西域称娼妓曰"寻香人"。《均藻》

香　婆

宋都杭时，诸酒楼歌妓间集，及有老姬[一]，以小炉炷香为
供者，谓之"香婆"。《武林旧事》

〔一〕"歌妓间集，及有老姬"，四库本作"歌妓阗集，必有老姬"，
大观本作"歌妓阗集，又有老姬"。《武林旧事》卷六作"每处各有私
名妓数十辈"，其下又云"及有老姬"。按，"阗"，充满、喧闹之意，
作"阗集"是。

白　香

化州产白香。《一统志》

红　香

前辈戏笔云："有西湖风月，不如东华软红香土。"[一]

〔一〕见《苏轼诗集》卷三六《次韵蒋颖叔钱穆父从驾景灵宫》
二首之一"软红犹恋属车尘"下自注，"前辈戏笔"，原作"前辈戏
语"。

碧　香

碧香，王晋卿家酒名。诗注[一]

[一] 见《苏轼文集》卷五三《与钱济明书》十六首之五，云："岭南家家造酒，近得一桂香酒法，酿成不减王晋卿家碧香，亦谪居一喜事也。"非诗注，《香乘》误。

玄　香

薛稷封墨为玄香太守。《纂异记》

观　香

王子乔妹，名观香。《小名录》

闻　香

入芝兰之室，久而不闻其香。《国语》[一]

[一] 按，《国语》无此语，见《孔子家语》，参见洪刍《香谱》卷下"述香"条相关校记。

馨　香

其德足以昭其馨香。《国语》

至治馨香，感于神明。《尚书》

苾　香

有苾其香，邦家之光。《诗经》

国　香

兰有国香，人服媚之。《左传》

夕 香

同琼佩之晨照，共金炉之夕香。《江淹集》

熏 烬

香烟也。"熏歇烬灭"[一]。《卓氏藻林》

〔一〕《文选》卷一一鲍照《芜城赋》："皆熏歇烬灭，光沉响绝。"

芬 熏

花香也。"花芬熏而媚秀"[一]。同上

〔一〕《谢灵运集》下编《山居赋》："萝曼延以攀援，花芬熏而媚秀。"

宝 熏

宝熏，帐中香也。同上

桂 烟

"桂烟起而清溢"[一]。同上

〔一〕《卓氏藻林》卷五作"桂烟，香也。'桂烟起而清溢'"。按，晋江淹《丽色赋》："锦幔垂而杳寂，桂烟起而清溢。"

兰 烟

麝火埋珠，兰烟致熏。《初学记》[一]

〔一〕见《卓氏藻林》卷五"麝火兰烟"条引《初学记》。按，《初学记》卷二五引南朝陈傅縡《博山香炉赋》："麝火埋朱，兰烟毁黑。"

兰苏香

兰苏香，美人香带也。"兰苏眤蠜云"[一]。《藻林》

〔一〕《艺文类聚》卷四引汉杜笃《祓禊赋》："兰苏眤蠜，感动情魂。"

绘　馨

绘花者，不能绘其馨。《鹤林玉露》

旃檀片片香

琼枝寸寸是玉，旃檀片片皆香。同上[一]

〔一〕"同上"，四库本、大观本不注出处。按，今本宋罗大经《鹤林玉露》无此语，实见于明杨慎《艺林伐山》卷五"琼枝旃檀"条引佛经云云。

前人不及花香

木犀、山矾、素馨、茉莉，其花之清婉，皆不出兰芷下。而自唐以前，墨客骚人，曾未有一语及之者，何也？同上[一]

〔一〕"同上"，四库本、大观本作"《鹤林玉露》"，是。见《鹤林玉露》丙编卷四"物产不常"条。

焫萧无香

古人之祭，焫萧酌郁鬯，取其香。而今之萧与焫[一]，何尝有香？盖《离骚》已指萧艾为恶草矣。同上

〔一〕"而今之萧与焫"，四库本、大观本同。《鹤林玉露》丙编卷四"物产不常"条作"而今之萧与郁金"，《香乘》引录时有脱误。

香令松枯

朝真观九星院，有三贤松三株，如古君子。梁阁老妓英奴，以丽水囊贮香游之，不数日，松皆半枯。《事略》

辨一木五香〔一〕

异国所出，皆无根柢。如云一木五香，根旃檀，节沉香，花鸡舌，叶藿香，胶熏陆。此甚谬。旃檀与沉水，两木无异。鸡舌，即今丁香耳。今药品中所用者，亦非藿香，自是草叶，南方至今。熏陆，方茎而大叶，海南亦有熏陆，乃其谬也，今谓之乳头香。五物互殊，元非同类也。《墨客挥犀》

〔一〕按，此条《香乘》诸本多异同，然与所引原书又有出入，故数处字句扞格难通。如"两木无异"，据《梦溪笔谈》所引，应作"两木元异"。"南方至今"，原作"南方多有"。"乃其谬也"，原作"乃其胶也"。可参看宋彭某《墨客挥犀》卷五"记事多诞"条。

又

梁元帝《金楼子》谓：一木五香，根檀，节沉，花鸡舌，胶熏陆，叶藿香。并误也。五香各自有种。所谓五香一木，即沉香部所列：沉、栈、鸡骨、青桂、马蹄是矣。

辨烧香

昔人于祭前，焚柴升烟。今世烧香，于迎神之前，用炉炭爇之。近人多崇释氏，盖四方出香〔一〕，释氏动辄烧香，取其清净，故作法事，则焚香诵咒。道家亦烧香解秽，与吾教极不同。今人祀夫子、祭社稷，于迎神之后、奠帛之前三上香〔二〕。家礼无此〔三〕，郡邑或用之。《云麓漫钞》

〔一〕"四方出香"，四库本、大观本及《云麓漫钞》卷八皆作"西方出香"。钞本以二字形近致误。

〔二〕"奠帛之前"，四库本、大观本同。《云麓漫钞》卷八作"奠币之前"。

〔三〕"家礼无此"，大观本同，四库本作"古礼无此"，《云麓漫钞》卷八作"礼家无此"。钞本及大观本误乙"礼家"二字。

意和香有富贵气

贾天锡宣事作意和香，清丽闲远，自然有富贵气，诸家香殊寒乞。天锡屡惠此香，惟要作诗，因以"兵卫森画戟，燕寝凝清香"韵作十小诗赠之。犹恨诗语未工，未称此香尔。然余甚宝此香，未尝妄以与人。城西张仲谋为我作寒计，惠骐骥院马通薪二百，以香二十饼报之。或笑曰："不与公诗为地耶?"应之曰："人或能为人作祟〔一〕，岂若马通薪，使冰雪之辰，令牛马走皆有挟纩之温耶?"〔二〕学诗三十年，今乃大觉，然见事亦太晚也。《山谷集》

〔一〕"人或能为人作祟"，《黄庭坚全集》页六四四《跋自书所为香诗后》作"诗或能为人作祟"。

〔二〕"令牛马走"，四库本、大观本及《黄庭坚全集》皆作"铃下马走"。

绝尘香

沉、檀、脑、麝四合，加以棋楠、苏合、滴乳、蠡甲数味相合，分两相匀，炼蔗浆合之。其香绝尘境，而助清逸之兴。《洞天清录》〔一〕

〔一〕按，今本《洞天清禄》无此内容，俟考。

心字香

番禺人作心字香，用素馨、茉莉半开者，着净器，薄劈沉水香，层层相间，封。日一易，不待花蔫，花过香成。蒋捷词云："银字筝调，心字香烧。"范石湖《骖鸾录》[一]

〔一〕按，范成大《骖鸾录》无此条，疑出《桂海虞衡志》而《香乘》误记为《骖鸾录》。参见宋黄震《黄氏日钞》。

清泉香饼

蔡君谟既为余书《集古录序》刻石，其字尤精劲，为世所珍。余以鼠须栗尾笔、铜丝笔格、大小龙茶、惠山泉等物为润笔，君谟大笑，以为太清而不俗。后月余，有人遗余以清泉香饼一筐。君谟闻之，叹曰："香来迟，使我润笔独无此一种佳物。"兹又可笑也。清泉，地名；香饼，石炭也。用以焚香，一饼火可终日不绝。《欧阳文忠集》

苏文忠论香

古者以芸为香，以兰为芬。以郁鬯为祼[一]，以萧脂为焚。以椒为涂，以蕙为熏。杜蘅带屈，菖蒲荐文。麝多忌而本膻，苏合若芗而实荤。本集

上与范蔚宗《和香序》意同。

〔一〕"以郁鬯为祼"，四库本作"以郁鬯为祼"，是。按，"祼"，祭祀之一种，以香酒酹地而求神。见《苏轼文集》卷一《沉香山子赋》。

香 药[一]

坡公与张质夫札云："公会用香药皆珍物，极为行商坐贾之

苦。盖近造此例，若奏罢之，于阴德非小补。"予考绍圣元年，广东舶出香药，时好事创例，他处未必然也。同上[二]

〔一〕"香药"，四库本、大观本作"论香药"。

〔二〕"同上"，四库本、大观本同。按，检《苏轼文集》，共收录《与章质夫书》三首，无此。本条实出宋戴埴《鼠璞》之"香药卓"条，"予考"以下数句，皆戴氏语，《香乘》引录时复有删节。"与张质夫札"，原作"与章质夫帖"。"行商坐贾"，原作"番商坐贾"。

香　乘

沉檀罗毅，脑麝之香，郁烈芬芳，苾茀细缊。螺甲龙涎，腥极反馨。豆蔻胡椒，荜拨丁香，杀恶诛臊。《郁离子》

求名如烧香

人随俗求名，譬如烧香。众人皆闻其芳，不知熏以自焚，焚尽则气灭，名立则身绝。夏诗[一]

〔一〕"夏诗"，四库本、大观本同。按，《陈氏香谱》卷四"求名如烧香"条注出《真诰》，见《真诰》卷六。疑因"真诰"与"夏诗"形近致误。

香鹤喻

鹤为媒而香为饵也。鹤之贵、香之重，其宝于世，以高洁清远。舍是为媒饵于人间，鹤与香，奚宝焉?《王百谷集》

四戒香

不乱财，手香；不淫色，体香；不诳讼，口香；不嫉害，心香。常奉四香戒，于世得安乐。《玉茗堂集》

五名香

梁萧挠诗云："烟霞四照叶，风月五名香。"〔一〕不知五名为何香。

〔一〕北周萧挠《和梁武陵王遥望道馆》诗句，见《先秦汉魏晋南北朝诗·北周诗》卷一。"四照叶"，原作"四照蕊"。

解脱知见香

解脱知见香，即西天苾蒭草。体性柔软，引蔓傍布，馨香远闻。黄山谷诗云："不念真富贵，自熏知见香。"

太乙香

香为冷谦真人所制。制香处甚严〔一〕，择日炼香，按向和剂，配天合地，四气五行，各有所属。鸡犬妇女，不经闻见。厥功甚大，焚之助清气，益神明，万善攸归，百邪远遁。盖道成后升举秘妙〔二〕，匪寻常焚爇具也。其方藏金陵一家，前有真人自序，后有罗文恭洪先跋。余屡求之，秘不肯出。聊纪其功用如此，以待后之有仙缘者采访得之。

〔一〕"制香处甚严"，四库本、大观本作"制甚虔甚严"。

〔二〕"盖道成后升举秘妙"，四库本、大观本作"盖道成翊升举秘妙"。

香愈弱疾

玄参一斤、甘松六两，为末，炼蜜一斤和匀，入瓶封闭，地中埋窨十日取用。更用炭末六两、炼蜜六两，同和入瓶，更窨五日取用。烧之，常令闻香，弱疾自愈〔一〕。

又曰：初入瓶中封固，煮一伏时，破瓶取捣，入蜜，别以瓶

盛，地中窨过用。亦可熏衣。《本草纲目》

〔一〕"弱疾"，《本草纲目》卷一二"玄参"条附"烧香治瘵"方，无"弱"字。

香治异病

孙兆治一人，满面黑色，相者断其死。孙诊之曰："非病也。乃因登溷，感非常臭气而得。治臭无如至香，今用沉、檀碎劈，焚于炉中，安帐内以熏之。"明日面色渐别，旬日如故。《证治准绳》

卖香好施受报

凌途卖香好施，一日，有僧负布囊携木杖至，谓曰："龙钟步多蹇，寄店憩息可否？"途乃设榻，僧寝移时，起曰："略到近郊，权寄囊杖。"僧去月余不来取，途潜启囊，有异香末二包，氤氲扑鼻。其杖三尺，本是黄金。途得其香，和众香而货，人不远千里来售，乃致家富。《葆光录》

卖假香受报

华亭黄翁，徙居东湖，世以卖香为生。每往临安江下，收买甜头。甜头，香行俚语，乃海南贩到柏皮及藤头是也。归家修事为香货卖。黄翁一日驾舟欲归，夜泊湖口，湖口有金山庙灵感，人敬畏之。是夜，忽一人揞起黄翁，连拳殴之，曰："汝何作孽造假香？"时许得苏，月余而毙。《闲窗搜异》

又

海盐倪生，每用杂木屑伪作印香货卖。一夜，熏蚊虫，移火入印香内，旁及诸物，遍室烟迷，而不能出，人屋俱为灰烬。
同上

又

嘉兴府周大郎，每卖香时，才与人评价。或疑其不中，周即誓曰："此香如不佳，出门当为恶神扑死。"淳祐间，忽一日过府后，如逢一物绊倒，随即扶持，气已绝矣。同上

阿 香

有人宿道旁一女子家，一更时，有人唤阿香，忽骤雷雨。明日视之，乃一新冢。《韵府群玉》

埋 香

孟蜀时，筑城获瓦棺，有石刻"随刺史张崇妻王氏"〔一〕。铭曰："深深瘗玉，郁郁埋香。"同上

〔一〕"随刺史"，四库本、大观本作"隋刺史"，元阴时夫《韵府群玉》卷六亦作"隋刺史"。钞本因二字音同形近致误。又，"深深瘗玉"，原书作"深深葬玉"。

墓中有非常香气

陈金少为军士，私与其徒发一大冢，见一白髯老人，面如生，通身白罗衣，衣皆如新。开棺即有白气冲天，墓中有非常香气。金视棺盖上有物如粉，微作硫黄气，金掬取怀归。至营中，人皆惊云："今日那得有香气？"金知硫黄之异，且辄汲水服之至尽。后复视棺中，惟衣尚存，如蝉脱之状〔一〕。《稽神录》

〔一〕"蝉脱之状"，四库本、大观本及《稽神录》卷五"陈金"

条皆作"蝉蜕之状"。钞本因二字形近致误。

死者燔香

堕波登国人，死者乃以金釭贯于四肢，然后加以波律膏及沉、檀、龙脑，积薪燔之。《神异记》

香起卒殓

嘉靖戊午倭寇，闽中死亡无数。林龙江先生，鬻田得若千金，办棺收葬。时夏月，秽气迎鼻，役从难前，请命龙江。龙江云："汝到尸前，高唱：'三教先生来了。'"因如语往，香风四起，遂卒殓。亦异事也。

卷一三

香绪余

香字义〔一〕

《说文》曰:"气芬芳也。篆从黍从甘。"徐铉曰:"稼穑作甘。黍甘作香。隶作香。又芗与香同。""《春秋传》曰:'黍稷馨香。'凡香之属皆从香。"

香之远闻曰馨

香之美曰𪏶音使

香之气曰䊲火兼反　曰馣音淹　曰馧于云反　曰馥扶福反

　　曰䡾音霭　曰馦蒲结反　曰馛上同　曰馢音笺

　　曰馛步末切　曰秘音弼　曰馪音宾　曰馞音勃

　　曰馠天含反　曰馩音焚　曰馚上同　曰馲音奉

　　曰䶒音彭,大香　　　　　曰馣他胡反　曰馣音倚

　　曰馜音你　曰馤普没反　曰馤音爱　曰馤普灭切

　　曰馣乌孔切　曰馤徒含切　曰馦甫微切　曰馣音饺

　　曰馤音瓢　曰馨音魏,阿馨　　　　　曰馠音含

〔一〕本条诸本自"䊲"字下俱收30字,然钞本与四库本、大观本所收有数字不同。本条据钞本整理。如馦作馤,下注"方灭反",而隔四字又出馤,下注"上同"。按,馚同馤,四库本、大观本误。其下又有"馛"、"馣"、"馠"、"馤"、"馣"共五字,钞本无。而钞本较四库本、大观本多出"馚"、"馣"、"馤"、"馣"、"馠"五字。至于诸字反切,

亦有不同，不复详校。

十二香名义

吴门于永锡专好梅花，吟《十二香》诗，今录其名义。《清异
录》

万选香　枝枝剪折，遴拣繁种

水玉香　清水玉缸，参差如雪[一]

二色香　帷幔深置，脂粉同妍

自得香　帘幕窥蔽，独享馥然

扑凸香　巧插鸦鬓，妙丽无比

算来香　采折凑然，计多受赏

富贵香　簪组共赏，金玉辉映

混沌香　夜室映灯，暗中拂鼻

盗跖香　就树临瓶，至诚窃取

君子香　不假风力，芳誉远闻

一寸香　醉藏怀袖，馨闻断续

使者香　专使贡持，临门远送

〔一〕"水玉香"，四库本、大观本作"冰玉香"。按，《清异录》
卷上作"水玉香"。

十八香喻士[一]

王十朋有《十八香词》，广其义以喻士：

异香——牡丹，称国士　　温香——芍药，称治士

国香——兰，称芳士　　　天香——桂，称名士

暗香——梅，称韵士　　　冷香——菊，称高士

韵香——荼蘼，称逸士　　妙香——蕡卜，称开士

雪香——梨，称爽士　　　　细香——竹，称旷士

嘉香——海棠，称俊士　　　清香——莲，称洁士

梵香——茉莉，称贞士　　　和香——含笑，称粲士

柔香——丁香，称佳士　　　阐香——瑞香，称胜士

奇香——腊梅，称异士　　　寒香——水仙，称奇士

〔一〕本条与四库本、大观本有异同，"暗香梅韵士"，二本作"高士"；"冷香菊高士"，二本作"傲士"。又"奇香"、"寒香"在"柔香"之前。按，本条与《王十朋全集》所辑"咏十八香"词（调寄《点绛唇》）亦有不同，如茉莉为艳香，含笑为南香，丁香为素香，瑞香则未标名目。《全宋词》同《王十朋全集》。

南方花香

南方花皆可合香，如茉莉、阇提、佛桑、渠那花，本出西域，佛书所载，其后传本来闽岭，至今遂盛。又有大含笑花、素馨花，就中小含笑花香尤酷烈。其花常若菡萏之未放者，故有含笑之名。又有麝香花，夏开，与真麝香无异。又有麝香木，亦类麝香气也。此等皆畏寒，故北地莫能植也。或传美家香〔一〕，用此诸花合香。

温子皮云：素馨、茉莉，摘下花蕊，香才过，即以酒噀之，复香。凡是生香，蒸过为佳。每四时遇花之香者，皆以次蒸之。如梅花、瑞香、荼蘼、栀子、茉莉、木犀、橙橘花之之类〔二〕，皆可蒸。他日爇之，则群花之香毕备。

〔一〕"美家香"，《陈氏香谱》卷一"南方花"条作"吴家香"，《香乘》因二字形近致误。

〔二〕"之之类"，四库本、大观本及《陈氏香谱》皆作"之类"，钞本误衍一"之"字。

花熏香诀

用好降真香结实者，截断约一寸许，利刀劈作薄片。以豆腐浆煮之，俟水香，去水，又以水煮至香味去尽，取出，再以茶末或茶叶煮百沸[一]，滤出阴干，随意用诸花熏之。其法用净瓦缶一个，先铺花片一层，铺香片一层，又铺花片及香片，如此重重铺盖了，以油纸封口，饭甑上蒸少时，取起，不可解开，待过数日烧之，则香气全美。或以旧竹壁簧，依上煮制代降真，采橘叶捣烂代诸花。熏之其香清古，若春时晓行山径。所谓草木真天香者，殆此之谓与！

〔一〕"茶末或茶叶"，四库本、大观本及《陈氏香谱》卷一"花熏香诀"条皆作"末茶或叶茶"，疑钞本擅改。

橙油蒸香[一]

橙油蒸香，皆以降真为骨，去其夵性而重入焉。各有制法，而素馨之熏最佳。《稗史汇编》

〔一〕"橙油"，四库本、大观本作"橙柚"，文内同。

香草名释

《遁斋闲览》云：《楚辞》所咏香草，曰兰，曰荪，曰茝，曰药，曰蘼，曰芷，曰荃，曰蕙，曰蘪芜，曰茳蓠，曰杜若，曰杜蘅，曰薠车，曰菖葰，其类不一，不能尽识其名状，识者但总谓之香草而已。其间亦有一物而备数名，亦有与今人所呼不同者。如兰一物，《传》谓其有国香，而诸家之说，但各以已见，自相非毁，莫辨其真。或以为都梁，或以为泽兰，或以为兰草，今当以泽兰为正。山中又有一种，叶大如麦门冬，春开花，极香，此则名幽兰也。荪，则溪涧中所生，今人所谓石菖蒲者。然实非石菖蒲，叶柔脆易折，不若兰、荪叶坚韧。杂小石清水，植之盆中，久而愈郁茂可爱。茝、药、蘺、茞，虽有四种，止是一物，今所谓白芷是也。蕙，即零陵草也。蘼芜，即芎䓖苗也，一名茳蓠。杜若，即山姜也。杜蘅，今人呼为马蹄香。惟荃与蘪车、茝蘬，终莫穷识。骚人类以香草比君子耳，他日求田问舍，当遍求其本，刈植栏槛，以为焚香亭。欲使芬芳满前，终日幽对，想见骚人之雅趣以寓意耳。

《通志·草木略》云：兰即蕙，蕙即薰，薰即零陵香。《楚辞》云：滋兰九畹，植蕙百亩。互言也。古方谓之薰草，故《名医别录》出薰草条；近谓之零陵香，故《开宝本草》出零陵香条。《神农本经》谓之兰。余昔修之《本草》，以二条贯于兰后，明一物也。且兰旧名煎泽草，妇人和油泽头，故名焉。《南越志》云：零陵香，一名燕草，又名薰草。即香草，生零陵山谷，今湖岭诸州皆有。又《别录》云：薰草，一名蕙，一名薰。蕙之为兰也，以其质香，故可以为膏泽，可以涂宫室。近世一种草，如茅香而嫩，其根谓之土续断，其花馥郁，故得名，误为人所赋咏。泽芬曰白芷，曰白茝，曰蘺，曰茞，曰荷蓠，楚人谓之药，其叶谓之蒿。与兰同德，俱生下湿。

泽兰，曰虎兰，曰龙枣兰，曰虎蒲，曰水香，曰都梁，香如兰而茎方，叶不润，生于水中，名曰水香。

茈胡，曰地熏，曰山菜，曰茹草。叶曰芸蒿，味辛可食。生于银夏者，芬馨之气，射于云霄间，多白鹤青鸾翱翔其上。

《琐碎录》云：古人藏书，辟蠹用芸。香草[一]，今七里香是也。南人采置席下，能去蚤虱。香草之类，大率异名。所谓兰荪，即菖蒲也；蕙，今零陵香也；茝，白芷也。

朱文公《离骚》注云：兰、蕙二物，《本草》言之甚详。大抵古之所谓香草，必其花叶皆香，而燥湿不变，故可刈而为佩。今之所谓兰、蕙，则其花虽香，而叶乃无气；其香虽美，而质弱易萎，非可刈佩也。

四卷都梁香内，兰草、泽兰，余辨之审矣。兹复捃拾诸论，似赘而欲其该备，自不避其繁琐也。

〔一〕“香草”，四库本、大观本作“芸，香草也”，《陈氏香谱》卷一“香草名释”条同。钞本误脱二字。按，此条疑录自《陈氏香谱》卷一“香草名释”条，可参看该条相关校记。

修制诸香

飞樟脑

樟脑一两，两盏合之，以湿纸糊缝，文武火熁半时，取起，候冷用之。

次将樟脑不拘多少，研细筛过，细劈拌匀，捩薄荷汁少许酒土上〔一〕，以净碗相合定，湿纸条固四缝，甑上蒸之。脑子尽飞上碗底，皆成冰片。

樟脑、石灰等分，共研极细，用无油铫子贮之，磁碗盖定，四面以纸固济如法，勿令透气。底下用木炭火煅，少时取开，其脑子已飞在碗盖上。用鸡翎扫下称，再与石灰等分，如前煅之，凡六七次。至第七次，可用慢火煅一日而止，扫下脑，用杉木盒子铺在内，以乳汁浸二宿，固济口不令透气。掘地四五尺，窨一月，不可入药。

又朝脑一两〔二〕，滑石二两，一处同研，入新铫子内，文武火煅之。上用一磁器皿盖之，自然飞在盖上，其味夺真。同上〔三〕

〔一〕“少许酒土上”，四库本、大观本作“少许洒土上”，是。钞本因二字形近致误。

〔二〕"朝脑一两"，四库本、大观本作"樟脑一两"，《陈氏香谱》卷一"飞樟脑"条作"韶脑一两"。按，樟脑又称"潮脑"（由此衍变出"朝脑"，产自潮州）、"韶脑"（产自韶州）。

〔三〕"同上"，四库本、大观本同。然本条共四法，上三法并未注明出处。此因《香乘》抄自《陈氏香谱》卷一"飞樟脑"条，《陈氏香谱》亦四法，第一法注出《沈谱》，第二法注出《是斋售用录》，第三法同上，第四法未注出处。《香乘》抄录时，将《陈氏香谱》的出处删去，惟"同上"二字删而未尽，又误植于第四则下，遂致其全无着落。

制笃耨〔一〕

笃耨白黑相杂者，用盏盛，上饭甑蒸之。白浮于面，黑沉于下。《琐碎录》

〔一〕"制笃耨"，四库本、大观本作"笃耨"，其下小字注"制"。以下数条同，又或不注小字，不再出校。

制乳香

乳香，寻常用指甲、灯草、糯米之类同研。及水浸钵，研之皆费力。惟纸裹置壁隙中，良久即粉矣。

又法：于乳钵下着水轻研，自然成末。或于火上，纸裹略烘。同上

制麝香

研麝香，须着少水，自然细，不必罗也。入香不宜多用，及供神佛者去之。

制龙脑

龙脑须别器研细，不可多用，多则掩夺众香。《沈谱》

制檀香

须拣真者，锉如米粒许，慢火爇，令烟出，紫色断腥气即止。

每紫檀一斤，薄作片子，好酒二升，以慢火煮干，略爇。

檀香作小片，腊茶清浸一宿，控出焙干。以蜜酒同拌令匀，再浸，慢火炙干。

檀香细锉，水一升、白蜜半斤，同入锅内煮五七十沸，控出焙干。

檀香砍作薄片子，入蜜拌之，净器炒，如干，旋旋入蜜，不住手搅动，勿令炒焦，以黑褐色为度。俱《沈谱》

制沉香

沉香细锉，以绢袋盛，悬于銚子当中，勿令着底。蜜水浸，慢火煮一日，水尽更添。今多生用。

制藿香

凡藿香、甘草、零陵之类，须拣去枝梗杂草，曝令干燥，揉碎，扬去尘土。不可用水烫〔一〕，损其香。

〔一〕"用水烫"，大观本同，四库本作"用水煎"。

制茅香

茅香，须拣好者，锉细，以酒蜜水润一夜，炒令黄燥为度。

制甲香

甲香，如龙耳者好，其余小者次也。取一二两，先用炭汁一碗煮尽，后用泥水煮，方同好酒一盏煮尽，入蜜半匙，炒如金色。

黄泥水制〔一〕，令透明，逐片净洗，焙干。

炭灰煮两日，净洗，以蜜汤煮干。

甲香以米泔水浸三宿后，煮煎至赤沫频沸，令尽泔清为度，入好酒一盏同煎，良久取出，用火炮色赤。更以好酒一盏泼地，安于泼地上〔二〕，盆盖一宿，取出用之。

甲香以浆水泥一块，同浸三日，取出候干，刷去泥，更入浆水一碗，煮干为度。入好酒一盏，煮干，于银器内炒令黄色。

甲香以水煮去膜，好酒煮干。

甲香磨去龃龉，以胡麻膏熬之，色正黄，则用蜜汤洗净。入香宜少许〔三〕。

〔一〕"黄泥水制"，四库本、大观本作"黄泥水煮"。

〔二〕"安于泼地上"，四库本、大观本作"安香于泼地上"。

〔三〕"入香宜少许"，四库本、大观本作"入香宜少用"。

炼　蜜

白沙蜜若干，绵滤入磁罐，油纸重叠密封罐口，大釜内重汤煮一日，取出，就罐于炭上煨煎数沸，使出尽水气，则经年不变。若每斤加苏合油二两，更妙。或少入朴硝，除去蜜气，尤佳。不可太过，过即浓厚，和香多不匀。

煅　炭

凡治香用炭，不拘黑白，熏煅作火，罨于密器令定，一则去炭中生薪，二则去炭中杂秽之物。

熘 香

熘香宜慢火，如火紧，则焦气。俱《沈谱》

合 香

合香之法，贵于使众香咸为一体。麝滋而散，挠之使匀；沉实而脮，碎之使和；檀坚而燥，揉之使腻。比其性，等其物，而高下之。如医者之用药，使气味各不相掩。《香史》

捣 香

香不用罗，量其精粗，捣之使匀。太细则烟不永，太粗则气不和。若水麝、波律、硝，别器研之。同上

收 香

冰麝忌暑，波律忌湿，尤宜护持。香虽多，须置之一器，贵时得开阖，可以诊视。同上

窨 香

香非一体，湿者易和，燥者难调；轻软者燃速，重实者化迟。火炼结之，则走泄其气，故必用净器拭干贮窨，令密掘地藏之，则香性相入，不复离群。新和香必须入窨，贵其燥湿得宜也。每约香多少，贮以不津磁器，蜡纸密封。于净室中掘地窨三五尺，瘞月余，逐旋取出，其香尤旖馜也。《沈谱》

焚 香

焚香必于深房曲室，用矮桌置炉，与人膝平。火上设银叶或云母，制如盘形，以之衬香。香不及火，自然舒慢无烟燥气。《香史》

熏 香

凡欲熏衣，置热汤于笼下，衣覆其上，使之沾润，取去，则以炉爇香。熏毕，叠衣入箪箧，隔宿衣之，余香数日不歇。《洪谱》

烧香器

香 盘

用深中者，以沸汤泻中，令其翁郁，然后置炉其上，使香易着物。

香 匕

平灰置火，则必用圆者；移香抄末，则必用锐者。

香 箸

拨火和香，总宜用箸。

香 壶

或范金，或埏生土为之，用藏匕箸。

香 罂

窨香用之，深中而掩上。

香　盛[一]

盛，即盒也。其所盛之物，与炉等，以不生涩枯燥者皆可，仍不用生铜为之，恐腥溃。

〔一〕按，此条四库本、大观本列为"烧香器"之第二条。

香　炉[一]

香炉不拘金、银、铜、玉、锡、瓦、石，各取其便用。或作狻猊、獬象[二]、凫鸭之类，计其人之当。顶贵穿窿，可泄火气。置窍不用太多，使香气四薄，则能耐久。

〔一〕按，此条四库本、大观本列为"烧香器"之第一条。

〔二〕"獬象"，四库本、大观本同。按，《陈氏香谱》卷三"香炉"条作"獬豸"，是。《香乘》因二字形近致误。

香　范

镂木为之，以范香尘为篆文，燃于饮席或佛像前，往往有至二三尺者。

《颜史》所载。当时尚自草草，若国朝，宣炉、厂盒、倭箸[一]等器，精妙绝伦，惜不令云龛居士赏之。

古人茶，用香料印作龙凤团；香炉制狻猊、凫鸭形，以口出香。古今去取，若此之不侔也。

〔一〕"厂盒倭箸"，四库本作"敞盒匕箸"，大观本作"敞盒矮箸"。

卷一四

法和众妙香[一]

汉建宁宫中香沈

黄熟香四斤　香附子二斤　丁香皮五两　藿香叶四两　零陵香四两　檀香四两　白芷四两　茅香一斤[二]　茴香二两[三]　甘松半斤　乳香一两，另研　生结香四两　枣半斤，焙干　又方：入苏合油一两

上为细末，炼蜜和匀，窨月余，作丸或饼爇之。

〔一〕"法和众妙香"，四库本、大观本其下小字注"一"，且于卷一五至卷一七，依次注"二"、"三"、"四"，钞本则仅于卷一六至卷一七，注"三"、"四"，卷一四至卷一五俱脱。

〔二〕"一斤"，四库本、大观本作"二斤"，《陈氏香谱》卷二同。

〔三〕"二两"，大观本同，四库本作"二斤"，《陈氏香谱》卷二同。

唐开元宫中香

沉香二两，细锉，以绢袋盛，悬于铫子当中，勿令着底，蜜水浸，慢火煮一日　檀香二两，清茶浸一宿，炒令无檀香气　龙脑二钱，另研　麝香二钱　甲香一钱　马牙硝一钱

上为细末，炼蜜和匀，窨月余取出，旋入脑、麝，丸之，爇如常法。

宫中香一

檀香八两，作小片，腊茶浸一宿，取出，旋入脑、麝，焙干，再以酒蜜浸一宿，慢火炙干　沉香三两　生结香四两　甲香一两　龙、麝各半两，另研

上为细末，生蜜和匀，贮磁器地窖一月，旋丸爇之。

宫中香二

檀香十二两，细锉，水一升、白蜜半斤，同煮五七十沸，控出焙干　零陵香三两　藿香三两　甘松三两　茅香三两　生结香四两　甲香三两，法制　黄熟香五两，炼蜜一两，拌浸一宿，焙干　龙、麝各一钱

上为细末，炼蜜和匀，磁器封窖二十日，旋丸爇之。

江南李王帐中香

沉香一两，锉如筳大　苏合油以不津磁器盛

上以香投油，封浸百日，爇之。入蔷薇水更佳。

又　方

沉香一两，锉如筳大　鹅梨一个，切□取汁[一]

上用银器盛，蒸三次，梨汁干即可爇。

〔一〕"切□取汁"，钞本原空一字，四库本、大观本作"切碎取汁"。

又　方

沉香四两　檀香一两　麝香一两　龙脑[一]半两　马牙香一分，研

上细锉，不用罗，炼蜜拌和烧之。

〔一〕"龙脑"，四库本、大观本作"苍龙脑"。

又 方补遗

沉香末一两　檀香末一钱　鹅梨十枚

上以鹅梨刻去瓤核，如瓮子状，入香末，仍将梨顶签盖，蒸三沸，去梨皮，研和令匀，久窨可爇。

宣和御制香

沉香七钱，锉如麻豆大　檀香三钱，锉如麻豆大，炒黄色　金颜香二钱，另研　背阴草不近土者，如无，则用浮萍　朱砂各二钱半，飞　龙脑一钱，另研　麝香另研　丁香各半钱　甲香一钱，制

上用皂儿白水浸软，以定碗一只，慢火熬，令极软，和香得所。次入金颜、脑、麝，研匀，用香脱印，以朱砂为衣。置于不见风日处，窨干，烧如常法。

御炉香

沉香二两，细锉，以绢袋盛之，悬于铫中，勿令着底，蜜水浸一碗，慢火煮一日，水尽更添　檀香一两，切片，以腊茶清浸一宿，稍焙干　甲香一两，制　生梅花龙脑二钱，另研　麝香一钱，另研　马牙硝一钱

上捣罗，取细末，以苏合油拌和令匀，磁盒封窨一月许，入脑、麝，作饼爇之。

李次公香武

栈香不拘多少，锉如米粒大　脑、麝各少许

上用酒蜜同和，入磁罐密封，重汤煮一日，窨一月。

赵清献公香

白檀香四两，劈碎　乳香缠末半两，研细　玄参六两，温汤浸洗，慢火

煮软，薄切作片，焙干

上碾取细末，以熟蜜拌匀，令入新磁罐内，封窨十日，爇如常法。

苏州王氏帏中香〔一〕

檀香一两，直锉如米豆大，不可斜锉，以腊茶清浸，令没过，一日，取出窨干，慢火炒紫　沉香二钱，直锉　乳香一钱，另研　脑、麝各一字，另研，清茶化开〔二〕

上为末，净蜜六两同浸，檀茶清更入水半盏，熬百沸，复秤如蜜数为度，候冷，入麸炭末二两〔三〕，与脑、麝和匀，贮磁器封窨如常法，旋丸爇之。

〔一〕"帏中香"，四库本、大观本作"幛中香"。

〔二〕"脑麝各一字另研清茶化开"，四库本、大观本作"龙脑另研，麝香各一字另研清茶化开"。

〔三〕"麸炭末二两"，四库本、大观本作"麸炭末三两"。

唐化度寺衙香洪谱

沉香一两半　白檀香五两　苏合油〔一〕一两　甲香一两，煮　龙脑半两　麝香半两

上香细锉，捣为末，用马尾筛罗，炼蜜拌匀得所，用之。

〔一〕"苏合油"，四库本、大观本作"苏合香"。

杨贵妃帏中衙香

沉香七两二钱　栈香五两　鸡舌香四两　檀香二两　麝香八钱，另研　藿香六钱　零陵香四钱　甲香二钱，法制　龙脑香少许

上捣罗细末，炼蜜和匀，丸如豆大，爇之。

花蕊夫人衙香

沉香三两　栈香三两　檀香一两　乳香一两　甲香一两，法制　龙脑半钱，另研，香成旋入　麝香一钱，另研，香成旋入

上除脑、麝外，同捣末，入炭皮末、朴硝各一钱，生蜜拌匀，入磁盒，重汤煮十数沸，取出，窨七日，作饼爇之。

雍文彻郎中衙香洪谱

沉香　檀香　甲香　栈香各一两　黄熟香一两半　龙脑　麝香各半两

上件捣罗为末，炼蜜拌匀，入新磁器中贮之，密封地中一月，取出用。

苏内翰贫衙香沈

白檀四两，斫作薄片，以蜜拌之，净器内炒，如干，施入蜜[一]，不住手搅，黑褐色止，勿焦　乳香五两，皂子大，以生绢裹之，用好酒一钱同煮[二]，候酒干至五七分，取出　麝香一字

上先将檀香杵粗末，次将麝香细研，入檀，又入麸炭细末一两，借色与元乳同研，合和令匀，炼蜜作剂，入磁器实按密封，埋地一月用。

〔一〕"施入蜜"，四库本、大观本作"旋旋入蜜"，《陈氏香谱》卷二本条作"旋入蜜"。钞本因二字形近致误。

〔二〕"好酒一钱"，四库本、大观本及《陈氏香谱》卷二皆作"好酒一盏"。钞本因"錢"（钱）、"琖"（盏）二字形近致误。按，钞本于此字多误，以下径改不出校。

钱塘僧日休衙香

紫檀四两　沉水香一两　滴乳香一两　麝香一钱

上捣罗细末，炼蜜拌令匀，丸如豆大，入磁器久窨，可蓺。

金粟衙香洪

梅腊香一两　檀香一两，腊茶煮五七沸，二香同取末　黄丹一两　乳香三钱　片脑一钱　麝香一字，研　杉木炭五钱，为末〔一〕　净蜜二两半

上将蜜于磁器密封〔二〕，重汤煮，滴水中成珠方可用。与香末拌匀，入臼杵百余，作剂，窨一月分蓺之。

〔一〕"为末"，四库本、大观本作"为末秤"，意指先研末而后秤量。

〔二〕"磁器密封"，四库本、大观本作"坩器密封"。按，坩器，指陶器。

衙 香一

沉香半两　白檀香半两　乳香半两　青桂香半两　降真香半两甲香半两，制过　龙脑香一钱，另研　麝香一钱，另研

上捣罗细末，炼蜜拌匀，次入龙脑、麝香，溲和得所〔一〕，如常蓺之。

〔一〕"溲和"，四库本、大观本及《陈氏香谱》卷二"衙香"条皆作"搜和"。按，"搜"（shǎo），搅得，拌和。"溲"，以液体调和粉状物，亦有拌和之意。钞本多作"溲"，四库本及大观本多作"搜"，以下复有此异文，不再出校。

衙 香二

黄熟香五两　栈香五两　沉香五两　檀香三两　藿香三两　零陵

香三两　甘松三两〔一〕　丁皮三两　丁香一两半　甲香三两，制　乳香半两　硝石三分　龙脑三钱　麝香一两

上除硝石、龙脑、乳、麝同研细外，将诸香捣罗为散，先量用苏合香油并炼过好蜜二斤和匀，贮磁器埋地中一月〔二〕，取爇。

〔一〕"甘松三两"，四库本、大观本作"甘松二两"。

〔二〕"磁器"，四库本、大观本作"坩器"。

衙　香三

檀香五两　沉香　结香各四两　藿香四两　零陵香　甘松各四两　丁香皮一两　甲香二钱　茅香四两，烧灰　脑、麝各五分

上为细末，炼蜜和匀，烧如常法。

衙　香四

生结香　栈香　零陵香　甘松各三两　藿香叶　丁香皮各一两　甲香一两，制过　麝香一钱

上为粗末，炼蜜放冷和匀，依常法窨过，爇之。

衙　香五

檀香　玄参各三两　甘松二两　乳香半斤，另研　龙脑　麝香俱半两，另研

上先将檀、参锉细，盛银器内水浸，火煎水尽，取出焙干，与甘松同捣，罗为末。次入乳香末等一处，用生蜜和匀，久窨然后爇之。

衙　香六

檀香十二两，锉，茶浸炒〔一〕　麝香二钱〔二〕　沉香　栈香各六两　马

牙硝_{六钱} 龙脑_{三钱} 甲香_{六钱，用炭灰煮两日，净洗，再以蜜汤煮干} 蜜脾香^{〔三〕}_{片子，量用}

上为末，研入龙、麝，蜜溲令匀，蒸之。

〔一〕"茶浸炒"，四库本、大观本作"茶清炒"，《陈氏香谱》卷二作"腊茶清炒"。钞本误。

〔二〕"麝香二钱"，四库本、大观本作"麝香一钱"。

〔三〕"蜜脾香"，四库本、大观本作"蜜比香"，《新纂香谱》卷二作"蜜比香片子"。按，蜜脾，指蜂房，其形如脾，故名。

衙 香_七

紫檀香_{四两，酒浸一昼夜，焙干} 零陵香_{半两} 川大黄_{一两，切片，以甘松酒浸煮，焙} 甘草_{半两} 白檀 栈香_{各二钱半} 玄参_{半两，以甘松同酒焙}^{〔一〕}

上为细末，白蜜十两微炼和匀，入不津磁盒封窨半月，取出，旋蒸之^{〔二〕}。

〔一〕按，四库本、大观本此香方多"酸枣仁五枚"一味，钞本无。

〔二〕"旋蒸之"，四库本、大观本作"旋丸蒸之"。

衙 香_八

白檀香_{八两，细劈作片，以腊茶清浸一宿，控出，焙令干，置蜜酒中拌令得所，再浸一宿，慢火焙干} 沉香_{三两} 生结香_{四两} 龙脑_{半两} 甲香_{一两，先用灰煮，次用一生土煮，次用酒蜜煮，漉出用} 麝香_{半两}

上除龙、麝另研外，诸香同捣罗，入生蜜拌匀，以磁罐窨地月余，取出用。

衙 香_武

茅香<small>二两，去杂草尘土</small>　玄参<small>二两，薤根大者</small>　黄丹<small>四两，细研。已上三</small>
<small>味和捣，筛拣过炭末半斤，另用油纸包裹，窨一两宿用</small>　夹沉栈香<small>四两</small>　紫檀
香<small>四两</small>　丁香<small>一两五钱，去梗。已上三味捣末</small>　滴乳香<small>一钱半，细研</small>　真麝
香<small>一钱半，细研</small>

蜜二斤，春夏煮炼十五沸，秋冬煮炼十沸，取出候冷，方入
栈香等五味搅和，次以硬炭末二斤拌溲，入臼杵匀，久窨方爇。

延安郡公蕊香_{洪谱}

玄参<small>半斤，净洗去尘土</small>，于银器中水煮令熟，控干，切入铫中，慢火炒，令微
烟出　甘松<small>四两，细锉，拣去杂草尘土秤</small>　白檀香<small>二两，锉</small>　麝香<small>二钱，颗</small>
<small>者，别研成末方入药</small>　滴乳香<small>二钱，细研，同麝入</small>

上并用新好者，杵罗为末，炼蜜和匀，丸如鸡豆大^[一]。每
香末一两，入熟蜜一两，未丸前再入臼杵百余下，油纸封贮磁器
中，旋取烧之，作花香。

〔一〕"鸡豆"，《陈氏香谱》卷二同。四库本、大观本、洪刍《香
谱》《新纂香谱》皆作"鸡头"。按，芡实习称鸡头米，亦可称鸡豆米，
实为一物。

婴 香_武

沉水香<small>三两</small>　丁香<small>四钱</small>　制甲香<small>一钱，各末之</small>　龙脑<small>七钱，研</small>　麝
香<small>三钱，去皮毛，研</small>　旃檀香<small>半两，一方无</small>

上五味相和令匀，入炼白蜜六两，去沫，入马牙硝末半两，
绵滤过，极冷乃和诸香，令稍硬，丸如芡子扁之。磁盒密封，窨
半月。

《香谱补遗》云：昔沈推官者，因岭南押香药纲，覆舟

于江上，几坏官香之半。因刮治脱落之余，合为此香，而鬻
于京师。豪家贵族争而市之，遂偿值而归，故又名曰"偿值
香"。本出《汉武内传》[一]。

〔一〕按，见《新纂香谱》卷二，可参看《陈氏香谱》卷二"婴
香"条相关校记。

道　香 出《神仙传》

香附子 四两，去须　　藿香 一两

上二味用酒一斤同煮[一]，候酒干至一半为度，取出阴干，
为细末，以查子绞汁，拌和令匀，调作膏子，或为薄饼烧之。

〔一〕"酒一斤"，四库本、大观本作"酒一升"，《陈氏香谱》卷
二"金粟衙香"条同。

韵　香

沉香末 一两　　麝香末 二钱

稀糊脱成饼子，窨干烧之。

不下阁新香

栈香 一两　　丁香　　檀香　　降真香 俱一钱　　甲香　　零陵香 俱一字
苏合油 半字

上为细末，白芨末四钱加减，水和作饼，如此○大，作
一炷。

宣和贵人王氏金香[一]《售用录》

古腊沉香[二] 八两　　檀香 二两　　牙硝 半两　　甲香 半两，制　　金颜香
半两　　丁香 半两　　麝香 一两　　片白脑子 四两

593

上为细末，炼蜜丸和前香〔三〕，后入脑、麝，为丸大小任意，以金箔为衣，爇如常法。

〔一〕"宣和贵人王氏金香"，四库本、大观本作"宣和贵妃王氏金香"，《新纂香谱》卷二同，《陈氏香谱》卷二作"宣和贵妃黄氏金香"。

〔二〕"古腊沉香"，四库本同，大观本作"真腊沉香"，《陈氏香谱》卷二作"占腊沉香"。《香乘》因"古"、"占"二字形近致误，大观本以"古腊"不辞而改为"真腊"。

〔三〕"炼蜜丸和前香"，四库本、大观本及《陈氏香谱》皆作"炼蜜先和前香"，钞本误。

压 香补

沉香二钱半　麝香一钱，另研　脑子二钱，与沉香同研

上为细末，枣儿煎汤，和剂捻饼如常法，玉钱衬烧。

古 香

柏子仁二两，每个分作四片，去仁。腊茶二钱〔一〕，沸汤半盏，浸一宿，重汤煮，焙令干　甘松蕊一两　檀香半两　金颜香三两　龙脑〔二〕二钱

上为末，入枫香脂少许，蜜和，如常法窨烧。

〔一〕"腊茶"，四库本、大观本作"腌茶"。《陈氏香谱》卷二作"胯茶"，是。

〔二〕"龙脑"，《陈氏香谱》同。四库本、大观本作"韶脑"。

神仙合香沈谱

玄参十两　甘松十两，去土　白蜜加减用

上为细末，白蜜和令匀，入磁罐内密封，汤釜煮一伏时，取

出放冷，杵数百。如干，加蜜和匀，窨地中，旋取入麝香少许，焚之。

僧惠深湿香

地榆一斤　玄参一斤，米泔浸二宿　甘松半斤　白茅〔一〕　白芷俱一两，蜜四两、河水一碗同煮，水尽为度，切片焙干

上为细末，入麝香一分，炼蜜和剂，地窨一月，旋丸爇之。

〔一〕　"白茅"，四库本、大观本及《陈氏香谱》卷二其下皆注"一两"，而"白芷"下无"俱"字。如此则白茅无须如白芷炮制。

供佛湿香

檀香二两　栈香　藿香俱一两　白芷　丁香皮　甜参　零陵香俱一两　甘松　乳香俱半两　硝石一分

上件依常法制，碎锉焙干，捣为细末。别用白茅香八两，碎劈去泥，焙干，烧之焰将绝〔一〕，急以盆盖，手巾围盆口，勿令泄气。放冷，取茅香灰捣〔二〕，与前香一处，逐旋入经炼好蜜相和，重入臼捣软，便将香贮不津器中〔三〕，旋取烧之。

〔一〕　"烧之焰将绝"，四库本、大观本及《陈氏香谱》卷二皆作"火烧之焰将绝"，洪刍《香谱》卷下作"候火焰将绝"。

〔二〕　"取茅香灰捣"，四库本、大观本及《陈氏香谱》皆作"取茅香灰捣末"。

〔三〕　"重入臼捣软便将香"，四库本、大观本作"重入臼捣，软硬得所"。洪刍《香谱》作"重入药臼，捣令软硬得所"，《陈氏香谱》作"重入臼捣软得所"。

久窖湿香[一]

栈香四两，生　乳香七两，拣净　甘松二两半　茅香六两，锉　香附一两，拣净　檀香　丁香皮俱一两　黄熟香一两，锉　藿香　零陵香俱二两　玄参二两，拣净

上为粗末，炼蜜和匀，焚如常法。

〔一〕"久窖湿香"，《陈氏香谱》卷二同，四库本、大观本其下小字注"武"。见《新纂香谱》卷二。

湿　香沈

檀香　乳香俱一两一钱　沉香半两　龙脑　麝香俱一钱　桑柴灰二两

上为末，铜箇盛蜜于水锅内[一]，煮至赤色，与香末和匀，石板上槌三五十下，以熟麻油少许，作丸或饼，爇之。

〔一〕"铜箇"，四库本、大观本作"铜筒"，《陈氏香谱》卷二作"竹筒"。钞本以"箇"、"筒"二字形近致误。唯不知"铜筒"、"竹筒"孰是。

清神湿香补

芎须　藁本　羌活　独活　甘菊俱半两　麝香少许

上同为末，炼蜜和剂作饼，爇之可愈头风。

清远湿香

甘松二两，去枝　茅香二两，枣肉研为膏，浸焙　玄参半两，黑细者，炒降真香　三奈子俱半两　白檀香一钱[一]　龙脑[二]半两　香附子半两，去须，微炒　丁香一两　麝香二钱

上为细末，炼蜜和匀，磁器封窖一月取出，捻饼爇之。

〔一〕"白檀香一钱",四库本、大观本作"白檀香半两",《陈氏香谱》卷二"清远湿香"条无此味。

〔二〕"龙脑",四库本、大观本及《陈氏香谱》皆作"韶脑"。

日用供神湿香新

乳香一两,研　蜜一斤,炼　干杉木烧麸炭,细筛

上同和,窖半月许取出,切作小块子。日用无大费,其清芬胜市货者。

卷一五

法和众妙香

丁晋公清真香_武

歌曰：四两玄参二两松，麝香半分蜜和同。圆如弹子金炉爇，还似千花喷晓风。

又，清室香，减去玄参三两。

清真香_新

麝香檀　乳香各一两　干竹炭四两, 带性烧

上为细末，炼蜜溲成厚片，切作小片子，磁盒封贮，土中窨十日，慢火爇之。

清真香_沈

沉香二两　栈香　檀香　零陵香　藿香俱三两　玄参　甘草俱一两　黄熟香四两　甘松一两半　脑、麝各一钱　甲香二两半, 泔浸二宿，同煮油尽, 以清为度, 以酒浇地上, 覆盖一宿

上为末，入脑、麝拌匀，白蜜六两，炼去沫，入焰硝少许，搅和诸香，丸如鸡豆子大，烧如常法。久窨更佳。

黄太史清真香

柏子仁二两　甘松蕊一两　白檀香半两　桑木麸炭末三两

上为细末，炼蜜和丸，磁器窨一月，烧如常法。

清妙香_沈

沉香　檀香俱二两，锉　龙脑一分　麝香一分，另研

上为细末，次入脑、麝拌匀，白蜜五两，重汤煮熟，放温，更入焰硝半两同和，磁器窨一月，取出爇之。

清神香

玄参一斤　腊茶四胯

上为末，以糖水溲之，地下久窨，可爇。

清神香_武

降真香一两　白檀香一两　青木香半两，生切蜜浸　香白芷一两

上为细末，用大丁香二个槌碎，水一盏煎汁，浮萍草一掬，洗净去须，研碎沥汁，同丁香汁和匀，溲拌诸香，候匀，入臼杵数百下为度，捻作小饼子，阴干，如常法爇之。

清远香_{局方}

甘松十两　零陵香六两　茅香七两，局方六两　麝香木半两　玄参五两，拣净　丁香皮五两　降真香系紫藤香。已上三味，局方六两　藿香三两　香附子三两，拣净。局方十两　香白芷三两

上为细末，炼蜜溲和令匀，捻饼爇之〔一〕。

〔一〕"捻饼爇之"，四库本、大观本作"捻饼或末爇之"，《陈氏香谱》卷二"清远香"条作"捻饼或末爇"。

清远香沈

零陵香　藿香　甘松　茴香　沉香　檀香　丁香各等分

上为末，炼蜜丸如龙眼核大，加龙脑、麝香各少许尤佳，爇如常法。

清远香补

甘松一两　丁香　玄参　番降香俱半两　麝香木八钱　茅香七钱　零陵香六钱　香附子　藿香各三钱　白芷三分

上为末，蜜和作饼，烧窨如常法。

清远香新

甘松四两　玄参二两

上为细末，入麝香一钱，炼蜜和匀，如常爇之。

汴梁太乙宫清远香

柏铃一斤　茅香四两　甘松半两　沥青二两

上为细末，以肥枣半斤蒸熟，研如泥，拌和令匀，丸如芡实大，爇之。或炼蜜和剂亦可。

清远膏子香

甘松一两，去土　香附子半两　茅香一两，去土，炒黄　藿香半两　麝香半两，另研　零陵香　玄参各半两　白芷七钱半　麝香檀四两，即红兜娄　丁皮三钱　栈香三钱　大黄二钱　乳香二钱，另研　米脑二钱，另研

上为细末，炼蜜和匀，散烧或捻小饼亦可。

邢太尉韵胜清远香沈

沉香半两　檀香二钱　麝香半钱　脑子三字

上先将沉、檀为末，次入脑、麝，钵内研极细，别研入金颜香一钱，次加苏合油少许，仍以皂儿仁二三十个、水二盏熬皂儿水，候粘，入白芨末一钱，同上拌香料和成剂[一]，再入茶碾，贵得其剂如熟，随意脱造花子香。先用苏合香油或面刷过花脱，然后印剂，则易出。

〔一〕"上拌香料"，四库本、大观本及《陈氏香谱》卷二皆作"上件香料"。钞本因二字形近致误。

内府龙涎香补

沉香　檀香　乳香　丁香　甘松　零陵香　丁香皮　白芷各等分　龙脑　麝香各少许

上为细末，热汤化雪梨膏，和作小饼，脱花，烧如常法。

王将明太宰龙涎香沈

金颜香一两，另研　石脂一两，为末，须西出者，食之口涩生津者是　龙脑半钱，生　麝香半钱，绝好者　沉香　檀香各一两半，为末，用水磨细，再研

上为末，皂儿膏和，入模子脱花样，阴干爇之。

杨吉老龙涎香武

沉香一两　紫檀即白檀中紫色者，半两　甘松一两，去土，拣净　脑、麝各二分

上先以沉、檀为细末，甘松别碾罗，候研脑、麝极细，入甘松内，三味再同研，分作三分。将一分半入沉香末中，和令匀，

601

入磁瓶密封，窨一宿。又以一分，用白蜜一两半，重汤煮干，至一半，放冷入药，亦窨一宿。留半分，至调合时掺入俾匀，更用苏合油、蔷薇水、龙涎别研，再搜为饼子。或溲匀，入磁盒内，掘地坑深三尺余，窨一月取出，方作饼子。若更少入制过甲香，尤清绝。

亚里木吃兰脾龙涎香

蜡沉二两，蔷薇水浸一宿，研细　龙脑二钱，另研　龙涎香半钱

其为末[一]，入沉香泥，捻饼子窨干爇。

〔一〕"其为末"，四库本、大观本及《陈氏香谱》卷二皆作"共为末"。钞本因二字形近致误。

龙涎香一

沉香十两　檀香三两　金颜香二两　麝香一两　龙脑二两

上为细末，皂子胶脱作饼子，尤宜作带香。

龙涎香二

檀香二两，紫色好者，锉碎，用鹅梨汁并好酒半盏浸三日[一]，取出焙干　甲香八十粒，用黄泥煮二三沸，洗净，油煎赤，为末　沉香半两，切片　生梅花脑子　麝香各一钱，另研

上为细末，以浸沉梨汁入好蜜少许，拌和得所，用瓶盛，窨数日，于密室无风处，厚灰盖火烧一炷，妙甚。

龙涎香三

沉香　金颜香各一两　笃耨皮一钱半　龙脑一钱　麝香半钱，研

上为细末，和白芨糊作剂[一]，用模范脱成花，阴干，以牙

齿子去不平处〔二〕，爇之。

〔一〕"和白芨糊作剂"，四库本、大观本及《陈氏香谱》卷二作"白芨末糊和剂"。

〔二〕"以牙齿子"，四库本、大观本同。《陈氏香谱》作"以齿刷子"，是。《香乘》引录时有脱误。

龙涎香四

沉香一斤　麝香五钱　龙脑二钱

上以沉香为末，同碾成膏，麝用汤细研化汁〔一〕，入膏内，次入龙脑研匀，捻作饼子烧之。

〔一〕"同碾成膏，麝用汤细研化汁"，四库本、大观本作"用碾成膏，麝用汤研化细汁"。《陈氏香谱》卷二作"用水碾成膏，麝用汤研化细汁"，《香乘》诸本皆有脱误。

龙涎香五

丁香半两　木香半两　肉豆蔻半两　官桂七钱　甘松七钱　当归七钱　零陵香　藿香各三分　麝香一钱　龙脑少许

上为细末，炼蜜和，丸如梧桐子大，磁器收贮，捻扁亦可。

南蕃龙涎香又名胜芬积

木香　丁香各半两　藿香七钱半，晒干　零陵香七钱半　香附二钱半，盐水浸一宿，焙　槟榔　白芷　官桂各二钱半　豆蔻〔一〕二个　麝香三钱　别本有甘松七钱

上为末，以蜜或皂儿水和剂，丸如芡实大，爇之。

〔一〕"豆蔻"，四库本、大观本及《陈氏香谱》卷二皆作"肉豆蔻"。钞本误脱"肉"字。

又　方与前方小异，两存之

木香　丁香各二钱半　藿香　零陵香各半两　槟榔二钱半　香附子一钱半　白芷一钱半　官桂一钱　肉豆蔻一个　麝香　沉香　当归各一钱　甘松半两

上为末，炼蜜和匀，用模子脱花或捻饼子，慢火焙，稍干带润，入磁盒久窨，绝妙。兼可服，三钱〔一〕，茶、酒任下，大治心腹痛，理气宽中。

〔一〕"三钱"，四库本、大观本及《陈氏香谱》卷二皆作"三钱饼"。

龙涎香补

沉香一两　檀香半两，腊茶煮　金颜香半两　笃耨香一钱　白芨末三钱　脑、麝各三字

上为细末，拌匀，皂儿胶鞭和，脱爇之〔一〕。

〔一〕"脱爇之"，四库本、大观本及《陈氏香谱》卷二皆作"脱花爇之"。钞本误脱"花"字。

龙涎香沈

丁香　木香各半两　官桂　白芷各二钱半　槟榔　当归各二钱半　甘松　藿香　零陵香各七钱　香附二钱半，盐水浸一宿，焙

上加豆蔻一枚，同为细末，炼蜜丸如绿豆大，兼可服。

智月龙涎香补

沉香一两　麝香一钱，研　米脑一钱半　金颜香半钱　丁香一钱　木香半钱　苏合油一钱　白芨末一钱半

上为细末，皂儿胶鞭和，入白杵千下，花印脱之，窨干，新

刷出光，慢火玉片衬烧。

龙涎香新

速香　泾漏子香　沉香各十两　龙脑　麝香各五钱　蔷薇花不拘
多少，阴干

上为细末，以白芨、琼栀煎汤煮糊丸〔一〕，如常法烧。

〔一〕"煮糊丸"，四库本、大观本作"煮糊为丸"。

古龙涎香一〔一〕

沉香六钱　白檀三钱　金颜香　苏合油各二钱　麝香半钱，另研
龙脑三字　浮萍半字〔二〕　青苔半字，阴干，去土

上为细末，拌匀，入苏合油，仍以白芨末二钱，冷水调如稠
粥，重汤煮成糊，放温，和香入臼，杵百余下，模范脱花，用刷
子出光，如常法焚之。若供佛，则去麝香。

〔一〕"一"，四库本、大观本及《新纂香谱》卷二作"补"。《陈
氏香谱》卷二本条作"龙涎香"，无小字注文。

〔二〕"半字"，四库本、大观本及《陈氏香谱》卷二皆作"半字，
阴干"。

古龙涎香二〔一〕

沉香　丁香各一两　甘松二两　麝香一钱　甲香一钱，制过
上为细末，炼蜜和剂，脱作花样，窖一月或百日。

〔一〕"二"，四库本、大观本及《新纂香谱》卷二皆作"沈"。

古龙涎香补〔一〕

沉香半两　檀香　丁香各半两　金颜香半两　木香三分　思笃耨

三分　龙脑二钱　苏合油一匙许　麝香一分　素馨花半两,广南有之,最清奇

上各为细末,以皂儿白煎浓成膏和匀,任意造作花子、佩香及香环之类。如要黑者,入杉木麸炭少许,拌沉、檀同研,却以白芨极细末少许,热汤调和得所,将笃耨香、苏合油同研。如要作软香,只以败蜡同白胶香少许熬,放冷,以手搓成铤,酒蜡尤妙。

〔一〕"补",四库本、大观本作"一"。《陈氏香谱》卷二本条无小字注文。

古龙涎香沈〔一〕

古蜡沉〔二〕　佛手柑〔三〕各十两　金颜香三两　蕃栀子二两　龙涎香一两　梅花脑一两半,另研

上为细末,入麝香二两,炼蜜和匀,捻饼子爇之。

〔一〕"沈",四库本、大观本作"二",《陈氏香谱》卷二本条无小字注文。按,以上共古龙涎香方4种,钞本所注小字皆误,应以四库本、大观本为正。

〔二〕"古蜡沉",四库本、大观本同,《陈氏香谱》作"占腊沉",是。

〔三〕"佛手柑",四库本、大观本及《陈氏香谱》皆作"拂手香"。

白龙涎香

檀香一两　乳香五钱

上以寒水石四两煅过,同为细末,梨汁和为饼子。

小龙涎香一

沉香　栈香　檀香各半两　白芨　白蔹各二钱半　龙脑　丁香各二钱

上为细末，以皂儿水和作饼子，窨干刷光。窨土中十日，以锡盆贮之。

小龙涎香二

沉香二两　龙脑五分

上为细末，以鹅梨汁和作饼子，烧之。

小龙涎香新

锦纹大黄一两　檀香　乳香　丁香　玄参　甘松各五钱

上以寒水石二钱，同为细末，梨汁和作饼子，爇之。

小龙涎香补

沉香一两　乳香一钱　龙脑五分　麝香五分，腊茶清浸研

上为细末，以生麦门冬去心研泥和，丸如梧桐子大，入冷石模中脱花，候干，磁器收贮，如常法烧之。

吴侍中龙津香沈

白檀五两，细锉，以腊茶清浸半月后，用蜜炒　沉香四两　苦参半两　甘草半两，炙　丁香　水麝各二两　甘松一两，洗净　焰硝三分　甲香半两，洗净，以黄泥水煮，次以蜜水煮，复以酒煮，各一伏时，更以蜜少许炒　龙脑五钱　樟脑一两　麝香五钱，并焰硝四味，各另研

上为细末，拌和令匀，炼蜜作剂，掘地窨一月，取烧。

607

龙泉香<small>新</small>

甘松<small>四两</small>　玄参<small>二两</small>　大黄　丁皮<small>各一两半</small>　麝香<small>半钱</small>　龙脑<small>二钱</small>

上捣罗细末，炼蜜为饼子，如常法爇之。

卷一六

法和众妙香

清心降真香_局

紫润降真香_{四十两，锉碎}　栈香_{三十两}　黄熟香_{三十两}　丁香皮_十

_两　紫檀香_{三十两，锉碎，以建茶末一两，汤调两碗，拌香令湿，炒三时辰，勿焦}

_黑　麝香木_{十五两}　焰硝_{半斤，汤化开，淘去滓，成霜〔一〕}　白茅香_{三十两，}

_{细锉，以青州枣三十两、新汲水三斗同煮过后，炒令色变，去枣及黑者，用十五两}

拣甘草_{五两}　甘松_{十两}　藿香_{十两}　龙脑_{一两，香成旋入}

上为细末，炼蜜溲和令匀，作饼爇之。

〔一〕"成霜"，四库本、大观本作"熬成霜"，《陈氏香谱》卷二本条作"熬成霜秤"。钞本误脱"熬"字。

宣和内府降真香

蕃降真香_{三十两}

上锉作小片子，以腊茶半两末之，沸汤同浸一日，汤高香一指为约。来朝取出风干，更以好酒半碗、蜜四两、青州枣五十个，于磁器内同煮，至干为度。取出，于不津磁盒内收贮密封，徐徐取烧，其香最清远。

降真香一

蕃降真香_{切作片子}

上以冬青树子，单布内绞汁浸香，蒸过，窨半月烧。

降真香二

蕃降真香一两，劈作平片　藁本一两，水二碗，银石器内与香煮

上二味同煮干，去藁本不用，慢火衬筠州枫香烧。

胜笃耨香

栈香半两　黄连香三钱　檀香一钱　降真香五分　龙脑一字半　麝
香一钱

上以蜜和，粗末爇之。

假笃耨香一

老柏根七钱　黄连七钱，研，置别器　丁香半两　紫檀香　栈香各
一两　降真香一两，腊茶煮半日

上为细末，入米脑少许，炼蜜和剂，爇之。

假笃耨香二

檀香一两　黄连香二两

上为末拌匀，以橄榄汁和，湿入磁器收，旋取爇之。

假笃耨香三

黄连香或白胶香

以极高煮酒与香同煮，至干为度。

假笃耨香四

枫香乳一两　栈香二两　檀香一两　生香一两　官桂三钱　丁香随

意人

上为粗末，蜜和令湿，磁盒封窨月余可烧。

冯仲柔假笃耨香_售

枫香^{〔一〕}二两，火上镕开　白蜜三两，匙入香内　桂末一两，入香内搅匀

上以蜜入香，搅和令匀，泻于水中，冷便可烧。或欲作饼子，乘其热捻成，置水中。

〔一〕“枫香”，四库本、大观本及《陈氏香谱》卷二皆作“通明枫香”

江南李王煎沉香_沈

沉香咬咀　苏合香油各不拘多少

上以沉香一两，用鹅梨十枚，细研取汁，银石器盛之，入瓶蒸数次，以稀为度。或削沉香作屑，长半寸许，锐其一端，丛刺梨中，炊一饭时，梨熟乃出之。

李主花浸沉香^{〔一〕}

沉香不拘多少，锉碎，取有香花若酴醾、木犀、橘花或橘叶亦可、福建茉莉花之类，带露水滴花一碗^{〔二〕}，以磁盒盛之，纸封盖，入瓶蒸食顷取出，去花留汁，浸沉香，日中曝干，如是者数次，以沉香透烂为度。或云：皆不若蔷薇水浸之，最妙。

〔一〕“李主花浸沉香”，四库本、大观本作“李王花浸沉香”，《陈氏香谱》卷二作“李王花浸沉”。

〔二〕“带露水滴花”，四库本、大观本及《陈氏香谱》皆作“带露水摘花”。钞本因二字形近致误。

华盖香_补

歌曰：沉檀香附兼山麝，艾蒳酸仁分两同。炼蜜拌匀磁器窨，翠烟如盖可中庭[一]。

〔一〕按，钞本原无此条，据四库本、大观本及《陈氏香谱》卷二移录。

宝毬香_洪

丁香皮　檀香各半两　艾纳一两，松上青衣是　茅香　香附子各半两　酸枣一升，入水少许，研汁煎成　白芷　栈香各半两　草豆蔻一枚，去皮　梅花龙脑　麝香各少许

上除脑、麝别研外，余者皆炒过，捣取细末，以酸枣膏更加少许熟枣，同脑、麝合和得中，入臼杵，令不粘即止，丸如梧桐子大，每烧一丸，其烟袅袅直上如毬状[一]，经时不散。

〔一〕"其烟袅袅直上如毬状"，四库本、大观本及《陈氏香谱》卷二皆作"其烟袅袅直上如线，结为毬状"。钞本脱"线结为"3字。

香　毬_新

石芝一两　艾纳一两　酸枣肉半两　沉香五钱　梅花龙脑半钱，另研　甲香半钱，制　麝香少许，另研

上除脑、麝，同捣细末，研枣肉为膏，入熟蜜少许和匀，捻作饼子，烧如常法。

芬积香[一]

丁香皮二两　硬木炭二两，为末　韶脑半两，另研　檀香五钱，末　麝香一钱，另研

上拌匀，炼蜜和剂，实在罐器中，如常法烧之。

〔一〕“芬积香”，四库本、大观本及《新纂香谱》卷二其下皆有小字注云：“沈。”

芬积香沈〔一〕

沉香　栈香　藿香叶　零陵香各一两　丁香三钱　芸香四分半　甲香五分，灰煮去膜，再以好酒煮至干，捣

上为细末，重汤煮蜜，放温，入香末及龙脑、麝香各二钱，拌和令匀，磁盒密封，地坑埋窨一月，取爇之。

〔一〕“沈”，四库本、大观本及《陈氏香谱》卷二皆无此注。钞本应注于上个香方而误注于此。

小芬积香武

栈香一两　檀香半两　樟脑半两，飞过　降真香一钱　麸炭三两

上以生蜜或熟蜜和匀，磁盒盛，地埋一月，取烧之。

芬馥香补

沉香二两　紫檀　丁香各一两　甘松　零陵香各三钱　制甲香三分　龙脑香　麝香各一钱

上为末拌匀，生蜜和作饼剂，磁器窨干，爇之。

藏春香〔一〕

沉香二两　檀香二两，酒浸一宿　乳香　丁香各三两〔二〕　降真制过者，一两　榄油三钱　龙脑　麝香各一分

上各为细末，将蜜入黄甘菊一两四钱，玄参三分，锉，同入瓶内，重汤煮半日，滤去渣，菊与玄参不用〔三〕。以白梅二十个，水煮令浮，去核取肉，研入熟蜜，匀拌众香，于瓶内久窨，可爇。

〔一〕"藏春香",四库本、大观本其下小字注云:"武"。

〔二〕"乳香 丁香各三两",四库本、大观本作"乳香二两 丁香二两",《陈氏香谱》卷二同,然又多出"真腊香"、"占城香"二味,而无"降真"、"榄油"二味,可参看。

〔三〕"滤去渣菊与玄参不用",四库本、大观本及《陈氏香谱》皆作"滤去菊与玄参不用"。

藏春香武〔一〕

降真香四两,腊茶清浸三日,次以香煮十余沸,取出为末 丁香十余粒 龙脑 麝香各一钱

上为细末,炼蜜和匀,烧如常法。

〔一〕"武",《新纂香谱》卷二同,四库本、大观本无此小字,而误植于上条。

出尘香一

沉香四两 金颜香四钱 檀香三钱 龙涎香二钱 龙脑一钱 麝香五分

上先以白芨煎水,捣沉香万杵,别研余品,同拌令匀,微入煎成皂子胶水,再捣万杵,入石模,脱作古龙涎花子。

出尘香二

沉香一两 栈香半两,酒制 麝香一钱

上为末蜜拌,焚之。

四和香

沉、檀各一两 脑、麝各一钱,如常法烧

香枨皮、荔枝壳、楔揽核，或梨滓、甘蔗滓等分，为末，名"小四和"。

四和香_补

檀香_{二两，锉碎，蜜炒褐色，勿焦}　滴乳香_{一两，绢袋盛，酒煮，取出研}　麝香_{一钱}　腊茶_{一两，与麝同研}　松木麸炭_{末，半两}

上为末，炼蜜和匀，磁盒收贮，地窖半月，取出焚之。

冯仲柔四和香

锦纹大黄　玄参　藿香叶　蜜_{各一两}

上用清水和，慢火煮数时辰许，锉为细末^{〔一〕}，入檀香三钱、麝香一钱，更以蜜两匙伴匀^{〔二〕}，窖过爇之。

〔一〕"锉为细末"，四库本、大观本及《陈氏香谱》卷二皆作"锉为粗末"。

〔二〕"伴匀"，四库本、大观本作"拌匀"，是。钞本因二字形近致误。

加减四和香_武

沉香_{一两}　木香_{五钱，沸汤浸}　檀香_{五钱，各为末}　丁皮_{一两}　麝香_{一分，另研}　龙脑_{一分，另研}

上以余香别为细末，木香水和，捻成饼子，如常爇。

夹栈香_沈

夹栈香　甘松　甘草　沉香_{各半两}　白茅香　栈香_{各二两}　梅花片脑_{二钱，另研}　甲香_{二钱，制}　藿香_{三钱}　麝香_{一钱}

上为细末，炼蜜和令匀，贮磁器密封，地窖半月，逐旋取出，捻作饼子，如常法烧。

闻思香

玄参　荔枝皮　松子仁　檀香　香附子　丁香各二钱　甘草三钱

上同为末，查子汁和剂，窨爇如常法。

闻思香武〔一〕

紫檀半两，蜜水浸三日，慢火焙　枨皮一两，晒干　甘松半两，酒浸一宿，火焙　龙脑少许　苦楝花　槟楂核　紫荔枝皮各一两

上为末，炼蜜和剂，窨月余，焚之。别一方，无紫檀、甘松，用香附子半两、零陵香一两，余皆同。

〔一〕"武"，此小字注文，四库本、大观本在上则"闻思香"方下。检《陈氏香谱》及《新纂香谱》，此二香方下皆未注出处，俟考。

百里香

荔枝皮千颗，须闽中未开用盐梅者　甘松　栈香各三两　檀香　制甲香各半两　麝香一钱

上为末，炼蜜和令稀稠得所，盛以不津磁器，坎埋半月〔一〕，取出爇之。再捉少许蜜，捻作饼子亦可。此盖裁损闻思香也。

〔一〕"坎"，钞本此字仅有左半，据四库本、大观本及《陈氏香谱》卷三补全。

五真香

旃檀香一两　沉香二两　乳香　藿香各一两　蕃降真香一两，制过

上为末，白芨糊调作剂，脱饼。焚供世尊、上圣，不可

亵用。

禅悦香

檀香二两，制　乳香一两　柏子未开者，酒煮阴干，三两

上为末，白芨糊和匀，脱饼用。

篱落香

玄参　甘松　枫香　白芷　荔枝壳　辛夷　茅香　零陵香
栈香　石脂　蜘蛛香　白芨面

上各等分，生蜜捣成剂，或作饼用。

春宵百媚香

母丁香二两，极大者　干木香花五钱，收紫心者，用花瓣　詹糖香各八
钱[一]　龙脑二钱　麝香钱半　榄油三钱　制甲香一钱半　广排草须
花露各一两　制茴香一钱半　梨汁　玫瑰花五钱，去蒂取瓣　白笃耨香
八钱

上香制过为末，脑、麝另研，苏合油入炼过蜜少许，同花露
调和得法，捣数百下，用不津器固封口，入土窖，春秋十日，夏
五日，冬十五日，取出，玉片隔火焚之，旖旎非常。

〔一〕"各八钱"，四库本、大观本作"八钱"。按，钞本为省钞写
之力，多在香方中药品分量相同者最后一味下加"各"、"俱"等字，
统一标注重量。如本香方，"白笃耨"本与"詹糖香"二味相邻，均为
八钱，故钞本于詹糖香下注"各八钱"，其上却漏抄了"白笃耨"，又
于最后补录，而"詹糖香"下"各八钱"之"各"字忘记删去，以致
衍误。

亚四和香

黑笃耨　白芸香　榄油　金颜香

上四香，体皆粘湿合宜作剂，重汤融化结块，分焚之。

三胜香

龙鳞香梨津浸隔宿[一]，微火隔汤煮，阴干　柏子酒浸煮同上　荔枝壳蜜水浸制同上

上皆末之，用白蜜六两，熬去沫，取五两，和香末匀，置磁盒，如常法爇之[二]。

〔一〕"梨津"，四库本、大观本作"梨汁"。

〔二〕"右皆末之"以下数句，四库本、大观本仅有"制法如常"4字。

逗情香

牡丹　玫瑰　素馨　茉莉　莲花　辛夷　桂花　木香　梅花兰花

采十种花，俱阴干去心蒂，用花瓣，惟辛夷用蕊尖。共为末，用真苏合油调和作剂，焚之与诸香有异。

远湿香

龙鳞香四两　芸香一两，白净者佳　苍术十两，茅山出者佳　藿香净末，四两　金颜香四两　柏子净末，八两

上各为末，酒调白芨末为糊，或脱饼，或作长条。此香燥烈，宜霉雨溽湿时焚之，妙。

洪驹父百步香又名万斛香

沉香一两半　栈香半两　檀香半两，以蜜酒浸〔一〕，另炒极干　零陵叶三钱，杵罗过用　制甲香半两，另研　脑、麝各三钱

上和匀，熟蜜溲剂，窨蓺如常法〔二〕。

〔一〕"以蜜酒浸"，四库本、大观本及《陈氏香谱》卷三皆作"以蜜酒汤"。

〔二〕按，此香方四库本、大观本在"百里香"下。

卷一七

法和众妙香

黄太史四香

意　和

沉、檀为主，每沉一两半，檀一两。斫小博骰体，取榠櫨液渍之，液过指许，浸三日，及煮干其液，湿水浴之。紫檀为屑，取小龙茗末一钱，沃汤和之，渍碎时[一]，包以濡竹纸数重炰之。螺甲半两，磨去龃龉，以胡麻熬之色正黄，则以蜜汤遽洗，无膏气。乃以青木香为末，以意和四物，稍入婆律膏及麝二物，惟少以枣肉合之，作模如龙涎香样，日熏之。

[一]"渍碎时"，四库本、大观本同，《陈氏香谱》卷三作"渍晬时"，是。按，"晬时"，一周时，一整天。下文亦颇有同异，可参看《陈氏香谱》卷二"黄太史四香"条及相关校记，不再详校。

意　可

海南沉水香三两，得火不作柴柱烟气者。麝香檀一两，切焙，衡山亦有之，宛不及海南来者。木香四钱，极新者，不焙。玄参半两，锉爁。炙甘草末二钱。焰硝末一钱。甲香一分，浮油煎令黄色，以蜜洗去油，复以汤洗去蜜。如前治法为末，入婆律膏及麝各三钱，另研，香成旋入。右皆末之，用白蜜六两，熬去沫，取五两，和香末匀，置磁盒窨如常法〔一〕。

山谷道人得之于东溪老，东溪老得之于历阳公，其方初不知其所自得，始名"宜爱"。或云：此江南宫中香，有美人曰宜娘，甚爱此香，故名"宜爱"。不知其在中主时耶？香殊不凡，故易名"意可"。使众不业力无度量之意，鼻孔绕二十五，有求觅增，上必以此香为可。何况酒款玄参，茗熬紫檀，鼻端以濡然乎！且自得无主意者，观此香莫处处穿透，亦必为可耳。

〔一〕"右皆末之"至"置磁盒窨入常法"数句，钞本无，而移置于"三胜香"条。按，《陈氏香谱》卷三"意可"条有此数句，惟字词微异。如是则此数句当属本条，而钞本误植于"三胜香"条，今据四库本补。

深　静

海南沉水香二两，羊胫炭四两。沉水锉如小博骰，入白蜜五两，水解其胶，重汤慢火煮半日，浴以温水，同炭杵捣为末，马尾罗筛下之。以煮蜜为剂，窨四十九日出之。婆律膏三钱、麝一钱，以安息香一分，和作饼子，以磁盒贮之。

荆州欧阳元老，为予制此香，而以一斤许赠别。元老者，其从师也能受匠石之斤，其为吏也不锉庖丁之刃，天下可人也。此香恬淡寂寞，非其所尚，时下帷一炷，如见其人。

小　宗

海南沉水一两，锉。栈香半两，锉。紫檀二两半，用银石器炒令紫色。三物俱令如锯屑。苏合油二钱；制甲香一钱，末之；

麝一钱半，研；玄参五分，末；鹅梨二枚，取汁；青枣二十枚，水二碗，煮取小半盏。用梨汁浸沉、檀、栈，煮一伏时，缓火煮令干，和入四物，炼蜜令少冷，溲和得所，入磁盒埋窨一月用。

南阳宗少文，嘉遁江湖之间，援琴作金石弄，远山皆与之同响，其文献足以追配古人。孙茂深，亦有祖风。当时贵人欲与之游，不可得，乃使陆探微画其像，挂壁间观之。茂深惟喜闭阁焚香，遂作此香饼[一]。时谓少文大宗，茂深小宗，故名小宗香云。大宗、小宗，《南史》有传。

〔一〕"遂作此香饼"，四库本、大观本作"遂作此香馈"，《陈氏香谱》卷三作"遂作此馈之"。钞本因"饼"、"馈"二字形近致误。

蓝成叔知府韵胜香 售

沉香　檀香各一钱　白梅肉半钱，焙干　丁香半钱　木香一字　朴硝半两，另研　麝香一钱，另研

上为细末，与别研二味入乳钵拌匀，密器收贮。每用薄银叶如龙涎法烧，少歇即是硝融，隔火气以水匀浇之[一]，即复气通氤氲矣。乃郑康道御带传于蓝，蓝尝括为歌曰："沉檀为末各一钱，丁皮肉梅减其半。拣丁五粒木一字，半两朴硝柏麝拌。此香韵胜以为名，银叶烧之火宜缓。"苏韬光云："每五料用丁皮、梅肉三钱，麝香半钱重。"余皆同。且云："以水滴之，一炷可留三日。"

〔一〕"隔火气"，《陈氏香谱》卷三同，四库本、大观本作"隔火器"。

元御带清观香

沉香四两，末　石芝二钱半　金颜香二钱半，另研　檀香二钱半　龙

622

脑二钱　麝香一钱半

上用井花水和匀，砒石砒细，脱花爇之。

脱俗香武

香附子半两，蜜浸三日，慢火焙干　枇皮一两，焙干　零陵香半两，酒浸一宿，慢火焙干　楝花一两，晒干　模橼子〔一〕

上并精细拣择，为末，加龙脑少许，炼蜜拌匀，入磁盒封窨十余日，旋取烧之。

〔一〕"模橼子"，四库本、大观本作"模橼核一两"，其下又有"荔枝壳一两"，《陈氏香谱》卷三作"模查核　荔枝壳各一两"，钞本有脱误。

文英香

白檀半两　甘松　茅香　白芷　玄参　降真香　丁香皮　麝檀香〔一〕已上各二两

上为末，炼蜜半斤，少入朴硝，和香焚之。

〔一〕本香方四库本、大观本多"藿香　零陵香"二味，《陈氏香谱》卷三多"藿香　麝　檀香　零陵香"四味，俱各二两，无"麝檀香"。

心清香

沉、檀各一拇指大　丁香母一分　丁香皮三分　樟脑一两　麝香少许　无缝炭四两

上同为末拌匀，重汤煮蜜，去浮泡，和剂，磁器中窨。

琼心香

栈香_{半两}　丁香_{三十枚}　檀香_{一分，腊茶清浸煮}　麝香_{五分}　黄丹_{一分}

上为末，炼蜜和匀，作膏焚之。

太真香

沉香_{一两}　栈香_{二两}　龙脑　麝香_{各一钱}　白檀_{一两，细锉，白蜜半盏相和，蒸干}　甲香_{一两}

上为细末和匀，重汤煮蜜为膏，作饼子，窨一月焚之。

大洞真香

乳香　白檀　栈香　丁皮　沉香_{各一两}　甘松^{〔一〕}　零陵香　藿香叶_{各二两}

上为末，炼蜜和膏，爇之。

〔一〕"甘松"，四库本、大观本及《陈氏香谱》卷三其下皆标"半两"。然《陈氏香谱》本香方无"藿香叶"，零陵香下亦未标份量。

天真香

沉香_{三两，锉}　丁香_{一两，新好者}　麝檀香_{一两，锉炒}　玄参_{半两，洗切，微焙}　生龙脑_{半两，另研}　麝香_{三钱，另研}　甘草末_{二钱，另研}　焰硝_{少许}　甲香_{一钱，制}

上为末，与脑、麝和匀，白蜜六两，炼去泡沫，入焰硝及末，丸如鸡头大，爇之。熏衣最妙。

玉蕊香_{一名百花新香}^{〔一〕}

白檀香　丁香　栈香_{各一两}　玄参　黄熟香_{各二两}　甘松_{半两，}

净　麝香三分

上炼蜜为膏，和窨如常法。

〔一〕"玉蕊香"，四库本、大观本其下小字注"一"，再注"一名百花新香"，钞本误脱一"一"字。

玉蕊香二

甘松四两　白檀二钱，锉　玄参半两，银器煮干，再炒，令微烟出

上为末，真麝香、乳香二钱，研入，炼蜜丸如芡子大。

玉蕊香三

白檀香四钱　丁皮八钱　韶脑四钱　安息香一钱　脑、麝少许
桐木麸炭四钱

上为末，蜜剂和，油纸裹，磁盒贮之，窨半月。

庐陵香

紫檀七十二铢，即二两〔一〕，屑之，熬一两半　栈香十二铢，即半两　甲香
二铢半，即一钱，制　苏合油五铢，即二钱二分，无亦可　麝香三铢，即一钱一
字　沉香六铢，一分〔二〕　玄参一铢半，半钱

上用沙梨十枚，切片研绞取汁，青州枣二十枚、水二碗熬
浓，浸紫檀一夕，微火煮干，入炼蜜及焰硝各半两，与诸药研
和，窨一月爇之。

〔一〕"二两"，四库本及《陈氏香谱》卷三作"三两"，是。按，
一两为二十四铢。

〔二〕"六铢一分"，诸本及《陈氏香谱》卷三同。按，此处换算依
通用标准，应为"二钱半"。下文"一铢半，半钱"，换算亦不精确。

康漕紫瑞香

白檀一两，末　羊胫骨炭半秤，捣罗

上用九两，磁器重汤煮热〔一〕，先将炭煤与蜜溲和匀，次入檀末，更用麝半钱或一钱，另器研细，以好酒化开，洒入前件香剂，入磁罐封窨一月，取爇之。久窨尤佳。

〔一〕"右用九两，磁器重汤煮热"，四库本同，大观本无"用"字。《陈氏香谱》卷三作"右用蜜九两，瓷器重汤煮熟"。《香乘》误脱"蜜"字。

灵犀香

鸡舌香八钱　甘松三钱　零陵香一两半　藿香一两半

上为末，炼蜜和剂，窨烧如常法。

仙萸香

甘菊蕊　檀香　零陵香　白芷各一两　龙脑　麝香各少许，乳钵研

上为末，以梨汁和剂，捻作饼子，曝干。

降仙香

玄参　甘松各二两　檀香末四两，蜜少许和为膏　川零陵香一两　麝香少许

上为末，以檀香膏子和之，如常法爇。

可人香

歌曰：丁香沉檀各两半，脑麝三钱中半良。二两乌香杉炭是，蜜丸爇处可人香。

禁中非烟香一

歌曰：脑麝沉檀俱半两，丁香一分重三钱。蜜和细捣为圆饼，得自宣和禁闼传。

禁中非烟香二

沉香半两　白檀四两，劈作十块，腊茶清浸少许时[一]　丁香二两　降真香二两[二]　郁金二两　甲香三两，制

上为细末，入麝少许，以白芨末滴水和，捻饼子窨爇之。

〔一〕"腊茶清"，四库本作"胯茶清"，大观本作"茶清"，《陈氏香谱》卷三同钞本。

〔二〕"二两"，《陈氏香谱》同。四库本、大观本作"三两"。

复古东阁云头香[一]售

真腊沉香[二]十两　金颜香　佛手香[三]各三两　蕃栀子一两　梅花片脑二两半　龙涎香　麝香各二两　石芝一两　制甲香半两

上为细末，蔷薇水和匀，用石碇之脱花，如常法爇之。如无蔷薇水，以淡水和之亦可。

〔一〕"东阁"，诸本同，《陈氏香谱》卷三作"东阑"，疑误。

〔二〕"真腊沉香"，诸本同，《陈氏香谱》作"占腊沉香"。

〔三〕"佛手香"，四库本、大观本及《陈氏香谱》皆作"拂手香"。

崔贤妃瑶英胜[一]

沉香四两　佛手香[二]　麝香各半两　金颜香三两半　石芝半两

上为细末同和，碇作饼子，排银盆或盘内，盛夏烈日晒干，以新软刷子出其光，贮于锡盆内，如常法爇之。

〔一〕"瑶英胜"，《陈氏香谱》卷三作"瑶英香"。

〔二〕"佛手香"，四库本、大观本及《陈氏香谱》皆作"拂手香"。

元若虚总管瑶英胜

龙涎一两　大食栀子二两　沉香十两，上等者　梅花龙脑七钱，雪白者　麝香当门子半两

上先将沉香细锉，碓令极细，方用蔷薇水浸一宿，次日再上碓三五次，别用石碓一次。龙脑等四味极细，方与沉香相合和匀，再上石碓一次，如水脉稍多，用纸糁令干湿得所。

韩钤辖正德香

上等沉香十两，末　梅花片脑　蕃栀子各一两　龙涎　石芝　金颜香　麝香肉各半两

上用蔷薇水和匀，令干湿得中，上碓石细碓，脱饼子爇之，或作数珠佩带。

滁州公库天花香

玄参四两　甘松二两　檀香一两　麝香五分

上除麝香别研外，余三味细锉如米粒许，白蜜六两拌匀，贮磁罐内，久窨乃佳。

玉春新料香补

沉香五两　栈香　紫檀香各二两半　米脑一两　梅花脑二钱半　麝香七钱半　木香一钱半　金颜香一两半　丁香一钱半　石脂半两，好者　白芨二两半　胯茶新者，一胯半

上为细末，次入脑、麝，研皂儿仁半斤，浓煎膏和，杵千百下，脱花阴干，刷光，磁器收贮，如常法蒸之。

辛押陀罗亚悉香沈

沉香　兜娄香各五两　檀香三两　甲香[一]　丁香　大茅劳[二]　降真香各半两　安息香三钱　米脑二钱，白者　麝香二钱　鉴临二钱，另研。详或异名[三]

上为细末，以蔷薇水、苏合油和剂，作丸或饼蒸之。

〔一〕"甲香…半两"，四库本、大观本作"甲香三两，制"，《陈氏香谱》卷三作"甲香二两，制"。

〔二〕"大茅劳"，四库本、大观本及《陈氏香谱》皆作"大石苅"。按，《本草》有茅劳，无石苅。

〔三〕"详或异名"，四库本、大观本同。《陈氏香谱》作"未详，或异名"，是。《香乘》脱漏"未"字，以致文意难解。

瑞龙香

沉香一两　占城麝檀三钱　占城沉香三钱　迦兰木[一]二钱　龙涎一钱　龙脑二钱，金脚者　檀香　笃耨香各五分　大食水五滴　蔷薇水不拘多少　大食栀子花一钱

上为极细末，拌和令匀，于净石上硳如泥，入模脱。

〔一〕"迦兰木"，四库本、大观本作"迦阑木"。

华盖香

龙脑　麝香各一钱　香附子半两，去毛　白芷　甘松各半两　松蒳一两　零陵香[一]半两　草豆蔻一两　茅香　檀香　沉香各半两　酸枣肉以肥红小者湿生者尤妙，用水熬成膏汁

上件为细末，炼蜜与枣膏溲和令匀，木臼捣之，以不粘为度，丸如鸡豆实大烧之。

〔一〕"零陵香"，四库本、大观本作"零陵叶"，《陈氏香谱》卷三作"零陵香叶"。

宝林香

黄熟香　白檀香　栈香　甘松　藿香叶　零陵香叶　荷叶

紫背浮萍已上各一两　茅香半斤，去毛，酒浸，以蜜拌炒令黄

上件为细末，炼蜜和匀，丸如皂子大，无风处烧之。

巡筵香

龙脑一钱　乳香半钱　荷叶　浮萍　旱莲〔一〕　瓦松　水衣

松茩各半两

上为细末，炼蜜和匀，丸如弹子大，慢火烧之。从主人起，净水一盏，引烟入水盏内，巡筵旋转，香烟接了，去水盏，其香终而方断。

以上三方，亦名"三宝珠熏"〔二〕。

〔一〕"旱莲"，四库本、大观本作"旱莲"，是。钞本因二字形近致误。

〔二〕"三宝珠熏"，四库本、大观本及《陈氏香谱》皆作"三宝殊熏"。

宝金香

沉香　檀香各一两　乳香一钱，另研　紫矿二钱　金颜香　安息

香各一钱，另研　甲香一钱　麝香二钱，另研　石芝二钱　川芎　木香各

一钱　白豆蔻　龙脑各二钱

上为细末拌匀，炼蜜作剂，捻饼子，金箔为衣。

云盖香

艾蒳　艾叶〔一〕　荷叶　扁柏叶各等分

上俱烧存性，为末，炼蜜作剂，用如常法。

〔一〕"艾叶"，《陈氏香谱》卷三同，四库本、大观本作"叶艾"。

卷一八

凝合花香

梅花香一

丁香　藿香　甘松　檀香各一两　丁皮　牡丹皮各半两　零陵香二两　辛夷半两　龙脑一钱

上为末，用如常法，尤宜佩带。

梅花香二

甘松　零陵香各一两　檀香半两　茴香半两　丁香一百枚　龙脑少许，另研

上为细末，炼蜜合和，干湿皆可焚。

梅花香三

丁香枝杖　零陵香　白茅香　甘松　白檀各一两　白梅末二钱　杏仁十五个　丁香三钱　白蜜半斤

上为细末，炼蜜作剂，窨七日烧之。

梅花香武

沉香　檀香　丁香　丁香皮各五钱　麝香　龙脑各少许

上除脑、麝二味，乳钵细研，入杉木炭煤二两，共香和匀，炼白蜜杵匀，捻饼，入无渗磁瓶窨久，以玉片衬烧之。

梅花香_沈

玄参　甘松_{各四两}　麝香_{少许}　甲香_{三钱，先以泥浆慢火煮，次用蜜制}

上为细末，炼蜜作丸，如常法爇之。

寿阳公主梅花香_沈

甘松　白芷　牡丹皮　藁本_{各半两}　茴香_{一两}　丁皮_{一两，不见火}

檀香_{一两}　降真香_{二两〔一〕}　白梅_{一百枚}

上除丁皮，余皆焙干，为粗末，磁器窨月余，如常法爇之。

〔一〕"二两"，四库本、大观本作"二钱"，《陈氏香谱》卷三作
"一两"。

李主帐中梅花香^{〔一〕}_补

丁香_{一两，新好者}　沉香_{一两}　紫檀香　甘松　零陵香_{各半两}　龙

脑　麝香_{各四钱}　制甲香_{三分}　杉松麸炭末_{一两}

上为细末，炼蜜放冷和丸，窨半月爇之。

〔一〕"李主"，四库本、大观本及《陈氏香谱》卷三皆作"李
王"。

梅英香_一

拣丁香　白梅肉^{〔一〕}_{各三钱}　零陵香叶_{二钱}　木香_{一钱}　甘松_{五分}

上为细末，炼蜜作剂，窨烧之。

〔一〕"白梅肉"，四库本、大观本及《陈氏香谱》卷三皆作"白
梅末"。

梅英香_二

沉香_{三两，锉末}　丁香_{四两}　龙脑_{七钱，另研}　苏合油_{二钱}　甲香_二

钱，制　硝石末一钱

上为细末，入乌香末一钱，炼蜜和匀，丸如芡实大爇之。

梅蕊香

檀香一两半，建茶浸三日，银器中炒令紫色，碎者旋取之　栈香三钱半，锉细末，入蜜一盏、酒半盏，以沙盆盛蒸，取出炒干　甲香半两，浆水泥一块，同浸三日取出，再以浆水一碗煮干，更以酒一碗煮，于银器内炒黄色　玄参切片，入焰硝一钱、蜜一盏、酒一盏，煮干为度，炒令脆，勿犯铁器　龙脑二钱，另研　麝香当门子，二字，另研

上为细末，先以甘草半两槌碎，沸汤一斤浸，候冷取出甘草不用，白蜜半斤煎，拨去浮蜡，与甘草汤同煮，放冷，入香末，次入脑、麝及杉树油节炭二两，和匀，捻作饼子，贮磁器内窨一月。

梅蕊香武　又名一枝梅[一]

歌曰：沉香一分丁香半，烨炭筛罗五两灰。炼蜜丸烧加脑麝，东风吹绽一枝梅。

〔一〕"一枝梅"，《陈氏香谱》卷三作"一枝香"。

韩魏公浓梅香洪谱　又名返魂梅[一]

黑角沉半两　丁香　腊茶末各一钱　麝香一字　定粉一米粒，即韶粉　白蜜一盏　郁金五分，小者，麦麸炒赤色

上各为末，麝先细研，取腊茶之半，汤点澄清调麝，次入沉香，次入丁香，次入郁金，次入余茶及定粉，共研细，乃入蜜令稀稠得所，收砂瓶器中，窨月余取烧，久则益佳。烧时以云母石或银叶衬之。

黄太史跋云：余与洪上座同宿潭之碧厢门外舟，冲岳花光仲仁[二]，寄墨梅二幅，扣舟而至，聚观于下。予曰："只欠香耳。"洪笑发囊，取一柱焚之[三]，如嫩寒清晓，孤山篱落间[四]，怪而问其所得。云："东坡得于韩忠献家。"知予有香癖而不相授，岂吝耶？其后驹父集古今香方，自谓无以过此。予以其名未显，特标之云。

《香谱补遗》所载，与前稍异，今并录之：

腊沉一两　龙脑　麝香各五分　定粉二钱　郁金五钱　腊茶末二钱　鹅梨二枚　白蜜二两

上先将梨去皮，姜擦梨上，捣碎，旋扭汁，与蜜同熬过，在一净盏内调定粉、腊茶、郁金香末，次入沉香、龙脑、麝香，和为一块，油纸裹，入磁盒内，地窖半月取出。如欲遗人，丸如芡实，金箔为衣，十圆作贴。

〔一〕"返魂梅"，四库本作"返魂香"。

〔二〕"冲岳"，四库本同，大观本作"中岳"，《陈氏香谱》卷三作"衡岳"。按，释仲仁，居衡州花光寺，号花光长老。《香乘》因"衝"（冲）、"衡"二字形近致误。

〔三〕"一柱"，四库本、大观本及《陈氏香谱》皆作"一炷"。钞本因二字形近致误。

〔四〕"孤山篱落间"，四库本、大观本及《陈氏香谱》句上多一"行"字，是。钞本脱漏。

笑梅香一

榅桲二个　檀香五钱　沉香三钱　金颜香四钱　麝香一钱

上将榅桲割破顶子，以小刀剔去穰、子，将沉香、檀香为极细末，入于内，将原下顶子盖着，以麻缚定，用生面一块裹榅桲在内，慢灰火烧，黄熟为度，去面不用，取榲桲研为膏，别将麝香、金颜香研极细，入膏内相和研匀，雕花印脱样，阴干烧之。

笑梅香二

沉香　乌梅　芎䓖各一两　甘松一两　檀香五钱

上为末，脑、麝少许〔一〕，蜜和，磁盒内窨，旋取烧之。

〔一〕"脑麝少许"，四库本、大观本及《陈氏香谱》卷三句上有"入"字，钞本脱漏。

笑梅香三

栈香　丁香　甘松各二钱　朴硝一两　脑、麝各五分　零陵香二钱，共为粗末

上研匀，入脑、麝、朴硝，生蜜溲和，瓷器封窨半月，取爇之。

笑梅香武〔一〕

丁香百粒　茴香一两　檀香五钱　甘松　零陵香各五钱　麝香五分

上为细末，蜜和成块，分爇之。

〔一〕"武"，四库本、大观本作"武一"，下条则注"武二"。钞本此二条皆注"武"，未以"一"、"二"区分之。

笑梅香武

沉香　檀香　白梅肉各一两　丁香八钱　木香七钱　牙硝五钱，研　丁香皮二钱，去粗皮　麝香少许〔一〕

上为细末，白芨末煮糊和匀，入范子印花，阴干烧之。

〔一〕四库本、大观本其下有"白芨末"一味，无份量。《陈氏香

谱》卷三，此方名“笑兰香”，亦有白芨末。钞本脱漏。

肖梅韵香补

韶脑 丁香皮各四两 白檀五钱 桐灰六两 麝香一钱

别一方加沉香一两。

上先捣丁香、檀为末，次入脑、麝，热蜜拌匀，杵三五百下，封窨半月取爇。

胜梅香

歌曰：丁香一两真檀半降真、白檀，松炭筛罗一两灰。熟蜜和匀入龙脑，东风吹绽岭头梅。

鄙梅香武

沉香一两 丁香二钱 檀香二钱 麝香五分 浮萍草

上为末，以浮萍草取汁，加蜜少许，捻饼烧之。

梅林香

沉香 檀香各一两 丁香枝杖 樟脑各三两 麝香一钱

上脑、麝另器细研，将三味怀干为末，用煅过硬炭末、香末和匀，白蜜重汤煮，去浮蜡，放冷，旋入臼，杵捣数百下取用，以银叶衬焚。

浃梅香沈

丁香一百粒 茴香一捻 檀香二两 甘松 零陵香各二两 脑、麝各少许

上为细末，炼蜜作剂，爇之。

肖兰香一

麝香　乳香各一钱　麸炭末一两　紫檀五两，白尤妙，锉作小片，炼白蜜一斤，加少阳浸一宿取出[一]，银器内妙微烟出[二]

上先将麝香乳钵内研细，次用好腊茶一钱，沸汤点澄清，时与麝香同研候匀[三]，与诸香相和匀，入白杵令得所，如干，少加浸檀蜜水拌匀，入新器中，以纸封十数重，地坎窨一月爇之。

〔一〕"加少阳"，四库本、大观本及《陈氏香谱》卷三皆作"加少汤"，钞本因"陽"（阳）、"湯"（汤）二字形近致误。

〔二〕"银器内妙"，四库本、大观本及《陈氏香谱》皆作"银器内炒"，钞本因二字形近致误。

〔三〕"时与麝香同研候匀"，四库本、大观本同，《陈氏香谱》作"将脚与麝同研匀"，意指将茶脚与麝香同研。《香乘》钞录时有脱误。

肖兰香二

零陵香　藿香　甘松各七钱　白芷　木香各二钱　母丁香七钱官桂二钱　玄参三两　香附子　沉香各三钱[一]　麝香少许，另研

炼蜜和匀，捻作饼子爇之。

〔一〕"各三钱"，四库本、大观本此二味皆作"二钱"，《陈氏香谱》卷三作"香附子"二钱，"沉香"少许，其他各味亦有不同，可参看。

笑兰香武

歌曰：零藿丁檀沉木一，六钱藁本麝差轻。合和时用松花蜜，爇处无烟分外清。

笑兰香洪

白檀香　丁香　栈香各一两　甘松五钱　黄熟香二两　玄参一两
麝香二钱

上除麝香另研外，令六味同捣为末，炼蜜溲拌为膏，蒸窨如
常法。

李元老笑兰香

木香一钱，鸡骨者　沉香一钱，刮去软者　拣丁香一钱，味辛者　肉桂
一钱，味辛者　麝香五分　白檀香一钱，脂腻者　白片脑五分　南硼砂二
钱，先研细，次入脑、麝　回纥香附一钱，如无，以白豆蔻代之，同前六味为末

上炼蜜和匀，更入马勃二钱许，溲拌成剂，新油单纸封裹，
入瓷瓶内一月取出，旋丸如菀豆状，捻饼以渍酒，名洞庭春，每
酒一瓶，入香一饼化开，笋叶密封，春三日，夏秋一日，冬七日
可饮，其味香美。

靖老笑兰香新

零陵香　藿香　甘松各七钱半　当归一条　豆蔻　槟榔各一个
木香　丁香各五钱　香附子　白芷各二钱半　麝香少许

上为细末，炼蜜溲和，入臼杵百下，贮磁盒地坑埋窨一月，
旋作饼子，蒸如常法。

胜笑兰香〔一〕

沉香　檀香各拇指大　丁香二钱　茴香五分　丁香皮三两　檀
脑〔二〕五钱　麝香五分　煤末五两　白蜜半斤　甲香二十片，黄泥煮去净洗

上为细末，炼蜜和匀，入磁器内封窨，旋丸烧之。

〔一〕　"胜笑兰香"，四库本、大观本及《陈氏香谱》卷三皆作

"胜肖兰香"。

〔二〕"檀脑五钱",四库本、大观本同,《陈氏香谱》作"樟脑半两"。

胜兰香补

歌曰:甲香一分煮三番,二两乌沉一两檀。冰麝一钱龙脑半,蜜和清婉胜芳兰。

秀兰香武

歌曰:沉藿零陵俱半两,丁香一分麝三钱。细捣蜜和为饼子,芬芳香自禁中传。

兰蕊香补

栈香　檀香各三钱　乳香二钱　丁香三十枚　麝香五分

上为末,以蒸鹅梨汁和作饼子,窨干,烧如常法。

兰远香补

沉香　速香　黄连　甘松各一两　丁香皮　紫胜香〔一〕各五钱

上为细末,以苏合油和作饼子,蒸之。

〔一〕"紫胜香",四库本、大观本同,《陈氏香谱》卷三作"紫藤香"。按,历代香学著述中无紫胜香,而紫藤香为降真香之异称。《香乘》因"勝"(胜)、"藤"二字形近致误。

木犀香一

降真一两　腊茶半胯,碎　檀香一钱,另为末作缠

上以纱囊盛降真香,置磁器内,用新净器盛鹅梨汁浸二宿,

及茶浸，候软，透去茶不用，拌檀窨烧。

木犀香二

采木犀未开者，以生蜜拌匀，不可蜜多，实捺入磁器中，地坎埋窨，日久愈佳。取出，于乳钵内研，拍作饼子，油单纸裹收，逐旋取烧。采花时不得犯手，剪取为妙。

木犀香三

日未出时，乘露采取岩桂花含蕊开及三四分煮〔一〕，不拘多少，炼蜜候冷〔二〕，以温润为度，紧入不津磁罐中，以蜡纸密封罐口，掘地深三尺，窨一月，银叶衬烧。花大开者无香。

〔一〕"三四分煮"，四库本、大观本及《陈氏香谱》卷三皆作"三四分者"，钞本因二字形近致误。

〔二〕"炼蜜候冷"，四库本、大观本及《陈氏香谱》其下有"拌和"二字，钞本误脱。

木犀香四

五更初，以竹箸取岩花未开蕊〔一〕，不拘多少，先以瓶底入檀香少许，方以花蕊入瓶，候满花，脑子糁花上，皂纱幕瓶口，置空所，日收夜露四五次，少用生熟蜜相拌，浇瓶中，蜡封窨〔二〕，烧如常法。

〔一〕"取岩花未开蕊"，四库本、大观本同，《陈氏香谱》卷三作"取岩桂花未开蕊者"。

〔二〕"蜡封窨"，四库本、大观本及《陈氏香谱》皆作"蜡纸封窨"，钞本误脱"纸"字。

木犀香_新

沉香　檀香_{各半两}　茅香^{〔一〕}

上为末，以半开桂花十二两，择去蒂，研成泥，搜作剂，入石臼杵千百下，印出，当阴干烧之^{〔二〕}。

〔一〕"茅香"，四库本、大观本及《陈氏香谱》卷三其下俱注"一两"，钞本误脱此二字。

〔二〕"印出当阴干烧之"，大观本作"印出当风阴干烧之"，四库本作"即出当风阴干烧之"，《陈氏香谱》作"脱花样，当风阴干爇之"。钞本有脱误。

吴彦庄木犀香_武

沉香_{半两}　檀香_{二钱五分}　丁香_{十五粒}　脑子_{少许，另研}　麝香_{少许，茶清研泥}　金颜香_{另研，不用亦可}　木犀花_{五盏，已开未谢者，次入脑、麝同研}^{〔一〕}

上以薄面糊少许，入所研三物中，同前四物和剂，范为小饼，窨干如常法，爇之。

〔一〕"同研"，四库本、大观本及《陈氏香谱》卷三皆作"同研如泥"。

智月木犀香_沈

白檀_{一两，腊茶浸炒}　木香　金颜香　黑笃耨香　苏合油　麝香　白芨末_{各一钱}

上为细末，用皂儿胶鞭和，入白捣千下，以花脱之，依法窨爇。

桂花香

用桂蕊将放者，捣烂去汁，加冬青子，亦捣烂去汁存渣，和桂花合一处作剂，当风处阴干，用玉片衬爇。俨似桂香，甚有幽致。

桂枝香

沉香　降真香等分

上劈碎，以水浸香上一指许，蒸干为末，蜜剂烧之。

杏花香一

附子沉〔一〕　紫檀香　栈香　降真香各一两　甲香　熏陆香笃耨香　塌乳香各五钱　丁香　木香各二钱　麝香五分　梅花脑三分

上捣为末，用蔷薇水拌匀，和作饼子，以琉璃瓶贮之，地窖一月爇之。有杏花韵度。

〔一〕"附子沉"，四库本、大观本同。《陈氏香谱》卷三作"附子沉"，意指附子与沉香二味。按，香品中无"附子沉"，疑《香乘》误。

杏花香二

甘松　芎䓖各五钱　麝香二分

上为末，炼蜜丸如弹子大，置炉中旖旎可爱，每迎风烧之尤妙。

吴顾道侍郎杏花香

白檀香五两，细锉，以蜜二两热汤化开，浸香三宿取出，于银器内裹紫色，入杉木炭内炒，同捣为末　麝香一钱，另研　腊茶一钱，汤点澄清，用稠脚上同拌令匀，以白蜜八两溲和，乳槌杵数百，贮磁器，仍镕蜡固封，地窖一月，久则愈佳。

百花香一

甘松一两　栈香一两　沉香一两，腊茶同煮半日　麝香一钱　龙脑五分　丁香一两，腊茶同煮半日　砂仁一钱　肉豆蔻一钱　玄参一两，洗净槌碎，炒焦　檀五〔一〕五钱，锉碎，鹅梨二个取汁，浸银器内蒸

上为细末，罗匀，以生蜜溲和，捣百余杵，捻作饼子，入瓷盒封窖，如常法爇之。

〔一〕"檀五"，四库本、大观本及《陈氏香谱》卷三皆作"檀香"，钞本误。

百花香二

歌曰：三两甘松别本作一两一两苎别本作半两，麝香少许蜜和同。丸如弹子炉中爇，一似百花迎晓风。

野花香一

栈香　檀香　降真香各一两　龙脑五分　麝香半字　舶上丁皮〔一〕　炭末五钱

上为末，入炭末拌匀，以炼蜜和剂，捻作饼子，地窖烧之。如要烟聚，入制过甲香一字。

〔一〕"舶上丁皮"，四库本、大观本其下注"五钱"，《陈氏香谱》卷三其下注"三分"，钞本误脱该味分量。

野花香二

栈香　檀香　降真香各三两　丁香一两　韶脑二钱　麝香一字

上除脑、麝另研外，余捣罗为末，脑、麝拌匀〔二〕，杉木皮三两，烧存性，为末，炼蜜和剂，入臼杵三五百下，磁罐内收贮，旋取烧之。

〔一〕"野花香"，四库本、大观本其下注"二"字，钞本误脱。

〔二〕"脑麝拌匀"，四库本、大观本及《陈氏香谱》卷三其上皆有"入"字，钞本误脱。

野花香三

大黄〔一〕　丁香　沉香　玄参　白檀各五钱

上为末，用梨汁和作饼子，烧之。

〔一〕"大黄"，四库本、大观本及《陈氏香谱》卷三其下皆注"一两"，钞本误脱。

野花香武

沉香　檀香　丁香　丁香皮　紫藤香各五钱　麝香二钱　樟脑少许　杉木炭八两，研

上蜜一斤，重汤炼过，先研脑、麝，和匀入香，溲蜜作剂，杵数百下，入磁器内地窨，旋取捻饼烧之。

后庭花香

白檀　栈香　枫乳香各一两〔一〕　龙脑二钱

上为末，以白芨作糊和，印花饼窨干，如常法爇之。

〔一〕"各一两"，钞本脱，依四库本、大观本及《陈氏香谱》卷三补。

荔枝香沈

沉香　檀香　白豆蔻仁　西香附子　金颜香　肉桂各一两　马牙硝五钱　龙脑　麝香各五分　白芨　新荔枝皮各二钱

上先将金颜香于乳钵内细研，次入脑、麝、牙硝，另研诸香为末，入金颜香研匀，滴水和作饼，窨干烧之。

洪驹父荔枝香武

荔枝壳不拘多少　麝皮〔一〕一个

上以酒同浸二宿，酒高二指，封盖饭甑上蒸之，酒干为度，日中晒之，为末，每一两重，加麝香一字，炼蜜和剂作饼，烧如常法。

〔一〕"麝皮"，四库本、大观本同，《陈氏香谱》卷三作"麝香"，疑是。

柏子香

柏子实不计多少，带青色未开破者

上以沸汤焯过，酒浸密封七日，取出阴干烧之。

酴醾香

歌曰：三两玄参二两松，一枝栌子蜜和同〔一〕。少加真麝并龙脑，一架酴醾落晚风。

〔一〕"一枝栌子"，四库本、大观本作"一枝櫨子"，《陈氏香谱》卷三作"一枝櫃子"，疑应作"一枝楑子"，即楑樝，亦名楑樝。

黄亚夫野梅香武

降真香四两　腊茶一胯

上以茶为末，入井花水一碗，与香同煮，水干为度，筛去腊茶，研真香为细末，加龙脑半钱和匀，白蜜炼熟溲剂，作圆如鸡豆大烧之[一]。

〔一〕"作圆如鸡豆大烧之"，四库本、大观本作"作圆如鸡头实或散烧之"，《陈氏香谱》卷三作"丸如鸡头大或散烧"。钞本有脱误。

江梅香

零陵香　藿香　丁香_{怀干}　茴香　龙脑_{各半两}　麝香_{少许，钵内}研，以建茶汤和洗之

上为末，炼蜜和匀，捻饼子，以银叶衬烧之。

江梅香_补

歌曰：百粒丁香一撮茴，麝香少许可斟裁。更加五味零陵叶，百斛浓香江上梅。

蜡梅香_武

沉香　檀香_{各三钱}　丁香_{六钱}　龙脑_{半钱}　麝香[一]

上为细末，生蜜和剂爇之。

〔一〕"麝香"，四库本、大观本其下标"一字"，《陈氏香谱》卷三其下标"一钱"。钞本误脱分量。

雪中春信

檀香　栈香　丁香皮_{一两二钱}[一]　樟脑_{一两二钱}　麝香_{一钱}　杉木炭_{二两}

上为末，炼蜜和匀，焚窨如常法。

〔一〕"一两二钱"，四库本、大观本于上三味皆标"一两二钱"，

《陈氏香谱》卷三"檀香"标"半两","栈香"、"丁香皮"、"樟脑"下标"各一两二钱"。钞本脱"各"字。

雪中春信_沈

沉香_{一两}　白檀　丁香　木香_{各半两}　甘松　藿香　零陵香_{各七}钱半　回鹘香附子　白芷　当归　麝香　官桂_{各二钱}　槟榔　豆蔻_{各一枚}

上为末，炼蜜为饼，如棋子大，或脱花样，烧如常法。

雪中春信_武

香附子_{四两}　郁金_{二两}　檀香_{一两，建茶煮}　麝香_{少许}　樟脑_{一钱，石灰制}　羊胫炭_{四两}

上为末，炼蜜和匀，焚窨如常法。

春消息_一

丁香　零陵香　甘松_{各半两}　茴〔一〕_{二分}　麝香_{一分}

上为末，蜜和得所，以磁盒贮之，地穴内窨半月。

〔一〕"茴"，四库本、大观本及《陈氏香谱》卷三皆作"茴香"，钞本误脱"香"字。

春消息_二

甘松_{一两}　零陵香　檀香_{各半两}　丁香_{十颗}　茴香〔一〕　脑、麝少许

和窨如常法。

〔一〕"茴香"，四库本、大观本及《陈氏香谱》其下皆标"一撮"，钞本脱。

雪中春泛东平李子新方

脑子三分半[一]　麝香半钱　白檀二两　乳香七钱　沉香三钱　寒水石三两，烧

上件为极细末，炼蜜、鹅梨汁和匀，为饼脱花，湿置寒水石末中，磁瓶合收贮[二]。

〔一〕"三分半"，四库本作"二分"，大观本作"二分半"。

〔二〕"磁瓶合收贮"，大观本同，四库本作"磁瓶内收贮"。

胜茉莉香

沉香一两　金颜香研细　檀香各一钱[一]　樟脑各一钱[二]　大丁香十粒，研细末

上麝用冷腊茶清三四滴，续入脑子同研。木犀花方开未离披者三大盏，去蒂，于净器中研烂如泥，入前六味，再研匀，拌成饼子，或用模子脱成花样，入密器中窨一月。

〔一〕"各一钱"，四库本、大观本作"各二钱"。

〔二〕"樟脑各一钱"，四库本、大观本无此味，而有"脑麝各一钱"，观下文研细脑、麝语，又云"入前六味"，可知钞本将"脑麝"误作"樟脑"。

蕡卜香

雪白芸香，以酒煮，入玄参、桂末、丁皮，四味和匀焚之。

雪兰香

歌曰：十两栈香一两檀，枫香两半各秤盘。更加一两玄参末，硝蜜同和号雪兰。

卷一九

熏佩之香

笃耨佩香_武

沉香末_{一斤}　金颜香_{十两，末}　大食栀子花　龙涎_{各一两}　龙脑_{五钱}

上为细末，蔷薇水细细和之得所，臼杵极细，脱范子。

梅蕊佩香

丁香　甘松　藿香叶　香白芷_{各半两}　牡丹皮_{一钱}　零陵香_{一两半}　舶上茴香_{五分，微炒}

同咬咀，贮绢袋佩之。

荀令十里香_沈

丁香_{半两强}　檀香　甘松　零陵香_{各一两}　生龙脑_{少许}　茴香_{五分，略炒}

上为末，薄纸贴，纱囊盛佩之。其茴香生则不香，过炒则焦气，多则药气，减太少则不类花香[一]，逐旋斟添，使旖旎。

〔一〕"减太少则不类花香"，四库本、大观本及《陈氏香谱》卷三此句皆无"减"字，疑钞本误衍。

洗衣香武

牡丹皮一两　甘松一钱

上为末，每洗衣最后泽水，入一钱。

假蔷薇面花香

甘松　檀香　零陵香各一两　藿香叶　丁香各半两　黄丹二分
白芷五分　香墨〔一〕　茴香五分　脑、麝为衣

上为细末，以熟蜜和拌稀稠得所，随意脱花。

〔一〕"香墨"，四库本、大观本其下标"一分"，《陈氏香谱》卷
三其下标"一钱"，钞本漏标。

玉华醒醉香

采牡丹蕊与酴醾花，清酒拌浥润得所，当风阴一宿，杵细，
捻作饼子窨干，龙脑为衣，置枕间。

衣　香洪

零陵香一斤　甘松　檀香各十两　丁香皮五两　辛夷二两　茴香
二钱，炒

上捣粗末，入龙脑少许，贮囊佩之。

蔷薇衣香武

茅香一两　零陵香一两　丁香皮一两，锉碎，微炒　白芷　细辛
白檀各半两　茴香三分，微炒

同为粗末，可佩可爇。

牡丹衣香

丁香　牡丹皮各一两　甘松一两，为末　龙脑一钱〔一〕　麝香一钱，另研

上同和，以花叶纸贴佩之。

〔一〕"一钱"，大观本作"一钱，另研"，四库本作"二钱，另研"，《陈氏香谱》卷三作一钱，"别研"。钞本脱"另研"二字。

芙蕖衣香补

丁香　檀香　甘松各一两　零陵香　牡丹皮各半两　茴香二分，微炒

上为末，入麝香少许研匀，薄纸贴之，用新帕子裹着肉，其香如新开莲花。临时更入麝及脑各少许，更佳。不可火焙，汗浥愈香。

御爱梅花衣香售

零陵香叶四两　藿香叶三两　沉香一两，锉　檀香二两　丁香半两，捣　甘松三两，去土洗净秤　米脑半两，另研　麝香三钱，另研　白梅霜一两，捣洗净秤〔一〕

以上诸香，并须日干，不可见火，除脑、麝、梅霜外，一处同为粗末，次入脑、麝、梅霜拌匀，入绢袋佩之。

此乃内侍韩宪所传。

〔一〕"捣洗净秤"，四库本、大观本作"捣细净秤"，《陈氏香谱》卷三作"极碎罗净秤"。按，霜剂不可洗，作"捣细"是。钞本以二字音近致误。

梅花衣香武

零陵香　甘松　白檀　茴香各五钱　丁香　木香各一钱

上同为粗末，入龙脑少许，贮囊中。

梅萼衣香补

丁香二钱　零陵香　檀香各一钱　木香五分　甘松一钱半　舶上茴香五分，微炒　白芷一钱半　龙脑　麝香各少许

上同锉，候梅花盛开，晴明无风雨，于黄昏前择未开含蕊者，以红线系定，至清晨日未出时，连梅蒂摘下，将前药同拌，阴干以纸裹，贮纱囊佩之，旖旎可爱。

莲蕊衣香

莲蕊一钱，干研　零陵香半两　甘松四钱　藿香　檀香　丁香各三钱　茴香二分，微炒　白梅肉三分　龙脑少许

上为细末，入龙脑研匀，薄纸贴，纱囊贮之。

浓梅衣香

藿香叶二钱　丁香十枚　早春芽茶二钱　茴香半字　甘松　白芷　零陵香各三分

同锉，贮绢袋佩之。

裛衣香武

丁香十两，另研　郁金十两　零陵香六两　藿香　白芷各四两　苏合油　甘松　杜蘅各三两　麝香少许

上为末，袋盛佩之。

裛衣香_{琐碎录}

零陵香_{一斤}　丁香　苏合油_{各半斤}　甘松_{三两}　郁金_{二两}　龙脑_{二两}　麝香_{半两}

上并须精好者，若一味恶，即损诸香。同捣如麻豆大小，以夹绢袋贮之。

贵人浥汗香_武

丁香_{一两，为粗末}　川椒_{六十粒}

上以二味相和，绢袋盛而佩之，辟绝汗气。

内苑蕊心衣香_{事林}

藿香　益智仁　白芷　蜘蛛香_{各半两}　檀香_{二钱}　丁香_{三钱}　木香_{二钱}

同为粗末，裹置衣笥中。

胜兰衣香

零陵香　茅香　藿香_{各二钱}　独活_{一钱}　甘松_{一钱半}　大黄_{一钱}　牡丹皮　白芷　丁香　桂皮_{各半钱}

以上先洗净，候干再用酒略喷，碗盛蒸少时，入三赖子二钱，豆腐浆水蒸，以盏盖定，各为细末，以檀香一钱锉，合和匀，再入麝香少许。

香 䥱

零陵香　茅香　藿香　甘松　松子^[一]　茴香^[二]　三赖子_{豆腐蒸}　檀香　木香　白芷　土白芷　桂肉　丁香　牡丹皮　沉香_{各等分}　麝香_{少许}

上用好酒喷过，日晒令干，以刀切碎，碾为生料，筛罗粗末，瓦坛收顿。

〔一〕"松子"，四库本、大观本及《陈氏香谱》卷三其下皆标"搥碎"。

〔二〕"茴香"，四库本、大观本及《陈氏香谱》皆作"苘香"，钞本因二字形近致误。

软　香一

笃耨香　檀香末各半两　苏合油三两　银朱一两　麝香半两　金颜香五两,牙子者　龙脑二钱

上为细末，用银器或磁器，于沸汤锅内顿放，逐旋倾出苏合油内，搅匀和停为度，取出泻入冷水中，随意作剂。

软　香二

沉香十两　金颜香　栈香各二两　丁香一两　乳香半两　龙脑五钱　麝香六钱

上为细末，以苏合油和，纳磁器内，重汤煮半日，以稀稠得中为度，入臼捣成剂。

软　香三

金颜香半斤,极好者,于银器内汤煮化,细布扭净汁　苏合油四两,绢扭过　龙脑一钱,研细　麝香半钱,研细　心红不拘多少,色红为度

上先将金颜香搦去水，银石器内化开，入苏合油、麝香拌匀，续入龙脑、心红，移铫去火，搅匀取出，作团如常法。

软 香四

黄蜡半斤，镕成汁，滤净，却以净铜铫内，下紫草煎令红，滤去草渣　金颜香三两，拣净秤，别研细作一处　檀香一两，碾令细，筛过　沉香半两，为极细末　银朱随意加入，以红为度　滴乳香三两，拣明块者，用茅香煎水煮过，令浮成片如膏，倾冷水中，取出待水干，入乳钵研细，如粘钵，则用煅醋淬滴赭石二钱，入内同研，即不粘矣　苏合油三钱，如临合时，先以生萝卜擦乳钵，则不粘，如无，则以子代之　生麝香三钱，净钵内以茶清滴研细，却以其余香拌起一处

上以蜡入磁器大碗内，坐重汤中，融成汁，入苏合油和匀，却入众香，以柳棒频搅极匀，即香成矣。欲软，用松子仁三两，揉汁于内，虽大雪亦软。

软 香五

檀香一两，为末　沉香半两　丁香三钱　苏合油半斤[一]

以三种香拌苏合油，如不泽，再加油。

〔一〕"半斤"，四库本、大观本作"半两"。

软 香六

金颜香二两半　龙脑一两　上等沉香五两

上为末，入苏合油六两[一]，用绵滤过，取净油和香，逐旋看稀稠得所入油。如欲黑色，加百草霜少许。

〔一〕"六两"，四库本、大观本及《陈氏香谱》卷三皆作"六两半"。

软 香七

沉香三两　栈香三两，末　檀香三两　亚息香半两，末　甲香半两，制　梅花龙脑半两　松子仁半两　金颜香　龙涎各一钱　笃耨油随分

麝香一钱　杉木炭以黑为度

上除龙脑、松仁、麝香、耨油外，余皆取极细末，以笃耨油与诸香和匀为剂。

软　香八

金颜香　苏合油各三两　笃耨油一两二钱　龙脑四钱　麝香一钱

先将金颜香碾为细末，去渣，用苏合油坐熟，入黄蜡一两坐化，旋入金颜，坐过了，入脑、麝、笃耨油、银朱打和，以软笋箨毛缚收〔一〕。欲黄，入蒲黄；绿，入石绿；黑，入墨；欲紫，入紫草。各量多少加入，以匀为度。

〔一〕"软笋箨毛缚收"，四库本、大观本同。《陈氏香谱》卷三作"软笋箨包缚收"。

软　香沈

沉香一两　白檀二两　丁香一两，加木香少许同炒　金颜香　黄蜡三奈子各二两　龙脑半两，或三钱亦可　苏合油不拘多少　心子红二两，作黑不用　生油不拘多少　白胶香半斤，灰水于沙锅内煮，候浮上，撩入凉水搦块，再用皂角水三四碗煮之，以香白为度，秤二两香用

上先将黄蜡于定磁碗内融开，次下白胶香，次生油，次苏合，搅匀，取碗置地，候温入众香，每一两作一丸，更加乌笃耨一两，尤妙。如造黑色者，不用心子红，入香墨二两，烧红为末，和剂如常法。可怀可佩，置扇柄把握极佳。

软　香武

沉香半斤，为细末　金颜香二两　龙脑一钱，研细　苏合油四两

上先将沉香末和苏合油，仍入冷水和成团，却搦去水，入金

颜香、龙脑，又以水和成团，再搦去水，入白杵三五千下，时时搦去水，以水尽，杵成团，有光色为度。如欲硬，加金颜香；欲软，加苏合油。

宝梵院主软香

沉香三两　金颜香五钱　龙脑四钱　麝香五钱　苏合油二两半　黄蜡一两半

上为末，苏合油与蜡重汤融和，捣诸香，入脑子更杵千下，用之。

广州吴家软香新

金颜香半斤，研细　苏合油二两　沉香一两，为末　黄蜡二钱　龙脑　麝香各一钱，另研　芝麻油一钱，腊月经年者尤佳

上将油、蜡同销镕，放微温，和金颜、沉末令匀，次入脑、麝，与合油同溲，仍于净石板上以木槌击数百下，如常法用之。

翟仁仲运使软香

金颜香半斤　龙脑　麝香各一字　苏合油以拌匀诸香为度　乌梅肉二钱半，焙干

先以金颜、脑、麝、乌梅肉为细末，后以苏合油相和，临合时相度软硬得所。欲红色，加银朱二两半；欲黑色，加皂儿灰三钱，存性。

熏衣香一

零陵香　甘松各半两　茅香四两，细锉，酒洗微蒸　白檀二钱　丁香二钱半　白梅三个，焙干取末

上共为粗末，入米脑少许，薄纸贴，佩之。

熏衣香二

沉香四两　栈香三两　檀香一两半　龙脑半两　牙硝　麝香各二钱
甲香四钱，灰水浸一宿，次用新水洗过后，以蜜水燀黄。

上除龙脑、麝香别研外，同为粗末，炼蜜半斤和匀，候冷入龙脑、麝香。

蜀主熏御衣香洪

丁香　栈香　沉香　檀香各一两　麝香二钱　甲香一两，制
上为末，炼蜜放冷，和令匀，入窨月余用。

南阳公主熏衣香事林

蜘蛛香一两　白芷　零陵香　砂仁各半两　丁香三钱　麝香五分
当归　豆蔻各一钱
共为末，囊盛佩之。

新料熏衣香

沉香一两　栈香七钱　檀香五钱　牙硝一钱　米脑四钱　甲香一钱
上先将沉香、栈、檀为粗末，次入麝拌匀，次入甲香、牙硝、银朱一字再拌，炼蜜和匀，上掺脑子，用如常法。

千金月令熏衣香

沉香　丁香皮各二两　郁金香二两，细锉　苏合油一两　詹糖香一两，同苏合油和匀，作饼子　小甲香四两半，以新牛粪汁三升、水三升火煮，三分去二，取出，净水淘，括去上肉，焙干，又以清酒二升、蜜半合火煮，令酒尽，以物

挠，候干，以水淘去蜜，曝干，别末

上将诸香末和匀，烧熏如常法。

熏衣梅花香〔一〕

甘松一两　木香一两　丁香半两　舶上茴香三钱　龙脑五钱

上拌捣合粗末，如常法烧熏。

〔一〕按，钞本无此香方，据四库本、大观本补。《陈氏香谱》卷三所收"熏衣梅花香"与此略同，而药多一味，所标分量亦有出入。

熏衣芬积香〔一〕

沉香二十五两，锉　栈香二十两　藿香十两　零陵香叶　丁香　牙硝各十两　米脑三两，研　麝香一两半　檀香一十两〔二〕，腊茶清浸，炒黄杉木麸炭二十两　梅花龙脑一两，研〔三〕

上为细末。炼蜜半斤，候冷，和成剂，置衣箧中，烧熏如常法〔四〕。

〔一〕"熏衣芬积香"，四库本、大观本其下注"和剂"。

〔二〕"一十两"，四库本、大观本及《陈氏香谱》卷三皆作"二十两"。

〔三〕按，四库本、大观本及《陈氏香谱》此方多二味，钞本误脱。今据各本补如下："甲香二十两，炭灰煮两日，洗，以蜜酒同煮，令干"；"蜜十斤，炼和香"。

〔四〕按，本香方制法，四库本、大观本与钞本颇多异同，今录二本制法如下："右为细末，研脑、麝，用蜜和搜令匀，烧熏如常法。"《陈氏香谱》不载制法。

熏衣衙香

生沉香六两，锉　栈香　生牙硝各六两　生龙脑　麝香各二两，研

檀香二十两[一]，腊茶清浸炒　甲香一两　蜜脾香斤两加倍，炼熟

上为末，研入龙脑、麝香，以蜜溲和令匀，烧熏如常法。

〔一〕"二十两"，四库本、大观本作"十二两"，《陈氏香谱》卷
三亦作"十二两"，然方中其他药物及分量多与此不同。

熏衣笑兰香事林

歌曰：藿零甘芷木茴沉[一]，茅赖芎黄和桂心。檀麝牡皮加
减用，酒喷日晒绛囊盛。

上以苏合香油和匀[二]；松、茅，酒洗；三赖，米泔浸；大
黄，蜜蒸；麝香，逐旋添入。熏衣加檀香、僵蚕，常带加白
梅肉。

〔一〕"藿零甘芷木茴沉"，四库本、大观本作"藿零甘芷木茴
香"，《陈氏香谱》卷三作"藿苓甘芷木茴丁"。

〔二〕"上以苏合香油和匀"，四库本、大观本及《陈氏香谱》皆
作"零，以苏合香油和匀"。

涂傅之香

傅身香粉洪

英粉另研　青木香　麻黄根　附子炮　甘松　藿香　零陵香各
等分

上件除英粉外，同捣罗为末，以生绢袋盛之，浴罢傅身。

和粉香

官粉十两　蜜陀僧　白檀香各一两　黄连五钱　脑、麝各少许
蛤粉五两　轻粉　朱砂各二钱　金箔五张　鹰条一钱

上件为细末，和匀傅面。

十和香粉

官粉一袋，水飞　朱砂三钱　蛤粉白熟者，水飞　鹰条二钱　蜜陀僧
五钱　檀香五钱　脑、麝各少许　紫粉少许　寒水石和脑、麝同研

上件各为飞尘，和匀入脑、麝，调色似桃花为度。

利汗红粉香

轻粉五钱　麝香少许　心红三钱　滑石一斤，极白无石者，水飞过

上件同研极细用之，调粉如肉色为度，涂身体，香肌利汗。

香身丸

丁香一两半　藿香叶　零陵香　甘松各三两　香附子　白芷
当归　桂心　槟榔　益智仁各一两　麝香一两〔一〕　白豆蔻仁二两

上件为细末，炼蜜为剂，杵千下，丸如弹子大，嚼化一丸，
便觉口香，五日身香，十日衣香，十五日他人皆闻得香。又治遍
身炽气、恶气及口齿气。

〔一〕"一两"，四库本、大观本作"二钱"。

拂手香武

白檀三两，滋润者，锉末，用蜜三钱化汤，用一盏，炒令水干，稍觉浥湿，再
焙干，杵罗极细　米脑五钱，研　阿胶一片

上将阿胶化汤打糊，入香末，溲和令匀，于木臼中捣三五百

下，捏作饼子或脱花，窨干，中穿一穴，用彩线悬胸前。

梅真香

零陵香叶　甘松　白檀香　丁香　白梅末_{各半两}　龙脑　麝香
各少许

上为细末，糁衣傅身，皆可用之。

香发木犀香油_{事林}

凌晨摘木犀花半开者，拣去茎蒂令净，高量一斗，取清麻油
一斤，轻手拌匀，置磁罂中，以厚油纸密封罂口，坐于釜内，重
煮一饷久〔一〕，取出安顿稳燥处，十日后倾出，以手批其清液收
之〔二〕，最要封闭紧密，久而愈香。如以油匀入黄蜡，为面脂，
尤馨香也。

〔一〕"重煮一饷久"，四库本、大观本作"重汤煮一饷久"，《陈
氏香谱》卷三作"以重汤煮一饷久"。钞本误脱"汤"字。

〔二〕"以手批其清液"，四库本、大观本作"以手沘其青液"，
《陈氏香谱》作"以手沘其清液"。

乌发香油_{此油洗发后用最妙}

香油_{二斤}　柏油_{二两，另放}　诃子皮_{一两半}　没石子_{六个}　五倍子
_{半两}　真胆矾_{一钱}　川百药煎_{三两}　酸榴皮_{半两}　猪胆_{二个，另放}　旱
莲台_{半两}

上件为粗末，先将香油熬数沸，然后将药末入油同熬，少待
倾油入罐子内，微温入柏油搅，渐入猪胆又搅，令极冷，入
后药：

零陵香　藿香叶　香白芷　甘松_{各三钱}　麝香_{一钱}

663

再搅匀，用厚纸封罐口，每日早午晚各搅一次，仍封之。如此十日后，先晚洗发净，次早发干搽之，不待数日，其发黑绀，光泽香滑，永不染尘垢，更不须再洗，用之后自见也，黄者转黑。旱莲台，诸处有之，科生一二尺高，小花如菊，折断有黑汁，名猢狲头。

又 此油最能黑发

每香油一斤；枣枝一根，锉碎；新竹片一根，截作小片，不拘多少。用荷叶四两，入油同煎，至一半，去前物，加百药煎四两，与油再熬，冷定，加丁香、排草、檀香、辟尘茄，每净油一斤，大约入香料两余。

合香泽法

清酒浸香夏用酒令冷，春秋用酒令暖，冬则小热：鸡舌香俗人以其似丁子，故为丁子香也、藿香、苜蓿香[一]、兰香[二]凡四种，以新绵裹而浸之夏一宿，春秋二宿，冬三宿。用胡麻油两分、猪脂一分，纳铛中，即以浸香酒和之，煎数沸后，便缓火微煎，然后将所浸香缓火煎至暮，水尽沸定乃熟以火头内侵中作声者[三]，水未尽；有烟出无声者，水尽也。泽欲熟时，下少许青蒿以发色。绵羃铛嘴，防瓶口泻[四]。贾思勰《齐民要术》

香泽者，人发恒枯瘁，以此濡泽之也。唇脂，以丹作之，象唇赤也。《释名》

〔一〕"苜蓿香"，四库本、大观本及北魏贾思勰《齐民要术》卷五皆作"苜蓿"。

〔二〕"兰香"，四库本、大观本同，《齐民要术》作"泽兰香"。

〔三〕"火头内侵中"，四库本、大观本作"火头内浸中"，《齐民要术》作"火头内泽中"。

〔四〕"绵羃铛嘴，防瓶口泻"，四库本、大观本作"绵羃铛嘴、瓶口，泻"，《齐民要术》作"以绵幂铛觜、瓶口，泻着瓶中"。钞本误衍"防"字。

香　粉

法惟多着丁香于粉合中，自然芬馥。同上〔一〕

〔一〕"同上"，四库本、大观本同。按，其上为《释名》，而此条实见于《齐民要术》卷五。

面脂香

牛髓牛髓少者，用牛脂和之，若无髓，只用脂亦得　温酒浸丁香、藿香二种浸法如前泽法

煎法一同合泽，亦着青蒿以发色，绵滤着磁漆盏中令凝。若作唇脂者，以熟朱调和，青油裹之。同上

八白香金章宗宫中洗面散

白丁香　白僵蚕　白附子　白牵牛　白茯苓　白蒺藜　白芷白芨

上各等分，入皂角去皮弦，为末，绿豆粉拌之，日用，面如玉矣。

金主绿云香

沉香　蔓荆子　白芷　南没石子　踯躅花　生地黄　零陵香附子　防风　覆盆子　诃子肉　莲子草　芒硝　丁皮

上件各等分，入卷柏三钱，洗净晒干，各细锉，炒黑色，以

绢袋盛入磁罐内，每用药三钱，以清香油浸药，厚纸封口七日。每遇梳头，净手蘸油，摩顶心令热，入发窍。不十日，发黑如漆，黄赤者变黑，秃者生发。

莲香散_{金主宫中方}

丁香　黄丹_{各三钱}　枯矾末_{一两}

共为细末，闺阁中以之敷足，久则香入肤骨，虽足纵常经洗濯，香气不散。

金章宗文房精鉴，至用苏合香油点烟制黑[一]，可谓穷幽极胜矣。兹复致力于粉泽香膏，使嫔妃辈云髻益芳，莲踪增馥，想见当时人尽如花，花尽皆香，风流旖旎，陈主、隋炀后一人也。

〔一〕"点烟制黑"，四库本、大观本作"点烟制墨"，钞本以二字形近致误。

卷二〇

香　属香饼　香煤　香灰　香珠　香药　香茶

烧香用香饼

凡烧香用饼子，须先烧令通红，置香炉内，候有黄衣生，方徐徐以灰覆之，仍手试火气紧慢。沈谱

香　饼一

黄丹五两　定粉　牙硝　针砂各五两　枣一升，煮烂去皮〔一〕　坚硬羊胫骨炭三斤，末

上同捣拌匀，以枣膏和剂，随意捻作饼子。

〔一〕　"煮烂去皮"，四库本、大观本及《陈氏香谱》卷三皆作"煮烂去皮、核"。钞本误脱"核"字。

香　饼二

木炭三斤，末　定粉三两　黄丹二两

上拌匀，用糯米为糊和成，入铁臼内细杵，以圈子脱作饼，晒干用之。

香　饼三

用栎炭和柏叶、葵菜、橡实为之。纯用栎炭，则难熟而易碎。石灰太酷〔一〕，不用。

〔一〕 "石灰太酷"，四库本、大观本及《陈氏香谱》卷三皆作
"石饼太酷"。

香 饼沈

软炭三斤，末　蜀葵叶或花，一斤半

上同捣令粘，匀作剂，如干，更入薄糊少许，弹子大捻饼晒
干，贮磁器内，烧香旋取用。如无葵，则炭末中拌入红花渣同
捣，以薄糊和之，亦可。

耐久香饼

硬炭末五两　胡粉　黄丹各一两

上同捣，令细匀作末，煮糯米胶和匀，捻饼晒干，每用烧令
赤，炷香经久。或以针砂代胡粉，煮枣代糯胶。

长春香饼〔一〕

黄丹四两　干蜀葵花　干茄根各二两，烧灰　枣肉半斤，去核

上为粗末，以枣肉研作膏，同和匀，捻作饼子晒干，置炉
内，大可耐久而不息。

〔一〕 "长春香饼"，四库本、大观本及《陈氏香谱》卷三皆作
"长生香饼"。

终日香饼

羊胫炭一斤，末　黄丹　定粉各一分　针砂少许　黑石脂一分，分
字去声

上煮枣肉拌匀，作饼子，窨二日，便于日中晒干。如烧香
毕，水中蘸灭，可再用。

丁晋公文房七宝香饼

青州枣一斤，去核　木炭二斤，为末　黄丹半两　铁屑二两　定粉
细墨各一两　丁香二十粒

上共捣为膏，如干再加枣，以模子脱作饼，如钱许，每一饼
可经昼夜。

内府香饼

木炭末一斤　黄丹　定粉各三两　针砂二两　枣半斤

上同末，熟枣肉杵作饼，晒干，用如常法，每一饼可度
终日。

贾清泉香饼

羊胫炭一斤　定粉　黄丹各四两

上用糯米或枣肉和作饼，晒干，用如常法。或茄叶烧灰存
性，同枣肉杵，捻饼晒干用之。

制香煤

近来焚香取火，非灶下即踏炉中者，以之供神佛、格祖先，
其不洁多矣。故用煤以扶接火饼。《香史补遗》

香　煤一

茄蒂不计多少，烧存性，取四两　定粉三钱　黄丹二钱　海金砂二钱
上同为末拌匀，置炉上烧纸点，可终日。

香　煤二

枯茄荄，烧成炭，于瓶内候冷为末，每一两入铅粉二钱、黄

丹二钱半，拌匀和装灰中。

香 煤三

焰硝　黄丹　杉木炭

上各等分，糁炉中，以纸烬点。

香 煤四

黑石脂，一名石墨，一名石涅，古者捣之以为香煤。张正见诗："香散绮幕室，石墨雕金炉。"〔一〕

〔一〕南朝陈张正见《置酒高殿上》诗："名香散绮幕，石墨雕金炉。"见《先秦汉魏晋南北朝诗·陈诗》卷二。

香 煤沈

干竹筒　干柳枝烧黑炭，各二两　铅粉二钱〔一〕　黄丹三两　焰硝六钱

上同为末，每用匕许，以灯爇着，于上焚香。

〔一〕"铅粉二钱"，钞本误置于"干柳枝烧黑炭各二两"之前，今依四库本、大观本及《陈氏香谱》卷三移置于后。

月禅师香煤

杉木烰炭四两　硬羊胫炭二两　竹烰炭二两〔一〕　黄丹　海金砂各半两

上同为末拌匀，每用二钱置炉，纸灯点，候透红，以冷灰薄覆。

〔一〕"竹烰炭二两"，四库本、大观本作"一两"，《陈氏香谱》卷三作"二两"。

阎资钦香煤

柏叶多采之，摘去枝梗洗净，日中曝干，锉碎[一]，入净罐内，以盐泥固济，炭火煅之，倾出细研。每用一二钱，置香炉灰上，以纸灯点，候红遍[二]，焚香时时添之，可以终日。

香饼、香煤，好事者为之，其实用只须栎炭一块。

[一]"锉碎"，四库本、大观本及《陈氏香谱》卷三此句下皆有"不用坟墓间者"一句，钞本删去。

[二]"候红遍"，四库本、大观本作"候匀遍"，《陈氏香谱》作"候匀编"，"编"字因形近致误。

制香灰

香灰十二法[一]

细叶杉木枝烧灰，用火一二块养之经宿，罗过装炉。

每秋间采松须，曝干烧灰，用养香饼。

未化石灰，搥碎罗过，锅内炒令红，候冷，又研又罗，一再为之，作养炉灰，洁白可爱。日夜常以火一块养之，仍须用盖，若尘埃则黑矣。

矿灰六分、炉灰四分和匀，大火养灰，焚炷香。

蒲烧灰，装炉如雪。

纸石灰、杉木灰各等分，以米汤同和，煅过用。

头青、朱红、黑煤、土黄各等分，杂于纸灰中装炉，名"锦灰"。

纸灰炒通红，罗过，或稻梁烧灰[二]，皆可用。

干松花烧灰，装香炉最洁。

茄灰亦可藏火，火久不息。

蜀葵枯时烧灰，妙。

炉灰松则养火久，实则退。今惟用千张纸灰最妙，炉中昼夜火不绝。灰每月一易佳，他无需也。

〔一〕"十二法"，四库本、大观本作"新"。《陈氏香谱》卷三不言出处，所收共十一法，无此条之最后一法。

〔二〕"稻梁"，四库本、大观本同，《陈氏香谱》作"稻糠"，是。

香　珠

香珠之法，见诸道家者流，其来尚矣。若夫茶药之属，岂亦汉人含鸡舌香之遗制乎？兹故录之，以备见闻，庶几耻一物不知之意云。

孙功甫廉访木犀香珠

木犀花蓓蕾未全开者，开则无香矣。露未晞时，用布幔铺，如无幔，净扫树下地面，令人登梯上树，打下花蕊，择去梗叶，精拣花蕊，用中样石磨磨成浆。次以布幅包裹，榨压去水，将已干花料盛贮新磁器内，逐旋取出，于乳钵内研令细软，用小竹筒为则度筑剂，或以滑石平片刻窍取则，手搓圆如小钱大，竹签穿孔，置盘中，以纸四五重衬借，日傍阴干，稍健可百颗作一串，用竹弓絣挂当风处，吹八九分干取下，每十五颗以洁净水略略揉洗，去皮边青黑色，又用净盘，于日影中映干。如天阴晦，纸隔之，于慢火上焙干，新绵裹收，时时观，则香味可数年不失。其磨乳丸洗之际，忌秽污妇、铁器、油盐等触犯。

《琐碎录》云："木犀香念珠，须入少许木香。"〔一〕

〔一〕"须入少许木香"，四库本、大观本及《陈氏香谱》卷四皆作"须少入西木香"。

龙涎香珠

大黄一两半　甘松一两二钱　川芎一两半　牡丹皮　藿香各一两二钱
奈子一两一钱

以上六味，并用酒浸，留一宿，次日五更，以后药一处拌匀，于露天安顿，待日出晒干。

后药：

白芷二两　零陵香一两半　丁皮一两二钱　檀香三两　滑石一两二钱，另研　白芨六两，煮糊　芸香二两，洗干另研　白矾一两二钱，另研　好栈香二两　椿皮一两二钱　樟脑一两　麝香半字

圆，晒如前法，旋入龙涎、脑、麝。

香　珠一

天宝香一两　土光香半两　速香一两　苏合香半两　牡丹皮二两
降真香半两　茅香一钱半　草香一钱　白芷二钱，豆腐蒸过　三奈二钱，同上　丁香半两　藿香五钱　丁皮一两　藁本半两　细辛二分　白檀　麝香檀各一两　零陵香二两　甘松半两　大黄二两　荔枝壳二两〔一〕　麝香不拘多少〔二〕　黄蜡一两　滑石量用　石膏五钱　白芨一两

上料蜜梅酒：松子、三奈、白芷。糊：夏白芨，春秋琼枝，冬阿胶。黑色：竹叶灰、石膏。黄色：檀香、浦黄。白色：滑石、麝檀。菩提色：细辛、牡丹皮、檀香、麝檀、大黄。石膏移上。噀湿〔三〕，用蜡圆打，轻者用水噀打。

〔一〕"荔枝壳二两"，四库本、大观本及《陈氏香谱》卷四皆作"荔枝壳二钱"。

〔二〕"不拘多少"，《陈氏香谱》同，四库本、大观本作"一拘"。

〔三〕"石膏移上，噀湿"，意指将石膏上移到白色配方。四库本、大观本并《陈氏香谱》卷四皆作"石膏、沉香噀湿"。

香珠二

零陵香 甘松各酒洗 木香°少许 茴香 丁香各等分 茅香酒洗
川芎°少许 桂心°少许 藿香°酒洗，此物夺香味，少用 檀香等分 白
芷面裹煨熟，去面 牡丹皮酒浸一日，晒干 大黄蒸过，此项收香味，且又染
色，多用无妨 三奈子如白芷制，少许

上件圈者少用，不圈等分。如前制度晒干，和合为细末，用
白芨和面打糊为剂，随大小圆，趁湿穿孔，半干用麝香檀稠调水
为衣。

收香珠法

凡香环、佩带、念珠之属，过夏后，须用木贼草擦去汗垢，
庶不蒸坏。若蒸损者，以温汤洗过晒干，其香如初。温子皮

香珠烧之香彻天

香珠，以杂香捣之，丸如桐子大，青绳穿。此三皇真元之香
珠也，烧之香彻天。《三洞珠囊》

交阯香珠

交阯以泥香捻成小巴豆状，琉璃珠间之，彩丝贯之，作道人
数珠。入省卖，南中妇人好带之。

余曾见交阯香珠，外用朱砂为衣，内用小铜管穿绳，制
极精严。

香 药

丁香煎圆〔一〕

丁香二两半　沉香四钱　木香一钱　白豆蔻　檀香各二两　甘松四两

上为细末，以甘草水和膏研匀，为圆如芡实大。每用一圆嚼服〔二〕，调顺三焦，和养荣卫，治心胸痞满。

〔一〕 "丁香煎圆"，四库本、大观本及《陈氏香谱》卷四皆作"丁沉煎圆"。

〔二〕 "嚼服"，四库本、大观本及《陈氏香谱》皆作"嚼化，常服"。

木香饼子

木香　檀香　丁香　甘草　肉桂　甘松　缩砂　丁皮　莪术各等分

莪术醋煮过，用盐水浸出醋，浆水浸三日，为末，蜜和，同甘草膏为饼，每服三五枚。

豆蔻香身丸

丁香　清木香〔一〕　藿香　甘松各一两　白芷　香附子　当归　桂心　槟榔　豆蔻各半两　麝香少许

上为细末，炼蜜为剂，入少许苏合油，丸如梧桐子大，每服二十丸，逐旋嚼化咽津，久服令人身香。

〔一〕 "清木香"，四库本、大观本作"青木香"，是。钞本因二字音同形近致误。

透体麝脐丹

川芎　松子仁　柏子仁　菊花　当归　白茯苓　藿香叶各一两

上为细末，炼蜜为丸，如梧桐子大，每服五七丸，温酒、茶清任下。去诸风，明目轻身，辟邪少梦，悦泽颜色，令人身香。

独醒香

干葛　乌梅　甘草　缩砂各二两　枸杞子四两　檀香半两　百药煎半斤

上为极细末，滴水为丸，如鸡豆大，酒后二三丸细嚼之，醉则立醒。

香　茶

经御龙麝香茶〔一〕

白豆蔻一两，去皮　白檀末七钱　寒水石半两，薄荷汁制　麝香四分

沉香三钱　百药煎半两　片脑二钱　甘草末三钱　上等高茶一斤

上为极细末，用净糯米半升煮粥，以密布绞取汁，置净碗内，放冷和剂，不可稀软，以硬为度。于石板上杵二三时辰〔二〕，如黏，用苏合油二两煎沸〔三〕，入白檀香五片〔四〕。脱印时，以小刀刮背上令平〔五〕。卫州韩家方

〔一〕"经御龙麝香茶"，四库本、大观本及《陈氏香谱》卷四皆作"经进龙麝香茶"。

〔二〕"二三时辰"，四库本、大观本及《陈氏香谱》皆作"一二时辰"。

〔三〕"苏合油二两"，四库本、大观本及《陈氏香谱》皆作"小油二两"。

〔四〕"五片"，四库本、大观本及《陈氏香谱》皆作"三五片"。

〔五〕"小刀"，四库本、大观本及《陈氏香谱》皆作"小竹刀"。

孩儿香茶

孩儿香一斤　高茶末三两　麝香四钱　薄荷霜半两　川百药煎一两，研极细　片脑二钱五分，或糠米者，韶脑不可用

上六味一处和匀，用白糯米一升半，淘洗令净，入锅内，放冷高四指〔一〕，煮作糕糜取出，十分冷定，于磁盆内揉和成剂，却于平石砧上杵千余下，以多为妙。然后将花脱酒油少许，入剂作饼，于洁净透风筛子顿放，阴干贮磁器内，青纸衬裹密封。

〔一〕"放冷高四指"，四库本、大观本作"放冷水高四指"，《陈氏香谱》卷四作"放水高四指"。钞本误脱"水"字。

香　茶一

上等细茶一斤　片脑半两　檀香三两　沉香一两　缩砂三两　蕃龙涎饼一两

上为细末，以甘草半斤，锉，水一碗半，煎取净汁一碗，入麝香米三钱和匀，随意作饼。

香　茶二

龙脑　麝香雪梨制　百药煎　拣草　寒水石各三钱　高茶一斤硼砂一钱　白豆蔻二钱

上同研细末，以熬过熟糯米粥，净布绞取浓汁和匀，石上杵千余下，方脱花样。

677

卷二一

印篆诸香附 旁通香图二 信灵香

定州公库印香

栈香　檀香　零陵香　藿香　甘松各一两　大黄半两　茅香半

两，蜜水酒浸炒，令黄色

上捣罗为末，用如常法。

凡作印篆，须以杏仁末少许拌香，则不起尘及易出脱，后皆

仿此。

和州公库印香

沉香十两，锉细　焰硝半两　生结香八两　零陵香四两　檀香八两，

细锉如棋子　甘松四两，去土　草茅香四两，去尘土　藿香叶四两，焙干

麻黄二两，去根，细锉　甘草二两，粗者细锉　香附二两，色红者，去黑皮

龙脑七钱，生者尤妙　麝香七钱　乳香缠二两，高头秤

上除脑、麝、乳、硝四味别研外，余十味皆焙干，捣罗细

末，盒子盛之，外以纸包裹，仍常置暖处，旋取烧之，不可泄

气。阴湿时，此香于帏帐中烧之，悠扬作篆，熏衣亦妙。

别一方，与此数味分两皆同，惟脑、麝、焰硝各增一倍，草

茅香须茅香乃佳，每香一两，仍入制过甲香半钱。本太守冯公由

义子宜行所传方也。

百刻印香

栈香　檀香　沉香　黄熟香　零陵香　藿香　茅香各二两　土草香半两，去土　盆硝　丁香各半两　制甲香七钱半，一本七分半　龙脑少许，细研，作篆时旋入

上为末同，烧如常法[一]。

〔一〕"上为末同烧如常法"，四库本、大观本同，《陈氏香谱》卷二作"上同末之，烧如常法"。《香乘》误乙，应作"上同为末"。

资善堂印香

栈香三两　黄熟香　零陵香　藿香叶　沉香　檀香各一两　白茅香花一两　丁香半两　甲香制，三分　龙脑香三钱　麝香三分

上杵罗细末，用新瓦罐子盛之。昔张全真参政传张瑞远丞相，甚爱此香，每日一盘，篆烟不息。

龙涎印香[一]

檀香　沉香　茅香　黄熟香　藿香叶　零陵香各十两　甲香七两半　盆硝二两半　丁香五两半　栈香三十两，锉

上为细末和匀，烧如常法。

〔一〕"龙涎印香"，四库本、大观本作"龙麝印香"，《陈氏香谱》卷二作"龙脑印香"。未知孰是。

又　方沈谱

夹栈香　白檀香各半两　白茅香二两　藿香二钱　甘松半两，去土　甘草　乳香　丁香各半两　麝香四钱　甲香三分　龙脑一钱　沉香半两

上除龙脑、麝、乳香别研，余皆捣罗细末，拌和令匀，用如

常法。

乳檀印香

黄熟香六斤　香附子　丁皮各五两　藿香　零陵香四两[一]　茅香二斤　白芷四两　枣半斤，焙　檀香四两　茴香二两　甘松半斤　乳香[二]　生结香四两

上捣罗细末，烧如常法。

〔一〕"四两"，四库本、大观本及《陈氏香谱》卷二皆有"藿香四两零陵香四两"，钞本此处误脱"各"字。

〔二〕"乳香"，四库本、大观本及《陈氏香谱》其下皆标"一两，细研"，钞本误脱此四字。

供佛印香

栈香一斤　甘松　零陵香各三两　檀香　藿香各一两　白芷半两　茅香五钱　甘草三钱　苍脑三钱，另研

上为细末，焚如常法。

无比印香

零陵香　甘草　藿香各一两　香附子一两　茅香二两，蜜汤浸一宿，不可水多，晒干，微炒过

上为末，每用或先模擦紫檀末少许[一]，次布香末。

〔一〕"每用或先模擦紫檀末少许"，四库本、大观本作"每用先于模擦紫檀末少许"，《陈氏香谱》卷二作"每用先于花模掺紫檀少许"，语义较为明晰。

梦觉庵妙高印香共二十四味，按二十四气，用以供佛

沉香〔一〕　黄檀　降香　乳香　木香〔二〕　丁香　捡芸香　姜黄　玄参　牡丹皮　丁皮　辛夷　白芷各六两　大黄　藁本　独活　藿香　茅香　荔枝壳　马蹄香　官桂各八两　铁面马牙香一斤　官粉一两　炒硝一钱

上为末，和成入官粉、炒硝，印用之，此二味引火，印烧无断灭之患。

〔一〕“沉香”，四库本、大观本作“沉速”。

〔二〕“木香”，四库本、大观本其下小字标“已上各四两”，钞本误脱。

水浮印香

柴灰一升，或纸灰　黄蜡两块，荔枝大

上同入锅内，熘尽为度〔一〕。以香末脱印如常法，将灰于面上摊匀，裁薄纸依香印大小衬灰，覆放纸上〔二〕，置水盆中，纸自沉去，仍轻手以纸炷点香。

〔一〕“右同入锅内熘尽为度”，四库本、大观本同，《陈氏香谱》卷二作“右同入锅内熘蜡尽为度”，是。

〔二〕“覆放纸上”，四库本、大观本及《陈氏香谱》皆作“覆放敲下”。

宝篆香洪

沉香　丁香皮　藿香叶各一两　夹栈香三两〔一〕　甘松半两　零陵香半两　甘草半两　甲香半两，制　紫檀三两，制　焰硝三分

上为末和匀，作印时，旋加脑、麝各少许。

〔一〕“三两”，四库本、大观本及《陈氏香谱》卷二皆作“二

两"，钞本因二字形近致误。

香 篆新 一名寿春〔一〕

乳香　干莲草　青皮片，烧灰作炷　沉香　檀香　瓦松　贴水荷叶　男孩儿胎发一个〔二〕　龙脑少许　木律　麝香少许　降真香山枣〔三〕　底用云母石

上十四味为末，以山枣子捣和前药，阴干用，烧香时，以玄参末蜜调箸梢上，引烟写字画人物，皆能不散。欲其散时，以车前子末弹于烟上即散。

〔一〕"一名寿春"，四库本、大观本及《陈氏香谱》卷二皆作"一名寿香"，钞本误。

〔二〕"一个"，四库本、大观本同，《陈氏香谱》卷二作"一斤"，是。《香乘》误"斤"为"个"。

〔三〕"山枣"，四库本、大观本及《陈氏香谱》皆作"山枣子"，钞本制法中亦云"山枣子"，此处脱漏"子"字。

又 方

歌曰：乳旱降沉檀，藿青贴发山。断松雄律字，脑麝馥空间。

上用铜箸引香烟成字。或云入针砂等分，以箸梢夹磁石少许，引烟任意作篆。

丁公美香篆

乳香半两，别本一两　水蛭三钱　郁金一钱　壬癸虫二钱，蝌蚪是定风草半两，即天麻苗　龙脑少许

上除龙脑、乳香别研外，余皆为末，然后一处和匀，滴水为

丸，如梧桐子大。每用先以清水湿过手，焚烟起时，以湿手按之，任从巧意，手要常湿。

歌曰：乳蛭任风龙欲煎〔一〕，兽炉湿处发祥烟〔二〕。竹轩清夏寂无事，可爱脩然逐昼眠。

〔一〕 "乳蛭任风龙欲煎"，四库本作"乳蛭壬风龙欲煎"，大观本作"乳蛭壬风龙麝煎"，《陈氏香谱》卷二作"乳蛭任风龙郁煎"。

〔二〕 "兽炉湿处发祥烟"，四库本、大观本作"兽炉爇处发祥烟"，《陈氏香谱》作"手炉爇处发祥烟"。

旁通香图〔一〕

	文苑	常科	芬积	清远	衣香	清神	凝香
四和	沉一两一分		檀三钱		脑一钱		麝一钱
降真	檀半两	降真半两	栈半两	茅香半两	零陵半两	藿半两	丁香半两
百花	栈一分		沉一分	生结三分	麝一钱		檀一两半
百和	甘松一分	檀半两	降真半两	脑半钱	木香半钱	麝一钱	甲香一钱
花蕊	玄参二两	甘松半两	麝一分	沉一分	檀一分	脑一钱	结香一钱
宝篆	丁皮一分	枫香半两	脑一分	麝一分	藿一分	栈一两	甘草一钱
清真	麝三钱	茅香四两	甲香一分	檀半两	丁香半两	沉半两	脑一钱

	文苑	新科	笑兰	清远	锦囊	醒心	凝和
四和	沉二两一钱		檀香三钱		脑子一钱	藿香一分	麝香一钱
凝香	檀香半两	降真半两	栈香半两	茅香半两	零陵半两	藿香六钱	丁香半两
百花	栈香一分		沉香一分		麝香一钱	脑香一钱	檀香两半
碎琼	甘松一分	檀香半两	降真半两	生结三分	木香半两	栈香一两	甲香一钱
云英	玄参一两	甘松半两	麝香一钱	沉香一分	檀香半两	沉香半两	结香一钱
宝篆	丁皮一分	白芷半两	脑子一钱	麝香一钱	藿香一分	脑子一钱	甘草一分
清真	麝香一分	茅香四两	甲香半两	檀香半两	丁香半钱		脑子一钱

以上碾为细末，用蜜少许拌匀，如常法烧。于内惟宝篆香不用蜜。

旁通二图，一出本谱，一载《居家必用》，互有小异，因两存之。

〔一〕按，此条所收二香图，俱按现代表格样式重排，俾使简洁了然。其图横竖皆为香方，每图横为七香方，竖亦七香方。其中小字所注分两，诸本容或不同，择善而从，不再出校。

信灵香一名三神香

汉明帝时，真人燕济居三公山石窟中，苦毒蛇猛兽邪魔干犯，遂下山改居华阴县庵中，棲息三年。忽有三道者投庵借宿，至夜谈三公石窟之胜，奈有邪侵。内一人云："吾有奇香，能救世人苦难，焚之得道，自然玄妙，可升天界。"真人得香，复入山中，坐烧此香，毒蛇猛兽，悉皆遁去。忽一日，道者散发背琴，虚空而来，将此香方写于石壁，乘风而去。题名"三神香"，能开天门地户，通灵达圣，入山可驱猛兽，可免刀兵瘟疫，久旱可降甘霖，渡江可免风波。有火焚烧，无火口嚼，从空喷于起处，龙神护助，静心修合，无不灵验。

沉香　乳香　丁香　白檀香　香附　藿香　甘松各二钱　远志一钱　藁本　白芷各三钱　玄参二钱　零陵香　大黄　降真　木香　茅香　白芨　柏香　川芎　三柰各二钱五分

用甲子日攒和，丙子日捣末，戊子日和合，庚子日印饼，壬子日入盒收贮，炼蜜为丸，或刻印作饼，寒水石为衣，出行带，入葫芦为妙。

又方，减四香，分两稍异：

沉香　白檀香　降真香　乳香各一钱　零陵香八钱　大黄二钱

甘松一两　藿香四钱　香附子一钱　玄参二钱　白芷　藁本各八钱

此香合成，藏净器中，仍用甲子日开，先烧三饼，供养天地神只毕，然后随意焚之。修合时，切忌妇人、鸡犬见。

卷二二

印香图

五夜香刻宣州石刻

穴壶为漏，浮木为箭，自有熊氏以来尚矣。三代两汉，迄今遵用，虽制有工拙，而无以易此。国初，得唐朝水秤，作用精巧，与杜牧宣润秤漏，颇相符合。后燕萧龙图守梓州，作莲花漏上进。近又吴僧瑞兴，创杭、湖等州秤漏例，皆疏略。庆历戊子年，初预班朝，十二日，起居退宣，许百官于朝堂观新秤漏，因得详观而默识焉。始知古今之制，都未精究，盖少第二秤之水衮，致漏滴有迟速也。亘古之阙，由我朝构求而大备邪！尝率愚短，窃仿成法，施于婺、睦二州鼓角楼。熙宁癸丑，岁大旱，夏秋愆雨，井泉枯竭，民用艰饮。时待次梅溪，始作百刻香印，以准昏晓，又增置五夜香刻如左。

百刻香印

百刻香印，以坚木为之，山梨为上，楠樟次之。其厚一寸二分，外径一尺一寸，中心径一寸无余。用文处分十二界，迂曲其文，横二十一重[一]，路皆阔一分半，锐其上，深亦如之。每刻长二寸四分，凡一百刻，通长二百四十分。每时率二尺，计二百四十寸。凡八刻，三分刻之一。其近中狭处六晕相属，亥子也，丑寅也，卯辰也，巳午也，未申也，酉戌也，阴尽以至阳也。戌之末则入亥。以上六长晕，外各相连。阳时六皆顺行，自小以入大，从微至著也。其向戌亥，阳终以入阴也。亥之末则至子，以上六狭处，内各相连。阴时六皆逆行，从大以入小，阴生阳减也。并无断际，犹环之无端也。每起火，各以其时。大抵起午正，第二路近中是[二]。或起日出，视历日日出出卯，视卯正几刻[三]。不定断际起火处也。

〔一〕"横二十一重"，四库本、大观本及《陈氏香谱》卷二皆作"横路二十一重"。钞本脱漏"路"字。

〔二〕"第二路近中是"，四库本、大观本及《陈氏香谱》皆作"第三路近中是"。钞本以二字形近致误。

〔三〕"视历日日出出卯视卯正几刻"，四库本、大观本同，仅少一"出"字。《陈氏香谱》作"视历日日出卯初、卯正几刻"，文义最胜。

五更印刻十三

上印最长，自小雪后，大雪、冬至、小寒后单用。其次有甲、乙、丙、丁四印，并两刻用。

中印最平，自惊蛰后，至春分后单用，秋分同。其前后有戊、己印各一，并单用。

末印最短，自芒种前及夏至后、小暑后单用。其前有庚、辛、壬、癸四印，并两刻用。

大衍篆香图

凡合印篆香末，不用栈、乳、降真等，以其油液涌沸，令火不燃也。诸方详列前卷。

郭象浑见授此图〔一〕。象浑名继隆，字绍南，豫章人也。宦寓丰之慈利，好古博雅，善诗能文，尤善于《易》，贤士大夫多所推重。岁次已巳天历二年艮月朔旦〔二〕，中斋居士书。

〔一〕"郭象浑"，四库本、大观本作"邹象浑"，《陈氏香谱》卷二作"邹篆潭"，又云"名象潭"。钞本因"郭"、"鄉"（邹）二字形近致误。

〔二〕"艮月"，四库本、大观本及《陈氏香谱》皆作"良月"。按，良月，十月。钞本因二字形近致误。

百刻篆香图

百刻香，若以常香即无准。今用野苏、松球二味，相和令匀，贮于新陶器内，旋用。野苏，即荏叶也。待秋前采曝为末，每料用十两。松球，即枯松球也。秋冬取其自坠者曝干，锉去心为末，每料用八两。

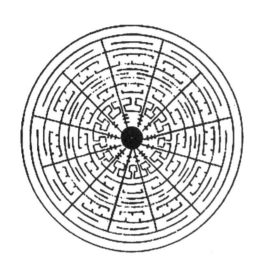

昔尝著《香谱》，叙百刻香未甚详。广德吴正仲，制其篆刻并香法见贶，较之颇精审，非雅才妙思，孰能至是！因镌于石，传诸好事者。熙宁甲寅岁仲春二日，右谏议大夫知宣城郡沈立题。

其文准十二辰，分一百刻，凡燃一昼夜。

五夜篆香十三图〔一〕

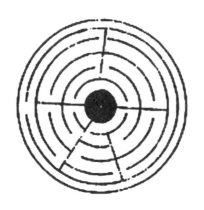

小雪后十日，至大雪、冬至及小寒后三日。

上印六十刻，径三寸三分，长二尺七寸五分无余。

小寒后四日，至大寒后二日。

小雪前一日，至后十一日同。

大寒后三日，至十二日。

立冬后四日，至十三日同。

甲印五十九、五十八刻，径三寸二分，长二尺七寸。

立春前三日，至后四日。

立春前五日，至后三日同。

立春后五日，至十二日。

霜降前四日，至后十日同。

　　乙印五十七、五十六刻，径三寸二分，长二尺六寸。

雨水前三日，至后三日。

霜降前一日，至后三日同。

雨水后四日，至后九日。

寒露后六日，至后十二日同。

　　丙印五十五、五十四刻，径三寸二分，长二尺五寸。

雨水后十日，至惊蛰节日。

寒露前二日，至后五日同。

惊蛰后一日，至后六日。

秋分八日，至十三日同。

　　丁印五十三、五十二刻，径三寸，长二尺四寸。

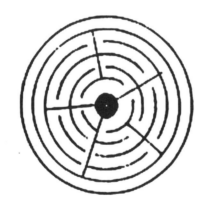

惊蛰后七日，至十二日。

秋分后三日，至后八日同。

　　戊印五十一刻，径二寸九分，长二尺三寸。

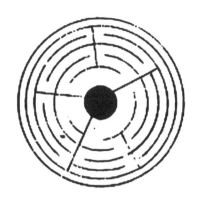

惊蛰后十三日，至春分后三日。

秋分前二日，至后二日同。

中印五十刻，径二寸八分，长二尺二寸五分无余。

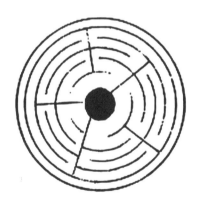

春分后四日，至八日。

白露后七日，至十二日同。

己印四十九刻，径二寸八分，长二尺二寸无余。

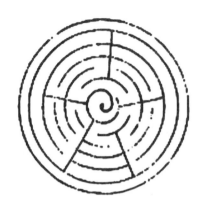

春分后九日，至十二日同。白露后一日，至六日同。

清明前一日，至后六日同。

处暑后十一日，至白露节日同。

　　庚印四十八、四十七刻，径二寸七分，长二尺一寸

五分。

清明后七日，至十二日。

处暑后四日，至十日同。

清明后十三日，至谷雨后三日。

立秋后十二日，至处暑后三日同。

辛印四十六、四十五刻，径二寸六分，长二尺五分。

谷雨后四日，至后十日。

立秋后五日，至后十一日同。

谷雨后十一日，至立夏后三日。

大暑后十二日，至立秋后四日同。

壬印四十四、四十五刻[二]，径二寸五分，长一尺九寸五分。

立夏后四日，至十三日同。

大暑后二日，至十一日同。

小满前一日，至后十一日。

小暑后四日，至大暑后一日同。

　　癸印四十二、四十一刻，径二寸四分，长一尺八寸五分。

芒种前三日，至小暑后三日。

　　未印中十刻，径二寸三分，长一尺七寸五分无余。

〔一〕"五夜篆香十三图"，四库本、大观本无"十三"二字。

〔二〕"四十五刻"，四库本、大观本同。疑应作"四十三刻"。

福庆香篆

寿征香篆

长春篆香图

延寿篆香图

万寿篆香图

内府篆香图

炉熏散馥，仙灵降而邪恶遁。清修之士，室间座右，固不可一刻断香。炉中一丸易尽，印香绵远，氤氲特妙，雅宜寒宵永昼。而下帷工艺者，心驰铅椠，惟资焚爇，时觉飞香浮鼻，诚足助清气，爽精神也。右图范二十有一，供神祀真，宴叙清游，酌宜用之。其五夜百刻诸图，秘相授受，按晷量香，准序附度[一]，又当与司天侔衡，璇玑弄巧也。

〔一〕"按晷量香，准序附度"，四库本、大观本作"按晷量漏，准序符度"。

卷二三

晦斋香谱

晦斋香谱序

香多产海外诸番，贵贱非一。沉、檀、乳、甲、脑、麝、龙、栈，名虽书谱，真伪未详。一草一木，乃夺乾坤之秀气；一乾一花，皆受日月之精华。故其灵根结秀，品类靡同，但焚香者要谙味之清浊，辨香之轻重。迩则为香，远则为馨，真洁者可达穹苍，混杂者堪供赏玩。琴台书几，最宜柏子、沉、檀；酒宴花亭，不禁龙涎、栈、乳。故谚语云："焚香挂画，未宜俗家。"诚斯言也。余今春季，偶于湖海获《名香新谱》一册，中多错乱，首尾不续。读书之暇，对谱修合，一一试之，择其美者，随笔录之，集成一帙，名之曰《晦斋香谱》，以传好事者之备用也。景泰壬申立春月，晦斋述。

香 煤

凡香灰，用上等风化石灰不拘多少，罗过，用稠米饮和成剂，丸如毬子，或如拳大，晒干，用炭火煅通红，候冷，碾细罗过装炉。次用好青槲炭灰亦可。切不可用灶灰及积下尘灰，恐猫鼠秽污，地气熏蒸，焚香秽气相杂，大损香之真味。

四时烧香炭饼

坚硬黑炭三斤　黄丹　定粉　针砂　软炭各五两

上先将炭碾为末罗过，次加丹、砂、粉同碾匀，红枣一升煮，去皮核，和捣前炭末成剂，如枣肉少，就加煮枣汤，杵数百，作饼大小随意，晒干。用时先埋于炉中，盖以金火引子小半匙，用火或灯点焚香。

金火引子

定粉　黄丹　柳炭

上同为细末，每用小半匙，盖于炭饼上，用时着火或灯点燃。

五方真气香

东阁藏春香按，东方青气属木，主春季，宜华筵焚之，有百花气味。

沉速香二两　檀香五钱　乳香　丁香　甘松各一钱　玄参一两麝香一分

上为末，炼蜜和剂，作饼子，用青柏香末为衣，焚之。

南极庆寿香按，南方赤气属火，主夏季，宜寿筵焚之。此是南极真人瑶池庆寿香。

沉香　檀香　乳香　金沙降各五钱　安息香　玄参各一钱　大黄五分　丁香　官桂各一分〔一〕　麝香三分〔二〕枣肉三个，煮去皮核

上为细末，加上枣肉，以炼蜜和剂托出，用上等黄丹为衣，焚之。

〔一〕"各一分"，四库本、大观本此二味下皆标"一字"。

〔二〕"三分"，四库本、大观本作"三字"。

西斋雅意香按，西方素气主秋，宜书斋经阁内焚之。有亲灯火、阅简编、消洒襟怀之趣。

玄参_{酒浸洗，四钱} 檀香_{五钱} 大黄_{一钱} 丁香_{三钱} 甘松_{二钱}

麝香_{少许}

上为末，炼蜜和剂，作饼子，以煅过寒水石为衣，焚之。

北苑名芳香按，北方黑气主冬季，宜拥炉赏雪焚之，有幽兰之馨。

枫香_{二钱半} 玄参 檀香_{各二钱} 乳香_{一两五钱}

上为末，炼蜜和剂，加柳炭末，以黑为度，脱出焚之。

四时清味香按，中央黄气属土，主四季月，画堂书馆、酒榭花亭，皆可焚之。此香最能解秽。

茴香 丁香_{各一钱半} 零陵香 檀香_{各五钱} 甘松_{一两} 脑、麝_{少许，另研}

上为末，炼蜜和剂托饼，用煅铅粉为衣，焚之。

醍醐香

乳香 沉香_{各二钱半} 檀香_{一两半}

上为末，入麝少许，炼蜜和剂，托饼焚之。

瑞和香

金沙降 檀香 丁香 茅香 零陵香 乳香_{各一两} 藿香_{二钱}

上为末，炼蜜和剂，托饼焚之。

宝炉香

丁香皮 甘草 藿香 樟脑_{各一钱} 白芷_{五钱} 乳香_{二钱}

上为末，入麝一字，白芨水和剂，托饼焚之。

龙涎香

沉香五钱　檀香　广安息香　苏合油〔一〕各二钱五分

上为末，炼蜜加白芨末和剂，脱饼焚之。

〔一〕"苏合油"，四库本、大观本作"苏合香"。

翠屏香宜花馆翠屏间焚之

沉香二钱半　檀香五钱　速香略炒　苏合香各七钱五分

上为末，炼蜜和剂，脱饼焚之。

蝴蝶香春月花圃中焚之，蝴蝶自至

檀香　甘松　玄参　大黄〔一〕　金沙降　乳香各一两　苍术二钱
半　丁香三钱

上为末，炼蜜和剂，作饼焚之。

〔一〕"大黄"，大观本其下小字标"酒浸"。四库本无"大黄"、
"金沙降"、"乳香"三味，疑有阙文。

金丝香

茅香一两　金沙降　檀香　甘松　白芷各一钱

上为末，炼蜜和剂，作饼焚之。

代梅香

沉香　藿香各一钱半　丁香〔一〕　樟脑一分半

上为末，生蜜和剂，入麝一分，作饼焚之。

〔一〕"丁香"，四库本、大观本其下小字标"三钱"，钞本误脱。

三奇香〔一〕

檀香　沉速香_{各二两}　甘松叶_{一两}

上为末，炼蜜和剂，作饼焚之。

〔一〕"三奇香"，大观本同，四库本误脱。

瑶华清露香

沉香_{一钱}　檀香　速香_{各二钱}　熏香_{二钱半}

上为末，炼蜜和剂，作饼焚之。

三品清香_{以下皆线香}

瑶池清味香

檀香　金沙降　丁香_{各七钱五分}　沉香〔一〕　速香　官桂　藁本　蜘蛛香　羌活_{各一两}　三奈　良姜　白芷_{各一两半}　甘松　大黄_{各二两}　芸香　樟脑〔二〕　硝_{六钱}　麝香_{三分}

上为末，将芸香、麝、脑、硝另研，同拌匀，每香末四升，兑柏泥二升，共六升，加白芨末一升，清水和，杵匀，造作线香。

〔一〕"沉香"，四库本、大观本作"沉速香"。

〔二〕"樟脑"，四库本、大观本其下小字标"各二钱"，钞本误脱。

玉堂清霭香

沉香〔一〕　檀香　丁香　藁本　蜘蛛香　樟脑_{各一两}　速香　三奈_{各六两}　甘松　白芷　大黄　金沙降　玄参_{各四两}　羌活　牡丹皮　官桂_{各二两}　良姜_{一两}〔二〕　麝香_{三钱}

上为末，入焰硝七钱，依前方造。

〔一〕"沉香"，四库本、大观本作"沉速香"。

〔二〕"一两"，大观本同，四库本无此二字，疑其误脱。

璃林清远香

沉速香　甘松　白芷　良姜　大黄　檀香〔一〕　丁香　丁皮
三奈　藁本各五钱　牡丹皮　羌活各四钱〔二〕　蜘蛛香二钱　樟脑
零陵香各一钱

上为末，依前方造。

〔一〕"檀香"，四库本、大观本其下标"各七钱"，疑钞本误脱。

〔二〕"各四钱"，四库本无，疑其误脱。

三洞真香〔一〕

真品清奇香

芸香　白芷　甘松　三奈　藁本各二两　降香三两　柏苓一斤
焰硝六钱　麝香五分

上为末，依前方造。

加兜娄、柏泥〔二〕、白芨。

〔一〕"三洞真香"，四库本、大观本作"二洞真香"。

〔二〕"柏泥"，四库本、大观本作"香泥"。按，以下香方数用
"柏泥"，疑作"香泥"误。

真和柔远香

速香末二升　柏泥四升　白芨末一升

上为末，入麝三字，清水和造。

真全嘉瑞香

罗汉香　芸香各五钱　柏铃三两

上为末，用柳炭末三升、柏泥、白芨，依前方造。

黑芸香

芸香_{五两}　柏泥　柳炭末_{各二升}

上为末，入白芨三合，依前方造。

石泉香

枫香_{一两半}　罗汉香_{三两}　芸香_{五钱}

上为末，入硝四钱，用白芨、柏泥造。

紫藤香

降香_{四两}　柏铃_{三两半}

上为末，用柏泥、白芨造。

榄脂香

橄榄脂_{三两半}　木香_{酒浸}　沉香_{各五钱}　檀香_{一两}　排草_{酒浸半日，炒干}　枫香　广安息　香附子_{炒，去皮，酒浸一日炒干，各二两半}　麝香_{少许}　柳炭_{八两}

上为末，用兜娄、柏泥、白芨、红枣煮去皮核用肉造。

清秽香_{此香能解秽气，避恶气}

苍术_{八两}　速香_{十两}

上为末，用柏泥、白芨造。一方用麝少许。

清镇香_{此香能清宅宇，辟诸恶秽}

金沙降　安息香　甘松_{各六钱}　速香　苍术_{各二两}　焰硝_{一钱}

上用甲子日合，就研细末，兑白芨、柏泥造，待干，择黄道日焚之。

首序自云：此谱得从湖海，中多错乱，首尾不续，似未得其完全者收之。其五方、五清、翠屏、蝴蝶等香，更又备诸家之所未载，殊为此《乘》之一助云。

卷二四

墨娥小录香谱

四弃饼子香[一]

荔枝壳　松子壳　梨皮　甘蔗渣

上各等分，为细末，梨汁和，丸小鸡豆大，捻作饼子，或搓如粗灯草大，阴干烧，妙。加降真屑、檀末同碾，尤佳。

〔一〕"四弃"，四库本作"四叶"。按，此香方取材为四种弃物，故名"四弃香"，四库本因"棄"（弃）、"葉"（叶）二字形近致误。

造数珠

徘徊花_{去汁秤，二十两，烂捣碎}　沉香_{一两二钱}　金颜香_{半两，细研}脑子_{半钱，另研}

上和匀，每湿秤一两半，作数珠二十枚，临时大小加减。合时，须于淡日中晒，天阴令人着肉干，尤妙。盛日中不可晒。

木犀印香

木犀_{不拘多少，研一次，晒干为末，每用五两}　檀香_{二两}　赤苍脑末_{四钱}　金颜香_{三钱}　麝香_{一钱半}

上为末和匀，作印香烧。

聚香烟法

艾蒳_{大松上青苔衣}　酸枣仁

凡修诸香，须入艾纳，和匀焚之，香烟直上三尺，结聚成毬，氤氲不散。更加酸枣仁研入，其烟自不散。

分香烟法

枯荷叶

凡缸盆内栽种荷花，至五月间，候荷叶长成，用蜜涂叶上，日久自有一等小虫，食尽叶上青翠，其叶自枯，摘取去柄，晒干为细末。如合诸香入少许，焚之其烟直上，盘结而聚，用箸任意分划，或为云篆，或作字体皆可。

赛龙涎饼子

樟脑_{一两}　东壁土_{三两，捣末}　薄荷_{自然汁}

上将土汁和成剂，日中晒干再捣，汁浸再晒，如此五度，候干研为末，入樟脑末和匀，更用汁和作饼，阴干为度，用香钱隔火焚之。

出降真油法

将降真截二寸长，劈作薄片，江茶水煮三五次，其油尽去也。

制檀香

将香锉如麻粒，慢火炒，令烟出，候紫色，去尽腥气即止。

又法：劈片，用好酒慢火煮，略炒。

又法：制降、檀，须用腊茶同浸，滤出微炒。

制茅香

择好者锉碎，用酒蜜水洒润一宿，炒令黄色为度。

香篆盘

春秋中，昼夜各五十刻，篆盘径二寸八分，蟠屈共长二尺五寸五分，不可多余。但以此为则，或欲增减，量昼夜刻数为之。

取百花香水

采百花头，满甋装之，上以盆合，盖周回络。以竹筒半破，就取蒸下倒流香水贮用，谓之花香。此乃广南真法，极妙。

蔷薇香

茅香　零陵香各一两　白芷　细辛各半两　丁皮一两，微炒　白檀半两　茴香一钱

上七味为末，可佩可烧。

琼心香

白檀二两[一]　梅脑一钱

上为末，面糊作饼子焚之。

〔一〕“二两”，四库本、大观本作“三两”。

香煤一字金

羊胫骨炭　杉木炭各半两　韶粉五钱半

上和匀，每用一小匙，烧过如金。

香 饼

纸钱灰　石灰　杉树皮毛_{烧灰}

上为末，米饮和成饼子。

又

羊胫骨炭_{一斤}　红花泽　定粉_{各二两}

上为末，以糊和作饼子。

又

炭末_{五斤}　盐　黄丹　针砂_{各半斤}

上以糊捻成饼，或捣蜀葵和，尤佳。

又

硬木炭_{十斤}　盐_{十两}　石灰_{一斤}　干葵花_{一斤四两}　红花　焰硝_各

_{十二两}

上为末，糯米糊和匀模脱，烧香用之，火不绝。

驾头香

好栈香_{五两}　檀香_{一两}　乳香_{半两}　甘松　松莭衣_{各一两}　麝香

_{五分}

上为末，用蜜一斤炼和，作饼阴干。

线 香

甘松　大黄　柏子　北枣　三奈　藿香　零陵香　檀香　土

花　金颜香　熏花　荔枝壳　佛尼降真_{各五钱}　栈香_{二两}　麝香_{少许}

上如前法制造。

712

又

檀香　藿香　白芷　樟脑　马蹄香　荆皮　牡丹皮　丁皮_各

半两　玄参　零陵　大黄_{各一两}　甘松　三奈　辛夷花_{各一两半}　芸

香　茅香_{各二两}　甘菊花_{四两}

上为极细末，又于合香石上挝之，令十分稠密细腻，却依法制造。前件料内，入蚯蚓粪，则灰烬蜷连不断。若入松树上成窠苔藓如圆钱者，及带柄小莲蓬，则烟直而圆。

飞樟脑

樟脑不问多少，研细，同筛过细壁土拌匀，摊碗内，捣薄荷汁洒土上，又一碗合定，湿纸条固缝了，蒸之少时，其樟脑飞上碗底，皆成冰片脑子。

前十五卷内已载数法，兹稍异，亦存之。

熏衣笑兰梅花香

白芷_{四两，切片}　甘松^{〔一〕}　零陵香_{一两}　三赖_{一两}　麝香^{〔二〕}_{一钱}

丁皮_{一两}　丁枝_{半两}　望春花_{辛夷也，一两}　金丝茅香_{三两}　细辛_二

钱　马蹄香_{二钱}　川芎_{二块}　麝香_{少许}　千斤草_{二钱}　牁脑_{少许，另研}

上各㕮咀，杂和筛下屑末，却以麝、脑、乳极细入屑末和匀，另置锡盒中密盖，将上项随多少作贴后，却撮入屑末少许在内，其香不可言也。今市中之所卖者，皆无此二味^{〔三〕}，所以不妙。

〔一〕"甘松"，其下未标注分量，四库本、大观本同。按，二本于其下多项药物皆未标注分量。

〔二〕"麝香"，四库本、大观本作"檀香片"，观方中下有"麝香少许"之语，此处以作"檀香片"为是。

〔三〕"无此二味"，四库本、大观本同。按，上文言以"麝、脑、乳极细"云云，是三味而非二味，然方中并无"乳香"，疑《香乘》本应作"麝、脑乳钵研极细"，误脱"钵研"二字。

红绿软香

金颜香牙子四两　麝香末〔一〕　苏合油各半两　麝香五分

上和匀，红用极朱，绿用砂绿，约用三钱，以黄蜡镕化和就。古人只有红者，盖用辰砂在内，所以闻其香而食其味，皆可以辟秽气也。

〔一〕"麝香末"，四库本、大观本作"檀香末"。观方内下文有"麝香五分"，以是知钞本误将"檀"作"麝"字。

合木犀香珠器物

木犀拣浸过年压干者，一斤　锦纹大黄半两　黄檀香炒，一两　白墡土拣二钱大一块

上并挞碎，随意制造。

藏春不下阁香

栈香二十两，加速香三两　黄檀　射檀各五两　金颜香二钱　乳香二钱　麝香　脑子各一钱　白芨二十两

上并为末，挞极细，水和印成饼，一个一个摊漆桌上，于有风处阴干。轻轻用手推动，翻置竹筛中阴干，不要揭起，若然则破碎不全。

藏木犀花

木犀花半开时，带露打下，其树根四向，先用被袱之类铺张

以盛之。既得花，枝叶虫蚁之类〔一〕，于净桌上再以竹箸一朵朵剔择过，所有花蒂及不佳者皆去之。然后石盆略舂令扁，不可十分细，装新瓶内，按筑令十分坚实，却用干荷叶数层铺面上，木条擒定，或枯竹片尤好，若用青竹，则必作臭。如此放了，用井水浸，冬月五日一易水，春秋三二日，夏月一日。切记装花时，须是以瓶腹三分为率，内二分装花，一分着水。若要用时，逼去水，去竹木，去荷叶，随意取了，仍旧如前收藏。经年不坏，颜色如金。

〔一〕"枝叶虫蚁之类"，四库本、大观本其上多"拣去"二字，钞本误脱。

长春香

川芎　辛夷　大黄　江黄　乳香　檀香　甘松去土，各半两　丁皮　丁香　广芸香　三奈各一两　千金草一两　茅香　玄参　牡丹皮各二两　藁本　白芷　独活　马蹄香去土，各二两　藿香一两五钱　荔枝壳新者，一两

上为末，入白芨末四两，作剂阴干，不可见大日色。

太膳香面

木香　沉香各一两　丁香　甘草　砂仁　藿香各五两　白芷　干桂花　茯苓各二两半　白术一两　白莲花一百朵，去须用〔一〕　甜瓜五十个，捣取自然汁

上为细末，用面六十斤、糯米粉四十斤和匀，瓜汁拌，成饼为度。每米一斗，用面十两，下水八升。

〔一〕"去须用"，四库本、大观本作"取须用"，其意适反。钞本义胜。

制香薄荷

寒水石研极细，筛过，以薄荷二斤，交加于锅内，倾水二盏于上，以瓦盆盖定，用纸湿封四围，文武火蒸熏两顿饭久，气定方开。微有黄色，尝之凉者是，加龙脑少许用。_{扬州崔家方}

  采诸谱，于重复外随类附部，独《晦斋谱》与此全收之。《墨娥》内香饼删去二方，移本集"香薄荷"附"香面"后。

卷二五

猎香新谱

宣庙御衣攒香

玫瑰花四钱　檀香二两，咀细片，茶叶煮　麝二钱　木香花四两　沉香二两，咀片，蜜水煮过　片脑五分　茴香五分，炒黄色　丁香五钱　木香一两　倭草四两，去土　零陵叶三两，茶酒洗过〔一〕　白芷五钱，共成咀片甘松一两，蜜水蒸过　藿香叶五钱　苏合油一两　榄油二两　茅香二两〔二〕，酒蜜煮，炒黄色

共合一处，研细拌匀。秘传

〔一〕"茶酒洗过"，四库本、大观本作"茶卤洗过"。钞本因"酒"、"卤"（卤）二字形近致误。

〔二〕"二两"，四库本、大观本作"一两"。

御前香

沉香三两半　片脑二钱四分　檀香一钱　龙涎五分　排草须二钱唵叭五钱　麝香五分　苏合油一钱　榆面各三钱〔一〕　花露四两

印饼用。

〔一〕"各三钱"，四库本、大观本作"二钱"。钞本误衍"各"字，又误"二"为"三"。

内甜香

檀香_{四两}　沉香_{四两}　乳香_{二两}　丁香　木香_{各一两}　黑香_{二两}　郎苔_{六钱}　黑速_{四两}　片、麝_{各三钱}　排草_{三两}　苏合油_{五两}　大黄　官桂_{各五钱}　金颜香　零陵叶_{各二两}

上入油和匀，加炼蜜和如泥，磁罐封，每用二三分^{〔一〕}。

〔一〕"每用二三分"，四库本、大观本作"一次二分"。

内府香衣香牌

檀香_{八两}　沉香_{四两}　速香_{六两}　排香_{一两}　倭草_{二两}　零陵香_{二两}^{〔一〕}　丁香_{二两}　木香_{三两}　官桂_{二两}　桂花_{二两}　玫瑰_{四两}　麝香_{五钱}　片脑_{五钱}　苏合油_{四两}　甘松　榆末_{各六两}

上以滚热水和匀，上石碾碾极细，窨干雕花。如用玄色，加木炭末。

〔一〕"零陵香二两"，四库本、大观本作"苓香三两"。

世庙枕顶香

栈香_{八两}　檀香　藿香　丁香　沉香　白芷_{各四两}　锦纹大黄　茅山苍术　桂皮　大附子_{极大者，研末}　辽细辛　排草　广零陵香　排草须_{各二两}　甘松　三奈　金颜香　黑香　辛夷_{各三两}　龙脑_{一两}　麝香　龙涎_{各五钱}　安息香　茴香_{各一两}

共二十四味，为末，用白芨糊，入血结五钱，杵捣千余下，印枕顶式，阴干制枕。

余屡见枕板香块自大内出者，旁有"嘉靖某年造"填金字，以之锯开，作扇牌等用，甚香。有不甚香者，应料有殊等。上用者，其香可珍；至给宫嫔，平等料耳。

香扇牌

檀香一斤　大黄　广木香各半斤　官桂　甘松各四两　官粉一斤
麝香五钱　片脑八钱　白芨面一斤

印造各式。

玉华香

沉香四两　速香四两，黑色者　檀香四两　乳香二两　木香　丁香
各一两　郎苔六钱　唵叭香三两　麝香　龙脑各三钱　广排草三两，出交
阯者　苏合油　大黄　官桂各五钱　金颜香二两　广零陵用叶，二两〔一〕

上以香料为末，和入苏合油揉匀，加炼好蜜，再和如湿泥，
入磁瓶，锡盖蜡封口固，每用二三分。

〔一〕"二两"，四库本、大观本作"一两"。

庆真香

沉香一两　檀香五钱　唵叭一钱　麝香二钱　龙脑一钱　金颜香三
钱　排香一钱五分

用白芨末成糊，脱饼焚之。

万春香

沉香　结香　零陵香　藿香　茅香　甘松各十二两　甲香　龙
脑　麝香各三钱　檀香十八两　三奈五两　丁香三两

炼蜜为湿膏，入磁瓶封固，取焚之。

龙楼香

沉香一两二钱　檀香一两五钱　片速　排香各二两　丁香五钱　龙
脑一钱五分　金颜香一钱〔一〕　唵叭香一钱　郎苔二钱　三奈二钱四分

官桂　芸香各三分　甘麻然　榄油　甘松各五分　藿香　撒馣香[二]
各五分　零陵香一钱　樟脑一钱　降香五分　白豆蔻　大黄　乳香
焰硝各一钱　榆面一两二钱

散用，如印饼，和蜜去榆面。

〔一〕"一钱"，四库本、大观本作"二钱"。

〔二〕"撒馣香"，四库本、大观本作"撒馣兰"。

恭顺寿香饼

檀香四两　沉香二两　速香四两　黄脂　郎苔各一两　零陵二两
丁香　乳香各五钱　藿香三钱　黑香　肉桂　木香各五钱　甲香一两
苏合一两五钱　大黄二钱　三奈一钱　龙涎一钱五分　片脑一钱　麝
香一钱五分　官桂一钱　撒馣兰五钱[一]

以白芨随用为末，印饼。

〔一〕"撒馣兰五钱"，四库本无此味，疑脱。

臞仙神隐香

沉香　檀香各一两　龙脑　麝香各一钱　琪楠香　罗合　榄子
滴乳香各五钱

上味为末，炼蔗浆和为饼，焚用。

西洋片香

黄脂一两　龙涎二钱　安息一钱　黑香　乳香各二两　官桂五钱
绿芸香三钱　丁香一两　沉香一两[一]　檀香二两　苏油一两　麝香一钱
片脑五分　炭末六两　花露一两

上炼蜜和匀为度，乘热作片印之。

〔一〕"一两"，四库本、大观本作"二两"。

越邻香

檀香六两　沉香　黑香各四两　丁香二两五钱〔一〕　木香　黄脂
乳香各一两　藿香　郎苔各二两　速香六两　麝香五钱　片脑一钱　广
零陵二两　榄油一两五钱　甲香五钱

以白芨汁和，上竹篾。

〔一〕"二两五钱"，四库本作"一两五钱"。

芙蓉香

龙脑三钱　苏合油五钱　撒馞兰三分　沉香一两五钱　檀香一两二
钱　片速三钱　生结香一钱　排草五钱　芸香一钱　甘麻然　奄叭各五
分　丁香一钱　郎苔　藿香　零陵香各三分　乳香　三奈　榄油各二
分　榆面八钱　硝一钱

和印或散烧。

黄香饼

沉速香六两　檀香三两　丁香　木香　乳香〔一〕　金颜香各一两
奄叭香三两　郎苔五钱　苏合油二两　麝香三钱　龙脑一钱　白芨
末八两　炼蜜四两

和剂印饼用。

〔一〕"乳香"，四库本、大观本其下标"二两"。

黑香饼

用料四十两加炭末一斤　蜜四斤　苏合油六两　麝香一两　白芨
半斤　榄油四斤　奄叭四两

先炼蜜熟，下榄油化开，又入奄叭，又入料一半，将白芨打
成糊，入炭末，又入料一半，然后入苏合油、麝香，揉匀印饼。

721

撒馥兰香

沉香三两五钱　龙脑二钱四分　龙涎五分　檀香一钱　唵叭五分
麝香五分　撒馥兰一钱　排草须二钱　苏合油一钱　甘麻然三分　蔷
薇露四两　榆面六钱

印作饼，烧之甚佳。

玫瑰香

花一斤

入丸三两磨汁，入绢袋灰干。有香花皆然。

聚仙香

麝香一两　苏合油八两　丁香四两　金颜香六两，另研　郎苔二两
榄油一斤　排草十二两　沉香六两　速香六两　黄檀香一斤　乳香四
两，另研　白芨面十二两　蜜一斤

以上作末为骨，先和上竹心子，作第一层，趁湿，又滚檀香
二斤、排草八两、沉香八两、速香八两为末，作滚第二层成香，
纱筛眼干。一名安席香，俗名棒儿香。

沉速棒香

沉香　速香各二斤　唵叭香三两　麝香五钱　金颜香四两　乳香
二两　苏合油六两　檀香一斤　白芨末一斤八两　炼蜜一斤八两

和成，滚棒如前。

黄龙挂香

檀香六两　沉香二两　速香六两　丁香一两　黑香三两　黄脂二两
乳香　木香各一两　三奈五两　郎苔五钱　麝香一钱　苏合油五钱

片脑五分　硝二钱[一]

上炼蜜随用，和匀为度，用线在内，作成炷香，铜丝作钩[二]。

〔一〕"硝二钱"，四库本其下多"炭末四两"。按，既云"黄龙挂香"，入炭末则香黑，疑四库本误衍。

〔二〕"铜丝作钩"，四库本、大观本作"银丝作钩"。

黑龙挂香

檀香六两　速香四两　黄熟二两　丁香五钱　黑香四钱　乳香六钱　芸香一两　三奈三钱　良姜　细辛各一钱　川芎二钱　甘松一两　榄油二两　硝二钱　炭末四两

以蜜随用同前，铜丝作钩。

清道引路香

檀香六两　芸香四两　速香二两　黑香四两　大黄五钱　甘松六两　麝香壳二个　飞过樟脑二钱　硝一两　炭末四两

上炼蜜和匀，以竹作心，形如安席，大如蜡烛。

合　香

檀香　速香各六两　沉香二两　排草六两　倭草三两　零陵香四两　丁香二两　木香一两　桂花二两　玫瑰一两　甘松二两　茴香五分，炒黄　乳香二两　广蜜六两　片、麝各二钱　银朱五分　官粉四两

上共为极细末，香甚[一]，如合香料，止去朱一种，加石膏灰六两，炼蜜和匀为度。

〔一〕"香甚"，四库本、大观本作"香卓"。

卷灰寿带香

檀香六两　速香四两　片脑三分　茅香一两　降香一钱　丁香二钱　木香一两　大黄五钱　桂枝三钱　硝二钱　连翘五钱　柏铃三钱　荔枝核五钱　蚯蚓粪八钱　榆面六钱

上共为极细末，滚水和，作极细线香。

金猊玉兔香

用杉木烧炭六两，配以栎炭四两，捣末，加焰硝一钱，用米糊和成揉剂。先用木刻狻猊、兔子二塑，圆混肖形，如墨印法，大小任意。当兽口处，开一线，入小孔，兽形头昂尾低是诀。将炭剂一半入塑中，作一凹，入香剂一段，再加炭剂，筑完，将铁线针条作钻，从兽口孔中搠入，至近尾止。取起晒干，狻猊用官粉涂身周遍，上盖黑墨；兔子以绝细云母粉调胶涂之，亦盖以墨。二兽俱黑，内分黄白二色。每用一枚，将尾向灯火上焚灼，置炉内，口中吐出香烟，自尾随变色样。金猊从尾黄起，焚尽形若金装，蹲踞炉内，经月不败，触之则灰灭矣。玉兔形俨银色，甚可观也。虽非雅供，亦堪游戏。其中香料精粗，随人取用。取香和榆面为剂，捻作小指粗段，长八九寸，以兽大小量入，但令香不露出炭外为佳。

金龟香灯新

香皮：

每以好焊炭研为细末，纱筛过，用黄丹少许和，却使白芨研细，米汤调胶，入焊炭末，勿令太湿。

香心：

茅香、藿香、零陵香、三奈子、柏香、印香、白胶香，用水煮如法，去柏烟性，漉出待干，成堆碾，不成饼。以上等分，锉为末，和令匀。独白胶香中半亦碾为末，以白芨末水调和，捻作一指大，如橄榄形。以烳炭为皮，如枣馒头，入龟印，却用针穿自龟口，插从尾出，脱出龟印，将香龟尾捻合焙干。烧时从尾起，自然吐烟于头，灯明而且香。每以油灯心或油纸捻点之。

金龟延寿香新

定粉五分　黄丹一钱　烳炭一两，并为末

上研和白芨作糊，调成剂，雕两片龟儿印，脱裹别香在腹内，以布针从口中穿到腹，香烟出从龟口内，烧过灰冷，龟色如金。

窗前醒读香

菖蒲根　当归　樟脑　杏仁　桃仁各五钱　芸香二钱

上研末，用酒为丸，或捻成条，阴干。读书有倦意，焚之爽神不思睡。

刘真人幻烟瑞毬香

白檀香　降香　马牙香　芦香　甘松　三柰　辽细辛　香白芷　金毛狗脊　茅香　广零陵　沉香各一钱　黄卢干　官粉　铁皮云母石　磁石各五钱〔一〕　小儿胎毛一具，烧灰存性　水秀才一个，即水面写字虫

共为细末，白芨水调作块，房内炉焚，烟俨垂云。如将萌花根下津，用瓶接津调香内，烟如云垂天花也。若用猿毛灰、桃毛和香，其烟即献猿桃象。若用葡萄根下津和香，其烟即献葡萄象。若出帘外焚之，其烟高丈许不散，如噀水烟上，即结蜃楼人

马形，大有奇异，妙不可言。

〔一〕"各五钱"，四库本、大观本作"各五分"。

香烟奇妙

沉香　藿香　乳香　檀香　锡灰　金晶石

上等分为末，成丸焚之，则满室生云。

窨酒香丸

脑、麝二味同研　丁香　木香　官桂　胡椒　红豆　缩砂　白芷〔一〕　马勃少许

上除龙、麝另研外，余药同捣为细末，蜜和为丸，如樱桃大。一斗酒，置一丸于其中，却封系令密，三五日开饮之，其味特香美。

〔一〕"白芷"，四库本、大观本其下标"已上各一分"，钞本误脱。

香　饼

柳木灰七钱　炭末三钱

用红葵花捣烂为丸。此法最妙，不损炉灰，烧过莹白，如银丝数条。

又

槿木灰一两五钱　杭粉六钱　榆树皮六钱　硝四分

共为极细末，用滚水为丸。

烧香难消炭

灶中烧柴，下火取出，坛闭成炭。不拘多少，捣为细末，用

块子石灰化开，取浓灰和炭末，加水和匀。以猫竹一筒，劈作两半，合脱成衔^{〔一〕}，晒干烧用，终日不消。

〔一〕"合脱成衔"，四库本作"合脱成钉"，大观本作"合脱成饼"，大观本义胜。

烧香留宿火

好胡桃一枚，烧半红埋石灰中^{〔一〕}，经夜不灭。

　　香饼，古人多用之。蔡忠惠以未得欧阳公清泉香饼为念。诸谱制法颇多，并撺入香属。近好事家谓香饼易坏炉灰，无需此也。止用坚实大栎炭一块为妙，大炉可经昼夜，小炉亦可永日荧荧。聊收一二方，以备新谱之一种云。

〔一〕"石灰"，四库本、大观本作"热灰"。

煮　香

香以不得烟为胜，沉水隔火已佳，煮香尤妙法。用小银鼎注水，安炉火上，置沉香一块，香气幽微，翛然有致。

面香药除雀斑、酒刺

白芷　藁本　川椒　檀香　丁香　三奈　鹰粪　白藓皮　苦参　防风　木通

上为末，洗面汤用。

头油香内府秘传第一方

新菜油十斤　苏合油三两，众香浸七日后入之　黄檀香五两，搥碎广排草去土，五两，细切　甘松二两，去土切碎　茅山草二两，碎　三奈一两，细切　辽细辛^{〔一〕}　广零陵三两，碎　紫草三两，粉碎　白芷二两，碎

727

干桂花一两　干木香花一两，紫心白蒂

将前各味制净，合一处，听用屋上瓦花去泥根净四斤，老生姜刮去皮二斤，将花、姜二味，入油煎数十沸，碧绿色为度，滤去花姜渣，熟油入坛冷定，纳前香料，封固好，日晒夜露，四十九日开用。坛用铅锡妙。

〔一〕"辽细辛"，四库本、大观本其下标"一两，碎"，钞本误脱。

又　方

茶子油六斤　丁香三两，为末　檀香二两，为末　锦纹大黄一两　辟尘茄三两　辽细辛〔一〕　辛夷一两　广排草二两

将油隔水微火煮，一炷香取起，待冷入香料，丁、檀、辟尘茄为末，用纱袋盛之，余切片，入坛封固，再晒一月用。

〔一〕"辽细辛"，四库本、大观本其下标"一两"，钞本误脱。

两朝取龙涎香

嘉靖三十四年三月，司礼监传谕户部，取龙涎香百斤。檄下诸藩，悬价每斤偿一千二百两。往香山澳访买〔一〕，仅得十一两以归。内验不同，姑存之，亟取真者。广州狱夷因马那别的贮有一两三钱，上之，黑褐色。密地都密地山夷人，继上六两，褐白色。问状，云："褐黑色者，采在水；褐白者，采在山。皆真不赝。"而密地山商周鸣和等再上，通前十七两二钱五分，驰进内辨。

万历二十一年十二月，太监孙顺为备东宫出讲，题买五斤，司札验香，把总蒋俊访买。二十四年正月，进四十六两。再取，于二十六年十二月，买进四十八两五钱一分。二十八年八月，买进九十七两六钱二分。自嘉靖至今，夷舶闻上供，稍稍以龙涎来

市，始定买解事例，每两价百金。然得此甚难。《广东通志》

〔一〕"香山灣"，明张燮《东西洋考》卷一二引《广东通志》作"香山澳"。

龙涎香补遗

海旁有花，若木芙蓉，花落海，大鱼吞之腹中。先食龙涎，花咽入，久即胀闷，昂头向石上吐沫，干枯可用。惟粪者不佳，若散碎，皆取自沙渗，力薄。欲辨真伪，投没水中，须臾突起，直浮水面。或取一钱口含之，微有腥气，经一宿，细沫已咽，余结胶舌上，取出就淖秤之，亦重一钱。将淖者又干之，其重如故。虽极干枯，用银簪烧热，钻入枯中，抽簪出，其涎引丝不绝。验此不分褐白、褐黑，皆真。《东西洋考》

丁 香补遗

丁香，东洋仅产于美洛居，夷人用以辟邪，曰："多置此，则国有王气。"故二夷之所必争。同上

又

丁香生深山中，树极辛烈，不可近，熟则自堕。雨后洪潦漂山，香乃涌溪涧而出，捞拾数日不尽。宋时充贡。同上

香 山

雨后香堕，沿流满山，采拾不了，故常带泥沙之色。王每檄致之，委积充栋，以待他壤之售。民间直取余耳。同上

龙　脑 补遗

脑树，出东洋文莱国，生深山中，老而中空，乃有脑。有脑则树无风自摇，入夜脑行而上，瑟瑟有声，出枝叶间承露，日则藏根柢间。了不可得，盖神物也。夷人俟夜静，持革索就树抵巩，震撼自落。同上

税　香

万历十七年，提督军门周详允陆饷香物税例：

檀香，成器者每百斤税银五钱，不成器者每百斤税银二钱四分。

奇楠香，每斤税银二钱四分。

沉香，每十斤税银一钱六分。

龙脑，每十斤上者税银三两二钱，中者税银一两六钱，下者税银八钱。

降真香，每百斤税银四分。

束香，每百斤税银二钱一分。

乳香，每百斤税银二钱。

木香，每百斤税银一钱八分。

丁香，每百斤税银一钱八分。

苏合油，每十斤税银一钱。

安息香，每十斤税银一钱二分。

丁香枝，每百斤税银二分。

排草，每百斤税银二钱。

万历四十三年恩诏：量减诸香料税课。

余发未燥时，留神香事，锐志此书。今幸纂成，不胜种松成鳞之感。诸谱皆随朝代见闻修采，此所收录，一惟国朝

大内及勋珰、夷贾，以至市行。时尚奇方秘制，略备于此。附两朝取香、税香及补遗数则，题为《猎香新谱》。好事者试拈一二，按法修制，当悉其妙。

卷二六

香炉类

炉之名

炉之名，始见于《周礼·冢宰之属》："宫人寝中，共炉炭。"

博山香炉

汉朝故事：诸王出间^{〔一〕}，则赐博山香炉。

〔一〕"诸王出间"，四库本作"诸王出阁"。按，宋吕大临《考古图》卷一〇云："按汉朝故事：诸王出阁，则赐博山香炉。"钞本因二字形近致误。

又

《武帝内传》：有博山香炉，西王母遗帝者。《事物纪原》

又

皇太子服用，则有铜博山香炉。《晋东宫旧事》

又

泰元二十二年，皇太子纳妃王氏，有银涂博山连盘三升香炉二。同上

又

炉象海中博山，下有盘贮汤，使润气蒸香，以象海之回环。此器世多有之，形制大小不一。《考古图》

古器款式，必有取义。盖如山，香从盖出，宛山腾岚气。绕足盘环，以呈山海象。古人茶用香料，印作龙凤团，炉作狻猊、兔鸭等形。古今去取，若此之不侔也[一]。

〔一〕此段按语，四库本、大观本有异同，如"盖如山"，二本皆作"炉盖如山"，且无"古人茶用香料"以下数句。

绿玉博山炉

孙总监千金市绿玉一块，嵯峨如山。命工治之，作博山炉，顶上暗出香烟，名不二山。

九层博山炉

长安巧工丁缓，制九层博山香炉，镂为奇禽怪兽，穷诸灵异，皆自然运动。《西京杂记》

被中香炉

丁缓作卧褥香炉，一名被中香炉。本出房风，其法后绝，至缓始更为之。为机环转运四周，而炉体常平，可置于被褥，故以为名。即今之香毬也。同上

熏 炉

尚书郎入直台中，给女侍史二人，皆选端正，指使从直。女侍史执香炉，熏香以从入台中，给使护衣。《汉官仪》

鹊尾香炉

《法苑珠林》云：“香炉有柄可执者，曰鹊尾炉。”

又

宋王贤[一]，山阴人也。既禀女质，厥志弥高。年及笄，应适女兄许氏。密具法服登车，既至夫门，时及交礼，更着黄巾裙，手执鹊尾香炉，不亲妇礼。宾客骇愕，夫家力不能屈，乃放还出家。梁大同初，隐弱溪之间。

〔一〕“宋王贤”，四库本、大观本同。按，此则实出洪刍《香谱》卷下，原作“宋玉贤”，《陈氏香谱》及《香乘》俱从其转录，然《香乘》误作“宋王贤”。洪刍《香谱》未注出处，见《三洞珠囊》卷四。

又

吴兴费崇先，少信佛法，每听经，常以鹊尾香炉置膝前。王琰《冥祥记》

又

陶弘景有金鹊尾香炉。

麒麟炉

《晋仪礼》：大朝会，节镇官阶，以金镀九天麒麟大炉[一]。唐薛能诗云：“兽坐金床吐碧烟”是也。

〔一〕“节镇官”，四库本、大观本作“即镇官”。按，“晋仪礼”云云，《陈氏香谱》卷四作“大朝，郎镇官以金镀九尺麒麟大炉”。《唐诗鼓吹评注》卷二作“大朝会，即镇官阶，以金镀九尺麒麟大炉”。清仇兆鳌《杜诗详注》卷六作“大朝会，即填官，皆以金镀九尺麒麟香炉"。参见《陈氏香谱》相关校记。

天降瑞炉

贞阳观有天降炉，自天而下，高三尺，下一盘，盘内出莲花，一枝十二叶，每叶隐出十二属。盖有一仙人，带远游冠，披紫霞衣，形容端美，左手搘颐，右手垂膝，坐一小石，石上有花竹、流水、松桧之状，雕刻奇古，非人所能。且多神异，南平王取去复归，名曰"瑞炉"。

金银铜香炉

御物三十种，有纯金香炉一枚，下盘百副。贵人公主，有纯银香炉三十枚[一]。魏武《上杂物疏》

〔一〕按，此条钞本脱漏数句，"有纯金香炉一枚"句下，四库本、大观本作"下盘自副。贵人公主，有纯银香炉四枚。皇太子，有纯银香炉四枚。西园贵人，铜香炉三十枚"。

梦天帝手执香炉

陶弘景，字通明，丹阳秣陵人也。父贞，孝昌令。初，弘景母郝氏，梦天人手执香炉，来至其所，已而有娠。

香炉堕地

侯景篡位，景床东边香炉，无故堕地。景呼东西南北，皆谓之厢。景曰："此东厢香炉，那忽下地？"议者以为厢东军下之征[一]。《梁书》

〔一〕"厢东"，四库本、大观本作"湘东"，是。按，湘东王，梁元帝萧绎即位前的封号。

覆炉示兆

齐建武中，明帝召诸王。南康王子琳侍读江泌，忧念子琳，访志公道人，问其祸福。志公覆香炉灰示之，曰："都尽无余。"后子琳被害。《南史》

凿镂香炉

石虎冬月为复帐，四角安纯金银凿镂香炉。《邺中记》

凫藻炉

冯小怜有足炉，曰"辟邪"；手炉，曰"凫藻"。冬天顷刻不离，皆以其饰得名。

瓦香炉

衡山芝墒石室中，有仙人往来，其处有刀锯铜铫及瓦香炉[一]。傅先生《南岳记》

[一] 按，此条四库本作"衡山芝冈有石室，中有古人住处，有刀锯铜铫及瓦香炉"，大观本同，惟"芝冈"作"芝墒"。

祠坐置香炉

香炉，四时祠，坐侧皆置。卢讽《祭法》

迎婚用香炉

迎婚[一]，车前用铜香炉二。徐爱《家仪》

[一] "迎婚"，四库本、大观本及《初学记》卷二五皆作"婚迎"。钞本误乙。

熏 笼

太子纳妃，有熏衣笼。当亦秦汉之制。《东宫旧事》

筮香炉

吴邵吴泰能筮，会稽卢氏失博山香炉，使泰筮之。泰曰："此物质虽为金，其象实山。有树非林，有孔非泉。阊阖风至，时发青烟。此香炉也。"语其处，求即得之。《集异记》

贪得铜炉

何尚之奏庾仲文贪贿，得嫁女铜炉[一]，四人举乃胜。

〔一〕 "得嫁女铜炉"，四库本、大观本及《陈氏香谱》卷四作"得嫁女具铜炉"。《南史》卷三五《庾仲文传》与钞本同。

焚香之器

李后主长秋周氏，居柔仪殿，有主香宫女。其焚香之器，曰"把子莲"、"三云凤"、"折腰狮子"、"小三神"、"卐字金"、"凤口罂"、"玉太古"、"容华鼎"，凡数十种，皆金玉为之。《清异录》

文燕香炉

杨景猷有文燕香炉。

聚香鼎

成都市中有聚香鼎，以数炉焚香环于前，则烟皆聚其中。《清波杂志》

百宝香炉

洛州昭成佛寺，有安乐公主造百宝香炉，高三尺。《朝野金载》

迦叶香炉〔一〕

钱镇州诗，虽非五季余韵，然回旋读之，故自娓娓可听。题者多云：宝子，弗知何物。以余考之，乃迦叶之香炉，上有金莲华，华内有金莲台，台即为宝子。则知宝子乃香炉耳，亦可为此诗张本。但若圜重规，岂汉丁缓之制乎？《黄长睿集》〔二〕

〔一〕"迦叶香炉"，四库本、大观本作"迦业香炉"，内文亦同。按，宋黄伯思《东观余论》卷上《跋钱镇州回文后》作"迦叶香炉"。

〔二〕按，本条字词与《东观余论》卷上《跋钱镇州回文后》多有异同，如"虽非五季余韵"，原作"虽未脱五季余韵"，文意适反。四库本作"虽未离五季余韵"，大观本又误脱"离"字。又"金莲华"、"金莲台"，原均无"莲"字。参看《陈氏香谱》卷四"香炉为宝子"条及相关校记。

金炉口喷香烟

贞元中，崔炜坠一巨穴，有大白蛇负至一室，室有锦绣帏帐，帐前金炉，炉上有蛟龙、鸾凤、龟蛇、孔雀，皆张口喷出香烟，芳芬蓊郁。《太平广记》

龙文鼎

宋高宗幸张俊，其所进御物，有龙文鼎、商彝、高足彝、商父彝等物。《武林旧事》

肉香炉

齐赵人好以身为供养，且谓两臂为"肉灯台"，顶心为"肉香炉"。《清异录》

香炉峰

庐山有香炉峰。李太白诗云："日照香炉生紫烟。"来鹏诗云："云起香炉一炷烟。"〔一〕

〔一〕 "云起香炉一炷烟"，四库本、大观本作"云起香烟一炷州"。按《全唐诗》卷六四二来鹏《宛陵送李明府罢任归江州》诗："浪生溢浦千层雪，云起炉峰一炷烟。"

香　鼎

周公谨云：余见薛玄卿，示以铜香鼎一，两耳有三龙交蟠，宛转自若。有珠能转动，及取不能出。盖邰古物，世之宝也〔一〕。

张受益藏两耳彝炉，下连方座，四周皆作双牛，文藻并起，朱绿交错。叶森按，此制非名彝，当是敦也〔二〕。

又小鼎一，内有款，曰"※且※"。文藻甚佳，其色青褐。

赵松雪有方铜炉，四脚两耳，饕餮面回文，内有"东宫"二字款，色正黑。此鼎《博古图》所无也。

又圆铜鼎一，文藻极佳。内有款云"瞿父癸鼎"。蛟脚〔三〕。

又金丝商嵌小鼎，元贾氏物。纹极精细。

季雁山见一炉，冪上有十二孔，应时出香。并《云烟过眼录》〔四〕

〔一〕 按，此条多误。"周公谨云"，此非宋周密（字公谨）《云烟过眼录》之文，乃见于元汤允谟《云烟过眼录续集》。原文云："余见薛玄卿，示以铜雀香鼎一，两耳有二龙，交蟠宛转。目各有珠能转，又取不出。盖绍兴古物，亦希世之宝也。"

〔二〕"此制非名彝当是敦也"，《云烟过眼录》卷上作"此非名彝炉，乃是敦也"。

〔三〕"蛟脚"，四库本、大观本同。按，见《云烟过眼录》卷下，此二字属下条，乃"蛟脚大圜壶"之文，《香乘》误属于"瞿父癸鼎"。

〔四〕"并云烟过眼录"，四库本、大观本作"皆云烟过眼录"，属上段"金丝商嵌小鼎"之下，是。本则"季雁山"云云，不见于《云烟过眼录》，而见于明陈继儒《笔记》卷一，"季雁山见一炉"，原作"李雁山公、宋宗眉，皆各见一炉"。

卷二七

香诗汇

烧香曲 李商隐

钿龙蟠蟠牙比鱼，孔雀翅尾蛟龙须。漳公旧样博山炉，楚娇捧笑开芙蕖。八蚕玺绵小分炷，兽焰微红隔云母。白天月色寒未冰，金虎含秋向东吐。玉佩呵光铜照昏，帘波日暮冲斜门。西来欲上茂林树，柏梁已失栽桃魂。露庭月井大红气，轻衫薄袖当君意。蜀殿琼人伴夜深，金銮不问残灯事。何当巧吹君怀度，襟灰为土填清露。

香 罗隐

沉水良材食柏珍，博山炉暖玉楼春。怜君亦是无端物，贪作馨香忘却身。

宝 熏 黄庭坚

贾天锡惠宝熏，以"兵卫森画戟燕寝凝清香"十诗报之。

险心游万仞，躁欲生五兵。隐几香一炷，灵台湛空明。
昼食鸟窥台，晏坐日过砌。俗氛无因来，烟霏作舆卫。
石蜜化螺甲，榠樆煮水沉。博山孤烟起，对此作森森。
轮囷香事已，郁郁著书画。谁能入吾室，脱汝世俗械。

贾侯怀六韬，家有十二戟。天资喜文事，如有我香癖。

林花飞片片，香归衔泥燕。闭阁和春风，还寻蔚宗传。

公虚采苹宫，行乐在小寝。香光当发闻，色败不可稔。

床帐夜气馥，衣桁晚香凝。瓦沟鸣急雨，睡鸭照华灯。

雉尾应鞭声，金炉拂太清。班近闻香早，归来学得成。

衣篝丽纨绮，有待乃芬芳。当念真富贵，自熏知见香。

帐中香六言 前人

百炼香螺沉水，宝熏近出江南。一穗黄云绕几，深禅相对同参。

螺甲割昆仑耳，香材屑鹧鸪斑。欲雨鸣鸠日永，下帷睡鸭春闲。

戏用前韵二首 前人

有闻帐中香，以为熬蜡香。

海上有人逐臭，天生鼻孔司南。但印香岩本寂，不必丛林遍参。

我读蔚宗香传，文章不减二班。误以甲为浅俗，却知麝要防闲。

和鲁直韵 苏轼

四句烧香偈子，随风遍满东南。不是文思所及，且令鼻观先参。

万卷明窗小字，眼花只有斓斑。一炷香烧火冷，半生心老身闲。

次韵答子瞻　黄庭坚

置酒未容虚左，论诗时要指南。迎笑天香满座，喜君新赴朝参。

迎燕温风旎旎，润花小雨斑斑。一炷烟中得意，九衢尘里偷闲〔一〕。

〔一〕按，此二诗《黄庭坚全集》页一九五作《子瞻继和复答二首》。第二首，四库本、大观本作"丹青已非前世，竹君时窥一斑。五字还当靖节，数行谁是亭闲"。其诗为苏轼《再和》二首之二，见《苏轼诗集合注》卷二八。四库本、大观本误作黄诗，且诗中字词亦多异同。

印　香　苏轼

> 子由生日，以檀香观音像、新合印香、银篆盘为寿。

旃檀波律海外芬，西山老脐柏所熏。香螺脱甲来相群，能结缥缈风中云。一灯如莹起微焚，何时度尽缪篆文。缭绕无穷合复分，丝丝浮空散氤氲。东坡持是寿卯君，卯君与我师皇坟。旁资老聃释迦文，共厄中年点蝇蚊。晚遇诗书何足云，君方论道承华勋。我亦旗鼓严中军，国恩当报敢不勤。但愿不为世所曛，尔来白发不可耘。问君何时返乡粉，收拾散亡理放纷。此心实与香俱焄，闲思大士应已闻。

> 后卷载东坡《沉香山子赋》，亦为子由寿香，供上真上圣者。长公两以致祝，盖敦友爱之至。

沉香石

壁立孤峰绮砚旁，共疑流水得顽苍。欲随楚客纫兰佩，谁信吴儿是木肠。山下曾闻松化石，玉中还有辟邪香。早知百和皆灰烬，未信人间弱胜刚。

凝斋香　曾巩

每觉西斋景最幽，不知官是古诸侯。一樽风月身无事，千里耕桑岁共秋。云水洗心鸣好鸟，玉泉清耳漱长流。沉烟细细临黄卷，凝在香烟最上头。

肖梅香　张吉甫

江村招得玉妃魂，化作金炉一炷云。但觉清芬暗浮动，不知寒碧已氤氲。春收东阁帘初下，梦想西湖被更熏。真是吾家雪溪上，东风一夜隔篱闻。

香　界　朱熹

幽兴年来莫与同，滋兰聊欲洗光风。真成佛国香云界，不数淮山桂树丛。花气无边熏欲醉，灵芬一点静还通。何须楚客纫秋佩，坐卧经行向此中。

返魂梅次苏籍韵　陈子高

谁道春归无觅处，眠斋香雾作春昏。君诗似说江南信，试与梅花招断魂。

花开莫奏伤心曲，花落休吟称面装。只忆梦中蝴蝶去，香云密处有春光。

老人粥后惟耽睡，灰暖香浓百念消。不学朱门贵公子，鸭炉香里逞风标。

鼻根无奈重烟绕，遍处春随夜色匀。眼里狂花开底事，依然看作一枝春。

漫道君家四壁空，衣篝沉水晚朦胧。诗情似被花相恼，入我香奁境界中。

龙涎香 刘子翚

瘴海骊龙供素沬，蛮村花露挹清滋。微参鼻观犹疑似，全在炉烟未发时。

焚 香〔一〕 邵康节

安乐窝中一炷香，凌晨焚意岂寻常。祸如许免人须谄，福若待求天可量。且异缁黄微庙貌，又殊儿女裛衣裳。非图闻道至于此，金玉谁家不满堂。

〔一〕按，此诗钞本原无，据四库本、大观本补。然二本所引不全，又有缺字。今据宋邵雍《伊川击壤集》卷九《安乐窝四长吟·安乐窝中一炷香》补缺字，二本所删诗句未录。

又〔一〕 杨庭秀

琢瓷作鼎碧于水，削银为叶轻似纸。不文不武火力匀，闭阁下帘风不起。诗人自炷古龙涎，但令有香不见烟。素馨欲开茉莉折，底处龙涎和栈檀。平生饱食山林味，不奈此香殊妩媚。呼儿急取蒸木犀，却作书生真富贵。

〔一〕"又"，原作"焚香"，盖因钞本漏录邵雍诗而以此诗为"焚香"诗之首，今从四库本、大观本改。

又 郝伯常

花落深庭日正长，蜂何撩乱燕何忙。匡床不下凝尘满，消尽年光一炷香。

又 陈去非

明窗延静昼，默坐消诸缘。即将无限意，寓此一炷烟。当时戒定慧，妙供均人天。我岂不清友，于今心醒然。炉香袅孤篆，碧云缕数千。悠然凌空去，缥缈随风还。世事有过现，熏性无变迁。应是水中月，波定还自圆。

觅 香

罄室从来一物无，博山惟有一铜炉。而今荀令真成癖，只欠清芳袅坐隅。

又 颜博文

王希深合和新香，烟气清洒，不类寻常，可以为道人开笔端消息。

玉水沉沉影，铜炉袅袅烟。为思丹凤髓，不爱老龙涎。皂帽真闲客，黄衣小病仙。定知云屋下，绣被有人眠。

香 炉 古诗

四座且莫喧，听我歌一言。请说铜香炉，崔嵬象南山。上枝似松柏，下根据铜盘。雕文各异类，离娄自相连。谁能为此器，公输与鲁般。朱火燃其中，青烟飏其间。顺风入君怀，四座莫不欢。香风难久居，空令蕙草残。

博山香炉 刘绘

参差郁佳丽，合沓纷可怜。蔽亏千种树，出没万重山。上镂秦王子，驾鹤乘紫烟。下刻盘龙势，矫首半衔莲。旁为伊水丽，芝盖出岩间。后有汉女游，拾翠弄余妍。荣色何杂糅，褥绣更相鲜。麤颥或腾倚，林薄何芊芃。掩华如不发，含熏未肯然。风生玉阶树，露湛曲池莲。寒虫飞夜室，秋云漫晓天。

和刘雍州绘博山香炉诗　沈约

范金诚可则，构思必良工。凝芳俟朱燎，先铸首山铜。瑰奇信嵩崿，奇态实玲珑。峰磴互相拒，岩岫杳无穷。赤松游其上，敛足御轻鸿。蛟螭盘其下，骧首盼层穹。岭侧多奇树，或孤或稹藂。岩间有佚女，垂袂似含风。翚飞若未已，虎视郁余雄。登山起重障，左右引丝桐。百和清夜吐，兰烟四面充。如彼崇朝气，触石绕华嵩。

迷香洞　史凤宣城妓

洞口飞琼佩羽霓，香风飘拂使人迷。自从邂逅芙蓉帐，不数桃花流水溪。

传香枕　前人

韩寿香从何处传，枕边馡馥恋婵娟。休疑粉黛如铤刃，玉女旃檀侍佛前。

十香词 出《焚椒录》

辽太祖萧后，姿容端丽，能诗解音律，上所宠爱。会后家与赵王耶律乙辛有隙，乙辛蓄奸图后。后尝自谱词，伶官赵惟一奏演，称后意。宫婢单登者，与之争宠，怨后不知己。而登妹清子，素为乙辛所暱，登每向清子诬后与惟一通。乙辛知之，乃命人作《十香词》，阴属清子，使登乞后手书，用为诬案。狱成，后竟被诬死[一]。

青丝七尺长，挽出内家妆。不知眠枕上，倍觉绿云香。
红绡一幅强，轻阑白玉光。试开胸探取，尤比颤酥香。
芙蓉失新艳，莲花落故妆。两般总堪比，可似粉腮香。
蝤蛴那足并，长须学凤凰。昨宵欢臂上，应惹领边香。
和羹好滋味，送语出宫商。定知郎口内，含有暖甘香。
非关兼酒气，不似口脂芳。却疑花解语，风送过来香。
既摘上林蕊，还亲御苑桑。归来便携手，纤纤春笋香。
咳唾千花酿，肌肤百和装。元非噉沉水，生得满身香。
凤靴抛合缝，罗袜解轻霜。谁将暖白玉，雕出软钩香。
解带色已战，触手心愈忙。那识罗裙内，消魂别有香。

〔一〕此段按语，四库本、大观本无。原见辽王鼎《焚椒录》，引录有删节。

焚香诗 高启

艾蒳山中品，都夷海外芬。龙洲传旧采，燕室试初焚。奁印灰萦字，炉呈篆镂文。乍飘犹掩冉，将断更氤氲。薄散春江树，轻飞晓峡云。销迟凭宿火，度远托微熏。着物元无迹，游空忽有纹。天丝垂袅袅，地浪动沄沄。异馥来千和，祥霏却众荤。岚光风卷碎，花气日浮焄。灯灺宵同歇，茶烟午共纷。褰帷嫌故早，引匕记添勤。梧影吟成见，鸠声梦觉闻。方传媚寝法，灵著辟邪勋。小阁清秋雨，低帘薄晚曛。情惭韩掾染，恩记魏王分。宴客留鹓侣，招仙降鹤群。曾携朝罢袖，尚浥舞时裙。囊称缝罗佩，篝宜覆锦熏。画堂空捣桂，素壁漫涂芸。本欲参童子，何须学令君。忘言深坐处，端此谢尘氛。

焚香　文徵明

银叶荧荧宿火明，碧烟不动水沉清。纸屏竹榻澄怀地，细雨轻寒燕寝情。妙境可能先鼻观，俗缘都尽洗心兵。日长自展《南华》读，转觉逍遥道味生。

香烟六首　徐渭

谁将金鸭衔浓息，我只磁龟待尔灰。软度低窗领风影，浓梳高髻绾云堆。丝游不解黏花落，缕嗅如能惹蝶来。京贾渐疏包亦尽，空余红印一梢梅。

午坐焚香枉连岁，香烟妙赏始今朝。龙拿云雾终伤猛，蜃起楼台未即消。直上亭亭才伫立，斜飞冉冉忽逍遥。细思绝景双难比，除是钱塘八月潮。

霜成櫩竹更无他，底事游魂演百魔。函谷迎关才紫气，雪山灌顶散青螺。孤萤一点停灰冷，古树千藤写影拖。春梦婆今何处去，凭谁举此似东坡。

薝卜花香形不似，菖蒲花似不如香。揣摩范晔鼻何暇，应接王郎眼倍忙。沧海雾蒸神仗暖，峨眉雪挂佛灯凉。并依三物如堪促，促付孙娘刺绣床。

说与焚香知不知，最怜描画是烟时。阳成罐口飞逃汞，太古空中刷袅丝。想见当初劳造化，亦如此物辨恢奇。道人不解供呼吸，闲看须臾变换嬉。

西窗影歇观虽寂，左柳龙穿息不遮。懒学吴儿煅银杏，且随道士袖青蛇。扫空烟火香严鼻，琢尽玲珑海象牙。莫讶因风忽浓淡，高空刻刻改云霞。

香 毬 前人

香毬不减橘团圆，橘气香毬总可怜。虮虱窠窠逃热瘴，烟云夜夜辊寒毡。兰消蕙歇东方白，炷插针穿北斗旋。一粒马牙联我辈，万金龙脑付婵娟。

诗 句

百和裛衣香。

金泥苏合香。

红罗复斗帐，四角垂香囊。古诗

卢家兰室桂为梁，中有郁金苏合香。梁武帝

合欢襦熏百和香。陈后主

彩墀散兰麝，风起自生香。鲍照

灯影照无寐，清心闻妙香。

朝罢香烟携满袖。

衣冠身惹御炉香。杜甫[一]

燕寝凝清香。韦应物

袅袅沉水烟。

披书古芸馥。

守帐焚香着。

沉香火暖茱萸烟。李义山[二]

豹尾香烟灭。陆厥

炉熏异国香。李廓

多烧荀令香。张正见

烟斜雾横焚椒兰[三]。

燃香气散不飞烟。陆逾

罗衣亦罢熏。胡曾

沉水熏衣白壁堂。_{胡宿}

丙舍无人遗炉香。_{温庭筠}

夜烧沉水香。

香烟横碧缕。_{苏东坡}

蛛丝凝篆香。_{黄山谷}

焚香破岑寂。

燕坐独焚香。_{商斋}

焚香澄神虑。_{韦应物}

群仙舞印香。

向来一瓣香，敬为曾南丰。_{陈后山}

博山炉中百和香，郁金苏合及都梁。_{吴筠}

金炉绝燎烟。

熏炉鸡舌香。

博山炯炯吐香雾。_古

龙炉传日香。

炉烟添柳重。

金炉兰麝香。_{沈佺期}

炉香暗徘徊。

金炉细炷通。

睡鸭香炉换夕熏。

荀令香炉可待熏。_{义山}

博山吐香五云散。

浥浥炉香初泛夜。_{韦应物}

蓬莱宫绕玉炉香。_{陈陶}

喷香瑞兽金三尺。_{罗隐}

绣屏银鸭香蓊朦。_{温庭筠}

日烘荀令炷炉香。黄山谷

午梦不知缘底事，篆烟烧尽一盘香。屏山

微风不动金猊香。陆放翁

〔一〕唐贾至《早朝大明宫呈两省僚友》诗："剑佩声随玉墀步，衣冠身惹御炉香。"见《全唐诗》卷二三五，钞本误属杜甫。按，本条诗句，几乎全见于洪刍《香谱》及《陈氏香谱》，可参看相关校记，不复出校。

〔二〕上述四句，皆属唐李贺（字长吉），而非李商隐（字义山），钞本误。按，本条引录古人诗句，字词与原诗偶有同异，可参看洪刍《香谱》及《陈氏香谱》相关校记。

〔三〕唐杜牧《阿房宫赋》："烟斜雾横，焚椒兰也。"并非诗句，《香乘》误收。

冷香拈句〔一〕

苏老泉一日家集，举"香"、"冷"二字一联为令。首唱云："水向石边流出冷，风从花里过来香。"东坡云："拂石坐来衣带冷，踏花归去马蹄香。"颖滨云："□□□□□□冷，梅花弹遍指头香。"小妹云："叫月杜鹃喉舌冷，宿花蝴蝶梦魂香。"

谢庭咏雪，于此而两见之。

〔一〕按，此则未注出处，文内诗句杂见于唐宋笔记，并非苏氏家集所咏。"颖滨云"下，原缺六字。清褚人获《坚瓠集》七集卷三"冷香联句"条与此文字全同，然未注引自何书。参见刘衍文《"冷香"出处小议》。

鹧鸪天·木犀　元裕之

桂子纷翻浥露黄，桂花高静爱年芳。蔷薇水润宫衣软，婆律膏清月殿凉。　　云岫句，海仙方，情缘心事两难忘。襄莲枉误秋风客，可是无尘袖里香。

天香·龙涎香　王沂孙

孤峤蟠烟，层涛蜕月，骊宫夜采铅水。讯远槎风，梦深薇露，化作断魂心字。红瓷候火，还乍识，冰环玉指。一缕萦帘翠影，依稀海天云气。　　几回殢娇半醉，剪青灯，夜寒花碎。更好故溪飞雪，小窗深闭。荀令如今顿老，总忘却、尊前旧风味。慢惜余熏，空篝素被。

庆朝清慢[一]·软香　詹天游

熊讷斋请赋，且曰："赋者不少，愿扫陈言。"

红雨争飞，香尘生润，将春都作成泥。分明惠风微露，花气迟迟。无奈汗酥浥透，温柔香里湿云痴。偏厮称霓裳霞佩，玉骨冰肌。　　难品处，难咏处，蓦然地不在、着意闻时。款款生绡扇底，嫩凉动个些儿。似醉浑无气力，海棠一色睡胭脂。甚奇绝，这般风韵，韩寿争知。

〔一〕　"庆朝清慢"，四库本、大观本及《陈氏香谱》卷四皆作"庆清朝慢"，是。钞本误乙。参看《陈氏香谱》相关校记。

词　句[一]

玉帐鸳鸯喷兰麝。太白

沉檀烟起盘红雾。徐昌国

寂寞绣屏春一缕。韦应物

衣惹御炉香。薛绍蕴

博山香炷融。

炉香烟冷自亭亭。李中主

香草续残炉。谢希深

炉香静逐游丝转。

四和袅金凫。

尽日水沉香一缕。

玉盘香转看徘徊。

金鸭香凝袖。谢无逸

衣润费炉烟。周美成

味射掌中香。

长日篆烟销。

香满云窗月户。

炉熏熟水留看。

绣被熏香透。

〔一〕按，此条所引前人词句，皆见于《陈氏香谱》卷四。与原作多有异同，作者亦未全部标明，可参看《陈氏香谱》相关校记。

卷二八

香文汇

天香传〔一〕 丁谓

香之为用，从上古矣。可以奉神明，可以达蠲洁。三代禋祀，首惟馨之荐，而沉水、熏陆无闻焉；百家传记，萃众芳之美，而萧芗、郁邑不尊焉。《礼》云："至敬不享味，贵气臭也。"是知其用至重，采制粗略，其名实繁，而品类丛脞矣。观乎上古帝王之书，释道经典之说，则记录绵远，赞颂严重，色目至众，法度殊绝。

西方圣人曰："大小世界，上下内外，种种诸香。"又曰："千万种和香，若香、若丸、若末、若涂，以香花、香果、香树、诸天合和之香。"又曰："天上诸天之香，又佛土国名众香，其香比于十方人天之香，最为第一。"《尚书》曰："上圣焚百宝香，天真皇人焚千和香，黄帝以沉榆、蒐莍为香。"又曰："真仙所焚之香，皆闻百里，有积烟成云成雨。"然则与人间所共贵者，沉香、熏陆也。故经云："沉香坚株。"又曰："沉水坚香，佛降之夕，尊位而捧炉香者，烟高丈余，其色正红。"得非天上诸天之香耶？《三皇宝斋》香珠法，其法杂而末之，色色至细，然后丛聚杵之，上彻诸天。盖以沉香为宗，熏陆副之也。是知古圣钦崇之至厚，所以备物实妙之无极。

谓变世寅奉香火之荐，鲜有废者。然萧茅之类，随其所备，不足观也。祥符初，奉诏充天书状持使，道场科醮无虚日，永昼达夕，宝香不绝。乘舆肃谒，则五上为礼。真宗每至玉皇真圣圣祖位前，皆五上香。馥烈之异，非世所闻，大约以沉香、乳香为本，龙脑和剂之。此法累禀之圣祖，中禁少知者，况外司耶？八年，掌国计而镇旄钺，四领枢轴，俸给颁赏，随日而隆，故苾芬之羞，特与昔异。袭庆奉祀日，赐供内乳香一百二十斤，入留副都知张继能为使。在宫观密赐新香，动以百数，沉、乳、降真、黄、速。由是私门之内，沉、乳足用。有《唐杂记》言：明皇时异人云："醮席中，每爇乳香，灵只皆去。"人至于今惑之。真宗时，新禀圣训云："沉、乳二香，所以奉高天上圣，百灵不敢当也。"无他言。

上圣接政之六月，授诏罢相，分务西洛，寻迁海南。忧患之中，一无尘虑。越惟永昼晴天，长宵垂象，炉香之趣，益增其勋。素闻海南出香至多，始命市之于闾里间，十无一有假。有板官裴鸮者，唐宰相晋公中令之裔孙也，土地所宜，悉究本末，且曰：琼管之地，黎母山奠之，四部境域，皆枕山麓，香多出此山，甲于天下。然取之有时，售之有主。盖黎人皆力耕治业，不以采香专利。闽越海贾，惟以余杭船为香市。每岁冬季，黎峒待此船至，方入山寻采，州人役而贾贩，尽归船商，故非时不有也。香之类有四：曰沉，曰栈，曰生结，曰黄熟。其为状也，十有二，沉香得其八焉：曰乌文格，土人以木之格，其沉香如乌文木之色泽，更取其坚，是格美之至也；曰黄蜡，其表如蜡，少刮削之，黳紫相半，乌文格之次也；牛目与角及蹄；鸡头泊髀若骨，此沉香之状。土人则曰牛目、牛角、牛蹄、鸡头、鸡腿、鸡骨。曰昆仑梅，格似梅树，黄黑相半而稍坚，土人以此比栈香也。曰虫镂，凡曰虫镂，其香尤佳，盖香兼黄熟，虫蛀蛇攻，腐朽尽去，菁英独存者也。曰伞竹格，黄熟香也。如竹，色黄白而带黑，有似栈香也。曰茅叶，似茅叶至轻，有入水而沉者，得沉香之余气也。燃之至佳，土人以其非坚实，抑之为黄熟也。曰鹧鸪斑，色驳杂似鹧鸪羽也。生结香者，栈香未成沉者有之，黄熟未成栈者有之。凡四名十二状，皆出一本，树体如白杨，叶如冬青而小。肤表也，标末也，质轻而散，理疏以粗，曰黄熟。黄熟之中，黑色坚劲者，曰栈香。栈香之名，相传甚远，以未知其旨。惟沉水为状也，骨肉颖脱，角刺锐利，无大小，无厚薄，掌握之有金玉之重，切磋之有犀角之坚，纵分断琐碎而气脉滋益，用之与臬块者等。鸮云：香不欲大，围尺以上，虑有水病。若斤以上者，中含两孔以下，浮水即不沉矣。又曰：或有附于柏桛，隐于曲枝，蛰藏深根，或抱真木本，或挺然结实，混然成形，嵌若穴谷，屹若归云，如矫首龙，如峨冠凤，如麟植趾，如鸿餍翮，如曲肱，如骈指。但文理致密，光彩射人，斤斧之迹，一无所及，置器以验，如石投水，此宝香也，千百一而已矣。夫如是，自非一气粹和之凝结，百神祥异之含育，则何以群木之中，独禀灵气，首出庶物，得奉高天也？

占城所产，栈、沉至多，彼方贸选，或入番禺，或入大食，贵重与黄金同价。乡耆云：比岁有大食番舶，为飓所逆，寓此属邑。酋领以其富有，大肆筵席，极其夸诧。州人私相顾曰："以赀较胜，诚不敌矣。然视其炉烟翁郁不举，干而轻，瘠而焦，非妙也。"遂以海北岸者，即席而焚之。其香杳杳，若引东溟；浓腴渭渭，如练凝淹。芳馨之气，特久益佳。大舶之徒，由是披靡。

生结香者，取不候其成，非自然者也。生结沉香，与栈香等。生结栈香，品与黄熟等。生结黄熟，品之下也。色泽浮虚，而肌质散缓，燃之辛烈，少和气，久则溃败，速用之即不佳。沉、栈成香，则永无朽腐矣。

雷、化、高、窦，亦中国出香之地，比南海者，优劣不侔甚矣。既所禀不同，而焦者多，故取者速也。是黄熟不待其成栈，栈不待其成沉，盖取利者戕贼之也。非如琼管，皆深峒黎人，非时不妄剪伐，故树无夭折之患，所得必皆异香。曰熟香，曰脱落香，皆是自然成者。余杭市香之家，有万斤黄熟者，得真栈百斤，则为稀矣；百斤真栈，得上等沉香数十斤，亦为难矣。

熏陆、乳香，长大而明莹者，出大食国。彼国香树，连山络野，如桃胶、松脂，委于地，聚而敛之若京坻。香山少石而多雨，载询番舶，则云："昨过乳香山，彼人云此山下雨已三十年矣。"香中带石末者，非滥伪也，地无土也。"然则此树若生途泥则无香，遂不得为香矣。天地植物，其有自乎！

赞曰：百昌之首，备物之先。于以相禋，于以告虔。孰歆至荐，孰享芳烟？上圣之圣，高天之天。

〔一〕按，此文洪刍《香谱》及《陈氏香谱》俱已收录，而《香乘》钞本所录脱误异文较多，今一仍其旧，不复出校。读者可参看洪《谱》及陈《谱》。又按，本卷内香文，除《香丸志》一篇外，皆见于《陈氏香谱》，可参看。

和香序　范晔

麝本多忌，过分即害；沉实易和，过斤无伤。零、藿燥虚，苏、糖粘湿。甘松、苏合、安息、郁金、捺多、和罗之属，并被于外国，无取于中土。又枣膏昏蒙，甲、栈浅俗，非惟无助于馨烈，乃当弥增于尤疾也。

此序所言，悉以比士类。"麝本多忌"，比庾景之；"枣膏昏蒙"，比羊玄保；"甲栈浅俗"，比徐湛之；"甘松、苏合"，比惠休道人；"沉实易和"，盖自比也。

香 说

秦汉以前，二广未通中国，中国无今沉、脑等香也。宗庙焫萧，茅献尚郁，食品贵椒。至荀卿氏，方言椒兰。汉虽已得两粤，其尚臭之极者，椒房郎官以鸡舌奏事而已。较之沉、脑，其等级之高下，甚不类也。惟《西京杂记》载，长安巧工丁缓作被中香炉，颇疑已有之。然刘向铭博山香炉，亦止曰："中有兰绮，朱火青烟。"《玉台新咏集》亦云"朱火"，然其中"青烟飏其间"，"好香难久居，空令蕙草残"，二文所赋，皆焚兰蕙而非沉、脑。是汉虽通南粤，亦未有南粤香也。《汉武内传》载西王母降，蘡婴香等，品多名异，然疑后人为之。汉武奉仙，穷极宫室帷帐器用之属，汉史备记不遗。若曾制古来未有之香，安得不记？

博山炉铭　刘向

嘉此王气，崭岩若山。上贯太华，承以铜盘。中有兰绮，朱火青烟。

香炉铭　梁元帝

苏合氤氲，飞烟若云。时浓更薄，乍聚还分。火微难烬，风长易闻。孰云道力，慈悲所熏。

郁金香颂　古九嫔

伊此奇香，名曰郁金。越此殊域，厥弥来寻。芬芳酷烈，悦目欣心。明德惟馨，淑人是钦。窈窕淑媛，服之襦襟。永垂名实，旷世弗沉。

藿香颂　江淹

桂以过烈，麝似太芬。摧沮天寿，夭抑人文。讵如藿香，微馥微熏。摄灵百仞，养气青云。

瑞香宝峰颂并序　张建

臣建谨按，《史记·龟策传》曰："有神龟，在江南嘉林中。嘉林者，兽无狼虎，鸟无鸱鸮，草无螫毒，野火不及，斧斤不至，是谓嘉林。龟在其中，常巢于芳莲之上。胸书文曰：'甲子重光，得我为帝王。'"观是书文，岂不伟哉！臣少时在书室中，雅好焚香。有海上道人白臣，言曰："子知沉之所出乎？请为子言。盖江南有嘉林者，美土也。木美则坚实，坚实则善沉。或秋水泛滥，美木漂流，沉于海底，蛟龙蟠伏于上，故木之香清烈。而恋水涛濑，淙激于下，故木形嵌空而类山。"近得小山于海贾，巉岩可爱，名曰"瑞沉宝峰"。不敢藏诸私室，谨斋庄洁诚，昭进玉陛，以为天寿圣节瑞物之献。臣建谨拜手稽首而为之颂曰：

大江之南，粤有嘉林。嘉林之木，入水而沉。蛟龙枕之，列自上清；涛濑漱之，峰岫乃成。海神愕视，不敢閟藏，因潮而出，瑞我光昌。光昌至治，如沉馨香；光昌睿算，如山久长。臣老且耄，圣恩曷报，歌此颂诗，以配天保。

迷迭香赋　魏文帝

播西都之丽草兮，应青春之凝晖。流翠叶于纤柯兮，结微根于丹墀。方暮秋之幽兰兮，丽昆仑之英芝。信繁华之速逝兮，弗见凋于严霜。既经时而收采兮，逐幽兰以增芳。去枝叶而持御兮，入绡縠之雾裳。附玉体以行止兮，顺微风而舒光。

郁金香赋　傅玄

叶萋萋而翠青，英蕴蕴以金黄。树暗蔼以成阴，气芬馥以含芳。凌苏合之殊珍，岂艾蒳之足方。荣耀帝寓，香播紫宫，吐芳扬烈，万里望风。

芸香赋　傅咸

携脆枝以逍遥兮，览伟草之敷英。慕君子之弘覆兮，超托躯于朱庭。俯饮泽于月环兮，仰吸润乎太清。繁兹绿叶，茂此翠茎。叶芠苁以纤折兮，枝媚妍以回萦。象春松之含曜兮，郁翁蔚以葱青。

鸡舌香赋　颜博文

沈括以丁香为鸡舌，而医者疑之。古人用鸡舌，取其芬芳，便于奏事。世俗蔽于所习，以丁香之状，于鸡舌大不类也。乃慨然有感，为赋以解之云。

嘉物之产，潜窜山谷，其根盘行，龙阴蛇伏。期微生之可保，处幽翳而自足。方吐英而布叶，似于世而无欲。蘸蘸娇黄，绰绰疏绿。偶咀嚼而味馨，以奇功而见录。攘肌被逼，粉骨遭辱。虽功利之及人，恨此身之莫赎。惟彼鸡舌，味和而长，气烈而扬，可与君子同升庙堂，发胸臆之藻绘，粲齿牙之冰霜。一语不忌，泽及四方，遡日月而上征，与鸳鸯而同翔。惟其施之得宜，岂凡物之可当。世以疑似，犹有可议。虽二名之靡同，眇不失其为贵。彼凤颈而龙准，谓蜂目而乌啄。况称谓之不爽，稽形质而实类者也。殊不知天下之物，窃名者多矣。鸡肠乌啄，牛舌马齿，川有羊脐，山有鸢尾，龙胆虎掌，猪膏鼠耳，鸥脚羊眼，鹿角豹足，麤颅狼跋，狗脊马目，燕颔之黍，虎皮之稻，莼贵雉尾，药尚鸡爪，葡萄取象于马乳，波律胶称于龙脑，笋鸡胫以为珍，瓠牛角而贵早，亦有鸭脚之葵、狸头之瓜、鱼甲之松、鹤翎之花，以鸡头、龙眼而充果，以雀舌、鹰爪而名茶。彼争工而擅价，咸好大而喜夸。其间名实相叛，是非迭居。得其实者，如圣贤之在高位；无其实者，如名器之假盗躯。嗟所遇之不同，亦自贤而自愚。彼方逐臭于海上，岂芬菲之是娱。嫫姆饰貌而荐食，西子掩面而守阁。饵醯酱而委醍醐，佩碔砆而捐琼琚，舍文茵而卧簠簋，习薤露而废笙竽。剑作锥而补履，骥垂头而驾车，蹇不过而被跨，将棲棲而为图。是香也，市井所缓，廊庙所急，岂比马蹄之近俗，燕尾之就湿，听秋雨之淋淫，若苍天为兹而雪泣。若将有人，依龟甲之屏，炷鹊尾之炉，研以凤味，笔以鼠须，作蜂腰鹤膝之语，为鹄头虫脚之书，为兹香而解嘲，明气类之不殊。愿或用于贤相，蔼芳烈于天衢。

铜博山香炉赋　萧统

禀至精之纯质，产灵岳之幽深。经般倕之妙旨，运公输之巧心。有熏带而岩隐，亦霓裳而升仙。写嵩山之岧峣，象邓林之芊眠。方夏鼎之瑰异，类山经之俶诡。制一器而备众质，谅兹物之为侈。于时青女司寒，红光翳景，吐圆舒于东岳，匿丹曦于西岭。翠帷已低，兰膏未屏，爨松柏之火，焚兰麝之芳，荧荧内曜，芬芬外飏。似庆云之呈色，如景星之舒光。齐姬合欢而流盼，燕女巧笑而蛾扬，超公闻之见锡，粤文若之留香。信名嘉而器美，永服玩于华堂。

博山香炉赋　傅縡

器象南山，香传西国。丁缓巧铸，兼资匠刻。麝火埋朱，兰烟毁黑。结构危峰，横罗杂树。寒夜含暖，清宵吐雾。制作巧妙，独称珍淑。景澄明而袅篆，气氤氲其若春。随风本胜于酿酒，散馥还如乎硕人。

沉香山子赋　子由生日作　苏轼

古者以芸为香，以兰为芬，以郁鬯为祼，以脂萧为焚，以椒为涂，以蕙为熏，杜蘅带屈，菖蒲荐文。麝多忌而本膻，苏合若香而实荤。嗟吾知之几何，为方入之所分。方根尘之起灭，常颠倒其天君。每求似于仿佛，或鼻劳而妄闻。独沉水为近正，可以配蒼卜而并云。矧儋崖之异产，实超然而不群。既金坚而玉润，亦鹤骨而龙筋。惟膏液而内足，故把握而兼斤。顾占城之枯朽，宜爨釜而燎蚊。宛彼小山，巉然可忻。如太华之倚天，象小姑之插云。往寿子之生朝，以写我之老勤。子方面壁以终日，岂亦归田而自耘。幸置此于几席，养幽芳于悦盼。无一往之发烈，有无穷之氤氲。盖非独以饮东坡之寿，亦所以食黎人之芹也。

香丸志

贞观时，有书生幼时贫贱，每为人侮害，虽极悲愤，而无由泄其忿。一日，闲步经观音里，有一妇人，姿甚美，与生眷顾。侍儿负一革囊至，曰：“主母所命也。”启视则人头数颗，颜色未变，乃向侮害生者也。生惊，欲避去，侍儿曰：“郎君请无惊，必不相累。主母亦素仇诸恶少年，欲假手于郎君。”生跪谢弗能。

妇人命侍儿进一香丸，曰："不劳君举腕。君第扫净室，夜坐焚此香于炉，香烟所至，君急随之，即得志矣。有所获，须将纳于革囊，归勿畏也。"生如旨焚香，随烟而往。初不觉有墙壁碍，行处皆有光，亦不类暗夜。每至一处，烟袅袅绕恶少年颈，三绕而头自落。或独宿一室，或妻子共床寝，或初就枕。侍儿执巾若麈尾，如意围绕，未敢退息，不觉不知。生悉以头纳革囊中，若梦中所为，殊无畏意。于是烟复袅袅而旋，生复随之而返，到家未三鼓也。烟甫收，火已寒矣。探之，其香变成金色，圆若弹，倏然飞去，铿铿有声。生恐妇复须此物，正惶急间，侍儿不由门户，忽尔在前。生告曰："香丸飞去。"侍儿曰："得之久矣。主母传语郎君：此畏关也。此关一破，无不可为。姑了天下事，共作神仙也。"后生与妇俱走去，不知所之。

上香偈 道书

谨焚道香、德香、无为香、无为清洁自然香、妙洞真香、灵宝惠香、朝三界香，香满琼楼玉境，遍诸天法界，以此真香，腾空上奏。

焚香有偈：返生宝木，沉水奇材。瑞气氤氲，祥云缭绕。上通金阙，下入幽冥。

修　香 陆放翁《义方训》

空庭一炷，上达神明。家庙一炷，曾英祖灵。且谢且祈，特此而已。此而不为，吁嗟已矣。

附　诸谱序

　　河南陈氏曾合四谱为书，后二编乃陈辑者，并为余纂建勋。谱序汇此，以存异代同心之契。

叶氏香录序

　　古者无香，燔柴炳萧，尚气臭而已。故"香"之字虽载于经，而非今之所谓香也。至汉以来，外域入贡，香之名始见于百家传记，而南番之香独后出，世亦罕能尽知焉。余知泉州职事，实兼舶司，因番商之至，询究本末，录之以广异闻，亦君子耻一物不知之意。

　　　　　绍兴二十一年　左朝请大夫知泉州军州事叶廷珪序

颜氏香史序

　　焚香之法，不见于三代，汉唐衣冠之儒，稍稍用之。然返魂、飞气，出于道家；旃檀、伽罗，盛于缁庐。名之奇者，则有燕尾、鸡舌、龙涎、凤脑；品之异者，则有红、蓝、赤檀，白茅，青桂。其贵重则有水沉、雄麝，其幽远则有石叶、木蜜。百濯之珍，罽宾、月支之贵，泛泛如喷珠雾，不可胜计。然多出于尚怪之士，未可皆信其有无。彼欲刿凡剔俗，其合和窨造，自有佳处。惟深得三昧者，乃尽其妙。因采古今熏修之法，厘为六篇，以其叙香之行事，故曰《香史》，不徒为熏洁也。五藏惟脾喜香，以养鼻观，通神明，而去尤疾焉。然黄冠缁衣之师，久习灵坛之供；锦辅纨袴，少耽洞房之乐。观是书也，不为无补。

　　　　　　　　　　　　　　　　　　　云龛居士序

765

洪氏香谱序

《书》称："至治馨香，明德惟馨。"反是，则曰："腥闻在上。"《传》以芝兰之室、鲍鱼之肆为善恶之辨。《离骚》以兰、蕙、杜蘅为君子，粪壤、萧艾为小人。君子澡雪其身心，熏袚以道义，有无穷之闻。余之谱香，亦是意云。

陈氏香谱序

香者，五臭之一，而人服媚之。至于为香作谱，非世官博物，尝阅舶浮海者，不能悉也。河南陈氏《香谱》，自中斋至浩卿，再世乃成。博采洪、颜、沈、叶诸《谱》，具在此编，集其大成也。《诗》《书》言香，不过黍稷萧脂，故"香"之为字，从黍作甘。古者自黍稷之外，可燔者萧，可佩者兰，可鬯者郁，名为香草者无几，此时谱可不作。《楚辞》所录，名物渐多，犹未取于遐裔也。汉唐以来，收香者必南海之产，故不可无谱。

浩卿过彭蠡，以其谱视钓者熊朋来，俾为序。钓者惊曰："岂其乏使而及我耶？子再世成谱亦不易，则遴序者，岂无蓬莱玉署、怀香握兰之仙儒？又岂无乔木故家、芝芳兰馥之世卿？岂无岛服夷言、夸香诧宝之舶官？又岂无神州赤县、进香受爵之少府？岂无宝梵琳房、间思道韵之高人？又岂无瑶英玉蕊、罗襦芎泽之女士？凡知香者，皆使序之。若仆也，灰钉之望既穷，熏习之梦已断，空有庐山一峰以为炉，峨嵋片雪以为香，子并收入谱矣。每忆刘季和香癖，过炉熏身，其主簿张坦以为俗。坦可谓直谅之友，季和能笑领其言，亦庶几善补过者，有士如此。如荀令君至人家，坐席三日香；如梅学士，每晨以袖覆炉，撮袖而出，坐定放香。是富贵自好者所为，未闻圣贤为此，惜其不遇张坦也。按《礼经》：容臭者，童孺所佩；茝兰者，妇女所采。丈夫则自有流芳百世者在。故魏武犹能禁家内不得熏香，谢玄佩香囊，则安石恶之。然琴窗书室，不得此谱，则无以治炉熏。至于自熏知见，亦存乎其人。"遂长揖谢客，鼓棹去。客追录为《香谱序》。

至治壬戌兰秋　彭泽钓徒熊朋来序

又

韦应物扫地焚香，燕寝为之凝清；黄鲁直隐几炷香，灵台为之空湛。从来韵人胜士，炉烟清昼，道心纯净，法应如是。汴陈浩卿于清江，出其先君子中斋公所辑《香谱》，如铢熏初褪，缥缈愿香。悟韦郎于白傅之香山，识涪翁于黄仙之叱石，是谱之香远矣。浩卿卓然肯构，能使书香不断。《经》《传》之雅馥芳韶，《骚》《选》之靓酺初曙，方遗家谱可也。袖中后山瓣香，亦当询龙象法筵，拈起超方回向。

至治壬戌夏五　长沙梅花溪道人李琳书

辛巳岁，诸公助刻此书，工过半矣。时余存友自海上归[一]，则梓人尽毙于疫，板寄他所，复遘祝融成毁，数奇可胜太息。癸未秋，欲营数椽，苦赀不给，甫用拮据。偶展《鹤林玉露》，得徐渊子诗云："俸余拟办买山钱，复买端州古研砖。依旧被渠驱使在，买山之事定何年。"颇嘉渊子之雅尚，乃决意移赀剞劂。因叹时贤著述，朝成暮梓，木与稿随。余兹纂历壮逾衰，岁月载更，梨枣重灾，何艰易殊人太甚耶！友人慰之曰："事物之不齐，天定有以齐之者。"脱稿日，用书颠末云尔。

是岁八月之望

〔一〕"时余存友自海上归"，四库本、大观本无"自"字。

附　录

四库全书总目提要

香乘二十八卷　浙江鲍士恭家藏本

明周嘉胄撰。嘉胄字江左，扬州人。是书初纂于万历戊午，止十三卷，李维桢为之序。后自病其疏略，续辑此编，以崇祯辛巳刊成，嘉胄自为前后二序。其书凡《香品》五卷，《佛藏诸香》一卷，《宫掖诸香》一卷，《香异》一卷，《香事分类》二卷，《香事别录》二卷，《香绪余》一卷，《法和众妙香》四卷，《凝合花香》一卷，《熏佩之香》《涂傅之香》共一卷，《香属》一卷，《印香方》一卷，《印香图》一卷，《晦斋谱》一卷，《墨娥小录香谱》一卷，《猎香新谱》一卷，《香炉》《诗》《香文》各一卷〔一〕，采摭极为繁富。考宋以来诸家《香谱》，大抵不过一二卷，惟《书录解题》载《香严三昧》十卷，篇帙最富，然其本不传。传者惟陈敬之谱，差为详备。嘉胄此编，殚二十余年之力，凡香之名品故实，以及修合、赏鉴诸法，无不旁征博引，一一具有始末，而编次亦颇有条理。谈香事者，固莫详备于斯矣。

　　　　　　　　　　见《四库全书总目》卷一一五

　　〔一〕"《香炉》《诗》《香文》各一卷"，四库本《香乘》卷首提要作"《香炉》一卷，《香诗》《香文》各一卷"。按，四库本《香乘》卷首提要与《四库全书总目》所载小有异同，可参看。

香学汇典

香学经典
首次汇集
精编精校
正本清源

下

刘幼生 编校

三晋出版社

遵生八笺（选）

〔明〕高濂 撰

前　言

　　《遵生八笺》二十卷，明代高濂撰，为中国古代士人养生怡情的名著。

　　高濂（约 1527—约 1603），字深甫，亦作深父，号瑞南道人、湖上桃花渔，钱塘（今浙江杭州）人。仕历不详，约在万历年间曾担任鸿胪寺的官员。晚年归乡，居杭州终老。工诗文，通医理，精于音律。家富藏书，建山满楼、妙赏楼以贮之，室名雅尚斋。生平诗文集为《雅尚斋诗草》《芳芷楼诗草》等。又撰传奇《玉簪记》《节孝记》，尤以前者享誉南北，脍炙人口。杂著则有《遵生八笺》，问世以来，一纸风行，迄今不衰。

　　《遵生八笺》十九卷，又目录一卷。按内容分为《清修妙论笺》（二卷）、《四时调摄笺》（四卷）、《起居安乐笺》（二卷）、《延年却病笺》（二卷）、《饮馔服食笺》（三卷）、《燕闲清赏笺》（三卷）、《灵秘丹药笺》（二卷）、《尘外霞举笺》（一卷）共八笺，故名。其中《燕闲清赏笺》中专辟《论香》一篇，集中收录了香料和香方、香具等数十则。其他诸笺，亦间有涉及香学内容者。本丛编将《遵生八笺》中《论香篇》全文收录，其他有关香学内容的条目则加以辑选，列于《论香》之下。整理工作中采用的底本为万历十九年（1591）自刻本《雅尚斋遵生八笺》，参校明代钟惺校阅的《弦雪居重订遵生八笺》本。目录重新编制，有关序跋提要作为附录。

　　此外，明代项元汴《蕉窗九录》之九为《香录》，其内容与高濂《遵生八笺》卷一五《论香篇》相同，仅内容有所删节。

然《蕉窗九录》一书，查阜西先生考订为伪书（见查阜西《溲勃集》，转引自蔡仲德《〈溪山琴况〉初探》）。又，美国哈佛大学燕京图书馆所藏明佚名辑《文房十二友》（万历三十年刊本）卷五，收录《香谱》一种，题为宋陈达叟撰，实即高濂《遵生八笺》卷一五之"论香"及"焚香七要"的内容，但颇多删节，文字亦有异同。而明代陶珽所纂《说郛续》卷三八收录明代朱权《焚香七要》，标目与《遵生八笺》全同，文字则略异。上述三书均刻于《遵生八笺》之后，虽三书的题名作者均在高濂之前，然明代书贾多逞狡狯以射利，疑其俱从《遵生八笺》剿袭而来并割裂删节，以掩其攘夺之迹，故不用以校勘。

目　录

原　叙

　　自天地有生之始，以至我生，其机灵自我而不灭。吾人演生生之机，俾继我后，亦灵自我而长存。是运天地不息之神灵、造化无疆之窍、二人生我之功，吾人自任之重，义亦大矣。故尊生者，尊天地父母生我自古，后世继我自今，匪徒自尊，直尊此道耳。不知生所当尊，是轻生矣。轻生者，其天地父母罪人乎，何以生为哉！然天地生物，钧穷通寿夭于无心，俾万物各得其禀。君子俟命，听富贵贫贱于赋界，顺所适以安其生。彼生于富贵者，宜享荣茂之尊矣，而贫贱者可忘闲寂之尊哉？故余《八笺》之作，无问穷通，贵在自得，所重知足，以生自尊。博采三明妙论，律尊生之清修；备集四时怡养，规尊生之调摄。起居宜慎，节以安乐之条；却病有方，道以延年之术。虞燕闲之溺邪僻，叙清赏端其身心；防饮馔之困膏腴，修服食苦其口腹。永年以丹药为宝，得灵秘者乃神，故集奇方于二藏；隐德以尘外为尊，惟遐举者称最，乃录师表于百人。八者出入玄筌，探索隐秘，且每事证古，似非妄作。大都始则规以嘉言，继则享以安逸，终则成以善行。吾人明哲保身，息心养性之道，孰过于此？谓非住世安生要径哉？是诚出世长生之渐门也。果能心悟躬行，始终一念，深造妙道，得意忘言，俾妙论合得，调摄合序，所居常安，无病可却。谢清赏玩好，俾视空幻花；辟饮馔腥膻，而味餐法喜。丹药怀以济人，遐举逸吾高尚。向之借窥尊生门户者，至则登其径奥矣。到此则心朗太虚，眼空天界，物吾无碍，身世两忘。坐致冈陵永年，鲐庞住相。逍遥象外，游息人间，所谓出尘罗汉，住世

真仙，是即《八笺》他日证果。谚云：得鱼忘筌。文字其土苴哉，笺帙当为覆瓿矣。故知尊生之妙者，毋于此过求，亦毋以此为卑近也，乃可与谈道。

湖上桃花渔高濂深甫瑞南道人撰

论 香

高子曰：古之名香，种种称异。若：

蝉蚕香 交趾所贡，唐禁中呼为瑞龙脑。

茵犀香 西域献，汉武帝用之煮汤辟疠。

石叶香 魏时题腹国贡，状云母，辟疫。

百濯香 孙亮四姬四气衣香，百濯不落。

凤髓香 穆宗藏真岛焚之崇礼。

紫述香 《述异记》云："又名麝香草。"

都夷香 《洞冥记》云："香如枣核，食之不饥。"

荼芜香 香出波弋国中，侵地则土石皆香。

辟邪香 瑞麟香 金凤香 皆异国所贡，公主乘出，挂玉香囊中，则芬馥满路。

月支香 月支国进，如卵，烧之辟疫百里，焚香九月不散。

振灵香 《十洲记》云："窟州有树如枫叶，香闻数百里。"

返魂香 五名香 马精香[一] **返生香 却死香** 尸埋地下者，闻之即活。

千亩香 《述异记》云："以林名香。"

釄齐香 出波斯国，香气入药，治百病。

龟甲香 《述异》云："即桂香之善者。"

兜末香 《本草拾遗》曰："武帝，西王母降，烧是香。"[二]

沉光香 《洞冥记》云："涂魂国贡，烧之有光。"

沉榆香 黄帝封禅焚之。

蘅芜香 李夫人受汉武帝[三]。

百蕴香　远条馆祈子，焚以降神。

月麟香　元宗爱妾，号袅里春〔四〕。

辟寒香　焚之可以辟寒。

龙文香　武帝时外国进者。

千步香　南郡所贡。

熏肌香　熏人肌骨，百病不生。

九和香　《三洞珠囊》曰："玉女擎玉炉焚之。"

九真香　清水香　沉水香　皆昭仪上姐飞燕香也。

罽宾国香　杨牧席间焚香，上如楼台之状。

拘物头花香　拘物头国进，香闻数里。

升霄灵香　唐赐紫尼，焚之升遐。

祇精香　出涂魂国，焚之，鬼昧畏避。

飞气香　《三洞》曰："真人所烧。"

金碑香　金日碑造香熏衣，以辟胡气。

五枝香　烧之十日，上彻九重之天。

千和香　峨嵋山孙真人焚之。

兜楼婆香　《楞严经》云："浴处焚之，其炭猛烈。"

多伽罗香　多摩罗跋香　《释氏会安》曰〔五〕："即根香、藿香。"

大象藏香　因龙斗而生，若烧一丸，兴大光明，味如甘露。

牛头旃檀香　《华严经》曰："从离垢出，以涂身。"

羯布罗香　《西域记》云："树如松，色如冰雪。"

须曼那华香　阇提华香　青、赤莲香　华树香　果树香　拘鞞陀罗树香　曼陀罗香　殊沙华香　象香　马香　男香　女香　皆出《法华经》中。

明庭香　明天发日香　出胥池寒国〔六〕。

迷迭香　出西域，焚之去邪。

必栗香　内典云："焚，去一切恶气。"

木蜜香　焚之辟恶。

藕车香　《本草》云："焚之去蛀，辟臭病。"

刀圭第一香　昭宗赐崔胤一粒，焚，终日旖旎。

乾佻香　江西山中所出。

曲水香　香盘印文，似曲水像。

鹰嘴香　番牙与舶主赠香，焚之辟疫。

乳头香　曹务光理赵州，用盆焚。云："财易得，佛难求。"

助情香　明皇宠妃，含香一粒，助情发兴，筋力不倦。

夜酣香　迷楼所焚。

水盘香　出舶上，上刻山水佛象。

都梁香　《荆州记》云："都梁山上有水，水中生之。"

雀头香　荆襄人谓之莎草根。

龙鳞香　氎香香薄者〔七〕，其香尤胜。

白眼香　和香用之。

平等香　僧人货香于市，无贵贫富，皆一价也，故云。

山水香　王旭奉道士于山中，月给焚香，谓之山水香。

三匀香　三物煎成，焚之有富贵气，香亦清妙。

伴月香　徐铉月夜露坐焚之，故名。

此皆载之史册，而或出外夷，或制自宫掖，其方其料，俱不可得见矣。余以今之所尚香品评之：妙高香、生香、檀香、降真香、京线香，香之幽闲者也。兰香、速香、沉香、香之恬雅者也。越邻香、甜香、万春香、黑龙挂香，香之温润者也。黄香饼、芙蓉香、龙涎饼、内香饼，香之佳丽者也。玉华香、龙楼香，撒馣兰香，香之蕴借者也。棋楠香、唵叭香、波律香，香之

高尚者也。

幽闲者，物外高隐，坐语道德，焚之可以清心悦性；恬雅者，四更残月，兴味萧骚，焚之可以畅怀舒啸。温润者，晴窗拓帖，挥麈闲吟，篝灯夜读，焚以远辟睡魔，谓古伴月可也；佳丽者，红袖在侧，密语谈私，执手拥炉，焚以熏心热意，谓古助情可也。蕴借者，坐雨闭关，午睡初足，就案学书，啜茗味淡，一炉初爇，香霭馥馥撩人，更宜醉筵醒客；高尚者，皓月清宵，冰弦戛指，长啸空楼，苍山极目，未残炉爇，香雾隐隐绕帘，又可祛邪辟秽。黄暖阁、黑暖阁、官香、纱帽香，俱宜爇之佛炉；聚仙香、百花香、苍术香、河南黑芸香，俱可焚于卧榻。

客曰："诸香同一焚也，何事多歧？"余曰："幽趣各有分别，熏燎岂容概施？香僻甄藻，岂君所知？悟入香妙，嗅辨妍媸。曰余同心，当自得之。"一笑而解。

〔一〕"马精香"，洪刍《香谱》卷上、叶廷珪《名香谱》、《陈氏香谱》皆作"惊精香"，是。此因"馬"（马）、"驚"（惊）二字形近致误。

〔二〕按，见唐陈藏器《本草拾遗》卷三，原引《汉武帝故事》作"兜木香"。参见叶廷珪《名香谱》"兜末香"条相关校记。

〔三〕"李夫人受汉武帝"，洪刍《香谱》、叶廷珪《名香谱》、《陈氏香谱》相关条目"受"皆作"授"。按，"受"通"授"。

〔四〕"号哀里春"，叶廷珪《名香谱》"月麟香"条作"号袖里春"，参见该条相关校记。此因"哀"、"褏"（袖）二字形近致误。

〔五〕"释氏会安"，洪刍《香谱》及《陈氏香谱》相关条目皆作"《释氏会要》"，是。按，《释氏会要》四十卷，宋释仁赞撰。

〔六〕按，此条据弦雪居本补。"胥池寒国"，叶廷珪《名香谱》作"胥陀寒国"。

〔七〕"馣香香薄者"，弦雪居本作"馣香之薄者"。

焚香七要

香 炉

官、哥、定窑，岂可用之？平日，炉以宣铜、潘铜、彝炉、乳炉，如茶杯式大者，终日可用。

香 合

用剔红蔗段锡胎者，以盛黄、黑香饼。法制香磁盒，用定窑或饶窑者，以盛芙蓉、万春、甜香。倭香盒三子、五子者，用以盛沉速、兰香、棋楠等香。外此香撞亦可。若游行，惟倭撞带之甚佳。

炉 灰

以纸钱灰一斗，加石灰二升，水和成团，入大灶中烧红，取出，又研绝细。入炉用之，则火不灭。忌以杂火恶炭入灰，炭杂则灰死，不灵，入火一盖即灭。有好奇者，用茄蒂烧灰等说，太过。

香炭墼

以鸡骨炭碾为末，入葵叶或葵花，少加糯米粥汤和之，以大小铁塑槌击成饼，以坚为贵，烧之可久。或以红花楂代葵花叶，或烂枣入石灰和炭造者，亦妙。

隔火砂片

烧香取味，不在取烟。香烟若烈，则香味漫然，顷刻而灭。取味则味幽香馥，可久不散。须用隔火，有以银钱、明瓦片为之者，俱俗，不佳，且热甚，不能隔火。虽用玉片为美，亦不及京师烧破沙锅底，用以磨片，厚半分，隔火焚香，妙绝。

烧透炭墼入炉，以炉灰拨开，仅埋其半，不可便以灰拥炭火。先以生香焚之，谓之发香，欲其炭墼因香爇不灭故耳。香焚成火，方以箸埋炭墼，四面攒拥，上盖以灰，厚五分。以火之大小消息，灰上加片，片上加香，则香味隐隐而发，然须以箸四围直搠数十眼，以通火气周转，炭方不灭。香味烈，则火大矣。又须取起砂片，加灰再焚。其香尽，余块用瓦合收起，可投入火盆中，熏焙衣被。

灵 灰

炉灰终日焚之则灵，若十日不用则灰润。如遇梅月，则灰湿而灭火。先须以别炭入炉暖灰一二次，方入香炭墼，则火在灰中，不灭可久。

匙 箸

匙箸，惟南都白铜制者适用，制佳。瓶用吴中近制，短颈细孔者，插箸下重不仆，似得用耳。余斋中有古铜双耳小壶，用之为瓶，甚有受用。磁者如官、哥、定窑虽多，而日用不宜。

香 方

高子曰：余录香方，惟取适用。近日都中所尚，鉴家称

为奇品者录之。制合之法，贵得料精，则香馥而味有余韵。识嗅味者，知所择焉可也。

玉华香方

沉香四两　速香黑色者，四两　檀香四两　乳香二两　木香一两　丁香一两　郎胎六钱　唵叭香三钱　麝香三钱　冰片三钱　广排草三两，出交趾者妙　苏合油五两　大黄五钱　官桂五钱　黄烟即金颜香，二两　广陵香用叶，一两

右以香料为末，和入合油揉匀，加炼好蜜，再和如湿泥，入磁瓶，锡盖蜡封口固。烧用，二分一次。

聚仙香方

黄檀香一斤　排草十二两　沉速香各六两　丁香四两　乳香四两，另研　郎台三两　黄烟六两，另研　合油八两　麝香二两　榄油一斤　白芨面十二两　蜜一斤

已上作末为骨，先和，上竹心子，作第一层，趁湿又滚。

檀香二斤　排草八两　沉香各半斤〔一〕

为末，作滚第二层，成香，纱筛晾干。

都中自制，每香万枝，工银二钱。竹棍万枝，工银一钱二分。香袋紫龙力纸，每百足数五钱。

〔一〕"各半斤"，疑"各"字衍。

沉速香方

用沉速五斤　檀香一斤　黄烟四两　乳香二两　唵叭香三两　麝香五钱　合油六两　白芨面一斤八两　蜜一斤八两

和成，滚棍。

黄香饼方

沉速香六两　檀香三两　丁香一两　木香一两　黄烟二两　乳香一两　郎台一两　唵叭三两　苏合油二两　麝香三钱　冰片一钱　白芨面八两　蜜四两

和剂，用印作饼。

印香方

黄熟香五斤　速香一斤　香附子　黑香　藿香　零陵香　檀香　白芷各一两　柏香二斤　芸香一两[一]　甘松八两　乳香一两　沉香二两　丁香一两　馚香四两　生香四两　焰硝五分

共为末，入香印印成，焚之。

〔一〕自"香附子"以下八味，原作"香附子　丁香各五两　藿香　零陵香　檀香　白芷各六两　茅香二斤　茴香一两"。按，此方下有丁香一两，此处误复。故此八味及用量据弦雪居本校改。

万春香方

沉香四两　檀香六两　结香　藿香　零陵香　甘松各四两　茅香四两　丁香一两　甲香五钱　麝香　冰片各一钱

用炼蜜为湿膏，入磁瓶封固，焚之。

撒馤兰香方

沉香三两五钱　冰片二钱四分　檀香一钱　龙涎五分　排草须二钱　唵叭五分　撒馤兰一钱　麝香五分　合油一钱　甘麻然二分　榆面六钱　蔷薇露四两

印作饼烧，佳甚。

芙蓉香方

沉香一两五钱　檀香一两二钱　片速三钱　冰脑三钱　合油五钱　生结香一钱　排草五钱　芸香一钱　甘麻然五分　唵叭五分　丁香二分　郎台二分　藿香二分　零陵香二分　乳香一分　三奈一分　撒馝兰一分　榄油一分　榆面八钱　硝一钱

和印或散烧。

龙楼香方

沉香一两二钱　檀香一两三钱　片速五钱　排草二两　唵叭二分　片脑二钱五分　金银香二分　丁香一钱　三奈二钱四分　官桂三分　郎台三分　芸香三分　甘麻然五分　榄油五分　甘松五分　藿香五分　撒馝兰五分　零陵香一钱　樟脑一钱　降香二分　白豆蔻二分　大黄一钱　乳香三分　硝一钱　榆面一两二钱

印饼。散用蜜和，去榆面。

黑香饼方

用料四十两加炭末一斤　蜜四斤　苏合油六两　麝香一两　白芨半斤　榄油四斤　唵叭四两

先炼蜜熟，下榄油化开，又入唵叭，又入料一半，将白芨打成糊，入炭末，又入料一半，然后入苏合、麝香，揉匀印饼。

炒　香

近以苏合油拌沉速，入火微炙，收起，乘热以冰末撒上，入瓶收用，谓之法制。其香气比常少浓，反失沉速天然雅味，恐知香者不取。

日用诸品香目

棋楠香

有糖结，有金丝结。糖结锯开，上有油若饴糖，焚之，初有羊膻微气。糖结黑白相间，黑如墨，白如糁米。金丝者，惟色黄，上有绺若金丝。惟糖结为佳。

黑角沉香

质重，劈开如墨色者佳。不在沉水，好速亦能沉也。

片速香

俗名"鲫鱼片"，雉鸡斑者佳。有伪为者，亦以重实为美。

唵叭香

一名黑香，以软净色明者为佳。手指可捻为丸者，妙甚。惟都中有之。

铁面香　生香

俗名牙香。以面有黑烂色者为铁面，纯白不烘焙者为生香。其生香之味妙甚，在广中价亦不轻。

降真香

紫实为佳。茶煮出油，焚之。

黄檀香

黄实者佳。茶浸，炒黄，去腥。

白胶香

有如明条者佳。

茅山细梗苍术

句容茅山产，如猫粪者佳。

兰　香

以鱼子兰蒸低速香、牙香，块者佳。近以末香滚竹棍蒸者，恶甚。

安息香

都中有数种，俗名总曰安息。其最佳者，刘崔所制越邻香、聚仙香、沉速香三种。百花香即下矣。

龙挂香

有黄、黑二品，黑者价高。惟内府者佳，刘崔所制亦可。

甜　香

惟宣德年制者，清远味幽可爱。燕市中货者，坛黑如漆，白底上有烧造年月，每坛二斤三斤。有锡罩盖罐子，一斤一坛者方真。今亦无之矣。近名诸品，合和香料，皆自甜香改易头面，别立名色云耳。

芙蓉香

刘崔制妙。

万春香

内府香。

龙楼香

内府香。

玉华香

雅尚斋制也。

黄暖阁　黑暖阁

刘崔制佳。

黄香饼

王镇住东院所制，黑沉色无花纹者，佳甚。伪者色黄，恶极。

黑香饼

都中刘崔二钱一两者佳。前门外李家印各色花巧者，亦妙。

河南黑芸香

短束城上王府者佳。

京线香

前门外李家二分一分一束者，佳甚。

金猊玉兔香方[一]

用杉木烧炭六两，配以栗炭四两，捣末，加炒硝一钱，用米糊和成揉剂。先用木刻猊狻、兔子二塑，圆混肖形，如墨印法，大小任意。当兽口处，开一斜入小孔，兽形头昂尾低。是诀：将炭剂一半，入塑中作一凹，入香剂一段，再加炭剂筑完，将铁线针条作钻，从兽口孔中搠入，至近尾止，取起晒干。狻猊用官粉涂身周遍，上盖黑墨。兔子以绝细云母粉胶调涂之，亦盖以墨。二兽俱黑，内分黄白二色。每月一枚，将尾就灯火上焚灼，置炉内，口中吐出香烟，自尾随变色样。金猊从尾黄起，焚尽，形若金妆，蹲踞炉内，经月不败，触之则灰灭矣。玉兔形俨银色，甚可观也。虽非大雅，亦堪幽玩。其中香料美恶，随人取用。或以前《印香方》取料，和以榆面为剂，捻作小指粗段，长八九分，以兽腹大小消息，但令香不露出炭外为佳。更有金蟾吐焰、紫云捧圣、仙立云中，种种杂法，内多不验。即金蟾一方，不堪清赏，故不录。

〔一〕按，自刻本无此香方，据弦雪居本补入。

香都总匣

嗜香者，不可一日去香。书室中宜制提匣，作三撞式，用锁钥启闭，内藏诸品香物。更设磁合、磁罐、铜合、漆匣、木匣，随宜置香，分布于都总管领，以便取用。须造子口紧密，勿令香泄为佳。俾总管司香，出入谨密，随遇爇炉，甚惬心赏。

女 青

《肘后方》曰："正月上寅日，取女青草末三合，绛囊盛挂帐中，能辟瘟疫。"女青，即雀瓢也。　按，见卷三《四时调摄笺·春卷》

五香汤

《珠囊隐诀》曰："元日煎五香汤沐浴，令人至老须黑。"注曰："乃青木香也。因其一株五根，一茎五花，一枝五叶，一茎五节，故云。"又以五香煎之，方具于后。同上

五香汤方

又一方云：五香汤法，用兰香、荆介头、苓苓香、白檀、木香等分，㕮咀，煮汤沐浴，辟除不祥。可降神灵，并治头风。如无兰香，以甘松代之。此又一说也。同上

三 汤

《云笈七签》曰："以立春日清晨，煮白芷、桃皮、青木香三汤沐浴，吉。"同上

迎年佩

《清异录》云："咸通俗：元日佩红绢囊，内装人参豆大，嵌木香一二厘，时服，日高方止。号迎年佩。"同上

括 香

唐宫中，花开时以重顶帐蒙蔽栏槛上，以闭其香。谓之"括香"。同上

傅身香粉方

用粟米作粉一斤，无粟米，以葛粉代之。加青木香、麻黄根、香附子炒、藿香、零陵香，已上各二两，捣罗为末，和粉拌匀，作绨绢袋盛之，浴后扑身。按，见卷四《四时调摄笺·夏卷》

杀鬼丹方

《云笈七签》曰：五月并十二月晦日，正月中，常宜焚烧杀鬼丹方。

鬼箭　蜈蚣　牛黄　野葛　雄黄　雌黄　朱砂　藜芦　鬼比目　桃仁　乌头　附子　半夏　硫黄　巴豆　犀角　鬼臼　麝香白术　苍术各等分

共二十味，为末，用茵草汁为丸，否用糊汁亦可，丸如鸡子大。每焚一丸，百邪皆灭。同上

道藏灵宝辟瘟丹方

苍术一斤　降香四两　雄黄二两　朱砂二两　硫黄一两　硝石一两柏叶八两　菖蒲根四两　丹参二两　桂皮二两　藿香二两　白芷四两桃头四两，五月五日午时收　雄狐粪二两　蕲艾四两　商陆根二两　大黄二两　羌活二两　独活二两　雌黄一两　赤小豆二两　仙茅二两　唵叭香无亦可免

已上二十四味，按二十四气为末，米糊为丸，如弹子大，火上焚烧一丸。同上

太仓公辟瘟丹方

凡官舍旅馆，久无人到，积湿积邪，容易侵人。制此爇之，可以远此。宜于五六月终日焚之，可以辟瘟远邪。

苍术一斤　台芎八两　黄连八两　白术八两　羌活半斤　川芎四两 草乌四两　细辛四两　柴胡四两　防风四两　独活四两　甘草四两　藁本四两　白芷四两　香附子四两　当归四两　荆芥四两　天麻四两　官桂四两　甘松四两　干姜四两　三奈四两　麻黄四两　牙皂四两　芍药四两　麝香三分

右为末，煮红枣肉为丸，如弹子大。每用一丸，焚烧。同上

截虐鬼哭丹

《养生论》曰：五月五日，宜合截虐鬼哭丹。

用上好白砒五钱，研细，入铁铫内，以寒水石一两为末，围定，然后以磁碗盖定，用湿纸作条封碗合缝，炭火炙铫，烟出熏纸条黄色即止。取放纸上，置泥地，出火气一时，取研为细末。入冰片一分、麝香一分，共研，蒸饼为丸桐子大，朱砂为衣。

每服一丸，临发日，神前香炉上熏过，朝北井花水吞下。忌食鱼面生冷十日，永不再发。合时不令妇女、孝服人见。妇人有病，令丈夫捻入口中吞下，立效，又不吐泻。真妙剂也。同上

辟蚊方

《长生要录》又云：五月五日"取蝙蝠倒挂晒干，和官桂、熏陆香烧之，辟蚊"。同上

火山香焰

隋主除夕设火山数十，焚沉香数车，香闻数十里。按，见卷六《四时调摄笺·冬卷》

辟寒香

外国进香，大寒焚之，必减衣拒热。同上

捏凤炭

杨国忠用炭屑捏成双凤，冬日焰于炉中，以白檀铺底，香霭一室。同上

炷暖香

云溪僧舍，冬月客至，焚暖香一炷，满室如春。故詹克爱诗云："暖香炷罢春生室，始信壶中别有天。"同上

袖　炉

焚香携炉，当制有盖透香，如倭人所制漏空罩盖漆鼓熏炉，似便清斋焚香，炙手熏衣，作烹茶对客常谈之具。今有新铸紫铜有罩盖方圆炉式，甚佳。以之为袖炉，雅称清赏。按，见卷八《起居安乐笺》卷下

念　珠

有以檀香车入菩提子，中孔着眼引绳，谓之灌香子。世庙初，惟京师一人能之，价定一分一子为格。余曾得之，果绝技也。同上

圣蜡烛方

槐角子二斤，八月收　白胶香一斤　硫黄四两

先将角子捣烂，将胶香化开，入角子一同熬烂，次下硫黄，用槐条搅。用小指大竹筒，长七八寸，将三物灌入阴干。去其竹

筒，每条可点一二十日。同上

印香供佛方并图

斋堂中烧香，不可一日无者，其法另具。若印香供佛，其为印模，有焚一日者，有焚六时者。其香料随造，但料重则香。余所制方如左，亦内府旧方，少损益耳。同上

梦觉庵妙高香方　共二十四味，按二十四气，用以供佛

沉速四两　黄檀四两　降香四两　木香四两　丁香六两　乳香四两

检芸香六两　官桂八两　甘松八两　三赖八两　姜黄六两　玄参六两

丹皮六两　丁皮六两　辛夷花六两　大黄八两　藁本八两　独活八两

藿香八两　茅香八两　白芷六两　荔枝壳八两　马蹄香八两　铁面马牙香一斤

和成入官粉一两、炒硝一钱〔一〕，有此二物，引火且焚无断灭之患。大小香印四具，图附如下：

长春永寿香印图

福寿香印图　　　　寿算绵长香印图

四印如式。印旁铸有边阑提耳，随炉大小取用。先将炉灰筑实，平正光整，将印置于灰上，以香末锹入印面，随以香锹筑实，空处多余香末，细细锹起，无少零落。用手提起香印，香字以落炉中。若稍欠缺，以香末补之。焚烧可以永日，小者亦一二时方灭。伴经史，供佛坐，不可少也。同上

〔一〕"和成入官粉一两炒硝一钱"，弦雪居本作"淮产末香一斤入炒硝一钱"。

焚供天地三神香方

昔有真人燕济，居三公山石窟中，苦毒蛇猛兽邪魔干犯，遂下山改居华阴县庵。栖息三年，忽有三道者投庵借宿，至夜，谈三公山石窟之胜。内一人云："吾有奇香，能救世人苦难，焚之，道得自然玄妙，可升天界。"真人得香，复入山中，坐烧此香，毒蛇猛兽，悉皆遁默。忽一日，道者散发背琴，虚空而来，将此香方凿于石壁，乘风而去。题名三神香，能开天门地户，通灵达圣，入山可驱猛兽，可免刀兵，可免瘟疫，久旱可降甘雨，渡江可免风波。有火焚烧，无火口嚼，从空喷于起处，龙神护助。静心修合，无不灵验。

沉香 乳香 丁香 白檀 香附 藿香各二钱 甘松二钱 远志一钱 藁本三钱 白芷三钱 玄参二钱 零陵香 大黄 降真 木香 茅香 白芨 柏香 川芎 三赖各二钱五分

用甲子日攒和，丙子捣末，戊子和合，庚子印饼，壬子入合收起。炼蜜为丸，或刻印作饼，寒水石为衣。出入带，入葫芦为妙。同上

瞿仙异香

沉香　檀香各一两　冰片　麝香各一钱　棋楠香　罗合　榄子滴乳香各五钱

九味为末〔一〕，炼蔗浆合和为饼，焚之以助清气。同上

〔一〕按，此香方仅有八味，疑刊行时脱漏一味。

难消炭

灶中烧柴，下火取出，坛闭成炭。不拘多少，捣为末，用块子石灰化开，取浓灰和炭末，加水调成。以猫竹一筒，劈作两半，合脱成锭，晒干烧用，终日不消。同上

兽　炭

细骨炭十斤、铁屎块十斤，用生芙蓉叶三斤，合捣为末，糯米粥和成剂，塑作麒麟、狮子之形，晒干。每燃一枚，三日不灭。如不用，以灰掩之。同上

留宿火法

好胡桃一枚，烧半红，埋热灰中，三五日不灭。同上

花香茶

人有好以花拌茶者，此用平等细茶拌之，庶茶味不减，花香盈颊，终不脱俗，如橙茶。

莲花茶，于日未出时，将半含莲花拨开，放细茶一撮，纳满蕊中，以麻皮略絷，令其经宿。次早摘花，倾出茶叶，用建纸包茶焙干。再如前法，又将茶叶入别蕊中。如此者数次，取其焙干收用，不胜香美。

木樨、茉莉、玫瑰、蔷薇、兰蕙、橘花、栀子、木香、梅花，皆可作茶。诸花开时，摘其半含半放蕊之香气全者，量其茶叶多少，摘花为拌。花多则太香而脱茶韵，花少则不香而不尽美，三停茶叶一停花始称。假如木樨花，须去其枝蒂及尘垢、虫蚁，用磁罐，一层花，一层茶，投间至满，纸箬絷固，入锅重汤煮之。取出待冷，用纸封裹，置火上焙干收用。诸花仿此。按，见卷——《饮馔服食笺》卷上

天香汤

白木樨盛开时，清晨带露，用杖打下花，以布被盛之，拣去蒂萼，顿在净器内，新盆捣烂如泥，榨干甚收起，每一斤加甘草一两、盐梅十个。捣为饼，入磁坛封固，用沸汤点服。同上

暗香汤

梅花将开时，清旦摘取半开花头，连蒂置磁瓶内，每一两重用炒盐一两洒之，不可用手漉坏。以厚纸数重密封，置阴处。次年春夏取开，先置蜜少许于盏内，然后用花二三朵置于中，滚汤一泡，花头自开，如生可爱，充茶香甚。一云蜡点花蕊阴干，如上加汤亦可。同上

须问汤

东坡居士歌括云："三钱生姜干用一升枣干用，去核，二两白盐炒黄一两草炙，去皮。丁香木香各半钱，约量陈皮一处捣去白。煎也好，点也好，红白容颜直到老。"同上

茉莉汤

将蜜调涂在碗中心，抹匀，不令洋流。每于凌晨，采摘茉莉花三二十朵，将蜜碗盖花，取其香气熏之。午间去花点汤，甚香。同上

沉香熟水

用上好沉香一二小块，炉烧烟，以壶口覆炉，不令烟气傍出。烟尽，急以滚水投入壶内，盖密，泻服。同上

丁香熟水

用丁香一二粒，捶碎入壶，倾上滚水。其香郁然，但少热耳。同上

砂仁熟水

用砂仁三五颗、甘草一二钱，碾碎，入壶中，加滚汤泡上。其香可食，甚消壅隔，去胸膈郁滞。同上

花香熟水

采茉莉、玫瑰，摘半开蕊头，用滚汤一碗，停冷，将花蕊浸水中，盖碗密封。次早用时，去花，先装滚汤一壶，入浸花水一二小盏，则壶汤皆香蔼可服。同上

檀香熟水

如沉香熟水方法。同上

豆蔻熟水

用豆蔻一钱、甘草三钱、石菖蒲五分，为细片，入净瓦壶，浇以滚水，食之。如味浓，再加热水可用。同上

桂　浆

官桂一两，为末　白蜜二碗

先将水二斗煮作一斗多，入磁坛中，候冷，入桂、蜜二物，搅二百余遍。初用油纸一层，外加绵纸数层，密封坛口五七日，其水可服。或以木楔坛口密封，置井中三五日，冰凉可口。每服一二杯，祛暑解烦，去热生凉，百病不作。同上

五香烧酒

每料糯米五斗，细曲十五斤，白烧酒三大坛；檀香、木香、乳香、川芎、没药各一两五钱，丁香五钱，人参四两，各为末；白糖霜十五斤，胡桃肉二百个，红枣三升，去核。先将米蒸熟晾冷，照常下酒法则，要落在瓮口缸内，好封口。待发微热，入糖并烧酒、香料、桃、枣等物在内，将缸口厚封，不令出气。每七日开打一次，仍封。至七七日，上榨如常。服一二杯，以腌物压之，有春风和煦之妙。按，见卷一二《饮馔服食笺》卷中

木香煎

木香二两，捣罗细末，用水三升，煎至二升，入乳汁半升、蜜二两，再入银石器中，煎如稀面糊，即入罗过粳米粉半合，又煎。候米熟稠硬，擀为薄饼，切成棋子，晒干为度。按，见卷一三《饮馔服食笺》卷下

香茶饼子

孩儿茶、芽茶四钱，檀香一钱二分，白豆蔻一钱半，麝香一分，砂仁五钱，沉香二分半，片脑四分。甘草膏和，糯米糊搜饼。同上

法制芽茶

芽茶二两一钱，作母。豆蔻一钱，麝香一分，片脑一分半，檀香一钱，细末，入甘草内缠之。同上

透顶香丸

孩儿茶、茶芽各四钱[一]，白豆蔻、麝香各一钱五分，檀香一钱四分，甘草膏子丸。同上

〔一〕"茶芽"，弦雪居本、四库本同，疑应作"芽茶"。

硼砂丸

片脑五分，麝香四分，硼砂二钱，寒水石六两。甘草膏丸，朱砂二钱为衣。同上

甘露丸

百药煎一两，甘松、诃子各一钱二分半，麝香半分，薄荷二两，檀香一钱六分，甘草末一两二钱五分。水拨丸，晒干，用甘草膏子入麝香为衣。同上

香橙饼子

用黄香橙皮四两，加木香、檀香各三钱，白豆仁一两，沉香一钱，荜澄茄一钱，冰片五分。共捣为末，甘草膏和成饼子，入

供。同上

法制豆蔻

白豆蔻一两六钱，脑子一分，麝香半分，檀香七分五厘，甘草膏、豆蔻作母，脑、麝为衣。同上

煎甘草膏子法

粉草一斤，锉碎，沸汤浸一宿，尽入锅内，满用水，煎至半，滤去渣，纽干取汁。再入锅，慢火熬至二碗。换大沙锅，炭火慢熬再一碗，以成膏子为度。其渣减水煎三两次，取入头汁内并煎。同上

紫霞杯方 此至妙秘方

此杯之药，配合造化，调理阴阳，夺天地冲和之气，得水火既济之方，不冷不热，不缓不急，有延年却老之功，脱胎换骨之妙，大能清上补下，升降阴阳，通九窍，杀九虫，除梦泄，悦容颜，解头风，身体轻健，脏腑和同，开胸膈，化痰涎，明目润肌肤，添精蠲疝坠。又治妇人血海虚冷，赤白带下，惟孕妇不可服。其余男妇老少，清晨热酒服二三杯，百病皆除，诸药无出此方。用久杯薄，以糠皮一碗，坐杯于中，泻酒取饮。若碎破，每取杯药一分，研入酒中充服。以杯料尽，再用另服。

真珠一钱　琥珀一钱　乳香一钱　金箔二十张　雄黄一钱　阳起石一钱　香白芷一钱　朱砂一钱　血结一钱　片脑一钱　潮脑一钱，倾杯方入　麝香七分半　甘松一钱　三奈一钱　紫粉一钱　赤石脂一钱　木香一钱　安息一钱　沉香一钱　没药一钱

制硫法，用紫背浮萍于罐内，将硫黄以绢袋盛，悬系于罐

中，煮滚数十沸，取出候干，研末十两。同前香药入铜勺中，慢火溶化，取出。候火气少息，用好样银酒钟一个，周围以布纸包裹，中开一孔，倾硫黄于内，手执酒钟旋转，以匀为度。仍投冷水盆中，取出。有火症者勿服。同上。按，卷一七《灵秘丹药笺》卷上亦收此香药方，名"神仙紫霞杯"，文字及药物与此多不同，可参看。

韩寿香

秦嘉有盘龙镜、韩寿香，名为"辟恶"、"生香"。按，见卷一四《燕闲清赏笺》卷上

辟邪香

咸通，同昌公主下嫁，有金菱银栗内藏珍物、连珠帐、却寒帘、犀丝簟、牙席、蠲忿犀如意、白玉九鸾钗、辟邪香。同上

不二山

孙总监千金市绿玉一块，嵯峨如山，命工治之，作博山炉，顶上暗出香烟，名"不二山"。同上

香玉辟邪

唐肃宗赐李辅国香玉辟邪，形高一尺五寸，奇巧无比，香闻数里。同上

香　几

书室中香几之制有二：高者二尺八寸，几面或大理石、歧阳玛瑙等石，或以豆柏楠镶心。或四八角，或方，或梅花，或葵花，或慈菇，或圆为式。或漆，或水摩。诸木成造者，用以阁蒲

石，或单玩美石，或置香橼盘，或置花尊，以插多花，或单置一炉焚香。此高几也。

若书案头所置小几，惟倭制佳绝。其式一板为面，长二尺，阔一尺二寸，高三寸余，上嵌金银片子花鸟、四簇树石。几面两横，设小档二条，用金泥涂之。下用四牙四足，牙口錽金，铜滚阳线镶铃。持之甚轻，斋中用以陈香炉、匙瓶、香合，或放一二卷册，或置清雅玩具，妙甚。

今吴中制有朱色小几，去倭差小，式如香案。更有紫檀花嵌，有假模倭制，有以石镶，或大如倭，或小盈尺。更有五六寸者，用以坐乌思藏錽金佛像、佛龛之类，或陈精妙古铜、官、哥绝小炉瓶，焚香插花，或置二三寸高天生秀巧山石小盆，以供清玩，甚快心目。按，见卷一五《燕闲清赏笺》卷中

焚香鼓琴

焚香鼓琴，惟宜香清烟细，如水沉、生香之类，则清馥韵雅。若他合和艳香，不入琴供。同上

真珠兰花

真珠兰，色紫，蓓蕾如珠，花开成帚，其香甚秾。以之蒸牙香、棒香，名曰兰香者，非此不可。广中极盛，携至南方，则不花矣。又名鱼子兰。按，见卷一六《燕闲清赏笺》卷下

沉香内补丸

能除百病，补诸虚，健脾胃，进饮食，添精补髓，延年益寿。服之年余，身轻体健。妇人服之尤妙。

沉香五钱　广木香五钱　乳香　没药各三钱　人参五钱　母丁香

三钱　石燕一对，烧红醋浸　海马一对，酥炙　鹿茸五钱，酥炙　仙灵皮五钱，酥炙　穿山甲五钱，灰炒　韭子五钱　八角茴香五钱　木通一两，炒　小茴香一两，炒黄　甘菊花五钱，盐炒　川楝子酒浸一宿，去皮核，一两　蛇床子一两　白茯苓一两　大附子一个，炮，去皮　川椒一两，去目　枸杞一两　麝香少许　葫芦巴一羊肠入内酒煮[一]，一两　丁香五钱

右为细末，酒糊丸，如梧桐子大。每服三十丸，空心温酒下，仍以干物压之。忌生冷腐粉、鱼腥诸血四十九日。又，洗药用紫梢花、松节、皮硝三味煎水，每日温洗之。按，见卷一七《灵秘丹药笺》卷上

〔一〕"一羊肠入内酒煮"，弦雪居本作"入羊肠内酒煮"，是。

香　鼠

形如鼠，仅长寸许，出云南。用治疝甚验。按，雅尚斋本无此条，据弦雪居本卷一八《灵秘丹药笺》卷下补

附录

屠隆序

夫人生实难，有生必灭，亭毒虔镏，递相推贡。何昼弗晦？何流弗东？朝市喧嚣，舟车杂沓，转盼之间，悉为飞尘。若朝花之谢夕英，后波之推前浪。无问韶媌丑姿，王侯厮养，同掩一丘。大期既临，无一得免者。智士作达，委而任之，顺自然之运，听必至之期，靡贪靡怖，时到即行。或纵娱乐，取快目前；或宝荣名，不朽身后。命曰旷达，亦庶几贤于火宅煎忧，土灰泯殁者矣。然若曹必无可奈何，而姑为此托寄，语虽近似，理则未然。不知命有可延之期，生有可尊之理。人患昧理而不能研讨，知其理矣，又或修持而不能精坚，卒之命先朝露，骨委黄垆，良可邑邑。

夫藏宝于箧者，挥掷则易空，吝啬则难尽，此人所共知也。人禀有限之气神，受无穷之薄蚀，精耗于嗜欲，身疲于过劳，心烦于营求，智昏于思虑。身坐几席而神驰八荒，数在刹那而计营万祀，揽其所必不可任，觊其所必不可得。第动一念，则神耗于一念；第着一物，则精漏于一物。终日营营扰扰，翕翕熠熠，块然方寸，迄无刻宁。即双睫甫交，魂梦驰走；四大稍定，丹府驿骚。形骸尚在，精华已离，犹然不省，方将为身外无益之图，劳扰未已也。譬之迅飙之振槁箨，冲波之泐颓沙，烈火之燎鸿毛，初阳之晞薤露，性命安得不伤，年龄安得不促乎！

至人知恌淫之荡精，故绝嗜寡欲以处清静；知沉思之耗气，故戒思少虑以宅恬愉；知疲劳之损形，故节慎起居以宁四大；知贪求之败德，故抑远外物以甘萧寥。畏侵耗如利刃，避伤损如寇

仇，护元和如婴儿，宝灵明如拱璧，防漏败如航海，严出入如围城。而观窍妙，明有无，媾阴阳，炼神气，成圣结丹，抱元守一，以至混沌如绵，虚空粉碎而后已，如是乃谓之尊生。自轩后柱下以来，维三光而后天地者，代有其人，宁可尽目之为诞谩不经乎！

虎林高深父，博学宏通，鉴裁玄朗。少婴羸疾，有忧生之嗟，交游湖海，咨访道术，多综霞编云笈、秘典禁方。家世藏书，资其淹博，虽中郎至赏，束晳通微，殆无以过。乃念幻泡之无常，伤蜉蝣之短晷，悟摄生之有道，知人命之可延，剖晰玄机，提拈要诀，著为《尊生八笺》。恬寂清虚，道乃来舍，故有《清修妙论》；阴阳寒暑，妙在节宣，故有《四时调摄》；养形以无劳为本，故有《起居安乐》；学道以治病为先，故有《延年却病》；消烦去闷，丹境怡愉，故有《燕闲清赏》；戒杀除膻，藏腑澄澈，故有《饮馔服食》；补髓还精，非服药不效，故有《灵秘丹药》；调神出壳，非脱尘不超，故有《尘外遐举》。继之修身炼性，养气怡神，以了道还元，长生度世。洵人外之奇书，玄中之宝箓也。

或谓大道以虚无为宗，有身以染着为累。今观高子所叙，居室运用、游具品物、宝玩古器、书画香草花木之类，颇极烦冗。研而讨之，驰扰神思；聚而蓄之，障阂身心。其于本来虚空，了无一法之旨，亦甚戾矣，何尊生之为？余曰不然。人心之体，本来虚空，奈何物态纷拏，汩没已久，一旦欲扫而空之，无所栖泊。及至驰骤漂荡而不知止，一切药物补元，器玩娱志，心有所寄，庶不外驰，亦清净之本也。及至豁然县解，跃然超脱，生平寄寓之物，并划一空，名为舍筏，名为甩手。嗟乎！此惟知道者可与语此耳。抱朴子、陶都水，得道至人，咸究心古今名物、阴

阳术数、医卜方药，一事不知，以为深耻。不闻障心而累道，何疑于深甫乎？

昔蔡邕秘王充《论衡》，以为至宝。今观《论衡》，间有名言，未关至理，颇事搜猎，终属冗猥。令中郎得见深甫《八笺》，当何以云？余恐宝《论衡》者，虽得《八笺》，未必知宝也。

万历辛卯孟夏之吉　　弢光居士屠隆纬真父撰

见《遵生八笺》卷首

李时英叙

不佞束发，探壁中科斗旌阳师八诫，神魂寄之。辛未，叨一第，官钦州，去家万里而遥。岛夷猖狂，岁坐烽火中，调兵食，即往来勾漏，悠然会心，而有生之乐无几矣。已而官爽鸠氏，载书乞南官，冰厅无事，闭影息交，日取二藏书服习之，其于遵生旨稍稍窥一斑。

庚辰春三月，梦陶贞白，坐语良久，即上书，不待报，归武林。斯时也，五柳依依，与张绪争少年矣。壬午春，坐圜中百日，大悟遵生口诀，以省中风尘起，未竟此缘，至今殊怏怏也。年来上武夷，过雁荡，求出尘如管涔童子、灵威丈人者，冀旦莫遇之，而龙沙八百，尚在渺茫间。

庚寅秋杪，自白岳归，有天际真人之想。适瑞南高子诣余曰：子虚往而实归矣。吾所集《遵生八笺》，皆生平所得实际语，子为我弹射之。余挑灯夜读，如入五都之市，毕陈众宝；如睟盘示儿，种种咸在。洛阳纸贵，自今始矣。余谢玄晏，乌能为子重。余癖嗜《抱朴子》，勤力著十万言，今千载又获睹《遵生》大编，且得尝禁脔焉。其一曰《清修妙论笺》，出入乎二氏，而耀宝珠以照浊世者也。其二曰《四时调摄笺》，贯彻乎阴阳，而

运杀机以全生机者也。其三曰《起居安乐笺》，蓬庐乎天地，而借幻境以养真诠者也。其四曰《延年却病笺》，橐钥乎三宝，以寿天命者也。其五曰《饮馔服食笺》，化工乎群品，以完天倪者也。其六曰《燕闲清赏笺》，遨游乎百物，以葆天和者也。其七曰《灵秘丹药笺》，借轩岐之梯航，以渡无量众生乎？其八曰《尘外遐举笺》，树箕颖之风声，以昭儒家功令乎？瑞南子良苦心矣。

余筮仕天涯，即五岭八桂，尽入奚囊。归来无岁不出游，名山洞府，足迹殆遍，未得窥二酉以印证了了于胸中者。幸而得《八笺》咀嚼之，洋洋洒洒，然遵生之旨大备矣。试展《清修妙论》，所以羽翼许师八诫者，功岂浅浅乎哉！他可知矣。余不敏，敢终身诵之，且乞寿之梓，以公天下具只眼者。高子曰：唯唯。

万历辛卯岁仲夏之辛卯日　贞阳道人仁和李时英撰

见《遵生八笺》卷首

四库全书总目提要

遵生八笺十九卷　通行本

明高濂撰。濂字深父，钱塘人。其书分为八目，卷一卷二曰《清修妙论笺》，皆养身格言，其宗旨多出于二氏。卷三至卷六曰《四时调摄笺》，皆按时修养之诀。卷七卷八曰《起居安乐笺》，皆宝物器用，可资颐养者。卷九卷十曰《延年却病笺》，皆服气道引诸术。卷十一至卷十三曰《饮馔服食笺》，皆食品名目，附以服饵诸物。卷一四至卷一六曰《燕闲清赏笺》，皆论赏鉴清玩之事，附以种花卉法。卷一七、一八曰《灵秘丹药笺》，皆经验方药。卷一九曰《尘外遐举笺》，则历代隐逸一百人事迹也。书中所载，专以供闲适消遣之用，标目编类，亦多涉纤仄，不出明

季小品积习，遂为陈继儒、李渔等滥觞。又如张即之，宋书家，而以为元人。范式，官庐江太守，而以为隐逸。其讹误亦复不少。特抄撮既富，亦时有助于检核。其详论古器，彙集单方，亦时有可采。以视剿袭清言、强作雅态者，固较胜焉。

见《四库全书总目》卷一二三

香 笺

〔明〕屠隆　撰

前 言

《香笺》一卷，明代屠隆撰。实为其所撰《考槃余事》卷三的部分内容，因俱与香学有关，题曰《香笺》。

屠隆（1543—1605），字长卿，又字纬真，号赤水、冥廖子、蓬莱仙客等，祖籍大梁（今河南开封），先世徙居明州（今浙江宁波），遂为浙江鄞县（今浙江宁波鄞州区）人。万历五年（1577）进士，历任颍上、青浦知县，迁礼部主事。万历十二年（1584）为人攻讦去官，自此放浪山水，诗书自娱，卖文为生，终老于乡。著作有诗文集《白榆集》《由拳集》等，又有杂著《娑罗馆清言》《考槃余事》等，另撰传奇《昙花记》《修文记》《彩毫记》三种，合称《凤仪阁乐府》。

《考槃余事》四卷，收录书画碑帖、文房器具、茶、香、炉、起居服饰、游具、盆玩等，名目繁多，共分17类，囊括了明代晚期文人日常生活的各个方面。该书于屠隆身后付梓，现存明刊本3种，清刊本及民国刊本数种，这些刊本大多著录为《考槃余事》四卷。而明代冯可宾辑刊的《广百川学海》及清代宋泽元辑刊的《忏华盦丛书》，将其书拆分为十七卷，其中《香笺》一卷，且内容也有所增补。黄宾虹等人辑编《美术丛书》，即依此体例，收录《书笺》《帖笺》《画笺》《琴笺》《纸墨笔砚笺》《香笺》《茶笺》《山斋清供笺》《起居器服笺》《文房器具笺》《游具笺》共十一种。本丛编专门收录香学典籍，故采用《忏华盦丛书》本为底本，以《香笺》为名，加以点校。整理过程中，参校明代陈继儒编订的《考槃余事》尚白斋本（简称"尚白斋

本”)、陈继儒辑编的《宝颜堂秘笈》本（简称“秘笈本”）及清代马俊良辑编的《龙威秘书》本（简称“龙威本”）。同时，将《考槃余事》收入其他门类而与香料有关的条目加以辑选，附于《香笺》条目之下。目录重新编制，有关序跋提要及作者传记作为附录，以供参考。

　　需要特别加以说明的是，屠隆《考槃余事》一书，十之六七的内容，都抄自明代高濂《遵生八笺》，故二书内容颇多重复（见欧贻宏《〈遵生八笺〉与〈考槃余事〉》）。即如《忏华盦丛书》本《香笺》所增 4 条，亦全部抄自《遵生八笺》。今将《香笺》收入本丛编，列于高濂《遵生八笺》之下，亦聊备香学专著之一种云尔。

目 录

序

咸丰癸丑，余方弱冠，客潮阳，购得钞本屠长卿先生《考槃余事》一册，分十七卷，盖以标目一种为一卷也，藏之行笥三十余年矣。后阅陈眉公及冯可宾所刻之本，皆散漫错杂，未列卷数。《四库总目》题曰四卷，虽与其嗣孙继序刻本相符，乃又析笠、杖、渔竿之属，另作《游具雅编》一卷，仍属未洽。详考诸本，或此载而彼挂漏，或此详而彼阙略，或一语而各门重复屡见，大抵辗转流传，不免钞胥之误。予因悉心参订，漏者补之，阙者增之，重复屡见者芟薙而节存之，亟付手民，以广其传。

先生于明代为循吏，为通儒，晚益纵情诗酒。史称其尝使二人对案，拈二题各赋百韵，咄嗟之间，二章并就。又与人对弈，口诵诗文，命人书之，书不逮诵。才之敏捷豪肆如此。是编涉笔成趣，风雅宜人，虽辨帖、论书，间有未尽精核处，然其经营品骘，莫非吾辈起居日用之需。熏香摘艳，茹古涵今，会心人三复斯编，当必有怡情物外者矣。

光绪乙酉春暮　山阴宋泽元书于忏花盦

考槃余事卷十

香 笺

论 香 [一]

香之为用，其利最溥。物外高隐，坐语道德，焚之可以清心悦神；四更残月，兴味萧骚，焚之可以畅怀舒啸。晴窗拓帖，挥麈闲吟，篝灯夜读，焚以远辟睡魔，谓古伴月可也；红袖在侧，密语谈私，执手拥炉，焚以熏心热意 [二]，谓古助情可也。坐雨闭窗，午睡初足，就案学书，啜茗味淡，一炉初爇，香霭馥馥撩人。更宜醉筵醒客，皓月清宵，冰弦戛指，长啸空楼，苍山极目，未残炉爇，香雾隐隐绕帘，又可祛邪辟秽。随其所适，无施不可。

品其最优者，伽南止矣。第购之甚艰，非山家所能卒办。其次莫若沉香，沉有三等：上者气太厚，而反嫌于辣；下者质太枯，而又涉于烟；惟中者约六七分一两，最滋润而幽甜，可称妙品。煮茗之余，即乘茶炉火便，取入香鼎，徐而爇之，当斯会心景界，俨居太清宫，与上真游，不复知有人世矣。噫，快哉！

近世焚香者，不博真味，徒事好名，兼以诸香合成，斗奇争巧，不知沉香出于天然，其幽雅冲淡，自有一种不可形容之妙。若修合之香，既出人为，就觉浓艳。即如通天、熏冠、庆真、龙涎、雀头等项，纵制造极工，本价极费，决不得与沉香较优劣，亦岂贞夫高士所宜耶？

〔一〕"论香"，尚白斋本、秘笈本无"论"字。

819

〔二〕"焚以熏心热意"，尚白斋本、秘笈本皆作"焚以熏一热意"。

伽南香〔一〕

有糖结伽南，锯开，上有油如饴糖，黑白相间，黑如墨，白如糙米〔二〕。焚之，初有羊膻微气。有金丝伽南，色黄，上有绺若金丝〔三〕。惟糖结为佳。

〔一〕"伽南香"，诸本皆作"棋楠香"。文中二处"伽南"，亦作"棋楠"。

〔二〕"白如糙米"，尚白斋本、秘笈本、龙威本皆作"白如燥米"。

〔三〕"上有绺若金丝"，尚白斋本、秘笈本作"止有绺若金丝"，误。

角沉香

质重，劈开如墨色者佳。不在沉水，好速亦能沉也。有以碎沉香辏炼成大块，以市于人，当细辨之。

片速香

俗名"鲫鱼片"，雉鸡斑者佳。有伪为者，亦以重实为美。

唵叭香

一名黑香，以软净色明者为佳。手指可捻为丸者，妙甚，惟都中有之。

香　角〔一〕

俗名"牙香"，以面有黑烂色者为铁面，纯白不烘焙者为生香〔二〕。其生香之味妙甚，在广中价亦不轻。

〔一〕"香角"，龙威本作"角香"。

〔二〕本句误衍一"为"字。

降真香

紫实为佳。茶煮出油，焚之。

白胶香

有如明条者佳。

黄檀香

黄实者佳。茶浸，炒黄，去腥。

芙蓉香

京师刘鹤制，妙。

苍 术

句容茅山产，细梗如猫粪者佳。

万春香

内府者佳。

兰 香

以鱼子兰蒸低速香、牙香块者，佳。近以末香滚竹棍蒸者〔一〕，恶甚。

〔一〕"近以末香滚竹棍蒸者"，尚白斋本、秘笈本作"近以木香滚以棍蒸者"。

安息香

都中有数种，总名安息。其最佳者，刘鹤所制月麟香、聚仙香、沉速香三种，百花香即下矣。

龙挂香

有黄、黑二品，黑者价高。惟内府者佳，刘鹤所制亦可。

甜　香

惟宣德年制者，清远味幽可爱。燕市中货者，坛黑如漆，白底上有烧造年月，每坛二三斤。有锡罩盖罐子，一斤一坛者方真。

黄香饼

王镇住东院所制，墨沉色无花纹者佳甚〔一〕。伪者色黄，恶极。

〔一〕"墨沉色"，诸本皆作"黑沉色"。

黑香饼

刘鹤二钱一两者佳。前门外李家，印各色花巧者，亦妙。

京线香

前门外李家第二分每束价一分，佳甚。

龙楼香

内府者佳。

玉华香

武林高深甫所制。

暖阁香

有黄、黑二种，刘鹤制佳。

黑芸香

河南短束城上王府者佳。

香 炉

官、哥、定窑，龙泉，宣铜，潘铜，彝炉，乳炉，大如茶杯而式雅者为上。

香 盒

有宋剔梅花蔗段盒，金银为素，用五色滕胎〔一〕，刻法深浅，随妆露色，如红花绿叶、黄心黑石之类，夺目可观。有定窑、饶窑者，有倭盒三子、五子者，有倭撞可携游。必须子口紧密，不泄香气方妙。

〔一〕"五色滕胎"，尚白斋本、秘笈本同，龙威本作"五色漆胎"，是。

隔 火

银钱、云母片、玉片、砂片俱可，以火浣布如钱大者，银镶周围，作隔火，尤难得。凡盖隔火，则炭易灭，须于炉四围用箸直搠数十眼，以通火气周转方妙。炉中不可断火，即不焚香，使其长温，方有意趣。且灰燥易燃，谓之"灵灰"。其香尽余块，

用磁盒或古铜盒收起，可投入火盆中，熏焙衣服[一]。

〔一〕"熏焙衣服"，诸本皆作"熏焙衣被"。

匙 箸

云间胡文明制者佳。南都白铜者亦适用，金玉者似不堪用。

箸 瓶

吴中近制短颈细孔者，插箸下重不仆。古铜者亦佳。官、哥、定窑者，不宜日用。

香 盘

紫檀、乌木为盘，以玉为心，用以插香。

袖 炉

书斋中熏衣炙手，对客常谈之具。如倭人所制漏空罩盖漆鼓，可称清赏。今新制有罩盖方圆炉，亦佳。

炉 灰[一]

以纸钱灰一斗，加石灰二升，水和成团，入大灶中烧红取出，又研细，入炉用之，则火不灭。忌以杂火恶炭入灰，炭杂则灰死不灵，入火一盖即灭。有好奇者用茄蒂烧灰等说，太过。

〔一〕按，此条及以下3条共4条，诸本无，乃《忏花盦丛书》抄自《遵生八笺》。

香灰墼

以鸡骨炭碾为末，入葵叶或葵花，少加糯米粥汤，和之成

饼。或烂枣入石灰，和炭造者亦妙。

留宿火法

好胡桃一枚，烧半红，埋热灰中，三五日不灭。

香都总匣

嗜香者不可一日去香，书室中宜制提匣，作三撞式，用锁钥启闭，内藏诸品香物。更设磁合、磁罐、铜合、漆匣、木匣，随宜置香，分布于都总管领，以便取用。须造子口紧密，勿令香泄为佳。

焚 香

香清烟细。如水沉、生香之类，则清馥韵雅。最忌龙涎及儿女态香。按，见《忏花盦丛书》本卷九《琴笺》，四卷本卷二

卧褥炉

以铜为之，花文透漏，机环转运四周而炉体常平，可置之被褥。按，见《忏华盦丛书》本卷一二《起居器服笺》，四卷本卷四

附录

钱大昕序

屠长卿先生以诗文雄隆、万间，在弇洲四十子之列。虽宦途不达，而名重海内。晚年优游林泉，文酒自娱，萧然无世俗之思。今读先生《考槃余事》，评书论画，涤砚修琴，相鹤观鱼，焚香试茗，几案之珍，巾舄之制，靡不曲尽其妙。具此胜情，宜其视轩冕如浮云矣。兹先生之嗣孙继序等，重付剞劂，属予校正，并题数言归之。

乾隆乙巳季夏晦日　钱大昕书

见《忏华盦丛书》本《考槃余事》卷首

屠继序跋

唐宋以来，文人学士，耳闻目见，俱以说部相尚。其间详艺苑之闲情，志山家之清供，惟赵氏《洞天清禄》、曹氏《格古要论》，为别成一格。余先祖仪部纬真公，向传有《考槃余事》四卷，依类分笺，辨析精审，笔墨所至，独具潇洒出尘之想。俾览者于明窗净几、好香苦茗时，得以赏心而悦目。洵足与赵、曹二书，并垂不朽已。

乾隆乙巳夏日　嗣孙继序百拜谨跋

见《龙威秘书》本卷末

四库全书总目提要

考槃余事四卷　通行本

明屠隆撰。隆有《篇海类编》，已著录。是书杂论文房清玩之事，一卷言书板碑帖，二卷评书画琴纸，三卷四卷则笔砚炉

瓶，以至一切器用服御之物，皆详载之，列目颇为琐碎。其论明一代书家，以祝允明为第一，而文徵明次之，轩轾亦未尽平允。

见《四库全书总目》卷一三〇

屠隆传

屠隆者，字长卿，（沈）明臣同邑人也。生有异才，尝学诗于明臣，落笔数千言立就。族人大山、里人张时彻方为贵官，共相延誉，名大噪。举万历五年进士，除颍上知县，调繁青浦。时招名士饮酒赋诗，游九峰、三泖，以仙令自许。然于吏事不废，士民皆爱戴之。迁礼部主事。

西宁侯宋世恩兄事隆，宴游甚欢。刑部主事俞显卿者，险人也，尝为隆所诋，心恨之。讦隆与世恩淫纵，词连礼部尚书陈经邦。隆等上疏自理，并列显卿挟仇诬陷状。所司乃两黜之，而停世恩俸半岁。隆归，道青浦，父老为敛田千亩，请徙居。隆不许，欢饮三日，谢去。

归益纵情诗酒，好宾客，卖文为活。诗文率不经意，一挥数纸。尝戏命两人对案拈二题，各赋百韵，咄嗟之间，二章并就。又与人对弈，口诵诗文，命人书之，书不逮诵也。

子妇沈氏，修撰懋学女。与隆女瑶瑟并能诗。隆有所作，两人辄和之。两家兄弟合刻其诗，曰《留香草》。

见《明史》卷二八八《文苑传四》

长物志（选）

〔明〕文震亨　撰

前　言

《长物志》十二卷，明文震亨撰，是中国古代著名的造园著作。

文震亨（1585—1645），字启美，长洲（今江苏苏州）人。以文氏祖籍雁门，故自署雁门文震亨。曾祖文徵明、祖父文彭，俱为明代著名书画家。文震亨于天启六年（1626）选为恩贡，崇祯初年任中书舍人，给事武英殿。明亡后一度入仕南明政权，于顺治二年（1645）绝粒而死，清乾隆年间追谥节愍。文震亨承继家学，书画兼能，尤以山水擅名，又善鼓琴。生平著作有《金门集》《文生小草》《香草诗选》等，最著者则为《长物志》。

《长物志》十二卷，每卷一志，计有《室庐》《花木》《水石》《禽鱼》《书画》《几榻》《器具》《衣饰》《舟车》《位置》《蔬果》《香茗》十二志。其中与香学有关的内容，主要收录在卷一二《香茗》及卷七《器具》二志中。从条目和内容上来看，实与高濂《遵生八笺》颇有相似之处。

今将《长物志》中有关香学的条目收入本丛编，以明刊本为底本，粤雅堂丛书本及四库本为参校本。目录重新编制，相关序跋及提要、作者传记等收入附录。

在整理过程中，参考了陈植先生所著《长物志校注》一书，特此致谢。

目 录

序

　　夫标榜林壑，品题酒茗，收藏位置图史、杯铛之属，于世为闲事，于身为长物，而品人者，于此观韵焉、才与情焉。何也？挹古今清华美妙之气于耳目之前，供我呼吸；罗天地琐杂细碎之物于几席之上，供我指挥。挟日用寒不可衣、饥不可食之器，尊逾拱璧，享轻千金，以寄我之慷慨不平，非有真韵、真才与真情以胜之，其调弗同也。近来富贵家儿，与一二庸奴、钝汉，沾沾以好事自命。每经赏鉴，出口便俗，入手便粗，纵极其摩娑护持之情状，其污辱弥甚，遂使真韵、真才、真情之士，相戒不谈风雅。噫！亦过矣。

　　司马相如携卓文君，卖车骑，买酒舍，文君当垆涤器，映带犊鼻裈边。陶渊明方宅十余亩，草屋八九门，丛菊孤松，有酒便饮，境地两截，要归一致。右丞茶铛药臼，经案绳床。香山名姬骏马，攫石洞庭，结堂庐阜。长公声伎醋适于西湖，烟舫翩跹乎赤壁，禅人酒伴，休息夫雪堂。丰俭不同，总不碍道，其韵致才情，政自不可掩耳。余向持此论告人，独余友启美氏绝颔之。春来将出其所纂《长物志》十二卷，公之艺林，且属余序。

　　予观启美是编，室庐有制，贵其爽而倩、古而洁也；花木、水石、禽鱼有经，贵其秀而远、宜而趣也；书画有目，贵其奇而逸、隽而永也；几榻有度，器具有式，位置有定，贵其精而便、简而裁也；衣饰有王、谢之风，舟车有武陵、蜀道之想，蔬果有仙家瓜枣之味，香茗有荀令、玉川之癖，贵其幽而暗、淡而可思也。法律指归，大都游戏点缀中一往删繁去奢之意存焉。岂惟庸

奴、钝汉不能窥其崖略，即世有真韵致、真才情之士，角异猎奇，自不得不降心以奉启美为金汤。诚宇内一快书，而吾党一快事矣。余因语启美："君家先严征仲太史，以醇古风流，冠冕吴趋者，几满百岁。递传而家声香远，诗中之画，画中之诗，穷吴人巧心妙手，总不出君家谱牒。即余日者过子，盘礴累日，婵娟为堂，玉局为斋，令人不胜描画。则斯编常在子衣履襟带间，弄笔费纸，又无乃多事耶？"启美曰："不然。吾正惧吴人心手日变，如子所云。小小闲事长物，将来有滥觞而不可知者，聊以是编隄防之。"有是哉！"删繁去奢"之一言，足以序是编也。予遂述前语相谂，令世睹是编，不徒占启美之韵之才之情，可以知其用意深矣。

友弟吴兴沈春泽书于余英草阁

卷一二

香、茗之用，其利最溥。物外高隐，坐语道德，可以清心悦神；初阳薄暝，兴味萧骚，可以畅怀舒啸；晴窗拓帖，挥麈闲吟，篝灯夜读，可以远辟睡魔；青衣红袖，密语谈私，可以助情热意；坐雨闭窗，饭余散步，可以遣寂除烦；醉筵醒客，夜语蓬窗，长啸空楼，冰弦戛指，可以佐欢解渴。品之最优者，以沉香、岕茶为首。第焚煮有法，必贞夫韵士，乃能究心耳。志《香茗》第十二。

伽南香

一名奇蓝，又名琪璠，有糖结、金丝二种。糖结面黑若漆，坚若玉，锯开上有油若糖者，最贵。金丝，色黄，上有线若金者，次之。此香不可焚，焚之微有膻气。大者有重十五六斤，以雕盘承之，满室皆香，真为奇物。小者以制扇坠、数珠，夏月佩之，可以辟秽。居常以锡合盛蜜养之，合分二格，下格置蜜，上格穿数孔，如龙眼大，置香，使蜜气上通，则经久不枯。沉水等香亦然。

龙涎香

苏门荅剌国有龙涎屿，群龙交卧其上，遗沫入水，取以为香。浮水为上，渗沙者次之，鱼食腹中刺出如斗者又次之。彼国亦甚珍贵。

沉 香

质重，劈开如墨色者佳。沉取沉水，然好速亦能沉。以隔火炙过，取焦者别置一器，焚以熏衣被。曾见世庙有水磨雕刻龙凤者，大二寸许。盖醮坛中物，此仅可供玩。

片速香

俗名鲫鱼片。雉鸡斑者佳，以重实为美，价不甚高。有伪为者，当辨。

唵叭香

香腻甚，着衣袂，可经日不散。然不宜独用，当同沉水共焚之。一名黑香。以软净色明、手指可捻为丸者为妙。都中有唵叭饼，别以他香和之，不甚佳。

角 香

俗名牙香，以面有黑烂色黄纹直透者为黄熟，纯白不烘焙者为生香。此皆常用之物，当觅佳者。但既不用隔火，亦须轻置炉中，庶香气微出，不作烟火气。

甜 香

宣德年制，清远味幽可爱。黑坛如漆，白底上有烧造年月，有锡罩盖罐子者，绝佳。"芙蓉"、"梅花"，皆其遗制。近京师制者亦佳。

黄黑香饼

恭顺侯家所造大如钱者，妙甚。香肆所制小者，及印各色花

巧者，皆可用。然非幽斋所宜，宜以置闺阁。

安息香

都中有数种，总名安息，月麟、聚仙、沉速为上。沉速有双料者，极佳。内府别有龙挂香，倒挂焚之，其架甚可玩。若兰香、万春、百花等，皆不堪用。

暖阁 芸香

暖阁，有黄黑二种。芸香，短束出周府者佳。然仅以备种类，不堪用也。

苍 术

岁时及梅雨郁蒸，当间一焚之。出句容茅山，细梗者佳，真者亦艰得。

瑞 香

相传庐山有比丘昼寝，梦中闻花香，寤而求得之，故名"睡香"。四方奇之，谓花中祥瑞，故又名"瑞香"，别名麝囊。又有一种金边者，人特重之。枝既粗俗，香复酷烈，能损群花，称为"花贼"，信不虚也。按，见《长物志》卷二

薝 卜

一名越桃，一名林兰，俗名栀子，古称禅友。出自西域，宜种佛室中。其花不宜近嗅，有微细虫入人鼻孔。斋阁可无种也。同上

香 炉

三代、秦、汉鼎彝，及官、哥、定窑、龙泉、宣窑，皆以备赏鉴，非日用所宜。惟宣铜彝炉稍大者，最为适用，宋姜铸亦可。惟不可用神炉、太乙及鎏金白铜双鱼、象鬲之类，尤忌者云间潘铜、胡铜所铸八吉祥、倭景、百钉诸俗式，及新制建窑、五色花窑等炉。又古青绿博山，亦可间用。木鼎可置山中，石鼎惟以供佛，余俱不入品。古人鼎彝，俱有底盖，今人以木为之，乌木者最上，紫檀、花梨俱可。忌菱花、葵花诸俗式。炉顶以宋玉帽顶及角端、海兽诸样，随炉大小配之。玛瑙、水晶之属旧者，亦可用。按，见《长物志》卷七

香 合

香合以宋剔合色如珊瑚者为上。古有一剑环、二花草、三人物之说，又有五色漆胎，刻法深浅，随妆露色，如红花绿叶、黄心黑石者。次之有倭盒三子、五子者，有倭撞金银片者，有果园厂大小二种，底盖各置一厂，花色不等，故以一合为贵。有内府填漆合，俱可用。小者有定窑、饶窑蔗段、串铃二式，余不入品。尤忌描金及书金字。徽人剔漆并磁合，即宣成、嘉隆等窑，俱不可用。同上

隔 火

炉中不可断火，即不焚香，使其长温，方有意趣。且灰燥易燃，谓之"活火"。隔火，砂片第一，定片次之，玉片又次之。金银不可用。以火浣布如钱大者，银镶四围，供用尤妙。同上

匙 箸

匙筋〔一〕，紫铜者佳。云间胡文明及南都白铜者，亦可用。

忌用金银及长大填花诸式。同上

〔一〕"匙筋"，误，应作"匙筯"，此因"筋"、"筯"（箸）二字
形近致误。

箸　瓶

箸瓶，官、哥、定窑者虽佳，不宜日用。吴中近制短颈细孔
者，插箸下重不仆。铜者不入品。同上

袖　炉

熏衣炙手，袖炉最不可少。以倭制漏空罩盖漆鼓为上，新制
轻重方圆二式，俱俗制也。同上

手　炉

手炉，以古铜青绿大盆及簠簋之属为之，宣铜兽头三脚鼓炉
亦可用。惟不可用黄白铜，及紫檀、花梨等架。

脚炉，旧铸有俯仰莲坐细钱纹者，有形如匣者，最雅。

被炉，有香球等式，俱俗，竟废不用。同上

香　筒

香筒，旧者有李文甫所制，中雕花鸟竹石，略以古筒为贵。
若太涉脂粉，或雕镂故事人物，便称俗品。亦不必置怀袖间。同
上

数　珠

数珠，以金刚子小而花细者为贵，宋做玉降魔杵、玉五供养
为记总。他如人顶、龙充、珠玉、玛瑙、琥珀、金珀、水晶、砗

碟者，俱俗。沉香、伽南香者则可。尤忌杭州小菩提子，及灌香于内者。同上

扇坠

扇坠，宜用伽南、沉香为之，或汉玉小玦及琥珀眼掠皆可。香串、缅茄之属，断不可用。同上

置　炉

于日坐几上，置倭台几方大者一，上置炉一；香盒大者一，置生熟香；小者二，置沉香、香饼之类；箸瓶一。斋中不可用二炉，不可置于挨画桌上，及瓶盒对列。夏月宜用磁炉，冬月用铜炉。按，见《长物志》卷一〇

附录

伍绍棠跋

右《长物志》十二卷，明文震亨撰。震亨字启美，长洲人，徵明之曾孙。崇祯中，官武英殿中书舍人，以善琴供奉，明亡，殉节死。徐埜公《明画录》称其画宗宋元诸家，格韵兼胜。考《明诗综》录启美诗二首，并述王觉斯语，言湛持忧谗畏讥，而启美浮沉金马，吟咏徜徉，世无嫉者，由其处世固有道焉。湛持即启美之兄，长洲相国也。顾绝不言其殉节事，岂竹垞尚传闻未审欤？

有明中叶，天下承平，士大夫以儒雅相尚，若评书品画、瀹茗焚香、弹琴选石等事，无一不精。而当时骚人墨客，亦皆工鉴别，善品题，玉敦珠盘，辉映坛坫。若启美此书，亦庶几卓卓可传者。盖贵介风流，雅人深致，均于此见之。曾几何时，而国变沧桑，向所谓玉躞金题，奇花异卉者，仅足供楚人一炬。呜呼！运无平而不陂，物无聚而不散。余校此书，正如孟尝君闻雍门子琴，泪涔涔沾襟，而不能自止也。

　　　　同治甲戌小寒前一日　南海伍绍棠谨跋

　　　　见《美术丛书》三集第九辑

四库全书总目提要

长物志十二卷　浙江鲍士恭家藏本

明文震亨撰。震亨字启美，长洲人，征明之曾孙。崇祯中，官武英殿中书舍人，以善琴供奉，明亡殉节死。是编分室庐、花木、水石、禽鱼、书画、几榻、器具、位置、衣饰、舟车、蔬

果、香茗十二类，其曰"长物"，盖取《世说》中王恭语也。凡闲适玩好之事，纤悉毕具，大致远以赵希鹄《洞天清录》为渊源，近以屠隆《考槃余事》为参佐。明季山人墨客，多以是相夸，所谓清供者是也。然矫言雅尚，反增俗态者有焉。惟震亨世以书画擅名，耳濡目染，与众本殊，故所言收藏赏鉴诸法，亦具有条理。所谓王谢家儿，虽复不端正者，亦奕奕有一种风气欤？且震亨捐生殉国，节概炳然，其所手编，当以人重，尤不可使之泯没。故特录存之，备杂家之一种焉。

见《四库全书总目》卷一二三

武英殿中书舍人致仕文公行状

弘光元年五月，南都既陷，六月，略地至苏州。武英殿中书舍人致仕文公，辟地阳澄湖滨，呕血数日卒。幼子果既长，谋葬公于东郊之新阡，属公之弥甥顾苓具状，以请铭于当世大人先生。

公讳震亨，字启美。七世祖定聪，于武昌侍高皇帝为散骑舍人，赘浙江，生德。德自浙江来占籍长洲，生成化乙酉举人、涞水教谕洪。洪生成化壬辰进士、温州知府林。林生翰林院待诏征明，世所称衡山先生者也。徵明生国子监博士彭，彭生卫辉府同知元发，元发生礼部尚书、东阁大学士文肃公震孟及公。

公生于万历乙酉，少而颖异，生长名门，翰墨风流，奔走天下。辛酉，以诸生卒业南雍，流寓白下。明年，文肃公廷对第一，遂慨然称王无功语云："人间名教，有兄尸之矣。"天启甲子，试秋闱不利，即弃科举，清言作达，选声伎，调丝竹，日游佳山水间。寻值逆阉擅政，捕天下贤士大夫，杀之狱。文肃公旦夕虑不免，公乃归故园，侍文肃公。烈皇帝登极，召文肃公还

朝。或劝公仕，不应。丙子，文肃公薨，逾年脂车而北，就选人得陇州半刺。先是，以琴书名达禁中，蒙上特改为中书舍人，协理校正书籍事务。交游赠处，倾动一时。历三年，值漳浦黄道周以词臣建言，触上怒，穷治朋党，词连及公，下刑部狱。久之，复职。壬午，奉命劳军蓟州，给假归里，将以甲申还朝，而有三月十九日之变。事出非常，人情旁午，郡中士大夫皆就公问掌故，谋进止焉。皇帝即位南京，原官召公，以覃恩赠公生母史氏为孺人。时柄国者为公诗酒旧游，不堪负荷，公亦不为之下，渐不能容。上疏引疾，奉旨致仕。散员致仕，前此未有也。

公长身玉立，善自标置，所至必窗明几净，扫地焚香。所居香草垞，水木清华，房栊窈窕，阛阓中称名胜地。曾于西郊构碧浪园，南都置水嬉堂，皆位置精洁，人在画图。致仕归于东郊，水边林下，经营竹篱茅舍，未就而卒。今即其地为新阡矣。所著有《香草选》五卷、《秣陵诗》《岱宗琐录》《武夷外语》《金门集》《土屋缘》《长物志》《开读传信》诸刻行世，未刻者有《陶诗注》《前车野语》。其他遗稿，散佚甚多。

元配王氏，故征君王百谷先生女孙，生子东，郡诸生。侧室生子果，能诗画，世其家学云。

见清顾苓《塔影园集》卷一

香本纪

〔明〕吴从先　撰

前　言

《香本纪》一卷，明代吴从先撰。

吴从先，字宁野，号小窗，常州（今属江苏）人。生卒年不详，大约生活在嘉靖末年至崇祯末年（1566—1644）之间。仕历不详。生平喜游历，好读书，与陈继儒、焦竑等交游。著作有《小窗自纪》四卷、《小窗艳纪》十四卷、《小窗清纪》五卷、《小窗别纪》四卷，合称吴氏"四记"。又撰《香本纪》一卷。

《香本纪》，前有小序，略言"近番逸典，偶蠹残书，扬其高风，流之青翰"。全书共收录香品、香事等逾50则，亦颇有不见于其他香学专著者。今收入本丛编，整理点校，以国学扶轮社宣统年间铅印本《香艳丛书》为底本，参校其他香学专著及出处诸书。原书条目皆无标题，今据内容重拟标题，并重新编制目录。有关序跋及提要收入附录。

目　录

自 序

　　若夫使君劳南陌之车，烟云遍野；韩寿醒东楼之梦，薄幸弥天。遂使异种沉沦于绝域，仙踪遗老于飞岩。无论目所未经，良亦耳不期食。敻哉谱帙，冤矣芳魂。近番逸典，偶蠹残书，扬其高风，流之青翰。蓄唵叭而若珍，亵檀丸以称富者，或能访于殊方，俾得征之外史。作本纪。

香本纪

千年龙脑

减阳山，有神农鞭药处。山上紫阳观中，有千年龙脑，叶圆而背白，无花实，香在树心中。断其树，膏流出，作坎以承之，清香为百药之祖。西方林罗短阤国，有羯布罗香，干如松株，叶异。温时无香[一]，干后折之，状如云母，色如冰雪。亦名龙脑。

〔一〕"温时无香"，按，唐玄奘等《大唐西域记》卷一〇云："羯布罗香树，松身异叶，花果斯别。初采既湿，尚未有香，木干之后，循理而析，其中有香，状若云母，色如冰雪，此所谓龙脑香也。"据此，应作"湿时无香"，因"温"、"湿"二字形近致误。

荼芜香

燕昭王二年，波戈国贡荼芜香[一]，焚之，着衣则弥月不绝，浸地则土石皆香，着朽木腐草皆郁茂，以熏枯骨则肌肉立生。

〔一〕"波戈国贡荼芜香"，误，应作"波弋国贡荃芜香"，典出晋王嘉《拾遗记》。参见洪刍《香谱》卷上与《陈氏香谱》卷一"荼芜香"条及相关校记。

闻遐草

齐桓公伐山戎，得闻遐草。带者耳聪，香如桂，茎如兰。

石叶香

汉文帝聘灵芸，道侧烧石叶香。其石重叠如银母，善辟恶

疾，腹题国所进。

芸香草

芸香草，死可复生，置于衣书辟蠹。汉种之于兰台石。

明天发日香

汉武帝常夕望东边有云起，俄见双白鹄集台上，化为幼女舞于台，握凤管之箫，抚落霞之琴，歌青吴春波之曲。帝开暗海玄落之席，散明天发日之香。香出脣池寒国，有发日树，日从云出，云来掩日。风吹树枝，即拂云开日光。

蘅芜香

武帝息延凉室，梦李夫人授帝蘅芜香。帝惊起，香起着衣枕间，历月不歇。帝改为遗芳蓼。

兜木香

兜木香，烧之去恶气，除疾疫。武帝时兜渠国献。如大豆，涂门上，香闻百里。关中大疫，烧此香则止，死者皆起。

五色香草

园客，济阴人。种五色香草，服其实。忽有五色蛾集，客荐之以布，生华蚕。蚕食香草，得茧一百二十枚，大如瓮。有一女自来助缫，每一茧缫六七日。缫绝，女与客俱仙。

含 香

昭帝元始元年，穿地植芰荷。一茎四叶，实如圆珠，可以饰

佩，葳蕤芳馥，彻十余里。宫人嚼之，口中香透脉理，名曰含香。

青檀膏

元封中，起方山像，烧天下异香，有沉光、精祇、明庭、金磾、涂魂。帝张青檀之灯，青檀有膏如淳漆，削置器中，以蜡和之，香然数里。

神精香

光和元年，波七国献神精香〔一〕，即荃蘪，一名春芜。一根百条，皮如丝，织成为春芜布，握一片，满室皆香。妇人带之，终身芬馥。

〔一〕"波七国"，误，应作"波弋国"，此因"七"、"弋"二字形近致误。参见上文"荼芜香"条相关校记。

百蕴香

飞燕浴五蕴七香汤，合德浴豆蔻汤。成帝谓后不如婕好，后乃燎百蕴香。

百濯香

孙亮作琉璃屏风，甚莹彻。每于月夕，与爱姬朝沫、丽居、洛珍、洁华，四人同坐，外望之如无隔。合四气香，凡经幸处，香气沾衣，历年弥盛，百浣不歇，因名百濯香。

月氏香

月氏国使者献香，曰："东风入律，百旬不休；青云干吕，

连月不散。"意中国有好道之君，故搜奇蕴异而贡神香，乘沉牛以济弱渊，今十三年矣。香能起夭残之疾，下生之神药也。即聚窟州返魂树，其形如枫，其叶香闻数百里。伐其根心，于玉釜中煮汁，更火煎之，如黑饴，可令丸。一名惊精，一名振灵，一名返生，一名人鸟精，一名却死。人即有瘟者，闻其香亦活。

龙涎香

龙涎香，苏门答次国西去一昼夜，有龙涎屿，独峙南巫里洋之内。浮滟海面，波激云腾。每至春，群龙交戏于上而涎遗。国人驾独木舟，伺龙出没而采之。其涎初若脂胶，黑黄色，颇有鱼腥气。久而成块，焚之清香。

沉　香

唐太宗问高州首领冯盎云："卿去沉香远近？"盎曰："左右皆香树。然其生者无香，惟朽者香耳。"

瓜恶香

麝，形似獐而小，其香在阴前皮内，别有膜裹之，春分取其生者佳。唐郑注赴职河中，姬妾骑百余，皆带麝，气逆人鼻数里，所过路瓜尽死，一蒂不收。名为瓜恶香。

紫木香

紫木香，即桂香之美者。一名仁兰，一名金杠，一名麝香草，出苍梧、桂林二郡。今吴中有草，色如红蓝而甚芳。

馥齐香

婆斯国馥齐香，皮青色薄，而极光净，叶如阿魏，每三叶生于条端，无花实。八月伐之，至腊月更抽新条，极滋茂。七月断其枝，有黄汁，其状如蜜。入缶，香气透彻，且治病。

无石子

无石子，出波斯国。叶如桃而长，三月开花，白色，花心微红，子如弹丸。

紫铆

紫铆树，真腊国出。条枝郁茂，叶如橘，冬不凋，花白色，无实。天大雨雾，沾其树，枝条即出紫铆。

都夷香

都夷，如枣核，食一片则历月不饥。以粒如粟米许，投水中，俄而满大盂。

降真香

降真香，出黔南，又生大秦国，又生南海山中。主天行时气、宅舍怪异，并烧悉验。《神仙传》云："烧之，引鹤降。"

藿香

藿香，树生千岁，根本甚大，伐之四五年，木皆朽败，惟中节坚固，芬香独存。

万岁枣木香

万岁枣木香，出三佛齐。树类丝瓜，冬取根，晒干者香。

安息树

安息树如苦楝，大而直，叶类羊桃而长，中心有脂作香。又树脂其形色类核桃襄[一]，不宜干烧，然能发众香，故人取以和香。

〔一〕"核桃襄"，疑应作"核桃瓢"。此因"襄"、"瓢"二字音近致误。

艾　纳

艾纳，松皮上藓衣也。合诸香烧之，其烟团聚，青白可爱。

笃耨香

笃耨，树如杉桧，香藏于皮，皮老而脂自流溢者，名白笃耨。冬月因其凝而取之，名黑笃耨。盛之以瓢，碎瓢而爇之，亦香，名笃耨瓢。

速暂香

远暂香[一]，出真腊者为上。伐树去木而取者，谓之生速。树仆木腐而香存者，谓之熟速。其树木之半存者，谓之暂。黄而熟者，为黄熟。通黑者为夹笺。又有皮坚而中腐，形如桶，谓之黄熟桶。

〔一〕"远暂香"，疑应作"速暂香"，观条目内容可证。此因"遠"（远）、"速"二字形近致误。

乳　香

三佛齐有乳香树，树似榕，以刀磋之，脂溢于外，凝结而成。其品十有六种，有滴乳、瓶乳、袋乳、黑榻、缠末之别。

奇南香

奇南出占城山，酋长禁民不得采取。取数片，置之衣带间，不思溺。

阿胶参

阿胶参，出佛林国。皮色青白，叶细，两两相对。花似蔓青，正黄。子似胡椒，赤色。研其脂，汁如油，极青，又治癫。

麻树香

麻树，生斯调国。其汁肥润，其泽如脂膏，馨香馥郁，可以熬香。美如中国之油也。

木五香

婆利国有婆律树，高八九丈。瘦者亦能生龙脑，肥者出婆律。又名木五香：根旃檀，节沉，花鸡舌，叶藿香，胶熏陆。清桂、马蹄、鸡骨、笺香，同是一本。取法先断其木根，积年皮干俱朽，心与节不坏者乃香也。细枝紧实为清桂，黑而沉水为沉，半浮半沉为鸡骨，最粗为笺，浮者为檀，似马蹄为马蹄，似牛头为牛头。又有熟结，生结。沉之良者，惟琼崖等州有。在土中不刌剔而成者，谓之龙鳞。亦有削之自卷，咀之柔勒者〔一〕，谓之黄蜡。

〔一〕"柔勒"，疑应作"柔韧"，以"勒"、"韧"二字形近致误。

857

诃黎勒

高仙芝伐大树，得诃黎勒五六寸，置抹肚中，觉腹痛。仙芝以为祟，欲弃之，问大食长老。长老云："此香人带，一切病消。其作痛者，吐故纳新。"

安息香

波斯国有树，叶黄黑色，经寒不凋。二月开黄花，心微碧。刻其叶，有胶如饴，六七月坚凝。爇之通神明，辟邪恶。

芸薇菜

芸薇菜，其根烂熳，春夏叶茂，秋蕊，冬馥。其叶供祭供客，且能止渴。人采其茎带之，香气历日不歇。

真香茗

巴东有真香茗，其花白色，如蔷薇。煎服令人不眠，令人无忘。

逢香草

逢香草，其花如丹，叶细长而白。花叶俱香，扇馥数里。其子如薏，中实甘香，食之不饥渴。体如香草。

郁金芳

郁金芳草，酿之以降神者。可佩，宫嫔每服之褵衿。

暖　香

宝云溪僧舍，盛冬客至，不燃薪火，暖香一炷，满室如春。

辟邪香　瑞麟香

公主下降，乘七宝步舆，四面缀香囊，贮辟邪、瑞麟香，皆异域所献。

蜜香花

蜜香花，生天台山，一名土常山。苗叶甚甘，人用为药，香甜如蜜。

解脱知见香

苾蒭，西天草。体性柔软，引蔓傍布，馨香远闻。佛经中所谓解脱知见香。

迷迭香

迷迭，西都香草。可佩服。

藕车香

藕车香，杀蠹鱼及蛀虫。生彭城，高数尺，白花。凡树木蛀，煎此香冷淋之。

蘼芜香

蘼芜，一名蕲茝、留夷、杜蘅、芳芷、薜荔。

楚辞所注香

胡绳、绿薥、芎藭、芳蒳，皆《楚辞》所注。

高原所生香

葳蕤、苞荔、薜莎、青苹，皆高原所生。

甲　香

甲香，大者如瓯，面前一边直挼长数寸，闺壳岨峿有刺。杂众香焚则香，独焚则臭。一名流螺。今造合香家所须用，能聚众香，使不浮散。

附录

书吴宁野自纪

自临川《世说》行，而宗尚者众。或摹拟为书，如李垕、唐肃、冯贽诸作，事则猥而靡奇，语则浅而鲜致。以彼学惭典奥而漫烂结撰，冀称曰鸿羽雉膏，不可得也。

新安吴君宁野，妙龄雅志，综览群籍，掇其菁英，酝酿沾洽，时复因事拈出，辄成嘉话。或事琐而意玄，或语冷而趣远，风旨各殊，皆成兴托。昔称晋宋人语，简约玄淡，尔雅有韵。君之所著，仿佛近之。司马子长南游江淮，上会稽，探禹穴，浮沅湘，讲业齐鲁之墟，而论著成。太白历赵、魏、燕、晋、岐、邠、商、于，至大梁，转徙金陵，上秋浦、浔阳，而咏歌富。若宁野所游涉，则黄山之郁苿，锺陵之森秀，帝里之阓钜，长江之淼漫，越绝之清嘉，沧海之泱漭，无不以游以观，撮其胜会，时引之以□胸臆，更借之以资笔舌。然则是编譬山之毛也，泽之腊也，以饲饤八珍九丹之间，有余味矣。

万历甲寅立秋日　焦竑书
见吴从先《小窗自纪》卷首

小窗自纪自序

《汉书》曰：战国合纵连衡，力政争强，繇是列国公子，魏有信陵，赵有平原，齐有孟尝，楚有春申，竞为游侠。《后汉书》曰：梁冀大壮栋宇，加以丹漆，图以云气仙灵，台榭交通相望，游观池亭，多从倡优，鸣钟鼓吹竽，酣乐竟路。汉末一笔之枒，

雕以黄金，饰以和璧，缀以隋珠，发以翡翠，非文犀之桢，必象齿之管，丰狐之柱，秋兔之翰。余自少读书，艳观兹类，不觉豪举之气，凌于神骨。然游侠都不自享贪高，都不治笔墨，熟筹之，知滔侈为多金者所习，豪而无当，何异败儿！故绝意华居美饰、舞歌艳部之好，独希心游侠。盖五父之鼎，岂尽养贤；鸡鸣犬吠，何负于人！而执者不谅，辄谓贻好客者羞。孟浪之诮，谁实招之？侠骨豪情，灰且死矣。

夫游侠可以消鄙吝，致与狗马纨绔同讥，则何如事笔柙？笔柙之饰，美非侈观，豪非任侠。丈夫不挟千金赤精，即掺三寸斑管，纵收生平穷奢极欲之念，加意于饱霜之毫，不为侈也。但古人借诸宝为饰，予则欲诸宝从笔端倾泻，一言一字，辉于黄金，润于和璧，圆于隋珠，华于翡翠，利于文犀，皓于象齿，矫于丰狐秋兔，而后侈心斯惬。噫！何当乎此子毛颖，弄人于掌上，颠倒变忽，如娇如痴。鬼神在腕，祀而弗灵，历试诸艰，毁多于誉。难飞无翼之名，艰收石田之粒。英雄之气，徒生花于梦中；途穷之泪，多致祭于笔冢。噫！何当乎。三十老书生，如红颜自媚，五色嫁衣，何取充箱为？尚不焚研，而犹鸡肋之有味也。则笔柙之误人者，又阴阳矣。夫如是，何如滔侈自快，不得于名实，犹足酬生平，而今何如已？贫来好客，则锉荐剪发，贤母化云；冷志自怜，则木食草衣，装橐如水。名虚邓通，贫实鲍子，自照非长贫，而黄金如冷客，绝无夙好，又何能更为豪侠资乎？则笔柙较尚亲也。

于是日进笔以酒一斗，如贾岛祭诗法。祭后辄拈一题，责之以报。笔谓余曰："尔希心四君，天下士所以报四君者，作何功德，而索报余得无太速？"余惟攒眉待之，笔终无误也。嬉笑忧愤，在有情无情之间，生平之怨艾，百情之攻讨交致焉。漫然布

之，欲以笔交海内也。观者无谓强笑之不欢，而哀歌之不成曲也。若曰黄金散尽，穷鬼将致，夫揶揄彩笔无凭，饥人难馑以锦绣。余且悔自好之已晚也。噫！何当乎。

见吴从先《小窗自纪》卷首

香 国

〔明〕毛晋 辑

前 言

《香国》二卷，明代毛晋辑。

毛晋（1599—1659），本名毛凤苞，字子九，后改名毛晋，字子晋，号潜在，又号隐湖、汲古阁主人等，室名有汲古阁、世美堂等，常熟（今属江苏）人。初为诸生，曾多次参加考试，都没能考中举人。遂放弃科举，转而以读书、校书、藏书、刻书为毕生事业。其藏书楼名汲古阁，为中国古代著名藏书楼之一，藏书达八万四千余册。而其平生校刻书达六百余种，经史子集及释道书无不涵盖在内，最著者如"十七史"、《十三经注疏》《津逮秘书》《宋名家词》《六十种曲》等，遂成为中国古代最著名的个人藏书家兼出版家（见侯璨敏《毛晋校刻书研究》）。其本人的著述则有《毛诗名物考》《隐湖题跋》《汲古阁书跋》《隐湖遗稿》《虞乡杂记》等二十多种。

《香国》二卷，题"东吴毛晋辑"，收录香料条目一百零五则，大部分注明了出处。据毛晋在书前的题词所云，这些香料条目主要辑录自《华严经》《云笈七签》《本草》《太平广记》等书。今收入本丛编，以崇祯二年（1629）汲古阁《群芳清玩》本为底本，参校《美术丛书》本，并间与其所引录书对勘。有关提要及作者传记资料收入附录。

目 录

题香国

《华严》云："滕根长者，名曰普眼，善和合一切诸香要法。"余恨未得接香光明，照我身心，然愿无尽也。春来避迹湖滨，爇名香一炷，供养檀象，顶礼《华严》，得象藏、无胜若干则，继阅《云笈》，又得飞气、振灵若干则，合为一卷。因意客秋病榻翻阅《本草》《广记》诸书，偶有所录，亦附而梓焉。每展读时，觉莲华、夺意，拂拂□东；迷迭、都梁，盈盈研北。至若此中真意，欲辩忘言矣。海岳云："众香国中来，众香国中去。"余愧馨非同德，窃幸臭有同心。庶乎普眼长者起大香云，遍熏阎浮提界，接引我为众香国中人乎！

　　　　　　庚午浴佛日　古虞毛晋题于四香在

卷　上

象藏香

人间有香，名曰象藏，因龙斗生。若烧一丸，即起大香云，弥覆王都，于七日中雨细香。雨若着身者，身皆金色；若着衣服、宫殿、楼台，亦皆金色。若因风吹入宫殿中，众生嗅者，七日七夜欢喜充满，身心快乐，无有诸病，不相侵害，离诸忧苦，不惊不怖，不乱不恚，慈心相向，志意清净。

牛头香

摩罗耶山，出旃檀香，名曰牛头。若以涂身，设入火坑，火不能烧。

无能胜香

海中有香，名无能胜。若以涂鼓及诸螺贝，其声发时，一切敌军皆自退散。

莲华藏香

阿那婆达多池边，出沉水香，名莲华藏。其香一丸，如麻子大。若以烧之，香气普熏阎浮提界，众生闻者，离一切罪，戒品清净。

阿卢那香

雪山有香，名阿卢那。若有众生嗅此香者，其心决定，离诸

染着。我为说法，莫不皆得离垢三昧。

海藏香

罗刹界中有香，名海藏。其香但为转轮王用，若烧一丸而以熏之，王及四军皆腾虚空。

净庄严香

善法天中有香，名净庄严。若烧一丸而以熏之，普使诸天心念于佛。

净藏香

须夜摩天有香，名净藏。若烧一丸而以熏之，夜摩天众，莫不云集彼天王所而芙听法[一]。

〔一〕"而芙听法"，《美术丛书》本及《华严经》卷六七皆作"而共听法"，是。

先陁婆香

兜率天中有香，名先陁婆。于一生所系菩萨座前，烧其一丸，兴大香云，遍覆法界，普雨一切诸供养具，供养一切诸佛菩萨。

夺意香

善变化天有香，名曰夺意。若烧一丸，于七日中普雨一切诸庄严具。俱见《华严经》

沉水香

纯烧沉水，无令见火，此佛土烧香法也。烧沉水香，香气寂然，来入鼻中，非水非空，非烟非火，去无所着，来无所从，由是意销，发明无漏，得阿罗汉。见《楞严经》

解脱知见香

有解脱知见香。黄山谷报贾天锡诗："当念真富贵，自熏知见香。"〔一〕见佛书

〔一〕见宋代黄庭坚《贾天锡惠宝熏以兵卫森画戟燕寝凝清香十诗报之》之十。按，《陈氏香谱》卷四收录黄庭坚此诗，可参看。

闻思香

闻思香，盖指内典中"从闻思修"之义。

逆风香

波利质多天树，其香则逆风而闻。见《成实论》

九和香

天人玉女捣罗天香，擎玉炉，烧九和之香。见《三洞珠囊》

百和香

元封元年七月七日，帝修除宫掖之内，设座殿上，以紫罗荐地，燔百和之香，张云锦之帐，燃九光之灯，设玉门之枣、蒲桃之酒，躬监肴物，为天官之馔，以俟王母。见《汉武帝内传》

千和香

皇人者，不知何世人也。身长九尺，玄毛被体，皆长尺余，发才长数寸。其居乃在山北绝岩之下，中以苍玉为屋，黄金为床，燃千和之香。见《广皇帝本行记》

五色香

园客，济阴人，姿貌好而性良。邑人多以女妻之，而客终不取。常种五色香草，积数十年食其实。一旦，有五色蛾止其香树末，客收而荐之以布，生桑蚕焉。至蚕时，有好女夜至，自称客妻，道蚕状。客与俱收蚕，得百二十头，茧皆如瓮大。缫一茧，六十日始尽。迄则俱去，莫知所在。见《列仙传》

惊精香

聚窟洲人鸟山，山上多树，与枫树相似，而香闻数里，名为返魂树。亦能自作声，如群牛吼，闻之心振神骇。伐其木根，于玉釜中煮取汁，更以微火熟煎之，如黑饴状，令可丸，名为惊精香，或名振灵香、返生香、振檀香、一云马精香。却死香，一种六名，斯实灵物。见《十洲记》

月支香

大汉二年，月支国贡神香。武帝取看之，状如燕卵，凡三枚，太似枣〔一〕。帝不烧，付外库。后长安中大疫，宫人得疾众，使者请烧一枚，以辟寒气。帝燃之，宫中病者差，长安百里内闻其香，积九月不散。见《瑞应图》

〔一〕"太似枣"，《美术丛书》本作"大似枣"，是。

沉榆香

黄帝列珪玉于兰蒲席上，燃沉榆香，舂杂宝为屑，以沉榆和之若泥，以分尊卑华戎之位。见《封禅记》

降真香

出黔南。拌和诸香烧，烟直上天，召得鹤盘旋于上。又云生大秦国，又云出南海山中。主天行时气、宅舍怪异，并烧悉验之。

平等香

清泰中，荆南有僧货平等香，贫富不二价。不见市香和合，疑其为仙。见《清异录》

扶桑香

扶桑在碧海中，上有天帝宫，东王所治。有椹树，长数千尺，二千围，同根更相依，故曰扶桑，仙人令根体作紫色。其树虽大，椹如中夏桑也。九千岁一生实，味甘香。

飞气香

真檀之香、夜泉玄脂、朱陵飞气之香、返生之香，皆真人所烧之香也。见《三洞珠囊》

荃芜香

此香出波弋国。浸地则土石皆香；着朽木腐草，莫不茂蔚；以熏枯骨，肌肉皆生。见《独异志》

石　香

员峤之山东，有云石，常浮于水边，方数百里。其色多红，质虚，烧之香闻数百里。烟气升天，则成香云；遍润天下，则成香雨。见王子年《拾遗记》

芬陀利华香

显德末，贾颙于九仙山遇靖长官，行若奔马，知其异，拜而求道，取箧中所遗沉水香焚之。靖曰："此类六天所种芬陀利华，汝有道骨而俗缘未尽。"因授炼仙丹一粒，以柏子为粮。迄今尚健。见《清异录》

乾陀罗耶香

有西国使献香者，名曰乾陀罗耶香。汉制：不满斤者不得受。使乃私去着香如大豆许，在宫门上，香闻长安四面十里，经月乃歇。见《博物志》

区拨摩花香

顿逊国有区拨摩花，冬夏不衰。日载数千车货之，燥更香好。

拘物头香

罽宾国进拘物头香，香闻数里。一云拘勿投华。见《唐太宗实录》

多揭罗香

多揭罗，此云零陵。《南越志》云："土人谓之燕草、芸

香。"《说文》云："芸草，似苜蓿。"《淮南》云："芸可以死而复生。"

莺觜香〔一〕

番禺牙侩徐审，与舶主何吉罗密，不忍分判，临岐出香三枚赠审，曰："此鹰嘴香也。疫者于中夜能焚一颗，则举家无恙。"后八年，番禺大疫，审焚香，阖门独免。又呼为吉罗香。见《清异录》

〔一〕"莺觜香"，《美术丛书》本作"莺嘴香"，而文内二本均作"鹰嘴香"。检《清异录》卷下，标题及内文皆作"鹰觜香"。

蜜　香

肇庆新兴县出多香木，俗谓之蜜香。能辟恶气，杀鬼精。见《韵府续编》

魏公香

予在扬州，游石塔寺，见一高僧坐小室中，于骨董袋取香如芡许炷之。觉香韵不凡，似赵家婴香而清烈过之。僧笑曰："此魏公香也。韩魏公喜焚此香，而传其法。"见《墨庄漫录》

笑兰香

吴僧罄宜，作笑兰香，即韩魏公所谓浓梅，山谷所谓藏春也。其法以沉为君，鸡舌为臣，北苑之尘柤曾十二叶之英、铅华之粉、柏麝之脐为佐，以百花之液为使。焚之油然郁然，若嗅九畹之兰，而挹百亩之蕙也〔一〕。

〔一〕本则见《陈氏香谱》卷四，言吴僧罄宜作《笑兰香序》，明

代周嘉胄《香乘》卷——则与本则略同，并不言馨宜作序事。三处文字小异，可参看。

蘹 香

蘹香，即杜衡也。形类马蹄，俗呼为马蹄香。惟道家多服之，令人身香。见《本草》

返魂香

徐肇遇苏德奇，自言有返魂香。香烟直上，可见先灵。

石叶香

此香叠叠，状如云母，其气辟疠。魏文帝时题腹国献。段成式诗："欲熏罗荐嫌龙脑，须为寻求石叶香。"见《拾遗记》

凤脑香

穆宗尝于藏春岛前焚凤脑香，以崇礼教。见《杜阳编》

齤齐香

齤齐香，出波斯国。拂林呼为顶敕梨咃，入药疗百病。见《酉阳杂俎》

茵墀香

灵帝初平三年，西域献茵墀香。煮汤辟疠，宫人以此沐头。见《拾遗记》

占城香

林邑、占城、阇婆、交趾，以杂出异香，剂和而范之，气韵不凡，名曰占城。谓中国三勺四绝，为乞儿香。见《清异录》

龙文香

龙文香，武帝时所献，忘其国名。见《杜阳编》

刀圭第一香

唐昭宗以香赐崔胤，御题曰：刀圭第一香。酷烈清妙，其大如豆，而焚之则终日旖旎。

三勺煎香

长安宋清，以鬻药致富。尝以香剂遗中朝缙绅，题曰三勺煎。见《清异录》

伴月香

五代徐铉，每月夜露坐中庭，爇奇香一炷，号"伴月香"。

山水香

道士谭紫霄有异术，闽王昶奉之为师，月以山水香给之。香用精沉上火，半炽，则沃以苏合油。

清泉香

蔡君谟为余书《集古录》，其字精劲，为世所珍。余以鼠须栗尾笔、大小龙团茶为润笔。君谟大笑。后月余，有人遗余以清泉香饼一匣，君谟闻之，难曰："香饼来迟，使我润笔独无此一

种佳品。"又可笑也。

南海香

汉雍仲进南海香，拜洛阳尉，时号"香尉"。

暖 香

宝溪云僧舍有暖香，盛冬爇之，满室如春。

升霄香

唐同昌公主薨，帝哀痛，常令赐紫尼及女道冠焚升霄香，击归天紫金之磬，以道灵升。见《杜阳编》

瑞麟香

汉唐公主下降，乘七宝步辇，四面缀香囊，贮辟邪、瑞麟香，皆外国所献。

迫驾香

洪驹父集古今香法，有郑康成汉宫香、《真诰》婴香、戚夫人迫驾香。

怀 香

余以太蔟之月[一]，登于历山之阳，仰眺崇冈，俯察幽坂。及睹怀香，生蒙楚之间。曾见斯草，植于广厦之庭，或被帝王之囿。怪其遐弃，遂迁而树于中堂。华丽则殊采婀娜，芳实则可以藏之书。又感其弃本高崖，委身阶庭，似传说显殷[二]，四叟归汉。故因事义赋之。见嵇康《怀香赋》

有卉惟翠，因实制名。蒙蒙绿叶，茌苒弱茎。寄芬微风，寓秀闲庭。怀而芳之，为玩于身。见卞敬宗《怀香赞》

〔一〕"太蔟之月"，《美术丛书》本同。《全三国文》卷四七嵇康《怀香赋序》作"太簇之月"，是。

〔二〕"似传说显殷"，《美术丛书》本同。《全三国文》卷四七嵇康《怀香赋序》作"似傅说显殷"，是。按，傅说，殷商武丁时的贤相。此因"傳"（传）、"傅"二字形近致误。

卷 下

龙涎香

大食国近海傍，常有云气罩山间，即知有龙睡其下，或半载或二三载。土人更相守视，俟云散，则知龙已去，往观必得龙涎，或六七两，或十余两。

大洋海中有涡旋处，龙在其下，涌出其涎，为太阳所烁，则成片。漂至岸，人取之，入香能收敛脑、麝气，虽经数十年，香气仍在。

龙枕石睡，涎沫浮水，积而能坚。鲛人采之，以为至宝。新者色白，稍久则紫，甚久则黑。白者如百药煎而腻理；黑者亚之，如五灵脂而光泽。其气近于臊，似浮石而轻。和香焚之，则翠烟浮空，结而不散。

龙出没海上，吐出涎沫，有三品：一曰泛水，二曰渗沙，三曰鱼食。泛水轻，浮水面，善水者伺龙出，随而取之。渗沙乃被波浪漂泊洲屿，多年风雨侵淫，气尽渗于沙土中。鱼食乃因龙吐涎，鱼竞食之，复作粪散于沙碛，其气腥秽。惟泛水可入香用，余二者俱不堪。

迷迭香

迷迭，出西域。魏文帝、曹子建、王仲宣、陈孔章俱有《迷迭赋》。古诗："氍毹五水香，迷迭及都梁。"见《广志》

都梁香

都梁出交、广，形如藿香。又《荆州记》："都梁县有山，山有水清浅，其中生兰，因名都梁。"古诗："博山炉中百和香，郁金苏合及都梁。"见《广志》

鹧鸪斑

高、窦等州产生结香，山民见山木曲干，以刀斫损，经年香溜，复锯取之。刮去白木，其香结为斑点，名鹧鸪斑。

昆仑耳

修甲香方曰：取大甲香如昆仑耳者，酒煮蜜熬，入诸香中用。故山谷诗云："螺甲割昆仑耳，香材屑鹧鸪斑。"见《四时纂要》

檀　香

白檀芬芳，开发辟恶，散结除冷。今人多供燃爇，上乘沉水者入药。

沉　香

沉香禀阳气以生，兼得雨露之精气而结，故其气芬芳，去恶气。疏云："凡邪恶气之中人，必从口鼻而入。口鼻为阳明之窍，阳明虚则恶气易入。得芬芳清阳之气，则恶气除而脾胃安。"见《本草》

安息香

安息香，禀火金之气而有水，故味辛、苦，气平而芬香，性无毒，气厚，味薄。一豆许烧之，能通神明而辟诸邪。

靡芜香

靡芜，香草。魏武帝以藏衣中。

薰陆香〔一〕

熏陆出天竺、单于二国。《南方草木状》："如熏陆者，出大秦国。其木生于海边沙上，盛夏木胶流出，夷人取卖之。"又《杂俎》云："勃樊川枫脂，名熏陆香。兽猞猁好唉之。"

〔一〕"薰陆"，本则内文二处俱作"熏陆"。《美术丛书》本则标题与内文皆作"熏陆"。按，"薰陆"与"熏陆"可通用。

乳 香

波斯国松木脂，有紫赤如樱桃者，名乳香，熏陆之类也。胶出日久相重叠者，不成乳头，杂以土石。其成乳头者，是新出。熏陆乳香，即熏陆乳头也。今松枫脂，亦皆如是。见《广志》

松㯌艾纳香

取松枝，烧其上下，承取汁，名松㯌艾纳。树绿衣，名艾纳。合味众香烧之，其烟回聚，清白可爱。见《五色线》

麝 香

麝，形似獐，尝食柏叶。嵇康云："麝食柏叶，故香也。"

饦饳香

江南山谷间，有一种奇木，曰麝香树。其老根闻之，亦清烈，号饦饳香。见《清异录》

芸 香

芸香辟纸鱼蠹，故藏书台称芸台。见鱼豢《典略》云

美芸香之修洁，禀阴阳之淑精。去原野之芜秽，植广厦之前庭。茎类秋竹，叶象春栲。见晋成《芸香赋》[一]

〔一〕"见晋成《芸香赋》"，晋成公绥有《芸香赋》，见《全晋文》卷五九。毛氏脱"公绥"二字，《美术丛书》本亦脱。

沉笺香

岭南徼海诸州及琼崖，山多香树，出香三等，曰沉，曰笺，曰黄熟。沉、笺皆有二品，曰熟结，曰生结。熟结者，树自烂而得；生结者，伐木得之，又久烂脱而剔取之。

笺 香

其木类椿榉，多节，取之先断其木根，积年皮干俱朽，心与节不坏者，乃香也。细枝紧实者为青桂香，黑而沉水者为沉香，半沉半浮为鸡骨香，最粗为笺香。丁谓在海南，作《天香传》云："香凡四十二状，皆出于一本。……窦、化、雷、高，亦中国出香之地，比海南者，优劣不侔甚矣。既所禀不同，而售者多，故取者速也。是黄熟不待其成笺，笺不待其成沉，盖取利者，戕贼之也。非如琼管皆深峒，黎人非时不妄剪伐。"

黄熟香

黄熟有三品：曰夹笺，其破者为散，沉香之良者；琼崖生取者为角沉，宜熏衣；木枯朽乃得者为黄沉，宜入药。

狄 香

"洒扫清枕席，鞮芬以狄香。"鞮，履也。狄香，外国之香也。见张衡《同声歌》

藕车香

"藕车、艺舆。"注曰："香草也。"能去臭及虫蛀物，生彭城。见《尔雅》

鸡舌香

汉尚书郎含鸡舌香奏事。桓帝时，侍中刁存年耆口臭，上出鸡舌香使含之。自疑有过赐毒，僚友代为含食，意遂解。又《酒中玄》："饮酒者嚼鸡舌香则量广，浸半天回则不醉。"或曰即丁香。

丁 香

《本草经》云："丁香，味辛、温，无毒，能发诸香。"疏云："辛、温，散结，而香气又能走窍，除秽浊也。"

伽南香

有糖结伽南，锯开，上有油如饴糖，黑白相间，黑如墨，白如糙米。焚之，初有羊膻微气。有金丝伽南，色黄，止有绺若金丝〔一〕。惟糖结为佳。

〔一〕"止有"，《美术丛书》本同。明代高濂《遵生八笺》卷一五"棋楠香"条、屠隆《香笺》及文震亨《长物志》卷一二"伽南香"条，俱作"上有"，是。

俺叭香

一名黑香，以软净色明者为佳，手指可捻为丸。

苍术香

句容茅山产，细梗如猫粪者佳。

蕙　香

蕙草，绿叶紫花，魏武帝以为香烧之。

藿　香

"桂以遇烈[一]，麝以太芬。推沮夭寿[二]，夭抑人文[三]。谁及藿香[四]，微馥微熏。摄灵百仞，养气青云。"见江淹《颂》

《本草经疏》："藿香禀清和芬烈之气，故其味辛，其气微温，无毒。洁古：辛、甘。"

〔一〕"桂以遇烈"，《美术丛书》本作"桂以过烈"，《艺文类聚》卷八一及《全梁文》卷三八江淹《藿香颂》同。此因"遇"、"过"（过）二字形近致误。

〔二〕"推沮夭寿"，《美术丛书》本同，二本皆误。《艺文类聚》卷八一作"摧沮天寿"，《全梁文》卷三八作"摧阻天寿"。

〔三〕"夭抑人文"，《美术丛书上》本及《艺文类聚》卷八一同，《全梁文》卷38作"夭折人文"。

〔四〕"谁及藿香"，《美术丛书》本同，《艺文类聚》卷八一作"谁及藿草"，《全梁文》卷三八作"讵及藿香"。

枫　香

枫聂天风则鸣，故曰聂聂。树似白杨，叶圆而岐，有脂而

香，今之枫香。《南方草木状》曰："枫香树，子大如鸭卵。二月华，色乃连着实〔一〕，八九月熟。曝干可烧。"《本草经》："枫香脂，一名白胶香。"

〔一〕"二月华，色乃连着实"，晋嵇含《南方草木状》卷中作"二月华发，乃着实"，宋苏颂《图经本草》卷一〇作"二月有花，白色，乃连着实"。

郁金香

郁金，芳草也。十叶为贯，百二十贯采以煮之为鬯，一曰郁鬯。百草之花，远方所贡芳物，合而酿之以降神。见《说文》

《范石湖文集》云："岭南有采生之害，其术于饮食中行厌胜法，致鱼肉能返生于人腹中，而人已死，阴役其家。初得觉胸腹痛，次日刺人，十日则生在腹中也。凡胸膈痛，即用升麻或胆矾吐之。若膈下痛，急以米汤调郁金末二钱服，即泻出恶物。或合升麻、郁金服之，不吐则下。李巽岩侍郎为雷州推官，鞫狱得此方，活人甚多。"

苏合香

皮薄，子如金色，按之即小，放之即起，良久不定如虫动，烈者佳。

香出中台川谷。陶隐居云："俗传是师子粪，今皆从西域来。"

梁元帝作铭："苏合氲氲，非烟非云。时浓更薄，乍聚还分。火微难尽，风长易闻。孰云道力，慈悲所熏。"

《本草疏》云："苏合香，聚诸香之气而成，故其味甘，气温，无毒。凡香气皆能辟邪恶，况合众香之气而成一物者乎？其

走窍逐邪，通神明，杀精鬼，除魇昧梦[一]，温疟，蛊毒，宜然矣。《经》云：久服通神明，轻身长年。"

[一]"除魇昧梦"，明缪希雍《神农本草经疏》卷一二作"除魇梦"。毛氏引录误衍"昧"字。

炼 香[一]

李贺："练香熏宋鹊，寻箭踏卢龙。"[二]宋鹊，名犬也。练香熏之，使通鼻以知嗅。

徐文长云："练香，合香也。"

[一]"炼香"，《美术丛书》本作"练香"，本则文内三处亦皆作"练香"，此因"炼"、"练"二字音同形近致误。

[二]李贺《追赋画江潭苑》四首之四诗句，见《全唐诗》卷三九二。

龙脑香

婆利国—作婆律斯国有婆律树，形似杉木，高八九丈。木中脂似白松脂，作木膏乃根下液，亦谓之婆律膏。又云：木有肥瘦，瘦者出龙脑香，在木心；肥者出婆律膏，其膏在木端流出。又云：一木五香，根旃檀，节沉香，花鸡舌，胶熏陆。

唐玄宗夜宴，以琉璃器盛龙脑数片，赐群臣。冯谧曰："臣请效陈平为宰。"自丞相以下皆跪受，尚余其半，乃捧拜曰："敕赐录事冯谧。"玄宗笑许之。

龙脑香禀火金之气，以生其香，为百药之冠。凡香气之甚者，其性必温热。见《本草经疏》

化楼台香

张说携丽正文章谒友生。时正得宫中媚香,号"化楼台",友生焚以待说。说出文置香上,曰:"吾文享是香无忝。"见《征文玉井》

蘅芜香

汉武帝梦李夫人授蘅芜之香,帝梦中惊起,香气犹着衣枕。见《拾遗记》

百蕴香

后浴五蕴七香汤,婕妤浴豆蔻汤。帝曰:"后不如婕妤体自香。"后乃燎百蕴香。见《赵后外传》

汉宫香

汉宫香方,其法自郑康成注,魏道辅于相国寺庭中得之。见《墨庄漫录》

鹅梨香

江南李后主帐中香法,以鹅梨蒸沉香用之,号"鹅梨香"。

鹊脑香

小黄女子名观,与乔子旷笔札周旋。乔寄观诗云:"美人心共石头坚,翘首佳期空黯然。安得千金贻侍者,一烧鹊脑绣房前。"鹊脑,烧之令人相思。

沉水香

西施举体有异香，每沐浴竟，宫人争取其水，积之罂瓮，用松枝洒于帷幄，满室俱香。罂瓮中积久，下有浊滓，凝结如膏，取以洒干〔一〕，香逾于水，谓之"沉水"。制锦囊盛之，佩于宝袜。

〔一〕"取以洒干"，《美术丛书》本作"取以晒干"，是。元伊世珍《琅环记》卷中引宋无名氏《采兰杂志》作"宫人取以晒干"。

九真雄麝香

赵昭仪上姊飞燕三十五物，有九真雄麝香。见《西京杂记》

月麟香

玄宗为太子时，爱妾号鸾儿。多从中贵董逍遥微行，以轻罗造梨花散蕊，裹以月麟香，号"袖里春"，所至暗遗之。见《史讳录》

百濯香

吴孙亮常宠四姬，皆振古绝色。有异香，殊方异国所出，香气沾衣，百浣不歇，因名曰百濯香。或以人名香，遂题曰朝姝香、丽居香、洛珍香、洁华香，所居室名思香媚寝。见《拾遗记》

意可香

意可香，初名宜爱。或云：此江南宫中香，有美人字曰宜爱，因名。黄鲁直曰："香殊不凡，而名乃有脂粉气。"易名曰意可。

九回香

赵飞燕妹婕妤，名合德，眉号"远山黛"，施小朱号"慵来妆"。每沐，以九回香膏发为薄。

金碑香

金日碑既入侍，欲衣服香洁，变胡虏之气，合一香以自熏。武帝果悦之，号"金碑香"。见《洞冥记》

荃芜香

燕昭王广延国二舞人[一]，帝以荃芜香屑铺地四五寸，使舞人立其上，弥日无迹。见《拾遗记》

〔一〕"燕昭王广延国二舞人"，晋王嘉《拾遗记》卷四作"（燕昭）王即位二年，广延国来献善舞者二人"。参见洪刍《香谱》卷上、叶廷珪《名香谱》"荼芜香"相关校记。

辟寒香

齐凌波以藕丝连螭锦作囊，四角以凤毛金饰之，实以辟寒香，寄钟观玉。观玉方寒夜读书，一佩而遍室俱暖，芳香袭人。凤毛金者，凤凰颈下有毛若绶，光明与金无二，细软如丝，山中人拾取织为锦。明皇时，宫中多以饰衣，赐贵妃者最多。

桂蠹香

温庭筠有丹瘤枕、桂蠹香。

附录

四库全书总目提要

香国三卷[一]　安徽巡抚采进本

明毛晋撰。晋有《毛诗陆疏广要》，已著录。是编杂录香事，或注所出，或不注所出，皆陈因习见之词，亦多庞杂割裂。如"狄香"一条云："'洒扫清枕席，鞮芬以狄香。'鞮，履也。狄香，外国之香也。"注曰："见张衡《同声歌》。"案，"洒扫"二句，实《同声歌》之语。"鞮，履也"以下，乃后人解释之文，岂得曰"见《同声歌》"乎？全书大抵似此，不足据也。

见《四库全书总目》卷一一六

〔一〕"香国三卷"，本书实仅二卷，馆臣失察，误记为三卷。

毛晋传

毛晋，原名凤苞，字子九，后改名晋，号潜在，江苏常熟人。明诸生，以布衣自处。父清，以孝弟力田起家。杨涟宰常熟时，择县中有干识者十人，每有大役，倚以集事，清其首也。晋奋起为儒，好古博览，构汲古阁、目耕楼，藏书数万卷。延名士校勘，刻十三经、十七史、古今百家，及从未梓行之书。天下购善本书者，必望走隐湖。毛氏所用纸，岁从江西特造，厚者曰"毛边"，薄者曰"毛太"，至今尤沿其名。

晋为人孝友恭谨，与人交有终始，好施予。遇岁歉，载米遍给贫家。水乡桥梁，往往独力成之。推官雷某赠诗曰："行野渔樵皆谢赈，入门僮仆尽钞书。"盖纪实也。所著有《和古今人诗》《野外诗题跋》《虞乡杂记》《隐湖小志》《海虞古今文苑》《毛

诗名物考》《宋词选》《明诗纪事》《词苑英华》《僧弘秀集》《隐秀集》《汲古阁书目》，共数百卷。其所藏秘籍，以"宋本"、"元本"椭圆印别之，又以"甲"字印钤于首。其余藏印，用姓名及"汲古"字者以十数，别有印曰"子孙永宝"，曰"子孙世昌"，曰"在在处处有神物护持"，曰"开卷一乐"，曰"笔研精良人生一乐"，曰"竤溪"，曰"弦歌草堂"，曰"仲雍故国人家"，曰"汲古得修绠"。

　　子五，俱先晋卒。季子扆，字斧季，陆贻典婿也。最知名，尤耽校雠，有"海虞毛扆手校"及"西河汲古后人"、"叔郑后裔"朱记者皆是也。兼精小学，何焯辈并推重之。

　　孙绥万，字嘉年，工诗。著有《破崖诗集》。

见《清史列传》卷七一

非烟香法

〔清〕董说　撰

前 言

《非烟香法》一卷，清董说撰。

董说（1620—1686），字若雨，号西庵、鹧鸪生等，明亡不出，隐居丰草庵，易姓名为林骞，自称林胡子、槁木林，改字远游，号南村，中年后剃发出家，在苏州灵岩寺为僧，法名南潜，字月涵，一作月岩，乌程（今浙江湖州）人。父董斯张（1587—1628），字然明，号遐周，喜抄书藏书，著有《吴兴备志》《广博物志》等。董说明末为廪生，入清绝意功名，甚且易姓雉发，归隐不出。为人好学勤读，涉猎甚广，著述极富，据民国《南浔志》卷四〇所收录者达 112 种，其最著者有《丰草庵诗文集》《楝花矶随笔》及《西游补》等。又工草书，好藏书，出游常以书五十担自随。

《非烟香法》，收入董说《丰草庵杂著》及《丰草庵全集》，前有鹧鸪生自序，内有《非烟香记》《博山炉变》《众香评》《香医》《众香变》《非烟铢两》共 6 篇，又附录《非烟颂》诗、《博山变》诗各一首。其主旨盖在倡道蒸香，而非传统的焚香。本书今存康熙刻《丰草庵杂著》本、《昭代丛书》本、《美术丛书》本等，现以《昭代丛书》本为底本，参校《美术丛书》本（简称"美术本"），加以点校整理。目录重新编制，置于书前。有关传记资料收入附录。

目 录

自 序

屹然立非烟之法于天下，可以翼圣学。东西至日月所出入，其间动物有灵，无非圣人者也。人人皆为神圣，而后尽人之性；百草木皆为异香，而后尽草木之性。证圣之学，六经是也，六经非能使人圣也；证香之方，非烟是也，非烟非能使草木香也。故曰可以翼圣学。

黄钟蔽，六律荒，余作《律吕发》，考喉舌浊清之候，定六十自然之音，而人或未悟。《易》学自秦汉无统矣，余数年前幸稍窥见出震门户，卦律周轮，乃作《易发》，古圣幽微，澄若九秋之天，而人或未悟。律之不易悟者，丝竹因人也；《易》之不易悟者，河洛不言也。今《非烟香法》，证百草木之无非香者，风茎露叶，指摘可征，繁非若丝竹，奥非若河洛也，学者拨灰立悟矣。故曰可以翼圣学。

鹧鸪生题

非烟香记

六经无焚香之文，三代无焚香之器，古者焚萧，以达神明。《尔雅》："萧，荻。"〔一〕"似白蒿，茎粗，科生，有香气，祭祀以脂爇之。"《诗》曰："取萧祭脂。"《郊特牲》云："既奠，然后焫萧合膻、芗。"是也。凡祭，灌鬯求诸阴，焫萧求诸阳，见以萧光以报气也，加以郁鬯以报魄也。故古制字者，"香"取诸黍稷馨香。《说文》："香，芳也。从黍从甘，会意。"魏氏以为从黍从鼻。以香从黍，故古之香非旃檀、水沉。人间宝鼎，皆商周宗庙祭器，而世以之焚香。然余以为焚萧不焚香，古太质，不可复；焚香不蒸香，俗太躁，不可不革。

蒸香之鬲，高一寸二分。六分其鬲之高，以其一为之足。倍其足之高，以为耳。三足双耳，银薄如纸。使鬲坐烈火，滴水平盈，其声如洪波急涛，或如笙簧。以香屑投之，游气清冷氤氲，太玄沉默简远，历落自然，藏神纳用，销煤灭烟，故名其香曰"非烟之香"，其鼎曰"非烟之鼎"。然所以遣恒香也，若遇奇香异等，必有蒸香之格。格以铜丝交错为窗灸状，裁足冪鬲，水泛鬲中，引气转静。若香材旷绝上上，又彻格而用簟蒸香。簟式密织铜丝如簟，方二寸许，约束热性，汤不沸扬，香尤杳冥清微矣。

余非独焚香之器异于人也。余囊中有振灵香屑，是能熏蒸草木，发扬芬芳。振灵香者，其药不越馥草、甘松、白檀、龙脑，然调适轻重，不可有一铢之失。振灵之香成，则四海内外，百草木之有香气者，皆可以入蒸香之鬲矣。振草木之灵，化而为香，故曰"振灵"，亦曰"空青之香"，亦曰"千和香"，亦曰"客

香"。名客香者，不为物主，退而为客，抱静守一，以尽万物之变。亦曰"无位香"，历众香而不留。亦曰"寒翠"，翠言其色，寒言其格也。亦曰"未曾有香"，百草木之有香气者，皆可以入蒸香之鬲，此上古以来未曾有也。亦曰"易香"，以一香变千万香，以千万香摄一香，如卦爻可变而为六十四卦、三百八十四爻，此天下之至变易也。自名其居曰"众香宇"，名其圃曰"香林"。天下无非香者，而我为之略例者也。

顷偃蹇南村，熏炉自随，摘玉兰之蕊蕊，收寒梅之坠瓣，花蒸水格，香透藤墙。悲夫世之君子，放遁山林，与草木为伍，而不知其香也。故记《非烟香法》以为献。

〔一〕"萧荻"，美术本同。按，《尔雅注疏》卷八作"萧，萩"。

博山炉变

焚香之器，始于汉博山炉。考刘向《熏炉铭》："嘉此正器，崭岩若山。上贯太华，承以铜盘。中有兰绮，朱火青烟。"而古《博山香炉》诗曰："四座且莫喧，愿听歌一言。请说铜香炉，崔嵬象南山。上枝似松柏，下根据铜盘。雕文各异类，离娄自相连。谁能为此器，公输与鲁班。朱火燃其中，青烟飏其间。顺风入君怀，四座莫不欢。香风难久居，空令蕙草残。"吕大临《考古图》谓：炉象海中博山，下有盘贮汤，使润气蒸香，象海之回环。盖博山承之以盘，环之以汤，按铭寻图，制度可见。然余谓博山炉长于用火，短于用水，犹未尽香之灵奇极变也。火性腾跃，奔走空虚，千岩万壑，绎络烟雾，此长于用火。铜盘仰承，火上水下，汤不缘香，离而未合，此短于用水。

余以意造博山炉变，选奇石，高五寸许，广七八寸，玲珑郁结，峰峦秀集。凿山顶为神泉，细剔石脉为百折涧道，水帘悬

瀑，下注隐穴，洞穿穴底，而置银釜焉，谓之"汤池"。汤池下垂如石乳，近当炉火。每蒸香时，水灌神泉中，屈曲转输，奔落银釜，是为蒸香之渊，一曰"香海"。可以加格，可以置箪。其下有承山之炉，盛灰而装炭。其外又有磁盘承炉，环之以汤，如古博山。既补水用之短，亦避镕金之俗。怪石清峻，澄泉寂历，曰"博山炉变"。

夫香以静默为德，以简远为品，以飘扬为用，以沉着为体。回环而不欲其滞，缓适而不欲其漫，清癯而不欲其枯，飞动而不欲其躁。故焚香之器，不可不讲也。

众香评

蒸松鬛，则清风时来拂人，如坐瀑布声中，可以销夏，如高人执玉柄麈尾，永日忘倦。

蒸柏子，如昆仑玄圃，飞天仙人境界也。

蒸梅花，如读郦道元《水经注》，笔墨去人都远。

蒸兰花，如荆蛮民画轴，落落穆穆，自然高绝。

蒸菊，如踏落叶入古寺，萧索霜严。

蒸腊梅，如商彝周鼎，古质奥文。

蒸芍药，香味懒静，昔见周昉《倦绣图》，宛转近似。

蒸荔子壳，如辟寒犀，使人神暖。

蒸橄榄，如遇雷氏古琴，不能评其价。

蒸玉兰，如珊瑚木难，非常物也，善震耀人。

蒸蔷薇，如读秦少游小词，艳而柔。

蒸橘叶，如登秋山望远。

蒸木樨，如褚河南书、儿宽赞，挟篆隶古法，自露文采。

蒸菖蒲，如煮石子为粮，清瘠而有至味。

蒸甘蔗，如高车宝马，行通都大邑，不复记行路难矣。

蒸薄荷，如孤舟秋渡，萧萧闻雁南飞，清绝而凄怆。

蒸茗叶，如咏唐人"曲终人不见，江上数峰青"。

蒸藕花，如纸窗听雨，闲适有余，又如鼓琴得缓调。

蒸藿香，如坐鹤背上，视齐州九点烟耳，殊廓人意。

蒸梨，如春风得意，不知天壤间有中酒气味，别人情怀。

蒸艾叶，如七十二峰深处，寒翠有余，然风尘中人不好也。

蒸紫苏，如老人曝背南檐时。

蒸杉，如太羹玄酒，惟好古者尚之。

蒸栀子，如海中蜃气成楼台，世间无物仿佛。

蒸水仙，如宋四灵诗，冷绝矣。

蒸玫瑰，如古楼阁、樗蒲诸锦，极文章钜丽。

蒸茉莉，如话鹿山时，立书堂桥，望雨后云烟出没，无一日可忘于怀也。

香 医

肺气通于天，鼻为司香之官，而肺之门户也。故神仙服气，呼吸为先，清浊疾徐，咸有制度。而黄帝、岐伯之绪言遗论，亦谓心肺有病，鼻为不利，分营析卫，示理明察。夫人具形骸，俨然虚器，在气交之中，象邮传之舍，寒暑燥湿，五六互换，腥膻焦腐，触物不同。气有宛曲，则血为之流连；气有骤激，则血为之腾跃；气有不足，则血为之槁绝；气有过量，则血为之滥溢。故极北风沙之人，不晏于岭海；山棲涧饮之客，不展于都会。内外异同，脉络倒置，皆繇呼吸出纳，感气乖和，未可谓馨香鼻受，杳冥恍惚也。

故养生不可无香。香之为用，调其外气，适其缓急，补阙而

拾遗，截长而佐短。《汉武故事》称，武帝烧兜末香，香闻百里。关中方疫，死者相枕，闻香而疫止。《拾遗记》有石叶香，香叠叠状如云母，其气辟厉，魏时题腹国献。《洞冥记》载熏肌香，用熏人肌骨，至老不病。《三洞珠囊》称，峨嵋山孙真人燃千和之香。而《本草》亦有治瘵香，其方合玄参、甘松，起疾神验。闭门管窥，遇古书丹记诡绝神奇之迹，壹谓之不经。私计文人弄笔墨事，等之烟云变幻，此犹曹子桓不信火浣之布也。

香近于甘者，皆扶肝而走脾；香近于辛者，皆扶心而走肺；香近于咸者，皆扶脾而走肾；香近于酸者，皆扶肺而走肝；香近于苦者，皆扶肾而走心。扶者，香之同气以相助也；走者，香之遇敌以相伐也。不助无赏，不伐无刑，无赏则善屈，无刑则恶蔓。

故销暑，宜蒸松叶。

凉鬲，宜蒸薄荷。

辟寒，宜蒸桂屑，又宜荔壳。

解吞酸，宜蒸零陵。酸者，肺之本味也。金来乘木，肝德不达，故肺味过盛而形酸。以甘补肝，以辛治肝，故又宜蒸木香。

益中气，宜蒸枣膏。

眼翳，宜蒸藕花、竹叶，又宜茶。

解表，宜蒸菊花，宜薄荷。

治腹痛，宜蒸松子、菖蒲。

开滞，宜蒸柽柳花。

疏解郁结，宜蒸橘叶。

除烦，宜蒸梅花、橄榄。

治气闭，宜蒸玉兰、苏叶。

治咽痛，宜蒸蔷薇、藕叶。

治头痛，宜蒸茶。

治滞下，宜茶，宜松叶。治滞下，气不可以酷烈，酷烈伤胃。

治呕，宜蒸丁香，又宜梅花，神清气寂而呕止矣。

治不欲食，宜蒸松瓣。

治不睡，宜蒸零陵。

治湿，宜蒸柏子。

治神躁，宜蒸杉。

治神懒，宜蒸檀。

治神浊，宜蒸兰。

治神昏，宜蒸腊梅。

董子既大有功于香苑，其友谋所以颂董子者，一以为香祖，一以为香神，一以为香医。董子曰："余愿为香医。"

众香变

洞明香性，可以极香之变。

柏叶者，麝所以酿香者也。故余以甘松、玄参、细辛、檀香主之，以柏叶道之。以麝其香如麝[一]，而名之曰"亚麝"，亦曰"压麝"。

梅花，冷射而清涩。故余以辛夷司清，茴香司涩，白檀司寒冷，零陵司激射，发之以甘松，和之以蜜，其香如梅，而名之曰"梅影"。

以桂枝、荔壳、玄参、零陵、白檀、丁香、枣膏、蜜汁互而为辟寒之香，名曰"暖玉"。

以松鬣、薄荷、茶叶、甘松、白檀、龙脑为销夏之香，名曰"清凉珠"，亦曰"翠瀑"，亦曰"飞寒"。

以玄参、甘松、降真、柏子、辛夷、檀香为斋室[二]，名曰"黄鹤香"，亦曰"玉尘"，亦曰"绛雪"。

以苏合、水沉、龙脑、甘松、香附、白檀为花瓣形，名曰"逍遥游"，亦曰"无尘"。

然精微皆关铢两，未可以笔授。

〔一〕"以麝其香如麝"，美术本同。按，疑应作"以其香如麝"，原书衍一"麝"字。

〔二〕按，此句文义不明，疑有缺文，或"斋室"下脱一"香"字。

非烟铢两

甘松　玄参十分甘松之五　白檀倍玄参　丁香五分玄参之三　香附如甘松　零陵十分甘松之六　龙脑三十分丁香之一　藕叶如丁香

附　录

非烟颂

柽花细细松针柔，杉子青磊落之苹洲。香之来，轻风流，是耶非耶，砚山寂寞不敢收。渺然坐我秋江舟，白石青枫尽意游。

博山变

非烟香炼杉风凉，自有天地无此香。却疑银釜是丹鼎，园中露叶皆飞翔。只今芳草怨迟暮，冷落千秋空野塘。

附录

董说传

董说，字若雨，号西庵，自称鹧鸪生。斯张子。幼时谒开元寺闻谷大师广印，锡名智龄。事母至孝，毕生孺慕不衰。年十四，补弟子员，旋食饩，出太仓张溥门。工古文词，江左名士争相倾倒，而姿禀孤特，与俗寡谐。按，《诗萃》云："名著复社。"沈登瀛曰："考吴门复社，盛于崇祯己巳、庚午，数年后构祸遂辍。说齿尚少，恐不及与。"更国变，遂弃诸生，改姓林，名蹇，字远游，号南村，亦称林胡子，又称槁木林。皈依灵岩继起大师宏储，名之曰元潜，字俟庵。屏迹丰草庵，宗亲莫睹其面。精研五经，尤邃于《易》，方言、地志、星经、律法、释老之书，靡不钩纂。少未尝作诗，酉戌以后始为诗，以写其空坑崖海之思。乐府出入汉魏。丙申秋，削发灵岩，县志更名南潜，字月涵，按，《明诗综》云"字宝云"。一作月岩，号补樵，一号枫巢，又名本。以云游四方，浮湘上衡岳，至长沙，见陶汝鼐，倾盖言欢。晤寓公黄周星，曰："此古之伤心人也。"展《桑海遗民录》，黯然而别。已归吴中，主古尧峰宝云院，时往来于洞庭之西小湖及浔溪补船庵之间。甲子，母亡，葬毕归山，遂不复至。尝寓吴之夕香庵，一当事屏舆从访之，闻声避匿，当事叹息而去。年六十七，示寂夕香，时康熙丙寅五月六日也。

子樵、牧、耒、舫、渔、村。说戒诸子弃举业，以韦布终其身。兄弟六人，确守家训。村早卒，余并有声。《汪志》樵字裘夏，号蔗园，《董氏谱》著书修行，为沧海之遗民，而与耒学尤拔出，

诗亦淡荡俊伟，各擅一场。学者宗之，几成南浔诗派。说既为僧，诸子皆称弟子，各命以法名，曰灵璧，樵；灵珏，耒；旨径，牧；旨胜，舫；又有旨然，即村也。唯渔名无考。说所著书甚多，樵等贫，不能齐刊。门人纪官虑其久而散佚，为刻遗文总目，冀遇好事者梓以传焉。《汪志》

见民国《南浔志》卷一八

董说，字若雨，号俟庵，一号西庵。八岁时，谒开元寺闻谷大师广印，锡名智龄。乌程人，明诸生。国变后改姓林，名蹇，字远游，别号鹧鸪生，又名本，号枫巢，亦号南村。后为僧灵岩，名南潜，字宝云，又有月函、月岩、漏霜、补樵诸号。

嗜草书。所著《砚雪录》中，论草书法甚备。其手稿皆奇逸可喜。《衍石斋纪事稿》

见《皇清书史》卷三二

滇海虞衡志（选）

〔清〕檀萃　撰

前　言

《滇海虞衡志》十三卷，清檀萃撰。

檀萃（1724—1801），字岂田，号默斋，晚号废翁，又号白石山人，安徽望江人。乾隆二十六年（1761）进士，历任贵州清溪、云南禄劝知县。乾隆四十九年（1784）因运铜沉船，为上司参罢。遂先后掌教云南育材书院、万春书院，留滇凡20年。晚年始归，卒于江宁（今江苏南京）。生平著述甚多，有《楚庭稗珠录》《五溪考》《穆天子传注》《逸周诗注》《滇南草堂诗话》《滇海虞衡志》等及云南县志七种。

《滇南虞衡志》十三卷，是檀萃在离开云南途中所撰，从书名到体例，皆模仿宋代范成大《桂海虞衡志》。二书之不同，在于范成大所撰多得自见闻，而檀萃所撰多录自历代典籍。间亦有考证文字，如《志香》中对沉香细加划分，以纠《范志》之讹。今亦从中撷取《志香》一卷，收入本丛编，其他卷次中有关香料的记载则加以辑录，附于其下。是书撰成于嘉庆四年（1799），云南人师范于嘉庆九年（1804）收入其所辑《二余堂丛书》，刊刻印行。清末胡思敬辑刻《问影楼舆地丛书》，据二余堂本收入。又有《丛书集成初编》本及云南图书馆重刻本，来源均为"问影楼"本及"二余堂"本，故诸本并无异同，仅个别字词有出入。今以《问影楼舆地丛书》本为底本，加以整理。原书各条，均加小标题，并重新编制目录，作者的传记资料及相关序跋择要收入附录。在整理过程中，参考了宋文熙、李东平二先生所著《滇海虞衡志校注》一书，特此致谢。

目　录

自 序

  《虞衡志》者，盖合山虞、泽虞、林衡、川衡以为名，土训之书也。范石湖帅广右，居桂林，为《桂海虞衡志》。夫桂奚有海，其去大海，尚隔安南、广东。而以"海"名者，矜其陆海耳。滇则内有滇池、洱河，皆周数百里，俱称海。即三宣、八慰、七猛，以至于缅甸，前明皆入职方，故《一统志》载，云南所辖，以府名者十有二，军民府八，州二，御夷府二，军民指挥司一，宣慰司八，宣抚司三，长官司六，皆领于布政司。缅甸宣慰司，南近海，番舶集城下。滇之称海，比桂尤宜。老夫居滇数十年，为《农部琐录》《华竹新编》，及腾越、蒙自、浪穹、顺宁、广南凡七《志》，其于滇之土训、诵训，颇为略知，屡语当事续修《通志》而卒不能。然念居滇久，不获勒成一书，以慰滇人士之情，此心终有默默不自得者。故于归途为此，将梓行之，传于滇海，以复于滇南知好及诸生，俾知老夫之拳拳于滇，虽去之远，终不相忘者，犹石湖之《志》也。

  昔崔正熊为《古今注》，马缟续之；张茂先为《博物志》，李石续之，前明董斯张又广之。惟文穆公《虞衡志》，未有续且广者。老夫以《滇海》配《桂海》，标目悉仍石湖之旧，亦托于续且广之意云尔。石湖与苏、黄、陆为宋四大家，《桂海志》亦道途间不经意之作，而卒流传过于其诗。安知老夫此《志》，他日不流传如石湖也哉！

  嘉庆己未六月，白石先生废翁檀萃序于武昌黄鹤楼侧，年七十五。

卷 三

志 香

《范志》云："广东香自舶来，广右香产海北，惟海南胜。"滇中诸土司，皆海南地，故所出皆滇本境也。

藏 香

藏香，出中甸。中甸多喇嘛，黄教、红教尽居于此，成村落，且出活佛。少长，藏僧来访，以厚币迎归，主其藏。甸人能作此香，如线香，甚纤细，长二尺，百茎为束。滇中贵之，以为通神明。凡房帏产厄、天花危笃，焚此香即平安。

白檀香

白檀香，出八百大甸土司。即旃檀。

安息香

安息香，亦出八百大甸土司。古八百媳妇地。

木 香

木香，出车里土司，古产里也。名早见《周书·王会》，今属普洱。《别录》云："木香，生永昌山谷。"

沉 香

沉香，亦出车里土司。

胜沉香

胜沉香，出河西县。即紫檀香，谓比沉香为胜，故名之。

乳　香

乳香，出老挝土司地。老挝，今名南掌，在九龙江外。

西木香

西木香，亦出老挝。交趾在东，故以此为西也。

水乳香

水乳香，出镇康州。

老柏香

老柏香，取老柏肤内绛色者，已成香矣。锯而饼之，厚寸余，再析而焚之，颇似檀香。省城多老柏，以其叶末之，为条香、盘香。

末　香

末香，即锯柏香之末也。以煨炉，亦氤氲耐焚。

降　香

降香，一名降真香。详下。

郁金香

郁金香，一名草麝香，根即姜黄。入酒为黄流。

以上诸香，皆出自滇产，志其实也。《范志》诸香，曰沉水香，曰蓬莱香，曰鹧鸪斑，曰笺香，曰光香，曰沉香，曰香珠，曰思劳香，曰排草，曰槟榔苔，曰橄榄香，曰零陵香，凡香之品十有二，其间多一物数名，下至于香珠、排草与零陵香，皆妇女之所褒用者，取之与沉水并列，何轻重贵贱大小之不伦也。按，沉水香，一名沉香，一名密香。密香者，则香所出之本树也。树如榉柳，皮青，叶似橘，隆冬不凋，花白而圆，实似槟榔，大如桑椹，出六种香：曰沉香，曰鸡骨香，曰桂香，曰笺香，曰黄熟香，曰马蹄香，六香同出一树，有精粗之异。第此树岭表俱有，傍海尤多，接干交柯，千里不绝。土人恣用，盖舍架桥，饭甑狗槽，皆用是物。木多如此，有香者百无一二。盖木得水方结，多在折枝枯干中，或为沉，或为煎，或为青皮，故香之等凡三：

一曰沉，入水即沉，谓之沉香。

二曰煎，一作牋，《范志》作笺。半浮半沉曰煎香，又曰甲煎。

三曰黄熟，香之轻虚，俗名速香。

入水则沉，其品凡四：

一曰熟结，膏脉凝结，自朽出者。

二曰生结，伐木仆地，膏脉流结。香成削去白木，结成斑点，名鹧鸪斑。

三曰脱落，木析而结。

四曰虫漏，蠹蚀而结。

故生结为上，熟结次之；坚黑为上，黄色次之。角沉黑润，黄沉黄润，蚁沉柔利，革沉纹横，皆上品也。其他因形命名，为类至多，皆附沉香之上品者也。

煎香分五类，《范志》作笺香。

一曰猬刺香，如猬皮栗蓬及蓑状。去木留香，香钟于刺。

二曰鸡骨香，细瘦如鸡骨。

三曰叶子香，状如叶子。

四曰蓬莱香，成片，如小盆及大菌状，有径二尺者，极坚实。

五曰光香，如山石、枯槎。

黄熟香为三类，俗讹为速香。

一曰生速香。

二曰熟速香。

三曰木盘，大而可雕刻。

是则蓬莱香、鹧鸪斑香、笺香、光香，总统于沉水香。《范志》混而载之，略无所分别。又于沉水香之外，添出沉香，得非枝骈？未可以其书之名重，不为考实，概附诸窈冥莫原也。至所志之槟榔香、橄榄香，滇南土司多此二物，香应相同，故推松香、柏香例而附著之。

槟榔香

槟榔香，出西南海岛。生槟榔木上，如松身之艾纳。初爇极臭，以合泥，香成温磨，用如甲煎。《范志》所谓西南海岛，即云南诸土司也。

橄榄香

橄榄香，其树脂也。脂如黑饴，合黄连、枫脂为榄香，有清烈出尘意。《范志》以桂江之人能之，宁云南而有不能？著之以俟其能。

降真香

滇人祀神用降香，故降香充市。即降真香也，一名紫藤香、鸡骨香。焚之其烟直上，感引鹤降。醮星辰，烧此香为第一度箓。李时珍谓：云南及两广、安南峒獠诸处有此香，则降真香固滇产也。

麝　香

麝香，出于滇南。麝别详于《志兽》，兹特著其香。香多有假，而李石以三说辨其真，谓：鹿群行山中，自然有麝气，不见其形，为真香；入春以脚踢入水泥中藏之，不使人见，为真香；杀之取其脐，一鹿一脐，为真香。此三真者尽之矣。然前二真得之良难，亦无所据以信于人，惟取脐为有据。然脐亦有作伪者，所谓刮取血膜，杂糁皮毛者是也。香客收麝，必于农部之鼠街。余居农部久，未尝过而问之。即以于役行，未尝将一麝，恐以香气惹人寻索耳。

雀头香

雀头香，香附之子。香附生水泽中，猪喜食之，俗呼为猪勒荠。滇池多有之，记之以待他日之为香者。

沉水香

沉水香，如上所说，出于密香树。而李石云："太学同官有曾宦广中者，谓沉香，杂木也，朽蠹浸沙水，岁久得之。如儋、崖海道居民，桥梁皆香材。如海桂、橘、柚之木沉于水，多年得之，即为沉水香。"《本草》谓为似橘是矣。然生采之，即不香

也。以予客岭表数年，闻其人所说，亦如是语，恐此说为然也。

阿　魏

阿魏，亦出于滇。唐李珣《海药本草》云："阿魏，是木津液，如桃胶状，色黑者不堪。云南长河中亦有，如舶上来者，滋味相似一般，只无黄色。"[一]据此，则滇中亦有阿魏矣。曰"长河中"，想亦从暹罗至缅甸，而上金沙欤？

〔一〕按，李珣《海药本草》卷二"阿魏"条，言阿魏"生石昆仑国"，"色黑者不堪"下，原有"其状黄散者为上"一句，故于下文言云南长河中无黄色者。

龙脑香

龙脑香，乃深山穷谷千年老杉，土人解作板，板缝有脑，乃劈取之。大者成片，如花瓣，即今冰片也，曰梅花冰片。清者名脑油。今金沙江，板充路而来，杉板也，纹作野鸡斑矣。岂无藏缝之龙脑乎？记之以待劈之者。

铜香炉

铜独盛于滇南，故铜器具为多。大者至于为铜屋，今太和宫铜瓦寺是也。其费铜不知几巨万！玉皇阁像皆铜铸，其费铜又不知几巨万！推之他处，铜瓦、铜像，又不知其几！金牛、铜牛皆以铜，大小神庙大钟、小磬，大小香炉，无不以铜。大香炉高五六尺，三足如鼎，花纹极细。虽新制，亦斑剥陆离有古色。上或架香亭，亭亭远峙，玲珑通明。计一香炉，费且数万斤，推之通省，又不知费几巨万！制造之精而古，殆难遍举。来游者见到处皆然，亦以为数见不鲜而易之。使当宣和博古时，不知几许张皇

矣。铜炉制各异，而色俱古。无论士庶家，必烧铜炉，烧至数年，起野鸡斑，则夏鼎商彝比费矣。此出人力而妙得天然者也。按，见卷五《志器》

麝

麝，亦鹿类而有香。《范志》云："自邕州溪洞来者，名土麝，气臊烈，不及西蕃。"谓云南也。是知滇麝甲于天下。李石云："天宝中，渔人献水麝，诏养之。滴水染衣，衣敝而香不散。"夫有山獭，即有水獭。有山麝，独无水麝乎？但不易得，得之且不识耳。按，见卷七《志兽》

檀　香

桂为奇木，以上药显；檀为神木，以妙香闻。论檀，则滇南各州郡俱有之，而至于为香，惟《永昌志》载有"赶檀香"，《明一统志》载八百大甸出白檀香。檀为善木，故从"亶"。亶者，善也。有黄、白、紫之异。江淮、河朔俱产檀，然不香。檀香出广东、云南及番国，三檀并坚重清香，而白檀尤良。释氏呼为旃檀，言离垢也。第南徼所产，亦不能尽香，而其降而成香，千百林中或有其一二。物以少为贵也。道书谓为浴香，不可烧供上真。此故为歧言，不足辨也。其材之中，于物用者甚多，即无香亦应志而不遗也。按，见卷一一《志草木》

附录

师范序

废翁居滇久，以傲罢令，且获罪。滇人士誉之者半，毁之者亦半。毁者之言曰："恃才凌人，自荡于绳尺，虽如柳子厚奚益？"誉者之言曰："宏览博物，慷慨悲歌，有公而杨用修氏可以不孤。"予于誉之说不敢从同，于毁之说更无所附和。翁盖敦笃人也，好学励志，喜急朋友之难。其著录固纯驳相间，要皆自出机轴，不肯寄人篱下。

予既与翁习，曾以所纂《滇南山水纲目考》命校，删繁正误，为补辑数条，分编上下卷，翁甚以为然。乙卯入都，翁曰："有以三百金购刻是书者，子其许之乎？"予曰："果有三百金，则翁可归矣。"遂并副本检授之。后购书者之父升丞粤东，旋卒，此事中止。辛酉小除，翁枢返自江宁，予往致吊，向令子吉夫选贡索此册，吉夫答以未知，乃取《滇海虞衡志》相畀。予携置行箧，屡经翻阅，笔势郁纡，文情古厚，出《范志》远甚。今岁夏，刻入丛书中。有曰："其志厂也。琐屑猥杂，引一老砂丁与谈，亦无不知者，是何足刻？"或曰："其志蛮也。风俗嗜好，言过其实，今之滇已非古之滇，是何可刻？"或又曰："其志花也。以山茶、红梅、紫薇为三鼎甲，继之云'破荒洗陋'，大肆轻薄，是何必刻？"夫滇之巨政，惟盐与铜。盐、铜理，官民俱利；盐、铜坏，官民俱弊。若必以琐屑讥之，是《考工记》可称匠作簿，《水经注》不敌道里表矣。其以为不足刻者，浅也。周之世，猃狁居于焦获，山戎处于陆浑，夷夏之界已混。若风俗嗜好，以予游历所及，蛮之不如者，往往而有，盖非可以方隅存定论矣。其

以为不可刻者，褊也。鼎甲重自明季，然苟无高文伟烈，足以自立，未没世而已与草木同腐，转不若三花者之长耀天壤，谁陋谁荒，自有辨之者矣。其以为不必刻者，迂也。然则是志之成，产于滇者当知之，宦于滇者犹当知之[一]。

方翁之掌教成材书院也，趋之者若鹜，无不用师生礼相见，予烛以世俗呼乡大尹者呼之[二]。竖一义，云垂海立；送一难，猊抉骥奔。翁曰：“吾不意滇人中，竟有吾子。”予曰：“嘻，十步之内，必生芳草。滇之人，谢客闭关不求闻达者有倍于予者，有数倍于予者。翁矜其所见，而忽其所未见，是以予为辽东之豕也。”翁亦大笑，旋投以句云：“同是楚人滇较远，采诗知不薄菇芦。”

越岁，予奉檄引见，翁和“芦”字韵枉饯，亦以予之呼翁者见呼。予曰：“殽之役，何相报之速？翁真不长者哉！”翁曰：“安知其不选江南？”辛酉五月，铨授望江。严匡山考功、吴晓林庶常，皆翁高足，咸以翁言为奇谶。抵皖，复寄以句云：“江南山水寻常事，真与先生作长官。”未得报书，而翁已没于旅邸。呜呼！宝气已潜，玄言莫赏。每抚此册，如与翁对坐一粒斋，吃瓜子、炒豆、烧酒也。邮告滇人士，其以予为从同乎？抑以予为附和乎？

嘉庆甲子中秋前八日，滇人师范书于武昌湖舟中。北望翁枢，尚厝浅土，念之愈觉怅然。

见《滇海虞衡志》卷首

〔一〕“犹当知之”，二余堂本作“尤当知之”。

〔二〕“予烛以”，后附校勘记云：“序文第一叶第二十一行，‘独’误‘烛’。”

胡思敬跋

默翁此《志》，详实远胜石湖。金石、草木诸篇，尤关实用，非巧弄笔墨，好为藻饰以自矜者。唯《志蛮》采辑旧闻，多怪诞，不可尽信。余家藏《二余堂丛刻》本，编次不尽如法，欲求他本校之，不可得。原书疑为师氏所乱，今悉正之。默翁好谈经济，在嘉庆时颇负文才，别有《法书》十卷，南皮张相国《书目答问》收入儒家。盖亦唐铸万、贺子翼之流，放弃边隅，老而不用，迨此书成，旅食四方，年且八十矣。

新昌胡思敬跋

见《滇海虞衡志》卷末

檀萃传

檀萃，字默斋，安徽望江人。乾隆二十六年进士，选贵州青溪县知县，旋丁父忧。服阙，补云南禄劝县知县。兴学劝农，政声大著。以不阿挂吏议，罢官。后主云南五华书院讲席，滇人多师之。萃幼不敏，年二十，始知力学，博极群书，以渊雅称。其诗恣肆汪洋，近体尤为钟炼。所著有《大戴礼注疏》《穆天子传注》《逸周诗注》《俪藻外集》《楚庭稗珠录》《滇海虞衡志》《滇南诗话》《滇南文集》。又有武定州、禄劝县、番禺县各志，及《书法》十卷。

见《清史列传》卷七二

清稗类钞（选）

徐珂　编

前　言

《清稗类钞》不分卷，徐珂编。

徐珂（1869—1928），初名昌，字仲可，杭县（今浙江杭州）人。光绪十五年（1889）举人，屡次会试不利，曾被清廷任命为内阁中书等官，未莅任。光绪二十一年（1895），曾在北京参与康有为等人发起的公车上书。又一度为袁世凯幕僚，旋辞去归乡。光绪二十七年（1901）至上海，初任《外交报》编辑，后又任商务印书馆、《东方杂志》编辑。徐珂为人好学，诗文可观，尤擅长填词。师从当时词学大家谭献，又与名词人相往还，唱和商榷，并加入南社。平生著述有《清代词学概论》《康居笔记》《闻见日钞》《清朝野史大观》及《清稗类钞》等。

《清稗类钞》选录数百种清人笔记杂著，分类编排，共分"时令"、"气候"、"地理"等92类，13000余条。初刊于1917年，由商务印书馆铅字排印刊行，共48册。今以商务印书馆1928年版为底本，参考中华书局1986年版，从中辑录有关香文化的条目，依次排列，不加分类，部分条目新拟小标题。目录重新编制。有关序跋收入附录。

目 录

自 序

　　稗史，纪录琐细之事者也。《汉书》注如淳曰："王者欲知间巷风俗，故立稗官，使称说之。"因谓其所记载者曰"稗史"。清顺、康间，金沙潘长吉有《宋稗类钞》之辑，盖参仿宋刘义庆《世说新语》、明何良俊《语林》而作，足以补正史，资谈助。不佞读而善之，因思有清入主中原，亦越二百六十有八载矣，朝野佚闻，更仆难数。尝于披阅书报之暇，从贤豪长者游，习闻掌故，益以友好录示之稿，偶一浏览，时或与书报相合，过而存之，亦卫正叔之遗意也。正叔，名湜，宋人。尝集《礼记》诸家传注为书，曰《集说》。其言有曰："他人作书，惟恐不出诸己；某作书，惟恐不出诸人。"且以当世名硕之好稗官家言也，欲就而与之商榷，辄笔之于册，以备遗忘。积久盈箧，乃参仿《宋稗类钞》之例，辑为是编，而名之曰《清稗类钞》。虽皆掇拾以成，而剪裁镕铸，要亦具有微旨，典制名物，亦略有考证。其中事以类分，类以年次，则以便临文参考捃摭征引之用也。

　　惟载笔之难，学者所叹。明胡应麟记诵淹博，所著《少室山房笔丛》，尚不免时有抵牾。陈堦著《日涉编》，按日纪故事，间以古诗系于下，六月二十三日下有宋张耒《夜泊林里港》诗云："淅淅晓风起，孤舟愁里生。蓬窗一萤过，苇岸数蛩鸣。老大畏为客，风波难计程。家人夜深语，应念客犹征。"而七月二十三日下亦载之。清纪文达之博洽，并世无两，而《滦阳续录》所载介野园宗伯之诗为"鹦鹉新班宴仰园，摧颓老鹤也乘轩。龙津桥上黄金榜，四见门生作状元"四句，实为金吏部尚书张大节作，

第有五字不同，殆误收金人诗为近人耳。孙星衍考订金石之详赡，为世所称，而《寰宇访碑录》校释碑文，重至一再，既列之于唐，又列之于宋，甚或新拓本年月既泐而旧拓本尚存，即据旧拓本按年月以编入，又据新拓本以附之于无年月类。凡若此者，贤哲不免，每一念及，滋益兢兢。虽尝就正于当世名硕，且有勤敏好学之吴县汤颐琐宝荣、丹徒怀献侯桂琛、龙南徐伯英时、闽侯林沪生震、嘉兴高晴川紫霞、萧山姚赭生宗舜诸君子，匡我不逮，为之检校数过，然犹未敢自信也。博雅君子，其亦有以教之乎！

中华民国五年十二月，杭县徐珂仲可述于上海寓庐之天苏阁。

烧头香

四月初一日，游西山，_{亦名妙高峰}。山有天仙圣母庙。同治间，孝钦后曾为穆宗祈痘于此。先期预诏庙祝，必俟宫中进香后，始行开庙，谓之"头香"。_{按，见《时令类》"京师逛庙日期"条}

烧松香

除夕奏乐，达旦始已。孝钦召集来宾，掷骰为戏。宫眷各得犒银，多者银二百元。孝钦坐久而倦，乃以银元掷之地，宫眷欲博其欢也，尽力夺之。夜半，陈炭于铜盘，炽以取暖。盘以铜为之，内燃板炭。孝钦取松枝少许投之盘，宫眷亦各折小枝及大块松香以入之。顷刻，满室氤氲，盖取吉羊之意也。_{按，见《时令类》"孝钦后宫中之岁暮新年"条}

香炉冈

（香山）寺建于金大定丙午年，为辽中丞阿里吉所舍，殿前二碑，载舍宅始末。碑石光润如玉，白质紫章。或云：寺即金章宗之会景楼，正统中，太监范宏拓之，费七十万。门径宽博，乔木夹荫，流泉界之。依山以为殿宇，寺前有石桥，桥下方池，为知乐濠，璎珞岩居其东。慈恩殿右为香炉冈，乃乳峰石。昔人谓其时嘘云雾，类匡庐之香炉峰，故名。_{按，见《名胜类》"西山诸胜"条}

铜炉百尊

随园以小仓山房为主室，宴客辄于是。而子才朝夕常坐之处，则为夏凉冬燠所，在山房之左也。壁嵌玲珑木架，上置古铜炉百尊，冬温以火，旃檀馥郁，暖气益然，举室生春焉。_{按，见}

《园林类》"随园"条

景泰蓝香炉

（保和）殿有景泰蓝香炉等物，亦明景泰帝所制。铜皆作金色，迥非新出者所及。按，见《宫苑类》"三殿"条

香楠木殿火灾

京师北门外有祈年殿。光绪己丑八月二十日寅刻，雷电交作，大雨如注。忽霹雳一声，直击祈年殿前所悬之额，碎堕陛上，雷火燃着悬额之木。未刻，殿中火起，烟焰自槅扇窗棂出，烧着梁柱，其光熊熊，如赤虹亘天。守坛官弁鸣锣报警，步军统领发令箭，传集官兵及五城坊官水会奔救。殿宇过高，水激不到，虽雨势倾盆，又为琉璃亭顶所隔。奉祀刘世印率人进殿，将列祖列宗楠木雕刻之九龙大宝座取出，而皇天上帝之宝座火已燃及，无从措手。戌刻后，祈年殿八十一楹及檀木雕成之朱扉黄座，悉为灰烬。数十里内，光同白昼，香气勃发。盖其楹栋皆以香楠木为之，大逾合抱，为明成祖时所建也。火至天明始熄，丹陛上之汉白玉石栏杆悉炸裂。按，见《宫苑类》"光绪己丑八月祈年殿灾"条

沉香柱

太庙前殿凡十一间，四围以沉香为柱。正中三间，梁栋饰金。东庑西庑各十五间，以分列配飨诸王及功臣也。中殿九间，东庑西庑各五间，以藏祭器。后殿制如中殿。按，见《祠庙类》"太庙"条

旃檀佛像

京师有旃檀寺，寺建于明武宗时，本以备李妃离宫之所。顺治间，始以奉旃檀佛像。此像传言由于阗至龟兹，复由龟兹至内地，最后奉之于寺。寺之殿瓦，本悉用黑色琉璃，俗因有"黑老婆殿"之称。光绪庚子，联军入都，寺被毁[一]。按，见《祠庙类》"旃檀寺"条

〔一〕清高士奇《金鳌退食笔记》卷下"弘仁寺"条，记此旃檀佛像甚详："旃檀佛像高五尺，鹄立上视，后瞻若仰，前瞻若俯，衣纹水波骨法见其表。左手舒而直，右手舒而垂，肘掌皆微弓，指微张而肤合，三十二相中鹅王掌也。勇猛慈悲，精进自在，以意求之皆备。相传为旃檀香木，扣之，声铿锵若金石，入水不濡，轻如髹漆。晨昏寒暑，其色不一，大抵近于沉碧。万历中，慈圣太后始傅以金。"按，弘仁寺，后名旃檀寺。

书福熏笔

自乾隆丙寅建阐福寺，壬申以后，每岁腊月朔日，先诣寺拈香，回宫书"福"。开笔时，爇香致敬，用朱漆雕云龙盘一，中盛古铜八吉祥炉、古铜香盘二，握管熏以炉上，始濡染挥翰。按，见《恩遇类》"福字备赏"条

烧藏香

孝钦后每晨于寝宫院内设案置炉，烧藏香一枝，妆罢传膳，香亦烬矣。按，见《巡幸类》"庚子西巡琐记"

贮香纱袋

孝钦后每日晨起，辄命太监将被褥曝于院中，以刷刷床。于

毡上加黄缎褥三条，各色丝被单数条，其上又铺黄被单，为金龙蓝云头花样。枕甚多，一实以茶叶；一即耳枕，约长十二寸，中有方约三寸之穴，干花塞之，睡时可听声，盖虑为人所暗算也。黄被单又有紫蓝浅红绿色被六条。绸帐镶花，床悬满储香料之纱袋，其中麝香颇多，孝钦所嗜也。按，见《宫闱类》"孝钦后床榻之陈设"条

龙挂香

明制：内监入选，例入内书堂读书。凡收入宫中年十岁上下者二三百人，入内书堂读书。本监提督总其纲，择日拜至圣，请词林老师，每一名各具白蜡手帕、龙挂香为束修，人给《千字文》、四书，派年长者八，为学长。有过，词林老师批付提督责处。按，见《阉寺类》"高宗改内监读书之制"条

烧檀香祈雨

宫廷有祈雨之事，后妃、宫眷皆淋浴斋戒。德宗祷于宫坛，佩一三寸高之玉牌，上镌"斋戒"二字，凡皇帝从官皆佩之。孝钦后妆饰不御珠玉，服浅灰色衣，无缘饰，巾履亦然。饮食仅牛奶、馍馍二物，宫眷则食白菜煮饭。祷之前，孝钦方入殿，有一太监跪呈柳枝一束，孝钦折少许，插于髻，宫眷等皆然，德宗则插于冠。插柳毕，太监李莲英跪奏："诸事已毕。"乃群从孝钦步行，至孝钦宫前之一室。室中置方案一，上置黄表一折，玉一方，朱砂少许，小刷二，旁案列瓷瓶，中插柳。孝钦之黄缎褥铺案前，案置香炉一，燃炭，孝钦取檀香少许投之炉，乃跪于褥，宫眷皆后跽，默诵祷词。词曰："敬求上天怜悯，速赐甘霖，以救下民之命！凡有罪责，祈降余等之身。"默诵三过，行三跪九

叩礼毕，乃出。按，见《礼制类》"祷雨"条

和烧香曲

钱谦益所著《有学集》，风行一时，而身后乃被禁书毁板之禁，盖以其诗文有愤激诅詈之语也。其第三卷中有《和烧香曲》，可与吴梅村《清凉山赞佛》诗参观。曲云："下界伊兰臭不收，天公酒醒玉女愁。吴刚盗斫质多树，鸾胶凤髓倾十州。玉山岢峨珠树泣，汉宫百和迎仙急。王母不乐下云车，刘郎犹倚小儿立。异香如豆着铜环，曼倩偷桃爇博山。老龙怒斗搜象藏，香云羃蔼通九关。酆香长者迷处所，青莲花藏失香谱。灵飞去挟返魂香，玉杖金箱茂陵土。烟销鹊尾佛镫红，梦断钟残鼻观通。鸡林香市经游处，衫袖浓熏尽逆风。"[一]按，见《狱讼类》"钱谦益有学集案"条

〔一〕诗见钱谦益《有学集》卷一三。"鸾胶凤髓倾十州"，"州"原作"洲"。"刘郎犹倚小儿立"，"小儿"，原书诸本多作"少儿"，是。"香云羃蔼通九关"，"通"原作"笼"。

旃檀香宝

"宝箱例引赴乾清，肃驾年年典据征。接送预行交泰殿，奉盈一念警宵兴。旃檀香宝，交泰殿二十五宝之一。驾出，内阁学士、典籍各一员，赴乾清宫请宝，驾旋送宝亦如之。"按，见《爵秩类》"汪孟铜到内阁口号"条引汪《典籍厅任事八首》之七

贡藏香

（理藩院）柔远司掌外盟诸部朝觐、宴享、聘纳诸仪。汗诸长四岁一朝，薄海诸长三岁一朝，杜尔伯特、西藏诸部长不限以年，五岁请命于朝，许之则觐。贡期：汗三岁一贡，西藏间岁一

贡。各视其土之所宜，汗贡马、驼、羊、羯诸物，西藏、青海贡藏香、氆氇、马、驼，享使颁赏如内藩。按，见《爵秩类》"理藩院"条

香佛珠

四菩提珠，亦称佛珠，种类不一。有以古木制者，有以喜马拉雅山树子制者，有以人头骨制者，有以兽骨及香质制者。相传诸佛菩萨各因所好而佩之，故瞻拜观音，用贝壳所制之白珠，若为死者嗥经忏悔，则必人头盖骨珠。按，见《宗教类》"喇嘛法器"条

打箭炉香料贸易

四川打箭炉，为汉夷杂处、入藏必经之地，百货完备，商务称盛，在关外可首屈一指。常年交易，不下数千金，俗以"小成都"名之，惟繁华不及炉城。关外商务销品，以雅州各属所产大茶为大宗，因此茶为夷人日所必需之要物。哈达旗布、夷人印佛经于上，竖高杆揭之。针、棉线、茧油、风帕、布匹、烟叶、水烟之属，皆畅销夷人者，至绸缎、食品、器具等，则售与旅边之汉人，夷人亦兼购之，此皆内地之输出品也。至输入品，则以鹿茸、鹿角、麝香、黄白金、狐皮、豹皮、冬虫夏草、贝母及藏商输入之红花、藏香各食物等为大宗。按，见《农商类》"打箭炉商务"条

香烟丝

苏州杜切，色俱红黑；北方干丝、油丝，皆粗而黑；惟松江有曰淡黄者，缕极细软，味淡，性平和。康熙时，苏州亦有香丝一种，殊似淡黄，而香味过之。然烟草实不香，其有香者，杂以兰花子也。按，见《工艺类》"制烟草"条

四弃香

太和殿元旦视朝，金炉所爇之香，曰"四弃香"。清微淡远，迥殊常品。盖以梨及苹婆等四种果皮，晒干制成者也。按，见《工艺类》"制四弃香"条

安息香

安息香树之脂，坚凝成黄黑色块者，可为香，并可制药。今通用之安息香，则多以他种香料合木屑，作线香状，但袭安息香之名，实无安息香料也。按，见《工艺类》"制安息香"条

闹房得安息香

闹房者，闹新房也。新妇既入洞房，男女宾咸入，以欲博新妇之笑，谑浪笑敖，无所不至。淮安闹房之时刻则在黄昏，以送房为限制。时男家预从男客中择一能言者为招待员。惟闹者，约分孩童与成年者二组。孩童闹房，其目的则在安息香。先自齐集三五童偕往男家，以闹意达于招待员，由招待员道至新房，孩童则人各唱一《闹房歌》，歌辞多不堪入耳之语。唱毕，由招待员分给各孩安息香若干枝而散。按，见《婚姻类》"淮安婚夕闹房"条

臂挂香炉

苏俗赛神，舆神而游于市。俗谓之"出会"。前道有臂香者，袒裼张两臂，以铜丝穿臂肉，仅累黍，悬铜锡香炉，爇旃檀其中，或悬钜铜钲，皆重数十斤。数十人振臂而行，历远而弗坠。此盖梁僧智泉铁钩挂体燃千灯之遗法也。按，见《技勇类》"臂香"条

奇楠朝珠

真奇楠朝珠，用碧犀、翡翠为配件者，一挂必三五千金。皆腻软如泥，润不留手，香闻半里以外。按，见《豪侈类》"阿克当阿之奢侈"条

香　妃

回王某妃以体有异香，号香妃，国色也。高宗久闻其美，乾隆戊寅，尝于征回之役，召见将军兆惠，令穷其异。兆惠知旨，己卯，回疆平，果生得之。香妃既至京，命处之西苑，妃意泰然。高宗时至其居，百问不一答。乃令宫眷游说之，则袖出白刃，侃侃而言曰："国破家亡，死志久决。然徒死无益，必得一当以报故主。今若强逼，吾志遂矣"……太后闻其事，为高宗危，戒勿往西苑，曰："版终不自屈，盍杀之？否则放还乡里耳。"高宗不听。某年，冬至郊天，太后知高宗之方先期赴斋宫也，召妃至慈宁宫，镉宫门，戒左右曰："虽帝至，不得纳。"语妃曰："汝不屈志，当何为？"妃曰："死耳。"太后曰："今赐汝死，可乎？"妃再拜谢曰："妾以志在复仇，不欲徒死。今得从故主于地下，感且不朽。"时高宗已得报，亟命驾归，诣慈宁宫。则宫门已下键，乃痛哭门外。须臾门启，高宗入，妃已气绝，而香不散，面犹含笑也。后以妃礼葬之。按，见《异禀类》"香妃体有异香"条

香　姑

乾隆中，桐城姚氏诞一女，竟体芳馥如兰，人称之曰"香姑"。即长，适张氏子某，文端公之裔也。此与俄国农家子同。盖俄国农家诞一子，状貌与常儿无殊，身有异香，晴则香气浓

郁，阴晦略减。有医士闻而往视，亦莫详其由。是则汉宫人吹气如兰之事，无足奇矣。按，见《异禀类》"香姑"条

香 瘴

甘肃多烟瘴，青海更多，至柴达木而尤甚。瘴有三种：其一，水土阴寒，冰雪凝洹，气如最淡之晓雾，是为寒瘴。人触之气郁腹胀，衣襟皆湿，饮其水则立泻。其二，高亢之地，日色所蒸，土气如薄云覆其上，香如茶叶而带尘土气，是为热瘴。触之气喘而渴，面项发赤。其三，山险岭恶，林深菁密，多毒蛇恶蝎，吐涎草际，雨淋日炙，渍土经久不散，每当天昏微雨，远望之有光灿然，如落叶缤纷，嗅之其香喷鼻者，是为毒瘴。触之眼眶微黑，鼻中奇痒，额端冷汗不止，衣襟湿如沾露，此瘴为最恶。按，见《疾病类》"瘴"条

回人葬用檀香

回俗：凡遇将死之人，其子孙必先尽去其衣，以衾覆之，慰以一心归主，不必他虑。死后则羃其面，虽骨肉至亲不能揭视。……殓竣，眷属始入帷，同置死者于棺。棺以四板合成，洞其底，可开阖，教中称为"马衣"。不问贵贱老少，皆同此棺。俟舁至山中下土，仍舁回，待再用也。富者用石棺。棺外有昵盖遮掩，前道焚檀香两炉。后复用籐棺，外可望见尸骨。坟立石碑，四周藏以檀香等末，以防尸化。按，见《丧祭类》"回人丧葬"条

行 香

行香，本为事佛仪注，即执香炉以绕行佛会中也。帝王行香，则自乘辇绕行，而令他人代执炉以步其后。其行香之法，或

谓散撒香末，或谓仍自炷香为礼，但执炉周匝道场而已。近世文武官吏入庙焚香叩拜，曰行香，则但袭其名耳。亦曰拈香，俗语谓之烧香。按，见《丧祭类》"行香"条

拜 香

蜀俗：父母有疾病，子即拜香。拜香者，以香三缚于额，一步一跪，自其家起，至庙而止。路之远近，即视病之轻重也。按，见《丧祭类》"蜀人拜香"条

跳神用香盘

满洲尚跳神，无富贵贫贱，皆于室内供神牌，木版无字，亦有用木龛者，室中之西壁、北壁各一龛。凡室，南向、北向以西方为上，东向、西向以南方为上，龛设于南。龛下悬黄云缎帘幕，亦有不施者。北龛设一椅，椅下有木五，形若木主之座。西龛上设一几，几下有木三。春秋择日致祭，谓之跳神。其木若香盘也，祭以香末洒于木上。室南向者，多以北壁为正龛，西为旁龛；东向则以西壁为正龛，南为旁龛。旁龛乃最尊处也，最尊处所奉之神为观世音大士，次为关帝，次为土地，故用香盘三也。按，见《丧祭类》"满洲跳神"条

诗钟焚香

诗钟二字，则取击钵催诗之意，故又曰"战诗"。……始于道、咸间，作俑者为闽人，久之而燕北、江南亦渐有仿效之者矣。……昔贤作此，社规甚严。拈题时，缀线于缕，系香寸许，承以铜盘，香焚缕断，钱落盘鸣，其声铿然，以为构思之限。故名诗钟，即刻烛击钵之遗意也。按，见《文学类》"诗钟之名称及原起"条

画兰发香

张闲鹤性简傲，嗜饮，少进辄醉，醉辄喜画兰，勃勃有生气。陆子黄尝得所画兰，悬之斋壁，忽发香满室。陆异之，因额其处曰"兰堂"。张，名道岸，湖州人，苕南四隐之一也。按，见《艺术类》"张闲鹤画兰"条

香麝闭气

某家娶妇，甫却扇，而妇晕绝，延天士诊之。天士掩鼻入房，视之曰："易治耳。"令人舁妇至中堂，命取人粪数桶，围置而搅之，秽气蒸腾，妇遂苏。叶曰："此为香麝闭气所致，故以秽气解之。新房须撤去香物，方可入，再发恐不治。"如其言，果瘳。按，见《艺术类》"叶天士更十七师而成名医"条

焚香致疾

有贵家子得奇病，四肢软弱，不能起立，不饮不食，终日仰卧，呼之虽应，而不发一言。遍请名医诊治，卒无效，乃延马（小素）往。马至病榻前，不切脉，审视良久，又遍视室中，曰："此人无病，何用药为？"遂命主人将室中一切有香气之物悉移他处，令用面盆多贮好醋，以秤锤烧红，时于房中淬之，令醋味不断，明日可痊。主人依法行之，次日果渐痊。盖此子平日最喜焚香，致得此疾，故以醋味敛之耳。按，见《艺术类》"癫医不切脉"条

金香炉

壬寅，许伯阮游敦煌，得唐人手书藏经五卷，出而语人曰："石屋分内外，内屋因山而筑，有六十六穴，穴藏经四五卷，别

无他物。外屋石床一，左铺羊毛毡，尚完好，右铺线毡，已成灰。床下僧履一双，色深黄，白口，如新造者。中一几甚大，金佛一尊，重约三百两。金香炉大小各一，大者重百余两，小者二三十两。大石椅一，铺极厚棕垫。县令某携佛、炉而去，又取经二百余卷。后为大吏所知，遣员至敦煌，再启石壁，尽取经卷而去。闻县令取佛、炉，悉镕为金条。以致唐代造像美术，未得流行于世，惜哉！"按，见《鉴赏类》"伯希和得敦煌石室古物"条

尽毁宣德香炉

阳湖庄迂甫，名通敏，方耕少宗伯之仲子也。好宣德香炉。官翰詹垂二十年，和珅浸用事，庄饮大醉，即呼其名而痛诋之。尽取所蓄炉，碎之满庭。醒而惜之，则又购买。月或一二次。有卖炉者知其然，至移寓近之。按，见《鉴赏类》"庄迂甫好宣德炉"条

两足香炉

光绪末，京师琉璃厂某古董店有炉，两足如觯器。主人以废物视之，炷火其中，供吸烟之用而已。周季真以十金易去，则以檀香支其缺处，取零星枯朽燃之，扑鼻皆香。并言如有降真、苏合、冰麝、龙涎，仿此以行，即燎纸香亦如之。按，见《鉴赏类》"周季真藏炉"条

香瓷盘

香瓷种类不一，凡泥浆胎骨者，发香较多，瓷胎亦偶一有之。要必略磨底足，露出胎骨，而后香气喷溢。且香瓷最不易得，有土胎香者，有泥浆胎香者，有瓷胎香者，此自然之香也。有藏香胎者，有沉香胎者，有各种香胎者，此人工之香也。实皆

希世之珍。有梳头油香者，则古宫奁具也。吴彦复曾藏一盘，径五寸。吴卒，遂不知所在。按，见《鉴赏类》"吴彦复藏香瓷盘"条

香　玉

更有一种香玉，嗅之作奇南香气。奇南，香木名，出海南，见《七修类稿》。俗称伽南者讹。盖玉在土中，与香物为邻，年久受其沁，沾其香，非玉之自能吐香也。欲试，须烹佳茗，置玉其中，香气自吐。此种绝少，真稀世之宝也。按，见《鉴赏类》"陈原心藏古玉八十一事"条

沉香玉

何润生观察恩煌，曾藏软玉水注，色明透，若碧玉、沉香玉。产于大丽江之摸梭山，初出穴时，柔如石膏，见风始坚。按，见《鉴赏类》"何润生藏碧玉水注"条

顶有异香

宝应王楼村修撰式丹，生而顶有异香，经月不散。稍长，耳白过面。相者曰："当以文名天下。"按，见《方伎类》"相王楼村"条

沉香琵琶

玉琵琶者，武进、无锡间之老技师也。以天下琵琶第一闻，而吴中诸技师多未尝聆其奏艺。金阊有某曲工者，亦以琵琶雄南郡，顾名终出玉琵琶下，意颇不平。一日，诣其宅，高堂邃宇，阒其无人。信步入一轩，中无他物，架列琵琶三：一乌木床，黄杨柱，胶丝弦；二沉香床，檀柱，玉丝弦；三紫铁床，金柱，铜丝弦。曲工意以为尽于是矣，竟取铁琵琶弹之，嘈嘈切切珠落盘，意甚得也。按，见《音乐类》"玉琵琶"条

沉香木雕像

香云，为光绪初汉皋有名妓，武昌人。媚眼流波，长眉入鬓，慧中秀外，冠绝一时。富商贵介，招妓侑觞者，辄乐就之。以是征歌佐酒，殆无虚日。香云亦身价自高，龌龊浮浪子，视之蔑如也。所与往来者多名下士，酒阑灯炧，惟事谈事问字，语不及私。湘阴徐宗海茂才，尤与之善，以终身为订。……日夕筹资，谋为之脱籍。假得同学友三百金，与鸨商，鸨必欲取盈，香云乃出私蓄畀之，已有成说。一夕，宗海寓庐不戒于火，一切荡然。香云知之，恚而病。宗海之父得耗，寄书促速归，乃走辞香云，时已病不能起，相见执手，呜咽不作一语。别后十日而死，比宗海至，已葬于北郊矣。宗海特购沉香木，觅巧匠镌小像，置于小盒，撰长联以挽之。按，见《娼妓类》"香云为徐宗海所眷"条

闷 香

有于深夜携闷香入人家焚之，使其合室之人昏迷不醒，席卷财物，从容而行者。比觉，则杳如黄鹤矣。按，见《盗贼类》"焚闷香以行窃"条

香 狸

香狸，狸属，一名灵猫。毛黄黑色，似豹文，尾毛黑白相间，不甚分明。脐有香囊，能发香气如麝，故又称麝香猫。按，见《动物类》"香狸"条

香 鼠

鼠类本至繁伙，然人家习见者，亦仅灰色、黑色一二种而

已。闽鼠种类较多，或专食枣栗等果品而不肉食，或专啖肉类而不食果品。更有所谓香鼠者，与常鼠略异，两眼绝小，尾短而粗，有毫十数茎，气直如麝，故以香鼠名之。闽人视如神明，谓人类所以得谷食，即由此鼠窃谷种于天上。人若犯之，罪当天谴，每见此鼠，辄焚香礼之。按，见《动物类》"闽鼠"条

麝

麝，似鹿，无角，长三尺许，毛灰褐色，甚长。牡者犬齿，突出口外。皮可制物。盛产于青海之南北二境，每年输出甚巨。角之长者，与鹿茸并贵[一]。西藏江拉、希拉之间，皆重岩复涧，深林密菁，野兽种类无数，斑鹿、香麝之类尤多。猎者重披毳裘，着皮帽革靴，负火枪，腰刀械、药弹、糗糒，伏处崖谷，风餐露宿，鲜火食。山有何种兽迹，见遗毛矢溺，即可辨之。有麝之山，其香特异。

凡荒山深壑，有三种香味：毒瘴一也，草药二也，麝香三也。寒瘴不香，热瘴微香，毒瘴最香。瘴愈毒，香愈烈，惟其香带尘土气。野花、山药，其香氤氲而有味，闻之精神轩爽。若麝香之味，远闻之香烈而略带腥，忽隐忽现，若即若离，愈近麝穴，其腥愈不可闻。循其腥而寻之，百不失一。盖麝脐最秽，常流血液，时时必仰卧于草地而曝其脐。脐眼凸出，大如钵，腥臭异常。蚊蝇蚁蚋飞集蚀之，脐眼突缩入，微虫碾如齑粉。一日数次，脂渐凝厚。此为草头麝，药肆常用之品也。曾吸入蜂蝎蜈蚣毒虫类者，脐有朱红点，谓之红头麝，其品已高。最贵者曰蛇头麝，毒蛇吮其脐，麝惊痛而力吸，跳踔狂奔，蛇身伸屈盘结，坚不可脱，须臾蛇身截然而断，首即腐于内矣。脐有双红珠，是为蛇眼。得之以合药，香经久不散，治毒症至有效。

麝捷足善走，遇人追急，辄自搯脐眼使破，知为焚身之累也。猎之能者，四散伏而捕之，声东击西，使之无暇自搯。若受伤而为人迫及，犹伏地哀鸣掩其脐，或以四蹄紧抱之。麝多，俗名"麝熟"；麝少，俗名"麝荒"。麝熟之年，药商西来收买，茶十斤可易其一，较内地之价，仅数十之一耳。按，见《动物类》"麝"条

〔一〕按，麝无角，上文亦已言之，此处所云，疑有讹误。

沉香棺

合肥龚芝麓宗伯所宠顾横波夫人媚，性爱猫，有名"乌员"者，日于花栏绣榻间徘徊抚玩，珍重之意，逾于掌珠，饲以精餐嘉鱼。一日，以过餍而毙，夫人惋悒累日，至辍膳。芝麓特以沉香斫棺瘗之，延十二女僧建道场三昼夜，为之超度。按，见《动物类》"顾横波蓄乌员"条

胡　椒

胡椒为蔓生灌木，原产南洋各岛及南美等处，故名。长丈余，叶为心脏形，互生。夏开小白花，成长穗。实圆，生青熟红，干则皮皱色黑，谓之黑胡椒。除去黑皮者，曰白胡椒。叶辣而香，研粉可食，并入药。按，见《植物类》"胡椒"条

玄　参

玄参为多年生草，野生，茎方，高五六尺。叶长卵形，端尖，有锯齿，对生。夏秋之间，茎端开小唇形花，淡黄绿色，为圆锥花序。根入药。按，见《植物类》"玄参"条

白 芷

白芷为一年生草，野生，茎高五寸许。叶卵圆，对生，花色白而微黄。根入药，一曰白茝。古以其叶为香料。按，见《植物类》"白芷"条

甘松香

甘松香，草名，产黔、蜀。茎高五六寸，叶细如茅，根密，味甘。其根曝干之，可合诸香而烧，且入药。按，见《植物类》"甘松香"条

香 薷

香薷，草名。野生，茎方，叶为长卵形，有锯齿。秋开白花，略带红紫色，丛集成穗状，香气强烈。茎、叶入药。按，见《植物类》"香薷"条

香附子

香附子为多年生草，产田野及海岸沙地。叶细长而硬，如莎，故《本草》合为一种。茎高尺余，夏开浓褐色花。地下块根有细黑毛，肉白。香附子即其根也，入药。按，见《植物类》"香附子"条

芎 䓖

芎䓖为越年生草，野生，多产于蜀中，亦称川芎。茎高一二尺，叶似芹，分裂尤细。秋开细白花，五瓣，为复缴形花序，全体芳馥。根可入药。按，见《植物类》"芎䓖"条

豆 蔻

豆蔻，有草豆蔻、白豆蔻、肉豆蔻三种。草豆蔻，草本，产于岭南。叶尖长，春日开花成穗。实稍小于龙眼，端锐，皮光滑，仁辛香气和。又有皮黄薄而棱疏，或黑厚而棱密者，别称草果。白豆蔻，形如芭蕉，叶光滑，冬夏不凋。实浅黄色而圆大，壳白而厚，仁如缩砂仁，皆入药。内豆蔻，木本，产于新嘉坡、苏门答腊等处，近岁盛有输入。叶为长椭圆形，夏开单性白花。实为肉果，内有红色假种，皮甚坚，其仁香气强烈，亦入药，并作香料。草豆蔻花成穗时，嫩叶卷之而生，初如芙蓉，穗头深红色。叶渐展，花渐出，而色微淡，亦有黄、白色者。按，见《植物类》"豆蔻"条

零陵香

零陵香，亦称蕙草，俗名佩兰。为多年生草，南方各省多种之。茎方，叶椭圆，端尖，对生。秋初开红花，香气如蘼芜，结黑实。古言佩此可已疫疠。一名薰草。以产于湖南之零陵县者为最著。可入药。按，见《植物类》"零陵香"条

藿 香

藿香，野生，庭院亦种之。茎方，有节，中空。叶为卵形，端尖，有缺刻，自茎端至下部，对生甚密。夏秋之间开花，花冠为唇形。茎、叶之香颇烈，可入药。按，见《植物类》"藿香"条

菖 蒲

菖蒲为多年生草，生于水边。叶有平行脉，花小，色淡黄，为肉穗花序。有大小二种：大者长三四尺，气味香烈，叶上有脊

如剑状。俗于端午日剪其叶作剑，以悬于门。《本草》谓之白菖，亦曰泥菖蒲。小者高尺余，叶纤细，无中肋，曰细叶菖蒲，亦曰石菖蒲。以瓦盆栽之，置案头以供玩赏。最纤细者，叶长仅三四寸。根可入药，一寸九节者良。_{按，见《植物类》"菖蒲"条}

薄 荷

薄荷为多年生草，湿地自生，高二尺许。叶为卵形，端尖，有锯齿。秋月开淡紫花，花冠作唇形，丛生于叶腋。茎、叶有特别香气，入药，可制薄荷油、薄荷脑。_{按，见《植物类》"薄荷"条}

芸 香

芸香为多年生草，茎高一二尺，而其下部则成木质，故古称芸草，亦曰芸香树，实一物也。叶为羽状复叶，夏开黄绿色花，花、叶香气皆强烈，可闻数十步，自夏至秋不歇。置叶于书间席下，辟蠹、蚤。以其树皮或树脂杂诸香焚之，可熏衣袪湿。_{按，见《植物类》"芸香"条}

樟

樟，通作章。为常绿乔木，产黔、蜀、闽、广等处。高五六丈，大者十围。叶卵形，有叶脉三条，质硬有光。夏初开花，小而淡黄。实大如豌豆，黄色。其材耸直，肌理甚细，有香，煎之为樟脑。_{按，见《植物类》"樟"条}

伽南香

伽南香，亦曰奇南香，产于广东琼州诸山。香木为大蚁所穴，蚁食石蜜，遗渍木中，岁久而成。香成而木未死者，谓之生

结；木死而成者，谓之糖结；又色如鸭头绿者，谓之绿结；搯之痕生，释之痕合，名油结，为伽南最上之品；其木性多而香味少者，谓之虎斑金丝结。寻常所制数珠者皆此类。按，见《植物类》"香木结伽南香"条

丁 香

丁香为常绿乔木，一名鸡舌香，产于两粤。叶长椭圆形，春开紫花或白花，四瓣。子黑色，以为香料，并供药用。按，见《植物类》"丁香"条

龙 脑

龙脑为常绿乔木，一名龙脑香，产于闽、广。高十余丈，叶为卵形，花为合瓣花冠，其香芬郁。以干中树胶制成一种结晶体，莹白如冰，俗称冰片，又曰梅片。《香谱》云："绝妙者曰梅花龙脑。"是也。以之入药，香气和缓，与樟脑之强烈者迥异。按，见《植物类》"龙脑"条

木 犀

木犀，一名岩桂，为常绿亚乔木，庭院多栽植之。叶为椭圆形，对生，秋日叶腋丛生小花，花冠下部连合，色有黄有白，俗称桂花。白者名银桂，黄者名金桂，香气浓厚。按，见《植物类》"木犀"条

辛 夷

辛夷为落叶乔木，其花初出时，尖锐如笔，故又谓之木笔。树高数丈，叶似柿叶而狭长。春初开花，有紫白二色，香味浓

郁。白者俗称为玉兰。今植物学家谓辛夷、玉兰，皆为白色，惟玉兰九瓣而长，辛夷六瓣而短阔，以此为别。旧亦名为迎春花。<small>按，见《植物类》"辛夷"条</small>

大字香

大字香，木本，长白山产之。状如矮松，高不足二尺，枝黄实红，气味清馥异常。焚之可以除湿气，杀毒虫，避瘟疫，清脑筋。<small>按，见《植物类》"大字香"条</small>

牛肝木

松山左右产牛肝木，形同树痈。气清香，与他香不同，焚之可杀毒虫。<small>按，见《植物类》"牛肝木"条</small>

总管木

总管木，琼州黎峒所产。红紫色，中有黑斑，可避恶兽诸毒，故名。黎人若中兽毒，研末敷之即消。蛇若与之接触，骨即断，闻其香，即颤伏不能动。土人以之作手钏，天足妇女采药入山、下田刈稻，均戴之，一丈之内，蛇避而不近。<small>按，见《植物类》"总管木"条</small>

香水花

香水花为落叶乔木，原产欧洲。光绪时，移植于上海。高三尺许，有刺，叶为羽状复叶。花大而重瓣，色红，或紫或白，颇类蔷薇，故亦称为西洋蔷薇。萼及花梗皆有香，蒸花瓣取油，可制香水，故名。<small>按，见《植物类》"香水花"条</small>

木 香

木香为蔓生植物，茎长，常攀附他木。叶为羽状复叶，小叶之数凡五，有细锯齿。春暮开花，小而色白，香甜可爱。花大而黄者，香味微逊。按，见《植物类》"木香"条

石 蟹

石蟹，出崖州。未出水俨然若生，及出乃僵。双螯八跪之完者，土人辄索价五六金，谓能已目翳。研之，作沉、檀香。按，见《矿物类》"石蟹"条

元宝香炉

都人日用器具，多喜作元宝形。如冬日之煤球筐，夏日之果木篮，以及粪婆、提筐，悉翘然如元宝。妇女之髻，亦翘其两端作元宝状。琉璃厂火神庙之香炉亦然。按，见《物品类》"都人用具作元宝形"条

香 亭

香亭者，结彩作小亭，盛香炉，人舁之行，赛会、出殡时用之，自宋已然。《宋史·礼志》有香舆，盖即香亭也。按，见《物品类》"香亭"条

线 香

线香，用香末制成，细长如线，故名。或盘为物象、字形，用铁丝悬爇者，名"龙拄香"[一]按，见《物品类》"线香"条

[一]"龙拄香"，疑应作"龙挂香"。见《遵生八笺》《考槃余事》及《香乘》卷二四，且《清稗类钞·阉寺类》亦有"龙挂香"。

盘　香

以香料与榆皮面作糊，笮成长条而盘屈之，谓之盘香，一作蟠香。

海宁有宋岳字稼原者，有《咏蟠香和米古心》诗云："学水作回纹，窗虚袅翠云。能传心昼夜，不惜意氤氲。雅并兰言吐，清疑墨韵分。每怜荀令去，尚剩博山熏。"见《物品类》"盘香"条

藏　香

藏香出西藏，甚珍贵。雍正时，杭州周亦庵孝廉自日下归，以乌思藏香一枝，赠丁敬身布衣敬。其色绀紫，出以示人，观者皆叹为得未曾有。月腊之八八，灵隐敬爇佛前，四方戒众，圆成菩萨，戒寺中饭千僧，流连法喜。暮始抵家，拥炉雨作，琤泬不止。敬身念是日以是香而作佛事，非宿缘，其能之乎？乃涤研染毫，为作短歌。辍笔，街柝殷然，已报夜甲矣。

歌曰："藏香蠛手从三杰，巧窃孙郎猥髯色。裹束西风万里来，故人把赠怜初识。上台居者乌思重，万本《楞迦》供呗讽。悬知窈窕释迦前，难擎唎马迦毗众。粥香藏者精和熏，忉利市方资策勋。揽将天苑质多露，散作华宫清静云。惜昔胡香惊吊谲，一月长安香不绝。谦粒涂阇卅里闻，博张志扫于闒铁。黄头外道声唵吽，组铃扇鼓铿膻风。餻馚嗅里酤羊酪，斾檀侧信伊兰丛。"
按，见《物品类》"盘香"条

烧香篮

杭州天竺香市，郡县之进香者，归时竞买湖上竹篮，谓之烧香篮。按，见《物品类》"烧香篮"条

伽楠香坠

粤商某刻牙牌式伽楠香坠一枚，大不及半寸。其半镂山岩一角，茂林之下露一小亭，中有人，坐竹榻，倚枕倾耳，如有所闻；其半则海水汩没，云气潆郁，具苍莽之致，令人色飞眉舞。盖取唐许浑"云横海气琴书润，风带潮声枕簟凉"之意也。按，见《物品类》"伽楠香坠"条

樟木舟

乾隆时，和珅当国，威震中外。福建布政使某承办材木，得一香樟，大十余围，高矗云汉。乃伐而献于珅，自漳至京，运费至银三千余两。珅命匠刳削雕刻为一舟。舟成，长四丈余，广一丈六尺，不加髹漆，香气馥郁，名曰"独木舟"。上为楼船形，舱舷宽敞，可容百人。中有镜台、书室，红轩碧厨，上筑台榭，后植花木。吴省兰尝为之作记焉。按，见《舟车类》"和珅有独木舟"条

麝香抹胸

乾隆末叶，秦淮妓女之抹胸，夏纱冬绉，贮以麝屑，缘以锦缣。乍解罗襟，便闻香泽，雪肤绛袜，交映有情。按，见《服饰类》"夏纱冬绉之抹胸"条

檀木弓鞋

山西太谷县富室多妾，妾必缠足，其鞋底为他省所无。夏日新着，以翡翠为之，其夫握之而凉也。冬日所着，以檩香为之[一]，其夫嗅之而香也。按，见《服饰类》"弓鞋"条

〔一〕"以檩香为之"，据上下文意，当做"以檀香为之"。此因二字形近致误。

香鞋底

同、光间，沪妓所着画屧，镂空其底，中作抽屉，杂以尘香，围以雕纹，和以兰麝，凌波微步，罗袜皆芳。或有置以金铃者，隔帘未至，清韵先闻。按，见《服饰类》"沪妓所着画屧"条

朝　珠

五品以上文官，皆得挂朝珠。珠以珊瑚、金珀、蜜蜡、象牙、奇楠香等物为之，其数一百有八粒，悬于胸前。有小者三串，两串则男左女右，一串则女左男右。又有后引，垂于背。本即念珠，满洲重佛教，以此为饰，故又曰数珠。按，见《服饰类》"朝珠"条

西藏念珠

数珠，亦曰念珠，念佛时所用，以记诵读之数者也。《木槵子经》云："当贯木槵子一百八个，常自随身，志心称南无佛、南无法、南无僧，乃过一子。"即数珠也。

藏人念珠之材料，或内地树木，或以产于外部喜马拉雅山某种之种子，或人之头盖骨，尚有玻璃、水晶、蛇脊骨、象脑中硬物质、赤檀香、胡桃等种种制成者。俗谓各种佛菩萨，当因其所好以佩之。按，见《服饰类》"数珠"条

香　珠

香珠，一名香串，以茄楠香琢为圆粒，大率每串十八粒，故又称十八子。贯以彩丝，间以珍宝，下有丝穗，夏日佩之以辟秽。按，见《服饰类》"香珠"条

花香茶

花点茶之法，以锡瓶置茗，隔水煮之。一沸即起，令干。将此点茶，则皆作花香。梅、兰、桂、菊、莲、茉莉、玫瑰、蔷薇、木樨、橘，诸花皆可。诸花开时，摘其半含半放之蕊，其香气全者，量茶叶之多少以加之。花多，则太香而分茶韵；花少，则不香而不尽其美。必三分茶叶一分花，而始称也。按，见《饮食类》"以花点茶"条

梅花点茶

梅花点茶者，梅将开时，摘半开之花，带蒂置于瓶，每重一两，用炒盐一两洒之，勿用手触，必以厚纸数重密封之，置阴处。次年取时，先置蜜于盏，然后取花二三朵，沸水泡之，花头自开而香美。按，见《饮食类》"梅花点茶"条

莲花点茶

莲花点茶者，以日出未出时之半含白莲花，拨开，放细茶一撮，纳满蕊中，以麻皮略扎，令其经宿。明晨摘花，倾出茶叶，用建纸包茶焙干。再如前法，随意以别蕊制之，焙干收用。按，见《饮食类》"莲花点茶"条

茉莉花点茶

茉莉花点茶者，以熟水半杯候冷，铺竹纸一层，上穿数孔，日暮，采初开之茉莉花，缀于孔，上用纸封，不令泄气。明晨取花簪之，水香可点茶。按，见《饮食类》"茉莉花点茶"条

玫瑰花点茶

玫瑰花点茶者，取未化之燥石灰，研碎铺坛底，隔以两层竹纸，置花于纸，封固。俟花间湿气尽收极燥，取出花，置之净坛，以点茶，香色绝美。按，见《饮食类》"玫瑰花点茶"条

桂花点茶

桂花点茶，法与上同。按，见《饮食类》"桂花点茶"条

香　片

茶叶用茉莉花拌和，而窨藏之以取芳香者，谓之香片。然《群芳谱》云："上好细茶，忌用花香，反夺真味。"是香片在茶中实非上品也，然京、津、闽人皆嗜饮之。按，见《饮食类》"香片茶"条

五　香

五香者，一株五根，一茎五枝，一枝五叶，一叶间五节，五节相对，故名。五香之木，烧之十日，上彻九天，即青木香也。近俗以茴香等香料烧煮食物，亦多以五香为名，如五香酱兔、五香酱鸭、五香熏鸡等是也。按，见《饮食类》"五香"条

红香绿玉

红香绿玉者，以藿香草叶，蘸稀薄浆面，以水和面。入油煎之，不可太枯。取出置碗中，以玫瑰酱和白糖覆其上，清香无比。按，见《饮食类》"红香绿玉"条

附录

诸宗元序

有清纪元，逮于逊政，顺、康……光、宣，历垂三百。其政俗之嬗变，朝野之得失，虽钟簴既移，简册犹秘，今已无讳，可得言焉。夫有清之崛起于辽左也，值明之衰，既入中原，初政颇修。惟以部落之民，肆为雄猜，外侈中怯，故用兵无已时，海内无宁宇。雍、乾时号称极盛，而衰弱之机，实基于此。盖文字之狱，有以摧抑材智之士；川、楚之乱，有以耗竭府库之藏。咸、同构兵，不绝如缕，外祸乘之，根本遂拔。此其兴亡之大略也。殷鉴不远，岂可忽哉！

然其典章制度，始能知明之所以亡而祛其弊，提倡学术，礼用儒贤，故政虽专制，而宦寺女谒之祸，中叶以前未之有闻。于是一国之风尚，习为儒缓；士夫之尊慕名义，代不乏人。驯至今日，虽有以术柔民之感痛，而吾人此二百八十余年之遭际，系诸历史，不可忘也。则今日举其往闻，穷嬗变之由，析得失之故，置鉴树表，未可后时。然官书不足征信，私书或误传闻，即如钱衎石氏之《碑传集》、李次青氏之《先正事略》、李黼堂氏之《耆献类征》，其所甄录，大都传志之文，涂饰赞谀，孰为纠正？是以近人论建州沿革，不能求诸国中，而辄有资于域外之书也。

徐君仲可，明习国闻，乃发故书短记，理而董之，辑为《清稗类钞》，凡三百万余言，分别部居，为类九十有二。事以类分，类以年次，为力勤矣。夫春秋张三世之义，曰所见，曰所闻，曰所传闻。君为此书，无愧斯旨。吾知欲周知有清一代之掌故者，

当必加以讽籀，目为鸿宝。昔朱竹垞氏亟称沈景倩《野获编》，谓其事有佐证，论无偏党，明代野史，蔑有过之。此则君辑著之本怀，吾敢揭橥以为告于当世者也。

中华民国六年六月　绍兴诸宗元贞壮撰

附录一

参考引用文献

琴操　〔汉〕蔡邕撰　续四库本

赵飞燕外传　题〔汉〕伶玄撰　台北新兴书局笔记小说大观本

史记〔汉〕司马迁撰　中华书局 1959 年版

四民月令校注　〔汉〕崔寔撰　石声汉校注　中华书局 1965 年版

海内十洲记　题〔汉〕东方朔撰　汉魏六朝笔记小说大观本 上海古籍出版社 1999 年版

周礼注疏　〔汉〕郑玄等　北京大学出版社 2000 年版

曹操集　〔汉〕曹操撰　中华书局 1974 年版

洞冥记　〔汉〕郭宪撰　笔记小说大观本　台北新兴书局

汉武内传　题〔汉〕班固撰　笔记小说大观本　台北新兴书局

释名　〔汉〕刘熙撰　四部丛刊初编本

国语　〔三国吴〕韦昭注　四库本西京杂记　〔晋〕葛洪撰　中华书局 1985 年版

拾遗记　〔晋〕王嘉撰　中华书局 1981 年版

尔雅注疏　〔晋〕郭璞注　〔宋〕邢昺疏、王世伟整理 北京大学出版社 2000 年版

抱朴子内篇校释　〔晋〕葛洪撰　王明校释　中华书局

1996 年版

新辑搜神记　[晋]干宝辑　中华书局 2005 年版

广志　[晋]郭义恭撰　笔记小说大观丛刊本　台北新兴书局

博物志校证　[晋]张华撰　中华书局 1980 年版

谢灵运集　[晋]谢灵运撰　李运富编注　岳麓书社 1999 年版

江文通集汇注　[晋]江淹撰[明]胡之骥注　李长路、赵威点校　中华书局 1984 年版

世说新语校笺　[南朝宋]刘义庆撰　徐震堮著　中华书局 1984 年版

雷公炮炙论　[南朝宋]雷敩撰　江苏科学技术出版社 1985 年版

异苑　[南朝宋]刘敬叔撰　中华书局 1996 年版

述异记　[南朝梁]任昉撰　汉魏丛书本

文选　[南朝梁]萧统编　上海古籍出版社 1986 年版

真诰　[南朝梁]陶弘景撰　赵益点校　正统道藏本

金楼子校笺　[南朝梁]萧绎撰　许逸民校笺　中华书局 2011 年版

玉台新咏笺注　[南朝陈]徐陵编　中华书局 1985 年版

经今译　[后秦]鸠摩罗什译　张新民等注译　中国社会科学出版社 1994 年版

齐民要术今释　[北魏]贾思勰著　石声汉校释　中华书局 2009 年版

唐新修本草　[唐]苏敬等撰　尚志钧辑校　安徽科学技术

出版社 1981 年版

本草拾遗　〔唐〕陈藏器撰　尚志钧辑校　安徽科学技术出版社 2002 年版

杜阳杂编　〔唐〕苏鹗撰　丛书集成初编本

大唐西域记校注　〔唐〕玄奘等撰　季羡林等校注　中华书局 1985 年版

艺文类聚　〔唐〕欧阳询撰　上海古籍出版社 1982 年版

初学记　〔唐〕徐坚等撰　中华书局 1962 年版

三洞珠囊　题〔唐〕王悬河修　正统道藏本　文物出版社等 1988 年版

酉阳杂俎　〔唐〕段成式撰　中华书局 1981 年版

北里志　〔唐〕孙棨撰　古今说海本

南史〔唐〕李延寿撰　中华书局 1975 年版

华严经　大正藏本

北户录　〔唐〕段公路撰　四库本

陈子昂集　〔唐〕陈子昂撰　中华书局 1960 年版

集神州三宝感通录　〔唐〕释道宣撰　大正藏本

法苑珠林校注　〔唐〕释道世撰　周叔迦、苏晋仁校注　中华书局 2003 年版

朝野佥载　〔唐〕张鷟撰　程毅中点校　中华书局 1979 年版

岭表录异　〔唐〕刘恂撰　广东人民出版社 1983 年版

松窗杂录　〔唐〕李浚撰　中国野史集成本

小名录　〔唐〕陆龟蒙撰　四库本

周秦行记 〔唐〕牛僧孺撰 丛书集成初编本

备急千金要方 〔唐〕孙思邈撰 华夏出版社 2008 年版

杜诗详注 〔唐〕杜甫著 〔清〕仇兆鳌注 中华书局 1979 年版

海药本草 〔前蜀〕李珣撰 尚志钧辑校 人民卫生出版社 1997 年版

云仙散录 〔后唐〕冯贽 中华书局 1998 年版

续仙传 〔南唐〕沈汾撰 四库本

旧唐书 〔后晋〕刘昫等撰 中华书局 1975 年版

开元天宝遗事 〔五代〕王仁裕撰 曾贻芬点校 中华书局 2006 年版

新唐书〔宋〕欧阳修、宋祁著 中华书局 1975 年版

续世说 〔宋〕孔平仲撰 续四库本

郡斋读书志校证 〔宋〕晁公武撰 孙猛校证 上海古籍出版社 1990 年版

开宝本草 〔宋〕卢多逊等撰 尚志钧辑校 安徽科学技术出版社 1998 年版

云笈七签 〔宋〕张君房撰 正统道藏本

太仓稊米集 〔宋〕周紫芝撰 文渊阁四库全书本（以下称"四库本"）

清异录 〔宋〕陶谷撰 惜阴轩丛书本

太平御览〔宋〕李昉等撰 中华书局 1960 年版

物类相感志 〔宋〕释赞宁编 四库全书存目丛书本（以下称"四库存目本"）

类说 〔宋〕曾慥辑 北京图书馆古籍珍本丛刊本 书目文献出版社 1988 年版

范成大笔记六种 〔宋〕范成大撰 孔凡礼校注 中华书局 2002 年版

桂海虞衡志辑佚校注 〔宋〕范成大撰 胡起望等校注 四川民族出版社 1986 年版

黄氏日钞 〔宋〕黄震撰 四库本

岭外代答校注 〔宋〕周去非撰 杨武泉校注 中华书局 1999 年版

楼钥集 〔宋〕楼钥著 顾大朋点校 浙江古籍出版社 2010 年版

诸蕃志校释 〔宋〕赵汝括著 杨博文校释 中华书局 1996 年版

倦游杂录 〔宋〕张师正撰 宋元笔记小说大观本 上海古籍出版社 2001 年版

苏轼词编年校注〔宋〕苏轼撰 邹同庆等校注 中华书局 2002 年版

苏轼文集 〔宋〕苏轼撰 孔凡礼点校 中华书局 1986 年版

太平广记 〔宋〕李昉等编 中华书局 1961 年版

归田录 〔宋〕欧阳修等撰 韩谷等校点 中华书局 1981 年版

五灯会元 〔宋〕释普济撰 苏渊雷点校 中华书局 1984 年版

陈与义集校笺 ［宋］陈与义撰 白敦仁校笺 上海古籍出版社1990年版

法华重修政和经史证类备用本草 ［宋］唐慎微撰 尚志钧校注 华夏出版社1993年版（本丛编引证均称《证类本草》）

杨文公谈苑 ［宋］杨亿撰 上海古籍出版社1993年版

墨谱法式 ［宋］李孝美撰 上海书店丛书集成续编本

铁围山丛谈 ［宋］蔡绦撰 冯惠民校 中华书局1983年版

孙公谈圃 ［宋］孙升撰 百川学海本

景德传灯录译注 ［宋］释道原撰 顾宏义译注 上海书店出版社2010年版

锦绣万花谷 ［宋］佚名 四库本

石林燕语 ［宋］叶梦得撰 宇文绍奕考异 侯忠义点校 中华书局1984年版

燕翼诒谋录 ［宋］王栐撰 诚刚点校 中华书局1981年版

苏轼诗集合注 ［宋］苏轼撰 ［清］冯应榴辑注 黄任轲、朱怀春校点 上海古籍出版社2001年版

艮岳记 ［宋］张淏撰 丛书集成初编本

云烟过眼录 ［宋］周密撰 丛书集成初编本

杨太真外传 题［宋］乐史撰 上海古籍出版社1985年版

稽神录 ［宋］徐铉撰 中华书局1996年版

齐东野语 ［宋］周密撰 中华书局1983年版

三朝名臣言行录 ［宋］朱熹撰 四部丛刊初编本

避暑录话 〔宋〕叶梦得撰 田松青、徐时仪点校 上海古籍出版社 2001 年版

春明退朝录 〔宋〕宋敏求撰 汝沛点校 中华书局 1980 年版

宋本东观余论 〔宋〕黄伯思撰 中华书局 1988 年版

邵雍集 〔宋〕邵雍撰 郭彧整理 中华书局 2010 年版

考古图 〔宋〕吕大临撰 四库本

王十朋全集 〔宋〕王十朋撰 上海古籍出版社 1998 年版

鹤林玉露 〔宋〕罗大经撰 王瑞来点校 中华书局 1983 年版

墨客挥犀 〔宋〕彭乘撰 中华书局 2002 年版

云麓漫钞 〔宋〕赵彦卫撰 中华书局 1996 年版

黄庭坚全集 〔宋〕黄庭坚撰 四川大学出版社 2001 年版

鼠璞 〔宋〕戴埴撰 百川学海本元

焚椒录 〔辽〕王鼎撰 续修四库本

宋史〔元〕脱脱等著 中华书局 1977 年版

琅嬛记 〔元〕伊世珍撰 四库存目本

历世真仙体道通鉴 〔元〕赵道一撰 正统道藏本

韵府群玉 〔元〕阴时夫撰 四库本

本草纲目校注 〔明〕李时珍撰 张守康等校注 中国中医药出版社 1998 年版

说郛三种 〔明〕陶宗仪等编 上海古籍出版社 1988 年版

遵生八笺 〔明〕高濂撰 万历十九年雅尚斋刊本 北京图书馆古籍珍本丛刊

神农本草经疏 ［明］缪希雍撰 中医古籍出版社 2002 年版

云林遗事 ［明］顾元庆撰 丛书集成新编本

广艳异编 ［明］吴震东辑 明清善本小说丛刊本

五杂组 ［明］谢肇淛撰 上海书店出版社 2001 年版

华夷花木考 ［明］慎懋官撰 四库存目本

仙佛奇踪 ［明］洪应明撰 四库存目本

稗史汇编 ［明］王圻辑 北京出版社 1993 年版

剪胜野闻 ［明］徐祯卿撰 四库存目本

齐云山志 ［明］鲁点撰 四库存目本

益部谈资 ［明］何宇度撰 四库本

艺林伐山 ［明］杨慎撰 续四库本

东西洋考 ［明］张燮撰 中华书局 1981 年版

清暑笔谈 ［明］陆树声撰 丛书集成初编本

炎徼纪闻校注 ［明］田汝成撰 广西人民出版社 2007 年版

星槎胜览校注 ［明］费信撰 中华书局 1954 年版

殊域周咨录 ［明］严从简撰 中华书局 1993 年版

明一统志 ［明］李贤等撰 四库本

笔记 ［明］陈继儒撰 丛书集成初编本

孔子家语疏证 ［清］陈士珂撰 上海书店 1987 年版

学津讨原 ［清］张海鹏辑 商务印书馆 1922 年影印张氏照旷阁本

全唐诗（增订本）［清］彭定求等编 中华书局 1999 年版

宋史翼　〔清〕陆心源撰　续修四库全书本（以下称"续四库本"）

金文最　〔清〕张金吾辑　中华书局1990年版

荀子集解　〔清〕王先谦撰　沈啸寰、王星贤点校　中华书局1988年版

滇海虞衡志校注　〔清〕檀萃辑　宋文熙、李东平校注　云南人民出版社1990年版

金鳌退食笔记　〔清〕高士奇撰　北京古籍出版社1982年版

牧斋有学集　〔清〕钱谦益撰　〔清〕钱曾笺注　钱仲联点校　上海古籍出版社1996年版

唐诗鼓吹评注　〔清〕钱牧斋等辑　河北大学出版社2000年版

楞严经　赖永海主编　刘鹿鸣译注　中华书局2012年版

维摩诘经要义　陈燕珠编　宗教文化出版社2005年版

毛诗正义　"十三经注疏"整理委员会整理　北京大学出版社2000年版

大戴礼记汇校集注　黄怀信等撰　三秦出版社2005年版

楚辞今注　汤炳正等注　上海古籍出版社1996年版

黄帝内经素问　四库本

先秦汉魏晋南北朝诗　逯钦立辑校　中华书局1983年版

艺风藏书记　缪荃孙撰　黄明、杨同甫标点　上海古籍出版社2007年版

古小说钩沉　鲁迅辑　鲁迅全集本　人民文学出版社1972

年版

全宋诗．北京大学古文献研究所编　北京大学出版社 1995
年版

全唐五代词　曾昭岷等辑　中华书局 1999 年版

全宋词　唐圭璋辑　中华书局 1965 年版

全宋文　曾枣庄等主编　上海辞书出版社等 2006 年版

词话从编　唐圭璋辑　中华书局 1986 年版

全金元词　唐圭璋辑　中华书局 1979 年版

美国哈佛大学哈佛燕京图书馆藏中文善本汇刊　广西师范大
学出版社 2003 年版

清史列传　王锺翰点校　中华书局 1987 年版

中国香文化　傅京亮撰　齐鲁书社 2008 年版

"冷香"出处小议　刘衍文撰　《中文自修》1996 年 06 期

《遵生八笺》与《考槃余事》　欧贻宏著　《图书馆论坛》
1998 年 01 期

《陈氏香谱》版本考述　刘静敏撰　台湾逢甲人文社会学报
第 13 期（2006．12）

宋洪刍及其《香谱》研究　刘静敏撰　台湾逢甲人文社会学
报第 12 期（2006．6）

毛晋校刻书研究　侯璨敏撰　湖南师范大学 2005 年硕士学
位论文

宋代《香谱》之研究　刘静敏撰　台北文史哲出版社 2007
年版

附录二

条目笔画索引
说　明

　　一、本索引收入本丛编所有条目，以条目标题为准，内文及校记中的异称亦酌予收录，以便检索。所有条目按笔画顺序排列，首字笔画相同者，依横（一）、竖（丨）、撇（丿）、点（丶）、折（乛）笔顺为序，首字笔画笔顺全同者，依次字笔画笔顺为序，余如例。如条目笔画笔顺全同者，则依其在本丛编中的页码顺序排列。

　　二、条目之下，注明书名简称、卷次（一卷本及辑选本无此项）以及其在本丛编中的页码，书名简称、卷次、页码之间，以斜线（'/'）相隔。书名简称如下：洪谱（洪刍《香谱》）、名香（《名香谱》，《海录碎事》中所辑选条目附）、清异（《清异录》）、桂海（《桂海虞衡志》）、岭外（《岭外代答》）、诸蕃（《诸蕃志》）、陈谱（《陈氏香谱》）、遵生（《遵生八笺》）、香笺（《香笺》）、长物（《长物志》）、香本（《香本纪》）、香国（《香国》）、香乘（《香乘》）、非烟（《非烟香法》）、滇海（《滇海虞衡志》）、清稗（《清稗类钞》）。其中仅'洪谱'、'陈谱'、'香乘'、'香国'数种注明卷次，因'洪谱'与'香国'分卷上、卷下，为划一计，以 01、02 代之，而《说郛》所收《香谱》，本出洪刍，则标'洪谱/03'以别之。

　　举例如下：

　　傅身香粉法

　　洪谱/02/44　　指此香方见于洪刍《香谱》卷下，页码为44。

　　三、中国古代香料，往往颇多异名，如木香，又称青木香；龙脑香，又称脑子；降真香，省称为降香；交趾香，又称光香等等。而香料以其所在部位及采制方法不同，也有不同的称谓，如沉香，一名沉水香，亦有称水沉者，细分则有生结、熟结、笺香、暂香、黄熟、生香等十馀种。对于此类情形，本索引分别归入不同笔画，一律不列为参见条目，读者依次检索，自可知其始末。

　　四、本丛编所收录条目，有名称相同而内容不同者，凡此各书标题不一，如'牙香法'，洪刍《香谱》于其下作'又牙香法'，凡五见，而目录则于'牙香法'下标数目字以别之；又如周嘉胄《香乘》、'软香'方共八，'龙涎香'方共五，全标数目字以别之，而于其他香方或用'又'、'又方'等。本索引遇此情形，仅作为一条条目处理，而于其下分标其所在书名、卷次、页码，以免淆乱。

香乘/04/453

香国/01/879

朦仙异香

遵生/799

朦仙神隐香

香乘/25/720

图书在版编目（CIP）数据

香学汇典／刘幼生编校 .—太原：三晋出版社，
2013.6
ISBN 978-7-5457-0765-6

Ⅰ.①香 … Ⅱ.①刘… Ⅲ.①香料—古籍—中国
Ⅳ.①TQ65

中国版本图书馆CIP数据核字（2013）第145318号

香学汇典

编　　校：刘幼生
出版统筹：原　晋
责任编辑：任俊芳
责任印制：李佳音

出　版　者：山西出版传媒集团·三晋出版社（原山西古籍出版社）
地　　　址：太原市建设南路21号
邮　　　编：030012
电　　　话：0351-4922268（发行中心）
　　　　　　0351-4956036（综合办）
　　　　　　0351-4922203（印制部）
E—mail：sj@sxpmg.com
网　　　址：http://sjs.sxpmg.com
经　销　者：新华书店
承　印　者：山西臣功印刷包装有限公司
开　　　本：787mm×1092mm　1／16
印　　　张：66
字　　　数：680千字
版　　　次：2014年7月　第1版
印　　　次：2015年5月　第2次印刷
书　　　号：ISBN 978-7-5457-0765-6
定　　　价：298.00元（全三册）